中国科学院科学出版基金资助项目

随机点过程及其应用

邓永录 梁之舜 著

科学出版社

1992

（京）新登字 092 号

内 容 简 介

本书共分 11 章，前 9 章较全面和详细地介绍一些常用的点过程模型及其应用．通过这些内容的学习使读者对点过程的模型、物理背景、方法、理论和可能的应用有一个基本的了解．后两章则是在这基础上进一步介绍现代点过程理论的若干主要方面和新的研究方向，使读者能很快进入点过程理论研究的前沿．

本书可供科研工作者、大学数学系的高年级学生和研究生阅读．

随机点过程及其应用

邓永录　梁之舜　著

责任编辑　毕　颖

科 学 出 版 社 出版

北京东黄城根北街 16 号

邮政编码：100707

中国科学院印刷厂印刷

新华书店北京发行所发行　各地新华书店经售

*

1992 年 12 月第 一 版　开本：850×1168　1/32

1992 年 12 月第一次印刷　印张：19 3/8　插页：2

印数：1—1 600　字数：513 000

ISBN 7-03-003026-5/O · 559

定价：16.30 元

序　言

尽管随机点过程理论的起源可以追溯到本世纪初甚至更早的年代，但作为一门系统的理论则是近二三十年间才逐步形成的．现在，它的理论已日趋完善和深化，成为随机过程理论的一个重要的独立分支．在应用方面，它也日益广泛地渗透到许多领域（如通讯理论、交通理论、排队论、可靠性理论、管理科学、海洋学、物理学、电子工程学、地质学、地震学、天文学、水文学、气象学、生态学、遗传学、森林学、神经生理学、核医疗学和考古学等等）．本书作者从70年代中期开始从事点过程理论和应用的研究及教学工作，10多年来，培养了多届研究生，在科研方面也取得一些有意义的结果．本书就是在这些工作和在国内外长期、大量搜集资料的基础上经过约5年的酝酿准备和5年的反复笔耕而完成的．书中部分材料曾多次在研究生、进修教师和本科生的有关课程教学中使用过．

迄今为止，国内外虽然已出版了好几本点过程理论的专著，但是，绝大多数都有自己的侧重点．有的偏于抽象的理论阐述，有的主要从统计的角度进行讨论，有的着重于结合某些方面的应用或囿于某些特殊的点过程类，还有的只限于概括的介绍．近年来，不少应用工作者（包括地震、水文、煤炭、管理等领域）主动和我们联系，要求帮助和介绍适于他们学习和参考用的有关著作．但是，我们找不到一本比较理想和合适的书，类似的问题在教学中也同样存在．因此，我们深感有必要编写一本既有理论又有应用，既可作教学用书又能为有兴趣于点过程理论和应用的科研、实际工作者提供学习和参考材料，既是入门读物又可为意欲作深入和专门研究的读者提供较新和较全面的材料和线索的点过程专著．基于这一想法，我们力求使本书具有以下特点．第一，它基本上是自封闭的，书后的五个附录提供了一些与学习前面各章内容有密切关系但在一般的概率统计教程中不易找到的材料．第二，内容安排和叙述本着由浅入深和深入浅出的原则，兼顾描述的直观性和理论的严格性．第三，从应用的需要出发，除了配有许多有启发性的各种各样的应用例子外，还特别注意讨论点过程观测资料的统计分析问题，对大多数点过程模型都提供一些简单实用的统计推断方法．此外，对某些模型的随机模拟问题也有讨论．第四，在不超出本书设想水平的前提下，尽可能反映新的研究成果和材料(其中也有我们自己的研究成果，特别是第十章有关点过程比较的材料大部分来自我们已发表的文章)，或者介绍进一步的研究方向和参考文献．书中带有星号"*"的章节或段落在第一次阅读时可略过．

本书的编写工作相继得到中国科学院基金和国家自然科学基金的资助，最后又得到中国科学院出版基金资助出版，我们对此表示衷心的感谢．由于作者水平有限，缺点和错误在所难免，敬请读者批评指正．

作者谨识

1991 年夏于广州中山大学

目　录

第一章 引 论

§1-1 随机点过程的例子和背景

在客观世界中，存在着许多这样的随机现象，其中我们关心的随机事件具有高度局部化的特点，亦即事件的发生可以认为是只限于在时间或空间中的一个很小的范围内，因而在数学上可用一个理想化的点来表示。于是，概略地说，一个按一定的统计规律在某空间$\mathscr{X}$中随机地分布的点集就形成一个随机点过程(简称点过程)。我们将要看到，随机点过程实质上是一类特殊的随机过程。

在最简单的情形中，点发生空间$\mathscr{X}$通常是一维的，人们往往把空间$\mathscr{X}$取为时间轴或它的一个子集(特别地，一个区间)。有些作者把时间轴上的点过程称做随机事件序列或事件流。

下面考察随机点过程的一些实际例子。

例 1-1-1 一天中某电话总机接到的呼唤形成一随机点过程。这时，$\mathscr{X}$是时间区间[0,24](以小时为单位)。每一次呼唤发生的时刻就是$\mathscr{X}$中的一个点。这点过程的一个现实(又称样本函数或轨线)是时刻序列$\{t_1,t_2,\cdots,t_N\}$，其中$0\leqslant t_1\leqslant t_2\leqslant\cdots\leqslant t_N\leqslant 24$，$t_i$是第$i$次呼唤的发生时刻，$N$是一天内发生的呼唤次数。

类似地，在某一时间区间内某台机器因发生故障而停机的事件，或到达某商店柜台要求服务的顾客也形成随机点过程。这样一类例子在运筹学中经常会遇到。

例 1-1-2 在物理学中研究真空管的电子发射。设在时刻t_0开始对真空管通电加热，并对在随后的T秒区间内从真空管的热阴极向阳极发射的电子进行观测。如果把电子发射的时刻看作是一个点，我们就得到一个点过程。 在这例子中空间$\mathscr{X}$是区间

$[t_0, t_0+T]$，点过程的一个现实就是 $[t_0, t_0+T]$ 中的一个时间序列 $\{t_1, t_2, \cdots, t_N\}$，其中 N 是在观测期间内发射的电子数目.

例 1-1-3 在公路交通问题的研究中，常常需要考察在某一时间区间内车辆经过公路某一指定地点的时间分布.另一方面,有时也有必要研究在某一固定时刻车辆在某段公路的分布情况. 如果在前一种情形中,我们把车辆经过指定地点的时刻看作是点,那么在后面的情形则把在该固定时刻每一辆在这段公路上的车辆的位置看作是点. 于是,两种情形都引导到一维的随机点过程,只不过它们的点发生空间 $\mathscr{X}$ 有不同的物理含义. 对前者它表示一时间区间,而对后者则是一线段.

放射性物质发射出伽玛光子或湮没光子而逐步衰减，它的发射速率依赖于现存的放射性物质的数量. 在放射性物质的研究中,往往是从某时刻 t_0 开始的 T 秒区间内对发射进行观测. 若把光子发射时刻看作是点,我们又得到类似的随机点过程.

例 1-1-4 棉纱沿长度分布的疵点形成一随机点过程. 这时，$\mathscr{X}$ 是实数轴的一个区间 $[0, L]$,这里 L 表示棉纱的长度. 点过程的一个现实则是一串表示疵点坐标位置的数 $\{l_1, l_2, \cdots, l_N\}$,这里 $0 \leqslant l_1 \leqslant l_2 \leqslant \cdots \leqslant l_N \leqslant L$，$N$ 是疵点数目.

例 1-1-5 图 1-1-1 所示的是将微电极插入神经纤维中测得的神经纤维电能图的一部分. 图中的尖峰表示以“尖峰放电”的形

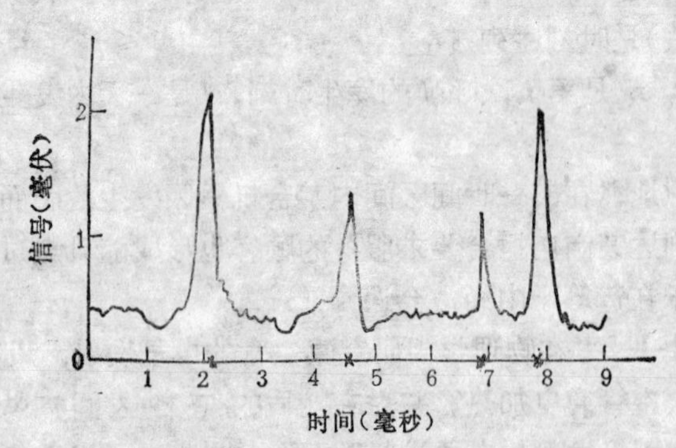

图 1-1-1 神经纤维中的电信号(时间轴上的“×”表示尖峰放电的时间,即点过程的点).

式随机地发生的电放射．如果我们关注的是尖峰出现的时间而不是尖峰信号的大小，于是就得到一个由较复杂的随机过程导出的点过程．这点过程的点就是“尖峰放电”的时间．

在水文学中，若把流量过程线中洪峰出现的时间看作是“点”，则也导出一个同类型的点过程．

例 1-1-6 天文学中对宇宙某一区域中星体的重力中心位置的观测亦引导到一个点过程．这时，点发生空间$\mathscr{R}$是三维欧氏空间的一个区域．点过程的一个现实是观测到的星体位置集合$\{\boldsymbol{r}_1, \cdots, \boldsymbol{r}_N\}$，其中 $\boldsymbol{r}_i$ 是三维向量，N是观测到的星体数．

例 1-1-7 在植物生态学和森林学中常常需要对某区域内的某特殊品种或有某种疾病的植物树株进行估计．一种常用的方法是抽样．例如，可从该区域中取一截面来研究．于是，在这截面中属于该品种或有病的树株位置就形成一点过程．根据不同的具体情况，点发生空间$\mathscr{R}$可以是一维、二维或更高维空间的一个区域．

例 1-1-8 在研究某个国家或地区的某一行业（如交通、煤矿或军火工业等）的意外事故发生情况时，如果把按一定标准（如死伤人数或经济损失）达到某种程度的事故发生的时间看作是点，于是事故的发生就形成一点过程．显然，这时$\mathscr{R}$是某一时间区间．

例 1-1-9 对某地区从时间 t_0 开始的长为 T 的时间区间内发生（在一定的震级范围）的地震事件进行观测．每次地震的震中（以它的经、纬度表示）和发震时间可以根据各站台的观测资料确定．因为震中的广度最多是几公里，而震动的持续时间一般是以秒计算的． 这相对于我们研究的地区和时间范围来说都是很小的．所以能将其理想化为一点．于是，每次地震可用一个三维向量 $(t, \boldsymbol{r})$ 来刻划，其中 t 是发震时间，$\boldsymbol{r}$ 是震中位置的二维向量． 描述在观测期间内发生的一系列地震事件的向量集合 $\{(t_1, \boldsymbol{r}_1), \cdots, (t_N, \boldsymbol{r}_N)\}$ 形成一（时空）点过程，这里N是在观测期间内记录到的地震事件数．

例 1-1-10 在生态学中研究某种昆虫在田野的分布． 虫蛾在(一定范围内的)田野上产下一堆堆卵块．这些卵块的分布服从某种规律．每堆卵块差不多同时孵出若干幼虫．成活的幼虫向四周爬行觅食．幼虫是在它们来自的卵块附近活动，因而是围绕着卵块位置随机地散布的．于是，虫蛾的后代——幼虫的分布可以看作是一个二维空间中的点过程．这点过程有如下特点：它是一个两级过程，即有一个主事件序列(又称主过程)，以主事件序列的每一事件为中心(称做簇生中心)又产生若干个点（称做簇生点），它们在中心附近按一定分布规律随机地散布而构成一"点簇"（又称从属过程）．我们把这类点过程称做簇生点过程或简称簇生过程（cluster process）．

在例 1-1-9 中，如果把每一次较大的地震看作是主事件，由它引发的一系列余震或在附近的不同地点引起的群震可看作是围绕主事件(簇生中心)的簇生点．这样一来，我们就得到一个描述地震发生的簇生点过程模型．

簇生点过程模型还可以用来研究电子计算机的故障发生、宇宙中星体的分布、事故的蔓延以及传染理论等问题．

例 1-1-11 在遗传学中要研究如下分支问题：设在某一空间区域中有一些质点按某种相同的统计规律作随机移动．每一质点在(随机)时刻 ζ 死亡并以概率分布 $\{p_n\}$ 产生 $n=0,1,2,\cdots$ 个后代，各后代重复依照相同规律独立地随机移动和繁殖．如此一代一代地延续下去．若以 $N(t, A)$ 表示在时刻 t 处于空间区域某集合 A 中的质点数，由此就得到一个(时空)点过程．

上列例子表明，随机点过程的模型和理论来自人类各种各样的生产、生活与科学技术的实践活动．它的应用领域十分广泛．仅仅上面列举的例子就涉及生态学、神经生理学、物理学、电子学、天文学、水文学、林学、地球物理学和管理学等学科．另一方面，从后面关于点过程理论发展历史的简要介绍中也可以清楚地看到这一点．

除了自然界的随机现象本身能直接引起随机点过程外，在概率统计理论及其应用中也常常会引导到随机点过程．例如在统计问题中经常要对一随机变量进行观测. 设随机变量X的n次观测值是 $x_1, x_2, \cdots, x_n$. 它们给出X的一个经验分布.显然,我们也可把这n个观测值看作是(X 取值的)空间的一个点分布,这样就把经验分布和点过程的概念联系起来了. 在对随机过程轨道性质进行研究时往往会派生出随机点过程. 著名的"跨越水平"问题就是一个这样的例子. 这类问题是研究一随机过程的轨道向上或向下跨过某水平 u(当$u=0$时就是跨越零点)或某曲线 c(闭合曲线情形就是向内或向外跨越)的时间分布, 它在实际中有重要应用. 例如在船舶适航性研究中, 要考察船舶在海浪中摇摆时横倾角 $\theta(t)$ 在某时间区间内取零值的平均次数或超过 $\pm 25°$ 的平均次数(这时一般假定 $\theta(t)$ 是一平稳正态过程);船舶桅杆越出某个由预先给定的横倾角和纵倾角确定的椭圆锥之外逗留的平均时间以及定点海面浪高超过某给定值的平均次数等等. 此外, 随机过程的"随机抽样"或"随机删减"以及纯跳跃过程在某时间区间内跃度超过某给定值或在某范围内的次数等问题的研究也导出各种类型的点过程.

另一方面,许多随机过程,例如,在排队论、储存论和可靠性理论中要研究的随机过程$\xi(t)$的特征或平稳分布常常可通过对这过程的一个特殊类型的嵌入随机过程$\xi(t_n)$(例如, 嵌入马尔可夫链或嵌入更新过程)的研究而得到,这时嵌入点序列$t_1, t_2, \cdots, t_n, \cdots$形成一随机点过程. 早期的研究一般对它的点间间距加上某种独立性假设, 这对应于嵌入马尔可夫链或嵌入更新过程的情形. 近年来,人们又进一步除去这种独立性假设而研究所谓"具有嵌入标值点过程的随机过程", 这时嵌入的过程是一平稳标值点过程(详见 P. Franken, D. König, U. Arndt, V. Schmidt (1982)). 事实上, 在点过程和许多其它类型的随机过程之间是没有严格界线的. 特别地, 任意样本函数是阶梯函数的连续时间随机过程都连系一个点过程,这点过程的点就是原过程发生状态转移的时刻.

§ 1-2 历史和发展现状概述

现代随机点过程理论的来源是多方面的，其中历史最长的是与更新理论有关的问题．我们知道，机器或设备中的零件在使用过程中会损坏．如果在损坏发生时马上用同样的零件替换，并把损坏发生的时刻看作是一个点，于是，更新理论本质上就是对以相邻两个这样的点为端点的一系列区间的概率特性(如分布特征，极限性态等)进行研究的一门理论．可以这样说，更新理论是在本世纪 30 年代形成并发展起来的．到 50 年代它已趋成熟．然而，这一理论的起源应该追溯到更早时期有关人口统计、寿命表和保险理论的研究，其中又以寿命表和点过程的关系最为密切．现代点过程理论使用的一些术语和研究的问题(如存活函数，临危函数)就是直接来自寿命表理论．寿命表实质上是许多独立点过程的迭置，其中每一点过程只包含一个对应于个体死亡时刻的点．

J. Graunt (1662) 编制了世界上第一个寿命表．这一开创性工作在统计学中所占的地位相当于 Pascal 和 Fermat 之间在 1654 年(发表于 1679 年) 关于赌博问题的著名通信在概率论中的地位．从那时候起直到 19 世纪中叶，寿命表问题的研究在概率统计的发展中起着重要的作用．18 世纪著名的数学家如牛顿、拉普拉斯和欧拉等都在人口统计及邻近的问题上做过工作．

进入 20 世纪以后，至少有三个应用领域与点过程理论有密切关系． 它们是：(1) 排队论，特别是电话交换台理论． Erlang (1909)有关这方面的第一篇文章包含基于对在一固定时间区间内电话呼唤次数的考虑推导出泊松分布．随后的工作则进一步研究有较一般的输入和服务分布的排队系统．(2) 群体增长理论．这一理论最低限度可以作为古典寿命表理论和现代更新理论之间的桥梁．(3) 可靠性理论．第二次世界大战以后，电子工业及与之有关的精密仪器和制造工业的迅速发展是可靠性理论系统发展的源泉和动力．这理论的一个典型问题是串联和并联系统的寿命分布的计算，寿命表理论所用的概念和术语在其中仍起着重要的作用．上述三个领域是紧密相联的，它们是构成点过程理论和应用的重要组成部分．

引导到点过程的另一种基本的现象和问题是“计数”——计算发生在区间或各种不同类型的区域(包括高维空间的区域)中的事件数目．它和各种各样的离散分布的研究有密切联系．尽管贝努里分布和负二项分布很早就在有关赌博问题的讨论中被提出来，但其它离散分布的讨论可以认为是进入 19 世纪以后的事情． 在计数问题的历史中，我们首先应该提到法国著名数学家泊松在 1837 年出版的著作，他在其中从二项分布出发，通过极限过程首次推导出在理论和应用上都很重要的泊松分布．但是应当指出，当时泊松并没有涉及计数问题，而且他所推出的分布一时还没有引起人们的注意． 在历史上最先讨论计数问题的似乎是 Seidel (1876) 和 Abbé (1878)． 他们分别研究了雷暴发生和血球的计数问题，这些工作是和泊松的工作相独立的． 1896 年，Von Bortkiewicz 发表了一篇文章，其中含有用泊松分布拟合普鲁士军队中被马踢死的人数分布这一著名例子．自此以后，泊松分布才开始得到重视．20 世纪初，Erlang (1909) 和 Bateman (1910) 分别在电话交换台的呼唤和 α 粒子的计数问题中再次导出和进一步讨论了泊松分布．

在生态学和其它领域的某些问题的研究中，人们发现对计数观测所得到的分布和泊松分布经常出现较大的偏离． Yule 和 Greenwood (1920) 对英国军火工厂的事故发生进行了研究并通过使泊松分布的参数随机化而导出负二项分布．

Neyman 和 Scott (1938) 在点过程理论的一个重要贡献是在研究生态学、天文学和其它领域的某些问题时引入“簇生过程”，并由此推出一族新的离散分布．

二次世界大战期间及战后，随机过程理论及其应用取得了巨大的进展．作为一类特殊随机过程的点过程也不例外．瑞典工程师 Palm (1943) 在排队论方面有关交通问题的文章对点过程理论的发展有重要影响．他首先使用“点过程”这一术语，并系统地描述作为泊松过程的一种推广的更新过程的性质．同时，他提出了“再生点”这一概念．概略地说，再生点是一类这样的时刻，系统在这时刻起一切从新开始，亦即系统在此之前的状态再也不会影响它以后的演变．Palm 指出，对于泊松过程来说，任一时刻都是它的再生点(因此称之为无后效过程)．而一般的更新过程的再生点只能在点事件的发生时刻，即一个新的点间区间的起点(有些作者把这类过程称做具有有限后效的)．其次，他注意到在平稳点过程的描述中起重要作用的两类分布——相邻两个点事件的间距和从任一时刻到下一个最靠近的点事件的间距(称做接后发生时间)的分布函数，并提出联系这两类分布的著名的 Palm-Khinchin 方程 (Palm 本人只考虑了最简单的情形)．他还给出了点过程的第一个极限定理．

Palm 的同胞 Wold (1948)是另一个最先使用术语“点过程”和首先系统研究平稳点过程的数学家．此外，Feller (1941,1948,1949), Smith (1955,1957,1958) 和 Takács (1956,1957) 等人在更新理论和计数器问题也先后做出了重要的贡献．

苏联数学家 Khinchin (1955, 1956) 在 Palm 工作的基础上，从多方面推广了后者的结果并使整个理论在数学上更为严格和完备．正因为这样，Khinchin 工作的重要意义不仅在于他所取得的结果本身，而且在于他的工作使得更多的数学家对这一领域发生兴趣．在这以后的一二十年间，点过程在理论和应用两方面都取得了长足的发展，并形成一门有它自己的理论系统和方法特点的独立分支学科．从 60 年代中期起，陆续出版了一些关于点过程的学术专著．在这些著作中我们要特别提出以下几本．Cox 和 Lewis (1966) 的著作除了对点过程的理论和统计分析的若干重要方面作了较系统的阐述之外，还第一次清楚地指出点过程理论的广泛应用．Matthes, Kerstan 和 Mecke (1978) 以及 Franken, König, Arndt 和 Schmidt (1982) 沿着 Palm-Khinchin 的方向做了大量的工作并取得重要的进展．前一本书的重点是点过程的一般理论，它以测度论为工具把相空间是抽象空间的随机点过程作为离散的随机测度来讨论(顺便指出，Jagers(1974) 和 Kallenberg (1975) 给出随机测度理论及其与点过程的关系的全面阐述)。后一本书则强调点过程与排队论的联系，指出点过程理论的建立和完善使得排队论的研究有可能在这新的基础上获得重大的进展。过去，在排队论中主要是研究具有独立的输入和服务过程的排队系统，通常是利用"嵌入马尔可夫链"的方法。现在，通过引入一类和点过程有密切联系的随机过程，即具有嵌入标值点过程的随机过程（这类过程包含再生过程和具有嵌入马尔可夫链的随机过程作为它的特殊情形）。人们可以利用平稳标值点过程的理论去研究输入和服务过程有某种相依性的排队系统。

在应用随机点过程研究不同领域的实际问题时，人们根据具体问题的要求和特点确定要着重考虑的过程统计特征并相应地选用适当的方法。按此可以把从事这方面工作的数学家和工程师们分为两大学派。

包括某些理论物理学家、神经生理学家在内的一批人的工作特点是从矩的观点出发，目的主要是基于由观测数据估计得到的各种不同的矩函数作模型拟合。在这里母泛函和矩密度是强有力的研究工具，有关母泛函和矩密度的理论已是现代点过程理论的一个重要组成部分。虽然在历史上，法国物理学家 Yvon (1935) 是第一个在这方面进行工作的人。但是，大量的工作只是在第二次世界大战以后才出现。Bogohirbov (1946) 首先利用概率母泛函这一工具。Bhabha (1950) 和 Ramakrishnan (1950) 为了研究点过程的高阶相依性而引入乘积密度的概念并考察了它的性质。随后，Ramakrishnan，Janossy，Srinivasan，Moyal，Vere-Jones，Westcott 和 Macchi 等人在这方面进一步做了许多工作。概率母泛函是概率母函数的自然推广。当群体是有限时，概率母泛函有通过群体中质点数目的概率和质点位置的概率密度表示的展式。同时，类似于概率母函数的阶乘矩展式，概率母泛函也有用阶乘矩密度(物理学家通常称之为乘积密度)表示的展式。

另一学派则是用点过程的随机强度描述模型．我们知道，一个齐次泊松过程可以用它的常数强度来表征，而非齐次泊松过程的强度则是时间 t 的(确定性)函数．由 Quenouille (1949) 引入、但常常冠以 Cox 的名字的重随机泊松过程（又称条件泊松过程）则是以某一随机过程为强度的．当给定了强度时它是一个普通的泊松过程．因此，重随机泊松过程是具有随机强度的一类特殊的点过程．Cox，Grandell 和 Snyder 等人在重随机泊松过程的研究中做了许多有意义的工作．一般点过程的随机强度是上述强度概念的进一步推广．概略地说，它反映在任一固定时刻，当已给过程的全部过去历史时，过程在未来的瞬间发生新的点事件的可能性．Snyder (1975) 给出了许多具有这种随机强度的点过程的例子．在 Brémaud (1981) 的著作中利用现代随机过程一般理论（特别地，现代鞅论）对点过程的随机强度作了系统而严格的描述．可以这样说，随机强度的引入使随机点过程的理论、应用和统计分析的研究进入一个新的阶段．

应当指出，近年来许多电子工程师、通讯工程师和从事这些领域的应用工作的数学家们对点过程的兴趣日益增加，他们的工作对点过程理论的发展作出重要的贡献．由于高信噪比的要求，在传输信息时人们日益倾向于使用脉冲信号而舍弃连续信号．我们可以通过把脉冲发生的时刻看作是一点而把脉冲过程作为点过程来研究．于是，类似于连续过程，我们必须考虑连系于随机点过程的信号检测、预报、内插和估计等问题．因为脉冲信号是非负和离散的，所以基于维纳过程而发展起来的一套理论不再适用．另一方面，由于随机强度的引入和实时控制的要求，我们又必须从对过程的“静态描述”过渡到“动态描述”．这就是说，我们要研究的是动态的点过程系统，与这系统相连系的点分布可以随时间而改变．与此同时，对这种系统的控制要求在任一时刻都能够根据由这时刻以前所实施的控制得到的资料对系统作出直接而有效的控制．于是，最理想的数学工具就是鞅论．Kunita，Watanaba (1967)，Snyder (1972) 和 Brémaud (1972) 等人在使点过程理论和鞅论密切联系起来的工作是奠基性的．由于这种联系的建立，现代鞅论的迅速发展必然会促进点过程理论和应用研究的进一步发展和深化．例如，平行于维纳过程的白噪声的鞅理论，点过程的基于新息方法的滤过理论，似然比理论和动态规划理论都已经发展起来了．

Brémaud (1972,1974,1981) 首先把鞅论应用于排队论的研究，这应该说是点过程的鞅论方法研究中的一个重要成就．他在排队论中利用较一般的点过程模型并把鞅论作为新的有力研究手段．传统上，排队论是利用马尔可夫链和更新理论作为工具，并在研究各种不同策略的运营特征的基础上从中作出选择．而鞅论方法则适用于动态性质的问题．这方法的一个显著特点是其目的主要并不在于对各种策略作出评价，而是求出最优策略．另一个特点则是对某些传统的排队论问题（如马尔可夫排队系统的输出理论）可以利用滤过的新息理论得到新的完全解答．

Aalen (1975,1978), Jacobsen (1982) 和 Karr (1986) 等人利用现代随机过程一般理论（特别是现代鞅论）和点过程的随机强度理论对点过程的统计推断所做的工作是卓有成效的．这从另一个方面展示鞅论和点过程理论之间的密切联系．同时也提供了一个应用现代随机过程一般理论来发展有效而实用的统计分析技巧的成功范例．

空间点过程在森林学，生物学，地质学和天文学等领域都有重要的应用，这是点过程理论的一个很重要但又尚未得到充分开发的分支．有关空间点过程的近期专著有 Matérn (1986), Ripley (1981)和 Diggle (1983) 等人的著作．

除了前面提及的之外，最近出版的有关点过程的专著还有 Disney 和 Kiessler (1987), Thompson (1988), Srinivasan (1988) 和 Daley 和 Vere-Jones (1988) 等人的著作．前三本书主要是结合应用讨论某些领域的点过程模型．最后一本则是 Daley 和 Vere-Jones 两人花了近10年时间辛勤工作的成果．

§1-3 点过程和计数过程，计数性质和间距性质

在点过程的理论和应用研究中，计算落在点发生空间$\mathscr{X}$的某些子集中的点数是一个最基本的问题. 为了讨论点过程的这种计数性质，需要引入计数过程（counting process）的概念. 为了便于说明，先假设 $\mathscr{X}=[0,\infty)$ 是实数轴的非负部分(今后将用 $\mathbb{R}$ 和 $\mathbb{R}_+$ 分别表示实数轴和它的非负部分)，而且被研究的点过程的每一个现实是$\mathscr{X}$的一个可数子集(有限集是可数集的一种特殊情形). 一般地以ω表示点过程的一个现实. 又设A是$\mathscr{X}$的任一(波雷耳)子集. 我们用 $N(A;\omega)$ 表示ω落在A中的点数，即

$$N(A;\omega)=\sum_i I_A(x_i), \tag{1-3-1}$$

其中 $x_i\in\omega$，$I_A(x)$ 是集合A的示性函数，即

$$I_A(x)=\begin{cases}1 & x\in A,\\ 0 & x\notin A.\end{cases}$$

当我们把 $N(A;\omega)$ 看作是变元A和ω的函数时，它定义$\mathscr{X}$上的一个以集合A为参数的非负整数值随机过程，我们把这过程称做原来的随机点过程的伴随计数过程. 沿用一般随机过程理论中的习惯写法，在不必强调$N(A;\omega)$对ω的依赖关系时就把 $N(A;\omega)$ 简写为 $N(A)$. 易见上面关于计数过程 $N(A;\omega)$ 的定义可以直接推广到$\mathscr{X}$是更一般的抽象空间的情形.

从直观上容易看出(严格论证可参看第十二章)，随机点过程和它们的伴随计数过程之间存在着一一对应关系. 因此，人们往往把二者看作是等同的东西. 一个点过程的统计特性可以用它的计数性质来描述，给定了点过程的计数特性也就相当于在统计上给定了点过程.

当集合 $A=(s,t]$ 是 $\mathbb{R}_+$ 的一个左开右闭区间时，我们记

$$N\{(s,t]\}\equiv N_{s,t}.$$

再令

$$N_t = N_0 + N_{0,t}, \tag{1-3-2}$$

这里 N_0 是一非负整数．易见 $\{N_t, t \geqslant 0\}$是一个随机过程，N_0是它的初始状态．人们通常假设 $N_0 = 0$，这时有 $N_t = N\{(0,t]\}$，它对在时刻 t 以前（包含时刻 t）发生的点进行计数．因此人们把这种带有实参数 t 的过程称做计数过程(事实上，对于我们所讨论的情形，N_t 和上面提到的 $N(A)$ 是等价的)．容易看出，过程 $\{N_t; t \geqslant 0\}$ 是取非负整数值的，它的样本函数是右连续单调不减的阶梯函数[1]．在对应的点过程有一个点发生的时刻，它有一单位跳跃．于是，在出现 n 重点的时刻它就有 n 个单位的跳跃．图 1-3-1 所示的是计数过程 $\{N_t, t \geqslant 0\}$ 的一个典型的样本函数和对应的点序列．

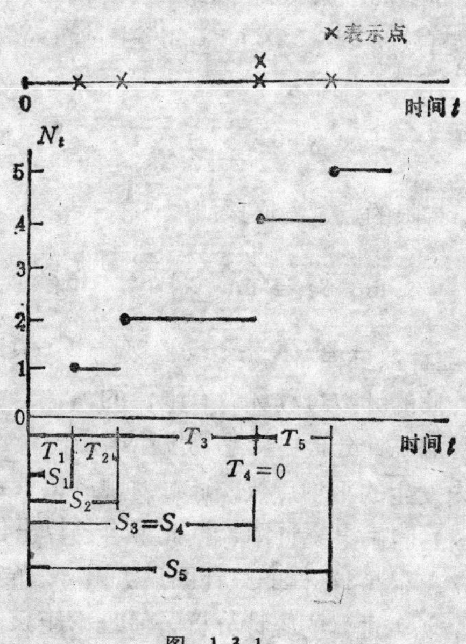

图 1-3-1

1) 有些作者，例如 Snyder (1975) 是定义 $N_t = N\{[0, t)\}$ 的，这时 N_t 是变元 t 的左连继函数．但是，在多数情形，特别是在应用鞅论和斯蒂阶斯积分时，采用 $N_t = N\{(0,t]\}$ 的定义比较方便．

由计数过程的定义易知

$$N_t = N_s + N_{s,t}.$$

因此

$$N_{s,t} = N_t - N_s, \tag{1-3-3}$$

即 $N_{s,t}$ 是计数过程 N_t 在区间 $(s,t]$ 上的增量.

一般说来，我们并不排除 N_t 取 $+\infty$ 值的可能性. 如果过程 $\{N_t, t \geqslant 0\}$ 以概率 1 只取有限值,亦即对应的点过程以概率 1 在任意有限区间内不会发生无穷多个点，我们就说点过程是**局部有限的**. 反之，过程就称做**剧增的或爆炸的**.

我们用 T_1 表示从原点到第一点的间距,T_2 表示从第一点到第二点的间距，T_3 表示从第二点到第三点的间距,……,一般地,对于任意整数 $n > 1$，T_n 表示从第 $n-1$ 点到第 n 点的间距. 于是，对于任意整数 $n \geqslant 1$，第 n 点的发生时间 S_n 有如下的表示式:

$$S_n = \sum_{k=1}^{n} T_k. \tag{1-3-4}$$

易见对于局部有限的点过程必以概率 1 有

$$\lim_{n \to \infty} S_n = \lim_{n \to \infty} \sum_{k=1}^{n} T_k = \infty.$$

这时,它的伴随计数过程 $\{N_t, t \geqslant 0\}$ 以概率 1 只取有限值，我们把具有这种性质的计数过程称做**有限值的**.

在点过程的统计分析中，**平均发生率**是一个重要的量. 它表示单位时间内发生的平均点数. 通过对观测记录到的点事件累加并描点 (t, N_t) 而画出统计图，据此就容易算出任一时间区间内的平均发生率. 但是,这样的统计图只给出 N_t 的一个现实,而根据过程的一个现实进行的统计分析一般是不能获得反映过程统计特性的完全知识. 在统计上能完全刻划一个随机过程 N_t 的量是过程的有限维分布，而在这些有限维分布中，一维分布 $P\{N_t = k\}$，$k = 0,1,2,\cdots$,是人们特别感兴趣的.

过程的强度(若作为定义的极限存在)

$$\lambda(t) = \lim_{h \to 0} \frac{P\{N_{t+h} - N_t > 0\}}{h} \qquad (1\text{-}3\text{-}5)$$

是一个能很好刻划过程的计数性质的量，它反映过程 N_t 的无穷小特性．在相当一般的情形中，过程的强度能唯一地确定过程的有限维分布，因而可以通过它来描述或给定一个计数过程．

强度 $\lambda(t)$ 可能是一个常数，也可能是一个随着 t 变化而变化的确定性函数，更一般地，它自身可以是一个随机过程．前面提到的齐次泊松过程、非齐次泊松过程和重随机泊松过程依次分别属于这三种情形．

按照定义，强度 $\lambda(t)$ 作为一个极限可能不存在．这时，我们可以讨论累积强度(又称均值强度) $\Lambda(t)$．粗略地说，$\Lambda(t)$ 是在区间 $(0,t]$ 内发生点数的期望值． 它可能是一个普通的斯蒂阶斯测度，也可能是依赖于过程 N_t 的历史或其它随机过程的随机测度．利用鞅论的术语人们也把 $\Lambda(t)$ 称做点过程的**补偿子** (compensator)，可以证明它一定存在．

强度和累积强度是两个很重要的概念，它们在随机点过程的许多问题的研究中常常占有中心的地位．

间距性质是点过程的另一重要特性．这里所说的间距是指点事件之间的间距以及从任一固定时刻 t 到 t 后第一个点事件的间距 U_t (称做接后发生时间)和从 t 到 t 前最接近一个点事件的间距 V_t (称做对前发生时间)这样一类有一个或两个端点是点事件的区间．其中又以相邻两点事件的间距（称做点间间距）最为重要．

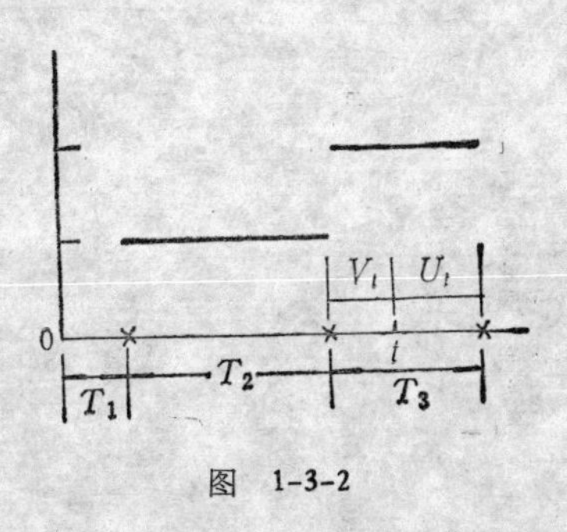

图 1-3-2

由(1-3-4)式容易看出，如果给定了点间间距序列 $\{T_n, n \geq 1\}$，则点发生时间序列 $\{S_n, n \geq 1\}$ 也就确定了，反之，若给定了点发生时间序列 $\{S_n, n \geq 1\}$，则由 $T_n = S_n - S_{n-1}$ $(n \geq 1,$

$S_0=0$）可唯一确定点间间距序列 $\{T_n; n\geqslant 1\}$. 因此，一个随机点过程可以用它的点间间距序列来描述. 在简单的情形中，这序列的各项是相互独立同分布的随机变量. 但是，它们也可以是相互独立不同分布，或者形成一马尔可夫链以至有更一般的相依关系.

当 $T_2, T_3, \cdots, T_n, \cdots$ 是相互独立同分布时(允许 T_1 有不同的分布，详见第三章更新过程的讨论)，重要的问题是研究 $T_n = T(n=2,3,\cdots)$ 的分布，即等待时间分布(又称故障分布或寿命分布).

相应于由计数过程 N_t 定义的强度 $\lambda(t)$，对于序列 $\{T_n\}$ 有临危函数 $\mu(t)$(又称临界发生率或故障强度)，它由下式定义:

$$\mu(t)=\lim_{h\to 0}\frac{P\{t<T\leqslant t+h|T>t\}}{h}. \qquad (1\text{-}3\text{-}6)$$

当 $T_1, T_2, \cdots$ 不是相互独立时，我们可以类似地定义过程的条件故障强度，它和过程的强度有密切的关系. 关于这方面的详细讨论，可参看 Jacobsen (1982).

第二章 泊松过程

§2-1 齐次泊松过程的定义

1. 引言和例子

齐次泊松过程是被研究得最早和最简单的一类点过程. 它在点过程的理论和应用中都占有重要的地位，这最低限度可从以下几方面看出. 首先，泊松过程在现实生活的许多应用中是一个相当合适的模型，它在物理学、天文学、生物学、医学、通讯技术、交通运输和管理科学等领域中都有成功应用的例子. 其次，从齐次泊松过程出发，可以构造和发展各种各样更复杂的点过程模型. 我们在后面将要看到，随着逐步把置于齐次泊松过程的条件减弱以至除去，或者引入附加的结构，我们就得到非齐次泊松过程、更新过程、平稳点过程、广义泊松过程、自激点过程、重随机泊松过程、滤过泊松过程以至一般的标值点过程等模型. 第三，某些较复杂的点过程常可借助某种变换或随机比较方法归结为齐次泊松过程的情形来研究. 最后，在随机点过程叠加的极限理论中，泊松过程起着正态分布在随机变量的极限理论中所起的中心作用. 因此，可以毫不夸张地说，泊松过程是随机点过程理论的建筑基石.

为了使叙述简单明瞭，我们主要考虑点发生空间 $\mathscr{X}=\mathbb{R}_+$ 的情形. 这时伴随的计数过程 $\{N_t,\ t\geqslant 0\}$ 的参数集就是 $\mathbb{R}_+$. 我们可以赋予这空间以“时间”的含义而使讨论更为直观. 应当指出，仅就一维情形研究泊松过程在数学上并不是实质性的限制. 因为在这种情形中我们易于认识泊松过程的所有统计特性，而且把所得的结果推广到高维以至更一般的空间原则上并没有什么大的困难.

定义 2-1-1 计数过程 $\{N_t, t\geqslant 0\}$ 称做**齐次泊松过程** (homogeneous Poisson process),如果它满足以下条件:

(1) $P(N_0=0)=1$.

(2) 对于任意 $t>s\geqslant 0$, 增量 $N_{s,t}=N_t-N_s$ 有参数为 $\lambda(t-s)$ 的泊松分布,即对 $k=0,1,2,\cdots$

$$P(N_{s,t}=k)=e^{-\lambda(t-s)}[\lambda(t-s)]^k/k!,\tag{2-1-1}$$

这里 $\lambda\geqslant 0$ 是常数, 称做过程的**强度**或**发生率**.

(3) 具有独立增量.

在以上定义中,条件(1)是对过程初始状态的规定, 它不是实质性的限制. 条件(2)蕴含过程具有平稳增量, 即 $N_{s,t}$ 的分布只依赖于差数 $t-s$ 而与 s,t 的具体值无关. 此外,由

$$\sum_{k=0}^{\infty}P(N_t=k)=1$$

推知泊松过程是局部有限的. 条件(3)表示过程是无后效的. 因为 $\{N_t,\ t\geqslant 0\}$ 有独立增量意味着对任意正整数 n 和任意实数 $0\leqslant t_1<t_2<\cdots<t_n$,变量 $N_{t_1},N_{t_2}-N_{t_1},\cdots,N_{t_n}-N_{t_{n-1}}$ 相互独立. 由于 $N_{t_j}=N_{t_1}+(N_{t_2}-N_{t_1})+\cdots+(N_{t_j}-N_{t_{j-1}})$,故由增量独立性立得

(3′) 对任意正整数 n 和任意实数 $0\leqslant t_1<t_2<\cdots<t_n$, $N_{t_n}-N_{t_{n-1}}$ 独立于 $N_{t_j},j\leqslant n-1$.

反之, 不难用归纳法证明(3′)蕴含(3),即(3)和(3′)等价. 易知(3′)表明过程过去和现在的状态对过程将来的演化并没有影响,这就是说过程是无后效或无记忆的.

我们即将看到, 齐次泊松过程有许多种用不同方式表达的等价定义. 我们选取定义 2-1-1 作基本定义的原因只不过是它指出区间点数有泊松分布而直接和泊松这一名字联系起来.

下面考察齐次泊松过程的一些实际例子.

例 2-1-1 (放射性衰减) 放射性物质在衰减过程中放射出伽玛光子. 用 N_t 表示在时间区间$(0,\ t]$内计数器检测到的伽玛光子数目.如果放射性物质的半衰期比我们的观测时间长得多,就可以认为在观测区间内伽玛光子的放射速率是一常数, 于是可用

一齐次泊松过程拟合 $\{N_t, t \geqslant 0\}$.

例 2-1-2 (排队论中的应用) 在随机服务系统的排队现象的研究中，经常会自然地引导到泊松过程模型的应用. 例如，到达电话总机的呼唤数目和到达服务机构(如商店、车站等)的顾客数目常常都可用泊松过程来模拟.

例 2-1-3 (事故的发生) 若以 N_t 表示某工厂、矿山或公路交叉处在观测时间区间 $(0,t]$ 内发生不幸事故的数目，则齐次泊松过程常常是过程 $\{N_t, t \geqslant 0\}$ 的一种很好的近似.

例 2-1-4 (水文学的应用) 在水文学中常常对超过某一洪水阈值的风险洪水产生兴趣. 作为第一步近似(在规定了这种事件的重现期之后)，可以认为在观测区间 $(0,t]$ 内出现风险洪水的次数 N_t 服从泊松分布. 如果有理由相信风险洪水的出现是无后效的话，$\{N_t, t \geqslant 0\}$ 就是一泊松过程.

为什么上述例子以及现实生活中许多现象都可以用泊松过程来模拟呢?其根据是所谓"罕见事件原理". 概略地说，在这些例子和现象中我们实质上涉及到许多伯努里试验，其中成功(即我们所关注的事件出现)的概率很小，但总的成功期望数保持或近似是一常数(从而试验次数变得很大). 例如在上面关于车站排队的例子中，设某一地区有许多居民，每一居民到火车站乘车的概率很小. 但在一定的季节或时间区间内该地区到车站乘车的期望人数基本上维持在某一稳定的数目附近. 于是，每一个居民在观测期间内是否到火车站乘车对应一个伯努里试验. 根据概率论中的泊松定理知道在这些条件下，到火车站乘车的人数近似地服从泊松分布.

2. 几种等价定义及特性

在这一小节中我们通过讨论齐次泊松过程的一些重要特性给出这类过程的若干等价定义.

从定义 2-1-1 的条件(2)易知对任意 $t \in \mathbb{R}_+$ 和 $h > 0$ 有

$$P(N_{t+h} - N_t \geqslant 2) = \sum_{n=2}^{\infty} e^{-\lambda h}(\lambda h)^n / n!$$

$$\leqslant (\lambda h)^2 e^{-\lambda h} \sum_{n=0}^{\infty} (\lambda h)^n / n! = (\lambda h)^2,$$

故对 $t \in \mathbb{R}_+$ 一致地有

$$\lim_{h \to 0} \frac{P(N_{t+h} - N_t \geqslant 2)}{h} = 0 \tag{2-1-2}$$

上式可以简单地写成当 $h \to 0$ 时

$$P(N_{t+h} - N_t \geqslant 2) = o(h). \tag{2-1-3}$$

我们把这一事实写成如下的引理的形式:

引理 2-1-1 若 $\{N_t, t \geqslant 0\}$ 是齐次泊松过程，则(2-1-3)式成立.

Khinchin (1955) 把性质 (2-1-3) 称做普通性 (ordinariness). Daley (1974) 则在对点过程的有序性作了仔细讨论和分类的基础上称之为一致解析有序性 (uniformly analytic orderliness).

从普通性的要求(2-1-3)可推出计数过程 $\{N_t, t \geqslant 0\}$ 在任一时刻 $t > 0$ 实际上不可能有跃度超过 1 的跳跃，亦即对应的点过程没有重点 (without multiple points)，这一事实的确切表达是

$$P(N\{t\} = 0 \text{ 或 } 1, \text{对每一 } t \in (0, \infty)) = 1. \tag{2-1-4}$$

这又等价于

$$P\ (\text{存在 } t_0 \in (0, \infty), \text{使得 } N\{t_0\} \geqslant 2) = 0, \tag{2-1-5}$$

这里 $N\{t_0\}$ 表示点过程 $\{N_t, t \geqslant 0\}$ 在时刻 t_0 发生的点数.

易见满足(2-1-4)和 (2-1-5) 式的点过程的点间间距是严格正的,于是以概率 1 有

$$0 < s_1 < s_2 < \cdots < s_n < s_{n+1} < \cdots,$$

其中 s_n 是第 n 点的发生时间. 这就是说,过程的几乎所有轨道没有重点，因而我们可以严格按照点发生的先后顺序把它们依次排列. 所以我们把满足条件(2-1-4)的点过程(等价地，它的伴随计数过程)称做几乎处处有序的. 显然,条件(2-1-4)也可写成

$$P(S_i \neq S_j, i \neq j) = 1. \tag{2-1-6}$$

下面证明由(2-1-3)式可推出(2-1-4)式. 对于任意正整数M和 n,考虑区间 $(0,M]$ 的一个划分

$$\mathscr{T}_n=\left\{\left(0,\frac{M}{n}\right],\ \left(\frac{M}{n},\ \frac{2M}{n}\right],\cdots,\left(\frac{(n-1)M}{n},\ M\right]\right\}.$$

易见若有一 $t_0\in(0,M]$,使得 $N\{t_0\}\geqslant 2$, 则因为 t_0 必属于 $\mathscr{T}_n$ 中某一个小区间,故 $\mathscr{T}_n$ 中必有一个小区间包含两个或两个以上的点. 另一方面,由条件(2-1-3)知对任意 $\varepsilon>0$, 当 $h>0$ 足够小时对所有 $t\geqslant 0$ 有

$$P(N_{t,t+h}\geqslant 2)<\varepsilon h. \tag{2-1-7}$$

因此,对任意给定的 M,可选取足够大的 n,使得

$$P(N_{t,\ t+\frac{M}{n}}\geqslant 2)<\varepsilon M/n$$

对所有 $t\geqslant 0$ 均成立. 又因为事件

$$\{存在\ t_0\in(0,M],使得\ N\{t_0\}\geqslant 2\}$$

$$\subseteq\bigcup_{k=1}^{n}\{N_{\frac{(k-1)M}{n},\ \frac{kM}{n}}\geqslant 2\},$$

故

$$P(存在\ t_0\in(0,M],使得\ N\{t_0\}\geqslant 2)$$

$$\leqslant\sum_{k=1}^{n}P(N_{\frac{(k-1)M}{n},\ \frac{kM}{n}}\geqslant 2)<\varepsilon M.$$

由 ε 的任意性推知

$$P\ (存在\ t_0\in(0,M],使得\ N\{t_0\}\geqslant 2)=0.$$

最后,令$M\to\infty$即得

$$P(存在\ t_0\in(0,\infty),使得\ N\{t_0\}\geqslant 2)$$

$$=\lim_{M\to\infty}P(存在\ t_0\in(0,M],使得\ N\{t_0\}\geqslant 2)=0.$$

这就引导到下面的引理.

引理 2-1-2 若过程 $\{N_t;t\geqslant 0\}$ 满足普通性条件 (2-1-3), 则这过程是几乎处处有序的,即(2-1-4)式成立.

现在,我们想要证明,对于一个有限值计数过程 $\{N_t,\ t\geqslant 0\}$ 来说,只要对过程加上平稳性、无后效性和有序性这样一些定性的

条件，我们就可以推出表明它是齐次泊松过程所需满足的具体要求. 为此,我们证明下面三个引理.

引理 2-1-3 若有限值计数过程 $\{N_t, t \geqslant 0\}$ 具有平稳增量和独立增量,则对所有 $t \geqslant 0$

$$P(N_t = 0) = e^{-\lambda t}, \tag{2-1-8}$$

而且强度

$$\lim_{h \to 0} P(N_h > 0)/h \tag{2-1-9}$$

存在且等于 λ,这里 $\lambda \geqslant 0$ 是某一常数.

证明 令 $f(t) = P(N_t = 0)$. 易见对任意 $t, s \geqslant 0$ 有

$$\{N_{t+s} = 0\} = \{N_t = 0\} \cap \{N_{t,t+s} = 0\}.$$

由增量的平稳性和独立性假设得

$$\begin{aligned} P(N_{t+s} = 0) &= P(N_t = 0)P(N_{t,t+s} = 0) \\ &= P(N_t = 0)P(N_s = 0), \end{aligned}$$

即

$$f(t+s) = f(t)f(s).$$

此外,由计数过程及概率的性质知 $f(t)$ 是单调不增的，而且有 $0 \leqslant f(t) \leqslant 1$ 对所有 $t \geqslant 0$. 根据附录二知或者 $f(t) \equiv 0$,或者存在一常数 $\lambda \geqslant 0$,使得 $f(t) = e^{-\lambda t}$. 如果 $f(t) \equiv 0$ (这可看作是对应于 $\lambda = \infty$ 的情形)，即 $P(N_t = 0) = 0$ 对所有 $t \geqslant 0$ 均成立. 这蕴含对任意 $u \in \mathbb{R}_+$ 和任意实数 $v > 0$,以概率 1 有$N_{u+v} - N_u \geqslant 1$. 于是，对任意 $t > 0$ 和任意正整数 n，恒可取 n 个实数 $t_1, \cdots, t_n$ 使满足 $0 < t_1 < t_2 < \cdots < t_n = t$. 记 $N_t = N_{t_1} + (N_{t_2} - N_{t_1}) + \cdots + (N_{t_n} - N_{t_{n-1}})$，则由上述知以概率 1 有 $N_t \geqslant n$. 由 n 的任意性推得 $N_t = \infty$,这与 N_t 的有限性矛盾.

$\lambda = 0$ 对应退化的情形,这时以概率 1 有 $N_t \equiv 0$ 对所有 $t \geqslant 0$,即以概率 1 点事件不会发生. 这种情形常常由于没有实际意义[1)]而被排除在讨论范围之外.

---

1) 如果加上条件: $0 < P(N_t = 0) < 1$ 对所有 $t > 0$,则排除了 $P(N_t = 0) \equiv 0$ 和 $P(N_t = 0) \equiv 1$ 这两种极端情形，从而可保证 $0 < \lambda < \infty$. 有些作者，例如 E. Parzen (1962),把这条件列入泊松过程的定义中.

最后，按定义过程的强度是

$$\lim_{h\to 0} P(N_h>0)/h = \lim_{h\to 0}[1-P(N_h=0)]/h = \lim_{h\to 0}(1-e^{-\lambda h})/h = \lambda. \quad ■$$

引理 2-1-4 若有限值计数过程 $\{N_t, t\geqslant 0\}$ 除具有平稳增量和独立增量之外，还是几乎处处有序的，则下列关系式成立：当 $h\to 0$ 时

$$P(N_h\geqslant 2)=o(h); \tag{2-1-10}$$

$$P(N_h\geqslant 1)=\lambda h+o(h); \tag{2-1-11}$$

$$P(N_h=1)=\lambda h+o(h). \tag{2-1-12}$$

证明 记 $\phi_2(h)=P(N_h\geqslant 2)$ 和 $A_n=\{N_{k-1/n,k/n}\geqslant 2$ 对某一 $k=1,\cdots,n\}$. 易见事件 A_n 的余事件是 $B_n=\{N_{k-1/n,k/n}\leqslant 1$ 对所有 $k=1,\cdots,n\}$. 由过程增量的独立性和平稳性易知

$$P(B_n)=\prod_{k=1}^{n}P(N_{k-1/n,k/n}\leqslant 1) = \left(1-\phi_2\left(\frac{1}{n}\right)\right)^n.$$

从而有

$$P(A_n)=1-\left(1-\phi_2\left(\frac{1}{n}\right)\right)^n. \tag{2-1-13}$$

因为过程以概率 1 有序和局部有限，故对几乎所有 ω，$N_1(\omega)$ 有限且每个点间间距是严格正的．故当 n 足够大使得 $1/n$ 小于轨线 $N_t(\omega)$在区间$(0,1]$中所有点间间距时必有 $\omega\notin A_n$. 于是对几乎所有 ω，恒存在正整数 $n_0(\omega)$，当 $n>n_0(\omega)$ 时 $\omega\notin A_n$，即 ω 最多只属于有限多个 A_n，故

$$P\{\text{有无穷多个 } A_n \text{ 发生}\} = P\left\{\bigcap_{n=1}^{\infty}\bigcup_{m=n}^{\infty}A_m\right\} = \lim_{n\to\infty}P\left(\bigcup_{m=n}^{\infty}A_m\right)=0.$$

因为 $0\leqslant P(A_n)\leqslant P\left(\bigcup_{m=n}^{\infty}A_m\right)$，由此推知 $\lim_{n\to\infty}P(A_n)=0$. 注意到(2-1-13)式等价于

$$\log[1-P(A_n)] = n\log\left[1-\phi_2\left(\frac{1}{n}\right)\right].$$

利用初等不等式 $\log(1+x)\leqslant x$ 可得

$$-n\log\left[1-\phi_2\left(\frac{1}{n}\right)\right]\geqslant n\phi_2\left(\frac{1}{n}\right),$$

从而当 $n\to\infty$时

$$0\leqslant n\phi_2\left(\frac{1}{n}\right)\leqslant -\log[1-P(A_n)]\to 0. \tag{3-1-14}$$

由 $\phi_2(h)$ 的定义知它是 h 的单调不减非负函数. 又因为 $h=(h^{-1})^{-1}\leqslant[h^{-1}]^{-1}$ 和 $(h^{-1})\leqslant[h^{-1}]+1$,故借助(2-1-14)式就可推出

$$\begin{aligned}\lim_{h\to 0}\phi_2(h)/h &\leqslant \lim_{h\to 0}\phi_2([h^{-1}]^{-1})([h^{-1}]+1)\\ &= \lim_{h\to 0}\{\phi_2([h^{-1}]^{-1})/[h^{-1}]^{-1}\}\{([h^{-1}]\\ &\quad +1)/[h^{-1}]\}=0.\end{aligned}$$

于是(2-1-10)式得证.

由引理 2-1-3 关于过程强度的论断马上可得(2-1-11)式. 而(2-1-12)式只不过是(2-1-10)和(2-1-11)式的直接推论. ■

引理 2-1-5 若有限值计数过程 $\{N_t, t\geqslant 0\}$ 满足如下条件: 对任意正整数 k,任意实数$0<t_1<t_2<\cdots<t_k$ 和任意非负整数 $n_1\leqslant n_2\leqslant\cdots\leqslant n_k$,当 $k\to 0$ 时有

$$P(N_{t_k,t_k+h}=1\mid N_{t_j}=n_j, 1\leqslant j\leqslant k)=\lambda h+o(h) \tag{2-1-15}$$

和

$$P(N_{t_k,t_k+h}\geqslant 2\mid N_{t_j}=n_j, 1\leqslant j\leqslant k)=o(h), \tag{2-1-16}$$

这里 $\lambda\geqslant 0$ 是某一常数. 则这过程满足定义 2-1-1 的条件(2)和(3),即有独立平稳增量且其增量服从泊松分布(2-1-1).

在证明这引理之前先要指出,条件(2-1-15)亦可用

$$P(N_{t_k,t_k+h}=0\mid N_{t_j}=n_j, 1\leqslant j\leqslant k)=e^{-\lambda h} \tag{2-1-17}$$

代替. 而且,由(2-1-15)和(2-1-16)式又立刻得到

$$P(N_{t_k,t_k+h}=0|N_{t_j}=n_j,1\leqslant j\leqslant k)=1-\lambda h+o(h).$$

(2-1-18)

此外,当我们谈到条件概率时,自然是要求作为条件的事件有非零概率.

引理 2-1-5 的证明 下面只考虑 $\lambda>0$ 这种非平凡情形. 为简化记号,记 $A=\{N_{t_j}=n_j,1\leqslant j\leqslant k\}$ 和

$$P_n(t)=P(N_{t_k,t_k+t}=n|A).$$

为了证明引理的论断,我们只须证明

$$P_n(t)=e^{-\lambda t}(\lambda t)^n/n!,\ n=0,1,\cdots.$$

因为上式等号的右边只依赖于 t 而与 t_k 的具体值无关, 而且它又不依赖于事件 A. 故这过程满足定义 2-1-3 中的条件(2)和等价于条件(3)的(3′). 对于 $h>0$

$$\begin{aligned}
&P(N_{t_k,t_k+t+h}=n|A)\\
&=P(N_{t_k,t_k+t}=n|A)P(N_{t_k+t,t_k+t+h}=0|A,N_{t_k,t_k+h}=n)\\
&\quad+P(N_{t_k,t_k+t}=n-1|A)P(N_{t_k+t,t_k+t+h}=1|A,N_{t_k,t_k+h}\\
&=n-1)+\sum_{m=0}^{n-2}P(N_{t_k,t_k+t}=m|A)P(N_{t_k+t,t_k+t+h}\\
&=n-m|A,N_{t_k,t_k+h}=m).
\end{aligned}\tag{2-1-19}$$

当 $n\leqslant 1$ 时上式右端最后的和数消失. 当 $n=0$ 时第二项也不存在. 根据(2-1-16)式知当 $m=0,1,\cdots,n-2$ 时

$$\begin{aligned}
&P(N_{t_k+t,t_k+t+h}=n-m|A,N_{t_k,t_k+t}=m)\\
&=P(N_{t_k+t,t_k+t+h}=n-m|N_{t_j}=n_j,1\leqslant j\leqslant k;N_{t_k+t}\\
&\qquad=n_k+m)\\
&\leqslant P(N_{t_k+t,t_k+t+h}\geqslant 2|N_{t_j}=n_j,1\leqslant j\leqslant k;N_{t_k+t}=n_k+m)\\
&=o(h).
\end{aligned}$$

故(2-1-19)式可写成

$$\begin{aligned}
P_n(t+h)&=P_n(t)(1-\lambda h+o(h))+P_{n-1}(t)(\lambda h\\
&\qquad+o(h))+o(h)\\
&=(1-\lambda h)P_n(t)+\lambda hP_{n-1}(t)+o(h).
\end{aligned}$$

于是

$$P_n(t+h)-P_n(t)=-\lambda hP_n(t)+\lambda hP_{n-1}(t)+o(h). \tag{2-1-20}$$

用 h 除上式两端并令 $h\downarrow 0$ 得

$$P_0'(t)=-\lambda P_0(t); \tag{2-1-21}$$

$$P_n'(t)=-\lambda P_n(t)+\lambda P_{n-1}(t),\quad n\geqslant 1. \tag{2-1-22}$$

这时，我们有

$$P_n(0)=P(N_{t_k,t_k}=n\,|\,A)=\begin{cases}1 & \text{当 } n=0,\\ 0 & \text{当 } n\neq 0.\end{cases} \tag{2-1-23}$$

应当指出，在推导(2-1-21)，(2-1-22)式时我们得到的是右导数，但它们事实上是双边导数．因为由（2-1-20）式及 $P_n(t)-P_n(t-h)$的类似表达式易知 $P_n(t)(n\geqslant 0)$，从而(2-1-21)和(2-1-22)式右端是 t 的连续函数[1]．

现在用归纳法求解带有边界条件（2-1-23）的方程组（2-1-21)，(2-1-22)．易见带有边界条件的微分方程（2-1-21）的解是 $P_0(t)=e^{-\lambda t}$．用 $e^{\lambda t}$ 乘(2-1-22)式两端并经移项整理后可得

$$\frac{d}{dt}\left[e^{\lambda t}P_n(t)\right]=\lambda e^{\lambda t}P_{n-1}(t),\qquad n\geqslant 1.$$

当 $n=1$ 时有

$$\frac{d}{dt}\left[e^{\lambda t}P_1(t)\right]=\lambda.$$

这方程的通解是

$$P_1(t)=(\lambda t+c)e^{-\lambda t}.$$

由边界条件 $P_1(0)=0$ 可确定 $c=0$，于是得

1）可以证明，若连续函数 $f(t)$ 有连续的右导数 $f'_+(t)$ $(t\geqslant 0)$，则它的双边导数 $f'(t)(t>0)$ 必存在且等于 $f'_+(t)$．为了确立这一论断，只须证明函数 $F(t)=f(t)-f(0)-\int_0^t f'_+(s)ds$ 恒等于零．假若不然，设存在一 $t_0>0$ 使得 $F(t_0)<0$，则 $G(t)=F(t)-\dfrac{tF(t_0)}{t_0}$ 是 t 的连续函数且满足 $G(0)=G(t_0)=0$．又由 $F'_+(t)=0$ 推知 $G'_+(t)>0$，故 $G(t)$ 必在 $[0,t_0]$ 的某一内点 t_1 达到极大值．但另一方面，若 $G(t)$ 在点 t_1 取极大值则必须有 $G'_+(t_1)\leqslant 0$，矛盾．若 $F(t_0)>0$ 也可类似地导出矛盾．

$$P_1(t) = \lambda t e^{-\lambda t}.$$

现设

$$P_{n-1}(t) = e^{-\lambda t}(\lambda t)^{n-1}/(n-1)!,$$

于是有

$$\frac{d}{dt}[e^{\lambda t}P_n(t)] = \lambda e^{\lambda t}P_{n-1}(t) = \lambda(\lambda t)^{n-1}/(n-1)!.$$

积分后得

$$e^{\lambda t}P_n(t) = (\lambda t)^n/n! + C_1.$$

由边界条件 $P_n(0) = 0(n \geqslant 1)$ 推知 $C_1 = 0$,故

$$P_n(t) = e^{-\lambda t}(\lambda t)^n/n!.$$

若已知过程 $\{N_t, t \geqslant 0\}$ 有独立增量,则条件(2-1-15)和(2-1-16)中的条件概率变成无条件概率,故这两条件可写成:对任意 $t \geqslant 0$ 和很小的 $h > 0$,

$$P(N_{t,t+h} = 1) = \lambda h + o(h), \qquad (2\text{-}1\text{-}15')$$

$$P(N_{t,t+h} \geqslant 2) = o(h). \qquad (2\text{-}1\text{-}16')$$

联合引理 2-1-1—2-1-5, 我们就得到如下重要的定理.

定理 2-1-1 下列四组条件中的任一组是有限值计数过程 $\{N_t; t \geqslant 0\}$ 为齐次泊松过程的充分必要条件:

条件 2-1-2 (1) $P(N_0 = 0) = 1$.

(2) 有平稳增量.

(3) 对任意 $h > 0$,当 $h \to 0$ 时

$$P(N_h \geqslant 2) = o(h). \qquad (2\text{-}1\text{-}24)$$

(4) 有独立增量.

条件 2-1-3 (1) $P(N_0 = 0) = 1$.

(2) 有平稳增量.

(3) 几乎处处有序.

(4) 有独立增量.

条件 2-1-4 (1) $P(N_0 = 0) = 1$.

(2) 对任意 $t \geqslant 0$ 和 $h > 0$,当 $h \to 0$ 时

$$P(N_{t,t+h} = 1) = \lambda h + o(h), \qquad (2\text{-}1\text{-}25)$$

和

$$P(N_{t,t+h} \geqslant 2) = o(h). \qquad (2\text{-}1\text{-}26)$$

(3) 有独立增量.

条件 2-1-5 (1) $P(N_0 = 0) = 1$.

(2) 对任意正整数 k，实数 $0 < t_1 < \cdots < t_k$ 和非负整数 $n_1 \leqslant \cdots \leqslant n_k$，当 $h \to 0$ 时

$$P(N_{t_k,t_k+h} = 1 | N_{t_j} = n_j, 1 \leqslant j \leqslant k) = \lambda h + o(h) \qquad (2\text{-}1\text{-}27)$$

和

$$P(N_{t_k,t_k+h} \geqslant 2 | N_{t_j} = n_j, 1 \leqslant j \leqslant k) = o(h). \qquad (2\text{-}1\text{-}28)$$

Khinchin (1955)使用条件 2-1-2 作为齐次泊松过程的定义，他把点过程叫做事件流；把具有平稳增量和独立增量的点过程分别称做平稳流和无后效流；把条件 2-1-2 中的性质 (3) 称做普通性. 如果一个事件流具有平稳性、无后效性和普通性就称做简单流，这亦即我们所说的齐次泊松过程.

条件 2-1-3 中用几乎处处有序性(即以概率 1 没有重点)代替普通性. 我们在前面已经看到(引理 2-1-2)，从过程的普通性可推出几乎处处有序性. 但一般说来反向的蕴含关系并不成立，只不过对于具有平稳独立增量的过程来说两者才是等价的. 条件 2-1-3 包含的要求都是定性的描述，这易于被实际工作者理解和在实践中加以验证. 如果在任一时刻发生的事件对过程以后的演化没有多大影响，我们就可以认为过程是(或近似地是)具有独立增量的. 又若我们所考察的现象的统计特性基本上不会随着时间的改变而发生变化，则可认为它具有平稳性. 此外，是否有出现相重事件(即重点)的可能性往往不难从直观上作出判断. 例如，若我们只考察白天工作时间对某电话总机的呼唤，而且呼唤发生的强度相对于用户的数量来说是很小的. 这时，齐次泊松过程的三个主要特性基本上都能满足.

条件 2-1-4 中的要求(2)蕴含过程的平稳性和有序性，而条件 2-1-5 的(2)更把平稳性、有序性和无后效性集为一体. 用这两组

条件作齐次泊松过程的定义除了它们具有明显地给出过程的强度 λ 这一好处之外，更重要的是这种形式适宜于向纯生过程、生灭过程以至自激点过程这一方向的推广。

有些作者在齐次泊松过程的定义中用条件：对任意 $t \geqslant 0$

$$\lim_{h \to 0} \frac{P(N_{t,t+h} \geqslant 2)}{P(N_{t,t+h} = 1)} = 0 \tag{2-1-29}$$

代替普通性要求（2-1-24）。Daley（1974）把(2-1-29)式称做辛钦有序性．可以证明，对于具有平稳独立增量的非平凡有限值计数过程[1] $\{N_t, t \geqslant 0\}$ 来说，(2-1-29)和(2-1-24)式是等价的．事实上，由引理 2-1-3 知对于这种过程有 $P(N_{t,t+h} = 0) = e^{-\lambda h}$.所以当 $h > 0$ 足够小时

$$P(N_{t,t+h} \geqslant 1) = 1 - e^{-\lambda h} = \lambda h + o(h) > 0.$$

若(2-1-31)式成立，则有

$$\lim_{h \to 0} \frac{P(N_{t,t+h} \geqslant 2)}{P(N_{t,t+h} \geqslant 1)} = \lim_{h \to 0} \frac{P(N_{t,t+h} \geqslant 2)}{\lambda h + o(h)} = 0.$$

故

$$P(N_{t,t+h} \geqslant 2) = o(h).$$

反过来，若(2-1-26)式成立，则 $P(N_{t,t+h} \geqslant 1) = P(N_{t,t+h} = 1) + o(h)$. 于是有

$$\lim_{h \to 0} \frac{P(N_{t,t+h} \geqslant 2)}{P(N_{t,t+h} = 1)} = \lim_{h \to 0} \frac{o(h)}{\lambda h + o(h)} = 0.$$

在定义 2-1-1 中，条件(2)要求对于任意 $0 \leqslant s < t$，点过程在区间 $(s,t]$ 发生的点数有参数为 $\lambda(t-s)$ 的泊松分布(2-1-1). 如果把这条件加强为要求（2-1-1)式对任意有限多个不相交区间之并也成立，即对任意 $A \in \mathscr{A}$ 有

$$P(N(A) = k) = e^{-\lambda L(A)}(\lambda L(A))^k / k!, k = 0, 1, \cdots, \tag{2-1-30}$$

这里 $\mathscr{A}$ 是由所有能表为有限多个不相交区间之并的集合组成的集合族，$L(A)$ 是集合 A 的长度，它等于构成 A 的那些不相交区

1）所谓“非平凡有限值计数过程”就是要求 $\{N_t, t \geqslant 0\}$ 取有限值而又不是以概率 1 等于零，这相当于说过程的强度 λ 是有限正数.

间长度之和．于是，条件(3)就不必另行列出．这样一来，我们得到齐次泊松过程的又一个等价定义．

定义 2-1-6 计数过程 $\{N_t, t \geqslant 0\}$ 称做齐次泊松过程，如果它满足 $P(N_0 = 0) = 1$ 和(2-1-30)式．

由过程增量的独立性和泊松分布的可加性易知定义 2-1-1 蕴含定义 2-1-7．在这里我们不打算给出反向包含关系的证明．对此有兴趣的读者可参看本书 § 2-6 对非齐次泊松过程类似命题的更一般讨论，也可参看 Renyi (1967, 1970)．

顺便指出，有些作者利用定义 2-1-6 作为齐次泊松过程的定义时，进一步要求(2-1-30)对直线上任意波雷耳可测集 A 均成立．这表面上较强，但熟悉测度论或实变函数论的读者易知两者实际上是等价的．

最后，我们再介绍齐次泊松过程的一个基于点间间距特性的等价定义．为此先给出点间间距与计数之间的一些重要关系．

对于 $n = 1, 2, \cdots$，以 S_n 表示第 n 点的发生时间．于是，$T_n = S_n - S_{n-1}$（令 $S_0 = 0$）是第 $n-1$ 点与第 n 点之间的距离．易见对 $n \geqslant 1$ 有

$$S_n = T_1 + \cdots + T_n. \tag{2-1-31}$$

因为在 $(0, t]$ 内有不多于 n 个点相当于要求第 $n+1$ 点发生在时刻 t 之后．所以事件 $\{N_t \leqslant n\}$ 和 $\{S_{n+1} > t\}$ 是等价的，从而它们的余事件 $\{N_t > n\}$ 和 $\{S_{n+1} \leqslant t\}$ 也相等．于是有

$$\begin{aligned}\{N_t = n\} &= \{N_t \leqslant n\} \cap \{N_t > n-1\} \\ &= \{S_{n+1} > t\} \cap \{S_n \leqslant t\} \\ &= \{S_{n+1} > t\} - \{S_n > t\}.\end{aligned} \tag{2-1-32}$$

故

$$\begin{aligned}P(N_t = n) &= P(S_{n+1} > t) - P(S_n > t) \\ &= [1 - P(S_{n+1} \leqslant t)] - [1 - P(S_n \leqslant t)] \\ &= P(S_n \leqslant t) - P(S_{n+1} \leqslant t).\end{aligned} \tag{2-1-33}$$

特别地

$$P(N_t = 0) = P(S_1 > t)$$

$$= 1 - P(S_1 \leqslant t). \qquad (2\text{-}1\text{-}34)$$

定理 2-1-2 计数过程 $\{N_t, t \geqslant 0\}$ 是具有强度 λ 的齐次泊松过程的充分必要条件是它的点间间距 $\{T_n\}$ 是相互独立的指数分布(参数为 λ)随机变量序列.

证明 $\lambda = 0$ 的情形是平凡的. 下面只就 $\lambda > 0$ 的情形加以证明. 我们准备通过证明两个引理来确立必要性. 这样做的一个重要原因是这些引理本身也有独立的兴趣.

引理 2-1-6 具有强度 λ 的齐次泊松过程的前 n 个发生时间 $S = (S_1, S_2, \cdots, S_n)$ 的联合分布密度是

$$f_S^{(n)}(s_1, \cdots, s_n) = \begin{cases} \lambda^n e^{-\lambda s_n} & 0 < s_1 < s_2 < \cdots < s_n, \\ 0 & \text{其它情形}. \end{cases} \qquad (2\text{-}1\text{-}35)$$

这里 n 是任意正整数.

证明
$$\begin{aligned} & P(S_i \in (s_i - \Delta s_i, s_i], 1 \leqslant i \leqslant n) \\ &= P(N_{0, s_1 - \Delta s_1} = 0,\ N_{s_1 - \Delta s_1, s_1} = 1,\ N_{s_1, s_2 - \Delta s_2} = 0, \\ &\quad N_{s_2 - \Delta s_2, s_2} = 1, \cdots, N_{s_{n-1}, s_n - \Delta s_n} = 0, N_{s_n - \Delta s_n, s_n} = 1) \\ &= e^{-\lambda(s_1 - \Delta s_1)} e^{-\lambda \Delta s_1} \lambda \Delta s_1 e^{-\lambda(s_2 - \Delta s_2 - s_1)} e^{-\lambda \Delta s_2} \lambda \Delta s_2 \\ &\quad \cdots e^{-\lambda(s_n - \Delta s_n - s_{n-1})} e^{-\lambda \Delta s_n} \lambda \Delta s_n \\ &= \lambda^n e^{-\lambda(s_n - \Delta s_n)} \prod_{i=1}^{n} \Delta s_i. \end{aligned}$$

按联合发生密度的定义有

$$\begin{aligned} f_S^{(n)}(s_1, \cdots, s_n) &= \lim_{\max|\Delta s_i| \to 0} \left(\prod_{i=1}^{n} \Delta s_i \right)^{-1} P(S_i \in (s_i - \Delta s_i, s_i], \\ & 1 \leqslant i \leqslant n) = \lim_{\max|\Delta s_i| \to 0} \lambda^n e^{-\lambda(s_n - \Delta s_n)} = \lambda^n e^{-\lambda s_n}. \end{aligned}$$

引理 2-1-7 具有强度 λ 的齐次泊松过程的前 n 个点间间距 $T = (T_1, \cdots, T_n)$ 的联合分布密度是

$$f_T^{(n)}(t_1, \cdots, t_n) = \lambda^n \prod_{i=1}^{n} e^{-\lambda t_i}, \qquad (2\text{-}1\text{-}36)$$

这里 n 是任意正整数. 由此看出, $T_1, \cdots, T_n$ 是相互独立和具有相同指数分布(参数是 λ)的随机变量.

证明 作变换

$$S_1 = T_1$$
$$S_2 = T_1 + T_2$$
$$\cdots\cdots$$
$$S_n = T_1 + T_2 + \cdots + T_n,$$

这变换的雅各比行列式是

$$J = \begin{vmatrix} \frac{\partial S_1}{\partial T_1} & \frac{\partial S_1}{\partial T_2}, & \cdots & \frac{\partial S_1}{\partial T_n} \\ \frac{\partial S_2}{\partial T_1} & \frac{\partial S_2}{\partial T_2}, & \cdots & \frac{\partial S_2}{\partial T_n} \\ \cdots & \cdots & & \cdots \\ \frac{\partial S_n}{\partial T_1} & \frac{\partial S_n}{\partial T_2}, & \cdots & \frac{\partial S_n}{\partial T_n} \end{vmatrix} = 1.$$

由密度变换公式和(2-1-35)式得

$$\begin{aligned} f_T^{(n)}(t_1, \cdots, t_n) &= |J| f_S^{(n)}(t_1, t_1 + t_2, \cdots, t_1 + \cdots + t_n) \\ &= \lambda^n e^{-\lambda(t_1 + \cdots + t_n)} \\ &= \lambda^n \prod_{i=1}^{n} e^{-\lambda t_i}. \end{aligned}$$

下面证明充分性. 由指数分布的无记忆性易知过程$\{N_t, t \geqslant 0\}$具有平稳独立增量,余下只须证明对任意 $t > 0$ 和整数 $k = 0, 1, \cdots,$

$$P(N_t = k) = e^{-\lambda t}(\lambda t)^k / k!.$$

因为 $\{T_n\}$ 是相互独立且有参数 λ 的指数分布随机变量,故 $S_n = T_1 + \cdots + T_n$ 有参数为 λ 和 n 的伽玛分布,其密度函数是

$$f_{\lambda,n}(x) = \frac{\lambda^n x^{n-1} e^{-\lambda x}}{(n-1)!}, \qquad x > 0. \tag{2-1-37}$$

由(2-1-33)式得

$$P(N_t = k) = P(S_n \leqslant t) - P(S_{n+1} \leqslant t)$$

$$= \int_0^t \frac{(\lambda x)^{n-1}e^{-\lambda x}}{(n-1)!}\lambda dx - \int_0^t \frac{(\lambda x)^n e^{-\lambda x}}{n!}\lambda dx.$$

作变量代换 $\lambda x = y$ 后利用分部积分即得

$$\begin{aligned} P(N_t = k) &= \int_0^{\lambda t} \frac{e^{-y}y^{n-1}}{(n-1)!}dy - \int_0^{\lambda t}\frac{e^{-y}y^n}{n!}dy \\ &= \left[\frac{e^{-y}y^n}{n!}\right]_0^{\lambda t} + \int_0^{\lambda t}\frac{e^{-y}y^n}{n!}dy - \int_0^{\lambda t}\frac{e^{-y}y^n}{n!}dy \\ &= e^{-\lambda t}(\lambda t)^n/n!. \end{aligned}$$

有些作者，例如 Renyi (1970)，用定理 2-1-2 作为齐次泊松过程的基本定义．这种定义使齐次泊松过程与具有无记忆特性的指数分布直接联系起来，从而有助于理解齐次泊松过程的无后效性并提供模拟齐次泊松过程的一个方便途径（详见 § 2-10）．同时，这种定义适宜于朝更新过程以至随机游动的方向作进一步的推广．

在附录三中我们已经看到，指数分布具有无记忆性，它可以看作是伽玛分布的特殊情形，而伽玛分布是具有可加性的．由此马上得到如下的重要结论．

定理 2-1-3 设 $\{N_t, t \geq 0\}$ 是强度为 λ 的齐次泊松过程．则它的第 n 点的发生时间 $S_n = T_1 + T_2 + \cdots + T_n$ 有参数为 λ 和 n 的伽玛分布．它的密度函数由(2-1-37)式给出，而分布函数则是

$$\begin{aligned} P(S_n \leq t) &= P(N_t > n) \\ &= 1 - \sum_{k=1}^{n} e^{-\lambda t}(\lambda t)^k/k!. \end{aligned} \qquad (2\text{-}1\text{-}38)$$

更进一步，对任意时刻 $t > 0$，接后发生时间也和 T_n 有相同的指数分布．

按定义，齐次泊松过程在任意固定区间中发生的点数有泊松分布．在应用中，有时需要考虑过程在一具有随机长度 R 的区间内发生的点数，因此有必要研究它的分布．下面给出某些与此有关的结果．

设 $\{N_t, t \geq 0\}$ 是强度为 λ 的齐次泊松过程，随机区间的长

度R有分布函数 $F_R(r)$。我们用X表示过程 N_t 在这区间内发生的点数．于是，当给定$R=r$时，X有参数为 λr 的泊松分布．如果分别用 $G_X(s)$ 和 $\varphi_X(s)$ 表示 X 的概率母函数和 L-S 变换，而 $\varphi_R(s)$ 则是R的 L-S 变换．那末，易知对于任意 $k=0, 1, 2, \cdots$

$$P(X=k \mid R=r)=e^{-\lambda r}(\lambda r)^k/k!,$$
$$E(e^{-sX} \mid R=r)=e^{\lambda r}(e^{-s}-1).$$

于是有

$$P(X=k)=\int_0^{\infty}[e^{-\lambda r}(\lambda r)^k/k!]dF_R(r), \qquad (2\text{-}1\text{-}39)$$

$$\begin{aligned}G_X(s)&=\sum_{k=0}^{\infty} P(X=k)s^k\\&=\sum_{k=0}^{\infty} s^k\int_0^{\infty}[e^{-\lambda r}(\lambda r)^k/k!]dF_R(r)\\&=\int_0^{\infty}e^{-\lambda r}\left[\sum_{k=0}^{\infty}(\lambda rs)^k/k!\right]dF_R(r)\\&=\int_0^{\infty}e^{-\lambda r(1-s)}dF_R(r)\\&=\varphi_R(\lambda(1-s)). \qquad (2\text{-}1\text{-}40)\end{aligned}$$

$$\varphi_X(s)=\int_0^{\infty}e^{-\lambda r(1-e^{-s})}dF_R(r)=\varphi_R(\lambda(1-e^{-s})). \quad (2\text{-}1\text{-}41)$$

前面已经指出，齐次泊松过程的参数 λ 正好是它的(瞬时)强度，即

$$\lim_{h\to 0}\frac{P(N_h\geqslant 1)}{h}=\lambda.$$

另一方面，由泊松过程的性质易得

$$EN_t=\lambda t, \qquad (2\text{-}1\text{-}42)$$

$$\mathrm{Var}N_t=EN_t^2-(EN_t)^2=\lambda t+\lambda^2t^2-(\lambda t)^2=\lambda t, \qquad (2\text{-}1\text{-}43)$$

$$\begin{aligned}E(N_tN_{t+s})&=E[N_t(N_{t+s}-N_t+N_t)]\\&=E(N_tN_{t,t+s})+EN_t^2\end{aligned}$$

$$= EN_t EN_s + EN_s^2$$

$$= \lambda^2 t(s+t) + \lambda t. \tag{2-1-44}$$

于是,过程的协方差和自相关函数是

$$\mathrm{Cov}(N_t, N_{t+s}) = E(N_t N_{t+s}) - EN_t \cdot EN_{t+s} = \lambda t, \tag{2-1-45}$$

$$\rho(t, t+s) = \frac{\mathrm{Cov}(N_t, N_{t+s})}{(\mathrm{Var}N_t \cdot \mathrm{Var}N_{t+s})^{1/2}} = \left(\frac{t}{t+s}\right)^{1/2}. \tag{2-1-46}$$

一般地,对于任意正数 t 和 t',(2-1-46)式可写成

$$\rho(t, t') = \min(t, t')/(tt')^{1/2}. \tag{2-1-47}$$

由(2-1-42)和(2-1-43)式看出

$$\mathrm{Var}N_t / EN_t = 1, \tag{2-1-48}$$

这是齐次泊松过程的一个重要特征. 在应用中人们常把被研究的过程 N_t 的期望与方差的比值同 1 比较,借此对它和齐次泊松模型的吻合程度作出初步的判断.

从(2-1-42)式马上推出,过程在单位时间内发生点数的期望值,即过程的(平均)发生率是

$$\mu \equiv EN_t / t = EN_1 = \lambda. \tag{2-1-49}$$

这是齐次泊松过程的另一个重要特征. 因为一般过程的强度和平均发生率是不相等的,事实上,对于一般的具有平稳增量的过程有

$$\mu t = EN_t = \sum_{k=1}^{\infty} kP(N_t = k) \geqslant P(N_t \geqslant 1),$$

用 t 除上式两端后令 $t \to 0$ 即得

$$\mu \geqslant \lambda. \tag{2-1-50}$$

但是,我们有如下论断.

定理 2-1-4 具有平稳增量的计数过程 $\{N_t, t \geqslant 0\}$ 是普通的充分必要条件是它的强度和平均发生率相等,即 $\lambda = \mu$.

这定理的证明可参看 §4-3 中更一般的讨论.

最后,给出一个简单的应用例子.

例 2-1-6 在公路的某固定点对朝一定方向驶过的车辆进行

观测．设 $U_1,U_2,\cdots$是车辆通过这固定点的时间间距序列．若它们是相互独立同分布的随机变量，其共同分布是参数为 λ 和 2 的伽玛分布．这时，由(2-1-38)式知

$$P(U_n\leqslant t)=1-e^{-\lambda t}-\lambda te^{-\lambda t},\qquad t\geqslant 0.$$

我们希望知道在时间区间 $(0,t]$ 内经过这观测点的车辆数目 M_t 的分布．

根据伽玛分布和指数分布的关系，我们可以把每一 U_n 看作是强度为 λ 的齐次泊松过程 $\{N_t,t\geqslant 0\}$ 的两个点间间距之和，即若过程 N_t 的点发生时间序列是 S_1，$S_2,\cdots$，则可以设想 $U_1=S_2,U_1+U_2=S_4$，$U_1+U_2+U_3=S_6,\cdots$．因此，对任意 $t\geqslant 0$ 和整数 $n=0,1,\cdots$有

$$\{M_t=n\}=\{N_t=2n\}\cup\{N_t=2n+1\}.$$

所以

$$\begin{aligned}P(M_t=n)&=P(N_t=2n)+P(N_t=2n+1)\\&=e^{-\lambda t}(\lambda t)^{2n}/(2n)!+e^{-\lambda t}(\lambda t)^{2n+1}/(2n+1)!\\&=[e^{-\lambda t}(\lambda t)^{2n}/(2n!)][1+(\lambda t/2n+1)].\end{aligned}$$

易见对于固定的 t，当 n 很大时 $P(M_t=n)$ 和 $P(N_t=2n)$ 的差异是很小的．

§2-2　齐次泊松过程的点发生时间和计数的条件分布

在这一节我们主要讨论与齐次泊松过程的点发生时间和计数有关的分布问题．

1. 齐次泊松过程与均匀分布

设齐次泊松过程 $\{N_t,t\geqslant 0\}$ 的强度是 λ．若已知这过程在区间 $(0,T]$ 内恰好有一个点发生，我们希望找出这个点发生时间的分布．由于过程有平稳独立增量，人们自然会期待 $(0,T]$中每一个具有同样长度的子区间包含这一点的概率是相等的，换句

话说,这个点的发生时间有在 $(0, T]$ 上的均匀分布. 下面就来确认这一事实. 对于任意实数 $s\in(0,T]$,

$$P(S_1\leqslant s|N_T=1)=P(S_1\leqslant s,N_T=1)/P(N_T=1)$$

$$=\frac{P(\text{在 }(0,s]\text{中有一点, 在 }(s,T]\text{ 中没有点})}{P(N_T=1)}$$

$$=\frac{P(N_s=1)P(N_{s,T}=0)}{P(N_T=1)}$$

$$=\frac{\lambda s e^{-\lambda s}e^{-\lambda(T-s)}}{\lambda T e^{-\lambda T}}=\frac{s}{T}. \tag{2-2-1}$$

这就是在 $(0,T]$ 上均匀分布的分布函数.

现在把上面的结果推广到给定过程在区间 $(0, T]$ 中恰有 n 个点的情形,这里 n 可以是任意正整数.

定理 2-2-1 设 $\{N_t,t\geqslant 0\}$ 是强度为 λ 的齐次泊松过程.对于任意实数 $T>0$,若已知 $N_T=n>0$,则这过程的前 n 个点发生时间 $(S_1,S_2,\cdots,S_n)$ 和 n 个在 $(0,T]$ 上均匀分布的相互独立随机变量 $U_1,\cdots,U_n$ 的次序统计量有相同的 n 维联合分布,即随机向量 $(S_1,S_2,\cdots,S_n)$ 有 n 维条件密度函数(参看附录五)

$$f_{S_1,\cdots,S_n}(t_1,\cdots,t_n|N_T=n)=\begin{cases}n!/T^n & 0<t_1<\cdots<t_n\leqslant T,\\ 0 & \text{其它情形}.\end{cases} \tag{2-2-2}$$

证明 对于 $0=t_0<t_1<\cdots<t_n\leqslant T$,我们有

$$P(t_i-\Delta t_i<S_i\leqslant t_i,1\leqslant i\leqslant n|N_T=n)$$

$$=\frac{P(N_{t_i-\Delta t_i,t_i}=1,N_{t_{i-1},t_i-\Delta t_i}=0,1\leqslant i\leqslant n;N_{t_n,T}=0)}{P(N_T=n)}$$

$$=\frac{\left(\prod_{i=1}^{n}\lambda\Delta t_i e^{-\lambda\Delta t_i}\right)\cdot e^{-\lambda(t_1-\Delta t_1-t_0)}e^{-\lambda(t_2-\Delta t_2-t_1)}\cdots e^{-\lambda(T-t_n)}}{e^{-\lambda T}(\lambda T)^n/n!}$$

$$=\frac{\lambda^n\left(\prod_{i=1}^{n}\Delta t_i e^{-\lambda\Delta t_i}\right)\cdot\left(e^{-\lambda T}\cdot\prod_{i=1}^{n}e^{\lambda\Delta t_i}\right)}{e^{-\lambda T}(\lambda T^n)/n!}$$

$$=\frac{n!}{T^n}\prod_{i=1}^{n}\Delta t_i.$$

故按定义，给定 $N_T=n$ 时 $(S_1,\cdots,S_n)$ 的 n 维条件密度函数是

$$
\begin{aligned}
&f_{S_1,\cdots,S_n}(t_1,\cdots,t_n|N_T=n)\\
&=\lim_{\Delta t\to 0}\left(\prod_{i=1}^{n}\Delta t_i\right)^{-1}P(t_i-\Delta t_i<S_i\leqslant t_i,1\leqslant i\leqslant n|N_T=n)\\
&=n!/T^n,
\end{aligned}
$$

其中 $\Delta t=\max\limits_i \Delta t_i$。 ■

这定理从直观上表明，当已知过程在 $(0,T]$ 上有 n 个点发生时，它们的发生时间 $S_1,\cdots,S_n$ 作为无次序的随机变量是相互独立且在 $(0,T]$ 上的均匀分布。这有助于理解为什么可用齐次泊松过程来模拟"随机"发生的事件序列和为什么有些作者把这类过程称做完全随机点过程(completely random point process)。

例 2-2-1 一台设备可能遭受震动，而震动又会导致设备产生某种程度的损坏。假设震动的发生形成一强度为 λ 的齐次泊松过程 $\{N_t,\ t\geqslant 0\}$，第 n 次震动使设备受损的程度是 D_n。再设 D_n $(n\geqslant 1)$ 是相互独立同分布的随机变量，而且还独立于过程 N_t。如果一次震动对设备产生的影响随时间的推移以指数速度递降，即若一震动使设备受损程度的初始值是 D，则经过时间 s 后由它引起的受损程度降至 $De^{-\alpha s}$，这里 α 是一正常数。若进一步假设损坏程度可累加，则设备在时刻 t 的损坏程度 D_t 可表为

$$
D_t=\sum_{n=1}^{N_t}D_n e^{-\alpha(t-S_n)},
$$

其中 S_n 是第 n 次震动的发生时刻。我们想求 D_t 的数学期望 ED_t。为此先计算

$$
\begin{aligned}
E(D_t|N_t=m)&=E\left(\sum_{n=1}^{N_t}D_n e^{-\alpha(t-S_n)}|N_t=m\right)\\
&=E\left(\sum_{n=1}^{m}D_n e^{-\alpha(t-S_n)}|N_t=m\right)\\
&=\sum_{n=1}^{m}E(D_n e^{-\alpha(t-S_n)}|N_t=m)
\end{aligned}
$$

$$= E(D_n)e^{-\alpha t}\sum_{n=1}^{m}E(e^{\alpha S_n}|N_t=m)$$

$$= E(D_n)e^{-\alpha t}E\left(\sum_{n=1}^{m}e^{\alpha S_n}|N_t=m\right).$$

设 $U_1,\cdots,U_m$ 是相互独立同分布的随机变量，它们有在 $(0,t]$上的均匀分布．又设 $U_{(1)},\cdots,U_{(m)}$ 是它们的次序统计量．于是，根据定理 2-2-1 有

$$E\left(\sum_{n=1}^{m}e^{\alpha S_n}|N_t=m\right)=E\left(\sum_{n=1}^{m}e^{\alpha U_{(n)}}\right)$$

$$=E\left(\sum_{n=1}^{m}e^{\alpha U_n}\right)$$

$$=(m/t)\int_0^t e^{\alpha x}dx$$

$$=(m/\alpha t)(e^{\alpha t}-1).$$

从而

$$E(D_t|N_t)=(N_t/\alpha t)ED\cdot e^{-\alpha t}(e^{\alpha t}-1)$$

$$=(N_t/\alpha t)ED(1-e^{-\alpha t}),$$

故

$$ED_t=E[E(D_t|N_t)]=EN_t\cdot ED(1-e^{-\alpha t})/\alpha t$$

$$=\lambda ED(1-e^{-\alpha t})/\alpha.$$

例 2-2-2 设某仓库存有供更换的某类型零件，到仓库要求更换用坏的零件的顾客形成一强度为 λ 的齐次泊松过程．顾客在仓库将用坏的零件换回好的零件后离去，而仓库在收到顾客用坏的零件后马上进行修理．设修理时间的分布函数是 $G(t)$，而且各次修理是相互独立并与顾客到达仓库的时间无关．

我们用 M_t 表示在时刻 t 正在被修理的零件数目． 可以证明，对任意 $t>0$，M_t 有参数为 $\lambda\int_0^t\bar{G}(u)du$ 的泊松分布，这里 $\bar{G}(t)=1-G(t)$．而且进一步还有

$$\lim_{t\to\infty}P(M_t=j)=e^{-\lambda\mu}(\lambda\mu)^j/j!, \tag{2-2-3}$$

式中 $\mu = \int_0^\infty \bar{G}(u)du$ 是修理时间的数学期望.

事实上,由假设知在区间 $(0,t]$ 内有 m 个顾客到达仓库的概率是 $e^{-\lambda t}(\lambda t)^m/m!$. 由定理 2-2-1 知当给定在区间 $(0, t]$ 内有 m 个顾客到达时,这 m 个到达时刻和 m 个在区间 $(0,t]$ 上均匀分布的独立随机变量的次序统计量有相同分布. 故若以 $P(t)$ 表示一个在 $(0,t]$ 内交到仓库的"典型的"用坏零件在时刻 t 仍未修好的概率,则

$$P(t) = \frac{1}{t}\int_0^t \bar{G}(t-x)\,dx = \frac{1}{t}\int_0^t \bar{G}(u)du.$$

于是由全概率公式有

$$\begin{aligned}
P(M_t = j) &= \sum_{m=j}^{\infty} P(M_t = j \mid \text{在 } (0,t] \text{ 中有 } m \text{ 个顾客到达}) \\
&\quad \times P(\text{在 } (0,t] \text{ 中有 } m \text{ 个顾客到达}) \\
&= \sum_{m=j}^{\infty} [e^{-\lambda t}(\lambda t)^m/m!]\{C_m^j[P(t)]^j[1-P(t)]^{m-j}\} \\
&= \frac{e^{-\lambda t}}{j!}[\lambda t P(t)]^j e^{\lambda t[1-P(t)]} \\
&= e^{-\lambda t P(t)}[\lambda t P(t)]^j/j! \\
&= \frac{\left[\lambda \int_0^t \bar{G}(u)du\right]^j}{j!} \exp\left\{-\lambda \int_0^t \bar{G}(u)du\right\}.
\end{aligned}$$

这就证明了我们的第一个论断. 在上式令 $t \to \infty$ 即得 (2-2-3) 式.

2. 齐次泊松过程与均匀分布(续)

如果除了给定 $N_T = n$ 之外,还给定了 $S_k = c_k, S_{k+1} = c_{k+1}, \cdots, S_n = c_n$. 要求确定 $S_1, \cdots, S_{k-1}$ 的联合条件分布. 因为齐次泊松过程 $\{N_t; t \geq 0\}$ 具有独立增量,故在给定的条件中蕴含的关于 $S_1, \cdots, S_{k-1}$ 的信息都归结到 $S_k = c_k$, 这等价于如下的要求:对任意够小的正数 $\varepsilon > 0$ 有 $N_{c_k - \varepsilon} = k-1$. 在这条件下

由定理 2-2-1 知 $S_1, \cdots, S_{k-1}$ 和 $k-1$ 个在 $(0, c_k)$ 上均匀分布的相互独立随机变量的次序统计量有相同的分布，即其联合条件密度函数是

$$f_{S_1,\cdots,S_{k-1}}(t_1,\cdots,t_{k-1}|N_T=n;c_k,\cdots,c_n)$$
$$=\begin{cases}(k-1)!/c_k^{k-1} & 0<t_1<\cdots<t_{k-1}\leqslant c_k,\\ 0 & \text{其它情形.}\end{cases}$$
(2-2-4)

利用同样的推理可导出当给定前 k 个点发生时间 $S_1=c_1,\cdots,S_k=c_k$ 时，$S_{k+1},\cdots,S_n$ 的联合条件密度函数是

$$f_{S_{k+1},\cdots,S_n}(t_{k+1},\cdots,t_n|N_T=n;c_1,\cdots,c_k)$$
$$=\begin{cases}(n-k)!/(T-c_k)^{n-k} & c_k<t_{k+1}<\cdots<t_n\leqslant T,\\ 0 & \text{其它情形.}\end{cases}$$
(2-2-5)

(2-2-4)和 (2-2-5) 式表明，这两个条件密度函数只依赖于 c_k 而与 $c_i(i=k+1,\cdots,n$ 或 $1,2\cdots,k-1)$ 无关。这意味着当只给定 $S_k=c_k$ 时 $S_1,\cdots,S_{k-1}$ 和 $S_{k+1},\cdots,S_n$ 的条件密度函数也分别是(2-2-4)和(2-2-5)。

更一般地，对于任意 $1\leqslant i<k<n$，当给定 $S_{i+1},\cdots,S_k$ 时，两组随机变量 $S_1,\cdots,S_i$ 和 $S_{k+1},\cdots,S_n$ 是相互独立的，故由(2-2-4)和(2-2-5)式有

$$\begin{aligned}&f_{S_1,\cdots S_i,S_{k+1},\cdots S_n}(t_1,\cdots,t_i,t_{k+1},\cdots,t_n|N_T=n;t_{i+1},\cdots,t_k)\\&=f_{S_1,\cdots,S_i}(t_1,\cdots,t_i|N_T=n;t_{i+1},\cdots,t_k)\\&\quad\times f_{S_{k+1},\cdots,S_n}(t_{k+1},\cdots,t_n|N_T=n;t_{i+1},\cdots,t_k)\\&=\frac{i!}{t_{i+1}^i}\cdot\frac{(n-k)!}{(T-t_k)^{n-k}}.\end{aligned}\tag{2-2-6}$$

另一方面，按条件密度函数的定义有

$$\begin{aligned}&f_{S_1,\cdots,S_i,S_{k+1},\cdots,S_n}(t_1,\cdots,t_i,t_{k+1},\cdots,t_n|N_T=n;t_{i+1},\cdots,t_k)\\&=\frac{f_{S_1,\cdots,S_n}(t_1,\cdots,t_n|N_T=n)}{f_{S_{i+1},\cdots,S_k}(t_{i+1},\cdots,t_k|N_T=n)}.\end{aligned}\tag{2-2-7}$$

比较(2-2-6)，(2-2-7)和(2-2-2)式即可得

$$f_{S_{i+1},\cdots,S_k}(t_{i+1},\cdots,t_k|N_T=n)$$

$$=\begin{cases}\dfrac{n!}{i!(n-k)!}\left(\dfrac{1}{T}\right)^{k-i}\left(\dfrac{t_{i+1}}{T}\right)^{i}\left(1-\dfrac{t_k}{T}\right)^{n-k} \\ \qquad\qquad 0<t_{i+1}<\cdots<t_k\leqslant T, \\ 0 \qquad\qquad \text{其它情形.}\end{cases} \tag{2-2-8}$$

特别地,当 $i+1=k$ 时上式给出 S_k 的边沿(条件)密度函数

$$f_{S_k}(t_k|N_T=n)=\begin{cases}\dfrac{n!}{(k-1)!(n-k)!}\dfrac{1}{T}\left(\dfrac{t_k}{T}\right)^{k-1}\left(1-\dfrac{t_k}{T}\right)^{n-k} \\ \qquad\qquad 0<t_k\leqslant T, \\ 0 \qquad\qquad \text{其它情形.}\end{cases} \tag{2-2-9}$$

3. 齐次泊松过程与二项、多项分布

设 $\{N_t,t\geqslant 0\}$ 是一强度为 λ 的齐次泊松过程. 由 (2-2-1) 式易知，当给定 $N_T=1$ 时在区间 $(0,\ s]$ 中没有点发生，亦即 $N_s=0$ 的概率是 $1-(s/T)(0<s\leqslant T)$. 下面的定理给出一个更一般的结果.

定理 2-2-2 对于任意 $0<s\leqslant T$,任意正整数 n 和 $0\leqslant k\leqslant n$, 有

$$P(N_s=k|N_T=n)=C_n^k\left(\frac{s}{T}\right)^k\left(1-\frac{s}{T}\right)^{n-k}. \tag{2-2-10}$$

这是参数为 n 和 s/T 的二项分布 $B(n,s/T)$.

证明 $P(N_s=k|N_T=n)=P(N_s=k,N_T=n)/P(N_T=n)$

$$=P(N_s=k,N_{s,T}=n-k)/P(N_T=n)$$

$$=P(N_s=k)P(N_{s,T}=n-k)/P(N_T=n)$$

$$=\frac{[e^{-\lambda s}(\lambda s)^k/k!]\cdot\{e^{-\lambda(T-s)}[\lambda(T-s)]^{n-k}/(n-k)!\}}{e^{-\lambda T}(\lambda T)^n/n!}$$

$$=[n!/k!(n-k)!]\cdot[s^k(T-s)^{n-k}/T^n]$$

$$=C_n^k\left(\frac{s}{T}\right)^k\left(1-\frac{s}{T}\right)^{n-k}.$$

若记 $(0,T]=B,(0,s]=A_1$, $(s,T]=A_2$, 则 $A_1\cap A_2=\phi$

和 $A_1 \cup A_2 = B$. 利用这些记号，(2-2-10)式左边的条件概率可改写成

$$P(N(A_1)=k, N(A_2)=n-k \mid N(B)=n),$$

我们还可以把这结果推广到 B 是任意有限多个互不相交区间之并的情形，即是有如下的定理.

定理 2-2-3 设 m 是任意大于 1 的正整数，$n_1, \cdots, n_m$ 是满足条件 $n_1+\cdots+n_m=n$ 的任意非负整数. 又设 $A_1, \cdots, A_m$ 是互不相交的区间，$B=\bigcup_{i=1}^{m} A_i$，$A_i(i=1,\cdots,m)$ 的长度是 a_i，$b=\sum_{i=1}^{m} a_i$，则

$$P(N(A_1)=n_1,\cdots,N(A_m)=n_m \mid N(B)=n)$$
$$=\frac{n!}{n_1!\cdots n_m!}\left(\frac{a_1}{b}\right)^{n_1}\cdots\left(\frac{a_m}{b}\right)^{n_m}. \qquad (2\text{-}2\text{-}11)$$

这是参数为 $n,\left(\frac{a_1}{b}\right),\cdots\left(\frac{a_m}{b}\right)$ 的多项分布.

证明 因为由 $N(A_1)=n_1,\cdots,N(A_m)=n_m$ 可推出 $N(B)=n$，故(2-2-11)式左边的条件概率等于

$$\frac{P(N(A_1)=n_1,\cdots,N(A_m)=n_m)}{P(N(B)=n)}$$

$$=\prod_{i=1}^{m} P(N(A_i)=n_i)/P(N(B)=n)$$
$$=[e^{-\lambda a_1}(\lambda a_1)^{n_1}/n_1!]\cdots[e^{-\lambda a_m}(\lambda a_m)^{n_m}/n_m!]$$
$$/[e^{-\lambda b}(\lambda b)^n/n!]$$
$$=\frac{n!}{n_1!\cdots n_m!}\left(\frac{a_1}{b}\right)^{n_1}\cdots\left(\frac{a_m}{b}\right)^{n_m}.$$

4. 齐次泊松过程与几何分布，泊松计数过程

设事件 E 和 F 分别独立地按照强度 λ 和 μ 的齐次泊松过程发生. 我们要证明:

(a) 在每两个相邻的事件 F 之间发生的事件 E 的数目 $N^{(1)}$ 有几何分布 $\mathscr{G}_1\left(\frac{\mu}{\lambda+\mu}\right)$，即

$$P(N^{(1)}=k)=\frac{\mu}{\lambda+\mu}\left(\frac{\lambda}{\lambda+\mu}\right)^k, k=0,1,\cdots. \tag{2-2-12}$$

(b) 在每两个相隔一的事件 F 之间发生的事件 E 的数目 $N^{(2)}$ 有负二项分布 $\mathscr{B}_1^-\left(2,\frac{\mu}{\lambda+\mu}\right)$，即

$$P(N^{(2)}=k)=C_{k+1}^{k}\left(\frac{\mu}{\lambda+\mu}\right)^2\left(\frac{\lambda}{\lambda+\mu}\right)^k,$$
$$k=0,1,\cdots. \tag{2-2-13}$$

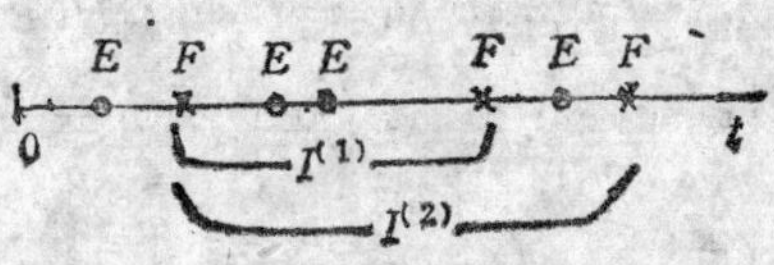

图 2-2-1

证明 (a) 因为两个相邻的事件 F 之间的区间 $I^{(1)}$ 有指数分布密度 $f(x)=\mu e^{-\mu x}$，所以

$$\begin{aligned}P(N^{(1)}=k)&=\int_0^\infty\frac{e^{-\lambda t}(\lambda t)^k}{k!}f(t)dt\\&=\int_0^\infty\frac{e^{-\lambda t}(\lambda t)^k}{k!}\mu e^{-\mu t}dt\\&=\frac{\mu\lambda^k}{k!}\int_0^\infty t^k e^{-(\lambda+\mu)t}dt\\&=\frac{\mu\lambda^k}{k!}\cdot\frac{k!}{(\lambda+\mu)^{k+1}}\\&=\left(\frac{\mu}{\lambda+\mu}\right)\left(\frac{\lambda}{\lambda+\mu}\right)^k.\end{aligned}$$

(b) 每两个相隔一的事件 F 之间的区间 $I^{(2)}$ 是两个独立的参数为 μ 的指数分布随机变量之和，故有密度函数 $f(x)=\mu^2xe^{-\mu x}$，从而

$$
\begin{aligned}
P(N^{(2)}=k) &= \int_0^\infty \frac{e^{-\lambda t}(\lambda t)^k}{k!}\mu^2 t e^{-\mu t}dt \\
&= \frac{\lambda^k\mu^2}{k!}\int_0^\infty e^{-(\lambda+\mu)t}t^{k+1}dt \\
&= \frac{\lambda^k\mu^2}{k!}\frac{(k+1)!}{(\lambda+\mu)^{k+2}} \\
&= C_{k+1}^k\left(\frac{\mu}{\lambda+\mu}\right)^2\left(\frac{\lambda}{\lambda+\mu}\right)^k.
\end{aligned}
$$

我们也可以利用两个独立的几何分布随机变量之和有负二项分布的事实直接从论断(a)推出(b). ■

设两随机事件 E 和 E' 的发生时间序列分别是 $(t_1,t_2,\cdots)$ 和 $(t'_1,t'_2,\cdots)$，我们把在区间 (t_{n-1},t_n) 中事件 E' 的发生数目 N_n 称做 E' 在 E 中的计数过程. 如果 E 形成泊松过程，则把这种过程称做泊松计数过程. 上面证明了若 E' 也形成泊松过程，则 N_n 有几何分布. 而且还可以进一步证明 N_n $(n=1,2,\cdots)$ 是相互独立同分布的. 想要了解泊松计数过程的更多结果及其在排队论中应用的读者可参看 Kingman(1963).

§2-3 齐次泊松过程的叠加、稀疏和平移

在这一节我们主要考察齐次泊松过程在叠加、稀疏和平移这样一些"运算"(或者说"变换")之下是否仍保持原有特性的问题.

1. 叠加

设 $M\equiv\{M_t,t\geqslant 0\}$ 和 $N\equiv\{N_t,t\geqslant 0\}$ 是强度分别为 λ 和 μ 的齐次泊松过程，而且这两过程是相互独立的. 对于每一 $\omega\in\Omega$ 和任意 $t\geqslant 0$，令

$$K_t(\omega)=M_t(\omega)+N_t(\omega). \tag{2-3-1}$$

则由上式定义的过程 $K\equiv\{K_t,\ t\geqslant 0\}$ 称做过程 M 和 N 的叠加(参看图 2-3-1).

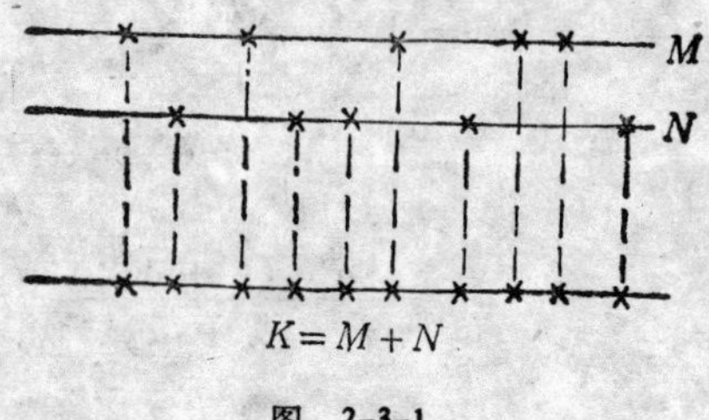

图 2-3-1

定理 2-3-1（齐次泊松过程的可加性） 上面定义的过程 K 是具有强度 $\nu=\lambda+\mu$ 的齐次泊松过程.

证明 根据定义 2-1-7，我们只须证明对于任意总长度为 b 的可表为有限多个不相交区间之并的集合 B，过程 K 在 B 中发生的点数 $K\{B\}$ 有参数为 νb 的泊松分布. 按定义 $K\{B\}=M\{B\}+N\{B\}$，而 $M\{B\}$ 和 $N\{B\}$ 是分别有参数 λb 和 μb 的泊松分布的独立随机变量. 故对每一整数 $n=0,1,2,\cdots$

$$
\begin{aligned}
P(K\{B\}=n) &= \sum_{k=0}^{n} P(M\{B\}=k, N\{B\}=n-k) \\
&= \sum_{k=0}^{n} P(M\{B\}=k)P(N\{B\}=n-k) \\
&= \sum_{k=0}^{n}[e^{-\lambda b}(\lambda b)^k/k!]\cdot[e^{-\mu b}(\mu b)^{n-k}/(n-k)!] \\
&= \frac{e^{-(\lambda+\mu)b}(\lambda+\mu)^n b^n}{n!}\sum_{k=0}^{n}\frac{n!}{k!(n-k)!} \\
&\quad \times\left(\frac{\lambda}{\lambda+\mu}\right)^k\left(\frac{\mu}{\lambda+\mu}\right)^{n-k},
\end{aligned}
$$

等式右端最后的和数是

$$
\left(\frac{\lambda}{\lambda+\mu}+\frac{\mu}{\lambda+\mu}\right)^n=1,
$$

这样，我们就证明了 $K\{B\}$ 有参数为 $(\lambda+\mu)b=\nu b$ 的泊松分布.

本定理也可直接利用泊松分布的可加性推出. ■

应当指出，两相互独立的齐次泊松过程之差就不一定是齐次泊松过程,这时过程可以取负整数值．但是,我们可以证明以下结果．

定理 2-3-2 过程M和N的假设同前，则 $L_t = M_t - N_t$ 的分布由下式给出:

$$P(L_t = n) = e^{-(\lambda+\mu)t}(\lambda/\mu)^{n/2}I_{|n|}(2t\sqrt{\lambda\mu}),$$
$$n = 0, \pm 1, \cdots, \qquad (2\text{-}3\text{-}2)$$

这里 $I_{|n|}(x)$ 的定义如下：对于 $n = 0, 1, \cdots$

$$I_n(x) = \sum_{r=0}^{\infty} \frac{(x/2)^{2r+n}}{r!(r+n)!}, \qquad (2\text{-}3\text{-}3)$$

L_t 的母函数是

$$\mathbf{E}(S^{L_t}) = \sum_{n=-\infty}^{\infty} P(L_t = n)S^n$$
$$= \exp\{-(\lambda+\mu)t\}\exp\left\{\lambda ts + \frac{\mu t}{s}\right\}.$$
$$(2\text{-}3\text{-}4)$$

L_t 的一阶和二阶矩是

$$E(L_t) = (\lambda - \mu)t, \qquad (2\text{-}3\text{-}5)$$
$$E(L_t^2) = (\lambda + \mu)t + (\lambda - \mu)^2 t^2 \qquad (2\text{-}3\text{-}6)$$

和

$$\mathrm{Var}(L_t) = (\lambda + \mu)t. \qquad (2\text{-}3\text{-}7)$$

证明 $P(L_t = n) = \sum_{r=0}^{\infty} P(M_t = n + r)P(N_t = r)$

$$= \sum_{r=0}^{\infty}[e^{-\lambda t}(\lambda t)^{n+r}/(n+r)!]$$
$$\times [e^{-\mu t}(\mu t)^r/r!]$$
$$= e^{-(\lambda+\mu)t}(\lambda/\mu)^{n/2}\sum_{r=0}^{\infty}\frac{(t\sqrt{\lambda\mu})^{2r+n}}{\lambda!(r+n)!}.$$

其次,由概率 母函数性质得

$$E(S^{L_t}) = E(S^{M_t})E((1/s)^{N_t})$$
$$= \exp\{\lambda t(s-1)\}\exp\{\mu t(s^{-1}-1)\}$$
$$= \exp\{-(\lambda+\mu)t\}\exp\left\{\lambda ts + \frac{\mu t}{s}\right\}.$$

再根据概率母函数求矩公式(参看附录一) 即可由(2-3-4)式推出(2-3-5),(2-3-6)和(2-3-7)式. ■

2. 稀疏与分解

假设事件E的发生形成强度为λ的齐次泊松过程 $N \equiv \{N_t; t \geqslant 0\}$. 如果每一发生的事件只以概率$p$被记录到(这里$p$是某一介于0和1之间的常数). 我们用$M$表示被记录到的事件序列并把它称做过程$N$的一个随机稀疏(或随机选择). 这就是说过程$M$是通过对过程$N$的点事件作随机舍弃(或随机选择)而得到的一个稀疏版本,其中p是选取概率,$q=1-p$则是舍弃概率. 这时对各点事件的抉择是独立的.

定理 2-3-3 上面提到的过程M是强度为 $p\lambda$ 的齐次泊松过程.

证明 根据定义 2-1-7, 只须证明对于任意长度为b的可表为有限多个互不相交区间之并的集合B. 在B中被记录到的事件数$M(B)$有参数为 λpb 的泊松分布. 事实上,记 $q=1-p$, 则对于任意 $n=0,1,2,\cdots$

$$P(M(B)=n) = \sum_{r=0}^{\infty} P(M(B)=n|N(B)=n+r) \times P(N(B)=n+r)$$
$$= \sum_{r=0}^{\infty} C_{n+r}^{n} p^n q^r e^{-\lambda b}(\lambda b)^{n+r}/(n+r)!$$
$$= e^{-\lambda b}\sum_{r=0}^{\infty}(\lambda pb)^n(\lambda qb)^r/n!r!$$
$$= [e^{-\lambda b}(\lambda pb)^n/n!]\sum_{r=0}^{\infty}(\lambda qb)^r/r!$$

$$= e^{-\lambda b} \cdot e^{\lambda q b}(\lambda p b)^n / n!$$
$$= e^{-\lambda p b}(\lambda p b)^n / n!. \quad ■$$

基于这个定理，我们还可以证明如下的齐次泊松过程分解定理.

定理 2-3-4 设N是强度为λ的齐次泊松过程，p是任意介于 0 和 1 之间的常数，则N可以分解为两个相互独立的齐次泊松过程M和M',它们的强度分别是λp和λq,这里$q = 1 - p$.

证明 我们可以这样想象,过程N的点事件以概率p被记录，而且各点事件是否被记录是互不相干的．于是，由上面的定理知道,N中被记录的事件序列M是强度为λp的齐次泊松过程,而余下的没有被记录的事件序列M'则形成一强度为λq的齐次泊松过程．显然有$N = M + M'$．下面证明M和M'的独立性．为此只须证明对任意非负整数m和n，以及任意可表为有限多个互不相交区间之并的集合有

$$P(M(B) = m, M'(B) = n)$$
$$= [e^{-\lambda p b}(\lambda p b)^m / m!][e^{-\lambda q b}(\lambda q b)^n / n!], \qquad (2\text{-}3\text{-}8)$$

这里b是集合B的总长度．因为事件

$$\{M(B) = m, M'(B) = n\}$$

等价于事件

$$\{M(B) = m, N(B) = m + n\},$$

故

$$P(M(B) = m, M'(B) = n)$$
$$= P(M(B) = m, N(B) = m + n)$$
$$= P(M(B) = m | N(B) = m + n) P(N(B) = m + n)$$
$$= C^n_{m+n} p^m q^n e^{-\lambda b}(\lambda b)^{m+n} / (m + n)!$$
$$= [e^{-\lambda p b}(\lambda p b)^m / m!][e^{-\lambda q b}(\lambda q b)^n / n!]. \quad ■$$

容易看出，上面的论断可以推广到分解为r个独立过程的情形，这里r是任意大于 2 的整数．于是我们有如下的推论.

推论 2-3-1 设N是强度为λ的齐次泊松过程．对于任意正整数$r \geqslant 2$和任意r个满足条件$\sum_{i=1}^{r} p_i = 1$的正数$p_1, \cdots, p_r$,可

以把N分解为r个强度分别是$\lambda p_1,\cdots,\lambda p_r$的相互独立的齐次泊松过程.

例 2-3-1 设在上午8时到下午8时运送乘客到达飞机场的小汽车形成一强度为$\lambda=30$(辆/小时)的齐次泊松过程. 如果每辆汽车载有1, 2, 3或4个乘客的概率分别是0.1, 0.2, 0.4和0.3. 求在一小时内由小汽车送到机场的乘客的平均数.

用M^i $(i=1,2,3,4)$表示在1小时内运送i个乘客到达机场的小汽车数目,则由推论2-3-1知M^1,M^2, M^3和M^4有参数分别为3, 6, 12和9的泊松分布. 因此EM^1, EM^2, EM^3和EM^4分别等于对应的分布参数值,所以欲求的乘客平均数是

$$\begin{aligned}&E(M^1+2M^2+3M^3+4M^4)\\&=3+12+36+36=87.\end{aligned}$$

下面进一步研究选取概率不是一常数而是随时间变化的情形. 设$N\equiv\{N_t,t\geqslant 0\}$是强度为$\lambda$的齐次泊松过程, 其中的事件分为I型和II型两类. 一个事件属于I型的概率依赖于这事件的发生时间, 即若事件在时刻s发生, 则它是I型的概率等于$P(s)$而与其它事件的发生和归属无关. 这时,我们有以下结论.

定理 2-3-5 若$M_t^i(i=1,2)$表示在时间区间$(0,t]$内发生的i型事件数目,则M_t^1和M_t^2是相互独立的泊松随机变量. 它们的数学期望分别是λpt和$\lambda(1-p)t$,这里

$$p=\int_0^t P(s)ds/t\ (\text{设}\ P(s)\text{可积}).$$

证明 对任意非负整数m和n,显然有

$$\begin{aligned}&P(M_t^1=m,M_t^2=n)\\&\qquad=\sum_{k=0}^{\infty}P(M_t^1=m,M_t^2=n|N_t=k)P(N_t=k)\\&\qquad=P(M_t^1=m,M_t^2=n|N_t=m+n)\\&\qquad\quad\times P(N_t=m+n).\end{aligned}$$

对于发生在区间$(0,t]$中的任一事件,如果它的发生时间是s,则它属于I型的概率是$P(s)$,又由定理2-2-1知这事件的发生

时间是在 $(0,t]$ 上均匀分布的. 因此它是 I 型事件的概率为

$$p=\int_0^t P(s)dt/t, \qquad (2\text{-}3\text{-}9)$$

而与其它事件无关. 于是

$$P(M_t^1=m,M_t^2=n|N_t=m+n)=C_{m+n}^n p^m(1-p)^n,$$

从而

$$\begin{aligned}&P(M_t^1=m,M_t^2=n)\\&=\frac{(m+n)!}{m!n!}p^m(1-p)^n e^{-\lambda t}\frac{(\lambda t)^{m+n}}{(m+n)!}\\&=[e^{-\lambda pt}(\lambda pt)^m/m!][e^{-\lambda(1-p)t}(\lambda(1-p)t)^n/n!] \qquad (2\text{-}3\text{-}10)\end{aligned}$$

这就证明了定理的论断. ■

上面的定理可以直接的方式推广到事件分为多于两种类型的情形,即有

推论 2-3-2 令 $M_t^i(i=1,2,\cdots,n;n$ 是任意 $\geqslant 2$ 的整数) 表示强度为 λ 的齐次泊松过程在时间区间 $(0,t]$ 中发生的 i 型事件数目. 如果一个在时刻 s 发生的事件属于 i 型的概率是 $P_i(s)$ 而与其它事件无关,同时满足 $\sum_{i=1}^n P_i(s)=1$,则 M_t^i 有均值为 $\lambda p_i t$ 的泊松分布 $\left(p_i=\int_0^t P_i(s)ds/t\right)$,

而且 $M_t^1,\cdots,M_t^n$ 是相互独立的.

下面将要给出一个有关排队论的例子,为此(也为了后面的需要) 我们先介绍排队论的一些常用记号. 设相邻两个顾客到达服务系统的时间间距是 $T_1,T_2,\cdots$, 它们有相同的分布. 又设顾客的服务时间 $V_1,V_2,\cdots$是相互独立同分布的随机变量. 于是, 可以用形如 $F_T/F_V/k$ 的记号去描述一个排队系统,其中 F_T 表示 $T_i(i=1,2,\cdots)$ 的分布,F_V 表示 $V_i(i=1,2,\cdots)$ 的分布,而 k 则是服务员的数目. 下面列出一些常见的到达时间间距分布和服务时间分布的记号:

D——确定的到达时间间距或服务时间.

M——(相互独立的)指数分布.

E_k——埃尔兰-k 分布.

K_n——自由度为 n 的 χ^2 分布.

GI——相互独立的一般分布.

G——一般分布.

例如, $M/E_k/1$ 表示顾客到达时间间距有相互独立的指数分布,即顾客到达形成一齐次泊松过程, 服务时间有埃尔兰-k 分布和只有一个服务员. $D/G/k$ 表示顾客到达有确定的时间间距,服务时间是没作任何特殊规定的一般分布和有 k 个服务员. 最后, $GI/M/\infty$ 表示到达时间间距有相互独立的一般分布, 即顾客到达形成一更新过程,服务时间有指数分布和有无穷多个服务员,这时在任何时候到达服务系统的顾客都不必等待而立即接受服务.

例 2-3-2 ($M/G/\infty$ 排队) 设到达服务系统的顾客形成一强度为 λ 的齐次泊松过程, 服务时间有一般的分布 G. 现在希望求出在时刻 t 已结束服务的顾客数目 N_t^1 和正在被服务的顾客数目 N_t^2 的联合分布. 我们把一个顾客称做 I 型 (II 型)的,如果在时刻 t 他已结束了服务(相应地, 正在被服务). 于是, 一个在时刻 $s(\leqslant t)$ 到达的顾客是 I 型的,如果他的服务时间不超过 $t-s$ (否则是 II 型的),因为服务时间的分布是G,故顾客是 I 型的概率是 $G(t-s)$ [是 II 型的概率是 $1-G(t-s)$]. 根据定理 2-3-5 知 N_t^1 有均值为

$$EN_t^1=\lambda\int_0^t G(t-s)ds=\lambda\int_0^t G(y)dy \qquad (2\text{-}3\text{-}11)$$

的泊松分布, N_t^2 则有均值为

$$EN_t^2=\lambda t-\lambda\int_0^t G(y)dy=\lambda\int_0^t[1-G(y)]dy \quad (2\text{-}3\text{-}12)$$

的泊松分布,而且 N_t^1 和 N_t^2 是相互独立的.

3. 平移和某些其它变换

我们已经看到, 两个独立的齐次泊松过程叠加得到的过程仍

是齐次泊松过程．一个齐次泊松过程经随机稀疏后得到的过程也是齐次泊松过程．但是，如果稀疏不是随机的话就不一定具有这种性质．例如，设具有强度 λ 的齐次泊松过程 $N=\{N_t, t\geqslant 0\}$ 的点发生时间序列是 $\{S_1, S_2, \cdots\}$．如果用如下方法对这些点进行"稀疏"：在 $\{S_1, S_2, \cdots\}$ 中每两点去掉一点，于是保留下来的点列是 $\{S_2, S_4, \cdots\}$，我们用 $N^{(2)}=\{N_t^{(2)}; t\geqslant 0\}$ 表示这点列对应的计数过程，这过程仍是具有独立增量的．但是，易见它的点间间距不再是参数为 λ 的指数随机变量，事实上它是两个（相互独立的）这样的变量之和，因而有参数为 2 和 λ 的伽玛分布．一般地，设 $k\geqslant 2$ 是任意整数，如果在齐次泊松过程 N 的每 k 点中舍弃 $k-1$ 点而保留第 k 点，即由此得到的新过程 $N^{(k)}=\{N_t^{(k)}, t\geqslant 0\}$ 的点发生时间序列是 $\{S_k, S_{2k}, \cdots\}$，则它的点间间距有参数为 λ 和 k 的伽玛分布，其密度函数是

$$f(t)=\begin{cases}\lambda^k t^{k-1}e^{-\lambda t}/(k-1)! & t\geqslant 0,\\ 0 & t<0.\end{cases}\tag{2-3-13}$$

因此，过程 $N^{(k)}$ 不再是齐次泊松过程，$N_t^{(k)}$ 有分布

$$\begin{aligned}P(N_t^{(k)}=n)&=P(nk\leqslant N_t\leqslant(n+1)k-1)\\&=\sum_{r=nk}^{(n+1)k-1}e^{-\lambda t}(\lambda t)^r/r!, n=0,1,2,\cdots.\end{aligned}\tag{2-3-14}$$

如果在(2-3-13)式中令 $\lambda=k\mu$，我们就得到 Erlang-k 分布的密度函数．人们通常把点间间距是相互独立且有相同的 Erlang-k 分布的计数过程 $M\equiv\{M_t, t\geqslant 0\}$ 称做 Erlang-k 过程．由(2-3-14)式易知

$$P(M_t=n)=\sum_{r=nk}^{(n+1)k-1}e^{-k\mu t}(k\mu t)^r/r!, \quad n=0,1,2,\cdots.\tag{2-3-15}$$

随机平移是另一种较常见的点过程变换．设 $\{S_n\}$ 是某一点过程的发生时间序列，对应的点间间距序列是 $\{T_n\}$．如果 $\{U_n\}$ 是另一串相互独立同分布的非负随机变量，通常还进一步假设

$\{U_n\}$ 与 $\{S_n\}$ 也是相互独立的. 对于每一正整数 n, 令 $P_n = S_n + U_n$. 我们用 $\{P'_n\}$ 表示将 $\{P_n\}$ 按从小到大的次序重新排列后得到的序列, 于是, P'_n 是 $\{P_n\}$ 中第 n 小的数(当原来的点过程是局部有限时这样的重排是能够做到的). 我们把由发生时间序列 $\{P'_n\}$ 确定的点过程称做原过程的随机平移.

现在考察 $\mathbb{R}_+$上的随机区间 $(S_{n-1}, S_n]$, 它的长度 $T_n = S_n - S_{n-1}$ 有参数为 λ 的指数分布. 如果对这区间的两个端点作随机平移, 即令 $P_{n-1} = S_{n-1} + U_{n-1}$ 和 $P_n = S_n + U_n$, 这里 U_{n-1} 和 U_n 是相互独立同分布的非负随机变量, 它们还独立于 S_{n-1} 和 S_n. 我们希望求出经平移后的区间 $(P_{n-1}, P_n]$ 的长度 $Q_n = P_n - P_{n-1} = T_n + U_n - U_{n-1}$ (姑且假设 $P_n \geqslant P_{n-1}$) 的分布. 按题设 T_n, U_n 和 U_{n-1} 是相互独立的, T_n 有参数为 λ 的指数分布, 其特征函数是 $(1 - it/\lambda)^{-1}$. 又若以 $\phi_U(t)$ 表示 U_n 和U_{n-1} 的共同分布的特征函数, 则$-U_{n-1}$ 的特征函数等于 $E(e^{-itU_{n-1}}) = \overline{\phi_U(t)}$, 这里 $\bar{z}$ 表示 z 的共轭复数. 于是, Q_n 的特征函数是

$$\begin{aligned}\phi_Q(t) &= \phi_U(t)\overline{\phi_U(t)}(1 - it/\lambda)^{-1} \\ &= |\phi_U(t)|^2(1 - it/\lambda)^{-1},\end{aligned}$$

这一般不对应指数分布. 根据特征函数的性质可知, Q_n 有参数为 λ 的指数分布当且仅当 $|\phi_U(t)| = 1$, 即 U_n 以概率 1 等于某一常数.

因此, 齐次泊松过程经随机平移后一般不再是齐次泊松过程. 但是可以证明 (参看例 2-5-1) 新过程是一个具有时倚强度的泊松过程.

§2-4 广义齐次泊松过程

在这一节我们开始从不同的方向把齐次泊松过程加以推广. 这里首先考虑把齐次泊松过程定义中的普通性(亦即有序性)要求除去而得到的过程, 我们把这种过程称做广义齐次泊松过程, Khinchin(1955) 则称之为平稳无后效流 (stationary flow without aftereffect).

在§2-1中我们给出了齐次泊松过程的若干种等价定义，在这些定义的条件中，除了 $P(N_0=0)=1$ 是对过程的初始状态作出规定外，其余的条件实质上无非是平稳性、无后效性和普通性的反映。为了使讨论清晰起见，我们选取可作为齐次泊松过程定义的条件 2-1-2 或条件 2-1-3 作为推广的出发点。把这两条件中的要求(3)除去就得到如下的定义。

定义 2-4-1 有限值计数过程 $\{N_t, t\geqslant 0\}$ 称做广义齐次泊松过程 (generalized homogeneous Poisson process)，如果它满足下列条件:

(1) $P(N_0=0)=1$.

(2) 有平稳增量.

(3) 有独立增量.

下面进一步讨论广义齐次泊松过程的刻划.

定理 2-4-1 若 $\{N_t, t\geqslant 0\}$ 是广义齐次泊松过程，则对任意 >0，N_t 的概率母函数 $G_t(s)$ 必形如

$$G_t(s)=e^{\lambda t[G(s)-1]}, \tag{2-4-1}$$

这里 $\lambda\geqslant 0$ 是某一常数，

$$G(s)=\sum_{k=1}^{\infty} p_k s^k$$

是某一正整数值随机变量的概率母函数，其中 p_k 给出过程在任一个点发生时刻有 k 个点同时出现的概率.

为了证明这定理，我们需要如下引理.

引理 2-4-1 设函数 $f(x)$ 是定义在区间 $(0,a]$ 上的非负不减函数。若它满足下列条件:

(1) $f(x)/x$ 在 $(0,a]$ 上有界.

(2) $f(nx)\leqslant nf(x)+cn^2x^2$, (2-4-2)

式中 $c>0$ 是常数，n 是任意正整数，$0<nx\leqslant a$. 则极限 $\lim\limits_{x\downarrow 0} f(x)/x$ 存在且有限.

证明 由条件 (1) 知当 $x\downarrow 0$ 时 $f(x)/x$ 的下极限存在且有限,记之为 μ。 下面证明 μ 实际上就是当 $x\downarrow 0$ 时 $f(x)/x$ 的极限。

对于任意给定 $\varepsilon>0$, 存在 $\delta>0$, 使当 $0<x<\delta$ 时有 $f(x)/x>\mu-\varepsilon$. 记 $\eta=\min(\delta,\varepsilon/c)$. 由下极限定义知存在序列 $\{x_k\}$,使得 $x_k\downarrow 0$ 和 $\lim\limits_{k\to\infty}f(x_k)/x_k=\mu$. 又对任意 $x_0\in(0,\eta)$ 和每一正整数 k, 恒存在正整数 n_k, 使得 $(n_k-1)x_k<x_0\leqslant n_kx_k$. 易见当 $k\to\infty$ 时 $n_k\to\infty$. 故由 $f(x)$ 的不减性和(2-4-2)式推得

$$\begin{aligned}\mu-\varepsilon<f(x_0)/x_0&\leqslant f(n_kx_k)/(n_k-1)x_k\\&=(n_k/n_k-1)[f(n_kx_k)/n_kx_k]\\&\leqslant(n_k/n_k-1)[f(x_k)/x_k+cn_kx_k]\\&\leqslant(n_k/n_k-1)[f(x_k)/x_k+c(x_0+x_k)]\\&\leqslant(n_k/n_k-1)[f(x_k)/x_k+\varepsilon+cx_k].\end{aligned}$$

令 $k\to\infty$ 并考虑到 ε 的任意性即得 $\lim\limits_{x\downarrow 0}f(x)/x=\mu$.

定理 2-4-1 的证明 由引理 2-1-3 知对于平稳无后效点过程,其强度 $\lim\limits_{h\downarrow 0}P(N_h\geqslant 1)/h$ 必存在。 下面证明对任一 $k=1,2,\cdots$ 有

$$\lim_{h\downarrow 0}P(N_{t,t+h}=k|N_{t,t+h}\geqslant 1)=p_k. \qquad (2-4-3)$$

易见为证这一极限存在,只须证明极限

$$\lim_{h\downarrow 0}P(N_{t,t+h}\geqslant k|N_{t,t+h}\geqslant 1) \qquad (2-4-4)$$

存在. 因为 $\lim\limits_{h\downarrow 0}P(N_h\geqslant 1)/h=0$ 对应于强度 λ 等于零的情形,这时定理平凡地成立. 现设 $\lim\limits_{h\downarrow 0}P(N_h\geqslant 1)/h>0$, 这时由 $\lim\limits_{h\downarrow 0}P(N_h\geqslant k)/h$ 存在可推出极限 (2-4-4) 存在. 下面证明 $\lim\limits_{h\downarrow 0}P(N_h\geqslant k)/h$ 的存在性. 记 $f_k(x)=P(N_x\geqslant k)$,则 $f_k(x)$ 满足引理 2-4-1 的条件. 事实上, $f_k(x)$ 显然是 x 的非负不减函数. 其次

$$f_k(x)/x\leqslant f_1(x)/x=P(N_x\geqslant 1)/x\to\lambda,\ 当\ x\downarrow 0,$$

故 $f_k(x)/x$ 在任意有限区间 $(0,a]$ 上有界。最后，我们有

$$\begin{aligned}
f_k[(n+1)h] &= P(N_{(n+1)h} \geqslant k) \\
&\leqslant \sum_{l=0}^{k} P(N_h \geqslant l) P(N_{nh} \geqslant k-l) \\
&\leqslant f_k(nh) f_0(h) + f_k(h) f_0(nh) \\
&\quad + \sum_{l=1}^{k-1} f_l(h) f_{k-l}(nh) \\
&\leqslant f_k(nh) + f_k(h) + \\
&\quad nh^2 \sum_{l=1}^{k-1} [f_l(h)/h] \cdot [f_{k-l}(nh)/nh].
\end{aligned}$$

记 $g_k = \sup\limits_{x \in (0,a]} f_k(x)/x$，于是有

$$f_k[(n+1)h] \leqslant f_k(nh) + f_k(h) + nh^2 \sum_{l=1}^{k-1} g_l g_{k-l}. \tag{2-4-5}$$

下面证明对于函数 $f_k(x)$，条件(2-4-2)成立。记上式右端最后一项的和数为 A_k。当 $n=1$ 时由(2-4-5)式易知有

$$f_k(2h) \leqslant 2f_k(h) + 2^2 h^2 A_k,$$

即(2-4-2)式对 $n=1$ 成立。现设(2-4-2)式对 $n=m$ 成立，则再次利用(2-4-5)式得对 $n=m+1$ 有

$$\begin{aligned}
f_k[(m+1)h] &\leqslant f_k(mh) + f_k(h) + mh^2 A_k \\
&\leqslant mf_k(h) + m^2h^2 A_k + f_k(h) + mh^2 A_k \\
&\leqslant (m+1) f_k(h) + (m+1)^2 h^2 A_k.
\end{aligned}$$

故由引理 2-4-1 知 $\lim\limits_{h \downarrow 0} f_k(h)/h$ 存在且有限。从而由前述知 $\lim\limits_{h \downarrow 0} P(N_{t,t+h}=k \mid N_{t,t+h} \geqslant 1)$存在且有限，记这极限为 p_k，由 p_k 的定义易知 $\sum\limits_{k=1}^{\infty} p_k = 1$。

还要证明 N_t 的概率母函数 $G_t(s)$ 的确形如(2-4-1)。由过程增量的独立性和平稳性得

$$G_{t+h}(s) = E(s^{N_t} s^{N_{t,t+h}}) = E(s^{N_t})E(s^{N_{t,t+h}})$$
$$= G_t(s)G_h(s).$$

故有

$$\frac{G_{t+h}(s) - G_t(s)}{h} = G_t(h)\left[\frac{G_h(s) - 1}{h}\right]. \quad (2\text{-}4\text{-}6)$$

但

$$\frac{G_h(s) - 1}{h} = \frac{\sum_{k=0}^{\infty} P(N_h = k)s^k - 1}{h}$$
$$= [P(N_h = 0) - 1]/h + [P(N_h \geqslant 1)/h]$$
$$\times \sum_{k=1}^{\infty} P(N_h = k | N_h \geqslant 1)s^k.$$

上式右端第一项等于$(e^{-\lambda h} - 1)/h$，故当 $h \downarrow 0$ 时的极限是$-\lambda$.
又由(2-4-3)式知第二项的极限是 $\lambda \sum_{k=1}^{\infty} p_k s^k = \lambda G(s)$. 在(2-4-6)式令 $h \downarrow 0$ 得

$$\frac{\partial G_t(s)}{\partial t} = G_t(s)\lambda[G(s) - 1].$$

利用初始条件 $G_0(s) = 1$ 即可求得

$$G_t(s) = e^{\lambda t[G(s) - 1]}.$$

■

(2-4-3) 式中的极限 p_k 是已知在时刻 t 有点发生时在这时刻恰好有 k 个点发生的条件概率. 这表明由于没有对过程加上普通性的假设,因此一般说来可能有重点,从而过程一般不再是齐次泊松过程.但另一方面,由概率母函数的表示式(2-4-1)和(2-4-2)容易看出，若 $p_1 = 1$ 和 $p_k = 0$ 对所有 $k \geqslant 2$，则 $G_t(s) = e^{-\lambda t(s-1)}$. 这是参数为 λt 的泊松分布的概率母函数，于是我们又得到齐次泊松过程. 这自然会使人们产生一种想法，即广义齐次泊松过程是这样的点过程，它的点发生时刻形成一个强度为 λ 的齐次泊松过程，而在各个点发生时刻所发生的点数是有相同分布

$\{p_k\}$ 的独立随机变量．事实上，我们的确可以证明，如果给定了常数 $\lambda>0$ 和分布 $\{p_k\}$，我们就可以按照上述想法构造一个具有平稳独立增量的有限值计数过程 $\{N_t,\ t\geqslant 0\}$，使得它具有由(2-4-1)和(2-4-2)式给出的概率母函数．

为此，首先以给定的 λ 作强度确定一齐次泊松过程 $M=\{M_t;t\geqslant 0\}$，并用这一过程规定过程 $N=\{N_t;t\geqslant 0\}$ 的点发生时刻．于是，在区间 $(0,t]$ 内有 j 个"点发生时刻"的概率是

$$g_j(t)=P(M_t=j)=e^{-\lambda t}(\lambda t)j/j!,j=1,2,\cdots.$$

其次，令在任意给定的点发生时刻恰好有 k 个点的概率是 p_k，它与点发生时刻的具体值无关，而且各个时刻发生的点数是相互独立的．由这些规定和过程 M 的平稳无后效性容易推知过程 N 也是具有平稳独立增量的．下面证明 N_t 的概率母函数 $G_t(s)$ 由(2-4-1)式给出．因为在每一个点发生时刻的点数是一个随机变量，它取值 k 的概率是 $p_k(k=1,2,\cdots)$，对应的概率母函数是

$$G(s)=\sum_{k=1}^{\infty}p_ks^k.$$

任取 r 个不同的点发生时刻，并以 $P_r(n)$ 表示在这 r 个时刻共有 n 个点的概率．因为各个点发生时刻的点数是相互独立同分布的，故任意 r 个点发生时刻所发生的总点数是具有概率母函数

$$G^r(s)=\sum_{n=1}^{\infty}P_r(n)s^n=\{G(s)\}^r$$

的随机变量．另一方面，由全概率公式得

$$P(N_t=n)=\sum_{r=0}^{\infty}P(M_t=r)P_r(n).$$

故 N_t 的概率母函数是

$$\begin{aligned}G_t(s)&=\sum_{n=0}^{\infty}P(N_t=n)s^n\\&=\sum_{n=0}^{\infty}s^n\sum_{r=0}^{\infty}P(M_t=r)P_r(n)\end{aligned}$$

$$= \sum_{r=0}^{\infty} P(M_t = r) \sum_{n=0}^{\infty} P_r(n) s^n$$

$$= \sum_{r=0}^{\infty} P(M_t = r)\{G(s)\}^r$$

$$= \sum_{r=0}^{\infty} e^{-\lambda t}\{\lambda t G(s)\}^r / r!$$

$$= e^{\lambda t[G(s)-1]}.$$

即过程N是由λ和$\{p_k\}$给定的广义齐次泊松过程。

如果我们把广义齐次泊松过程对应的概率母函数(2-4-1)写成

$$G_t(s) = e^{\lambda t[G(s)-1]}$$

$$= e^{-\lambda t \sum_{k=1}^{\infty} p_k(s^k-1)}$$

$$= \prod_{k=1} e^{-\lambda p_k t(s^k-1)}$$

$$= \prod_{k=1}^{\infty} G_t^k(s^k), \qquad (2\text{-}4\text{-}7)$$

这里$G_t^k(\cdot)$是M_t^k的概率母函数，而$M^k = \{M_t^k;\ t \geqslant 0\}$是强度为$\lambda p_k$的齐次泊松过程。由此我们不难看出一个具有概率母函数(2-4-1)的广义齐次泊松过程$N = \{N_t;\ t \geqslant 0\}$可以表为可数多个相互独立的齐次泊松过程$M^k$的叠加。每一$M^k$的强度是$\lambda p_k$，在$M^k$的每一个点发生时刻有过程$N$的$k$个点。这一事实也可写成

$$N_t = \sum_{k=1}^{\infty} k M_t^k. \qquad (2\text{-}4\text{-}8)$$

根据(2-4-1)或(2-4-8)式容易求出N_t的数学期望和方差是

$$EN_t = \lambda t E X \qquad (2\text{-}4\text{-}9)$$

和

$$\mathrm{Var} N_t = \lambda t E X^2, \qquad (2\text{-}4\text{-}10)$$

这里X表示在每一点发生时刻所有的点数，即具有分布 $\{p_k\}$ 的随机变量．易见

$$EX = \sum_{k=1}^{\infty} k p_k,$$

$$EX^2 = \sum_{k=1}^{\infty} k^2 p_k,$$

$$\operatorname{Cov}(N_t, N_s) = \min(s,t)(\lambda E X^2). \qquad (2-4-11)$$

广义齐次泊松过程常常出现在顾客成批到达或成批服务的排队问题中．

例 2-4-1 我们可以应用广义齐次泊松过程的模型来讨论 例 2-3-1．显然，若以 N_t 表示在区间 $(0, t]$ 中由小汽车送到飞机场的旅客数(这时可选上午 8 时为时间原点)，则由

$$N_t = \sum_{k=1}^{4} k M_t^k$$

给定的过程 $\{N_t, 0 \leqslant t \leqslant 12\}$ 是一广义齐次泊松过程，N_t 的概率母函数是

$$G_t(s) = e^{30t[G(s)-1]},$$

其中

$$G(s) = 0.1s + 0.2s^2 + 0.4s^3 + 0.3s^4.$$

我们可以利用(2-4-9)—(2-4-11)式计算 N_t 的数学期望、方差和协方差．为此先算出 $EX = 2.9$ 和 $EX^2 = 9.3$，故

$$EN_t = \lambda t EX = 87t,$$

$$\operatorname{Var}N_t = \lambda t EX^2 = 279t,$$

$$\operatorname{Cov}(N_t, N_s) = \min(s,t)(\lambda E X^2) = 279\min(s,t).$$

§2-5 带时倚强度的泊松过程

如果把齐次泊松过程定义中的平稳性要求除去，我们就得到非齐次泊松过程．在这一节先讨论过程的强度存在，但它不一定

是常数而可以依赖于时间 t 的情形. 为此我们从以条件 2-1-4 形式出现的齐次泊松过程定义出发进行推广, 即把(2-1-25)式中的常数 λ 改为变元 t 的函数 $\lambda(t)$. 这样一来就得到

定义 2-5-1 计数过程 $\{N_t, t \geqslant 0\}$ 称做带时倚强度 $\lambda(t)$ 的泊松过程 (Poisson process with time-dependent intensity), 如果它满足下列条件:

(1) $P(N_0 = 0) = 1$.

(2) 对任意 $t \geqslant 0$ 和 $h > 0$

$$P(N_{t,t+h} = 1) = \lambda(t)h + o(h), \tag{2-5-1}$$

$$P(N_{t,t+h} \geqslant 2) = o(h). \tag{2-5-2}$$

(3) 有独立增量.

这里 $\lambda(t)$ 是 $\mathbb{R}_+$上的非负函数,它在任意有限区间是可积的. 我们把由

$$\Lambda(t) = \int_0^t \lambda(x)dx \tag{2-5-3}$$

定义的函数 $\Lambda(t)$ 称做过程的累积强度函数 (或简称累积强度). 当过程是齐次时, $\lambda(t)$ 恒等于某一常数 λ, 故 $\Lambda(t) = \lambda t$,即$\Lambda(t)$ 和区间长度 t 成正比.

类似于齐次情形,我们可以证明带时倚强度 $\lambda(t)$ 的泊松过程的增量 $N_{t,t+s} = N_{t+s} - N_t$ 有参数为

$$\Lambda(t+s) - \Lambda(t) = \int_t^{t+s} \lambda(x)dx$$

的泊松分布,即对任意整数 $n \geqslant 0$,

$$P(N_{t,t+s} = n) = \exp\{-[\Lambda(t+s) - \Lambda(t)]\} \times [\Lambda(t+s) - \Lambda(t)]^n/n!. \tag{2-5-4}$$

事实上,对固定的 $t \geqslant 0$,我们定义

$$P_n(s) = P(N_{t,t+s} = n),$$

则由增量的独立性和(2-5-1),(2-5-2)式知对任意 $h > 0$ 有

$$P_0(s+h) = P(N_{t,t+s+h} = 0)$$
$$= P(N_{t,t+s} = 0, N_{t+s,t+s+h} = 0)$$

$$= P(N_{t,t+s} = 0)P(N_{t+s,t+s+h} = 0)$$
$$= P_0(s)[1 - \lambda(t+s)h - o(h)].$$

故

$$P_0(s+h) - P_0(s) = P_0(s)[-\lambda(t+s)h - o(h)].$$

由此看出 $P_0(s)$ 是变元 s 的连续函数. 用 h 除上式两端后令 $h \to 0$ 得

$$P_0'(s) = -\lambda(t+s)P_0(s). \tag{2-5-5}$$

由(2-5-1)式易知 $P_0(0) = 1$. 利用这一初始条件对上式积分得

$$\log P_0(s) = -\int_0^s \lambda(t+u)du$$

或

$$P_0(s) = \exp\left\{-\int_t^{t+s} \lambda(x)dx\right\}$$
$$= \exp\{-[\Lambda(t+s) - \Lambda(t)]\}. \tag{2-5-6}$$

对于 $n \geqslant 1$,由(2-5-2)式和独立增量性质得

$$\begin{aligned}P_n(s+h) &= P(N_{t,t+s} = n)P(N_{t+s,t+s+h} = 0) \\ &\quad + P(N_{t,t+s} = n-1)P(N_{t+s,t+s+h} = 1) + o(h) \\ &= P_n(s)[1 - \lambda(t+s)h - o(h)] \\ &\quad + P_{n-1}(s)\lambda(t+s)h + o(h) \\ &= [1 - \lambda(t+s)h]P_n(s) + \lambda(t+s)hP_{n-1}(s) + o(h).\end{aligned}$$

于是

$$\begin{aligned}P_n(s+h) - P_n(s) &= -\lambda(t+s)hP_n(s) \\ &\quad + \lambda(t+s)hP_{n-1}(s) + o(h).\end{aligned} \tag{2-5-7}$$

用 h 除上式两端后令 $h \to 0$ 得

$$P_n'(s) = \lambda(t+s)[P_{n-1}(s) - P_n(s)]. \tag{2-5-8}$$

若令 $P_{-1}(s) \equiv 0$,则当 $n = 0$ 时(2-5-8)式就变成(2-5-5)式,即(2-5-8)式对任意整数 $n \geqslant 0$ 均成立.

我们利用母函数方法求方程组(2-5-8)的解. 令

$$F(s,z) = \sum_{n=0}^{\infty} P_n(s)z^n. \tag{2-5-9}$$

对每一 $n=0,1,\cdots$,将(2-5-8)式乘以 z^n 后对 n 求和即得

$$\frac{\partial F(s,z)}{\partial s}=(z-1)\lambda(t+s)F(s,z)$$

或

$$\frac{\partial \log F(s,z)}{\partial s}=(z-1)\lambda(t+s).$$

由此得

$$\begin{aligned}\log F(s,z)-\log F(0,z)&=(z-1)\int_0^s\lambda(t+u)du\\&=(z-1)\int_t^{t+s}\lambda(x)dx.\end{aligned}$$

因为

$$F(0,z)=P_0(0)=1,$$

故

$$\begin{aligned}F(s,z)&=\exp\left\{(z-1)\int_t^{t+s}\lambda(x)dx\right\}\\&=\exp\left\{z\int_t^{t+s}\lambda(x)dx\right\}\exp\left\{-\int_t^{t+s}\lambda(x)dx\right\}\\&=\sum_{n=0}^{\infty}\exp\left\{-\int_t^{t+s}\lambda(x)dx\right\}\frac{\left[\int_t^{t+s}\lambda(x)dx\right]^n}{n!}z^n.\end{aligned}$$

将上式和母函数 $F(s,z)$ 的定义(2-5-9)式比较即得

$$P_n(s)=\exp\left\{-\int_t^{t+s}\lambda(x)dx\right\}\left[\int_t^{t+s}\lambda(x)dx\right]^n\Big/n!. \tag{2-5-10}$$

对 $n=0,1,2,\cdots$,这就是参数为 $\int_t^{t+s}\lambda(x)dx$ 的泊松分布.

反过来,如果过程 $\{N_t;t\geqslant 0\}$ 的增量 $N_{t,t+s}$ 有参数为

$$\Lambda(t+s)-\Lambda(t)=\int_t^{t+s}\lambda(x)dx$$

的泊松分布,则容易验证它必然满足定义 2-5-1 中的条件(2). 这样一来,我们就得到带时倚强度的泊松过程的另一等价定义.

定义 2-5-2 计数过程 $\{N_t,\ t\geqslant 0\}$ 称做带时倚强度的泊松

过程，如果它满足下列条件：

(1) $P(N_0=0)=1$.

(2) 对于任意 $t\geqslant 0$ 和 $s>0$，增量 $N_{t,t+s}=N_{t+s}-N_t$ 有参数为 $\int_t^{t+s}\lambda(x)dx$ 的泊松分布，这里 $\lambda(t)$ 是 $\mathbb{R}_+$ 上的非负函数，它在任意有限区间是可积的.

(3) 有独立增量.

定义 2-5-1 中的条件 (2) 还可以用如下要求代替：对任意 $t\geqslant 0$ 有

$$\lim_{h\to 0}\frac{P(N_{t,t+h}\geqslant 1)}{h}=\lambda(t) \tag{2-5-11}$$

和

$$P(N_{t,t+h}\geqslant 2)=o(h), \tag{2-5-12}$$

或

$$\lim_{h\to 0}\frac{P(N_{t,t+h}\geqslant 2)}{P(N_{t,t+h}=1)}=0, \tag{2-5-12'}$$

这里 $\lambda(t)$ 是 $\mathbb{R}_+$ 上的非负函数，它在任意有限区间是可积的.

有些作者，例如 Parzen (1962)，Khinchin (1955)，就是以此作为带有时倚强度的泊松过程的基本定义. 易见它和上面两个定义是等价的. 事实上，由定义 2-5-2 中的条件 (2) 容易推出(2-5-11)和(2-5-12)式[或(2-5-12′)式]. 另一方面，由(2-5-11)式可推出

$$P(N_{t,t+h}\geqslant 1)=\lambda(t)h+o(h).$$

据此和(2-5-12)式 [或(2-5-12′)式]即得(2-5-1)和(2-5-2)式.

在 § 2-1 中我们引入了齐次泊松过程的发生率

$$\mu=EN_t/t$$

这一概念. 那时候由于过程具有平稳增量，所以 μ 实际上是一个不依赖于 t 的常数，而且我们证明了它恰好等于过程的强度 λ.

因为带时倚强度的泊松过程并不具有平稳增量，故尽管区间 $(0,s]$ 和 $(t,t+s]$ 有同样的长度 s，但 EN_s/s，和 $EN_{t,t+s}/s$ 一般是不相同的. 因此，这时我们应对所有不同的 $t\geqslant 0$ 考虑瞬时

发生率

$$\mu(t)=\lim_{s\to 0}\frac{EN_{t,t+s}}{s}. \tag{2-5-13}$$

我们知道 $N_{t,t+s}$ 有参数为 $\int_t^{t+s}\lambda(x)dx$ 的泊松分布，它的数学期望就等于分布的参数. 因此,若 $\lambda(x)$ 在 t 点连续,则

$$\mu(t)=\lim_{s\to 0}\frac{EN_{t,t+s}}{s}=\lim_{s\to 0}\frac{\int_t^{t+s}\lambda(x)dx}{s}=\lambda(t). \tag{2-5-14}$$

点发生时间和点间间距的分布

类似于齐次泊松过程的情形，我们也能推导出带时倚强度泊松过程的点发生时间和点间间距的一些有关的分布. 对于齐次泊松过程，我们已经证明了当给定过程在 $(0, T]$ 中有 n 个点发生时,这 n 个点发生时间 $S_1,\cdots,S_n$ 的条件联合分布和 n 个在$(0,T]$上均匀分布的独立随机变量的次序统计量的分布相同(定理 2-2-1). 利用类似的推理可以把这结果推广到时倚强度的情形.

定理 2-5-1 设 $\{N_t, t\geqslant 0\}$ 是带时倚强度 $\lambda(t)$ 的泊松过程. 对于任意实数 $T>s\geqslant 0$ 和任意正整数 n,当给定 $N_{s,T}=n$ 时,过程在区间 $(s,T]$ 中的 n 个点发生时间 $(S_1,\cdots,S_n)$ 的条件联合分布密度函数是

$$f_{S_1,\dots,S_n}(t_1,\cdots,t_n|N_{s,T}=n)=\begin{cases}n!\prod_{i=1}^{n}\lambda(t_i)/[\Lambda(T)-\Lambda(s)]^n & s<t_1\leqslant\cdots\leqslant t_n\leqslant T,\\ 0 & \text{其它情形}.\end{cases} \tag{2-5-15}$$

这就是说,它和 n 个相互独立同分布的随机变量 $U_1,\cdots,U_n$ 的次序统计量有相同的分布,这里 $U_i(i=1,\cdots,n)$ 的共同分布的密度函数和分布函数分别是

$$f_U(u)=\begin{cases}\dfrac{\lambda(u)}{\Lambda(T)-\Lambda(s)} & s<u\leqslant T,\\ 0 & \text{其它情形}.\end{cases} \tag{2-5-16}$$

和

$$F_U(u)=\begin{cases}0 & u\leqslant s,\\ \dfrac{\Lambda(u)-\Lambda(s)}{\Lambda(T)-\Lambda(s)} & s<u\leqslant T,\\ 1 & u>T.\end{cases}\quad(2\text{-}5\text{-}17)$$

式中 $\Lambda(t)=\int_0^t\lambda(x)dx$ 是过程的累积强度函数．当然，在上面的式子中要求 $\Lambda(T)-\Lambda(s)>0$．

证明 由泊松过程的有序性不妨设 $s\equiv t_0<t_1<\cdots<t_n<T$，则

$$\begin{aligned}
&P(t_i-\Delta t_i<S_i\leqslant t_i,1\leqslant i\leqslant n\mid N_{s,T}=n)\\
&=\frac{P(N_{t_i-\Delta t_i,t_i}=1,N_{t_{i-1},t_i-\Delta t_i}=0,1\leqslant i\leqslant n;N_{t_n,T}=0)}{P(N_{s,T}=n)}\\
&=\left[\prod_{i=1}^n\left(\int_{t_i-\Delta t_i}^{t_i}\lambda(x)dx\right)\exp\left\{-\int_{t_i-\Delta t_i}^{t_i}\lambda(x)dx\right\}\right]\\
&\quad\times\left[\prod_{i=1}^n\exp\left\{-\int_{t_{i-1}}^{t_i-\Delta t_i}\lambda(x)dx\right\}\exp\left\{-\int_{t_n}^T\lambda(x)dx\right\}\right]\\
&\quad\Big/\left[\exp\left\{-\int_s^T\lambda(x)dx\right\}\left(\int_s^T\lambda(x)dx\right)^n\Big/n!\right]\\
&=\frac{n!\left(\prod_{i=1}^n\int_{t_i-\Delta t_i}^{t_i}\lambda(x)dx\right)\cdot\exp\left\{-\int_s^T\lambda(x)dx\right\}}{\exp\left\{-\int_s^T\lambda(x)dx\right\}[\Lambda(T)-\Lambda(s)]^n}\\
&=n!\left(\prod_{i=1}^n\int_{t_i-\Delta t_i}^{t_i}\lambda(x)dx\right)\Big/[\Lambda(T)-\Lambda(s)]^n.
\end{aligned}$$

按照条件密度函数的定义．

$$\begin{aligned}
&f_{S_1,\dots,S_n}(t_1,\cdots,t_n\mid N_{s,T}=n)\\
&\quad=\lim_{\max\Delta t_i\to 0}\frac{P(t_i-\Delta t_i<S_i\leqslant t_i,1\leqslant i\leqslant n\mid N_{s,T}=n)}{\prod_{i=1}^n\Delta t_i}\\
&\quad=n!\prod_{i=1}^n\lambda(t_i)/[\Lambda(T)-\Lambda(s)]^n.
\end{aligned}$$ ■

下面研究点发生时间的无条件分布．类似于引理 2-1-6 给出

的关于齐次泊松过程的结果，我们有以下定理.

定理 2-5-2 设 $\{N_t;\ t \geqslant 0\}$ 是带时倚强度 $\lambda(t)$ 的泊松过程. 对于任意正整数 n，过程的前 n 个点发生时间$(S_1, \cdots, S_n)$的联合分布密度是

$$f_{S_1,\ldots,S_n}(t_1, \cdots, t_n)$$
$$= \begin{cases} \left(\prod_{i=1}^{n} \lambda(t_i)\right) \exp\left\{-\int_0^{t_n} \lambda(x)dx\right\}, & 0 < t_1 \leqslant \cdots \leqslant t_n, \\ 0, & \text{其它情形.} \end{cases} \tag{2-5-18}$$

其实，我们还可以证明更一般的结果，即有

定理 2-5-3 设 $\{N_t,\ t \geqslant 0\}$ 是带时倚强度 $\lambda(t)$ 的泊松过程.对于任意整数 $r \geqslant 0$ 和 $n > 0$，过程的 n 个点发生时间 $S_{r+1}, \cdots, S_{r+n}$ 的联合分布密度函数是

$$f_{S_{r+1},\ldots,S_{r+n}}(t_{r+1}, \cdots, t_{r+n})$$
$$= \begin{cases} \left(\prod_{i=1}^{n} \lambda(t_{r+i})\right) \exp\left\{-\int_0^{t_{r+n}} \lambda(x)dx\right\} \left(\int_0^{t_{r+1}} \lambda(x)dx\right)^r \Big/ r! \\ \qquad\qquad\qquad\qquad 0 < t_{r+1} \leqslant \cdots \leqslant t_{r+n} \\ 0 \qquad\qquad\qquad\qquad \text{其它情形.} \end{cases} \tag{2-5-19}$$

证明

$$P(t_{r+i} - \Delta t_{r+i} < S_{r+i} \leqslant t_{r+i}, 1 \leqslant i \leqslant n)$$
$$= P(N_{t_{r+1}-\Delta t_{r+1}} = r; N_{t_{r+i}-\Delta t_{r+i}, t_{r+i}} = 1, 1 \leqslant i \leqslant n;$$
$$N_{t_{r+i}, t_{r+i+1}-\Delta t_{r+i+1}} = 0, 1 \leqslant i \leqslant n-1)$$
$$= \exp\left\{-\int_0^{t_{r+1}-\Delta t_{r+1}} \lambda(x)dx\right\} \left(\int_0^{t_{r+1}-\Delta t_{r+1}} \lambda(x)dx\right)^r \Big/ r!$$
$$\times \prod_{i=1}^{n} \exp\left\{-\int_{t_{r+i}-\Delta t_{r+i}}^{t_{r+i}} \lambda(x)dx\right\} \left(\int_{t_{r+i}-\Delta t_{r+i}}^{t_{r+i}} \lambda(x)dx\right)$$
$$\times \prod_{i=1}^{n-1} \exp\left\{-\int_{t_{r+i}}^{t_{r+i+1}-\Delta t_{r+i+1}} \lambda(x)dx\right\}$$
$$= \left(\prod_{i=1}^{n} \int_{t_{r+i}-\Delta t_{r+i}}^{t_{r+i}} \lambda(x)dx\right) \exp\left\{-\int_0^{t_{r+n}} \lambda(x)dx\right\}$$
$$\times \left(\int_0^{t_{r+1}-\Delta t_{r+1}} \lambda(x)dx\right)^r \Big/ r!。$$

于是按密度函数的定义，

$$
\begin{aligned}
& f_{S_{r+1},\dots,S_{r+n}}(t_{r+1},\cdots,t_{r+n}) \\
&= \lim_{\max\Delta t_{r+i}\to 0}\left(\prod_{i=1}^{n}\Delta t_{r+i}\right)^{-1} P(t_{r+i}-\Delta t_{r+i}<S_{r+i} \\
&\qquad \leqslant t_{r+i}; 1\leqslant i\leqslant n) \\
&= \left(\prod_{i=1}^{n}\lambda(t_{r+i})\right)\exp\left\{-\int_0^{t_{r+n}}\lambda(x)dx\right\}\left(\int_0^{t_{r+1}}\lambda(x)dx\right)^r\Big/ r!.
\end{aligned}
$$

注意当 $r=0$ 时(2-5-19)式就化约为 (2-5-18)式. 又当 $n=1$ 时则得到第 $r+1$（记为 k）个点发生时间的密度函数

$$
f_{S_k}(t_k)=\lambda(t_k)\exp\left\{-\int_0^{t_k}\lambda(x)dx\right\}\left(\int_0^{t_k}\lambda(x)dx\right)^{k-1}\Big/(k-1)!,
$$

$$
k=1,2,\cdots. \qquad (2\text{-}5\text{-}20)
$$

应该指出，当我们讨论无条件分布密度函数时要假设

$$
\lim_{t\to\infty}\Lambda(t)=\int_0^{\infty}\lambda(x)dx=\infty.
$$

因若不然，由泊松分布的定义推知在$(0,\infty)$没有点发生的概率等于 $\exp\left\{-\int_0^{\infty}\lambda(x)dx\right\}>0$，即过程以正概率在 R_+ 上不会发生点，这时讨论点发生时间的分布就没有什么意义了. 事实上，也只有在上述假定下，由(2-5-19)式[当然也包括(2-5-18)和(2-5-20)式在内]确定的函数在整个空间的积分才等于 1，即是真正的分布密度函数.

利用定理 2-5-3 容易证明如下结果.

定理 2-5-4 带时倚强度 $\lambda(t)$ 的泊松过程 $\{N_t, t\geqslant 0\}$ 的点发生时间序列 $S_1,S_2,\cdots,S_n,\cdots$是一马尔可夫序列，它的转移密度是

$$
p_{S_n|S_{n-1}}(t_n|t_{n-1})=\lambda(t_n)\exp\left\{-\int_{t_{n-1}}^{t_n}\lambda(x)dx\right\}. \qquad (2\text{-}5\text{-}21)
$$

证明 只须证明 $p_{S_n|S_{n-1},\dots,S_1}(t_n|t_{n-1}, \cdots, t_1)$ 和$p_{S_n|S_{n-1}}(t_n|t_{n-1})$ 都有由(2-5-21)式给出的表示式. 事实上，按转移密度的定义和(2-5-19)式有

$$p_{S_n|S_{n-1},\cdots,S_1}(t_n|t_{n-1},\cdots,t_1)=\frac{f_{S_1,\cdots,S_n}(t_1,\cdots,t_n)}{f_{S_1,\cdots,S_{n-1}}(t_1,\cdots,t_{n-1})}$$

$$=\frac{\left(\prod_{i=1}^{n}\lambda(t_i)\right)\exp\left\{-\int_0^{t_n}\lambda(x)dx\right\}}{\left(\prod_{i=1}^{n-1}\lambda(t_i)\right)\exp\left\{-\int_0^{t_{n-1}}\lambda(x)dx\right\}}$$

$$=\lambda(t_n)\exp\left\{-\int_{t_{n-1}}^{t_n}\lambda(x)dx\right\}.$$

而

$$p_{S_n|S_{n-1}}(t_n|t_{n-1})=\frac{f_{S_{n-1},S_n}(t_{n-1},t_n)}{f_{S_{n-1}}(t_{n-1})}$$

$$=\frac{\lambda(t_{n-1})\lambda(t_n)\exp\left\{-\int_0^{t_n}\lambda(x)dx\right\}\left(\int_0^{t_{n-1}}\lambda(x)dx\right)^{n-2}\Big/(n-2)!}{\lambda(t_{n-1})\exp\left\{-\int_0^{t_{n-1}}\lambda(x)dx\right\}\left(\int_0^{t_{n-1}}\lambda(x)dx\right)^{n-2}\Big/(n-2)!}$$

$$=\lambda(t_n)\exp\left\{-\int_{t_{n-1}}^{t_n}\lambda(x)dx\right\}.$$ ■

我们已经知道，具有常数强度 λ 的齐次泊松过程的点间间距 $T_n=S_n-S_{n-1}(n=1,2,\cdots)$ 相互独立而且都有参数为 λ 的指数分布．当强度不再是常数而随时间变化时，T_n 一般就既不是相互独立，也不再有相同分布了．但是，由过程的无后效性易见当给定了 $S_1,\cdots,S_n$ 时，第 $n+1$ 个点间间距 $T_{n+1}=S_{n+1}-S_n$ 是独立于 $S_1,\cdots,S_{n-1}$ 的．事实上，基于定理 2-5-3 和定理 2-5-4 可以推出给定 $S_1\cdots,S_n$ 时 T_{n+1} 的条件密度函数是

$$f_{T_{n+1}|S_n,\cdots,S_1}(t|s_n,\cdots,s_1)=f_{S_{n+1}|S_n,\cdots,S_1}(s_n+t|s_n,\cdots,s_1)$$

$$=f_{S_{n+1}|S_n}(s_n+t|s_n)$$

$$=\lambda(s_n+t)\exp\left\{-\int_{s_n}^{s_n+t}\lambda(x)dx\right\},\tag{2-5-22}$$

从而条件分布函数是

$$P(T_{n+1}\leqslant t|S_n=s_n,\cdots,S_1=s_1)$$

$$=\int_0^t f_{T_{n+1}|S_n,\cdots,S_1}(x|s_n,\cdots,s_1)dx$$

$$=\int_0^t\lambda(s_n+x)\exp\left\{-\int_{s_n}^{s_n+x}\lambda(u)du\right\}dx$$

$$= \left| -\exp\left\{ -\int_{s_n}^{s_n+x} \lambda(u)du \right\} \right|_0^t$$

$$= 1 - \exp\left\{ -\int_{s_n}^{s_n+t} \lambda(u)du \right\}. \qquad (2-5-23)$$

从(2-5-22)和(2-5-23)式都能看出,给定 $S_1,\cdots,S_n$ 时 T_{n+1} 的条件分布函数和密度函数的表示式中不含 $S_1,\cdots,S_{n-1}$,即 T_{n+1} 是独立于 $S_1,\cdots,S_{n-1}$ 的。

带时倚强度的泊松过程的随机选择

当带时倚强度的泊松过程 $\{N_t, t \geqslant 0\}$ 的强度 $\lambda(t)$ 有界时,我们可以把这过程看作是由对一齐次泊松过程作随机选择而得的过程. 设 λ 是 $\lambda(t)$ 的任一上界, $\{M_t, t \geqslant 0\}$ 是强度为 λ 的齐次泊松过程. 如果假定过程 $\{M_t, t \geqslant 0\}$ 在时刻 t 发生的点以概率 $\lambda(t)/\lambda$ 被记录,则对被记录的点计数得到的过程 $\{N_t, t \geqslant 0\}$ 是一带时倚强度 $\lambda(t)$ 的泊松过程。事实上,这过程满足定义 2-5-1 中的条件(1)和(3), 因为它们可由齐次泊松过程 $\{M_t, t \geqslant 0\}$ 的相应性质得出. 其次

$$\begin{aligned} P(N_{t,t+h} = 1) &= \sum_{k=1}^{\infty} P(N_{t,t+h} = 1, M_{t,t+h} = k) \\ &= P(N_{t,t+h} = 1, M_{t,t+h} = 1) + o(h) \\ &= P(N_{t,t+h} = 1 \mid M_{t,t+h} = 1) P(M_{t,t+h} = 1) + o(h) \\ &= P(M_{t,t+h} = 1)\lambda(t)/\lambda + o(h) \\ &= \lambda(t)h + o(h). \end{aligned}$$

由事件的包含关系 $\{N_{t,t+h} \geqslant 2\} \subseteq \{M_{t,t+h} \geqslant 2\}$ 易见

$$P(N_{t,t+h} \geqslant 2) \leqslant P(M_{t,t+h} \geqslant 2) = o(h),$$

因此,过程 $\{N_t, t \geqslant 0\}$ 亦满足(2-5-1)和(2-5-2)式。

下面关于带时倚强度泊松过程的随机选择定理是上述结果的直接推广, 它在点过程的随机比较中有重要的应用 [参看 Deng (1985) 和 Miller (1979)], 同时也为带时倚强度泊松过程的模拟提供一种有效的方法。

定理 2-5-5 设 $\{N_t^i, t \geqslant 0\}$ $(i=1,2)$ 是带时倚强度 $\lambda^i(t)$ 的泊松过程．如果 $\lambda^1(t) \leqslant \lambda^2(t)$ 对每一 $t \geqslant 0$，则 $\{N_t^1, t \geqslant 0\}$ 可以通过对 $\{N_t^2, t \geqslant 0\}$ 的点作随机选择而得．换句话说，若将带时倚强度 $\lambda^2(t)$ 的泊松过程 $\{N_t^2, t \geqslant 0\}$ 在时刻 t 发生的点以概率 $1-\dfrac{\lambda^1(t)}{\lambda^2(t)}$ 舍弃，则被保留的点恰好形成带时倚强度 $\lambda^1(t)$ 的泊松过程．

证明 前面我们已就 $\lambda^2(t)=\lambda$ 的情形证明了定理的论断，采用的方法是以定义 2-5-1 为基础的．对于一般情形可用完全类似的方法加以证明．我们也可以基于定义 2-5-2 给出另一种证明方法，详见定理 10-4-2 的证明．

例 2-5-1 ($M/G/\infty$ 排队系统的输出过程) 设排队系统有无穷多个服务员，顾客的到达形成一强度为 λ 的齐次泊松过程，而服务时间有一般的连续分布 G．则这系统的输出(即结束服务后离开系统的顾客)形成一有时倚强度 $\lambda(t)=\lambda G(t)$ 的泊松过程．为确认这一事实，我们先证明在区间 $(t, t+s]$ 中离开的顾客有参数为 $\lambda \int_t^{t+s} G(y)dy$ 的泊松分布．称在 $(t, t+s]$ 中离开的顾客为 I 型顾客，则一个在时刻 y 到达的顾客是 I 型顾客的概率等于

$$P(y)=\begin{cases} G(s+t-y)-G(t-y) & \text{若 } y \leqslant t, \\ G(s+t-y) & \text{若 } t<y \leqslant t+s, \\ 0 & \text{若 } y>s+t. \end{cases}$$

根据定理 2-3-5 知 I 型顾客的数目有泊松分布，其数学期望是

$$\begin{aligned} \lambda \int_0^{\infty} P(y)dy &= \lambda\left\{\int_0^t [G(s+t-y)-G(t-y)]dy \right. \\ &\quad \left. + \int_t^{t+s} G(s+t-y)dy\right\} \\ &= \lambda\left\{\int_s^{t+s} G(y)dy-\int_0^t G(y)dy+\int_0^s G(y)dy\right\} \\ &= \lambda \int_t^{t+s} G(y)dy. \end{aligned}$$

其次，我们要证输出过程具有独立增量．为此只须证明对任

意正整数 n,若 $I_1,\cdots,I_n$ 是任意 n 个互不相交的区间，用 $N_1,\cdots,N_n$ 分别表示在这些区间中离开的顾客数，则它们是相互独立的．事实上,如果再用 N_{n+1} 表示不是在 $I_1\cup\cdots\cup I_n$ 中离开的顾客数，则由定理 2-3-5 的推广知 $N_1,\cdots,N_n,N_{n+1}$ 是相互独立的．这就证明了输出过程满足定义 2-5-2 的条件.

注 1 当 $t\to\infty$时，$\lambda(t)=\lambda G(t)\to\lambda$,即极限输出过程和输入过程一样是具有恒定强度 λ 的齐次泊松过程.

注 2 若把输出过程的点看作是由将输入过程的点作随机平移(平移距离的分布是 G) 而得,则这一例子表明，齐次泊松过程经随机平移后变成一个带时倚强度的泊松过程.

例 2-5-2 (医院的管理) 某些部门(例如医院)需要给某些对象(例如，一些特殊的病人)以特别的照顾．假定需要特别照顾的对象是随机地出现的,而且发生的强度有很强的周期性(按不同的具体情况，周期可以是一天，也可以是几天,几个月,一年或者数年)．在实际中,常常可用具有形如 $\lambda(t)=\exp\{\alpha_0+\alpha_1t+\alpha_2t^2+K\sin(\omega_0t+\theta)\}$的强度的泊松过程来模拟这种现象,其中 $0\leqslant t\leqslant t_0$，而 α_0，α_1，α_2，$K\geqslant 0$，$\omega_0>0$，$0<\theta\leqslant 2\pi$ 是某些常数．

§2-6 非齐次泊松过程

在上一节中我们已经看到带时倚强度 $\lambda(t)$ 的泊松过程 $\{N_t,t\geqslant 0\}$ 的增量 $N_{t,t+s}$ 有参数为 $\Lambda(t+s)-\Lambda(t)$ 的泊松分布,在那里累积强度函数 $\Lambda(t)$ 有如下的特殊形式:

$$\Lambda(t)=\int_0^t\lambda(x)dx. \tag{2-6-1}$$

因为 $\Lambda(t)$ 是非负函数 $\lambda(x)$ 在区间 $(0,t]$ 上的积分,因此 $\Lambda(t)$ 是一单调不减的连续函数，而且按泊松分布的性质知 $\Lambda(t)=EN_t$. 据此,我们可把定义 2-5-2 推广为

定义 2-6-1 计数过程 $\{N_t,t\geqslant 0\}$ 称做非齐次泊松过程,

(nonhomogeneous Poisson process) 如果它满足下列条件:

(1) $P(N_0=0)=1$.

(2) 对任意实数 $t\geqslant 0$ 和 $s\geqslant 0$,增量 $N_{t,t+s}$ 有参数为 $\Lambda(t+s)-\Lambda(t)$ 的泊松分布,这里 $\Lambda(t)=EN_t$ 是 $\mathbb{R}_+$ 上的非负单调不减连续函数,并称做过程的累积强度函数(或简称累积强度).

(3) 有独立增量.

按照这定义,易见带时倚强度 $\lambda(t)$ 的泊松过程是一类特殊的非齐次泊松过程.

下面引入非齐次泊松过程的另一等价定义,它是通过把条件 2-1-2 (齐次泊松过程的一种等价定义) 的平稳性要求 (2) 除去而得到.

定义 2-6-2 有限值计数过程 $\{N_t, t\geqslant 0\}$ 称做非齐次泊松过程,如果它满足下列条件:

(1) $P(N_0=0)=1$.

(2) 过程是普通的,即对任意 $t\geqslant 0$ 和 $h>0$,

$$P(N_{t,t+h}\geqslant 2)=o(h),\qquad 当\ h\to 0. \tag{2-6-2}$$

(3) 有独立增量.

根据泊松分布的表示式不难看出,定义 2-6-1 的条件(2)蕴含普通性,因此在定义 2-6-1 下的非齐次泊松过程满足定义2-6-2的所有条件. 下面证明相反的蕴含关系,为此我们先证明一个重要的定理,它表明任一非齐次泊松过程(暂时理解为在定义 2-6-2 的意义下) 可通过时间坐标的变换从一单位强度的齐次泊松过程导出. 令

$$\Lambda(t)=EN_t,\qquad t\geqslant 0. \tag{2-6-3}$$

根据计数过程的定义知对任意 $t\geqslant s\geqslant 0$ 有 $N_t\geqslant N_s$,因此 $EN_t\geqslant EN_s$,即 $\Lambda(t)$ 是变元 t 的单调不减函数. 再由 N_t 的右连续性和单调收敛定理知 $\Lambda(t)$ 是右连续的. 事实上,我们还可从过程的普遍性进一步推知 $\Lambda(t)$ 是连续的 (参看下一节关于一般泊松过程分解的讨论). 因而,我们可以定义 $\Lambda(t)$ 的反函数如下:对于每一 $t\geqslant 0$,

$$\tau(t) = \Lambda^{-1}(t) = \begin{cases} \inf\{u:\ \Lambda(u) > t\}, \\ 0 \qquad \text{若 } \Lambda(u) \leqslant t \text{ 对所有 } u。\end{cases} \tag{2-6-4}$$

$\Lambda(t)$ 和 $\tau(t)$ 的关系如图 2-6-1 所示。显然 $\tau(t)$ 也是单调不减的.

定理 2-6-1 设 $\{N_t, t \geqslant 0\}$ 是一非齐次泊松过程，$\Lambda(t)$ 是由(2-6-3)式给出的累积强度函数。令

$$M_t(\omega) = N_{\tau(t)}(\omega), \qquad \text{对所有 } t \geqslant 0 \text{ 和 } \omega \in \Omega, \tag{2-6-5}$$

则过程 $\{M_t; t \geqslant 0\}$ 是单位强度的齐次泊松过程.

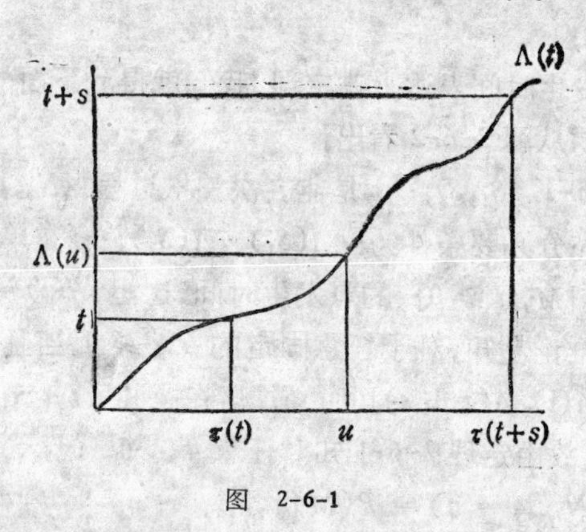

图 2-6-1

证明 假设过程 $\{N_t, t \geqslant 0\}$ 满足定义 2-6-2 的条件，现要

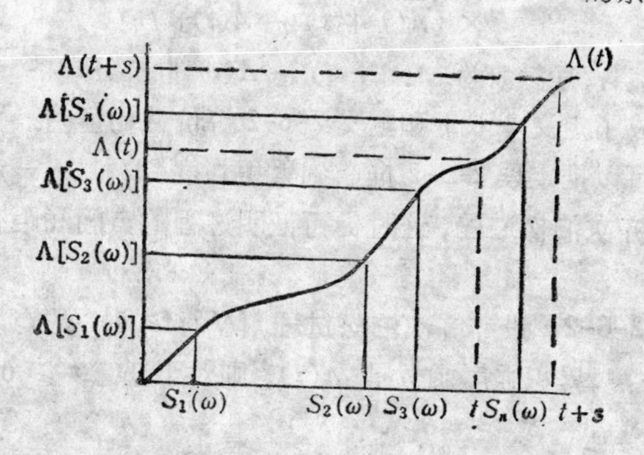

图 2-6-2

证明过程 $\{M_t, t \geq 0\}$ 满足条件 2-1-2 的要求. 显然,性质 (1), (3)和(4)可从 $\{N_t; t \geq 0\}$ 的相应性质遗传得到. 余下只须证明 M_t 有平稳增量且强度为1. 事实上, 对任意固定的 $t, s \geq 0$ 和整数 $k \geq 0$, $P(M_s = k) = P(N_{\tau(s)} = k)$ 和 $P(M_{t,t+s} = k) = P(N_{\tau(t),\tau(t+s)} = k)$, 故 M_s 和 $M_{t,t+s}$ 分别有参数为 $EN_{\tau(s)}$ 和 $EN_{\tau(t),\tau(t+s)}$ 的泊松分布. 易见 $EN_{\tau(s)} = \Lambda(\tau(s)) = \Lambda(\Lambda^{-1}(s)) = s$ 和 $EN_{\tau(t),\tau(t+s)} = \Lambda(\tau(t+s)) - \Lambda(\tau(t)) = \Lambda(\Lambda^{-1}(t+s)) - \Lambda(\Lambda^{-1}(t)) = t + s - t = s$,即有 $EN_{\tau(s)} = EN_{\tau(t),\tau(t+s)} = s$.特别地,过程 M_t 的强度是 $EM_1 = EN_{\tau(1)} = \Lambda(\tau(1)) = \Lambda(\Lambda^{-1}(1)) = 1$. ■

借助点发生时间表达上述定理,我们就得到下面的推论,这推论的真确性易从图 2-6-2 看出.

推论 2-6-1 $S_1, S_2, \cdots$ 是非齐次泊松过程 $\{N_t; t \geq 0\}$ 的点发生时间的充分必要条件为: $\Lambda(S_1)$, $\Lambda(S_2)$, $\cdots$是单位强度的齐次泊松过程 $\{M_s; t \geq 0\}$ 的点发生时间,这里 $\Lambda(t) = EN_t$.

由上述推论易知,对于任意固定的 $t, s \geq 0$,当且仅当 $\Lambda(S_n)$ 落在区间 $(\Lambda(t), \Lambda(t+s)]$ 时 S_n 落在区间 $(t, t+s]$ 中(参看图 2-6-2). 故由定理 2-6-1 知对任意 $n \geq 0$

$$
\begin{aligned}
P(N_{t,t+s} = n) &= P(M_{\Lambda(t),\Lambda(t+s)} = n) \\
&= \exp\{-[\Lambda(t+s) - \Lambda(t)]\} \\
&\quad \times [\Lambda(t+s) - \Lambda(t)]^n / n!,
\end{aligned}
\tag{2-6-6}
$$

即增量 $N_{t,t+s}$ 有参数为 $\Lambda(t+s) - \Lambda(t)$ 的泊松分布,这样一来我们就完成了定义 2-6-1 和定义 2-6-2 等价性的证明.

我们可以把定理 2-5-2 推广到累积强度 $\Lambda(t)$ 不一定有导数 $\lambda(t)$ 的非齐次泊松过程,这时仍可证明过程的点间间距有条件指数分布.

定理 2-6-2 设非齐次泊松过程 $\{N_t; t \geq 0\}$ 的点发生时间是 $S_1, S_2, \cdots$,累积强度函数是 $\Lambda(t)$, 则对于任意 $n \geq 0$ 有

$$
\begin{aligned}
&P(S_{n+1} - S_n > t | S_1, \cdots, S_n) \\
&\quad = \exp\{-\Lambda(S_n + t) - \Lambda(S_n)]\}.
\end{aligned}
\tag{2-6-7}
$$

证明 由函数 $\Lambda(t)$ 的单调性易知对任意 $t \geqslant 0$ 有如下的事件包含关系:

$$\{\Lambda(S_{n+1}) > \Lambda(S_n + t)\} \subseteq \{S_{n+1} - S_n > t\} \subseteq \{\Lambda(S_{n+1}) \geqslant \Lambda(S_n + t)\}.$$

所以

$$\begin{aligned} P(\Lambda(S_{n+1}) > \Lambda(S_n + t) | S_1, \cdots, S_n) &\leqslant P(S_{n+1} - S_n > t | S_1, \cdots, S_n) \\ &\leqslant P(\Lambda(S_{n+1}) \geqslant \Lambda(S_n + t) | S_1, \cdots, S_n). \end{aligned} \tag{2-6-8}$$

因为 $\Lambda(S_1), \cdots, \Lambda(S_n)$ 和 $S_1, \cdots, S_n$ 以概率 1 相互唯一确定,又由推论 2-6-1 知 $\Lambda(S_1), \cdots, \Lambda(S_n), \cdots$ 是单位强度齐次泊松过程的点发生时间,故 $\Lambda(S_{n+1}) - \Lambda(S_n)$ 独立于 $\Lambda(S_1), \cdots, \Lambda(S_n)$,从而也独立于 $S_1, \cdots, S_n$,而且 $\Lambda(S_{n+1}) - \Lambda(S_n)$ 有参数为 1 的指数分布。于是

$$\begin{aligned} & P(\Lambda(S_{n+1}) > \Lambda(S_n + t) | S_1, \cdots, S_n) \\ & = P(\Lambda(S_{n+1}) - \Lambda(S_n) > \Lambda(S_n + t) - \Lambda(S_n) | S_1, \cdots, S_n) \\ & = \exp\{-[\Lambda(S_n + t) - \Lambda(S_n)]\}. \end{aligned} \tag{2-6-9}$$

利用 $\Lambda(t)$ 的连续性同样也可推出

$$P(\Lambda(S_{n+1}) \geqslant \Lambda(S_n + t) | S_1, \cdots, S_n) = \exp\{-[\Lambda(S_n + t) - \Lambda(S_n)]\}. \tag{2-6-10}$$

联合(2-6-8),(2-6-9)和(2-6-10)式即得(2-6-7)式。 ■

下面介绍非齐次泊松过程的其它一些重要性质。

(1) 若非齐次泊松过程 $\{N_t, t \geqslant 0\}$ 的累积强度 $\Lambda(t) \to \infty$ 当 $t \to \infty$(特别地,具有常数强度 $\lambda > 0$ 的齐次泊松过程必满足此条件),则它的几乎所有样本函数是不连续的。事实上,令

$$A_\infty = \{N_t \text{ 在 } [0, \infty) \text{上连续}\},$$

$$A_k = \{N_t \text{ 在 } [0, k] \text{ 上连续}\}.$$

显然,当 $k \to \infty$ 时有 $A_k \downarrow A_\infty$,故

$$\begin{aligned} P(A_\infty) &= \lim_{k \to \infty} P(A_k) = \lim_{k \to \infty} P(N_0 = N_k) \\ &= \lim_{k \to \infty} e^{-\Lambda(k)} = 0. \end{aligned} \tag{2-6-11}$$

注意上面只是证明了几乎所有样本函数在 $[0,\infty)$ 中必有间断点，但并没有给定间断点的具体位置，因此它仅仅是肯定了几乎所有样本函数有流动间断点.

(2) 非齐次泊松过程 $\{N_t, t\geqslant 0\}$ 在任意固定点 $t_0\geqslant 0$ 上几乎所有样本函数是连续的. 换句话说，它的几乎所有样本函数没有固定间断点. 为证这一论断，首先注意由 $P(N_0=0)=1$ 推知 $\Lambda(0)=EN_0=0$. 又由 $\Lambda(t)$ 的连续性知 $\lim\limits_{t\to 0}\Lambda(t)=0$，故

$$P(N_\varepsilon - N_0 > 0) = 1 - e^{-\Lambda(\varepsilon)} \to 0 \text{ 当 } \varepsilon \to 0. \quad (2\text{-}6\text{-}12)$$

这证明了几乎所有样本函数在原点是连续的. 对任意固定的 $t_0>0$，则由 $\Lambda(t)$ 的连续性知当 $\varepsilon\to 0$ 有

$$\begin{aligned} &P(N_{t_0+\varepsilon} - N_{t_0-\varepsilon} > 0) \\ &= 1 - \exp\{-[\Lambda(t_0+\varepsilon) - \Lambda(t_0-\varepsilon)]\} \to 0. \end{aligned} \quad (2\text{-}6\text{-}13)$$

下面给出非齐次泊松过程的另一个等价定义并讨论与此有关的一些重要理论问题. 回忆在研究齐次泊松过程时，我们曾指出，如果想在定义 2-1-1 中不明显提出独立增量的要求(3)，则必须把(2)中要求过程 N_t 在任意区间中的点数有泊松分布起码加强为在任意有限多个不相交区间之并中的点数有泊松分布. 对于非齐次情形也有类似的结果.

定义 2-6-3 计数过程 $\{N_t, t\geqslant 0\}$ 称做非齐次泊松过程，如果它满足下列条件:

(1) $P(N_0=0)=1$.

(2) 设 $\mathscr{A}$ 是 $\mathbf{R}_+$ 上所有能表为有限多个不相交区间之并的集合组成的集族. 对任意 $A\in\mathscr{A}$ 有

$$P(N(A)=k) = e^{-\Lambda\{A\}}[\Lambda\{A\}]^k/k!, \quad k=0,1,\cdots, \quad (2\text{-}6\text{-}14)$$

这里 $\Lambda\{A\} = \sum\limits_{j=1}^{n}[\Lambda(b_j)-\Lambda(a_j)]$ 若 $A=\bigcup\limits_{j=1}^{n} I_j$，$a_j$ 和 b_j 分别是区间 I_j 的左、右端点，而 $\Lambda(t)=EN_t$ 是变元 t 的连续非负单调不减函数.

我们也可以把上面的条件(2)在表面上加强为要求 (2-6-14) 式对 $\mathbb{R}_+$ 上所有波雷耳可测集 A 均成立. 但熟悉测度论或实变函数论的读者会知道,这实际上和定义 2-6-3 是等价的.

定义 2-6-3 和早些时给出的两个定义的等价性是由 Renyi (1967)给出的. 1965 年 Szász 就齐次泊松过程提出如下问题:泊松过程的独立增量性质能否由过程在任意区间中的点数遵从泊松分布这一条件推出? Renyi 于1967年证明了上面的定义 2-6-3 和定义 2-6-1 是等价的. 差不多与此同时, Shepp (1967), Moran (1967) 和 Lee (1968) 分别独立地构造出在任意区间的点数有泊松分布的非泊松过程. 这些工作对 Szász 的问题给出了完全的答案. 1970 年 Szász 本人在前人的例子的基础上,又进一步构造了一个例子,其中的过程在任意区间的点数有泊松分布,而且对某固定整数 M,过程在任意 n 个 $(n \leqslant M)$ 互不相交区间的点数是相互独立的. 但这过程不是泊松过程.

现在就给出定义 2-6-3 和非齐次泊松过程的其它两个定义等价性的证明. 由于其中要用到某些较高深的数学理论和工具, 初学的读者可以先略过这些内容.

应当指出, Renyi (1967) 事实上证明了较强的结果: 设 $\{N_t, t \geqslant 0\}$ 是一计数过程, $\mathscr{A}$ 是由 $\mathbb{R}_+$ 上所有有限多个不相交区间之并组成的集合族. 若存在 $\mathbb{R}_+$ 上的局部有限非原子测度 $\Lambda(\cdot)$ (即 $\mathbb{R}_+$ 上所有有界可测集均有有限的 Λ-测度, 而且所有单点集的 Λ-测度都等于零),使得对任意 $A \in \mathscr{A}$ 有

$$P(N(A)=0)=e^{-\Lambda\{A\}}, \tag{2-6-15}$$

$$P(N(A) \geqslant 2)=o(\Lambda\{A\}),\text{当 } \Lambda\{A\} \rightarrow 0. \tag{2-6-16}$$

则 $\{N_t, t \geqslant 0\}$ 是一非齐次泊松过程,其累积强度是 $\Lambda(t)$.

由实变函数论知道, $\mathbb{R}_+$ 上的任一单调不减函数 $\Lambda(t)$ 唯一确定 $\mathbb{R}_+$ 上的一个局部有限的勒贝格-斯蒂阶斯测度,我们仍用同一字母 $\Lambda(\cdot)$ 表示这一测度. 显然, 当且仅当函数 $\Lambda(t)$ 在 $\mathbb{R}_+$ 上连续时由它产生的测度 $\Lambda\{\cdot\}$ 是非原子的.

我们通过建立几个引理来完成上述论断的证明. 这些引理在

点过程一般理论中有独立的意义．为简明起见，在这里我们只就点过程的状态空间是 $\mathbb{R}_+$ 的情形来讨论．但这些结论及其证明方法原则上可应用于更一般的状态空间．下述引理可以看作是引理 2-1-2 的推广．

引理 2-6-1 设 $\{N_t, t \geqslant 0\}$ 是一计数过程，若存在一局部有限的非原子测度 $\Lambda(\cdot)$，使得条件(2-6-16)成立，则这过程是有序的，亦即是说过程没有重点．

证明 对于任意正整数 K 和任意 $\varepsilon > 0$．因为 $\Lambda(\cdot)$ 是非原子的，故对闭区间 $[0,K]$ 中每一点 x，恒存在它的一个开邻域 U_x（对 $\mathbb{R}_+$ 的相对拓扑而言），使得 $P(N(U_x) \geqslant 2) < \varepsilon\Lambda\{U_x\}$．于是可以得到$[0, K]$的一族开覆盖 $\mathscr{U} = \{U_x, x \in [0, K]\}$．由有限覆盖定理知可从 $\mathscr{U}$ 中选出有限多个开区间，譬如说，$U_{x_1}, \cdots, U_{x_n}$ 覆盖 $[0, K]$．不妨设 $U_{x_i} \in \mathscr{A}$ $(i = 1, \cdots, n)$ [事实上，若规定 $\mathscr{A}$ 中的集合是由闭区间或半开闭区间构成时，我们可把 U_x 的两个或一个端点添加上去．因为由 $\Lambda(\cdot)$ 的非原子性质知这样做不会改变 $\Lambda(U_{x_i})$ 的值]．于是，通过 $U_{x_1}, \cdots, U_{x_n}$ 可构造 $[0, K]$ 的一个划分 $A_1, \cdots, A_m$，使得 $A_i \in \mathscr{A}$ 和 $P(N(A_i) \geqslant 2) \leqslant \varepsilon\Lambda(A_i)$ $(i = 1, \cdots, m)$．因为

$$\bigcup_{i=1}^{m} \{N(A_i) \geqslant 2\} \supseteq \{\exists x \in [0,K], \text{使得 } N(x) \geqslant 2\},$$

故

$$\begin{aligned} P\{\exists x \in [0,K], \text{使得 } N(x) \geqslant 2\} &\leqslant \sum_{i=1}^{m} P(N(A_i) \geqslant 2) \\ &\leqslant \sum_{i=1}^{m} \varepsilon\Lambda\{A_i\} \\ &= \varepsilon\Lambda\{[0,K]\}. \end{aligned}$$

因为 $\Lambda\{[0,K]\}$ 是一有限数，故由 ε 的任意性得

$$P\{\exists x \in [0,K], \text{使得 } N(x) \geqslant 2\} = 0,$$

再令 $K \to \infty$ 即得

$$P\{\exists x \in [0,\infty), \text{使得 } N(x) \geqslant 2\} = 0,$$

即过程 N_t 没有重点. ■

注 从上面的证明可看出，若条件(2-6-16)减弱为对所有区间 A 成立,引理的结论仍成立.

引理 2-6-2 若有限值计数过程 $\{N_t, t \geqslant 0\}$ 没有重点,则这过程由它的空缺函数 $P_0(A) = P(N(A) = 0)$ 在 $\mathscr{A}$ 中所有有界集 A 的值唯一确定,这里 $\mathscr{A}$ 仍如前表示 $\mathbb{R}_+$ 上所有有限多个互不相交的区间之并组成的集合域.

证明 因为点过程由它的有限维分布唯一确定，故只须证明形如

$$P(N(A_i) = n_i, i = 1, \cdots, k), \tag{2-6-17}$$

的有限维分布函数可由空缺函数 P_0 唯一确定，这里 k 是任意正整数，$n_1, \cdots, n_k$ 是任意非负整数,而 A_i 是 $\mathscr{A}$ 中任意有界集.

首先定义 $\mathscr{A}$ 上的集函数

$$\varphi(B) = \begin{cases} 0 & 若\ N(B) = 0, \\ 1 & 若\ N(B) \geqslant 1. \end{cases} \tag{2-6-18}$$

其次,对 $\mathscr{A}$ 中任一有界集 A,我们可用类似于证明引理 2-6-1 时使用的方法构造 A 的一个有如下性质的划分系 $\{\mathscr{J}_n\}$:

(1) $\mathscr{J}_n = \{A_{ni}, i = 1, \cdots, k_n\}$, $A_{ni} \in \mathscr{A}$, $A_{ni} \cap A_{nj} = \phi$ 对所有 $i \neq j$,而且 $A = \bigcup_{i=1}^{k_n} A_{ni} = A$, 这就是说 $\mathscr{J}_n$ 是 A 的一个划分.

(2) 对任意 $m > n$, $\mathscr{J}_m$ 中任一元素必是 $\mathscr{J}_n$ 中某一元素的子集. 换句话说，$\mathscr{J}_n$ 中任一元素都可表为 $\mathscr{J}_m$ 中某些元素之并.

(3) $\max_{1 \leqslant i \leqslant k_n} \|A_{ni}\| \to 0$ 当 $n \to \infty$. 这里 $\|A_{ni}\|$ 表示集合 A_{ni} 的“直径”,即 A_{ni} 中任意两点距离的上确界.

利用 $\varphi(\cdot)$ 和 $\{\mathscr{J}_n\}$,我们定义

$$\Phi_n(A) = \sum_{i=1}^{k_n} \varphi(A_{ni}). \tag{2-6-19}$$

不难看出，$\Phi_n(A)$ 表示 $\mathscr{J}_n$ 中含有 N_t 的点的集合数目. 因为过程 N_t 没有重点且在任意有界集取有限值的,又由 $\{\mathscr{J}_n\}$ 的性质易知序列 $\{\Phi_n(A)\}$ 是单调不减的，故 $\lim\limits_n \Phi_n(A)$ 存在并且正好等于 $N(A)$。

现在证明 $\Phi_n(A)$ 的分布,从而 $\{\Phi_n(A_i), i=1,\cdots,k\}$ 的联合分布可以用空缺函数 $P_0(\cdot)$ 表示. 为此先引进一些记号. 设 $\phi(\cdot)$ 是定义在集合域 $\mathscr{A}$ 上的集函数，我们利用递推关系定义算子 Δ 如下:

$$\Delta(A)\phi(B)=\phi(B)-\phi(A\cup B), \tag{2-6-20}$$

$$\begin{aligned}&\Delta(A_1,\cdots,A_k,A_{k+1})\phi(B)\\&=\Delta(A_{k+1}([\Delta(A_1,\cdots,A_k)\phi(B)], \quad k=1,2,\cdots,\end{aligned} \tag{2-6-21}$$

式中 $A,A_1,\cdots,A_{k+1}$ 和 B 是 $\mathscr{A}$ 中的集合.

容易验证

$$\begin{aligned}P(N(A_1)>0,N(B)=0)&=P_0(B)-P_0(A_1\cup B)\\&=\Delta(A_1)P_0(B).\end{aligned}$$

从上式出发用归纳法可证对于任意正整数 K 有

$$\begin{aligned}&\Delta(A_1,\cdots,A_K)P_0(B)\\&=P(N(A_i)>0,i=1,\cdots,K;N(B)=0).\end{aligned} \tag{2-6-22}$$

利用上面的记号,可将 $\Phi_n(A)$ 的分布写为

$$P(\Phi_n(A)=r)=\sum_{i_1,\cdots,i_r}\Delta(A_{ni_1},\cdots,A_{ni_r})P_0\Big(A\backslash\Big(\bigcup_{l=1}^{r}A_{ni_l},\Big)\Big), \tag{2-6-23}$$

式中的和数是对从划分 $\mathscr{J}_n=(A_{ni},i=1,\cdots,k_n)$ 的 k_n 个元素中选取 r 个的所有可能不同组合(共 $C_{k_n}^r$ 种) 求和的. 根据(2-6-23)式,我们可以写出 $\{\Phi_n(A_i),i=1,\cdots,k\}$ 的联合分布用 $P_0(\cdot)$ 表达的公式，而且当 $n\to\infty$时由 $\Phi_n(A)\uparrow N(A)$ 不难推知事件 $\{\Phi_n(A_i)\leqslant n_i,i=1,\cdots,k\}$ 单调下降于 $\{N(A_i)\leqslant n_i, i=1,\cdots,k\}$,因此 $P(\Phi_n(A_i)\leqslant n_i, i=1,\cdots,k)\downarrow P(N(A_i)\leqslant n_i,i=1,\cdots,k)$. 于是 $P(N(A_i)\leqslant n_i,i=1,\cdots,k)$, 从而有限

维分布函数(2-6-17)可由空缺函数 $P_0(\cdot)$确定. ■

引理 2-6-3 若计数过程 $\{N_t, t \geq 0\}$ 满足定义 2-6-1 中的条件(2),则这过程没有固定原子(即不存在使得 $P(N(x)>0)>0$ 的 $x \in \mathbb{R}_+$),也没有重点.

证明 易见 $\Lambda(t)$ 的连续性蕴含由它产生的勒贝格-斯蒂阶斯测度 $\Lambda\{\cdot\}$ 是非原子的, 从而推知对任意 $x \in \mathbb{R}_+$ 有 $P(N(x)=0)=e^{-\Lambda\{x\}}=1$. 其次,由题设有

$$P(N(A) \geqslant 2)=\sum_{n=2}^{\infty} e^{-\Lambda(A)}[\Lambda\{A\}]^n/n! \leqslant [\Lambda\{A\}]^2,$$

故满足(2-6-16)式. 根据引理 2-6-1 及其后的注记即得知过程没有重点. ■

推论 2-6-2 非齐次泊松过程没有固定原子和重点.

由联合引理 2-6-1 —引理 2-6-3 容易推得

引理 2-6-4 设有限值计数过程 $\{N_t, t \geqslant 0\}$ 满足下列条件:

(1) 定义在 $\mathbb{R}_+$ 上的单调不减非负函数 $\Lambda(t)=EN_t$ 是连续的.

(2) (2-6-15)和(2-6 16)式成立.

则这过程是累积强度为 $\Lambda(t)$ 的非齐次泊松过程.

证明 由引理 2-6-1 知过程没有重点, 故又由引理 2-6-2 知过程的有限维分布由(2-6-15)式给出的空缺函数 $P_0(\cdot)$ 确定.另一方面, 具有累积强度 $\Lambda(t)$ 的非齐次泊松过程是没有重点的有限值计数过程,它的空缺函数也由(2-6-15)式给出,故$\{N_t, t \geqslant 0\}$就是累积强度为 $\Lambda(t)$ 的非齐次泊松过程.

因为满足定义 2-6-3 条件的过程显然也满足引理 2-6-4 的条件,由此立知定义 2-6-3 和定义 2-6-1 是等价的.同时还可看出,引理 2-6-4 的条件事实上给出非齐次泊松过程的又一等价定义. ■

作为非齐次泊松过程各种等价定义讨论的结束, 我们介绍一个例子,它表明若把定义 2-6-1 (甚或定义 2-1-1) 的独立增量要求除去,所得的过程就不一定是泊松过程[有些作者把这样的过程称做拟泊松过程 (quasi-Poisson process)].

例 2-6-1 在这里我们只构造在区间[0,1]上的过程，如果想得到在 $\mathbb{R}_+$ 上的例子，只须把它与一个独立于它的 $(1,\infty)$上的泊松过程叠加即可.

设 $N=\{N_t;0\leqslant t\leqslant 1\}$ 是[0, 1]上参数为 λ 的齐次泊松过程. 根据定理 2-2-1, 我们可用如下方法产生 N: 先按泊松分布 $P(N_1=n)=e^{-\lambda}\lambda^n/n!$ 选定点数，然后按[0,1]上的均匀分布相互独立地配置这些点. 于是，当已知 $N_1=n$ 时，这 n 个点的联合分布函数是

$$F_n(x_1,x_2,\cdots,x_n)=x_1x_2\cdots x_n,\quad 0\leqslant x_1,x_2,\cdots,x_n\leqslant 1. \tag{2-6-24}$$

现在构造另一计数过程 $\widetilde{N}=\{\widetilde{N}_t;\ 0\leqslant t\leqslant 1\}$. 令 $P(\widetilde{N}_1=n)=P(N_1=n)=e^{-\lambda}\lambda^n/n!$. 当选定 $\widetilde{N}_1=n$ 时，这 n 个点的联合分布函数由下式确定:

$$\begin{aligned}\widetilde{F}_n(x_1,\cdots,x_n)=&\begin{cases}F_n(x_1,\cdots,x_n)=x_1\cdots x_n,\quad n\neq 3,\\ x_1x_2x_3+\varepsilon x_1x_2x_3(1-x_1)(1-x_2)(1-x_3)\end{cases}\\ &\qquad\times(x_1-x_2)^2(x_1-x_3)^2(x_2-x_3)^2\\ &\quad=F_3(x_1,x_2,x_3)+H(x_1,x_2,x_3),\\ &\qquad\qquad 0\leqslant x_1,\cdots,x_n\leqslant 1\end{aligned} \tag{2-6-25}$$

式中 ε 是某个足够小的正数.

容易验证 $\widetilde{F}(x_1,\cdots,x_n)$ 是一 n 维分布函数 ($F(0,\cdots,0)=0,F(1,\cdots,1)=1$, 当 ε 足够小时 $\widetilde{F}(x_1,\cdots,x_n)$ 的所有一阶偏导数是非负的，因而 $\widetilde{F}$ 是它的每个变元的不减函数等). 因为 $\widetilde{F}$ 和 F 相异，故 $\widetilde{N}$ 不是泊松过程.

下面证明对于任意区间 $(a,b]\subset[0,1]$, 增量 $\widetilde{N}_{a,b}$ 也有参数为 $\lambda(b-a)$ 的泊松分布. 为此只须证明对任意 $m=0,1,\cdots$

$$P(\widetilde{N}_{a,b}=m)=P(N_{a,b}=m).$$

事实上，按 $\widetilde{N}$ 的定义知这又只须证明对任意非负整数 $n\geqslant m$

$$P(\widetilde{N}_{a,b}=m|\widetilde{N}_1=n)=P(N_{a,b}=m|N_1=n).$$

然而，上式的证明可归结为证明

$$P(\widetilde{N}\{(a,b]\}=m,\widetilde{N}\{(0,a]\}=m_1,\widetilde{N}\{(b,1]\}=m_2|\widetilde{N}_1=n)$$

$$= P(N\{(a,b]\} = m, N\{(0,a]\} = m_1, N\{(b,1]\} = m_2 | N_1 = n),$$

式中的 m_1 和 m_2 是任意满足 $m_1 + m_2 = n - m$ 的非负整数. 同样根据 $\tilde{N}$ 的定义知上式左边和右边分别可表为有限和数 $\Sigma(\pm \tilde{F}_n(\alpha_1, \cdots, \alpha_n))$ 和 $\Sigma(\pm F(\alpha_1, \cdots, \alpha_n))$, 其中 $\alpha_1, \cdots, \alpha_n$ 的可能值是 $0, a, b$ 和 1. 由 $\tilde{F}_n$ 的定义知当 $n \neq 3$ 时 $F_n(\alpha_1, \cdots, \alpha_n) = \tilde{F}_n(\alpha_1, \cdots, \alpha_n)$. 余下只须证明当 $\alpha = 3$ 时也有同样的等式, 为此要证 (2-6-25) 式中的 $H(\alpha_1, \alpha_2, \alpha_3) = 0$. 由函数 H 的定义知若 α_1, α_2 和 α_3 中有一个是 1 或 0 时 $H(\alpha_1, \alpha_2, \alpha_3) = 0$; 否则, α_1, α_2 和 α_3 中必然至少有两个同是 a 或 b, 这时 $H(\alpha_1, \alpha_2, \alpha_3)$ 中至少有一个因子等于零, 从而 $H(\alpha_1, \alpha_2, \alpha_3) = 0$.

Szász (1970) 利用上例的思想和方法构造一非泊松过程, 这过程在任意区间 I 中发生的点数有泊松分布, 而且对一任意给定的整数 M, 过程在任意 n 个 ($n \leqslant M$) 不相交的区间 $I_1, \cdots, I_n$ 中发生的点数是相互独立的. 事实上, 在上面的例子中如果在 $\tilde{F}_n$ 的定义 (2-6-25) 中用 $K = 2M + 1$ 代替 3 即可得到这样的过程.

广义非齐次泊松过程

我们可以把广义齐次泊松过程的概念推广到非齐次情形. 在前面的讨论中已经看到, 广义齐次泊松过程实质上是具有平稳独立增量的有限值计数过程, 由平稳独立增量性质可推出它在区间 $(0, t]$ 中的点数有由 $\exp\{\lambda t[G(s) - 1]\}$ 给出的概率母函数. 如果把增量的平稳性要求除去就引导到如下的定义

定义 2-6-4 有限值计数过程 $\{N_t; t \geqslant 0\}$ 称做广义非齐次泊松过程 (generalized nonhomogeneous Poisson process), 如果它满足下列条件:

(1) $P(N_0 = 0) = 1$.

(2) 对于每一 $t > 0$, N_t 的概率母函数是

$$G_t(s) = e^{\Lambda(t)[G(s)-1]}, \tag{2-6-26}$$

这里 $\Lambda(t)$ 是 R_+ 上的非负单调不减连续函数, $G(s)$ 是某一正

整数值随机变量的概率母函数。

类似于齐次情形，广义非齐次泊松过程也可以看作是这样的点过程，它的点发生时刻形成一具有累积强度函数 $\Lambda(t)$ 的非齐次泊松过程，而在各个点发生时刻的点数则是相互独立同分布的正整数值随机变量，其共同分布由概率母函数 $G(s)$ 给定。同样，如果把母函数(2-6-26)写成

$$\begin{aligned} G_t(s) &= \exp\{\Lambda(t)[G(s)-1]\} \\ &= \exp\left\{\Lambda(t)\left[\sum_{k=1}^{\infty} p_k(s^k-1)\right]\right\} \\ &= \prod_{k=1}^{\infty} \exp\{p_k\Lambda(t)(s^k-1)\} \\ &= \prod_{k=1}^{\infty} G_t^k(s^k), \end{aligned} \tag{2-6-27}$$

式中 $G_t^k(\cdot)$ 是具有累积强度函数 $p_k\Lambda(t)$ 的非齐次泊松过程 $M^k \equiv \{M_t^k, t \geqslant 0\}$ 在区间 $(0,t]$ 中的点数 M_t^k 的概率母函数。于是，过程 $\{N_t, t \geqslant 0\}$ 可以看作是可数多个相互独立的非齐次泊松过程 M^k 的叠加，其中过程 M^k 的每一个点发生时刻有过程 N_t 的 k 个点，即有分解表示

$$N_t = \sum_{k=1}^{\infty} kM_t^k.$$

例 2-6-2 设迁入某地区的家庭形成一具有累积强度函数 $\Lambda(t) = at^2 + bt(a > 0, b > 0)$ 的非齐次泊松过程。又设各个迁入的家庭的人口数是相互独立同分布的随机变量，其概率母函数是 $G(s)$。若以 N_t 表示在时间区间 $(0,t]$ 内迁入该地区的总人数，则 $\{N_t, t \geqslant 0\}$ 是一广义非齐次泊松过程。这时

$$\begin{aligned} G_t(s) &= \exp\{(at^2+bt)[G(s)-1]\} \\ &= \exp\{at^2[G(s)-1]\}\exp\{bt[G(s)-1]\}. \end{aligned}$$

于是，可以认为迁入的家庭有两个独立的来源，其中一个以平方增长速度 at^2 迁入。另一个则以线性增长速度 bt 迁入。两个来源的家庭人口数均是相互独立同分布且与迁入时间无关。值得指

出，从后一来源迁入的总人数单独形成一广义齐次泊松过程.

若 $G(s)=\frac{1}{4}(s+s^2+s^3+s^4)$，$a=1/12$ 和 $b=1$，而且时间计算单位是月，则一年内迁入的总人数是 N_{12}。这时

$$G_t(s)=\exp\{((t^2/12)+t)[((s^4+s^3+s^2+s)/4)-1]\},$$

故

$$G_{12}(s)=\exp\{6(s^4+s^3+s^2+s)-24\},$$

$$\frac{dG_{12}(s)}{ds}$$

$$=6(4s^3+3s^2+2s+1)\exp\{6(s^4+s^3+s^2+s)-24\}.$$

从而

$$EN_{12}=\left.\frac{dG_{12}(s)}{ds}\right|_{s=1}=60(\text{人}).$$

§2-7 一般泊松过程

如果在非齐次泊松过程的定义中放弃对累积强度函数 $\Lambda(t)$ 的连续性要求，我们就得到一般泊松过程，即相应于定义 2-6-1 有

定义 2-7-1 计数过程 $\{N_t;t\geqslant 0\}$ 称做一般泊松过程 (ge-naral poisson process)，如果它满足下列条件：

(1) $P(N_0=0)=1$.

(2) 对于任意实数 $t\geqslant 0$ 和 $s>0$，增量 $N_{t,t+s}$ 有参数为 $\Lambda(t+s)-\Lambda(s)$ 的泊松分布，这里 $\Lambda(t)=EN_t$ 是 $\mathbb{R}_+$ 上的非负单调不减的右连续函数，它称做过程的累积强度函数.

(3) 有独立增量.

可以证明上述定义的一种等价形式是

定义 2-7-2

(1) $P(N_0=0)=1$.

(2) 设 $\mathscr{A}$ 是 $\mathbb{R}_+$ 上所有有限多个互不相交的左开右闭区间之并组成的集合域. 于是，对于任意 $A\in\mathscr{A}$ 有

$$P(N\{A\}=k)=e^{-\Lambda(A)}[\Lambda\{A\}]^k/k!,\quad k=0,1,\cdots,$$
(2-7-1)

式中 $\Lambda\{A\}$ 是 A 的长度，即组成 A 的各区间长度之和，而累积强度函数 $\Lambda(t)=EN_t$ 是变元 t 的非负单调不减右连续函数.

注意在定义 2-6-3 中我们只是笼统地说 $\mathscr{A}$ 由 $\mathbb{R}_+$ 上所有有限多个互不相交区间之并组成的集合族，并没有具体规定这些区间是开的、闭的或半开闭的. 因为那里的 $\Lambda(t)$ 是连续的，由它所产生的测度 $\Lambda\{\cdot\}$ 是不含原子的，即任意单点集的 Λ-测度都是零，故不管区间 I 是开还是闭，测度 $\Lambda\{I\}$ 都一样. 但是，现在的情形就不同了，$\Lambda(t)$ 仅仅是右连续并不能保证所有单点集的 Λ-测度都是零，因此一个区间是否包含端点就可能有不同的 Λ-测度，所以我们要明确规定 $\mathscr{A}$ 中的集合是由哪一类区间组成，在这里我们采用左开右闭区间以取得和计数过程定义一致.

此外，类似于齐次和非齐次泊松过程那样，若在定义 2-7-2 的条件(2)中要求(2-7-1)式对 $\mathbb{R}_+$ 上所有波雷耳可测集成立，我们就得到一般泊松过程的又一等价定义（对于熟悉测度论或实变函数论的读者来说，这种等价性是显然的）.

对于任意固定的 $s>0$，我们把函数 $\Lambda(t)$ 在 s 的左极限 $\lim\limits_{t\to s-0}\Lambda(t)$ 记为 $\Lambda(s-)$. 易见当且仅当 $\Lambda(s)=\Lambda(s-)$ 时 $\Lambda(t)$ 在 s 是连续的. 如果 $\Lambda(s)\neq\Lambda(s-)$，则 $\Lambda(s)-\Lambda(s-)=\alpha>0$. 由定义 2-7-1 的条件 (2) 及其后的说明知过程 N_t 在时刻 s 以正概率 α 有点发生，而且在该时刻发生的点数有参数为 α 的泊松分布. 众所周知，$\mathbb{R}_+$ 上的单调函数最多只能有可数多个第一类间断点(即跳跃点). 设 $\Lambda(t)$ 的跳跃点是 $t_1,t_2,\cdots$，相应的跃度是 $\alpha_1,\alpha_2,\cdots$. 如果记

$$\Lambda^j(t)=\sum_{0<s\leqslant t}[\Lambda(s)-\Lambda(s-)],\qquad(2\text{-}7\text{-}2)$$

这是一个在 t_i 有跃度 α_i 的逐段为常值的函数. 而

$$\Lambda^c(t)=\Lambda(t)-\Lambda^j(t)\qquad(2\text{-}7\text{-}3)$$

则是一非负单调不减的连续函数. 于是，函数 $\Lambda(t)$ 有如下的分

解表示:

$$\Lambda(t)=\Lambda^{f}(t)+\Lambda^{c}(t). \tag{2-7-4}$$

我们把 $\Lambda^{f}(t)$ 和 $\Lambda^{c}(t)$ 分别称做 $\Lambda(t)$ 的跳跃分量和连续分量.其中连续分量 $\Lambda^{c}(t)$ 对应一非齐次泊松过程 $N^{c}=\{N_t^c;\ t\geqslant 0\}$,而跳跃分量 $\Lambda^{f}(t)$ 则对应一个这样的过程 $N^{f}=\{N_t^f;t\geqslant 0\}$,它的点只能在确定的时刻 $t_1,t_2,\cdots$ 发生,在不同的 t_i 发生的点数是相互独立的,而且在时刻 t_i 发生的点数有参数为 α_i 的泊松分布,即有 k 个点的概率是

$$P(N^{f}\{t_i\}=k)=e^{-\alpha_i}\alpha_i^k/k!,k=0,1,2,\cdots, \tag{2-7-5}$$

我们还可以进一步证明过程 N^{f} 和 N^{c} 是相互独立的.事实上,对于 $\mathbb{R}_+$ 上的任意区间 $(a,\ b]$, $N_{a,b}^{f}=N_b^f-N_a^f$ 和 $N_{a,b}^{c}=N_b^c-N_a^c$ 的概率母函数依次是

$$G_{a,b}^{f}(s)=\exp\left\{\sum_{a<t_i\leqslant b}\alpha_i(s-1)\right\}$$

$$=\exp\{[\Lambda^{f}(b)-\Lambda^{f}(a)](s-1)\}, \tag{2-7-6}$$

$$G_{a,b}^{c}(s)=\exp\{[\Lambda^{c}(b)-\Lambda^{c}(a)](s-1)\}. \tag{2-7-7}$$

于是, $N_{a,b}=N_b-N_a$ 的概率母函数是

$$\begin{aligned}G_{a,b}(s)&=\exp\{[\Lambda^{f}(b)+\Lambda^{c}(b)-\Lambda^{f}(a)-\Lambda^{c}(a)](s-1)\}\\&=\exp\{[\Lambda^{f}(b)-\Lambda^{f}(a)](s-1)\}\exp\{[\Lambda^{c}(b)\\&\quad-\Lambda^{c}(a)](s-1)\}=G_{a,b}^{f}(s)\cdot G_{a,b}^{c}(s).\end{aligned}$$

这表明 $N_{a,b}$ 是 $N_{a,b}^{f}$ 和 $N_{a,b}^{c}$ 的独立和. 由此推知过程N是由两个相互独立的过程 N^{f} 和 N^{c} 叠加而得,即有

$$N_t=N_t^f+N_t^c,\qquad 对所有\ t\geqslant 0. \tag{2-7-8}$$

我们把 N^{f} 称做过程N的固定原子分量或奇异分量,它只可能在确定的(有限或可数无穷多个)时刻有点发生; N^{c} 称做过程N的有序分量或规则分量,它是一个非齐次泊松过程. N^{f} 和 N^{c} 的累积强度函数分别是 $\Lambda(t)$ 的跳跃分量 $\Lambda^{f}(t)$ 和连续分量 $\Lambda^{c}(t)$.一个只有固定原子分量的一般泊松过程称做奇异泊松过程(singular

Poisson process)。

§ 2-8* 一般的无后效点过程

在 § 2-1 中已经指出，点过程的无后效性和具有独立增量性质是我们使用的两个同义词．某些作者，如 Kingman(1957) 使用的术语“完全随机性”也有相同的含义．按照定义,前面讨论过的各种泊松过程都是带有这样或那样附加条件的特殊类型无后效点过程．本节将对一般的无后效点过程理论作简要的介绍．

我们先回忆计数过程的固定原子的概念．点 $x\in \mathbb{R}_+$ 称做计数过程 $\{N_t,t\geqslant 0\}$ 的固定原子,如果 $P\{N\{x\}>0\}>0$。Khinchin (1955) 把没有固定原子的点过程称做规则的．显然，一个没有重点的点过程必然没有固定原子．反之则不然,例如,广义齐次泊松过程没有固定原子,但它可以有重点．

现设有限值计数过程 $\{N_t,t\geqslant 0\}$ 是无后效的．仍把 $\Lambda(t)=EN_t$ 称做过程的累积强度． 下面将假定 $\Lambda(t)<\infty$ 对所有 $t\in\mathbb{R}_+$． 由过程 N_t 的性质知 $\Lambda(t)$ 是 $\mathbb{R}_+$ 上的非负单调不减右连续函数,它在任意有限区间内只能有有限多个跳跃点,从而在 $\mathbb{R}_+$ 上最多只有可列多个跳跃点,记这些跳跃点为 $t_1,t_2,\cdots$,相应的跃度是 $\alpha_1,\alpha_2,\cdots$．显然,对于任意 $t>0$ 有 $\sum\limits_{0<t_i\leqslant t}\alpha_i<\infty$。 如前我们仍用同一字母 $\Lambda\{\cdot\}$ 表示 $\mathbb{R}_+$ 上由 $\Lambda(t)$ 产生的勒贝格-斯蒂阶斯测度，它是局部有限的,即 $\mathbb{R}_+$ 上每一有界可测集都有有限的 Λ-测度．显然，点 $t_0\in\mathbb{R}_+$ 是测度 $\Lambda\{\cdot\}$ 的原子当且仅当 t_0 是函数 $\Lambda(t)$ 的跳跃点，而且测度 $\Lambda\{t_0\}$ 等于函数 $\Lambda(t)$ 在 t_0 点的跃度 $\Lambda(t_0)-\Lambda(t_0-)$．另一方面，我们不难看出 $t_0\in\mathbb{R}_+$ 是过程 $\{N_t;\ t\geqslant 0\}$ 的固定原子当且仅当 t_0 是测度 $\Lambda\{\cdot\}$ 的原子．因此,过程 $\{N_t;t\geqslant 0\}$ 的固定原子就是它的累积强度 $\Lambda(t)$ 的跳跃点 $t_1,t_2,\cdots$．这样一来,类似于一般泊松过程的情形，一般的无后效点过程 $\{N_t;t\geqslant 0\}$ 的累积强度函数 $\Lambda(t)$ 也可以分

解为连续分量 $\Lambda^c(t)$ 和跳跃分量 $\Lambda^f(t)$。相应地，过程 $\{N_t, t\geqslant 0\}$ 又可分解为分别具有累积强度函数 $\Lambda^c(t)$ 和 $\Lambda^f(t)$ 的连续分量（规则分量）N^c 和固定原子分量（奇异分量）N^f。更确切地说，我们有如下的定理。

定理 2-8-1 具有有限累积强度 $\Lambda(t)$ 的无后效过程 $\{N_t, t\geqslant 0\}$ 可以看作是两个相互独立的过程 $N^c=\{N_t^c, t\geqslant 0\}$ 和 $N^f=\{N_t^f, t\geqslant 0\}$ 的叠加，即

$$N_t = N_t^c + N_t^f, \qquad t\geqslant 0, \tag{2-8-1}$$

其中 N^f 是过程 $\{N_t, t\geqslant 0\}$ 的奇异分量，它具有以下三个性质：

(1) 点事件只能在某些固定的时刻发生，在任意有限区间中这样的时刻个数是有限的，因此在 $\mathbb{R}_+$ 上最多有可列多个这样的时刻，记之为 $t_1, t_2, \cdots$。

(2) 在各个 t_i 发生的点数是相互独立的。

(3) 设 $q_k^{(i)}(k\geqslant 0, i\geqslant 1)$ 是在时刻 t_i 有 k 个点的概率，则对任意 $t>0$ 有

$$\sum_{0\leqslant t_i\leqslant t}\sum_{k=0}^{\infty} k q_k^{(i)} < \infty. \tag{2-8-2}$$

N^c 是过程 $\{N_t, t\geqslant 0\}$ 的规则分量。对于任意区间 $(a,b]\subset\mathbb{R}_+$，$N_{a,b}^c = N_b^c - N_a^c$ 的概率母函数由

$$G_{a,b}^c(s) = \exp\left\{\sum_{k=0}^{\infty}[\chi_k(b)-\chi_k(a)]s^k\right\} \tag{2-8-3}$$

给出，这里函数 $\chi_k(\cdot)(k=0,1,2,\cdots)$ 具有以下性质：

(i) $\chi_k(\cdot)$ 是 $\mathbb{R}_+$ 上的连续函数，且 $\chi_k(0)=0$。

(ii) $\chi_k(\cdot)$ 是单调函数（除 χ_0 是不增外其余的 χ_k 都是不减的）。

(iii) 对任意 $t\geqslant 0, \sum\limits_{k=0}^{\infty} k\chi_k(t) < \infty$。

(iv) 对任意 $t\geqslant 0, \sum\limits_{k=0}^{\infty} \chi_k(t) = 0$。

注意(2-8-3)式也可写成

$$G_{a,b}^{c}(s)=\exp\left\{\sum_{k=1}^{\infty}\left[\chi_k(b)-\chi_k(a)\right](s^k-1)\right\}. \qquad (2\text{-}8\text{-}4)$$

这时,对任意 $t\geqslant 0$ 有 $EN_t^f=\Lambda^f(t)$ 和 $EN_t^c=\Lambda^c(t)$。

易见逆定理亦成立，即由具有上述性质的过程 N^f 和 N^c 叠加而得的过程是无后效的．因此，(2-8-3)或(2-8-4)式提供了规则的无后效点过程的一般表示．这就是说，每一规则的无后效点过程都有形如(2-8-3)或(2-8-4)的概率母函数．反之,由(2-8-3)或(2-8-4)式给定的概率母函数都确定某个规则的无后效点过程.

以上论断的证明细节及有关论题的详细讨论可参看 Khinchin(1956,a)。

下面考察一些前面曾讨论过的无后效点过程的例子.

例 2-8-1 (带时倚强度 $\lambda(t)$ 的泊松过程) 显然，这类过程是规则的,而且有

$$\chi_1(b)-\chi_1(a)=\int_a^b \lambda(u)du,$$

$$\chi_k(b)-\chi_k(a)=0,\ 对\ k>1,$$

这里 $0\leqslant a<b$ 是任意实数．于是 $N_{a,b}$ 的概率母函数是

$$G_{a,b}(s)=\exp\left\{(s-1)\int_a^b \lambda(u)du\right\}.$$

例 2-8-2 (广义齐次泊松过程) 这类过程也是规则的，而且有

$$\chi_k(t)=\lambda t p_k,\qquad k\geqslant 1.$$

于是，$N_{0,t}$ 的概率母函数是

$$G_{0,t}(s)=\exp\left\{\sum_{k=1}^{\infty}\lambda t p_k(s^k-1)\right\}$$

$$=\exp\left\{\lambda t\left(\sum_{k=1}^{\infty}p_k s^k-1\right)\right\}。$$

例 2-8-3 (一般泊松过程) 在 § 2-7 中已经知道这类过程可分解为一个非齐次泊松过程 N^c 和一个奇异的泊松过程 N^f,它们

分别是定理 2-8-1 中提到的规则分量和奇异分量. 这时, 非齐次泊松过程对应的概率母函数是

$$G_{a,b}^{c}(s)=\exp\{(s-1)[\Lambda^{c}(b)-\Lambda^{c}(a)]\},$$

即是在(2-8-4)式中有

$$\chi_1(b)-\chi_1(a)=\Lambda^c(b)-\Lambda^c(a),$$

$$\chi_k(b)-\chi_k(a)=0,\qquad 对 k>1.$$

我们再给出一个关于规则无后效点过程的一般结果.

定理 2-8-2 设有限值计数过程 $\{N_t,\ t\geqslant 0\}$ 是没有固定原子和无后效的, 则存在一个 $\mathbb{R}_+$ 上的局部有限非原子的波雷耳测度 $\Lambda\{\cdot\}$, 使得

$$P_0(A)\equiv P(N(A)=0)=e^{-\Lambda(A)},$$

这里 A 是任意有界波雷耳集.

证明 令 $Q(A)=-\log P_0(A)$, 显然 $Q(A)\geqslant 0$. 又由过程 N_t 的独立增量性质知 $Q(\cdot)$ 是有限可加的. 为证测度 $Q(\cdot)$ 的 σ 可加性, 只须证明对任意满足 $A_n\downarrow\phi$ 和 $Q(A_n)<\infty$ 的有界波雷耳集合序列 $\{A_n\}$ 有 $Q(A_n)\to 0$. 因为 $N(\cdot)$ 是一计数测度和 $A_n\downarrow\phi$, 故 $N(A_n)\to 0$ 当 $n\to\infty$. 于是 $e^{-Q(A_n)}=P_0(A_n)$ $=P(N(A_n)=0)\to 1$ 当 $n\to\infty$. 这就证明了 $Q(A_n)\to 0$ 当 $n\to\infty$. 下面证明 $Q(\cdot)$ 是非原子的. 因为过程 N_t 没有固定原子, 即对任意 $x\in\mathbb{R}_+$ 有

$$0=P(N\{x\}>0)=1-e^{-Q(x)},$$

从而 $Q(x)=0$.

余下还要证明 $Q(\cdot)$ 是局部有限的, 这也就是说要证明对任意有界波雷耳集 A 有 $P_0(A)>0$. 假若不然, 设对某有界波雷耳集 B 有 $P_0(B)=0$. 不失一般性可以假设 B 是一闭集, 因为对任意有界波雷耳集 B, 若以 $\bar{B}$ 表示它的闭包, 则由 $P_0(B)=0$ 可推出 $P_0(\bar{B})=0$. 由 B 的有界性及实数的性质知 B 可表为可列多个互不相交的波雷耳集 $B_1, B_2, \cdots$ 之并, 而且每一 B_n 的直径(即该集合中任意两点距离的上确界)小于 1. 令 $p_n=P(N(B_n)>0)$. 由过程 N_t 的独立增量性质易得

$$P_0(B) = P(N(B) = 0) = P\left(\bigcap_{n=1}^{\infty}(N(B_n) = 0)\right)$$

$$= \prod_{n=1}^{\infty}(1 - p_n).$$

由微积分学的知识我们知道上面的无穷乘积等于零当且仅当有某一 $p_n = 1$ 或级数 $\sum_{n=1}^{\infty} p_n$ 发散. 在后一种情形由 Borel-Cantelli 引理知有无穷多个 $N(B_n) > 0$, 因此 $N(B) = \infty$. 这与 $N(B)$ 的有限性假设矛盾,故只能有 $p_{n_1} = 1$ 对某正整数 n_1, 于是有 $P_0(B_{n_1}) = P(N(B_{n_1}) = 0) = 0$. 不失一般性再假设 B_{n_1} 是闭集,重复上面的推理可以找到一闭集 $B_{n_2} \subset B_{n_1}$, B_{n_2} 的直径小于 1/2,而且 $P_0(B_{n_2}) = 0$. 将此程序继续下去, 我们就得到一串闭集 $\{B_{n_k}\}$, 它们具有如下性质: $P_0(B_{n_k}) = 0$ 对所有 $k \geqslant 0$, B_{n_k} 单调下降而且它们的直径趋于零. 对于每一正整数 k,选取 $x_k \in B_{n_k}$,由集合序列 $\{B_{n_k}\}$ 的性质知点列 $\{x_k\}$ 是一哥西序列,故极限存在,记 $\lim\limits_{k\to\infty} x_k = x_0$. 又因为 B_{n_k} 是闭集,故对每一 k 有 $x_0 \in B_{n_k}$,从而 $B_{n_k} \downarrow \{x_0\}$, 由此推得 $N(B_{n_k}) \downarrow N\{x_0\}$, 从而 $P_0(\{x_0\}) = \lim\limits_{k\to\infty} P_0(B_{n_k}) = 0$, 这等价于 $P(N\{x_0\} > 0) = 1$, 即 x_0 是过程 N_t 的固定原子,这和定理的假设矛盾.

根据上面的定理, 引理 2-6-3 和非齐次泊松过程的定义马上可得如下推论.

推论 2-8-1 没有固定原子的无后效有限值计数过程 $\{N_t, t \geqslant 0\}$ 是非齐次泊松过程当且仅当这过程是有序的.

考虑到一般泊松过程的分解定理, 根据定理 2-8-2 和推论 2-8-1 又可得到

推论 2-8-2 无后效的有限值计数过程 $\{N_t, t \geqslant 0\}$ 是一般泊松过程的充分必要条件是: (1) 它的规则分量是有序的. (2) 它的奇异分量是一奇异泊松过程, 即它的点只能在某些确定的时刻 $t_1, t_2, \cdots, t_i, \cdots$发生,而且在 t_i 发生的点数有参数为 $\alpha_i =$

$\Lambda(t_i)-\Lambda(t_i-)$ 的泊松分布，这里 $\Lambda(t)=EN_t$ 是过程 N_t 的累积强度函数，$t_1,t_2,\cdots$ 是函数 $\Lambda(t)$ 的间断点.

§2-9 特征泛函和样本函数密度

1. 特征泛函

如同随机变量的统计特性可以用特征函数来表征那样，作为特征函数的推广形式的特征泛函能为随机过程的分布规律提供完全的统计描述，因此，它是研究随机过程的一种有用工具. 设 $N\equiv\{N_t,t\geqslant 0\}$ 是一计数过程，我们把

$$\phi_N(iv)\equiv E\left\{\exp\left[i\int_0^\infty v(t)dN_t\right]\right\} \tag{2-9-1}$$

称做过程 N 的**特征泛函**. 这里 $v(t)$ 是 $\mathbb{R}_+$ 上的任意具有有界支承的函数(即存在正实数 T，使得当 $t>T$ 时 $v(t)=0$) 和 $i=\sqrt{-1}$. 式中出现的积分称做计数积分，它可用下式计算:

$$\int_0^\infty v(t)dN_t\equiv\begin{cases}0 & N_T=0,\\ \sum_{k=1}^{N_T}v(s_k) & N_T\geqslant 1.\end{cases} \tag{2-9-2}$$

现在，我们求当过程 N 是带时倚强度 $\lambda(t)$ 的泊松过程时特征泛函(2-9-1)的具体表达式. 由条件期望的性质知

$$\begin{aligned}\phi_N(iv)&=\sum_{n=0}^\infty E\left\{\exp\left[i\int_0^\infty v(t)dN_t\right]\middle|N_T=n\right\}P(N_T=n)\\&=P(N_T=0)+\sum_{n=1}^\infty E\left\{\exp\left[i\sum_{k=1}^n v(S_k)\right]\middle|N_T=n\right\}\\&\quad\times P(N_T=n).\end{aligned} \tag{2-9-3}$$

注意在和数 $\sum_{k=1}^n v(S_k)$ 中，S_k 是过程 N 的第 k 个点发生时间，即 $S_1,\cdots,S_n$ 是依从小到大的次序排列的，如果我们用随机的方法把这 n 个变量重新排列并设 $S_1',\cdots,S_n'$ 是重排的结果. 因为一个和数的值和它所含各被加项在求和中的次序无关，故

$$\sum_{k=1}^{n} v(S_k) = \sum_{k=1}^{n} v(S'_k).$$

另一方面,由泊松过程的特性知当 $S'_1, \cdots, S'_n$ 是泊松过程 N 的点发生时间的一个随机排列时,它们是相互独立同分布的随机变量,它们的共同分布密度由(2-5-16)式给出．于是,

$$\begin{aligned} E&\left\{\exp\left[i\sum_{k=1}^{n} v(S_k)\right]\middle| N_T = n\right\} \\ &= E\left\{\exp\left[i\sum_{k=1}^{n} v(S'_k)\right]\middle| N_T = n\right\} \\ &= \prod_{k=1}^{n} E\left\{\exp\left[iv(S'_k)\right]\middle| N_T = n\right\} \\ &= \left[\left(\int_0^T \lambda(t)dt\right)^{-1}\int_0^T \lambda(t)e^{iv(t)}dt\right]^n. \end{aligned} \tag{2-9-4}$$

将上式代入(2-9-3)式并利用 N_T 的泊松分布，我们就推出带时倚强度的泊松过程的特征泛函是

$$\phi_N(iv) = \exp\left\{\int_0^T \lambda(t)(e^{iv(t)} - 1)dt\right\}. \tag{2-9-5}$$

如果在特征泛函的表示式(2-9-1)中对函数 $v(t)$ 作如下的特殊规定:

$$v(t) = \begin{cases} 0 & 0 \leqslant t \leqslant s, \\ \alpha & s < t \leqslant u, \\ 0 & u < t。\end{cases} \tag{2-9-6}$$

则

$$\int_0^\infty v(t)dN_t = \alpha N_{s,u},$$

于是，过程 N 的特征泛函就变成它的增量 $N_{s,u} = N_u - N_s$ 的特征函数．特别地,此时(2-9-5)式变成

$$\begin{aligned} \phi_N(iv) &= \exp\left\{\int_s^u \lambda(t)(e^{i\alpha} - 1)dt\right\} \\ &= \exp\{[\Lambda(u) - \Lambda(s)](e^{i\alpha} - 1)\}. \end{aligned} \tag{2-9-7}$$

易见这就是参数为 $\int_s^u \lambda(t)dt = \Lambda(u) - \Lambda(s)$ 的泊松分布的特征函数。

设 $(s_k, u_k]$ $(k = 1, \cdots, m)$ 是 $(0, T]$ 中任意 m 个互不相交的区间. 令

$$v(t) = \begin{cases} \alpha_k & t \in (s_k, u_k], \\ 0 & \text{其它情形}, \end{cases} \tag{2-9-8}$$

即 $v(t)$ 是在区间 $(s_k, u_k]$ 取值 α_k 的阶梯函数. 这时有

$$\int_0^\infty v(t)dN_t = \sum_{k=1}^m \alpha_k N_{s_k, u_k}.$$

于是特征泛函(2-9-1)就变成过程的 m 个增量 $N_{s_k, u_k}(k = 1, \cdots, m)$ 的联合特征函数

$$E\left\{\exp\left(i \sum_{k=1}^m \alpha_k N_{s_k, u_k}\right)\right\} = E\left\{\prod_{k=1}^m \exp(i\alpha_k N_{s_k, u_k})\right\}.$$

由(2-9-5)式易知当 N 是带时倚强度 $\lambda(t)$ 的泊松过程时上式可进一步改写为

$$\prod_{k=1}^m \exp\left\{\int_{s_k}^{u_k} \lambda(t)(e^{i\alpha_k} - 1)dt\right\}$$

$$= \prod_{k=1}^m E\{\exp(i\alpha_k N_{s_k, u_k})\}. \tag{2-9-9}$$

这又一次导出我们已经知道的结果，即泊松过程有独立增量. 因此,带时倚强度泊松过程的特征泛函的两种特殊形式 (2-9-7) 和(2-9-9)完全刻划了这类过程的统计特性. 由此看出,特征泛函确能为随机过程提供一个完全的统计表征. 今后我们还将会进一步看到它在点过程理论和应用中的作用.

2. 样本函数密度

现在给出另一个重要的概念和工具——样本函数密度，它在点过程的研究(特别是在有关点过程的统计推断问题)中起着重要的作用.

设 $N \equiv \{N_t, t \geqslant 0\}$ 是一计数过程，对于任意 $0 \leqslant t_0 < T$，我

们把

$$p[\{N_t,t_0<t\leqslant T\}]\equiv\begin{cases}P(N_{t_0,T}=0), & N_{t_0,T}=0,\\ f_{S_1,\cdots,S_n,N_{t_0,T}}(t_1,\cdots,t_n,n), & N_{t_0,T}=n\geqslant 1\end{cases}\tag{2-9-10}$$

称做过程N在区间$(t_0,T]$上的**样本函数密度**，其中

$$f_{S_1,\cdots,S_n,N_{t_0,T}}(t_1,\cdots,t_n,n)$$
$$\equiv P(N_{t_0,T}=n|S_1=t_1,\cdots,S_n=t_n)f_{S_1,\cdots,S_n}(t_1,\cdots,t_n)。\tag{2-9-11}$$

由上面的定义容易看出，

$$p[\{N_t,t_0<t\leqslant T\}]\left(\prod_{i=1}^{n}\Delta t_i\right)$$
$$\approx P(N_{t_0,T}=n,S_i\in(t_i-\Delta t_i,t_i],i=1,\cdots,n),$$

因此我们可以粗略地说，样本函数密度是获得点过程N的在区间$(t_0,T]$上满足如下条件的特殊样本函数的概率，这些条件是$N_{t_0,T}=n$和这n个点的发生时间是$S_1=t_1,\cdots,S_n=t_n$。熟悉统计分析的读者马上看出，样本函数密度或它的对数就是估计理论中常见的似然函数。

下面证明若N是带时倚强度$\lambda(t)$的泊松过程，则它的样本函数密度是

$$p[\{N_t,t_0<t\leqslant T\}]$$
$$=\begin{cases}\exp\left(-\int_{t_0}^{T}\lambda(t)dt\right), & N_{t_0,T}=0,\\ \left(\prod_{i=1}^{n}\lambda(t_i)\right)\exp\left(-\int_{t_0}^{T}\lambda(t)dt\right), & N_{t_0,T}=n>1。\end{cases}\tag{2-9-12}$$

上式也可写成更紧凑的形式：

$$p[\{N_t,t_0<t\leqslant T\}]$$
$$=\exp\left\{-\int_{t_0}^{T}\lambda(t)dt+\int_{t_0}^{T}\log\lambda(t)dN_t\right\},\tag{2-9-13}$$

其中第二个积分用下式计算：

$$\int_{t_0}^{T} \log \lambda(t) dN_t = \begin{cases} 0 \quad , & N_{t_0,T} = 0 \\ \sum_{i=1}^{N_{t_0,T}} \log \lambda(S_i), & N_{t_0,T} \geqslant 1, \end{cases}$$

这里 $S_i(i=1,\cdots, N_{t_0,T})$ 是过程N在 $(t_0,T]$ 中的第 i 个点发生时间.

事实上,假若我们从 t_0 开始对过程进行观测,则由带时倚强度泊松过程的点发生时间的联合分布密度(2-5-18)和样本函数密度的定义(2-9-10),(2-9-11)知对于任意 $n>0$ 和 $t_0<t_1\leqslant t_2\leqslant \cdots \leqslant t_n \leqslant T$

$$\begin{aligned} & f_{S_1,\cdots,S_n,N_{t_0,T}}(t_1,\cdots,t_n,n) \\ & = P(N_{t_0,T}=n|S_1=t_1,\cdots,S_n=t_n) f_{S_1,\cdots,S_n}(t_1,\cdots,t_n) \\ & = P(N_{t_n,T}=0) f_{S_1,\cdots,S_n}(t_1,\cdots,t_n) \\ & = \exp\left\{-\int_{t_n}^{T} \lambda(t)dt\right\}\left(\prod_{i=1}^{n} \lambda(t_i)\right) \exp\left\{-\int_{t_0}^{t_n} \lambda(t)dt\right\} \\ & = \left(\prod_{i=1}^{n} \lambda(t_i)\right) \exp\left\{-\int_{t_0}^{T}\lambda(t)dt\right\}. \end{aligned}$$

当 $N_{t_0,T}=0$ 时结论是显然的.

作为样本函数密度的一个应用例子，我们可以根据带时倚强度泊松过程的样本函数密度表示式(2-9-12)和

$$P(N_{t_0,T}=n) = \exp\left\{-\int_{t_0}^{T}\lambda(t)dt\right\}\left\{\int_{t_0}^{T}\lambda(t)dt\right\}^n \Big/ n!$$

立即推出定理 2-5-1 中给出的点发生时间条件分布密度

$$\begin{aligned} & f_{S_1,\cdots,S_n}(t_1,\cdots,t_n|N_{t_0,T}=n) \\ & \qquad = p[\{N_t, t_0<t\leqslant T\}] / P(N_{t_0,T}=n) \end{aligned}$$

的表示式(2-5-15).

对于固定的 t_0 和 T,样本函数密度 $p[\{N_t(\omega), t_0<t\leqslant T\}]$ 是一个随机变量(即 ω 的函数). 可以证明[参看 Snyder(1975)],带时倚强度 $\lambda(t)$ 的泊松过程的样本函数密度的 k 阶矩由下式给出:

$$E(p^k[\{N_t, t_0 < t \leqslant T\}])$$
$$= \exp\left\{\int_{t_0}^{T}[\lambda^{k+1}(t) - (k+1)\lambda(t)]dt\right\}. \qquad (2\text{-}9\text{-}14)$$

§2-10 泊松过程的模拟

在实际中,当使用分析方法对随机系统进行研究过于复杂时,人们可以利用随机模拟方法直接求得所关心问题的解. 由于这种方法使用起来比较便捷,所以它常常得到实际工作者的偏爱. 在这一节我们准备介绍泊松过程的一些常用的模拟方法. 为此首先简单回忆一下将要用到的某些有关随机变量模拟的基本知识.

众所周知,随机模拟方法的基础是获得在区间[0,1]上均匀分布的随机变量的现实,即通常所说的随机数. 产生随机数的方法有多种多样. 人们可以直接通过试验来获得,但更常用的方法是按照一定的程序用计算机产生(因为这样产生的数实际上是按照确定性的算法算出的,所以它们并不是真正的随机数. 但是,如果计算方法选得恰当,它们是确实具有类似于在[0,1]上均匀分布随机变量的独立取样值的性质,因此人们常把这样产生的数称做拟随机数或伪随机数). 目前,已有许多产生拟随机数的程序可供使用. 此外,还有人把用各种方法产生的随机数编制成表,用起来也很方便.

一般说来,任意分布的随机数可由在[0,1]上均匀分布的随机数通过某种变换得到. 根据附录五知若随机变量X有连续分布函数 F,而U是[0,1]上均匀分布的随机变量,则变量 $y = F^{-1}(U)$ 有分布函数 F,这里 F^{-1} 是F的反函数. 故若进一步设F有密度 f,而u_i是[0,1]上均匀分布的随机数,则分布F的随机数 x_i 可由方程

$$u_i = \int_{-\infty}^{x_i} f(x)dx \qquad (2\text{-}10\text{-}1)$$

解出. 例如,(1)区间 $[a,b]$ 上均匀分别的随机数 x_i 由

$$x_i = a + (b - a)u_i \tag{2-10-2}$$

给出. (2)参数为 λ 的指数分布的随机数 x_i 由

$$x_i = -\log(1 - u_i)/\lambda \tag{2-10-3}$$

给出. 因若 u_i 是[0,1]上均匀分布的随机数,则 $1-u_i$ 亦然. 故上式又可写成

$$x_i = -\log u_i/\lambda. \tag{2-10-4}$$

离散的随机变量也可利用(0,1]上均匀分布的随机数来模拟. 例如,设非负整数值随机变量 X 取值 $k(=0,1,2,\cdots)$ 的概率是 p_k, 则分布 $\{p_k\}$ 的随机数 x_i 可通过[0,1]上均匀分布的随机数 u_i 由下式确定:

$$x_i = k, \qquad 若\ p_{k-1} < u_i \leqslant p_k, \tag{2-10-5}$$

这里 $k = 0, 1, 2, \cdots$和 $p_{-1} = 0$. 特别地, 对于参数为 λ 的泊松分布有 $p_k = e^{-\lambda}\lambda^k/k!$,我们把这样的 p_k 值代入(2-10-5)式即可获得泊松分布的随机数.

1. 齐次泊松过程的模拟

分别从齐次泊松过程的点间间距特性和点发生时间的条件分布出发,人们很自然会得到如下两种模拟方法.

方法1 根据定理 2-1-2 知道, 强度为 λ 的齐次泊松过程的点间间距 $T_n(n = 1,2,\cdots)$ 是相互独立同分布的随机变量,它们有参数为 λ 的指数分布,即对任意 $t \geqslant 0$,

$$P(T_n \leqslant t) = 1 - e^{-\lambda t}, \qquad n = 1,2,\cdots.$$

基于这一事实就可以通过下列步骤得到这样的齐次泊松过程的现实.

(i) 令 $S_0 = 0$ 和 $t_0 = 0$.

(ii) 对于 $n = 1,2,\cdots$.

(a) 利用计算机产生或从随机数表查出在 [0,1] 上均匀分布的随机数 u_i.

(b) 作变换 $t_i = -\log u_i/\lambda$,则由(2-10-4)式知 t_i 是参数为 λ 的指数分布随机变量的一个现实.

(c) 令 $S_i = S_{i-1} + t_i$，则 $\{S_i, i = 1, 2, \cdots\}$ 就是我们所要模拟的齐次泊松过程的一个现实，这里 S_i 是过程的第 i 个点发生时间.

方法 2 这一方法的依据是定理 2-2-1，该定理表明对于任意 $T > 0$，若已知强度为 λ 的齐次泊松过程在区间 $(0, T]$ 上有 n 个点发生，则这 n 个点的发生时间 $S_1, \cdots, S_n$ 和 n 个在 $(0, T]$ 上均匀分布的独立随机变量的次序统计量有相同分布. 据此我们可以用如下方法得到过程在 $(0, T]$ 上的一个现实.

(i) 选定 $T > 0$，用前面介绍的方法或其它方法产生参数为 λT 的泊松分布随机变量的一个现实 x.

(ii) 假定上面选得的 $x = n$，n 是某一正整数. 独立地产生 n 个在 $[0, 1]$ 上均匀分布的随机数 $u_1, \cdots, u_n$. 把这 n 个数按从小到大的次序排列得 $0 < u_1' < u_2' < \cdots < u_n' \leqslant 1$，即 $(u_1', \cdots, u_n')$ 是 $(u_1, \cdots, u_n)$ 的一个按大小顺序的排列. 令 $S_i = T u_i'$ $(i = 1, \cdots, n)$，我们就能够以 S_i 作过程的第 i 个点发生时间而得到这过程在区间 $(0, T]$ 上的一个现实 $\{S_i, i = 1, \cdots, n\}$.

一般说来，方法 2 和方法 1 相比有较高的速度. 但这是要付出代价的. 首先，它要求模拟泊松随机变量. 其次，为了储存区间 $(0, T]$ 上的(随机)点数，需要占用计算机更多的记忆单元.

2. 非齐次泊松过程的模拟

类似于齐次情形，基于非齐次泊松过程的点间间距性质(参看定理 2-6-2)和点发生时间的条件分布(参看定理 2-5-1，这只限于存在强度 $\lambda(t)$ 的情形)，我们也可以提出与上面的方法 1 和方法 2 相应的模拟方法. 但在此不准备再列出这些方法的详细步骤. 我们将着重介绍其它两种不同的方法.

方法 3 根据定理 2-6-1 和推论 2-6-1，我们知道任一非齐次泊松过程都可以经由对单位强度的齐次泊松过程作一时间尺度的变换而得到. 因此，如果已经获得单位强度的齐次泊松过程的现实，则只须对它的点发生时间作一变换就得到非齐次泊松过程的现实．下面给出这方法的具体做法．假设我们要模拟的非齐次泊松过程$\{N_t, t \geqslant 0\}$的累积强度函数是$\Lambda(t)$．

(i) 用方法1或方法2产生单位强度齐次泊松过程$\{M_t; t \geqslant 0\}$的一个现实$\{s_i^*, i = 1, 2, \cdots\}$,这里$s_i^*$是这过程的第$i$个点发生时间．

(ii) 令$s_i = \Lambda^{-1}(s_i^*)$，则数列$\{s_i; i = 1, 2, \cdots\}$给出过程$N_t$的一个现实(点发生时间序列),而且$N_{s,t} = M_{\Lambda^{-1}(s),\Lambda^{-1}(t)}$对任意$t > s \geqslant 0$．

这方法类似于模拟任意随机变量的反函数法——具有任意分布F的连续随机变量的现实可用分布F的反函数F^{-1}对[0,1]上均匀分布的随机数作变换而得．它的原理简单,易于掌握,而且有时还能利用一些已有的标准结果．但是,这方法的最大缺点是$\Lambda(t)$的反函数常常是很复杂甚至不能写出明显的表达式，从而又要对此作数值计算,因此效率不高．

下面介绍另一种概念简单而效率又较高的模拟方法．

方法4 这方法适用于带时倚强度的泊松过程．设$N^i = \{N_t^i, t \geqslant 0\}(i = 1, 2)$是强度为$\lambda^i(t)$的泊松过程．如果满足条件：$\lambda^1(t) \leqslant \lambda^2(t)$对每一$t \geqslant 0$，则由定理2-5-5知过程$N^1$可通过对过程$N^2$的点作随机选择而得．基于这一事实就得到如下的利用较简单或已有的过程N^2的现实获得欲求的过程N^1的现实的模拟方法,具体步骤是:

(i) 用前面介绍过的方法产生过程N^2的现实$\{s_i^2, i = 1, 2, \cdots\}$,这里$s_i^2$是$N^2$的第$i$个点发生时间．

(ii) 对每一$i = 1, 2, \cdots$,独立地产生在[0,1]上均匀分布的随机数u_i,若$u_i \leqslant \lambda^1(s_i^2)/\lambda^2(s_i^2)$,则保留点$s_i^2$,否则舍弃它．

(iii) 设被保留下来的点按从小到大的次序排列为$s_{i_1}^2, \cdots, s_{i_k}^2, \cdots$．令$s_k^1 = s_{i_k}^2$对每一正整数$k$，则$\{s_k^1, k = 1, 2, \cdots\}$给出过程$N^1$的一个现实．

这方法一般适用于存在可供利用的较简单的$\lambda^2(t)$，尤其是

$\Lambda^2(t)=\int_0^t \lambda^2(x)dx$ 的反函数较易确定的情形。例如当 $\lambda^1(t)$ 有上界时可取 $\lambda^2(t)\equiv\lambda^*=\sup\limits_t\lambda^1(t)$。又如在例 2-5-2 的医院管理问题中，人们常用带时倚强度 $\lambda^1(t)=\exp\{\alpha_0+\alpha_1 t+\alpha_2 t^2+K\sin(\omega_0 t+\theta)\}$的泊松过程描述医院中一些需要特别护理的病人的出现,这时要写出 $\Lambda^1(t)$ 的反函数是困难的，但可取 $\lambda^2(t)=\exp\{\alpha_0+K+\alpha_1 t+\alpha_2 t^2\}$ 与 $\lambda^1(t)$ 比较，易见有 $\lambda^1(t)\leqslant\lambda^2(t)$ 和 $\lambda^1(t)/\lambda^2(t)=\exp\{K[1-\sin(\omega_0 t+\theta)]\}$.

显然,这种随机选择方法的效率可以用被舍弃的点数来衡量.舍弃的点越多,效率就越低,易见舍弃点数随比值

$$[\Lambda^1(T)-\Lambda^1(0)]/[\Lambda^2(T)-\Lambda^2(0)]=\int_0^T\lambda^1(x)dx\Big/\int_0^T\lambda^2(x)dx$$

增大而增加,这里 $(0,T]$ 是预先选定的观测区间。因此,$\lambda^2(t)$ 应选得尽可能接近 $\lambda^1(t)$。

还应当指出,当 $\lambda^2(t)\equiv\lambda^*$, 即 $\{N_t^2,\ t\geqslant 0\}$ 是一齐次泊松过程,而且已知 $\lambda^1(t)$ 的下确界为 $\underline{\lambda}$ 时，若在模拟过程中已经产生了均匀分布随机数 u_i,则当 $u_i\leqslant\underline{\lambda}/\lambda^*$ 时 s_i^2 一定被保留。这时就不必计算 $\lambda^1(s_i^2)$。而且还可以把 $\lambda^* u_i/\underline{\lambda}$ 当作下一个均匀分布随机数 u_{i+1} 来使用。事实上，对任意介于 0 和 1 之间的实数 x,

$$\begin{aligned}P(\lambda^* u_i/\underline{\lambda}\leqslant x\,|\,u_i\leqslant\underline{\lambda}/\lambda^*)\\ &=P(u_i\leqslant\underline{\lambda}x/\lambda^*)/P(u_i\leqslant\underline{\lambda}/\lambda^*)\\ &=(\underline{\lambda}x/\lambda^*)/(\underline{\lambda}/\lambda^*)=x.\end{aligned}$$

这样做可以使计算量大大减小.

3. 一般泊松过程的模拟

按定义,一般泊松过程 $N=\{N_t;t\geqslant 0\}$ 的累积强度 $\Lambda(t)$ 是右连续的非负单调不减函数。如同在 § 2-7 中所指出那样，$\Lambda(t)$ 可以分解为连续分量 $\Lambda^c(t)$ 和跳跃分量 $\Lambda^j(t)$。相应地,过程N可以表为两个相互独立的过程 N^c 和 N^j 的叠加，其中 N^c 是以

$\Lambda^c(t)$ 为累积强度的非齐次泊松过程，而 N^f 则是一个这样的过程，它的点只能在某些确定的时刻 $t_1, t_2, \cdots$ 发生，在不同的 t_i 发生的点数是相互独立的，而且在时刻 $t_i (i=1, 2, \cdots)$ 发生的点数有参数 α_i 的泊松分布(2-7-5)。注意这里的 $t_1, t_2, \cdots$ 和 $\alpha_1, \alpha_2, \cdots$ 分别是逐段为常值的函数 $\Lambda^f(t)$ 的跳跃点和相应的跃度。根据上述，我们不难得到一般泊松过程的如下模拟步骤.

(i) 利用(2-7-2)和(2-7-3)式求出累积强度 $\Lambda(t)$ 的连续分量 $\Lambda^c(t)$ 和跳跃分量 $\Lambda^f(t)$，即

$$\Lambda^f(t) = \sum_{0<s\leqslant t} [\Lambda(s) - \Lambda(s-)]$$

和

$$\Lambda^c(t) = \Lambda(t) - \Lambda^f(t).$$

(ii) 利用前面介绍的方法产生具有累积强度 $\Lambda^c(t)$ 的非齐次泊松过程 N^c 的现实.

(iii) 设预先选定的观测区间是 $(0, T]$，则对 $\Lambda(t)$ 的每一间断点 $t_i \leqslant T$，独立地求出参数为 α_i(函数 $\Lambda(t)$ 在点 t_i 的跃度)的泊松分布随机变量的现实 n_i。于是所有这些 (t_i, n_i) 就确定过程 N^f 在区间 $(0, T]$ 上的一个现实. 确切地说，由

$$\varphi(t) = \sum_{i:t_i\leqslant t} n_i, \quad 0 < t \leqslant T$$

定义的函数给出计数过程 N^f 在区间 $(0, T]$ 上的一个现实.

(iv) 最后，根据关系式

$$N_t = N_t^c + N_t^f$$

将已求得的 N^c 和 N^f 在区间 $(0, T]$ 上的现实叠加起来就得到一般泊松过程 N 在 $(0, T]$ 上的一个现实.

4. 广义泊松过程的模拟

现在考虑由定义 2-6-4 给出的广义非齐次泊松过程的模拟. 一般地，广义非齐次泊松过程可以看作是这样的点过程，它的点发生时刻由累积强度为 $\Lambda(t)$ 的非齐次泊松过程确定，而在各个点

发生时刻的点数是相互独立同分布的正整数值随机变量，这些变量的共同概率母函数是

$$G(s)=\sum_{k=1}^{\infty}p_k s^k.$$

因此，我们可以对广义非齐次泊松过程 $N\equiv\{N_t, t\geqslant 0\}$ 按如下步骤进行模拟.

(1) 设预先选定的观测区间是 $(0,T]$，利用前面介绍过的方法产生累积强度为 $\Lambda(t)$ 的非齐次泊松过程在区间 $(0, T]$ 上的现实 $\{t_i\}$,这里 t_i 是这过程在区间 $(0,T]$ 中的第 i 个点发生时间.

(2) 对在上一步求出的每一 t_i,独立地产生离散分布 $\{p_k\}$的随机数 n_i. 把所有数对 (t_i,n_i) 按照时间顺序排列就得到广义非齐次泊松过程N在 $(0, T]$ 上的一个现实. 如果这现实用计数的形式给出,则可以写成

$$\varphi(t)=\sum_{i:t_i\leqslant t}n_i.$$

§ 2-11 泊松过程的检验

在实际应用中,人们常常对他们感兴趣的现象进行观测,然后用某种概率模型拟合所得的观测数据，并且根据这些数据对不能直接观测的模型参数作出统计推断，从而能够对被研究现象的统计特性有一个较全面的了解. 当然,这时要有一个前提,即被研究的现象和使用的概率模型应该是相适应的. 换句话说，收集到的观测数据应确能合理地用被选取的模型来模拟，这就是一个统计检验问题. 当我们选用齐次泊松过程作模型时，可以利用前面已经得到的有关这类过程的一些特性进行检验. 下面就介绍几种常用的简单检验方法.

(1) 我们已经知道强度为 λ 的齐次泊松过程在任意长度等于

t 的区间中发生的点数有参数为 λt 的泊松分布.因为泊松分布的数学期望和方差是相等的,故它们的比值等于 1. 于是,人们常常利用齐次泊松过程和泊松分布的这种特点对用齐次泊松过程模拟观测数据的合理性作初步的检验. 这就是说首先根据观测数据算出在一定长度的区间中发生点数的数学期望和方差的估计值，然后看看这两者的比值是否接近 1, 如果算出的比值和 1 相差较大,我们就要对使用齐次泊松过程作模型的合理性作进一步的检验. 当方差/数学期望的估计值小于 1 时我们说被观测的点过程下偏齐次泊松过程，这表明被观测到的点发生现象比齐次泊松过程要规则，当这估计比值大于 1 时我们说被观测点过程上偏齐次泊松过程，这意味着被观测到的点发生现象比齐次泊松过程更分散.

(2) 我们可以利用如下的散度指标检验泊松过程的时间齐次性质. 设 $n_1,\cdots,n_k$ 是离散随机变量 N 的 k 个观测值, $\bar{n}=(n_1+\cdots+n_k)/k$ 是样本平均值. 于是,统计量

$$d=\sum_{i=1}^{k}(n_i-\bar{n})^2/\bar{n} \tag{2-11-1}$$

可以用来检验这 k 个观测值是否来自具有同一参数 μ 的泊松总体. 已经知道当这 k 个观测值确是来自同一泊松总体时，自由度为 $k-1$ 的 χ^2 分布是统计量 d 的一个很好的渐近分布. 因为齐次泊松过程具有时齐性质，即若把观测区间分为 k 个有相等长度 $t=T/k$ 的子区间时，则强度为 λ 的齐次泊松过程在这 k 个区间上发生的点数都有参数为 $\mu=\lambda t$ 的泊松分布. 如果我们记录到过程在这 k 个子区间中发生的点数是 $n_1,\cdots,n_k$，则可以利用由(2-11-1)式给出的散度指标对过程是强度为 λ 的齐次泊松过程这一假设作统计检验.

(3) 设 $\{N_t, t\geqslant 0\}$ 是强度为 λ 的齐次泊松过程，则在给定 $N_T=n$ 的条件下，在 $(0, T]$ 区间上的 n 个点发生时间 $S_1,\cdots,S_n$ 和 n 个在 $(0, T]$ 均匀分布的独立随机变量的次序统计量有相同分布,因此,我们也可以通过检查观测到的点发生时间是否有在观测区间$(0, T]$上的均匀分布来验证齐次泊松过程模型的合

理性. 当观测到的点数 n 比较大时, 根据中心极限定理知 n 个在 $(0, T]$ 上均匀分布的相互独立随机变量之和 $T_n = \sum_{i=1}^{n} S_i$ 近似地有正态分布, 其均值和方差分别是

$$ET_n = nES_1 = nT/2 \tag{2-11-2}$$

和

$$\mathrm{Var}T_n = n\mathrm{Var}S_1 = nT^2/12. \tag{2-11-3}$$

于是,当给定的置信水平分别是 95% 和 99% 时,相应的置信区间分别是

$$\left[\left(n - 1.96\sqrt{\frac{n}{3}}\right)T/2, \left(n + 1.96\sqrt{\frac{n}{3}}\right)T/2\right] \tag{2-11-4}$$

和

$$\left[\left(n - 2.58\sqrt{\frac{n}{3}}\right)T/2, \left(n + 2.58\sqrt{\frac{n}{3}}\right)T/2\right]. \tag{2-11-5}$$

这就是说, 当 T_n 的观测值落在由(2-11-4)式[或(2-11-5)式]给出的区间中时,我们就在相应的显著性水平0.05(或0.01)接受被观测的点发生现象是齐次泊松过程的假设.

(4) 设 $\{S_n, n = 1, 2, \cdots\}$ 是强度为 λ 的齐次泊松过程 $\{N_t, t \geqslant 0\}$ 的点发生时间, 则点间间距 $T_n = S_n - S_{n-1}(n = 1, 2, \cdots)$是相互独立的参数为 λ 的指数分布随机变量, 人们也常常利用这一间距性质检验观测数据是否与齐次泊松过程模型有显著差异. 具体做法是利用数理统计中的标准方法(例如,斯米尔诺夫-柯尔莫果洛夫检验) 将由观测数据给出的一系列点间间距 $\{T_n\}$ 所确定的经验分布与参数为 λ(λ 可根据观测数据算出的估计值, 具体的估计方法参看 § 2-12)的指数分布作拟合优度检验.

(5) 齐次泊松过程除了具有上面提到的点间间距 $\{T_n\}$ 的独立性之外,还具有独立增量性质. 因此,若令 $y_n = N_n - N_{n-1}$,则序列 $\{y_n, n = 1, 2, \cdots\}$ 是相互独立同分布的泊松随机变量序列, 故可以通过考察 $\{T_n\}$ 或 $\{y_n\}$ 的相关性质检验这两序列各自的独立性. 这种独立性检验的一般方法可参看第三章关于更新

过程间距独立性检验和第四章平稳点过程统计推断的有关部分的材料.

应当指出，上面介绍的检验方法都只是从某个方面对齐次泊松过程模型的合理性进行检验.在实际工作中不能仅仅根据一、两个方面的检验就简单地作出这种模型是否合理的判断. 我们应该尽可能从多方面进行检验,并对检验结果加以仔细的比较和分析,然后再从中得出较为符合实际的结论.

§2-12 泊松过程的参数估计

从这一节开始,我们假定泊松过程是观测数据的合理模型,在这前提下分别讨论模型参数的估计和假设检验问题.

在对一个点过程进行观测时，通常使用如下两类收集数据的形式. 第一类是把观测的区间 $(0, T]$ 按某种原则分为若干个互不相交的子区间 $(0,t_1],(t_1,t_2],\cdots,(t_{k-1},t_k=T]$,然后记录在每一个这样的区间中发生的点数 $n_1,n_2,\cdots,n_k$,这种类型的数据称做直方图数据. 显然,由直方图数据形成的计数率直方图

$$(n_i/(t_i-t_{i-1}),(t_i+t_{i-1})/2;\ i=1,\cdots,k)$$

是强度函数 $\lambda(t)$ 的一个常用而又简单的估计.

直方图数据删掉了可能包含在被观测点过程的点发生时间内的关于参数的任何有用信息. 因此,如果把在 $(0,T]$ 中发生的点数以及这些点的发生时间,亦即把整个计数轨道 $\{N_t,0\leqslant t\leqslant T\}$ 全部记录下来，我们就得到一个比直方图数据含有更多的关于参数的信息的记录数据——计数记录数据(或称连续观测数据)，这就是上面所说的第二类数据形式.

我们首先讨论基于观测数据的参数估计问题，而且注意力主要集中在最大似然估计.

1. 齐次泊松情形

齐次泊松过程 $N=\{N_t,t\geqslant 0\}$ 在统计上可以用它的唯一参

数，即过程的强度 λ 表征．由于观测方法不同，得到的数据形式也不一样．下面分别考虑不同的数据形式的强度 λ 的估计．

(1) 固定时间区间上的连续观测数据

设在一固定的时间区间 $(0,T]$ 对过程 N 进行观测．假若在 $(0,T]$ 中总共观测到 N_T 个点事件，它们的发生时间依次是 $t_1, t_2, \cdots, t_{N_T}$．于是，$T_n = t_n - t_{n-1}(n=1,2,\cdots,N_T; t_0=0)$ 可以看作是参数为 λ 的指数分布随机变量的 N_T 个独立观测．因此，这 N_T 个观测的似然函数是

$$\log\left\{\lambda^{N_T}\exp\left[-\lambda\sum_{n=1}^{N_T}T_n\right]\exp[-\lambda(T-t_{N_T})]\right\}$$
$$= N_T\log\lambda - \lambda T. \tag{2-12-1}$$

将上式右端对 λ 求导后令其等于零即可求解出 λ 的最大似然估计

$$\hat{\lambda} = N_T/T. \tag{2-12-2}$$

因为 N_T 有参数为 λT 的泊松分布，由此易得 $E(\hat{\lambda}) = \lambda$ 和 $\mathrm{Var}(\hat{\lambda}) = \lambda/T$．可以进一步证明 $\hat{\lambda}$ 是最小方差无偏估计．

(2) 随机区间上的连续观测数据

如果我们从 $t=0$ 开始对强度为 λ 的齐次泊松过程 N 进行观测，而且观测一直延续到记录到 n_0 个点事件为止．这时 n_0 是预先选定的正整数．设这 n_0 个点发生时间是 $t_1, t_2, \cdots, t_{n_0}$．易知参数为 λ 的指数分布随机变量的 n_0 个独立观测 $T_1 = t_1$，$T_2 = t_2 - t_1, \cdots, T_{n_0} = t_{n_0} - t_{n_0-1}$ 的似然函数是

$$\log\{\lambda^{n_0}e^{-\lambda T}\} = n_0\log\lambda - \lambda T, \tag{2-12-3}$$

这里 $T = \sum\limits_{n=1}^{n_0} T_n$．由此按常规方法易得 λ 的最大似然估计是

$$\hat{\lambda} = n_0/T. \tag{2-12-4}$$

因为 T 是 n_0 个相互独立的参数为 λ 的指数随机变量之和，故它有密度为

$$f_T(t) = \frac{\lambda(\lambda t)^{n_0-1}e^{-\lambda t}}{(n_0-1)!}, \quad t \geqslant 0 \tag{2-12-5}$$

的伽玛分布。由附录五的密度变换公式 (A-5-9) 算出随机变量

$U=1/T$ 的分布密度是

$$f_U(u)=\frac{1}{u^2}\frac{\lambda(\lambda/u)^{n_0-1}e^{-\lambda/u}}{(n_0-1)!},\ u>0。$$

因此，当 $n_0>1$ 时有

$$\begin{aligned}E(1/T)&=\int_0^\infty\frac{1}{u}\frac{\lambda(\lambda/u)^{n_0-1}e^{-\lambda/u}}{(n_0-1)!}du\\&=\int_0^\infty\frac{1}{v}\frac{\lambda(\lambda v)^{n_0-1}e^{-\lambda v}}{(n_0-1)!}dv\\&=\int_0^\infty\frac{\lambda}{n_0-1}\frac{\lambda(\lambda v)^{n_0-2}e^{-\lambda v}}{(n_0-2)!}dv\\&=\frac{\lambda}{n_0-1}.\end{aligned}\tag{2-12-6}$$

注意最后一个等式是因为 $\lambda(\lambda v)^{n_0-2}e^{-\lambda v}/(n_0-2)!$ 是伽玛分布 $\Gamma(\lambda,n_0-1)$ 的密度函数，故其积分等于1．由(2-12-4)和(2-12-6)式立得

$$E(\hat{\lambda})=n_0E(1/T)=n_0\lambda/(n_0-1).\tag{2-12-7}$$

这表明最大似然估计(2-12-4)是有偏的．如果取

$$\tilde{\lambda}=(n_0-1)\lambda/n_0,\tag{2-12-8}$$

就得到 λ 的一个无偏估计． 我们还可进一步证明 $\tilde{\lambda}$ 是 λ 的一个最小方差无偏估计． 利用类似于求 $E(1/T)$ 的方法可推出当 $n_0>2$ 时有

$$\mathrm{Var}(\tilde{\lambda})=\lambda^2/(n_0-2).\tag{2-12-9}$$

下面讨论 λ 的区间估计． 由伽玛分布和 χ^2 分布的关系（见附录三)易知 $2\lambda T$ 有自由度为 $2n_0$ 的 χ^2 分布． 据此即可构造 λ 的置信区间．设给定了显著性水平 α，令 a 和 b 是由

$$P(\chi^2_{2n_0}<a)=P(\chi^2_{2n_0}>b)=\alpha/2\tag{2-12-10}$$

确定的两点．于是有 $P(a<2\lambda T<b)=P(a/2T<\lambda<b/2T)=1-\alpha$，即 $(a/2T,b/2T)$ 给出 λ 的一个 $(1-\alpha)100\%$ 的置信区间．

(3) 对一连串随机区间中的点数进行观测所得的直方图数据．

设在时刻 $v_1 < \cdots < v_{n_0}$ 对过程N的取值进行观测得到 $N_{v_1} = x_{v_1}, \cdots, N_{v_{n_0}} = x_{v n_0}$，这里 n_0 是预先给定的正整数，观测时间 $v_1, \cdots, v_{n_0}$ 是随机的，它们由如下方法确定：$\tau_k = v_k - v_{k-1}$ $(k=1, \cdots, n_0; v_0 = 0)$是相互独立同分布的随机变量，其共同分布密度是 $f_\tau(t|\theta)$，而且这分布与过程N又是独立的．于是，$z_k = x_{v_k} - x_{v_{k-1}}$ $(k = 1, \cdots, n_0)$ 是过程N在长为 τ_k 的区间中发生的点数．这时，我们的观测分两步进行．首先，按密度 $f_\tau(t|\theta)$ 由随机抽样确定 $\tau_1, \cdots, \tau_{n_0}$，然后在点 $v_1 = \tau_1, \cdots, v_{n_0} = \tau_1 + \cdots + \tau_{n_0}$ 对 N_t 的值进行观测．易知在给定 $v_1, \cdots, v_{n_0}$ 的条件下，似然函数是

$$\log\left\{\prod_{k=1}^{n_0}[e^{-\lambda\tau_k}(\lambda\tau_k)^{z_k}/z_k!]\right\} = K\log\lambda - \lambda T\sum_{k=1}^{n_0}(\tau_k^{z_k}/z_k!), \tag{2-12-11}$$

其中 $K = x_{v_{n_0}}$ 是在长为 $T = v_{n_0}$ 的区间中发生的点数。由此易得 λ 的条件最大似然估计是

$$\hat{\lambda} = K/T. \tag{2-12-12}$$

在给定T的条件下，估计(2-12-12)和(1)中的估计(2-12-2)有同样的性质，只不过这里的 $\hat{\lambda}$ 的无条件分布除了依赖于K外也依赖于 T，从而与密度 $f_\tau(t|\theta)$ 的选取有关．下面通过对 $f_\tau(t|\theta)$ 的两种特殊选择说明这一点．

情形 1 设 $f_\tau(t|\theta) = \theta e^{-\theta t}, t > 0$，即 τ_k 有参数为 θ 的指数分布．因而T有参数为 θ 和 n_0 的伽玛分布．这时由(2-12-2)和(2-12-9)式不难求出

$$E(\hat{\lambda}) = E[E(\hat{\lambda}|T)] = \lambda. \tag{2-12-13}$$

$$\begin{aligned}\operatorname{Var}(\hat{\lambda}) &= E[\operatorname{Var}(\hat{\lambda}|T)] + \operatorname{Var}[E(\hat{\lambda}|T)]\\ &= E\left[\frac{\lambda}{T}\right] + \operatorname{Var}[\lambda] = \lambda\left[\frac{\theta}{n_0 - 1}\right].\end{aligned} \tag{2-12-14}$$

这表明可以通过适当选取 θ 使得 $\hat{\lambda}$ 有我们所需要的准确度．因为T有伽玛分布 $\Gamma(\theta, n_0)$，故 $ET = n_0/\theta$．若把 $\lambda\left(\frac{\theta}{n_0 - 1}\right)$ 改写

为 $[n_0/(n_0-1)](\lambda/ET)$ 时易见对于大的 n_0 值有

$$\mathrm{Var}(\hat{\lambda}) \approx \lambda/ET.$$

情形 2 在固定点 $v_1=h, \cdots, v_{n_0}=n_0h$ 观测 N_t，其中 h 是任意选定的正数. 这时 $\tau_k=h$ 对所有 $k=1, \cdots, n_0$ 和 $T=n_0h$ 是固定的. 于是，情况变得和(1)类似，即 λ 的最大似然估计是 $\hat{\lambda}=K/n_0h$，它的数学期望和方差分别是 $E(\hat{\lambda})=\lambda$ 和 $\mathrm{Var}(\hat{\lambda})=\lambda/n_0h$.

2. 非齐次泊松情形

设非齐次泊松过程 $N\equiv\{N_t, t\geqslant 0\}$ 有强度 $\lambda_\theta(t)$. 这里把强度写成 $\lambda_\theta(t)$ 表示它是 t 和 θ 的函数，其中 θ 是取值于某一空间 Θ 的未知参数. 我们的估计问题是要利用对过程 N 观测得到的数据去估计参数 θ. 当强度 $\lambda_\theta(t)$ 的形式为已知时可以利用最大似然估计：设在一连串不相交的区间 $(0,t_1],(t_1,t_2], \cdots, (t_{k-1}, t_k]$ 中观测到过程 N 发生的点数分别是 $n_1,n_2,\cdots,n_k$. 于是，根据非齐次泊松过程的性质易知当给定 θ 时，得到过程 N 的如上观测值的概率是

$$P(N_{t_{i-1},t_i}=n_i,\ i=1,\cdots,k|\theta)$$
$$=\prod_{i=1}^{k}\left\{(n_i!)^{-1}\left(\int_{t_{i-1}}^{t_i}\lambda_\theta(x)dx\right)^{n_i}\exp\left[-\int_{t_{i-1}}^{t_i}\lambda_\theta(x)dx\right]\right\}. \tag{2-12-15}$$

通过将上式取对数求得似然函数

$$l(\theta)=-\int_0^T\lambda_\theta(x)dx+\sum_{i=1}^{k}n_i\log\left(\int_{t_{i-1}}^{t_i}\lambda_\theta(x)dx\right), \tag{2-12-16}$$

其中 $T=\sum_{i=1}^{k}t_i$. 参数 θ 的最大似然估计就是在满足约束条件 $\theta\in\Theta$ 之下使得 $l(\theta)$ 达到最大的 θ 值.

下面分别就 $\lambda_\theta(t)$ 的两种特殊形式给出 θ 的最大似然估计.

(1) 带有尺度因子的强度

设 $\lambda_\theta(t)=\theta\mu(t)$, $(t\geqslant 0)$,其中 $\mu(t)$ 是 t 的已知函数,而 $\theta>0$ 则是未知的尺度因子. 这时,(2-12-16)式有如下形式:

$$l(\theta)=-\theta\int_0^T\mu(x)dx+N_T\log\theta$$

$$+\sum_{i=1}^k n_i\log\times\left\{\int_{t_{i-1}}^{t_i}\mu(x)dx\right\}, \qquad (2-12-17)$$

其中 $N_T=\sum_{i=1}^k n_i$ 是在区间 $(0, T]$ 中观测到的点数. 于是,θ 的最大似然估计是

$$\hat{\theta}=N_T\left(\int_0^T\mu(x)dx\right)^{-1}. \qquad (2-12-18)$$

易见 $\hat{\theta}$ 只依赖于 $n_1,\cdots,n_k$ 之和数以及 N_T,但与 $n_1,\cdots,n_k$ 各别的具体值无关. 当 $\mu(t)\equiv 1$,即 N 是强度为 θ 的齐次泊松过程时,(2-12-18)式简化为(2-12-2)式.

可以证明,估计 $\hat{\theta}$ 是无偏的和充分的,而且它在利用直方图数据作出的所有估计中有最小方差.

(2) 带有滞后常数的强度

这样的强度形如

$$\lambda_\theta(t)=\mu(t-\theta)+\lambda_0, \qquad (2-12-19)$$

其中 θ 是滞后常数. 在光脉冲调位系统或光量程系统中常常会遇到这种形式的强度. 这时, $\mu(t)$ 表示光电子发生率, λ_0 是热电子发生率. 我们的目的是要估计参数 θ,为此假定 λ_0 为已知. 于是,(2-12-16)式变成

$$l(\theta)=-\int_0^T[\mu(x-\theta)-\lambda_0]dx$$

$$+\int_0^T\log[\mu(x-\theta)+\lambda_0]dN_x. \qquad (2-12-20)$$

当 T 足够大时,可以认为我们已经获得所有可能的滞后信号能量,

因此上式右端的第一项实际上与θ无关，故可不必考虑它．这样一来，为了求得θ的最大似然估计$\hat{\theta}$，我们只须确定使得

$$\int_0^T \log\left[\mu(x-\theta)+\lambda_0\right]dN_x \qquad (2\text{-}12\text{-}21)$$

达到最大的θ值．

可以证明，这样得到的最大似然估计$\hat{\theta}$是渐近无偏和渐近充分的．

§2-13 泊松过程强度的检验

在这一节我们讨论非齐次泊松过程$N\equiv\{N_t, t\geqslant 0\}$的时倚强度$\lambda(t)$的统计检验问题．

首先，我们考虑一种简单的情形，即对形如$\lambda(t)=\eta e^{-\theta t}$的强度中参数$\theta$的假设$H_0$: $\theta=0$作检验．这实际上是检验过程N的齐次性．备择假设是H_1: $\theta>0$．我们已经知道当H_0为真时过程是齐次泊松过程．因此，在假设H_0之下，$\sum_{i=1}^{n} t_i$是n个$(0,T]$上均匀分布的独立随机变量之和，这里$t_1,\cdots,t_n$是过程在$(0,T]$中的n个点发生时间．对于大的n，统计量

$$Z=\frac{\sum_{i=1}^{n} t_i-\frac{nT}{2}}{T\sqrt{\frac{n}{12}}}$$

是渐近正态$N(0,1)$分布的．当给定了显著性水平α后，即可由正态分布表确定$(1-\alpha)100\%$的置信区间并据此对是否接受假设H_0作出判断．

下面讨论更一般的检验，这时对零假设H_0和备择假设H_1并没有作任何特殊的规定，同时还允许在检验中作出的各种不同判断可以具有不同的(相对)重要性．这样的双假设检验的一般提法是：在区间$(0, T]$对过程N进行观测并得到数据D_T（我们把

一个这样的程序称做一次试验),这里 D_T 可以是直方图数据或计数记录数据.观测数据(或者说被观测的过程)受称做假设 H_0 和 H_1 的两个基本机理中的一个支配. 现在要求根据观测数据判定 H_0 和 H_1 中哪一个是起支配作用的基本机理. 这时有四种可能的结果:

(1) 当 H_0 是支配机理时判断 H_0;

(2) 当 H_0 是支配机理时判断 H_1;

(3) 当 H_1 是支配机理时判断 H_0;

(4) 当 H_1 是支配机理时判断 H_1.

结果(1)和(4)是正确的判断. 结果(2)和(3)是错误的判断,在统计学中分别把它们称做第一类错误和第二类错误. 假定我们按照贝叶斯准则选定判断策略,这就是说我们采取的判断策略依赖于这些结果的相对重要性,而这些重要性又通过每一可能结果招致的支付来表达. 我们的判断策略是要使在大量独立的重复试验中每次判断的平均支付为最小. 每一种可能结果的支付一般以矩阵形式给出:

$$\boldsymbol{C}=\begin{bmatrix} C_{00} & C_{01} \\ C_{10} & C_{11} \end{bmatrix},$$

其中 $C_{ij}(i,j=1,2)$ 是当 H_j 是支配机理时作判断 H_i 的支付. 于是,一次第一类错误或第二类错误的相对支付分别是 $C_{10}-C_{00}$ 和 $C_{01}-C_{11}$,假定它们都是正的.

现在求每次判断的平均支付. 令 $P(H_0|D_T)$ 和 $P(H_1|D_T)$ 分别表示给定观测数据 D_T 时 H_0 或 H_1 是支配机理的概率. 于是,当给定 D_T 时作出判断 H_0 的条件平均支付是

$$C(H_0|D_T)=C_{00}P(H_0|D_T)+C_{01}P(H_1|D_T). \quad (2\text{-}13\text{-}1)$$

因而作出判断 H_0 的(无条件)平均支付是

$$C(H_0)=E[C(H_0|D_T)]=C_{00}P(H_0)+C_{01}P(H_1). \quad (2\text{-}13\text{-}2)$$

类似地,对于 H_1 有

$$C(H_1|D_T)=C_{10}P(H_0|D_T)+C_{11}P(H_1|D_T) \quad (2\text{-}13\text{-}3)$$

和

$$C(H_1) = C_{10}P(H_0) + C_{11}P(H_1). \qquad (2\text{-}13\text{-}4)$$

我们必须提出一个判断策略——对 D_T 的每一可能的现实作出判断 H_0 或 H_1 的准则. 这种策略可以用如下两个示性函数 $I_{H_0}(D_T)$ 和 $I_{H_1}(D_T)$ 表示:

$$I_{H_0}(D_T) = \begin{cases} 1 & \text{对 } D_T \text{ 的判断是 } H_0, \\ 0 & \text{相反的情形.} \end{cases} \qquad (2\text{-}13\text{-}5)$$

$$I_{H_1}(D_T) = \begin{cases} 1 & \text{对 } D_T \text{ 的判断是 } H_1, \\ 0 & \text{相反的情形.} \end{cases} \qquad (2\text{-}13\text{-}6)$$

易见对任意的观测数据 D_T,这两个函数之和必等于 1, 而乘积则必等于 0. 它们的数学期望 $E[I_{H_0}(D_T)]$ 和 $E[I_{H_1}(D_T)]$ 分别是作出判断 H_0 和 H_1 的概率,而条件数学期望 $E[I_{H_1}(D_T)|H_0]$ 和 $E[I_{H_0}(D_T)|H_1]$ 则分别是犯第一类错误和第二类错误的概率. 因此,对于给定的现实 D_T,每次判断的支付可以写成

$$C(D_T) = I_{H_0}(D_T)C(H_0|D_T) + I_{H_1}(D_T)C(H_1|D_T). \qquad (2\text{-}13\text{-}7)$$

从而每次判断的平均支付是

$$\begin{aligned} \bar{C} &= E[C(D_T)] \\ &= E[I_{H_0}(D_T)C(H_0|D_T) + I_{H_1}(D_T)C(H_1|D_T)]. \end{aligned} \qquad (2\text{-}13\text{-}8)$$

我们自然希望使得 $\bar{C}$ 达到最小, 这可以通过使 $C(D_T)$ 对 D_T 的每一现实达到最小而实现. 特别地,当 D_T 使得 $C(H_0|D_T)$ 小于 $C(H_1|D_T)$ 时,应使函数 $I_{H_0}(D_T)$ 和 $I_{H_1}(D_T)$ 分别取值 1 和 0. 在相反的情形, $I_{H_0}(D_T)$ 和 $I_{H_1}(D_T)$ 则应分别取值 0 和 1. 当 D_T 使得 $C(H_0|D_T) = C(H_1|D_T)$ 时, 我们可以随意定义 $I_{H_0}(D_T)=1$ (从而 $I_{H_1}(D_T)=0$) 或 $I_{H_1}(D_T) = 1$ (这时 $I_{H_0}(D_T) =0$). 上述使得平均支付 $\bar{C}$ 为最小的策略可以归纳为

$$C(H_0|D_T) \underset{H_0}{\overset{H_1}{\gtrless}} C(H_1|D_T). \qquad (2\text{-}13\text{-}9)$$

利用(2-13-1)和(2-13-3)式又可把上式改写成

$$P(H_1|D_T) \underset{H_0}{\overset{H_1}{\gtrless}} \frac{C_{10}-C_{00}}{C_{01}-C_{11}} P(H_0|D_T). \qquad (2\text{-}13\text{-}10)$$

对于 D_T 的一个特殊的现实,若条件概率 $P(H_0|D_T)$ 等于零，则由(2-13-10)式容易看出这时应作判断 H_1。若 $P(H_0|D_T) \neq 0$,则(2-13-10)式又可改写为

$$\Lambda(D_T) \equiv \frac{P(H_1|D_T)}{P(H_0|D_T)} \underset{H_0}{\overset{H_1}{\gtrless}} \frac{C_{10}-C_{00}}{C_{01}-C_{11}}. \qquad (2\text{-}13\text{-}11)$$

易见函数 $\Lambda(D_T)$ 就是似然比,而(2-13-11)式给出的检验正是似然比检验. 由 $(C_{10}-C_{00})/(C_{01}-C_{11})$ 确定的常数称做检验的**门限值或阈值**.

当两类错误的相对支付相等,即

$$C_{10}-C_{00}=C_{01}-C_{11}$$

时，由(2-13-10)或(2-13-11)式给出的判断准则就是选取使得当给定观测数据 D_T 时条件概率较大的那一个假设. 不难证明，当支付矩阵形如

$$C=\begin{bmatrix} C_c & C_e \\ C_e & C_c \end{bmatrix},$$

即作出正确判断和错误判断的支付分别是 C_c 和 C_e,而且犯第一类错误和第二类错误的相对支付 C_e-C_c 为正时,这种使得平均支付 $\bar{C}$ 最小的准则等价于使总的错误概率

$$P\ (\text{错})=P_{\text{I}}P(H_0)+P_{\text{II}}P(H_1) \qquad (2\text{-}13\text{-}12)$$

为最小的准则，式中 P_{I} 和 P_{II} 分别是犯第一类和第二类错误的概率.

在(2-13-11)式中定义的似然比显然与数据的形式有关. 对于直方图数据,设 $P(n_1,\cdots,n_k|H_0)$ 和 $P(n_1,\cdots,n_k|H_1)$ 分别是在假设 H_0 和 H_1 的条件下,在区间 $(t_{i-1},t_i]$ 中的点数 N_{t_{i-1},t_i} 等于 $n_i(i=1,\cdots,k)$ 的联合计数概率,则似然比可表为

$$\Lambda(n_1,\cdots,n_k)=\frac{P(H_1|n_1,\cdots,n_k)}{P(H_0|n_1,\cdots,n_k)}$$

$$=\frac{P(n_1,\cdots,n_k|H_1)P(H_1)}{P(n_1,\cdots,n_k|H_0)P(H_0)}, \qquad (2\text{-}13\text{-}13)$$

式中 $P(H_0)$ 和 $P(H_1)$ 分别是假设 H_0 和 H_1 的验前概率.

对于计数记录数据，设 $p[\{N_t,0<t\leqslant T\}|H_0]$ 和 $p[\{N_t,0<t\leqslant T\}|H_1]$ 分别表示在假设 H_0 和 H_1 的条件下的样本函数密度. 这时似然比可写为

$$\Lambda(\{N_t,0<t\leqslant T\})=\frac{P(H_1|N_t,0<t\leqslant T)}{P(H_1|N_t,0<t\leqslant T)}$$

$$=\frac{p[\{N_t,0<t\leqslant T\}|H_1]P(H_1)}{p[\{N_t,0<t\leqslant T\}|H_0]P(H_0)}. \qquad (2\text{-}13\text{-}14)$$

在(2-13-13)和(2-13-14)式中的验前概率 $P(H_0)$ 和 $P(H_1)$ 与观测数据无关,我们可以把它们并入检验的门限常数中.

应当指出，上面的似然比检验并不要求被观测的点过程是泊松过程. 因此它原则上可应用于更一般的点过程. 但是，在非泊松过程的情形中应用这检验的困难在于人们往往难以求得联合计数概率和样本函数密度的显式表示.

下面设被观测的过程 N 是一带时倚强度的泊松过程. 假设 H_0: 过程 N 的强度是 $\lambda^0(t)$;假设 H_1: 过程 N 的强度是 $\lambda^1(t)$. 当观测数据 D_T 是直方图数据时,似然比(2-13-13)可进一步写为

$$\Lambda(n_1,\cdots,n_k)=\frac{P(H_1)}{P(H_0)}\exp\{-[\Lambda^1(T)-\Lambda^0(T)]\}$$

$$\times\prod_{i=1}^{k}\left[\frac{\Lambda^1(t_i)-\Lambda^1(t_{i-1})}{\Lambda^0(t_i)-\Lambda^0(t_{i-1})}\right]^{n_i}.$$

将上式代入(2-13-11)式后在不等号两边取对数得

$$l(n_1,\cdots,n_k)\equiv\log\Lambda(n_1,\cdots,n_k)$$

$$=-[\Lambda^1(T)-\Lambda^0(T)]+\sum_{i=1}^{k}n_i\log\left[\frac{\Lambda^1(t_i)-\Lambda^1(t_{i-1})}{\Lambda^0(t_i)-\Lambda^0(t_{i-1})}\right]$$

$$\underset{H_0}{\overset{H_1}{\gtrless}}\log\left[\frac{P(H_0)(C_{10}-C_{00})}{P(H_1)(C_{01}-C_{11})}\right], \qquad (2\text{-}13\text{-}15)$$

其中 $\Lambda^j(t)=\int_0^t \lambda^j(s)ds \ (j=0,1)$。

对于计数记录数据类似地有

$$l(\{N_t,0<t\leqslant T\})\equiv\log\Lambda(\{N_t,0<t\leqslant T\})$$

$$=-\int_0^T[\lambda^1(s)-\lambda^0(s)]ds+\int_0^T\log\left[\frac{\lambda^1(s)}{\lambda^0(s)}\right]dN_s$$

$$\times\underset{H_0}{\overset{H_1}{\gtrless}}\log\left[\frac{P(H_0)(C_{10}-C_{00})}{P(H_1)(C_{01}-C_{11})}\right]. \tag{2-13-16}$$

最后，简单地讨论一下检验的特性。对于最小错误概率准则，人们关心的特性量度是由(2-13-12)式给出的错误概率

$$P(错)=P_{\rm I}P(H_0)+P_{\rm II}P(H_1).$$

对于贝叶斯准则，人们关心的特性量度是由(2-13-8)式给出的平均支付 $\bar{C}$。由将(2-13-1)和(2-13-3)式代入(2-13-8)式并考虑到

$$E[I_{H_0}(D_T)P(H_1|D_T)]=P_{\rm II}P(H_1),$$

$$E[I_{H_1}(D_T)P(H_1|D_T)]=(1-P_{\rm II})P(H_1),$$

$$E[I_{H_1}(D_T)P(H_0|D_T)]=P_{\rm I}P(H_0)$$

和

$$E[I_{H_0}(D_T)P(H_0|D_T)]=(1-P_{\rm I})P(H_0),$$

我们可以把平均支付 $\bar{C}$ 表为

$$\bar{C}=C_{00}(1-P_{\rm I})P(H_0)+C_{11}(1-P_{\rm II})P(H_1)$$

$$+C_{10}P_{\rm I}P(H_0)+C_{01}P_{\rm II}P(H_1). \tag{2-13-17}$$

因此，无论是采用最小错误概率准则还是贝叶斯准则，要估量检验的特性都需要知道 $P_{\rm I}$ 和 $P_{\rm II}$。但是，一般说来要得到 $P_{\rm I}$ 和 $P_{\rm II}$ 的显式表示是非常困难甚至是不可能的。即使对于很简单的情形我们可以求出它们的显式表示，但往往也是很复杂的(参看后面的例子)。因此，人们有兴趣于寻找 $P_{\rm I}$ 和 $P_{\rm II}$ 的界，下面的定理就是属于这样一类的结果。

定理 2-13-1 (切尔诺夫界) 设 $N=\{N_t,t\geqslant 0\}$ 是一泊松过程，在假设 H_j 之下其强度是 $\lambda^j(t)$，$j=0,1$。这时，基于对过程在区间 $(0,T]$ 上观测所得的直方图数据或计数记录数据对 H_0 或 H_1 作出判断的第一类错误概率 $P_{\rm I}$ 和第二类错误概率 $P_{\rm II}$ 满

足以下不等式:

$$P_{\mathrm{I}} \leqslant \min_{s \geqslant 0} \exp\{\mu(s) - s\gamma\} \tag{2-13-18}$$

和

$$P_{\mathrm{II}} \leqslant \min_{s \leqslant 1} \exp\{\mu(s) - (s-1)\gamma\}, \tag{2-13-19}$$

式中

$$\gamma = \log[P(H_0)(C_{10} - C_{00})] - \log[P(H_1)(C_{01} - C_{11})]. \tag{2-13-20}$$

当 $C_{10} - C_{00} = C_{01} - C_{11}$ 时,上式可简化为

$$\gamma = \log P(H_0) - \log P(H_1). \tag{2-13-21}$$

$$\mu(s) = \begin{cases} \sum_{i=1}^{k} \{[\Lambda^1(t_i) - \Lambda^1(t_{i-1})]^s [\Lambda^0(t_i) - \Lambda^0(t_{i-1})]^{1-s} \\ \quad - s[\Lambda^1(t_i) - \Lambda^1(t_{i-1})] - (1-s)[\Lambda^0(t_i) \\ \quad - \Lambda^0(t_{i-1})]\} \quad \text{对于直方图数据}, & (2\text{-}13\text{-}22) \\ \int_0^T \{[\lambda^1(x)]^s [\lambda^0(x)]^{1-s} - s\lambda^1(x) - (1-s)\lambda^0(x)\} dx \\ \quad \text{对于计数记录数据}. & (2\text{-}13\text{-}23) \end{cases}$$

这定理的证明可参看 Snyder (1975) (中译本 pp.99—101).

例 2-13-1 (二元脉冲调位) 设有一个利用光束传输信号的二元通信系统. 在假设 H_0 之下, 控制闸在传输区间的前一半打开(于是光束可以通过)而在后一半关闭, 指定其发送一个信息源数字. 在假设 H_1 之下, 控制闸在区间的前一半关闭而在后一半打开,指定其发送另一个信息源数字. 假定在区间 $(0, T]$ 内接收信号的光电检测器发射的电子形成一泊松过程,其强度为 $\lambda^0(t)$ 或 $\lambda^1(t)$,这里

$$\lambda^0(t) = \begin{cases} \bar{s} + \bar{n} & 0 < t \leqslant T/2, \\ \bar{n} & T/2 < t \leqslant T, \end{cases}$$

和

$$\lambda^1(t) = \begin{cases} \bar{n} & 0 < t \leqslant T/2, \\ \bar{s} + \bar{n} & T/2 < t \leqslant T, \end{cases}$$

其中 $\bar{s}$ 和 $\bar{n}$ 分别是检测器单位时间放射的信号电子和噪声电子的平均数.

假设 $P(H_0)=P(H_1)=0.5$，$C_{00}=C_{11}=0$ 和 $C_{01}=C_{10}=1$. 现在要求根据在区间 $(0,T]$ 收集到的计数记录对 H_0 或 H_1 作出判断. 设 n_1 和 n_2 分别是在区间 $(0,T/2]$ 和 $(T/2,T]$ 中观测到的电子数目. 于是由 (2-13-16) 式算出使得平均支付最小(等价地,错误概率最小)的判断准则是

$$n_2 \underset{H_0}{\overset{H_1}{\gtrless}} n_1. \tag{2-13-24}$$

又由(2-13-23)式有

$$\mu(s)=\frac{T}{2}\left[(\bar{s}+\bar{n})^s(\bar{n})^{1-s}+\bar{n}^s(\bar{s}+\bar{n})^{1-s}-\bar{s}-2\bar{n}\right]. \tag{2-13-25}$$

这时易见有 $\mu(s)=\mu(1-s)$，故 $\mu(s)$ 是关于点 $s=0.5$ 对称的,而且它在对称点达到最小值

$$\mu(0.5)=T\left[\sqrt{\bar{n}(\bar{s}+\bar{n})}-0.5\bar{s}-\bar{n}\right], \tag{2-13-26}$$

因为这时有 $\gamma=0$,故由(2-13-18)和(2-13-19)式有

$$P_{\rm I}\leqslant \exp\{\mu(0.5)\}, \tag{2-13-27}$$

$$P_{\rm II}\leqslant \exp\{\mu(0.5)\}. \tag{2-13-28}$$

从而

$$P\,(\text{错})=(P_{\rm I}+P_{\rm II})/2\leqslant \exp\{\mu(0.5)\}. \tag{2-13-29}$$

最后，作为比较我们给出错误概率的精确表示式. 根据 (2-13-12)和(2-13-24)式有

$$\begin{aligned}
P\,(\text{错}) &= 0.5P(n_2\geqslant n_1|H_0)+0.5P(n_1>n_2|H_1)\\
&= 0.5E[P(n_2\geqslant n_1|H_0,n_1)|H_0]\\
&\quad +0.5E[P(n_1>n_2|H_1,n_2)|H_1]\\
&= 0.5\sum_{i=0}^{\infty}\sum_{j=i}^{\infty}(i!j!)^{-1}[T(\bar{s}+\bar{n})/2]^i(T\bar{n}/2)^j\\
&\quad \times\exp\{-T(\bar{s}+2\bar{n})/2\}\\
&\quad +0.5\sum_{i=0}^{\infty}\sum_{j=i+1}^{\infty}(i!j!)^{-1}[T(\bar{s}+\bar{n})/2]^i(T\bar{n}/2)^j\\
&\quad \times\exp\{-T(\bar{s}+2\bar{n})/2\}.
\end{aligned} \tag{2-13-30}$$

第三章 更新过程

§3-1 引言和定义

在第二章中我们已经知道（定理 2-1-2），齐次泊松过程是这样的点过程，它的点间间距 $T_1, T_2, \cdots$ 相互独立且有相同的指数分布．如果我们只保留对点间间距的相互独立同分布的要求，而允许它们有任意的分布，这就很自然地引导到齐次泊松过程的一种推广——更新过程．下面给出这类重要过程的确切定义．

设 $\{T_n, n=1,2,\cdots\}$ 是一串相互独立同分布的非负随机变量,它们的共同分布函数是 $F(x)$．如果我们把 T_n 看作是一个点过程的第 $n-1$ 个和第 n 个点事件之间的时间间距，则第 n 个点事件的发生时间是

$$S_n = \sum_{i=1}^{n} T_i, \qquad n \geqslant 1. \tag{3-1-1}$$

再定义 $S_0 = 0$．我们把由

$$N_t = \sup\{n: S_n \leqslant t\} \tag{3-1-2}$$

定义的计数过程 $\{N_t, t \geqslant 0\}$（或等价地,与这计数过程相连系的点序列 $\{S_n, n=0,1,\cdots\}$）称做**更新过程**．(renewal process)．有时人们也直接把相互独立同分布的点间间距序列 $\{T_n, n=1, 2,\cdots\}$ 称做更新过程,显然，这种过程的统计特性可由 T_n 的共同分布 $F(x)$ 完全地刻划．对于更新过程来说,点事件又称做“更新”．

虽然更新过程可以看作是齐次泊松过程的推广，但这类过程的研究已有相当长的历史并是现代点过程理论的主要源泉之一，它直接起源于所谓“自更新集合”和群体增长的讨论，以后又在机

器维修、计数器、交通…等许多问题的应用中得到发展. 更新过程的一个富有启发性的应用例子是如下的零件更换问题.

例 3-1-1(零件更换) 考察某台设备上的一个零件,它在使用过程(由于磨损或老化等原因)会损坏. 假设一旦零件损坏使得设备不能正常工作时,我们能够在该零件损坏的瞬间查出并马上用同类的新零件替换. 一般说来,我们有理由认为各个零件的损坏是相互独立的,它们的工作时间(又称使用寿命)是随机的并有相同的概率分布. 如果用 $T_n(n=1,2,\cdots)$ 表示第 n 个零件的使用寿命,则 $\{T_n, n=1,2,\cdots\}$ 是一个更新过程. 伴随的计数过程 $\{N_t, t\geqslant 0\}$ 对在时间区间 $(0,t]$ 中损坏的零件进行计数.

下面再介绍一个在交通问题中引起的更新过程的例子.

例 3-1-2 设 $S_1, S_2, \cdots$是汽车按一定方向驶经公路某一固定点的时间(从某一时间原点算起). 如果时间间距 $T_1=S_1$, $T_2=S_2-S_1, \cdots T_n=S_n-S_{n-1}, \cdots$是相互独立同分布的随机变量,则 $\{T_n, n=1,2,\cdots\}$ 是一更新过程. 由(3-1-2)给出的 N_t 是在时间区间 $(0,t]$ 内经过该固定点的汽车数目.

在更新过程的研究中,原点的选取是很要紧的. 如果原点选在一次"更新"(即过程的点)的发生时间(用例 3-1-1 的术语就是在原点处一个新的零件投入使用),则 $T_1, T_2, T_3, \cdots$全有相同的分布,这样的更新过程称做普通更新过程(ordinary renewal process). 另一种可能的选择是过程并不是从一次更新开始,亦即原点并不在更新区间的端点而是在一个区间的内部(在例 3-1-1 的情形这表示设备开始工作时零件不是新的,它已经使用过一段时间). 这时,第一个区间长度 T_1 和其余的区间长度 $T_2, T_3, \cdots$有不同的分布. 如果 $T_2, T_3, \cdots$表示(新)零件的使用寿命,则 T_1 只是(在时间原点已经在使用的)零件的剩余寿命. 由此我们抽象出如下的更新过程模型: 设点间间距 $T_1, T_2, T_3, \cdots$是相互独立的,其中 $T_2, T_3, \cdots$有相同的分布 F,但第一个区间长度 T_1 则有不同的分布 G,这样的过程就称做变形更新过程或延迟更新过程. 显然,当 $G=F$ 时,变形更新过程就化约为普通更新过程.

§3-2 N_t 的分布和 $M(t)=EN_t$ 的某些性质

我们首先讨论普通更新过程 $N=\{N_t, t\geqslant 0\}$. 设过程的点间间距 $T_1, T_2, \cdots$的共同分布是 F. 为了避免出现平凡的情形，假设 $F(0)<1$, 由此推知

$$\mu = ET_n = \int_0^\infty x dF(x) > 0.$$

对于任意 $t>0$, 在 $(0,t]$ 区间中的更新次数 N_t 的分布及其特性自然是我们关注的问题. 首先，对于任意有限的 $t>0$，我们断言 N_t 以概率 1 取有限值，换句话说，更新过程在任意有限的时间区间内以概率 1 只有有限多次更新发生. 事实上，设

$$S_n = \sum_{i=1}^n T_i$$

是第 n 次更新的发生时间，由强大数定律知以概率 1 有

$$\frac{S_n}{n} \to \mu, \qquad \text{当 } n\to\infty.$$

因为 $\mu>0$, 故当 $n\to\infty$时必有 $S_n\to\infty$，由此推知对任意固定的 $t>0$, 以概率 1 只能有有限多个 n 值使得 $S_n\leqslant t$, 于是根据(3-1-2)式马上推知 N_t 必有限.

现在，我们来求 N_t 的分布. 因为事件 $\{N_t\geqslant n\}$ 等同于事件 $\{S_n\leqslant t\}$, 故对任意非负整数 n 有

$$\begin{aligned} P(N_t=n) &= P(N_t\geqslant n) - P(N_t\geqslant n+1) \\ &= P(S_n\leqslant t) - P(S_{n+1}\leqslant t). \end{aligned} \tag{3-2-1}$$

又因为 $S_n = T_1+\cdots+T_n$ 是 n 个相互独立同分布的随机变量之和，这些变量的共同分布是 F，所以 S_n 的分布是 F 的 n 重卷积 F_n. 于是，(3-2-1)式可写成

$$P(N_t=n) = F_n(t) - F_{n+1}(t). \tag{3-2-2}$$

我们把 N_t 的数学期望 $M(t)=EN_t$ 称做**更新函数**，它是更新理论的一个重要研究对象. 注意更新函数不是随机变量而是变

元 t 的一个确定性函数．不难证明，它可以通过分布函数 F 表出如下：

$$M(t)=\sum_{n=1}^{\infty}F_n(t). \tag{3-2-3}$$

事实上，由(3-2-2)式得

$$M(t)=\sum_{n=1}^{\infty}nP(N_t=n)=\sum_{n=1}^{\infty}n[F_n(t)-F_{n+1}(t)]$$
$$=\sum_{n=1}^{\infty}F_n(t).$$

(3-2-3)式也可用拉氏变换的形式给出．设分布函数 F 有密度 f，对（3-2-3）式两边取拉氏变换并根据导数的拉氏变换公式(附录一)即得 $M(t)$ 的拉氏变换

$$\widetilde{M}(s)=\sum_{n=1}^{\infty}\widetilde{F}_n(s)=\frac{1}{s}\sum_{n=1}^{\infty}\tilde{f}_n(s),$$

再由拉氏变换的卷积性质推知

$$\widetilde{M}(s)=\frac{1}{s}\sum_{n=1}^{\infty}[\tilde{f}(s)]^n=\frac{\tilde{f}(s)}{s[1-\tilde{f}(s)]}. \tag{3-2-4}$$

上式又等价于

$$\tilde{f}(s)=\frac{s\widetilde{M}(s)}{1+s\widetilde{M}(s)}. \tag{3-2-5}$$

这表明 $M(t)$ 和 $f(t)$（从而 $F(t)$）是相互唯一确定，这就是说，一个普通更新过程可由它的更新函数完全确定．

下面的定理表明更新函数 $M(t)=EN_t$ 保有 N_t 的一些良好性质．

定理 3-2-1 更新函数 $M(t)$ 是变元 t 的不减、有限右连续函数．

证明 因为 N_t 是变元 t 的不减函数，故 $M(t)=EN_t$ 也是不减的．现在证明 $M(t)$ 的有限性．由假设 $F(0)<1$ 和分布函数的右连续性知存在正数 $\alpha>0$，使得 $F(\alpha)<1$．又对于任意

固定的 t，我们恒能选取满足 $t \leqslant k\alpha$ 的整数 k。因此，事件 $\{S_k \leqslant t\}$ 蕴含事件$\{S_k \leqslant k\alpha\}$，而后者又蕴含事件$\{T_1 > \alpha, \cdots, T_k > \alpha\}$不会发生。于是有

$$P(S_k \leqslant t) \leqslant 1 - P(T_1 > \alpha, \cdots, T_k > \alpha)$$

$$= 1 - [1 - F(\alpha)]^k = 1 - \beta, \qquad (3\text{-}2\text{-}6)$$

这里 $\beta = [1 - F(\alpha)]^k > 0$。其次，事件 $\{S_{mk} \leqslant t\}$ 显然蕴含事件 $\{S_k - S_0 \leqslant t,\ S_{2k} - S_k \leqslant t, \cdots,\ S_{mk} - S_{(m-1)k} \leqslant t\}$，故由更新区间的独立同分布性质易知

$$P(S_{mk} \leqslant t) \leqslant (P(S_k \leqslant t))^m \leqslant (1 - \beta)^m. \qquad (3\text{-}2\text{-}7)$$

最后，因为 $S_{mk} \leqslant S_{mk+j}$ 对任意整数 $j \geqslant 0$，故$\{S_{mk+j} \leqslant t\} \subset \{S_{mk} \leqslant t\}$，所以有

$$\sum_{n=mk}^{(m+1)k-1} P(S_n \leqslant t) \leqslant kP(S_{mk} \leqslant t).$$

这样一来，由(3-2-3)和(3-2-7)式得

$$\begin{aligned} M(t) &= \sum_{n=1}^{\infty} F_n(t) \\ &= \sum_{n=1}^{\infty} P(S_n \leqslant t) \\ &\leqslant \sum_{m=0}^{\infty} kP(S_{mk} \leqslant t) \\ &\leqslant \sum_{m=0}^{\infty} k(1 - \beta)^m \\ &= k/\beta < \infty. \end{aligned}$$

余下只须证明 $M(t)$ 的右连续性。对于任意固定的 t 和任一串单调下降于 t 的数列 $t_0, t_1, \cdots$，由 N_t 的右连续性知 $N_{t_n} \downarrow N_t$。又因为对于所有整数 $n \geqslant 1$，不等式 $N_{t_0} \geqslant N_{t_n}$ 成立且 $EN_{t_0} = M(t_0) < \infty$（刚才已证明了 $M(t)$ 的有限性！）。根据控制收敛定理即得

$$\lim_{n\to\infty} M(t_n) = E(\lim_{n\to\infty} N_{t_n}) = EN_t = M(t),$$

故 $M(t)$ 是右连续的.

例 3-2-1 设更新区间长度的分布函数是

$$F(t) = \begin{cases} 1 - e^{-\lambda(t-b)} & t \geqslant b, \\ 0 & t < b, \end{cases}$$

其中 $\lambda > 0$ 和 $b \geqslant 0$ 是常数. 如果例 3-1-2 中的更新过程具有这种间距分布，这意味着两辆汽车到达固定点的时间间距等于常数 b 和一个参数为 λ 的指数随机变量之和. 我们可以把 b 解释为司机的反应时间,为了保证行车安全，两车的时间间距不能小于 b. 这时，$F_n(t)$ 可看作是常数 nb 和 n 个相互独立同分布（参数为 λ）的指数随机变量之和的分布函数. 于是

$$F_n(t) = \begin{cases} 0 & \text{若 } t < nb, \\ \displaystyle\sum_{k=n}^{\infty} \frac{e^{-\lambda(t-nb)}[\lambda(t-nb)]^k}{k!} \\ \displaystyle = 1 - \sum_{k=0}^{n-1} \frac{e^{-\lambda(t-nb)}[\lambda(t-nb)]^k}{k!} & \text{若 } t \geqslant nb. \end{cases} \tag{3-2-8}$$

和

$$M(t) = \sum_{n=1}^{\infty} F_n(t)$$

$$= \sum_{n=1}^{[t/b]} \left\{1 - \sum_{k=0}^{n-1} \frac{e^{-\lambda(t-nb)}[\lambda(t-nb)]^k}{k!}\right\}, \quad t \geqslant 0. \tag{3-2-9}$$

例 3-2-2（指数分布的混合） 设 $T_n (n = 1, 2, \cdots)$ 的共同分布密度是

$$f(t) = p\lambda e^{-\lambda t} + (1-p)\mu e^{-\mu t},$$

$$0 \leqslant p \leqslant 1, \ \lambda > \mu > 0. \tag{3-2-10}$$

这样的模型可以用来描述有两类部件的系统,其中 $100\,p\%$ 的部件较易损坏,即有较高的故障率 λ. 其余 $100\,(1-p)\%$ 的部件则有较低的故障率 μ. 易知 $f(t)$ 的拉氏变换是

$$\tilde{f}(s)=\frac{p\lambda}{s+\lambda}+\frac{(1-p)\mu}{s+\mu}. \qquad (3\text{-}2\text{-}11)$$

故由(3-2-4)式可算出 $M(t)$ 的拉氏变换是

$$\widetilde{M}(s)=\frac{\lambda\mu+s[p\lambda+(1-p)\mu]}{s^2[s+(1-p)\lambda+p\mu]}. \qquad (3\text{-}2\text{-}12)$$

记 $a=p\lambda+(1-p)\mu$ 和 $b=(1-p)\lambda+p\mu$，则 $\widetilde{M}(s)$ 可写成

$$\begin{aligned}\widetilde{M}(s)&=\frac{as+\lambda\mu}{s^2(s+b)}\\&=\frac{a}{s(s+b)}+\frac{\lambda\mu}{s^2(s+b)}\\&=\frac{a}{b}\left\{\frac{1}{s}-\frac{1}{s+b}\right\}+\frac{\lambda\mu}{b}\left\{\frac{1}{s^2}-\left[\frac{1}{s}-\frac{1}{s+b}\right]\Big/b\right\}.\end{aligned}$$

对上式求拉氏逆变换得

$$\begin{aligned}M(t)&=\frac{a}{b}(1-e^{-bt})+\frac{\lambda\mu}{b}\left\{t-\frac{1-e^{-bt}}{b}\right\}\\&=\lambda\mu t/b+c(1-e^{-bt}), \qquad (3\text{-}2\text{-}13)\end{aligned}$$

其中 $c=(ab-\lambda\mu)/b^2=p(1-p)(\lambda-\mu)^2/b^2\geqslant 0$. 当 p 等于 1 或 0 时，T_n 的分布简单地是参数为 λ 或 μ 的指数分布，这时 $c=0$，从而 $M(t)$ 等于 λt 或 μt.

§3-3 瞬时更新过程和常返更新过程

设更新过程 $N=\{N_t, t\geqslant 0\}$ 的点间间距 $T_1, T_2, \cdots$ 的共同分布函数是 F.

定义 3-3-1 更新过程 N 称做常返的，如果以概率 1 有 $T_n<\infty$；否则称做瞬时的. 过程 N 称做周期的，如果它的更新区间长度 T_n 是一格子随机变量，这就是说存在正数 δ，使得 T_n 以概率 1 只取 δ 的非负整数倍值 $\{0,\delta,2\delta,\cdots\}$，即有 $\sum_{k=0}^{\infty}P(T_n=k\delta)=$

1. 我们把具有这种性质的数 δ 中的最大者称做随机变量 T_n 和更新过程 N 的**周期**. 当随机变量 T_n 是格子随机变量时，它的分布函数 F 也称做**格子分布**.

如果不存在具有上述性质的正数 δ，更新过程 N 就称做**非周期的**.

易见当且仅当更新区间长度 T_n 的分布函数 F 是完全的（又称真正的），即 $F(\infty)=\lim\limits_{t\to\infty}F(t)=1$ 时对应的更新过程 N 是常返的. 换言之，当且仅当分布函数 F 是不完全的（又称有缺陷的或假的），即 $F(\infty)<1$ 时对应的更新过程 N 是瞬时的.

因为 N_t 是 t 的不减函数，故极限 $N_\infty\equiv\lim\limits_{t\to\infty}N_t$ 恒存在（可能等于∞），它表示过程 N 的总更新数.

定理 3-3-1 设 N 是常返的更新过程，则以概率 1 有

$$N_\infty=\infty. \tag{3-3-1}$$

证明 由过程的常返性知对任意 $n\geqslant 1$ 有 $P(T_n=\infty)=0$，故

$$P(N_\infty<\infty)=P\left(\bigcup_{n=1}^{\infty}\{T_n=\infty\}\right)$$

$$\leqslant\sum_{n=1}^{\infty}P(T_n=\infty)=0. \qquad ■$$

基于上面的定理和 N_t 的单调性立得

推论 3-3-1 对于常返的更新过程 N 有

$$M(\infty)\equiv\lim_{t\to\infty}M(t)=\infty. \tag{3-3-2}$$

下面的定理进一步指出当 $t\to\infty$ 时 N_t 趋于∞的速率.

定理 3-3-2 对于常返的更新过程 N 以概率 1 有

$$\lim_{t\to\infty}N_t/t=1/\mu, \tag{3-3-3}$$

式中 $\mu=ET_n$ 是更新区间的平均长度.

证明 令 S_{N_t} 表示区间 $(0,t]$ 中最后一次更新时间，S_{N_t+1} 表示在时刻 t 后第一次更新时间. 显然有 $S_{N_t}\leqslant t<S_{N_t+1}$. 于是，若 $N_t>0$，则有

$$S_{N_t}/N_t \leqslant t/N_t < S_{N_t+1}/N_t. \tag{3-3-4}$$

令 $t \to \infty$，由定理 3-3-1 知以概率 1 有 $N_t \to \infty$. 因为 S_{N_t}/N_t 是前 N_t 个更新区间的平均长度，故由强大数定律知当 $t \to \infty$ 时以概率 1 有

$$S_{N_t}/N_t \to \mu. \tag{3-3-5}$$

类似地又可证明以概率 1 有

$$S_{N_t+1}/N_t = [S_{N_t+1}/(N_t+1)][(N_t+1)/N_t] \to \mu. \tag{3-3-6}$$

联合(3-3-4)—(3-3-6)式即得欲证的结论. ■

这定理表明当 $t \to \infty$ 时过程 N 在区间 $(0,t]$ 的平均更新数以概率 1 趋于 $1/\mu$——过程的**更新率**.

下面简单讨论瞬时更新过程的性质. 设 N 是瞬时更新过程，T_n 是它的更新区间长度，则 $P(T_n = \infty) = 1 - F(\infty) > 0$. 故对任意正整数 k

$$\begin{aligned} &P(S_{k-1} < \infty, S_k = S_{k+1} = \cdots = \infty) \\ &= P(T_1 < \infty, \cdots, T_{k-1} < \infty; T_k = \infty) \\ &= F(\infty)^{k-1}(1 - F(\infty)). \end{aligned} \tag{3-3-7}$$

因为 N_∞ 是在$(0,\infty)$中的更新总数，所以 (3-3-7) 式给出的也就是事件 $(N_\infty = k-1)$ 的概率，这表明随机变量 N_∞ 有参数为 $1-F(\infty)$的非负值几何分布，它以概率 1 取有限值，而且数学期望是

$$\begin{aligned} M(\infty) &= EN_\infty \\ &= F(\infty)/(1 - F(\infty)) < \infty. \end{aligned} \tag{3-3-8}$$

将这些结果与定理 3-3-1 及其推论相比较，我们可以看出当 $t \to \infty$时，常返和瞬时更新过程对应的 N_t 和 $M(t)$ 的极限性质是截然不同的.

下面仍然假设过程 N 是瞬时的. 令

$$L = \sup\{S_n : S_n < \infty\}, \tag{3-3-9}$$

即 L 是最后一次更新的时间，有人把 L 称做更新过程 N 的寿命. 易见 $L = S_{N_\infty} < \infty$. 下面的定理给出随机变量 L 的概率分布.

定理 3-3-3 设 N 是瞬时更新过程，则 N 的寿命 L 的概率分

布是

$$P(L \leqslant t)=(1-F(\infty))U(t),\quad t \geqslant 0, \tag{3-3-10}$$

其中 $U(t)=\sum_{n=0}^{\infty} F_n(t)=1+M(t)$ 对 $t \geqslant 0$.

证明 令 $G(t)=P(L>t)$. 对任意固定的 $t \geqslant 0$, 当给定 $\infty>S_1>t$ 时显有

$$P(L>t \mid S_1)=1. \tag{3-3-11}$$

另一方面, 若事件 $\{S_1 \leqslant t\}$ 发生, 则寿命 L 等于 S_1 和更新过程 $\tilde{N}=\{\tilde{N}_t, t \geqslant 0\}$ 的寿命 $\tilde{L}$ 之和, 这里过程 $\tilde{N}$ 的更新时间序列由 $\tilde{S}_n=S_{n+1}-S_1$ $(n=0,1,2,\cdots)$ 给出. 由更新过程的性质易知过程 $\tilde{N}$ 和 N 除了起点不一样外, 它们的概率分布规律是完全一样的. 因此, 在 $\{S_1 \leqslant t\}$ 上有

$$P(L>t \mid S_1)=G(t-S_1). \tag{3-3-12}$$

于是, 由条件概率的性质得

$$\begin{aligned}
G(t) &= E[P(L>t \mid S_1)] \\
&= \int_{t<s<\infty} P(L>t \mid S_1=s) dF(s) \\
&\quad + \int_{s \leqslant t} P(L>t \mid S_1=s) dF(s) \\
&= P(t<S_1<\infty)+\int_{s \leqslant t} G(t-s) dF(s) \\
&= F(\infty)-F(t)+\int_{s \leqslant t} G(t-s) dF(s).
\end{aligned} \tag{3-3-13}$$

由下一节的定理 3-4-2 知这积分方程的解是

$$G(t)=\int_{s \leqslant t}[F(\infty)-F(t-s)] dU(s). \tag{3-3-14}$$

因为对于 $t \geqslant 0$ 有

$$U * F(t)=M(t)=U(t)-1,$$

故

$$\begin{aligned}
G(t) &= \int_{s \leqslant t} F(\infty) dU(s)-\int_{s \leqslant t} F(t-s) dU(s) \\
&= F(\infty) U(t)-(U(t)-1)
\end{aligned}$$

$$= 1 - [1 - F(\infty)]U(t), \qquad (3\text{-}3\text{-}15)$$

亦即

$$P(L \leqslant t) = [1 - F(\infty)]U(t). \qquad (3\text{-}3\text{-}16)$$

上述定理的证明是所谓“更新推理”的一个典型例子，这种推理在更新理论中是一种有效易行的方法，今后我们还要多次利用它.

由(3-3-8)和(3-3-10)式容易看出，寿命L以概率1是有限的. 下面求L的数学期望. 我们首先作如下的考察：若$S_1 = \infty$，则显然有$L = 0$；若$S_1 < \infty$，则L是S_1和定理3-3-3的证明中提到的更新过程$\tilde{N}$的寿命$\tilde{L}$之和，而且S_1和$\tilde{N}$是独立的. 再注意到过程N和$\tilde{N}$有相同的概率分布规律这一事实，我们可以求出

$$\begin{aligned}
E(L) &= E[LI_{\{S_1=\infty\}}] + E[LI_{\{S_1<\infty\}}] \\
&= E[S_1 I_{\{S_1<\infty\}}] + E[\tilde{L} I_{\{S_1<\infty\}}] \\
&= \int_{0\leqslant t<\infty} t\,dF(t) + E(L)E[I_{\{S_1<\infty\}}] \\
&= \int_0^{\infty} [F(\infty) - F(t)]\,dt + E(L)F(\infty).
\end{aligned}$$

从上式解出$E(L)$得

$$E(L) = \frac{1}{1 - F(\infty)}\int_0^{\infty} [F(\infty) - F(t)]\,dt. \qquad (3\text{-}3\text{-}17)$$

例 3-3-1（行人过马路的阻滞问题） 假设在例3-1-2中的公路固定点是人行横道线的位置. 若一个行人在时刻0到达这固定点并想要横过公路. 假定为了保证行人安全横过公路，需要有多于τ单位时间的空隙，亦即这行人在第一个大于τ的更新区间横过公路. 确切地说，当且仅当$T_1 \leqslant \tau, \cdots, T_n \leqslant \tau$和$T_{n+1} > \tau$时行人在$L = S_n$开始横过公路. 易见$L$是更新过程$\hat{N} = \{\hat{N}_t, t \geqslant 0\}$的寿命，这里过程$\hat{N}$的第$n$个$(n = 1, 2, \cdots)$更新区间长度$\hat{T}_n$由

$$\hat{T}_n = \begin{cases} T_n & \text{若 } T_n \leqslant \tau, \\ \infty & \text{若 } T_n > \tau \end{cases}$$

确定．若 T_n 的分布是 F，则 $\hat{T}_n$ 的分布是

$$\hat{F}(t)=\begin{cases}F(t) & 若\ t\leqslant\tau,\\ F(\tau) & 若\ t>\tau.\end{cases}$$

如果 $F(\tau)=1$，即 $P(T_n\leqslant\tau)=1$ 对所有 $n=1,2,\cdots$.这时行人的阻滞时间L以概率 1 等于∞，我们对这种平凡情形不感兴趣．现设 $F(\tau)<1$.于是更新过程 $\hat{N}$ 是瞬时的,由定理 3-3-3 知

$$\begin{aligned}P(L\leqslant t)&=(1-\hat{F}(\infty))\hat{U}(t)\\&=(1-F(\tau))\hat{U}(t),\end{aligned}\tag{3-3-18}$$

其中 $\hat{U}(t)=\sum\limits_{n=0}^{\infty}\hat{F}_n(t)$. 因此,由(3-3-17)式知平均阻滞时间是

$$E(L)=\frac{1}{1-F(\tau)}\int_0^{\tau}[F(\tau)-F(t)]\,dt.\tag{3-3-19}$$

特别地,若汽车流是一参数为 λ 的齐次泊松过程，则 $F(t)=1-e^{-\lambda t}$，$t\geqslant 0$. 这时,(3-3-19)式变成

$$E(L)=\frac{1}{\lambda}(e^{\lambda\tau}-1)-\tau.\tag{3-3-20}$$

瞬时更新过程的讨论至此告一段落．从现在开始，若无特别声明,我们均假设更新过程是常返的.

§3-4 更新方程

在§3-2 中我们引入了更新函数 $M(t)$ 这一重要概念．按照定义

$$\begin{aligned}M(t)&=\sum_{k=1}^{\infty}P(N_t\geqslant k)=\sum_{k=1}^{\infty}P(S_k\leqslant t)\\&=\sum_{k=0}^{\infty}G*F_k(t),\end{aligned}\tag{3-4-1}$$

式中G是第一个更新区间长度 T_1 的分布，F_0 是质量集中于原点的分布，即

$$F_0(t)=\begin{cases}0 & t<0,\\ 1 & t\geqslant 0.\end{cases}$$

而 $F_k(k=1,2,\cdots)$ 则是 $T_2,T_3,\cdots$的共同分布 F 的 k 重卷积.若记

$$U(t)=\sum_{k=0}^{\infty}F_k(t), \tag{3-4-2}$$

则对于普通更新过程有 $G(t)=F(t)$，这时(3-4-1)式归结为(3-2-3)式，而且有

$$F_0(t)+M(t)=U(t). \tag{3-4-3}$$

上式也可写成

$$1+M(t)=U(t),\qquad t\geqslant 0. \tag{3-4-4}$$

下面的定理表明，更新函数 $M(t)$（或 $U(t)$）满足某一积分方程，我们把这种型式的积分方程称做**更新方程**

定理 3-4-1 对于普通更新过程有

$$M(t)=F(t)+\int_0^t M(t-s)dF(s) \tag{3-4-5}$$

或

$$U(t)=1+\int_0^t U(t-s)dF(s). \tag{3-4-6}$$

对于变形更新过程有

$$M(t)=G(t)+\int_0^t M(t-s)dF(s). \tag{3-4-7}$$

证明 我们只证明（3-4-5）式，其余两个式子的证明是类似的. 按定义有

$$\begin{aligned}M(t)&=\sum_{n=1}^{\infty}F_n(t)\\&=F(t)+\sum_{n=2}^{\infty}F_{n-1}*F(t)\\&=F(t)+\left(\sum_{n=1}^{\infty}F_n\right)*F(t)\end{aligned}$$

$$= F(t) + M * F(t). \quad \blacksquare$$

更新函数除了自身满足一更新方程外，它还可以用来表示一般的更新方程

$$K(t) = H(t) + \int_0^t K(t-x)dF(x) \qquad (3\text{-}4\text{-}8)$$

的解，式中函数 $H(t)$ 和 $F(t)$ 是已知的，它们在负半轴 $t<0$ 上均等于零，而函数 $K(t)$ 则是未知的。

定理 3-4-2 更新方程(3-4-8)的唯一解是

$$K(t) = H(t) + \int_0^t H(t-x)dM(x). \qquad (3\text{-}4\text{-}9)$$

上式也可写为

$$K(t) = \int_0^t H(t-x)dU(x), \qquad (3\text{-}4\text{-}10)$$

这里 $M(t) = \sum_{n=1}^{\infty} F_n(t)$ 是分布函数 $F(t)$ 的更新函数，

$$U(t) = \sum_{n=0}^{\infty} F_n(t) = F_0(t) + M(t).$$

证明 在(3-4-8)式两边取拉氏变换并注意到当 $t<0$ 时 $H(t)=0$ 这一事实，我们得

$$\begin{aligned}
\widetilde{K}(s) &\equiv \int_0^{\infty} e^{-st}K(t)dt \\
&= \int_0^{\infty} e^{-st}H(t)dt + \int_0^{\infty} e^{-st}\int_0^{\infty} K(t-x)dF(x)dt \\
&= \int_0^{\infty} e^{-st}H(t)dt + \int_0^{\infty} e^{-s(x+u)}\int_0^{\infty} K(u)dF(x)du \\
&= \widetilde{H}(s) + \widetilde{K}(s)\tilde{f}(s).
\end{aligned}$$

注意上式中的 $\widetilde{K}$ 和 $\widetilde{H}$ 分别是函数 K 和 H 的拉氏变换，而 $\tilde{f}(s) = \int_0^{\infty} e^{-st}dF(t)$ 是分布函数 F 的 L-S 变换，当 F 有密度函数 f 时 $\tilde{f}$ 正是函数 f 的拉氏变换. 由上式解出 $\widetilde{K}$ 得

$$\begin{aligned}\tilde{K}(s) &= \frac{\tilde{H}(s)}{1-\tilde{F}(s)} \\ &= \tilde{H}(s)\left[1+\frac{\tilde{F}(s)}{1-\tilde{F}(s)}\right] \\ &= \tilde{H}(s)[1+M^*(s)].\end{aligned}$$

式中 $M^*(t)=\dfrac{\tilde{F}(s)}{1-\tilde{F}(s)}$ 是单调函数 $M(t)$ 的 L-S 变换.我们把上式写为

$$\begin{aligned}&\int_0^\infty e^{-st}K(t)dt \\ &\quad= \int_0^\infty e^{-st}H(t)dt+\int_0^\infty e^{-su}H(u)du\int_0^\infty e^{-sx}dM(x) \\ &\quad= \int_0^\infty e^{-st}H(t)dt+\int_0^\infty e^{-s(u+x)}\int_0^\infty H(u)dM(x)du \\ &\quad= \int_0^\infty e^{-st}H(t)dt+\int_0^\infty e^{-st}\left[\int_0^t H(t-x)dM(x)\right]dt,\end{aligned}$$

对上式两端求拉氏逆变换即得

$$K(t)=H(t)+\int_0^t H(t-x)dM(x).$$

解的唯一性由拉氏逆变换的唯一性推知. ■

易见定理 3-4-2 要求在上面的证明中出现的拉氏变换存在,这一要求在实际应用中常常是容易被确认满足的. 但是,如果我们一时对此难以作出判断时则可应用如下的同类定理.

定理 3-4-3 若函数 $H(t)$ 在有限区间有界,则(3-4-9)式给出更新方程(3-4-8)的唯一在有限区间有界的解.

证明 函数 $U(t)$ 显然是不减的. 又由假设 $H(t)$ 在有限区间有界知 $\int_0^t H(t-s)dU(s)$ 有意义. 注意到 $H(t)$ 在负半轴上等于 0 即有

$$\begin{aligned}K(t) &= \int_0^t H(t-x)dU(x) \\ &= \int_0^\infty H(t-x)dU(x)\end{aligned}$$

$$
\begin{aligned}
&= \int_0^\infty H(t-x)d\left[\sum_{n=0}^{\infty} F_n(x)\right] \\
&= \int_0^\infty H(t-x)dF_0(x) + \int_0^\infty H(t-x)d\left[\sum_{n=1}^{\infty} F_n(x)\right] \\
&= H(t) + \int_0^\infty H(t-x)d[F * U(x)] \\
&= H(t) + \int_0^\infty H(t-x)\int_0^\infty dF(x-y)dU(y) \\
&= H(t) + \int_0^\infty H(t-y-z)\int_0^\infty dF(z)dU(y) \\
&= H(t) + \int_0^\infty\left[\int_0^\infty H(t-z-y)dU(y)\right]dF(z) \\
&= H(t) + \int_0^t\left[\int_0^{t-z} H(t-z-y)dU(y)\right]dF(z) \\
&= H(t) + \int_0^t K(t-z)dF(z).
\end{aligned}
$$

这就证明了由(3-4-9)式给出的 $K(t)$ 确是方程(3-4-8)的解．下证解的唯一性．设 $K_1(t)$ 是方程(3-4-8)的另一个在有限区间有界的解．令 $J(t)=K(t)-K_1(t)$，于是有$J(t)=\int_0^t J(t-x)dF(x)$ $=J*F(t)$．将这式子两端再和F求卷积得 $J(t)=J*F(t)=(J*F)*F(t)=J*F_2(t)$．利用归纳法易证对所有正整数 n，等式$J(t)=J*F_n(t)$成立．因为对任意实数 t 有 $\sum_{n=0}^{\infty}F_n(t)<\infty$，故当 $n\to\infty$时必有 $F_n(t)\to 0$．又由 $J(t)$ 在有限区间的有界性得

$$
\begin{aligned}
J(t) &= \int_0^t J(t-x)dF_n(x) \leqslant K\int_0^t dF_n(x) \\
&= K\cdot F_n(t)\to 0, \qquad \text{当 } n\to\infty,
\end{aligned}
$$

式中K是 $J(\cdot)$在$[0,t]$上的界．因此推知 $J(t)\equiv 0$，即 $K(t)\equiv K_1(t)$． ■

§3-5 更新定理

在第二章我们已经知道，若 $\{N_t, t \geqslant 0\}$ 是强度为 λ 的齐次泊松过程，其点间间距 T_n 有参数为 λ 的指数分布，对应的更新函数 $M(t) = EN_t = \lambda t$（在那里我们称 $M(t)$ 为累积强度函数并记为 $\Lambda(t)$）。于是有

$$M(t)/t = \lambda = 1/ET_n.$$

人们自然有兴趣于知道具有任意点间间距分布 F 的更新过程是否仍保有这种性质．Feller 的初等更新定理就 $t \to \infty$ 的极限情形对这一问题给出肯定的回答．为了证明这一定理，我们先给出一个推广形式的 Wald 公式．

定义 4-5-1 正整数值随机变量 K 称做关于随机变量序列 $X_1, X_2, \cdots, X_k, \cdots$ 的**停时**，如果对任意正整数 $k = 1, 2, \cdots$，事件 $\{K = k\}$ 独立于 $X_{k+1}, X_{k+2}, \cdots$.

易见若 K 是独立于序列 $\{X_k\}$ 的正整数值随机变量，则它必是关于 $\{X_k\}$ 的停时．

定理 3-5-1 设 $X_1, X_2, \cdots$ 是相互独立且有相同期望 EX 的随机变量，K 是关于这一序列的停时．若 $EK < \infty$，则

$$E\left[\sum_{k=1}^{K} X_k\right] = EK \cdot EX. \qquad (3\text{-}5\text{-}1)$$

证明 令

$$Z_k = \begin{cases} 1 & \text{若 } K \geqslant k, \\ 0 & \text{若 } K < k, \end{cases}$$

则

$$\sum_{k=1}^{K} X_k = \sum_{k=1}^{\infty} X_k Z_k,$$

故

$$E\left[\sum_{k=1}^{K} X_k\right] = E\left[\sum_{k=1}^{\infty} X_k Z_k\right] = \sum_{k=1}^{\infty} E[X_k Z_k].$$

按 Z_k 的定义知 Z_k 由 $\{K<k\}$ 确定，因而由停时的定义知它独立于 X_k，故有

$$E\left[\sum_{k=1}^{K} X_k\right]=\sum_{k=1}^{\infty} EX_k EZ_k=EX\sum_{k=1}^{\infty} EZ_k$$

$$=EX\sum_{k=1}^{\infty} P(K\geqslant k)=EX\cdot EK. \qquad \blacksquare$$

应当指出,定理的证明中交换求和与积分的次序是合法的.因为若将其中的 X_k 用 $|X_k|$ 代替,则所得的级数是非负项的，这时当然可交换运算次序．余下只须应用控制收敛定理．其次，定理的条件 $EK<\infty$ 是不可少的．例如,若 $X_k(k=1,2,\cdots)$ 有分布 $P(X_k=-1)=P(X_k=1)=1/2$，停时 $K=\min\{k:X_1+\cdots+X_k=1\}$（因为 $\{K=k\}=\{X_1+\cdots+X_j\neq 1$对 $j\leqslant k-1;X_1+\cdots+X_k=1\}$ 与 $X_{k+1},X_{k+2},\cdots$无关,故K确是关于 $\{X_k\}$ 的停时)．这时显有 $X_1+\cdots+X_K=1$ 和 $EX=0$，故(3-5-1)式不成立,其原因就是这时有 $EK=\infty$.

设 $\{N_t,t\geqslant 0\}$ 是一普通更新过程．对于任意固定的 $t>0$，它的第 N_t+1 次更新时间可表为 $S_{N_t+1}=\sum_{i=1}^{N_t+1}T_i$．因为对任意正整数 n,

$$\{N_t+1=n\}=\{N_t=n-1\}=\left\{\sum_{i=1}^{n-1}T_i\leqslant t,\sum_{i=1}^{n}T_i>t\right\},$$

即 N_t+1 是关于 $\{T_n\}$ 的停时,故由定理 3-5-1 立得

引理 3-5-1 若 $\mu=ET_n<\infty$，则

$$ES_{N_t+1}=ET_n\cdot E(N_t+1)=\mu[M(t)+1]. \qquad (3\text{-}5\text{-}2)$$

因为恒有 $S_{N_t+1}>t$，从而有 $ES_{N_t+1}>t$，故由(3-5-2)式又可马上推出

引理 3-5-2 若 $\mu=ET_n<\infty$，则

$$M(t)>\frac{t}{\mu}-1.$$

定理 3-5-2（初等更新定理）

$$\frac{M(t)}{t} \to \frac{1}{\mu}, \qquad \text{当 } t \to \infty. \tag{3-5-3}$$

若 $\mu = \infty$，则 $1/\mu$ 理解为0.

证明 首先设 $\mu < \infty$. 由引理 3-5-2 知

$$\mu[M(t) + 1] > t,$$

由此推得

$$\liminf_{t \to \infty} \frac{M(t)}{t} \geqslant \frac{1}{\mu}. \tag{3-5-4}$$

另一方面，对任意固定的正数M，我们定义一个新的更新过程，它的更新区间序列 $\{\hat{T}_n\}$ 由

$$\hat{T}_n = \begin{cases} T_n & \text{若 } T_n \leqslant M, \\ M & \text{若 } T_n > M \end{cases} \tag{3-5-5}$$

确定. 于是，新过程的更新时间和计数分别由

$$\hat{S}_n = \sum_{i=1}^{n} \hat{T}_n \qquad \text{和} \qquad \hat{N}_t = \sup\{n: \hat{S}_n \leqslant t\}$$

给出. 这过程的更新区间长度 $\leqslant M$，因而有

$$\hat{S}_{N_t+1} \leqslant t + M.$$

令 $\mu_M = E\hat{T}_n$，则由引理 3-5-1 和上式推知

$$\mu_M[\hat{M}(t) + 1] \leqslant t + M,$$

从而有

$$\limsup_{t \to \infty} \frac{\hat{M}(t)}{t} \leqslant \frac{1}{\mu_M}. \tag{3-5-6}$$

由 $\hat{T}_n$ 的定义易见对所有 $n \geqslant 1$ 均有 $\hat{T}_n \leqslant T_n$，故$\hat{S}_n \leqslant S_n$. 由此又可推出 $\hat{N}_t \geqslant N_t$ 和 $\hat{M}(t) \geqslant M(t)$. 再根据 (3-5-6) 式即得

$$\limsup_{t \to \infty} \frac{M(t)}{t} \leqslant \frac{1}{\mu_M}. \tag{3-5-7}$$

当$M \to \infty$时 $\mu_M \to \mu$，故由上式立得

$$\limsup_{t \to \infty} \frac{M(t)}{t} \leqslant \frac{1}{\mu}. \tag{3-5-8}$$

联合(3-5-4)和(3-5-8)式即(3-5-3)式.

当 $\mu = \infty$时我们再次考虑由(3-5-5)式定义的截尾过程. 这

时(3-5-7)式仍成立。因为$M \to \infty$时 $\mu_M \to \mu = \infty$，于是有

$$0 \leqslant \limsup_{t \to \infty} \frac{M(t)}{t} \leqslant 0,$$

即当 $t \to \infty$时$M(t)/t \to 0$. ■

在给出另外两个更新定理之前，我们介绍一个与 N_t 的分布或数字特征的极限性质有关的定理. 这定理的第一部分给出 $M(t) - \frac{t}{\mu}$ 的估计,它在 $\mathrm{Var}T_n$ 存在的附加假设下使定理 3-5-2 中关于 $M(t) \to t/\mu$ (当 $t \to \infty$时)的论断更加精确;定理的第二部分则给出比值 $\mathrm{Var}N_t/t$ 的极限,它把定理 3-5-2 中关于一阶矩 $M(t) = EN_t$ 的论断推广到二阶矩的情形；定理的最后一部分断言当 $t \to \infty$时 N_t 有渐近正态分布，这是一个关于更新过程的中心极限定理.

定理 3-5-3 设 $\mu = ET_n$ 和 $\sigma^2 = \mathrm{Var}T_n$ 均为有限,则下列论断成立.

(1)
$$\lim_{t \to \infty}\left(M(t) - \frac{t}{\mu}\right) = \frac{\sigma^2 - \mu^2}{2\mu^2}. \tag{3-5-9}$$

(2)
$$\lim_{t \to \infty} \frac{\mathrm{Var}N_t}{t} = \frac{\sigma^2}{\mu^3}. \tag{3-5-10}$$

(3) 对任意实数 x 有

$$\lim_{t \to \infty} P\left\{\frac{N_t - (t/\mu)}{\sqrt{t\sigma^2/\mu^3}} \leqslant x\right\} = \frac{1}{\sqrt{2\pi}}\int_{-\infty}^{x} e^{-y^2/2} dy. \tag{3-5-11}$$

这就是说,当 $t \to \infty$时 N_t 有渐近正态分布 $N(t/\mu, t\sigma^2/\mu^3)$.

证明 (1) 我们利用拉氏变换. 若 $F(t)$ 有密度函数 $F'(t) = f(t)$，如通常那样令

$$\tilde{F}(s) = \int_0^{\infty} F(t) e^{-st} dt \tag{3-5-12}$$

和

$$\tilde{f}(s) = \int_0^{\infty} f(t) e^{-st} dt, \tag{3-5-13}$$

则有

$$\tilde{F}(s)=\tilde{f}(s)/s. \tag{3-5-14}$$

又由归纳法易证

$$[F_n(t)]'=f_n(t), \tag{3-5-15}$$

这里 $f_n(t)=\int_0^t f_{n-1}(t-\tau)f(\tau)d\tau$ 是 $f(t)$ 的 n 重卷积. 基于(3-5-14)、(3-5-15)和卷积的性质容易证明

$$\tilde{F}_n(s)=\tilde{f}_n(s)/s=[\tilde{f}(s)]^n/s. \tag{3-5-16}$$

将 $\tilde{f}(s)$ 在 0 点附近展开有

$$\begin{aligned}\tilde{f}(s)&=\int_0^\infty e^{-st}f(t)dt\\&=\int_0^\infty\left[1-st+\frac{1}{2}(st)^2+o(st)^2\right]f(t)dt\\&=1-s\mu+\frac{s^2}{2}(\mu^2+\sigma^2)+o(s^2),\end{aligned} \tag{3-5-17}$$

因而

$$\begin{aligned}\tilde{M}(s)&=\sum_{n=1}^\infty\tilde{F}_n(s)\\&=\frac{1}{s}\sum_{n=1}^\infty[\tilde{f}(s)]^n\\&=\tilde{f}(s)/s[1-\tilde{f}(s)]\\&=\frac{1-s\mu+s^2(\mu^2+\sigma^2)/2+o(s^2)}{s[s\mu-s^2(\mu^2+\sigma^2)/2+o(s^2)]}\\&=\frac{1-s\mu+s^2(\mu^2+\sigma^2)/2+o(s^2)}{s^2\mu[1-s(\mu^2+\sigma^2)/2\mu+o(s^2)]}\\&=[1-s\mu+s^2(\mu^2+\sigma^2)/2+o(s^2)]\\&\quad\times[1+s(\mu^2+\sigma^2)/2+o(s)]/s^2\mu\\&=[1+s(\mu^2+\sigma^2)/2\mu-s\mu+o(s)]/s^2\mu\\&=1/s^2\mu+(\sigma^2-\mu^2)/2\mu^2s+o(1/s),\end{aligned}$$

取拉氏逆变换得

$$M(t)=t/\mu+(\sigma^2-\mu^2)/2\mu^2+o(1). \qquad (3\text{-}5\text{-}18)$$

(2)
$$M_2(t)=E(N_t^2)=\sum_{n=1}^{\infty}n^2P(N_t=n)$$
$$=\sum_{n=1}^{\infty}n^2[F_n(t)-F_{n+1}(t)]$$
$$=\sum_{n=1}^{\infty}[n^2-(n-1)^2]F_n(t)$$
$$=\sum_{n=1}^{\infty}(2n-1)F_n(t),$$

在上式两边取拉氏变换得

$$\widetilde{M}_2(s)=\sum_{n=1}^{\infty}(2n-1)\widetilde{F}_n(s)$$
$$=\sum_{n=1}^{\infty}\frac{(2n-1)}{s}[\tilde{f}(s)]^n$$
$$=\frac{1}{s}\frac{\tilde{f}(s)[1+\tilde{f}(s)]}{[1-\tilde{f}(s)]^2}.$$

将 $\tilde{f}(s)$ 的表示式(3-5-17)代入上式得

$$\widetilde{M}_2(s)=2/s^3\mu^2-1/s^2\mu+2\sigma^2/s^2\mu^3+O(1/s),$$

取拉氏逆变换得

$$M_2(t)=t^2/\mu^2-t/\mu+2\sigma^2t/\mu^3+O(1). \qquad (3\text{-}5\text{-}19)$$

联合(3-5-18)和(3-5-19)式当 t 变得很大时得

$$\frac{\mathrm{Var}N_t}{t}=\frac{M_2(t)-[M(t)]^2}{t}$$
$$=\left[\frac{t}{\mu^2}-\frac{1}{\mu}+\frac{2\sigma^2}{\mu^3}+o(1)\right]$$
$$-\left[\frac{t}{\mu^2}+\frac{\sigma^2-\mu^2}{\mu^3}+o(1)\right]=\frac{\sigma^2}{\mu^3}+o(1),$$

令 $t\to\infty$ 就马上得到欲证的结论。

(3) 记

$$\Phi(x)=\frac{1}{\sqrt{2\pi}}\int_{-\infty}^{x}e^{-y^2/2}dy.$$

对于任意给定的实数 x，以 r_t 表示 $\frac{t}{\mu}+x\sqrt{\frac{t\sigma^2}{\mu^3}}$ 的整数部分，于是有表示式

$$r_t=t/\mu+x\sqrt{\frac{t\sigma^2}{\mu^3}}-\theta,\tag{3-5-20}$$

其中 $0\leqslant\theta<1$. 我们计算

$$\begin{aligned}P(S_{r_t}\geqslant t)&=P\left(\frac{S_{r_t}-r_t\mu}{\sigma\sqrt{r_t}}\geqslant\frac{t-r_t\mu}{\sigma\sqrt{r_t}}\right)\\&=P\left(\frac{S_{r_t}-r_t\mu}{\sigma\sqrt{r_t}}\geqslant\frac{t-\mu\left(\frac{t}{\mu}+x\sqrt{\frac{t\sigma^2}{\mu^3}}-\theta\right)}{\sigma\sqrt{r_t}}\right)\\&=P\left(\frac{S_{r_t}-r_t\mu}{\sigma\sqrt{r_t}}\geqslant\frac{-x\sqrt{\frac{t\sigma^2}{\mu}}+\mu\theta}{\sigma\sqrt{r_t}}\right),\end{aligned}\tag{3-5-21}$$

又当 $t\to\infty$时有 $\mu\theta/\sigma\sqrt{r_t}\to0$ 和

$$\frac{r_t}{t/\mu}=\frac{t/\mu+x\sqrt{t\sigma^2/\mu^3}-\theta}{t/\mu}\to1.$$

因为 $S_{r_t}=T_1+\cdots+T_{r_t}$ 是 r_t 个方差有限的独立同分布随机变量之和，故由中心极限定理知当 $t\to\infty$时

$$P(N_t\leqslant r_t)=P(S_{r_t}\geqslant t)\to1-\Phi(-x)=\Phi(x).\tag{3-5-22}$$

另一方面，

$$\begin{aligned}P(N_t\leqslant r_t)&=P\left(\frac{N_t-t/\mu}{\sqrt{t\sigma^2/\mu^3}}\leqslant\frac{r_t-t/\mu}{\sqrt{t\sigma^2/\mu^3}}\right)\\&=P\left(\frac{N_t-t/\mu}{\sqrt{t\sigma^2/\mu^3}}\leqslant\frac{x\sqrt{t\sigma^2/\mu^3}-\theta}{\sqrt{t\sigma^2/\mu^3}}\right)\\&\approx P\left(\frac{N_t-t/\mu}{\sqrt{t\sigma^2/\mu^3}}\leqslant x\right),\text{当 } t \text{ 很大时}.\end{aligned}\tag{3-5-23}$$

联合(3-5-22)和(3-5-23)式就得到我们需要的论断. ■

现在介绍两个较初等更新定理更为深刻和有用的同类结果，我们把它们分别称做 Blackwell 更新定理和 Smith 关键更新定理．下面仍设 $N=\{N_t;t\geqslant 0\}$ 是普通更新过程，它的更新区间长度 $T_n(n=1,2,\cdots)$ 的共同分布是 F，其数学期望是 μ。

定理 3-5-4 (Blackwell 更新定理)

(1) 若 F 是非格子分布，则对任意 $a\geqslant 0$ 有

$$M(t+a)-M(t)\to a/\mu,\ 当\ t\to\infty. \tag{3-5-24}$$

(2) 若 F 是格子分布，其周期是 d，则

$$E\,(在\ nd\ 的更新次数)\to d/\mu,\ 当\ n\to\infty. \tag{3-5-25}$$

若 $\mu=\infty$，则上面的式子中的 $1/\mu$ 应理解为 0。

当 $P(T_n=0)=0$ 时，则在 nd 以概率 1 最多只能有一次更新，故在 nd 的更新期望次数就是在 nd 发生更新的概率，故(3-5-25)式也可写成

$$P\,(在\ nd\ 发生更新)\to d/\mu,\ 当\ n\to\infty. \tag{3-5-26}$$

这定理断言，若 F 是非格子分布，则在远离原点的长度为 a 的区间中的更新期望次数渐近地等于 a/μ。从直观上看这是有道理的．因为当区间逐渐远离原点时，过程开始时的状态对这区间中更新的发生所起的影响应该逐渐减弱，从而极限 $\lim\limits_{t\to\infty}[M(t+a)-M(t)]$ 应当存在，我们把这极限记为 $g(a)$．另一方面，如果这极限确实存在，则由前面的初等更新定理知它必须等于 a/μ。事实上，我们有

$$\begin{aligned}g(a+b)&=\lim_{t\to\infty}[M(t+a+b)-M(t)]\\&=\lim_{t\to\infty}[M(t+a+b)-M(t+a)\\&\qquad+M(t+a)-M(t)]\\&=g(a)+g(b).\end{aligned}$$

函数 $g(\cdot)$ 显然是非负的，故由附录三知它必具有如下形式：

$$g(a)=ca(a>0),$$

其中 c 是某一常数．下面证 $c=1/\mu$。我们定义

$$b_n=M(n)-M(n-1),\ 对\ n=1,2,\cdots,$$

于是有 $\lim\limits_{n\to\infty} b_n = c$. 故由数列极限性质知

$$\lim_{n\to\infty} M(n)/n = \lim_{n\to\infty}(b_1 + \cdots + b_n)/n = c.$$

由初等更新定理知应有 $c = 1/\mu$.

当 F 是格子分布时，(3-5-24)式中的极限显然不存在。设 d 是这分布的周期，则更新只能在 d 的整数倍处发生. 因此，与其说在一个区间中的更新期望次数依赖于这区间的长度，倒不如说它依赖于这区间包含多少个形如 $nd(n \geqslant 1)$ 的点. 所以，这时我们关心的极限应是在 nd 的更新期望次数当 $n\to\infty$ 时的极限.

易见初等更新定理可以看作 Blackwell 更新定理的一种特殊情形. 事实上，令 $b_n = M(n) - M(n-1)$. 当 F 是非格子分布时，由 Blackwell 定理知当 $n\to\infty$ 时 $b_n \to 1/\mu$，从而 $M(n)/n = (b_1 + \cdots + b_n)/n$ 也趋于 $1/\mu$. 又因为对任意实数 t 有

$$\frac{[t]}{t}\,\frac{M([t])}{[t]} \leqslant \frac{M(t)}{t} \leqslant \frac{[t]+1}{t}\,\frac{M([t]+1)}{[t]+1}.$$

由此即得初等更新定理的论断. 当 F 是格子分布时，我们可类似地从(3-5-25)式出发推出欲证的结论.

定理 3-5-5 (Smith 关键更新定理) 设 T_n 是非格子的. 又设 $h(t)$ 是变元 $t(\geqslant 0)$ 的非负不增函数，而且

$$\int_0^\infty h(t)\,dt < \infty,$$

则当 $t\to\infty$ 时

$$\int_0^t h(t-x)\,dM(x) \to \frac{1}{\mu}\int_0^\infty h(t)\,dt. \qquad (3\text{-}5\text{-}27)$$

定理 3-5-4 和定理 3-5-5 实质上是等价的. 容易看出，如果在关键更新定理中取

$$h(t) = \begin{cases} 1/a & \text{若 } 0 < t \leqslant a, \\ 0 & \text{其它情形}. \end{cases}$$

则(3-5-27)式左端的积分变成

$$\int_0^t h(t-x)\,dM(x) = \frac{1}{a}[M(t) - M(t-a)],$$

右端则是

$$\frac{1}{\mu}\int_0^\infty h(t)dt = 1/\mu.$$

于是我们就得 Blackwell 更新定理中的论断(3-5-24)式。

相反方向的蕴涵关系将在§3-6中给出．但是，在这里我们先作如下的观察(不是证明)，使读者起码从直觉上对这一相反蕴涵关系有所认识．由 Blackwell 更新定理知对任意 $a>0$ 有

$$\lim_{t\to\infty}\frac{M(t+a)-M(t)}{a}=\frac{1}{\mu},$$

故当 $a\to 0$ 时也应有

$$\lim_{a\to 0}\lim_{t\to\infty}\frac{M(t+a)-M(t)}{a}=\frac{1}{\mu}.$$

如果交换极限次序是合法的话,我们就得到

$$\lim_{t\to\infty}\frac{dM(t)}{dt}=\frac{1}{\mu},$$

这是关键更新定理的一种表达方式．事实上，上式蕴涵对于大的 t 值有 $dM(t)/dt\sim 1/\mu$，亦即 $dM(t)\sim dt/\mu$．另一方面,因为积分 $\int_0^\infty h(x)dx$ 有限,故当 $t\to\infty$时 $h(t)$ 必须相当快地趋于零,从而 $\int_0^t h(t-x)dM(x)$ 的值主要由积分区间 $(0,t)$ 中那些相对大的 x 值(亦即 $t-x$ 相对地小)决定．因此，当 t 变得很大时可以写

$$\int_0^t h(t-x)dM(x)\approx\int_0^t h(t-x)\frac{dx}{\mu}$$

$$=\frac{1}{\mu}\int_0^t h(x)dx.$$

这就是 Smith 关键更新定理．

关键更新定理是更新理论的一个很重要和有用的结果，这也正是人们在这定理的名称中加上“关键”二字的原因．当我们想要计算在时刻 t 联系于更新过程的某事件的概率或某随机变量的数

学期望 $g(t)$ 的极限值（$t\to\infty$）时，常常使用如下的"更新推理"技巧：首先通过对在时刻 t 前最后一次更新发生时间的条件化推出一个有如下形式的方程

$$g(t)=h(t)+\int_0^t h(t-x)dM(x),$$

然后利用关键更新定理求出极限值 $\lim\limits_{t\to\infty} g(t)$.

为了应用上述技巧，我们要利用更新过程在时刻 t 前最后一次更新时间 S_{N_t} 的分布. 下面的引理给出我们需要的结果.

引理 3-5-3 设更新过程 $\{N_t,t\geqslant 0\}$ 的更新区间长度有分布函数 F，$M(t)=EN_t$ 是更新函数，则对任意 $t\geqslant s\geqslant 0$，S_{N_t} 的分布由下式给出.

$$P(S_{N_t}\leqslant s)=\bar{F}(t)+\int_0^s \bar{F}(t-y)dM(y), \qquad (3\text{-}5\text{-}28)$$

式中 $\bar{F}(t)=1-F(t)$ 是存活函数.

证明

$$\begin{aligned}P(S_{N_t}\leqslant s)&=\sum_{n=0}^{\infty}P(S_n\leqslant s,S_{n+1}>t)\\&=P(S_1>t)+\sum_{n=1}^{\infty}P(S_n\leqslant s,S_{n+1}>t)\\&=\bar{F}(t)+\sum_{n=1}^{\infty}\int_0^s P(S_n\leqslant s,S_{n+1}>t|S_n=y)dF_n(y)\\&=\bar{F}(t)+\sum_{n=1}^{\infty}\int_0^s \bar{F}(t-y)dF_n(y)\\&=\bar{F}(t)+\int_0^s \bar{F}(t-y)dM(y).\end{aligned}$$

上面的推演过程中交换求和与积分的次序是合的，因为其中有关的各项都是非负的. ■

注意由(3-5-28)式容易推出

$$P(S_{N_t}=0)=\bar{F}(t) \qquad (3\text{-}5\text{-}29)$$

和

$$dF_{S_{N_t}}(s) = \bar{F}(t-s)dM(s). \qquad (3\text{-}5\text{-}30)$$

今后我们将要不止一次利用这些结果.

§3-6* 更新定理的进一步讨论

在这一节我们将给出 Blackwell 更新定理, Smith 关键更新定理以及这两个定理等价性的数学证明. 与此同时, 我们还将以自然的方式引入 Smith 关键更新定理的一种较一般的形式. 鉴于这一节内容的纯分析特点,初学者可以暂时略过.

首先介绍两个引理.

引理 3-6-1 对于任意 $t>0$ 和 $\eta>0$,

$$M(t+\eta) - M(t) \leqslant 1 + M(\eta). \qquad (3\text{-}6\text{-}1)$$

证明 $N_{t,t+\eta} \equiv N_{t+\eta} - N_t$ 是过程在区间 $(t, t+\eta]$ 上的更新次数. 若 $S_{N_t+n+1} > t+\eta$, 则必有 $N_{t,t+\eta} \leqslant n$. 另一方面, 当 $T_{N_t+2} + \cdots + T_{N_t+n+1} > \eta$ 时有 $S_{N_t+n+1} > t+\eta$. 因此我们有如下的事件包含关系:

$$\{N_{t,t+\eta} > n\} \subset \{T_{N_t+2} + \cdots + T_{N_t+n+1} \leqslant \eta\}.$$

又由更新过程的特性知 $T_{N_t+2} + \cdots + T_{N_t+n+1}$ 和 S_n 有相同分布,故 $P(N_{t,t+\eta} > n) \leqslant P(S_n \leqslant \eta)$. 于是,

$$\begin{aligned} M(t+\eta) - M(t) &= \sum_{n=0}^{\infty} P(N_{t,t+\eta} > n) \\ &\leqslant \sum_{n=0}^{\infty} P(S_n \leqslant \eta) \\ &= 1 + \sum_{n=1}^{\infty} F_n(\eta) \\ &= 1 + M(\eta). \end{aligned}$$ ■

引理 3-6-2 设 F 是非格子分布函数, 它不把所有质量集中在原点,则方程

$$\zeta(x)=\int_{-\infty}^{\infty}\zeta(x-s)dF(s)$$

只能有恒等于常数的有界连续解.

引理的证明请参看 Feller (1966) 第 XI 章.

现在,我们就能够给出 Blackwell 更新定理的证明. 设 $h(t)$ 是一个有界连续函数,它在区间 $[0,\eta]$ 之外等于零. 定义

$$\begin{aligned}\varphi(t)&\equiv h(t)+\int_0^t h(t-s)dM(s)\\&=h(t)+\int_{t-\eta}^t h(t-s)dM(s).\end{aligned}\qquad(3\text{-}6\text{-}2)$$

根据定理 3-4-2 知这样定义的 $\varphi(t)$ 满足更新方程

$$\varphi(t)=h(t)+\int_0^t\varphi(t-s)dF(s).\qquad(3\text{-}6\text{-}3)$$

由引理 3-6-1 和(3-6-2)式容易推得

$$\begin{aligned}|\varphi(t)|&\leqslant|h(t)|+\int_{t-\eta}^t|h(t-s)|dM(s)\\&\leqslant\sup_{0\leqslant t\leqslant\eta}|h(t)|\{1+[M(t)-M(t-\eta)]\}\\&\leqslant\sup_{0\leqslant t\leqslant\eta}|h(t)|[2+M(\eta)],\end{aligned}$$

而且对于 $\delta>0$ 有

$$\begin{aligned}&|\varphi(t+\delta)-\varphi(t)|\\&\leqslant\sup_{-\delta\leqslant x\leqslant\eta}|h(x+\delta)-h(x)|[2+M(\eta+\delta)],\end{aligned}$$

这表明函数 $\varphi(t)$ 是有界和一致连续的.

将(3-6-3)式中的字母 t 和 s 分别改写为 s 和 x 后,在两端对变元 s 从 0 到 $t(>\eta)$ 积分得

$$\begin{aligned}\int_0^\eta h(s)ds&=\int_0^t\varphi(s)ds-\int_0^t ds\int_0^s\varphi(s-x)dF(x)\\&=\int_0^t\varphi(t-s)ds-\int_0^t dF(x)\int_0^{t-x}\varphi(s)ds.\end{aligned}$$

然后利用分部积分公式[1]就得到

---

1) 这里用到如下的斯蒂阶斯积分的分部积分公式: 设 $g(x)$ 有连续导数 $g'(x)$, 则 $\int_a^b g(x)dF(x)=g(b)F(b)-g(a)F(a)-\int_a^b g'(x)F(x)dx$.

$$\int_0^t h(s)ds = \int_0^t \varphi(t-s)ds - \left[F(x)\int_0^{t-x}\varphi(s)ds\right]_{x=0}^t$$

$$-\int_0^t F(x)\varphi(t-x)dx$$

$$= \int_0^t \varphi(t-s)(1-F(s))ds. \qquad (3\text{-}6\text{-}4)$$

令 $\bar{c} = \limsup\limits_{t\to\infty}\varphi(t)$，而 $\{t_n\}$ 是一串单调上升于无穷且使得 $\varphi(t_n)\to\bar{c}$ 的数列．我们定义函数

$$\phi_n(x) = \begin{cases}\varphi(t_n + x) & \text{当} -t_n < x < \infty, \\ 0 & \text{当} \quad x \leqslant -t_n.\end{cases} \qquad (3\text{-}6\text{-}5)$$

由 $\varphi(t)$ 的一致连续性知对任意 $\varepsilon > 0$，存在 $\delta > 0$，使得对所有满足 $|x''-x'| < \delta$ 的 x' 和 x''，不等式

$$|\phi_n(x'') - \phi_n(x')| = |\varphi(x''+t_n) - \varphi(x'+t_n)| < \varepsilon$$

对所有 n 均成立．具有这一性质的函数族 $\{\phi_n(x)\}$ 称做**等度连续的**．我们已经知道[1]，若一等度连续的函数族 $\{\phi_n(x)\}$ 有界，即存在常数 K，使得对所有 $n=1,2,\cdots$，不等式 $|\phi_n(x)| \leqslant K$成立，则恒能从序列 $\{\phi_n(x)\}$ 中选出一子列 $\{\phi_{n_k}(x)\}$，使得 $\phi_{n_k}(x)$ 收敛于某一连续函数 $\phi(x)$，而且这种收敛在任意有限区间上是一致的．我们用 $\phi(x)$ 表示由(3-6-5)定义的等度连续函数序列 $\{\phi_n(x)\}$ 的收敛子列的极限．于是，注意到对于足够大的 x 有 $h(x)=0$，根据(3-6-3)式即可证明对于任意实数 x 有

$$\phi(x) = \int_0^\infty \phi(x-s)dF(x). \qquad (3\text{-}6\text{-}6)$$

又由引理 3-6-2 知方程(3-6-6)的有界连续解必是常数，故由 ϕ 及 ϕ_n 的定义立刻推出

$$\phi(x) = \phi(0) = \bar{c}$$

和对所有 x

$$\phi_{n_k}(x) = \varphi(t_{n_k} + x) \to \bar{c}, \text{ 当 } k\to\infty.$$

因此，由(3-6-4)式得

1）例如，参看 Feller (1966)，第 VIII 章．

$$\int_0^\eta h(s)ds = \lim_{k\to\infty}\int_0^{t_{n_k}} \varphi(t_{n_k} - s)(1 - F(s))ds$$
$$= \bar{c}\int_0^\infty (1 - F(s))ds$$
$$= \bar{c}\,\mu. \tag{3-6-7}$$

另一方面，若 $\underline{c} = \liminf_{t\to\infty}\varphi(t)$，则用类似的方法可证

$$\int_0^\eta h(s)ds = \underline{c}\,\mu. \tag{3-6-8}$$

联合(3-6-7)和(3-6-8)式就得到

$$\underline{c} = \bar{c} = \frac{1}{\mu}\int_0^\eta h(s)ds.$$

这表明极限 $\lim_{t\to\infty}\varphi(t)$ 存在且等于 $\frac{1}{\mu}\int_0^\eta h(s)ds$. 因而由 $\varphi(t)$ 的定义(3-6-2)式马上推知，对于任一在 $[0,\eta]$ 外等于零的连续函数 $h(s)$ 有

$$\lim_{t\to\infty}\left\{h(t) + \int_{t-\eta}^t h(t-s)dM(s)\right\}$$
$$= \lim_{t\to\infty}\int_{t-\eta}^t h(t-s)dM(s)$$
$$= \frac{1}{\mu}\int_0^\eta h(s)ds, \tag{3-6-9}$$

当 $\mu=\infty$时上式右端应理解为 0.

设 $0<\eta_1<\eta_2<\eta$. 又设 δ 是满足 $\eta_1-\delta>0$ 和 $\eta_2+\delta<\eta$ 的正数，$h(s)$ 是取值介于 0 和 1 之间的连续函数，它在区间 $[\eta_1, \eta_2]$ 上等于 1，在区间 $[\eta_1-\delta, \eta_2+\delta]$ 外等于零. 则(3-6-9)式右端小于 $(\eta_2-\eta_1+2\delta)/\mu$，而左端的积分则大于$M(t-\eta_1)-M(t-\eta_2)$. 这样一来，对于任意给定正数 $\varepsilon>0$，当 t 充分大时有

$$M(t-\eta_1) - M(t-\eta_2) \leqslant \int_{t-\eta}^t h(t-s)dM(s)$$
$$< \frac{1}{\mu}\int_0^\eta h(s)ds + \varepsilon < \frac{1}{\mu}(\eta_2-\eta_1+2\delta) + \varepsilon. \tag{3-6-10}$$

其次,若 $h(s)$ 是取值介于 0 和 1 之间的连续函数,它在区间$[\eta_1+\delta,\eta_2-\delta]$ 上等于 1,在 $[\eta_1,\eta_2]$ 之外等于零. 则 (3-6-9) 式右端大于 $(\eta_2-\eta_1-2\delta)/\mu$, 左端则小于 $M(t-\eta_1)-M(t-\eta_2)$. 于是,对充分大的 t 有

$$M(t-\eta_1)-M(t-\eta_2)\geqslant\int_{t-\eta}^{t}h(t-s)dM(s)$$

$$>\frac{1}{\mu}\int_0^{\eta}h(s)ds-\varepsilon>\frac{1}{\mu}(\eta_2-\eta_1-2\delta)-\varepsilon. \qquad (3\text{-}6\text{-}11)$$

联合(3-6-10)和(3-6-11)式并考虑到 δ 与 ε 的任意性即得

$$\lim_{t\to\infty}\{M(t-\eta_1)-M(t-\eta_2)\}=(\eta_2-\eta_1)/\mu,$$

这就完成了定理的证明.

在给出两个更新定理的等价性证明之前,我们先作如下考察. 借助 Blackwell 更新定理我们能够得知更新方程 (3-6-3) 的解 $\varphi(t)$ 的某些渐近性态. 设 $a<b$ 是两个非负实数, $h(x)$ 在区间 $[a,b)$ 上等于 1, 在这区间外等于零, 则根据定理 3-4-3 知方程 (3-6-3)的解(当 $t>b$ 时)是

$$\varphi(t)=h(t)+\int_0^t h(t-s)dM(s)$$

$$=M(t-a)-M(t-b).$$

又由 Blackwell 更新定理得

$$\lim_{t\to\infty}\varphi(t)=\lim_{t\to\infty}\{M(t-a)-M(t-b)\}$$

$$=(b-a)/\mu. \qquad (3\text{-}6\text{-}12)$$

更一般地, 设 $[a_k,b_k),k=1,2,\cdots,s$, 是 s 个互不相交的区间, 它们的长度是 $\eta_k=b_k-a_k$. 又设

$$h_k(x)=\begin{cases}1 & a_k\leqslant x<b_k,\\ 0 & \text{其它情形}\end{cases}$$

和

$$h(x)=\sum_{k=1}^{s}c_kh_k(x),$$

其中 $c_1,\cdots,c_s$ 是某些常数. 则 $h(x)$是一阶梯函数. 现以 $\varphi_f(t)$

表示更新方程(3-6-3)的对应于函数 $h_k(t)$ 的解，则易见这方程对应于 $h(t)$ 的解 $\varphi(t)$ 应满足方程

$$\varphi(t)=\sum_{k=1}^{s}c_k\varphi_k(t).$$

由(3-6-12)式马上推出

$$\begin{aligned}\lim_{t\to\infty}\varphi(t)&=\lim_{t\to\infty}\sum_{k=1}^{s}c_k\varphi_k(t)\\&=\frac{1}{\mu}\sum_{k=1}^{s}c_k\eta_k\\&=\frac{1}{\mu}\int_0^\infty h(t)dt.\end{aligned}\tag{3-6-13}$$

现在取 $[a_k,b_k)=[(k-1)\eta,k\eta)$，$k=1,2,\cdots,\eta$ 是某一正数．如果

$$\sum_{k=1}^{\infty}|c_k|\eta=\int_0^\infty|h(t)|dt<\infty,\tag{3-6-14}$$

则由

$$\begin{aligned}\varphi_k(t)&=M(t-(k-1)\eta)-M(t-k\eta)\\&\leqslant 1+M(\eta)\end{aligned}\tag{3-6-15}$$

推得级数 $\varphi(t)=\sum_{k=1}^{\infty}c_k\varphi_k(t)$ 对 t 一致收敛．因此，我们可以交换极限与求和的次序，于是由(3-6-12)式得

$$\begin{aligned}\lim_{t\to\infty}\varphi(t)&=\lim_{t\to\infty}\sum_{k=1}^{\infty}c_k\varphi_k(t)\\&=\frac{1}{\mu}\sum_{k=1}^{\infty}c_k\eta\\&=\frac{1}{\mu}\int_0^\infty h(t)dt.\end{aligned}\tag{3-6-16}$$

上式可以推广到某类可以用上面的阶梯函数逼近的函数．设 $h(t)$ $(t>0)$ 是任意有界函数，对于 $k=1,2,\cdots$，令

$$\underline{c}_k=\inf_{(k-1)\eta\leqslant x<k\eta}h(x)\ \text{和}\ \bar{c}_k=\sup_{(k-1)\eta\leqslant x<k\eta}h(x),\tag{3-6-17}$$

注意 $\underline{c}_k$ 和 $\bar{c}_k$ 是依赖于η的．记

$$\underline{\sigma}(\eta)=\eta\sum_{k=1}^{\infty}\underline{c}_k \quad 和 \quad \bar{\sigma}(\eta)=\eta\sum_{k=1}^{\infty}\bar{c}_k. \tag{3-6-18}$$

我们把 $\underline{\sigma}(\eta)$ 和 $\bar{\sigma}(\eta)$ 分别称做下和与上和，这样的和数我们在微积分中学习黎曼积分时已经遇到过，只不过那时候我们考虑的是有限的积分区间，因此仅涉及有限和而不是(3-6-18)式的无穷级数．如果当 $\eta\to 0$ 时(3-6-18)式中的两个和数 $\underline{\sigma}(\eta)$ 与 $\bar{\sigma}(\eta)$ 绝对收敛于同一的有限极限，我们就说函数 $h(t)$ 是**直接黎曼可积的** (directly Riemann integrable)，这时仍用通常的黎曼积分的记号表示这公共的极限，即

$$\lim_{\eta\to 0}\underline{\sigma}(\eta)=\lim_{\eta\to 0}\bar{\sigma}(\eta)=\int_0^{\infty}h(t)dt. \tag{3-6-19}$$

应当指出，在通常的黎曼积分理论中，由极限(如果它存在的话)

$$\lim_{a\to\infty}\int_0^a h(t)dt=\int_0^{\infty}h(t)dt \tag{3-6-20}$$

定义的广义黎曼积分也使用记号 $\int_0^{\infty}h(t)dt$．但这两定义并不等价．我们不难构造一个使得极限(3-6-20)存在但并不是直接黎曼可积的函数．

由于用(3-6-19)式定义的积分是直接对无穷区间$[0,\infty)$作破分后求和得到，而不是迂迴地先通过在有限区间积分，然后令积分区间趋于无穷来定义，所以我们把由(3-6-19)式给出的积分称做**直接(黎曼)积分**．

尽管上面提及的两种可积性不等价，但在这两种积分之间存在密切的关系．

引理 3-6-3 若函数 $h(t)$ 直接黎曼可积，而且它的广义黎曼积分(3-6-20)存在，则 $h(t)$ 的直接黎曼积分(3-6-19)和广义黎曼积分(3-6-20)相等．

证明 对于固定的 $\eta>0$，(3-6-18)式中的和数 $\underline{\sigma}(\eta)$ 和 $\bar{\sigma}(\eta)$ 分别是阶梯函数

$$g_1(t)=\underline{c}_k,\ \text{当}\ (k-1)\eta\leqslant t<k\eta, k=1,2,\cdots$$

和

$$g_2(t)=\bar{c}_k,\ \text{当}\ (k-1)\eta\leqslant t<k\eta, k=1,2,\cdots$$

的广义黎曼积分．因为

$$g_1(t)\leqslant h(t)\leqslant g_2(t),$$

故

$$\underline{\sigma}(\eta)\leqslant\int_0^\infty h(t)dt\leqslant\bar{\sigma}(\eta).$$

注意上式中的积分是由(3-6-20)定义的广义黎曼积分．最后，在上式令 $\eta\to 0$，由 $h(t)$ 的直接黎曼可积性马上推知这两种积分相等。■

上面的推理启示我们，如果 Smith 关键更新定理能由 Blackwell 更新定理推出，则它可以推广到直接黎曼可积函数类．换句话说，定理 3-5-5 有如下的更一般形式．

定理 3-6-1 若函数 $h(t)$ 直接黎曼可积，F 是某非负随机变量的分布函数，令

$$\varphi(t)=h(t)+\int_0^t h(t-x)dM(x). \tag{3-6-21}$$

这时有如下论断：

(1) 若 F 是非格子分布，则

$$\lim_{t\to\infty}\varphi(t)=\begin{cases}\dfrac{1}{\mu}\displaystyle\int_0^\infty h(t)dt & \text{若 } \mu<\infty,\\ 0 & \text{若 } \mu=\infty.\end{cases} \tag{3-6-22}$$

(2) 若 F 是格子分布，它的周期是 d，则对所有 $a>0$，

$$\lim_{n\to\infty}\varphi(a+nd)=\begin{cases}\dfrac{d}{\mu}\displaystyle\sum_{n=0}^\infty h(a+nd) & \text{若 } \mu<\infty,\\ 0 & \text{若 } \mu=\infty.\end{cases} \tag{3-6-23}$$

证明 这里仍然只就 F 是非格子分布的情形进行讨论，当 F 是格子分布时证明的思想是类似的．

首先要指出，由 $h(t)$ 的直接黎曼可积性可以马上推出

$\lim\limits_{t\to\infty} h(t) = 0$. 因此有

$$\lim_{t\to\infty}\varphi(t) = \lim_{t\to\infty}\int_0^t h(t-x)dM(x). \qquad (3\text{-}6\text{-}24)$$

对于任意 $\eta > 0$，定义函数

$$h_k(t) = \begin{cases} 1 & (k-1)\eta \leqslant t < k\eta, \\ 0 & \text{其它情形}. \end{cases}$$

我们记

$$\underline{h}(t) = \sum_{k=1}^{\infty} \underline{c}_k h_k(t) \quad 和 \quad \bar{h}(t) = \sum_{k=1}^{\infty} \bar{c}_k h(t).$$

又设 $\varphi_k(t)$ 是更新方程(3-6-3)当 $h(t) = h_k(t)$时的形如(3-6-2)的解. 于是，这方程对应于函数 $\underline{h}(t)$ 和 $\bar{h}(t)$ 的解分别是

$$\underline{\varphi}(t) = \sum_{k=1}^{\infty} \underline{c}_k \varphi_k(t) \quad 和 \quad \bar{\varphi}(t) = \sum_{k=1}^{\infty} \bar{c}_k \varphi_k(t).$$

根据(3-6-13)式有

$$\begin{aligned}\lim_{t\to\infty}\underline{\varphi}(t) &= \lim_{t\to\infty}\sum_{k=1}^{\infty}\underline{c}_k\varphi_k(t) \\ &= \frac{1}{\mu}\sum_{k=1}^{\infty}\underline{c}_k\eta \\ &= \frac{1}{\mu}\underline{\sigma}(\eta)\end{aligned}$$

和

$$\begin{aligned}\lim_{t\to\infty}\bar{\varphi}(t) &= \lim_{t\to\infty}\sum_{k=1}^{\infty}\bar{c}_k\varphi_k(t) \\ &= \frac{1}{\mu}\sum_{k=1}^{\infty}\bar{c}_k\eta \\ &= \frac{1}{\mu}\bar{\sigma}(\eta),\end{aligned}$$

因为根据直接黎曼可积性假设知对任意 $\eta > 0$，和数 $\underline{\sigma}(\eta)$ 和$\bar{\sigma}(\eta)$ 绝对收敛，故满足条件(3-6-14)，从而交换极限和求和次序是合法的. 又因对每一 $t > 0$ 有 $\underline{h}(t) \leqslant h(t) \leqslant \bar{h}(t)$，故 $\underline{\varphi}(t) \leqslant \varphi(t)$

$\leqslant \bar{\varphi}(t)$. 于是,

$$\underline{\sigma}(\eta)/\mu = \lim_{t\to\infty}\underline{\varphi}(t) \leqslant \liminf_{t\to\infty}\varphi(t) \leqslant \limsup_{t\to\infty}\varphi(t)$$

$$\leqslant \lim_{t\to\infty}\bar{\varphi}(t) = \bar{\sigma}(\eta)/\mu,$$

再令 $\eta \to 0$, 由于

$$\lim_{\eta\to 0}\underline{\sigma}(\eta) = \lim_{\eta\to 0}\bar{\sigma}(\eta) = \int_0^\infty h(t)dt,$$

故当 $t\to\infty$时 $\varphi(t)$ 的上、下极限必相等,即极限 $\lim_{t\to\infty}\varphi(t)$ 存在且等于 $\frac{1}{\mu}\int_0^\infty h(t)dt$. ■

下面的定理给出有关直接黎曼可积性的一些常见的有用结果.

定理 3-6-2 (A) 在通常意义下黎曼可积的单调不增非负函数是直接黎曼可积的.

(B) 绝对可积 (即它的绝对值在通常意义下是黎曼可积的) 的单调函数是直接黎曼可积的.

(C) 对于在某一有限区间外等于零的函数来说, 直接黎曼可积性和通常的黎曼可积性是等价的. 特别地, 一个在某一有限区间外等于零的连续函数一定是直接黎曼可积的.

(D) 设 $h(t)$ 是非负有界连续函数,则它是直接黎曼可积的充分必要条件是 $\bar{\sigma}(\eta) < \infty$对某 $\eta > 0$, 这里的 $\bar{\sigma}(\eta)$ 是由 (3-6-18)式定义的上和.

显然, (A) 是 (B) 的一种特殊情形, 在这里我们只给出 (B) 的证明, (C) 和 (D) 的证明留给读者作练习.

设 $h(t)$ 是满足 (B) 中假设的函数, 这时只有两种可能的情形,即 $h(t)$ 是非负的不增函数或非正的不减函数, 而且在两种情形中都有 $h(t)\to 0$ 当 $t\to\infty$. 我们只须证明第一种情形, 因为在取绝对值后第二种情形就变成第一种情形. 下面假定 $h(t)\geqslant 0$, 于是 $\bar{c}_k = h((k-1)\eta) \geqslant 0$ 和 $\underline{c}_k = h(k\eta) \geqslant 0$, 因此

$$\underline{\sigma}(\eta) = \eta\sum_{k=1}^\infty h(k\eta) \leqslant \int_0^\infty h(t)dt < \infty.$$

又因为 $\bar{\sigma}(\eta)=\underline{\sigma}(\eta)+\eta h(0)$，故也有 $\bar{\sigma}(\eta)<\infty$，而且当 $\eta\to 0$ 时

$$\bar{\sigma}(\eta)-\underline{\sigma}(\eta)=\eta h(0)\to 0. \qquad (3-6-25)$$

另一方面，我们显然有

$$\underline{\sigma}(\eta)\leqslant\int_0^\infty h(t)dt\leqslant\bar{\sigma}(\eta). \qquad (3-6-26)$$

联合(3-6-25)和(3-6-26)式就马上得到

$$\lim_{\eta\to 0}\underline{\sigma}(\eta)=\lim_{\eta\to 0}\bar{\sigma}(\eta)=\int_0^\infty h(t)dt<\infty,$$

即 $h(t)$ 是直接黎曼可积的.

至此，我们也就证明了定理 3-5-5，因为它是定理 3-6-2 (A) 和定理 3-6-1 的直接推论. 由 Smith 关键更新定理推出 Blackwell 更新定理的证明在 § 3-5 中已经给出，不赘.

在结束这一节时顺便指出，某些作者沿着把更新定理推广到 T_n 是非独立和有不同分布的情形这一方向得到了一些结果. 参看 Chow 和 Robbins (1963)，Hatori (1959) 和 Kawata (1956) 等.

§ 3-7　延迟更新过程和平衡更新过程

迄今，我们只是讨论了普通更新过程，下面开始考虑较一般的延迟更新过程，即除仍假定过程的点间间距 $T_1,T_2,T_3,\cdots$ 是相互独立且 $T_2,T_3,\cdots$ 有相同分布外，容许第一个点间间距 T_1 有异于 $T_2,T_3,\cdots$ 的分布. 例如，在本章开始对更新过程所作的“零件更换”的解释(例 3-1-1)中，若在开始观测时(即初始时刻)零件已使用了一段时间，由于一般用旧的零件和新零件的寿命分布是不一样的，从而我们就得到一个延迟的更新过程. 因为这时观测不是从一个新零件投入时开始而是延迟了一段时间，所以我们在对应的更新过程的名称中加上“延迟”二字. 下面给出这类更新过程的数学定义.

定义 3-7-1 设 $\{T_i, i=1,2,\cdots\}$ 是一串相互独立的点间间距，其中第一个点间间距 T_1 有分布 G，其余的 $T_i(i=2,3,\cdots)$ 有相同的分布 F. 令

$$S_0=0, \qquad S_n=\sum_{i=1}^{n} T_i, \qquad n=1,2,\cdots \tag{3-7-1}$$

和

$$N_D(t)=\sup\{n: S_n \leqslant t\}. \tag{3-7-2}$$

我们把由(3-7-2)式定义的过程 $N_D=\{N_D(t), t\geqslant 0\}$ (或直接把上面的点间间距序列 $\{T_n, n=1,2,\cdots\}$ 或更新发生时间序列 $\{S_n, n=1,2,\cdots\}$)称做延迟更新过程 (delayed renewal process) 或变形更新过程 (modified renewal process).

根据事件等价关系 $\{N_D(t)\geqslant n\}=\{S_n\leqslant t\}$ 容易看出

$$P(N_D(t)=0)=P(T_1>t)=\overline{G}(t) \tag{3-7-3}$$

和对于 $n=1,2,\cdots$

$$\begin{aligned} P(N_D(t)=n) &= P(N_D(t)\geqslant n)-P(N_D(t)\geqslant n+1) \\ &= P(S_n\leqslant t)-P(S_{n+1}\leqslant t) \\ &= G*F_{n-1}(t)-G*F_n(t). \end{aligned} \tag{3-7-4}$$

过程 N_D 的更新函数是

$$M_D(t)=EN_D(t)=\sum_{n=1}^{\infty} G*F_{n-1}(t), \tag{3-7-5}$$

其中 F_n 是分布函数 F 的 n 重卷积.

若分布 G 和 F 分别有密度函数 g 和 f，用 $\widetilde{M}_D$, $\tilde{g}$ 和 $\tilde{f}$ 分别表示 M_D, g 和 f 的拉氏变换，则类似于普通更新过程的情形不难由(3-7-5)式推出

$$\widetilde{M}_D(s)=\frac{\tilde{g}(s)}{s(1-\tilde{f}(s))}. \tag{3-7-6}$$

另一方面，利用条件期望的性质有

$$\begin{aligned} M_D(t) &= EN_D(t)=E[E(N_D(t)|T_1)] \\ &= E[N_D(t)|T_1>t]\overline{G}(t) \end{aligned}$$

$$+\int_0^t E[N_D(t)|T_1=x]dG(x).$$

因为当给定 $T_1>t$ 时必然有 $N_D(t)=0$，故 $E[N_D(t)|T_1>t]=0$，所以

$$\begin{aligned}M_D(t)&=\int_0^t E[N_D(t)|T_1=x]dG(x)\\&=\int_0^t E[1+N_{t-x}]dG(x)\\&=\int_0^t [1+M(t-x)]dG(x),\end{aligned}\qquad(3\text{-}7\text{-}7)$$

式中 N_t 和 $M(t)=EN_t$ 分别是具有点间间距分布 F 的普通更新过程和它的更新函数．因此，(3-7-7)式给出延迟更新过程的更新函数和对应的普通更新过程的更新函数之间的关系．

例 3-7-1 设一延迟更新过程的第一个点间间距 T_1 有混合指数分布，即密度函数是

$$g(t)=pae^{-at}+(1-p)be^{-bt},\quad t\geqslant 0,$$

其中 $a>b>0$ 和 $1>p>0$．$T_2, T_3, \cdots$ 的共同分布则是参数为 b 的指数分布，即有密度函数

$$f(t)=be^{-bt},\quad t\geqslant 0.$$

易知

$$\tilde{f}(s)=b/(s+b)$$

和

$$\tilde{g}(s)=pa/(s+a)+(1-p)b/(s+b),$$

故由(3-7-6)式得

$$\begin{aligned}\widetilde{M}_D(s)&=\frac{\tilde{g}(s)}{s(1-\tilde{f}(s))}\\&=\frac{pa/(s+a)+(1-p)b/(s+b)}{s(1-b/(s+b))}\\&=\frac{pa(s+b)+(1-p)b(s+a)}{s^2(s+a)}\\&=\frac{ab+[pa+(1-p)b]s}{s^2(s+a)}\end{aligned}$$

$$
= \frac{ab}{s^2(s+a)} + \frac{b+p(a-b)}{s(s+a)}
$$

$$
= \frac{b}{s^2} + \frac{b}{a}\left(\frac{1}{s+a} - \frac{1}{s}\right)
$$

$$
+ \left(\frac{b+p(a-b)}{a}\right)\left(\frac{1}{s} - \frac{1}{s+a}\right).
$$

取拉氏逆变换得

$$
M_D(t) = bt + \frac{b}{a}(e^{-at} - 1) + \left(\frac{b+p(a-b)}{a}\right)(1 - e^{-at})
$$

$$
= bt + \frac{p(a-b)}{a}(1 - e^{-at}).
$$

顺便指出,我们也可直接利用(3-7-7)式求出$M_D(t)$, 这时有

$$
M(t) = bt
$$

和

$$
dG(t) = g(t)dt = [pae^{-at} + (1-p)be^{-bt}]dt.
$$

利用普通更新过程的对应结果，不难证明对于延迟更新过程类似的极限定理也成立。具体地说,我们有

定理 3-7-1 (1) 以概率 1 有

$$
N_D(t)/t \to 1/\mu \quad (t \to \infty), \tag{3-7-8}
$$

这里 $\mu = \int_0^\infty x dF(x)$ 是分布 F 的数学期望.

(2) $M_D(t)/t \to 1/\mu \quad (t \to \infty)$. (3-7-9)

(3) 若 F 是非格子分布，$a > 0$，则

$M_D(t+a) - M_D(t) \to a/\mu (t \to \infty)$. (3-7-10)

(4) 若 F 和 G 是周期为 d 的格子分布,则

E (在 nd 的更新次数)$\to d/\mu \quad (n \to \infty)$. (3-7-11)

(5) 若 F 是非格子分布,函数 h 是直接黎曼可积的,则当 $t \to \infty$时

$$
\int_0^\infty h(t-x) dM_D(x) \to \int_0^\infty h(t)dt/\mu. \tag{3-7-12}
$$

我们还要指出，对于延迟更新过程也有类似于引理 3-5-3 的

结果,即相应于(3-5-32),(3-5-33)和(3-5-34)式有

$$P(S_{N_t} \leqslant s) = \bar{G}(t) + \int_0^s \bar{F}(t-y)dM_D(y), \quad (3\text{-}7\text{-}13)$$

$$P(S_{N_t} = 0) = \bar{G}(t) \quad (3\text{-}7\text{-}14)$$

和

$$dF_{S_{N_t}}(s) = \bar{F}(t-s)dM_D(s). \quad (3\text{-}7\text{-}15)$$

从定理 3-7-1 看出,当 $t \to \infty$ 时平均更新率趋于一个与初始分布无关的常数. 极限关系式 $M_D(t)/t \to 1/\mu$(当 $t \to \infty$)告诉我们,对于任意初始分布 G,当观测区间 $(0, t]$ 很长时,在这区间的平均更新数接近于 t/μ,即是对于大的 t 有 $M_D(t) \approx t/\mu$. 因此,人们自然会提出如下的问题:是否存在这样的初始分布 G,使得精确的等式 $M_D = t/\mu$ 对所有 $t > 0$ 都成立. 这问题的答案是肯定的. 事实上,如果有

$$M_D(t) = t/\mu, \quad (3\text{-}7\text{-}16)$$

我们用 $M_D^*(s)$ 表示单调函数 $M_D(t)$ 的 L-S 变换,即

$$M_D^*(s) = \int_0^\infty e^{-st}dM_D(t).$$

当(3-7-16)式成立时

$$M_D^*(s) = \int_0^\infty e^{-st}\frac{dt}{\mu} = \frac{1}{\mu s}. \quad (3\text{-}7\text{-}17)$$

又由对(3-7-5)式两边取 L-S 变换得

$$M_D^*(s) = G^*(s)/(1 - F^*(s)). \quad (3\text{-}7\text{-}18)$$

联合(3-7-17)和(3-7-18)式可得

$$G^*(s) = \frac{1 - F^*(s)}{\mu s}. \quad (3\text{-}7\text{-}19)$$

在上式取逆变换即可解出

$$G(t) = \frac{1}{\mu}\left[t - \int_0^t F(x)dx\right] = \frac{1}{\mu}\int_0^t (1 - F(x))dx. \quad (3\text{-}7\text{-}20)$$

我们将由上式给出的初始分布 $G(t)$ 特别记作 $F_e(t)$. 于是,当初

始分布由(3-7-20)式给出时,(3-7-19)式成立，从而有 $M_D^*(t)=1/\mu s$，即等式(3-7-16)成立.

定义 3-7-2 具有初始分布(3-7-20)的延迟更新过程称做平衡更新过程（equilibrium renewal process）并记为 $N_e=\{N_e(t),t\geqslant 0\}$，这过程的更新函数 $M_e(t)=t/\mu$.

容易验证齐次泊松过程是平衡更新过程，因为对于指数分布 $F(t)=1-e^{-\lambda t}$ 来说有 $F_e(t)=F(t)$.

平衡更新过程在应用中经常会遇到，因而是一个重要的数学模型. 假设有一个普通更新过程,它的更新区间长度分布是 F.我们设想这过程在开始对它进行观测（把开始观测的时刻取为时间原点 $t=0$）之前很早很早(即 $t\to-\infty$)就已经开始运行. 于是，初始时刻 $t=0$ 到其后第一次更新的间距 T_1 有由（3-7-20）式给出的平衡分布 $F_e(t)$（进一步可参看 § 3-9 中有关剩余寿命的讨论),这样,我们就得到一个平衡更新过程.

下面给出一个重要的定理.

定理 3-7-2 对于平衡更新过程 $N_e\equiv\{N_e(t),t\geqslant 0\}$ 有

(1) $M_e(t)=t/\mu$. (3-7-21)

(2) $P\{Y_e(t)\leqslant x\}=F_e(x)$ 对所有 $t\geqslant 0$, (3-7-22)

这里 $Y_e(t)$ 是过程 N_e 在时刻 t 的剩余寿命，即从 t 到其后第一次更新的间距.

(3) 过程 N_e 有平稳增量.

证明 (1) 因为这时有

$$M_e^*(s)=F_e^*(s)/(1-F^*(s)). \qquad (3\text{-}7\text{-}23)$$

而按定义

$$F_e^*(s)=\int_0^\infty e^{-st}dF_e(t)=\frac{1}{\mu}\int_0^\infty e^{-st}(1-F(t))dt$$

$$=\frac{1}{\mu}\left[\frac{1}{s}-\frac{F^*(s)}{s}\right]=\frac{1-F^*(s)}{\mu s}. \qquad (3\text{-}7\text{-}24)$$

将(3-7-24)式代入(3-7-23)式后解出 $M_e^*(s)$ 得

$$M_D^*(s) = \frac{1}{\mu s},$$

取逆变换得

$$M_D(t) = \frac{t}{\mu}.$$

(2)
$$\begin{aligned}
P(Y_e(t) > x) &= P(Y_e(t) > x \mid S_{N_t} = 0)\bar{G}(t) \\
&\quad + \int_0^t P(Y_e(t) > x \mid S_{N_t} = s) dF_{S_{N_t}}(s) \\
&= P(T_1 > t + x \mid T_1 > t)\bar{G}(t) \\
&\quad + \int_0^t P(T > x + t - s \mid T > t - s)\bar{F}(t - s) dM_e(s) \\
&= \frac{\bar{G}(t + x)}{\bar{G}(t)} \bar{G}(t) + \int_0^t \frac{\bar{F}(x + t - s)}{\bar{F}(t - s)} \bar{F}(t - s) dM_e(s) \\
&= \bar{G}(t + x) + \int_0^t \bar{F}(x + t - s) dM_e(s).
\end{aligned}$$

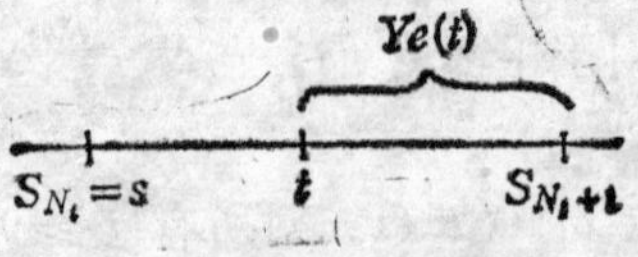

图 3-7-1

将 $G = F_e$ 和 $M_e(s) = s/\mu$ 代入上式得

$$\begin{aligned}
P(Y_e(t) > x) &= \bar{F}_e(t + x) + \frac{1}{\mu}\int_0^t \bar{F}(t + x - s) ds \\
&= \bar{F}_e(t + x) + \frac{1}{\mu}\int_x^{t+x} \bar{F}(y) dy \\
&= 1 - F_e(t + x) + [F_e(t + x) - F_e(x)] \\
&= \bar{F}_e(x).
\end{aligned}$$

(3) 因为对任意非负数 t 和 s，$N_e(t + s) - N_e(s)$ 可以看作是一个第一次更新间距是 $Y_e(s)$ 的延迟更新过程在 $(0,t]$ 中的更新次数．由(2)知 $Y_e(s)$ 有分布 F_e，这也就是原过程 N_e 的第一次更新间距的分布，故 $N_e(t + s) - N_e(s)$ 的分布与 s 无关． ■

在结束这一节的时候，我们引入更新密度的概念并指出它应满足的积分方程．设更新区间的分布 F 有密度函数 f．我们定义更新过程在时刻 t 的更新密度为

$$m(t)=\lim_{\Delta t\to 0}\frac{EN_{t+\Delta t}-EN_t}{t}=\lim_{\Delta t\to 0}\frac{M(t+\Delta t)-M(t)}{t}$$
$$=M'(t), \tag{3-7-25}$$

这就是说更新密度是更新函数 $M(t)$ 的导数．它的概率解释如下：对于很小的 $\Delta t>0$，$m(t)\Delta t$ 近似地给出在区间 $(t,t+\Delta t]$ 中的平均更新数目．因为 $M(t)=\sum_{n=1}^{\infty}F_n(t)$，故

$$m(t)=\sum_{n=1}^{\infty}f_n(t), \tag{3-7-26}$$

这里 $f_n(t)$ 是 $F(t)$ 的 n 重卷积 $F_n(t)$ 的密度函数．通过对(3-7-26)式两边取拉氏变换容易推出，对于普通更新过程有

$$\tilde{m}(s)=\sum_{n=1}^{\infty}[\tilde{f}(s)]^n=\frac{\tilde{f}(s)}{1-\tilde{f}(s)}, \tag{3-7-27}$$

而对于延迟更新过程则有

$$\tilde{m}_D(s)=\frac{\tilde{g}(s)}{1-\tilde{f}(s)}, \tag{3-7-28}$$

这里 $\tilde{g}(s)$ 是第一个更新区间的分布密度的拉氏变换．把(3-7-27)和(3-7-28)式分别写为

$$\tilde{m}(s)=\tilde{f}(s)+\tilde{m}(s)\tilde{f}(s) \tag{3-7-29}$$

和

$$\tilde{m}_D(s)=\tilde{g}(s)+\tilde{m}_D(s)\tilde{f}(s). \tag{3-7-30}$$

由取拉氏逆变换即得

$$m(t)=f(t)+\int_0^t m(t-u)f(u)du \tag{3-7-31}$$

和

$$m_D(t)=g(t)+\int_0^t m_D(t-u)f(u)du. \tag{3-7-32}$$

积分方程(3-7-31)和(3-7-32)分别对应于更新函数$M(t)$和$M_D(t)$满足的更新方程(3-4-6)和(3-4-8).

由定理 3-7-1(3) 容易推知,若F是非格子分布,则无论是普通更新过程或是延迟更新过程,当$t\to\infty$时更新密度$m(t)$都有极限$1/\mu$. 又由平衡更新过程的定义直接得知,这时进一步有更新密度$m_e(t)\equiv 1/\mu$.

§3-8 交替更新过程

迄今为止,我们研究的更新过程只涉及一类事件,或者说过程描述的系统只有一种状态.例如,在零件更换的例子中我们考察设备中一个零件的工作,当零件发生故障时立即用同类的新零件替换,各零件的工作是相互独立的. 这样,相继使用的零件的寿命是一串相互独立同分布的随机变量,对应的系统只有一种状态——工作状态和一种类型的更新事件,这些事件发生在零件出现故障的时刻. 现在考虑较一般的情形,即是当零件发生故障时我们不能在这一瞬间用新的零件去更替用坏的零件,我们需要一段时间(一般说来,这段时间的长度是随机的)去寻找、拆卸用坏的零件和安装新的零件. 于是,对应的系统就有两种状态——工作状态和故障(或者说修理)状态. 这时,可以用一个两状态(通常可以用"1"和"0"分别表示"工作"和"故障"状态)的随机过程来描述设备的工作情况,过程交替地取值"1"和"0"表示设备交替地处于工作和故障状态. 由此引导到如下的交替更新过程模型.

我们用"1"和"0"表示系统的两个状态. 假设在初始时刻$t=0$系统处于状态"1",它在这状态逗留一段时间Z_1后转移到状态"0",它在"0"逗留的时间是Y_1,接着又转回到状态"1"并在"1"逗留长为Z_2的时间,以后又转到状态"0",在这状态度过长为Y_2的时间后又发生状态转移,……,如此相继在状态"1"和"0"之间交替地转移下去. 假设系统在这两种状态中逗留的时间是随机的,于是我们就得到两串随机变量$Z_1,Z_2,\cdots,Z_n,\cdots$和$Y_1,Y_2,\cdots,$

$Y_n, \cdots$. 进一步假设二维随机向量 (Z_n, Y_n), $n=1,2,\cdots$, 是相互独立同分布的,但是,对每一 n, Z_n 和 Y_n 可以是相依的.由对 (Z_n, Y_n) 所加的条件可推出 $\{Z_n\}$ 和 $\{Y_n\}$ 各自都是相互独立同分布的随机变量序列. 我们把由随机向量序列 $\{(Z_n, Y_n)\}$ 确定的随机过程称做交替更新过程 (alternating renewal process). 显然,当 $Y_n = 0 (n=1,2,\cdots)$ 时由 $\{(Z_n, Y_n)\}$ 描述的"交替更新过程就变为由 $\{Z_n\}$ 描述的普通更新过程.

从上面对交替更新过程的描述可以看出, 系统每一次从状态"0"转移到状态"1"的时刻 (亦即每一次开始处于状态"1"的时刻) 是过程的一个"再生点" (regenerative point), 这就是说,在统计意义上过程从这时刻往后的发展如同这过程从头开始一样 (而不受过程在这时刻以前的历史的影响). 记住这一事实是很重要的, 它在我们今后的研究中十分有用.

用 H, G 和 F 分别表示 Z_n, Y_n 和 $Z_n + Y_n (n=1,2,\cdots)$的分布. 又令

$$P_1(t) = P(\text{在时刻 } t \text{ 系统处于状态"1"}).$$

$$P_0(t) = P(\text{在时刻 } t \text{ 系统处于状态"0"}).$$

下面的定理在可靠性理论和排队论中有重要作用.

定理 3-8-1 设 $E[Z_n + Y_n] < \infty$, F 是非格子分布,则

$$\lim_{t\to\infty} P_1(t) = \frac{E[Z_n]}{E[Z_n] + E[Y_n]} \tag{3-8-1}$$

和

$$\lim_{t\to\infty} P_0(t) = \frac{E[Y_n]}{E[Z_n] + E[Y_n]}. \tag{3-8-2}$$

证明 我们把系统每一次从状态 "0" 到状态 "1" 的转移称做"更新". 于是,对在时刻 t 前的最后一次更新时间 S_{N_t} 置条件,我们就得到

$$P_1(t) = P\,(\text{系统在 } t \text{ 处于"1"} \mid S_{N_t} = 0) P(S_{N_t} = 0) + \int_0^t P\,(\text{系统在 } t \text{ 处于"1"} \mid S_{N_t} = y) dF_{S_{N_t}}(y). \tag{3-8-3}$$

因为

$$P(\text{系统在 } t \text{ 处于“1”} | S_{N_t} = 0)$$
$$= P(Z_1 > t | Z_1 + Y_1 > t) = \overline{H}(t)/\overline{F}(t). \quad (3\text{-}8\text{-}4)$$

而对于 $y < t$ 有

$$P(\text{系统在 } t \text{ 处于“1”} | S_{N_t} = y)$$
$$= P(Z > t - y | Z + Y > t - y)$$
$$= \overline{H}(t - y)/\overline{F}(t - y). \quad (3\text{-}8\text{-}5)$$

将(3-8-4)和(3-8-5)式代入(3-8-3)式并利用 $P(S_{N_t} = 0) = \overline{F}(t)$ 和 $dF_{S_{N_t}}(y) = \overline{F}(t - y)dM(y)$[参看(3-5-33)和(3-5-34)式]就推出

$$P_1(t) = \overline{H}(t) + \int_0^t \overline{H}(t - y)dM(y).$$

易见 $\overline{H}(t)$ 是变元 t 的非负不增函数，而且

$$\int_0^\infty \overline{H}(t)dt = E[Z_n] < \infty,$$

故由定理 3-6-2 (A) 知 $\overline{H}(t)$ 是直接黎曼可积的，因此由 Smith 关键更新定理(定理 3-6-1)推知

$$\lim_{t \to \infty} P_1(t) = \frac{\int_0^\infty \overline{H}(t)dt}{\mu_F} = \frac{E[Z_n]}{E[Z_n] + E[Y_n]}.$$

(3-8-1)式得证.

由 $P_1(t) + P_2(t) = 1$ 及(3-8-1)式立得(3-8-2)式. ■

上面的定理只是给出了 $P_1(t)$ 和 $P_0(t)$ 的极限性态，下面讨论它们的瞬时性态.

进一步假设 Z_n 与 Y_n 相互独立(对每一 $n = 1, 2, \cdots$). 如果用 $N_i(t)(i = 0, 1)$ 表示系统在区间 $(0, t]$ 内状态“i”的更新次数(即从状态“i”转移到另一状态的次数)，则不难看出 $\{N_0(t), t \geq 0\}$ 是一个普通更新过程，它的更新间距序列是 $\{Z_n + Y_n, n = 1, 2, \cdots\}$，$Z_n + Y_n$ 的分布是 $F = H * G$. $\{N_1(t), t \geq 0\}$ 则是一个延迟更新过程，它的更新间距序列是 $\{Z_1, Y_1 + Z_2, Y_2 + Z_3, \cdots, Y_n + Z_{n+1}, \cdots\}$，第一个更新间距 Z_1 的分布是 H，其余的更新间距的共同分布是 $H * G$.

设分布H和G分别有密度函数h和g，则更新函数$M_i(t)=EN_i(t)$，$i=0,1$的拉氏变换是

$$\widetilde{M}_0(s)=\frac{\tilde{h}(s)\tilde{g}(s)}{s[1-\tilde{h}(s)\tilde{g}(s)]} \tag{3-8-6}$$

和

$$\widetilde{M}_1(s)=\frac{\tilde{h}(s)}{s[1-\tilde{h}(s)\tilde{g}(s)]}. \tag{3-8-7}$$

定理 3-8-2 若Z_n和Y_n相互独立，Z_n和Y_n的分布分别是G和H，而且G和H分别有密度函数g和h，则

$$P_1(t)=M_0(t)-M_1(t)+1 \tag{3-8-8}$$

和

$$P_0(t)=M_1(t)-M_0(t). \tag{3-8-9}$$

证明 过程$N_0(t)$的第n次更新时间是$S_n=\sum_{j=1}^{n}(Z_j+Y_j)$，故$S_n$的分布是$F=H*G$的$n$重卷积$F_n$，其密度函数记为$f_n$.

事件{系统在时刻t处于状态"1"}可分解为如下两个互斥事件:

A: 初始状态"1"的延续时间超过t.

B: 对某$u<t$，第n次更新时间$S_n(n=1,2,\cdots)$发生在小区间$(u,u+du)$内，而且系统在其后长为$t-u$的时间内仍处于状态"1".

易见

$$P(A)=P(Z_1>t)=\overline{H}(t)$$

和

$$P(B)=\int_0^t\sum_{n=1}^{\infty}f_n(u)P(Z_{n+1}>t-u)du.$$

所以

$$P_1(t)=\overline{H}(t)+\int_0^t\sum_{n=1}^{\infty}f_n(u)\overline{H}(t-u)du.$$

对上式取拉氏变换得

$$\tilde{P}_1(s) = \tilde{\bar{H}}(s) + \sum_{n=1}^{\infty} \tilde{f}_n(s)\tilde{\bar{H}}(s).$$

注意到 $\tilde{\bar{H}}(s) = [\widetilde{1-H}](s) = 1/s - \tilde{h}(s)/s$ 和 $\tilde{f}_n(s) = [\tilde{h}(s)\tilde{g}(s)]^n$，上式可写成

$$\begin{aligned}\tilde{P}_1(s) &= \left[\frac{1}{s} - \frac{\tilde{h}(s)}{s}\right] + \sum_{n=1}^{\infty}[\tilde{h}(s)\tilde{g}(s)]^n\left[\frac{1}{s} - \frac{\tilde{h}(s)}{s}\right] \\ &= \frac{1-\tilde{h}(s)}{s}\left[1 + \frac{\tilde{h}(s)\tilde{g}(s)}{1-\tilde{h}(s)\tilde{g}(s)}\right] \\ &= \frac{1-\tilde{h}(s)}{s[1-\tilde{h}(s)\tilde{g}(s)]}.\end{aligned}$$

根据(3-8-6)和(3-8-7)式又可将 $\tilde{P}_1(s)$ 写成

$$\tilde{P}_1(s) = \tilde{M}_0(s) - \tilde{M}_1(s) + \frac{1}{s}.$$

将上式取拉氏逆变换即得(3-8-8)和(3-8-9)式. ■

例 3-8-1（储存论的一个应用） 某商店销售一种商品. 假设到达商店买这种商品的顾客形成一更新过程，其间距分布 F 是非格子的. 各个顾客对这种商品的需要量是相互独立同分布的随机变量，其共同分布是 G. 假定商店采用 (S_0, S_1) 进货策略，即若在销售给一个顾客后商品的储存水平低于 S_0，则马上进货补充到水平 S_1（设进货能瞬间完成）；若储存水平不低于 S_0 就不进货. 于是，若以 x 表示一次销售后的储存水平，则这时的进货量是

$$\begin{array}{ll} S_1 - x & \text{若 } x < S_0, \\ 0 & \text{若 } x \geqslant S_0. \end{array}$$

令 $X(t)$ 表示在时刻 t 的储存水平. 假定 $X(0) = S_1$，现欲求 $\lim\limits_{t\to\infty} P(X(t) \geqslant x)$，注意仅当 $S_0 \leqslant x \leqslant S_1$ 时才是非平凡的情形. 我们定义系统处于状态“1”，如果储存水平不低于 x，否则处于状态“0”. 于是就得到一个交替更新过程. 根据定理 3-8-1 知

$$\lim_{t\to\infty} P(X(t) \geqslant x) = \frac{\text{在一个周期中储存水平} \geqslant x \text{ 的时间的期望值}}{\text{一个周期的期望长度}}$$

若以 $Y_i(i=1,2,\cdots)$ 表示第 i 个顾客购物的数量，$\{Y_i\}$ 是相互独立同分布的随机变量序列．令

$$N^x=\min\{n:Y_1+\cdots+Y_n>S_1-x\},$$

则第 N^x 个顾客是这周期中第一个使得商品储存水平下降到 x 以下的顾客，他使得统系从状态“1”转移到“0”．因此，若 $\{T_i\}$ 是顾客到达的时间间隔，则在一个周期中系统处于状态“1”的时间可表为 $\sum_{j=1}^{N^x}T_j$，一个周期的长度是 $\sum_{j=1}^{N^{S_0}}T_j$．于是由 Wald 公式有

$$\lim_{t\to\infty}P(X(t)\geqslant x)=\frac{E\left[\sum_{j=1}^{N^x}T_j\right]}{E\left[\sum_{j=1}^{N^{S_0}}T_j\right]}=\frac{EN^x}{EN^{S_0}}. \qquad (3\text{-}8\text{-}10)$$

更进一步，我们可以把 N^x-1 看作是由 $\{Y_i\}$ 定义的更新过程在 $(0,S_1-x]$ 内的更新数目，因此又有

$$EN^x=M_G(S_1-x)+1$$

和

$$EN^{S_0}=M_G(S_1-S_0)+1,$$

这里 $M_G(t)=\sum_{n=1}^{\infty}G_n(t)$ 是对应于分布 G 的更新函数．将这两个表示式代入(3-8-10)式即得

$$\lim_{t\to\infty}P(X(t)\geqslant x)=\frac{1+M_G(S_1-x)}{1+M_G(S_1-S_0)}. \qquad (3\text{-}8\text{-}11)$$

例 3-8-2（在排队论中的应用） 考虑一个 $M/G/1$ 排队系统．设顾客到达服务台形成一强度为 λ 的齐次泊松过程，各顾客的服务时间相互独立且有相同分布，其平均值是 $1/\mu$．假设 $\mu>\lambda$（即 $\lambda/\mu<1$）．现欲求当系统处于平衡状态时服务员工作和空闲的概率，这就是说，若 $P_B(t)$ 和 $P_I(t)$ 分别表示在时刻 t 服务员工作和空闲的概率，我们希望求出当 $t\to\infty$ 时 $P_B(t)$ 和 $P_I(t)$ 的极限．为此考虑一个从系统的忙期开始，由忙期和闲期交替而形成的交替更新过程．根据定理 3-8-1 得知

$$P_B = \lim_{t\to\infty} P_B(t) = \frac{E[T_B]}{E[T_I] + E[T_B]}, \qquad (3\text{-}8\text{-}12)$$

这里 T_B 和 T_I 分别表示忙期和闲期的长度．由泊松过程的无记忆性易知 $E[T_I] = 1/\lambda$．下面计算 $E[T_B]$．一个忙期是从一顾客在服务员空闲时到达开始的，我们先计算条件期望 $E[T_B|K,S]$，这里 K 是在第一个顾客的服务时间内到达系统的顾客数，S 是这段服务时间的长度．

先设 $K=0$，则这忙期将在第一个顾客服务完毕时结束，于是有

$$E[T_B|K=0,S] = S. \qquad (3\text{-}8\text{-}13)$$

其次，若 $K=1$，则在第一个顾客服务结束时，即在时刻 S 有一个顾客在系统．因为顾客的到达形成一泊松过程，由无记忆性知这时在统计上可认为系统的运行在时刻 S 从头开始．所以有

$$E[T_B|K=1,S] = S + E[T_B], \qquad (3\text{-}8\text{-}14)$$

最后，设 $K=k$，这里 k 是任意大于 1 的整数．为了确定条件期望 $E[T_B|K,S]$，首先注意到忙期的长度与顾客服务的次序无关．记这 k 个顾客为 $C_1, C_2, \cdots, C_k$．我们用下述方式安排服务次序：C_1 首先被服务．然后，当除 $C_2, \cdots, C_k$ 外系统中再无其它顾客时 C_2 接受服务；C_3 则在除 $C_3, \cdots, C_k$ 外系统中再无其它顾客时接受服务，…等等．易见这时顾客 C_i 和 $C_{i+1}(i=1,\cdots,k-1)$ 开始接受服务时刻之间的间距的数学期望恰好等于 ET_B．故

$$E[T_B|K=k,S] = S + kET_B. \qquad (3\text{-}8\text{-}15)$$

综合(3-8-13)—(3-8-15)式可得

$$E[T_B|K,S] = S + K\cdot ET_B. \qquad (3\text{-}8\text{-}16)$$

从而

$$ET_B = E[S + K\cdot ET_B] = ES + EK\cdot ET_B.$$

另一方面

$$EK = E[E(K|S)] = E(\lambda S) = \lambda/\mu.$$

所以

$$ET_B = \frac{ES}{1-EK} = \frac{1}{\mu-\lambda}. \tag{3-8-17}$$

将(3-8-17)式代入(3-8-12)式即得

$$P_B = \lambda/\mu \text{ 和 } P_I = 1 - P_B = (\mu-\lambda)/\mu. \tag{3-8-18}$$

当 $\lambda \geqslant \mu$ 时可以证明 $P_B = 1$ 和 $P_I = 0$. 因为这时相对于服务能力来说，顾客到达太频繁，所以服务员忙不过来，一点空闲都没有.

§3-9 剩余寿命和年龄

在更新理论中，剩余寿命和年龄是两个重要的概念和研究对象. 设 $N = \{N_t, t \geqslant 0\}$ 是一更新过程,

$$S_n = \sum_{j=1}^{n} T_j (n = 1, 2, \cdots)$$

是它的第 n 次更新时间. 对任意 $t \geqslant 0$，我们用 $Y(t)$ 表示从时刻 t 到 t 后第一次更新 S_{N_t+1} 的距离；用 $A(t)$ 表示从时刻 t 到 t 前最后一次更新 S_{N_t} 的距离(如图 3-9-1 所示)，即是

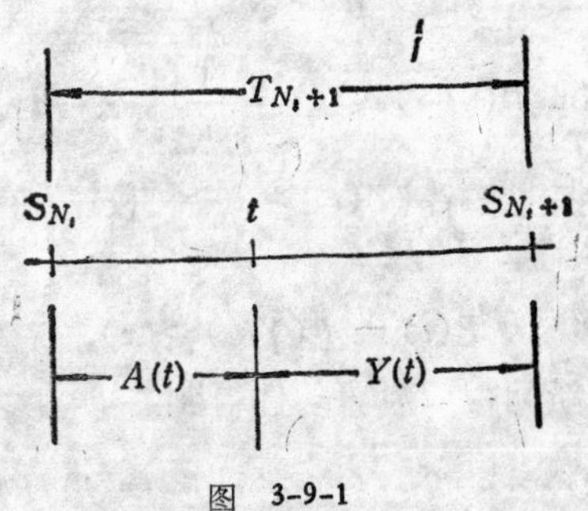

图 3-9-1

$$Y(t) = S_{N_t+1} - t, \tag{3-9-1}$$

$$A(t) = t - S_{N_t}. \tag{3-9-2}$$

我们在第二章曾就泊松过程讨论过 $Y(t)$ 和 $A(t)$，并一般地把它们称做过程在时刻 t 的接后发生时间和对前发生时间. 在更新理论中人们常常形象地把更新间距 T 看作是被研究个体的寿命，于

是 $Y(t)$ 就是这个个体在时刻 t 的剩余寿命,而 $A(t)$ 则给出到时刻 t 为止该个体存活了多长时间，即个体在时刻 t 的年龄. 由图 3-9-1 容易看出如下关系:

$$A(t)+Y(t)=T_{N_t+1} \tag{3-9-3}$$

和

$$S_{N_t}\leqslant t<S_{N_t+1}. \tag{3-9-4}$$

定理 3-9-1 设更新过程 N 的更新间距分布是 F, 则

(1) $$P(Y(t)\leqslant x)=F(t+x)-\int_0^t \bar{F}(t+x-y)dM(y), \tag{3-9-5}$$

$$P(A(t)\leqslant x)=\begin{cases}F(t)+\int_0^{t-x}\bar{F}(t-y)dM(y), & x<t,\\ 1, & x\geqslant t.\end{cases} \tag{3-9-6}$$

(2) 若 F 是非格子分布,而且它的数学期望

$$\int_0^\infty \bar{F}(x)dx=\mu<\infty.$$

$$\lim_{t\to\infty}P(Y(t)\leqslant x)=\frac{1}{\mu}\int_0^x \bar{F}(y)dy, \tag{3-9-7}$$

$$\lim_{t\to\infty}P(A(t)\leqslant x)=\frac{1}{\mu}\int_0^x \bar{F}(y)dy. \tag{3-9-8}$$

证明 (1) 易见事件 $\{Y(t)>x\}=\{$过程在区间 $(t,t+x]$ 没有更新发生$\}$. 令

$$P(t)=P(Y(t)>x),$$

通过对第一个更新间距 T_1 置条件得到

$$P(t)=\int_0^\infty P(Y(t)>x\,|\,T_1=y)dF(y). \tag{3-9-9}$$

下面计算 $P(Y(t)>x\,|\,T_1=y)$, 我们分三种情形考虑:

(i) $y>t+x$, 这表示第一次更新在 $t+x$ 以后, 故必有 $Y(t)>x$, 所以

$$P(Y(t)>x\,|\,T_1=y)=1. \tag{3-9-10}$$

(ii) $t<y\leqslant t+x$, 即第一次更新发生在区间 $(t,t+x]$内,

从而必有 $Y(t)\leqslant x$，故

$$P(Y(t)>x|T_1=y)=0. \qquad (3\text{-}9\text{-}11)$$

(iii) $0<y\leqslant t$，这时可以想象过程在再生点 $T_1=y$ 从头开始，于是有

$$P(Y(t)>x|T_1=y)=P(Y(t-y)>x)=P(t-y). \qquad (3\text{-}9\text{-}12)$$

联合(3-9-9)—(3-9-12)式得

$$\begin{aligned}P(t)&=\int_{t+x}^{\infty}dF(y)+\int_0^t P(t-y)dF(y)\\&=\bar{F}(t+x)+\int_0^t P(t-y)dF(y),\end{aligned} \qquad (3\text{-}9\text{-}13)$$

这是一个更新型方程．由定理 3-4-3 知

$$P(t)=\bar{F}(t+x)+\int_0^t\bar{F}(t+x-y)dM(y), \qquad (3\text{-}9\text{-}14)$$

易见这等价于(3-9-5)式．

现在证明 (3-9-6) 式．当 $x\geqslant t$ 时 $\{A(t)>x\}$ 是不可能事件，故有 $P(A(t)\leqslant x)=1$．对于 $x<t$，事件 $\{A(t)>x\}=\{$过程在区间 $[t-x,t]$ 中无更新发生$\}$，而后者等价于事件 $\{Y(t-x)>x\}$，所以

$$P(A(t)>x)=P(Y(t-x)>x). \qquad (3\text{-}9\text{-}15)$$

由(3-9-14)立即得到

$$\begin{aligned}P(A(t)\leqslant x)&=1-P(A(t)>x)\\&=F(t)-\int_0^{t-x}\bar{F}(t-y)dM(y),\end{aligned}$$

于是(3-9-6)式得证．

(2) 由定理假设易知函数 $\bar{F}(t-x)$ 是直接黎曼可积的，故由关键更新定理得

$$\begin{aligned}\lim_{t\to\infty}\int_0^t\bar{F}(t+x-y)dM(y)&=\frac{1}{\mu}\int_0^{\infty}\bar{F}(t+x)dt\\&=\frac{1}{\mu}\int_x^{\infty}\bar{F}(y)dy.\end{aligned}$$

这样一来,在(3-9-14)式两边令 $t\to\infty$ 就得

$$\lim_{t\to\infty} P(Y(t)>x)=\frac{1}{\mu}\int_x^{\infty}\overline{F}(y)dy,$$

故

$$\lim_{t\to\infty} P(Y(t)\leqslant x)=\frac{1}{\mu}\int_0^{x}\overline{F}(y)dy.$$

其次,由(3-9-15)式及刚刚证明了的(3-9-7)式知对任意固定的 $x\geqslant 0$ 有

$$\lim_{t\to\infty} P(A(t)\leqslant x)=\lim_{t\to\infty} P(Y(t-x)\leqslant x)$$

$$=\frac{1}{\mu}\int_0^{x}\overline{F}(y)dy. \qquad \blacksquare$$

现在考察当更新间距 T 有指数分布 $F(x)=1-e^{-\lambda x}$ 的情形. 这时 $M(t)=\lambda t$. 于是由(3-9-5)和(3-9-6)式推知

$$P(Y(t)\leqslant x)=1-e^{-\lambda(t+x)}-\int_0^{t}e^{-\lambda(t+x-y)}\lambda dy=1-e^{-\lambda x},$$

$$\text{对所有 } t\geqslant 0, \qquad (3\text{-}9\text{-}16)$$

$$P(A(t)\leqslant x)=\begin{cases}1-e^{-\lambda t}-\int_0^{t-x}e^{-\lambda(t-y)}\lambda dy=1-e^{-\lambda x}, & \text{若 } x<t,\\ 1, & \text{若 } x\geqslant t.\end{cases} \qquad (3\text{-}9\text{-}17)$$

于是,对于很大的 t 有

$$P(A(t)\leqslant x)\approx 1-e^{-\lambda x}. \qquad (3\text{-}9\text{-}18)$$

另一方面,因为 $T_{N_t+1}=A(t)+Y(t)$, 又由指数分布的无记忆性知 $A(t)$ 和 $Y(t)$ 相互独立. 故包含 t 的更新间距 T_{N_t+1} 的分布等于 $A(t)$ 的分布 F_A 和 $Y(t)$ 的分布 F_Y 的卷积. 因而对很大的 t, T_{N_t+1} 近似地有均值为 $2/\lambda$ 的伽玛分布,即

$$ET_{N_t+1}\approx 2/\lambda=2ET. \qquad (3\text{-}9\text{-}19)$$

上式表明当 t 很大时, 包含 t 的更新区间的期望长度约为普通更新区间的期望长度的两倍. 乍看起来,这一结论是令人惊讶的.人们有时称之为"检查悖论". 下面对此作进一步分析. 设想某设备投入工作后一直运作到发生故障为止. 这时立即换上同类型的新

设备而使运作不间断,……,如此使过程不断延续下去．设 N_t 是在时间区间 $(0, t]$ 中发生故障的设备数．假定设备的寿命分布 F 未知，我们想要通过如下抽样程序作出估计：选取某个固定时刻 t 并对在这时刻正在工作的设备的寿命进行观测．但是，由上述“检查悖论”知不能直接用这样的观测数据作设备寿命的估计值．一般说来，这样的估计值比设备的实际寿命要长．为了说明这一点,让我们进一步考察 T_{N_t+1} 的分布．因为

$$P(T_{N_t+1} > x) = E[P(T_{N_t+1} > x | S_{N_t})]. \qquad (3\text{-}9\text{-}20)$$

为求 $P(T_{N_t+1} > x | S_{N_t})$，对任意 $s \leqslant t$，考察 $P(T_{N_t+1} | S_{N_t} = t - s)$．下面分两种不同的情况讨论．先设 $s > x$，这时在长为 s 的区间 $(t-s, t]$ 内无更新发生,故必有 $T_{N_t+1} > s > x$，所以

$$P(T_{N_t+1} > x | S_{N_t} = t - s) = 1 \geqslant \bar{F}(x).$$

其次,若 $s \leqslant x$，则有

$$\begin{aligned} P(T_{N_1+1} > x | S_{N_t} = t - s) &= P(T > x | T > s) \\ &= \bar{F}(x)/\bar{F}(s) \geqslant \bar{F}(x). \end{aligned}$$

因此,两种情形都有

$$P(T_{N_1+1} > x | S_{N_t} = t - s) \geqslant \bar{F}(x),$$

故由(3-9-20)式马上得到

$$P(T_{N_t+1} > x) \geqslant \bar{F}(x). \qquad (3\text{-}9\text{-}21)$$

由此看出 T_{N_t+1} 依分布（或者说随机地）大于 T．为什么会出现这种情况呢？因为若以 T 表示任一台设备的寿命，则 T_{N_t+1} 实际上表示在时刻 t 观测到的设备(亦即是已知其寿命大于 $t - S_{N_t}$ 的那些设备)的寿命．所以,从统计的观点来看 T_{N_t+1} 应比 T 大．

下面求当 $t \to \infty$ 时这分布的极限．我们使用交替更新过程的模型,设一次更新对应一个“1-0”周期．我们说系统在整个周期处于状态“1”，如果这周期长度大于 x；否则认为它在整个周期处于状态“0”．因为含 t 的更新区间长度就是 T_{N_t+1}，故

$$P(T_{N_t+1} > x) = P\ (\text{系统在时刻 } t \text{ 处于“1”}).$$

当 F 是非格子分布且有有限的数学期望 μ 时,由定理 3-8-1 知

$$\lim_{t\to\infty} P(T_{N_t+1} > x) = \frac{\text{在一个“1-0”周期中处于“1”的时间的期望值}}{\text{一个“1-0”周期的期望长度}}$$

$$= \frac{1}{\mu}\int_x^{\infty} y dF(y), \tag{3-9-22}$$

这等价于

$$\lim_{t\to\infty} P(T_{N_t+1} \leqslant x) = \frac{1}{\mu}\int_0^x y dF(y). \tag{3-9-23}$$

下面让我们计算剩余寿命 $Y(t)$ 的期望值 $E[Y(t)]$. 通过对 S_{N_t} 置条件可得

$$E[Y(t)] = E[Y(t)|S_{N_t} = 0]\bar{F}(t) + \int_0^t E[Y(t)|S_{N_t} = y]dF_{S_{N_t}}(y). \tag{3-9-24}$$

条件 $S_{N_t} = 0$ 意味着 $T_1 > t$，这时有 $Y(t) = T - t$. 而 $S_{N_t} = y$ 表示在时刻 t 前最后一次更新发生在 y，且以这次更新时间为起点的更新区间长度大于 $t - y$，这时有 $Y(t) = T - (t - y)$. 此外，由 (3-5-30)式 有 $dF_{S_{N_t}}(y) = \bar{F}(t-y)dM(y)$. 综上所述，(3-9-25)式可改写为

$$E[Y(t)] = E[T - t|T > t]\bar{F}(t) + \int_0^t E[T - (t - y)|T > t - y]\bar{F}(t - y)dM(y). \tag{3-9-25}$$

这是一个更新型方程. 根据定理 3-6-2 不难推知，当 $E[T^2] < \infty$ 时函数 $h(t) = E[T - t|T > t]\bar{F}(t) = \int_t^{\infty}(x - t)dF(x)$ 是直接黎曼可积的，故由关键更新定理有

$$\begin{aligned}\lim_{t\to\infty} E[Y(t)] &= \frac{1}{\mu}\int_0^{\infty} E[T - t|T > t]\bar{F}(t)dt \\ &= \frac{1}{\mu}\int_0^{\infty}\int_t^{\infty}(x - t)dF(x)dt \\ &= \frac{1}{\mu}\int_0^{\infty}\int_0^x (x - t)dt\,dF(x) \\ &= \frac{1}{2\mu}\int_0^{\infty} x^2 dF(x) = E[T^2]/2\mu.\end{aligned}$$

这样一来我们就证明了下面定理.

定理 3-9-2 若更新间距T的分布是非格子的，$E[T]=\mu<\infty$ 和 $E[T^2]<\infty$，则

$$\lim_{t\to\infty} E[Y(t)]=E[T^2]/2\mu. \tag{3-9-26}$$

基于这定理又容易证明

定理 3-9-3 在定理 3-9-2 的假设下还有

(1) $E[Y(t)]+t=\mu(M(t)+1)$. (3-9-27)

(2) $\lim_{t\to\infty}\left(M(t)-\dfrac{t}{\mu}\right)=\dfrac{E[T^2]}{2\mu}-1.$ (3-9-28)

证明 因为有 $S_{N_t+1}=t+Y(t)$，故 $ES_{N_t+1}=t+E[Y(t)]$. 又由引理 3-5-1 有

$$ES_{N_t+1}=\mu(M(t)+1).$$

把 ES_{N_t+1} 的这两种表示式联合起来就得到(3-9-27)式. 对 (3-9-27)式取 $t\to\infty$的极限并利用定理 3-9-2 即得(3-9-28)式. ■

最后，我们讨论一下利用剩余寿命和年龄刻划更新过程的问题. 设 $N\equiv\{N_t,t\geqslant 0\}$ 是一普通更新过程，它的更新间距分布是 F. 当F是具有参数 $\mu=\int_0^\infty \bar{F}(x)dx$ 的指数分布时，N是强度为 $\lambda=1/\mu$ 的齐次泊松过程. 这时(3-9-16)和(3-9-17) 式成立，我们可以把这两个式子写成更一般的形式：对于所有 $t\geqslant 0$，

$$P(Y(t)\leqslant x)=F(x) \tag{3-9-29}$$

和

$$P(A(t)\leqslant x)=\begin{cases}F(x) & x<t,\\ 1 & x\geqslant t.\end{cases} \tag{3-9-30}$$

这就是说，剩余寿命 $Y(t)$ 和更新间距有相同的分布 F，而年龄 $A(t)$ 的分布则是F在t的截尾分布 F_t，这里

$$F_t(x)=\begin{cases}F(x) & x<t,\\ 1 & x\geqslant t.\end{cases}$$

Chung (1972) 证明了若F是非格子分布，则(3-9-29)或(3-9-30) 式中的任一个都是过程N是齐次泊松过程的充分条件. 事

实上，我们有在形式上较强的如下结论.

定理 3-9-4 设 F 是非退化的非格子分布. 若 (3-9-29) 或 (3-9-30)式中任一个对某串趋于无穷的 t 值成立，则以 F 为更新间距分布的过程 N 是齐次泊松过程，其强度 $\lambda=\left[\int_0^\infty \bar{F}(x)dt\right]^{-1}$.

证明 由定理 3-9-1 (2) 知对于任意 $x\geqslant 0$,

$$\lim_{t\to\infty} P(Y(t)\leqslant x)=\lim_{t\to\infty} P(A(t)\leqslant x)=F_e(x),$$

这里

$$F_e(x)=\frac{1}{\mu}\int_0^x \bar{F}(y)dy$$

和

$$\mu=\int_0^\infty \bar{F}(y)dy.$$

当 $\mu=\infty$ 时 $1/\mu$ 理解为 0. 若(3-9-29)或(3-9-30)式对某串趋于无穷的数列 $\{t_n\}$ 成立，则由于 $F_e(x)$ 是一不恒等于零的分布函数，故 $1/\mu$ 不可能等于零，从而 $\mu<\infty$. 其次，当 $t_n\to\infty$ 时可推出

$$F(x)=\frac{1}{\mu}\int_0^x [1-F(y)]dy,$$

不难验证这方程的唯一解是 $F(x)=1-e^{-\frac{x}{\mu}}\ (x\geqslant 0)$. ■

Çinlar 和 Jagers (1973) 推广了 Chung 的结果，他们证明了如下更强的定理.

定理 3-9-5 (1) 若对于所有 $t>0$,

$$E[Y(t)]=c, \tag{3-9-31}$$

这里 c 是某一有限常数. 则更新过程 N 是强度为 $1/c$ 的齐次泊松过程.

(2) 若对于所有 $t>0$,

$$E[A(t)]=\int_0^\infty x dF_t(x). \tag{3-9-32}$$

则更新过程 N 是齐次泊松过程.

证明 (1) 我们利用(3-9-13)式

$$P(Y(t) > x) = 1 - F(t + x) + \int_0^t P(Y(t - y) > x) dF(y).$$

两边对 x 积分，则由假设知等式左边是

$$\int_0^\infty P(Y(t) > x) dx = E[Y(t)] = c,$$

故得

$$\begin{aligned} c &= \int_0^\infty [1 - F(t + x)] dx + \int_0^\infty \int_0^t P(Y(t - y) > x) dF(y) dx \\ &= \int_t^\infty [1 - F(u)] du + \int_0^t \int_0^\infty P(Y(t - y) > x) dx dF(y) \\ &= \int_t^\infty [1 - F(u)] du + cF(t). \end{aligned} \tag{3-9-33}$$

上面的运算过程中交换积分次序是合法的，因为被积函数是非负的．(3-9-33)式可改写为

$$c(1 - F(t)) = \int_t^\infty (1 - F(u)) du.$$

由上式首先可看出函数 $1 - F(t)$ 是连续的，据此又马上得知这函数是可微的．于是，由对上式两边求导得

$$F'(t)/(1 - F(t)) = 1/c.$$

容易验证这个简单的微分方程的唯一解是 $F(t) = 1 - e^{-t/c}$.

（2）再次利用更新推理，通过对 T_1 置条件可推得

$$P(A(t) > x) = 1 - F(t) + \int_0^t P(A(t - y) > x) dF(y), \quad x \leqslant t \tag{3-9-34}$$

注意由 $P(A(t) > x) = 0$ 对 $x > t$ 推知，上式的积分区间只有 $[0, t - x]$ 这一部分才对积分有贡献．于是，根据假设

$$\begin{aligned} E[A(t)] &= \int_0^t P(A(t) > x) dx = \int_0^t x dF_t(x) \\ &= \int_0^t x dF(x) + t\bar{F}(t) = \int_0^t \bar{F}(x) dx. \end{aligned} \tag{3-9-35}$$

将(3-9-34)式对 x 在区间 $[0, t]$ 上积分得

$$\int_0^t \bar{F}(x) dx = t\bar{F}(t) + \int_0^t dx \int_0^t P(A(t - y) > x) dF(y)$$

$$= t\bar{F}(t) + \int_0^t dF(y)\int_0^t P(A(t-y) > x)dx.$$

上式中 $\int_0^t P(A(t-y) > x)dx$ 的积分区间只有 $[0, t-y]$ 这一部分才对积分有贡献，故由(3-9-35)式知上式可写成

$$\int_0^t \bar{F}(x)dx = t\bar{F}(t) + \int_0^t dF(y)\int_0^{t-y} P(A(t-y) > x)dx$$

$$= t\bar{F}(t) + \int_0^t dF(y)\int_0^{t-y} \bar{F}(x)dx$$

$$= t\bar{F}(t) + \int_0^{t-x} dF(y)\int_0^t \bar{F}(x)dx$$

$$= t\bar{F}(t) + \int_0^t \bar{F}(x)(1-\bar{F}(t-x))dx,$$

故有

$$t\bar{F}(t) = \int_0^t \bar{F}(x)\bar{F}(t-x)dx.$$

当我们在上式两边取拉氏变换时(为简化记号，用 $f(s)$ 表示 $\bar{F}(t)$ 的拉氏变换)，因为 $-t\bar{F}(t)$ 的拉氏变换等于 $\bar{F}(t)$ 的拉氏变换 $f(s)$ 的导数 $f'(s)$ (参看附录一)，故等式左边应等于 $-f'(s)$，而右边则由拉氏变换的卷积性质知是 $[f(s)]^2$。因此，我们得到

$$-f'(s) = [f(s)]^2$$

或

$$-f'(s)/[f(s)]^2 = 1,$$

从而有

$$1/f(s) = s + c,$$

其中 c 是某一常数。上式经移项后取拉氏逆变换即得

$$\bar{F}(t) = e^{-ct}, \quad t \geqslant 0.$$

因为 $\bar{F}(x)$ 是单调不增函数，故必有 $c \geqslant 0$。定理证完。 ■

易见对任意 $t > 0$，当给定 $N_t = n(n \geqslant 1)$ 时，更新过程 N 在 $[0, t]$ 内的 n 个更新间距 $T_1, T_2, \cdots, T_n$ 有相同的条件分布。Chung (1972) 证明了当且仅当对于一串趋于无穷的 t 值，$[0, t]$ 中最后一个区间 $t - S_n$ 也和 $T_1, T_2, \cdots, T_n$ 有相同的条件分布时 N 是齐次泊松过程。利用定理 3-9-5 (2) 我们可以推出

上述结果的用条件期望表示的类似定理.

定理 3-9-6 若对于所有 $t\geqslant 0$ 和 $n\geqslant 1$ 有

$$E[t-S_n|N_t=n]=E[T_1|N_t=n], \qquad (3\text{-}9\text{-}36)$$

这里 S_n 和 T_1 分别是过程 N 的第 n 次更新时间和第一个更新间距，则 N 是齐次泊松过程（相反的论断是齐次泊松过程的已知性质).

证明 对任意随机变量 X 和可测集 B，记 $E[X;B]=\int_B XdP$，于是由假设(3-9-36)有

$$\begin{aligned}E[A(t);N_t>0]&=\sum_{n=1}^{\infty}E[t-S_n;N_t=n]\\&=\sum_{n=1}^{\infty}E[T_1;N_t=n]\\&=E[T_1;T_1\leqslant t]=\int_0^t xdF(x).\end{aligned}$$

所以

$$\begin{aligned}E[A(t)]&=E[A(t);N_t=0]+E[A(t);N_t>0]\\&=t\bar{F}(t)+\int_0^t xdF(x)=\int_0^t xdF_t(x).\end{aligned}$$

故由定理3-9-6(2)马上得到欲证的论断. ■

§3-10 更新过程的稀疏、叠加和分解

在§2-3中我们讨论过一类特殊的更新过程——齐次泊松过程的稀疏、叠加和分解等运算（或者说变换). 这一节我们将对一般的更新过程讨论类似的问题，由于这时我们不能再像在齐次泊松过程情形中那样利用泊松分布的可加性及指数分布的无记忆性这样一些良好性质,所以问题的难度必然会增大,所能得到的结果也不会那么丰富和漂亮,而且有时还必须对过程添加某些限制.

更新过程的稀疏

设 $N\equiv\{N_t,t\geqslant 0\}$ 是间距分布为 F 的更新过程，它的点发

生时间序列是 $\{S_n, n=1,2,\cdots\}$，如果对过程N的每一点都以概率p保留和以概率$q=1-p$舍弃（$0\leqslant p\leqslant 1$）. 同时各点被保留或舍弃的抉择是相互独立地作出的. 于是，通过对过程N作这样的随机稀疏后保留下来的点的时间发生序列 $\{S_{n_i}, i=1,2,\cdots\}$确定一点过程 $\tilde{N}\equiv\{\tilde{N}_t, t\geqslant 0\}$. 易知 $k_i=n_i-n_{i-1}, i=1,2,\cdots$（定义 $n_0=0$），是一串相互独立同分布的正整数值随机变量，它们的共同分布是由

$$P(k_i=j)=pq^{j-1},\ j=1,2,\cdots$$

给定的正值几何分布. 因此，若用 $\tilde{T}_i=S_{n_i}-S_{n_{i-1}}$ 表示过程 $\tilde{N}$ 的第i个点间间距（$i=1,2,\cdots$），则它是原过程N的 k_i 个相连的更新间距之和. 由更新过程的性质易知 $\tilde{T}_i, i=1,2,\cdots$，是一串相互独立同分布的随机变量，其共同分布是

$$G(x)\equiv F(\tilde{T}_i\leqslant x)=\sum_{j=1}^{\infty}pq^{j-1}F_j(x), \qquad (3\text{-}10\text{-}1)$$

这里 F_j 是分布F的j重卷积. 这表明过程 $\tilde{N}$ 仍是一更新过程，它的更新间距分布由(3-10-1)式给出.

若用 $M(t)\equiv EN_t$ 和 $\tilde{M}(t)\equiv E\tilde{N}_t$ 分别表示过程N和$\tilde{N}$的更新函数，则不难证明它们之间有如下关系:

$$\tilde{M}(t)=pM(t). \qquad (3\text{-}10\text{-}2)$$

事实上，若用 F^* 和 G^* 分别表示分布函数F和G的L-S变换，则对(3-10-1)式两边取这种变换得

$$G^*(s)=\sum_{i=1}^{\infty}pq^{i-1}[F^*(s)]^i=\frac{p}{q}\sum_{j=1}^{\infty}[qF^*(s)]^j$$

$$=\frac{pF^*(s)}{1-qF^*(s)}. \qquad (3\text{-}10\text{-}3)$$

另一方面，因为

$$\tilde{M}(t)=\sum_{n=1}^{\infty}G_n(x). \qquad (3\text{-}10\text{-}4)$$

若以 $\tilde{M}^*(s)$ 表示 $\tilde{M}(t)$ 的 L-S 变换，则对(3-10-4)式两端取这种变换得

$$
\begin{aligned}
\widetilde{M}^*(s) &= \sum_{n=1}^{\infty}[G^*(s)]^n = \sum_{n=1}^{\infty}\left[\frac{pF^*(s)}{1-qF^*(s)}\right]^n \\
&= \frac{pF^*(s)}{1-qF^*(s)-pF^*(s)} \\
&= \frac{pF^*(s)}{1-F^*(s)} = pM^*(s), \qquad (3\text{-}10\text{-}5)
\end{aligned}
$$

这里 $M^*(s) = F^*/(1-F^*(s))$ 是更新函数 $M(t)$ 的 L-S 变换．由对(3-10-5)式两端取逆变换即得(3-10-2)式．注意当分布函数不是把全部质量集中于原点（这对应于 $F(0)=1$ 的平凡情形）时，必有 $\tilde{F}(s)<1$，这时在上面的计算中利用无穷几何级数的求和公式是合法的．

我们把以上结果综合为下面的定理．

定理 3-10-1 设 N 是间距分布为 F 的更新过程，$\widetilde{N}$ 是由对 N 作随机稀疏（舍弃概率是 $q=1-p$）而得到的点过程，则有如下论断:

(1) $\widetilde{N}$ 是间距分布由(3-10-1)式给出的更新过程．

(2) 若过程 N 和 $\widetilde{N}$ 的更新函数分别用 $M(t)$ 和 $\widetilde{M}(t)$ 表示，则它们的关系由(3-10-2)式给出．

下面给出另一个与更新过程有关的稀疏定理，它表明在对更新间距分布 F 的故障率加上某种有界性条件之后，对应的更新过程可由对带时倚强度泊松过程作随机稀疏而得到，或者通过对这更新过程作随机稀疏能够得到一个带时倚强度的泊松过程．这定理在点过程的比较研究中有明显的意义和重要的作用．

定理 3-10-2 设更新过程 N 的间距分布 F 有故障率 $r(\cdot)$，即

$$
F(x) = 1 - \exp\left\{-\int_0^x r(s)ds\right\}, \qquad x \geqslant 0,
$$

(1) 若存在一右连续函数 $r_1(\cdot)$，使得

$$
\sup_{0\leqslant s\leqslant t} r(s) \leqslant r_1(t) < \infty, \quad 对所有\ t \geqslant 0,
$$

则过程 N 可以通过对一带有强度 $r_1(t)$ 的泊松过程 N^1 用如下方式作随机稀疏而得：设过程 N^1 的第 n 点（$n=1,2,\cdots$）在 $S_n^1=$

t_n，则保留这一点的概率是 $r(t_n)/r_1(t_n)$（于是舍弃概率是 $1-r(t_n)/r_1(t_n)$），而且各点的弃留是相互独立的.

（2）若存在一右连续函数 $r_2(\cdot)$，使得

$$\inf_{0\leqslant s\leqslant t} r(s)\geqslant r_2(t)>0,\quad 对所有\ t\geqslant 0,$$

则通过用如下方法对过程N作随机稀疏而得到一个带有强度 $r_2(t)$ 的泊松过程 N^2: 设过程N的第 n 点 $(n=1,2,\cdots)$ 在 $S_n=t_n$ 和 $S_n-S_{n-1}=x_n$，则保留这一点的概率是 $r_2(t_n)/r(x_n)$（于是舍弃的概率是 $1-r_2(t_n)/r(x_n)$），而且各点的弃留是相互独立的.

定理的证明可参看 Miller (1979). 在 § 10-10 我们还要对更新过程的稀疏问题作进一步讨论.

更新过程的叠加与分解

我们在 § 2-3 中已经看到，任意有限多个相互独立的齐次泊松过程的叠加仍是一齐次泊松过程，而且叠加所得过程的强度是各分量过程强度之和. 反过来，对任意有限正整数 n，任一齐次泊松过程必可按预先给定的强度比例分解为 n 个独立的齐次泊松过程. 但是，一般的更新过程就不再保有类似的性质，就是对于只有两个独立更新过程的叠加来说所得的点过程也不一定具有独立同分布的点间间距.

然而，对于 k 个相互独立且有相同更新区间分布的普通更新过程叠加的情形，我们能够不太困难地求出某些有关叠加过程的量的分布和统计特征.

设 $N^1,N^2,\cdots,N^k$ 是 k 个相互独立且有相同更新区间分布 F 的普通更新过程. 以 $M^{(k)}=\{M_t^{(k)},t\geqslant 0\}$ 表示这 k 个过程的叠加过程，即

$$M_t^{(k)}=N_t^1+N_t^2+\cdots+N_t^k,\quad 所有\ t\geqslant 0 \qquad (3\text{-}10\text{-}6)$$

是在区间 $(0,t]$ 中各分量过程 $N^1,\cdots,N^k$ 的更新次数之总和. 因为 $N_t^1,\cdots,N_t^k$ 是独立同分布的，故 $M_t^{(k)}$ 的数学期望和方差是分量过程 N_t^i 的对应特征的 k 倍. 如果用 $G(t,z)$ 表示 N_t^i 的概率母函数，则 $M_t^{(k)}$ 的概率母函数是

$$G^{(k)}(t,z)=\{G(t,z)\}^k. \tag{3-10-7}$$

令 $S_n^{(k)}$ 是叠加过程 $M^{(k)}$ 的第 n 个点发生时间，由于过程 $M^{(k)}$ 不再是更新过程，其点间间距分布一般不容易求出，因此难以直接得到 $S_n^{(k)}$ 的性质．但是，利用等式

$$P(S_n^{(k)}>t)=P(M_t^{(k)}<n), \tag{3-10-8}$$

我们还是可以借助 $M_t^{(k)}$ 推出有关 $S_n^{(k)}$ 的一些结果．首先，从 (3-10-7) 和 (3-10-8) 式直接看出，$S_n^{(k)}$ 的存活函数 $\bar{F}_{S_n^{(k)}}(t)=P(S_n^{(k)}>t)$ 等于 (3-10-7) 式中 $z^0,z^1,\cdots,z^{n-1}$ 的系数之和，当 k 和 n 都比较小时我们能用这关系算出 $P(S_n^{(k)}>t)$ 的精确值．其次，根据定理 3-5-3 知 $N_t^i(i=1,\cdots,k)$ 相互独立地有渐近正态分布，其期望和方差分别是 t/μ 和 σ^2t/μ^3，这里 μ 和 σ^2 分别是分布 F 的数学期望和方差．因此，作为这些随机变量之和的 $M_t^{(k)}$ 也有渐近正态分布，其数学期望和方差分别是 kt/μ 和 $k\sigma^2t/\mu^3$．故对于大的 t 值，可认为 $M_t^{(k)}$ 近似地有正态分布 $N(kt/\mu,k\sigma^2t/\mu^3)$．于是，我们可按这分布算出 $P(M_t^{(k)}<n)$ 的值，从而根据(3-10-8)式知 $P(S_n^{(k)}>t)$ 也近似地等于这一数值．

下面让我们来计算 $S_n^{(k)}$ 的数学期望 $ES_n^{(k)}$．根据 (3-10-8) 和(3-10-7)式有

$$\begin{aligned}\sum_{n=1}^{\infty}P(S_n^{(k)}>t)z^n&=\sum_{n=1}^{\infty}P(M_t^{(k)}<n)z^n\\&=\sum_{n=0}^{\infty}P(M_t^{(k)}=n)(z^{n+1}+z^{n+2}+\cdots)\\&=\frac{z}{1-z}\{G(t,z)\}^p.\end{aligned} \tag{3-10-9}$$

因为

$$E(S_n^{(k)})=\int_0^{\infty}P(S_n^{(k)}>t)dt,$$

故在(3-10-9)式两端对变元 t 积分即得

$$\sum_{n=1}^{\infty}z^nE(S_n^{(k)})=\frac{z}{1-z}\int_0^{\infty}\{G(t,z)\}^kdt. \tag{3-10-10}$$

原则上,将上式右边展成关于变元 z 的幂级数后比较等式两边 z^n 的系数即可得到 $E(S_n^{(k)})$,遗憾的是这种展开一般是困难和复杂的. 但是,对于某些特殊的分布,我们能够通过较简单的运算求出 $E(S_n^{(k)})$的显式表示. 例如,当分量过程 $N^i(i=1,\cdots,k)$的更新区间有参数 $\lambda=1$ 和 $k=2$ 的伽玛分布 $\Gamma(1,2)$, 即有密度函数

$$f(x)=\begin{cases}\lambda^2 xe^{-\lambda x}/\Gamma(2) & x\geqslant 0,\\ 0 & x<0\end{cases}$$

时, $f(x)$ 的拉氏变换为

$$\tilde{f}(s)=\left(\frac{1}{1+s}\right)^2. \tag{3-10-11}$$

另一方面, N_t^i 的概率母函数是

$$\begin{aligned}G(t,z)&=\sum_{n=0}^{\infty}P(N_t^i=n)z^n\\&=\sum_{n=0}^{\infty}[P(N_t^i\geqslant n)-P(N_t^i\geqslant n+1)]z^n\\&=\sum_{n=0}^{\infty}[P(S_n^i\leqslant t)-P(S_{n+1}^i\leqslant t)]z^n\\&=\sum_{n=0}^{\infty}[F_n(t)-F_{n+1}(t)]z^n,\end{aligned} \tag{3-10-12}$$

这里 $F_n(t)$ 是对应于密度 $f(t)$ 的分布函数 $F(t)$ 的 n 重卷积. 在(3-10-12)式两边取拉氏变换得

$$\begin{aligned}\tilde{G}(s,z)&=\sum_{n=0}^{\infty}[\tilde{F}_n(s)-\tilde{F}_{n+1}(s)]z^n\\&=\frac{1}{s}\sum_{n=0}^{\infty}\{[\tilde{f}(s)]^n-[\tilde{f}(s)]^{n+1}\}z^n\\&=\frac{1-\tilde{f}(s)}{s[1-\tilde{f}(s)z]}.\end{aligned} \tag{3-10-13}$$

将(3-10-11)式代入(3-10-13)式得

$$\tilde{G}(s,z)=\frac{2+z}{(s+1)^2-z}.$$

对上式右边作分部分式后通过求拉氏逆变换得

$$G(t,z)=\frac{e^{-t}}{2\sqrt{z}}\{(1+\sqrt{z})e^{t\sqrt{z}}+(-1+\sqrt{z})e^{-t\sqrt{z}}\}.$$

所以

$$\{G(t,z)\}^k$$

$$=\frac{e^{-kt}}{(4z)^{k/2}}\sum_{n=0}^{k}C_k^n(1+\sqrt{z})^n(-1+\sqrt{z})^{k-n}e^{(2n\sqrt{z}-k\sqrt{z})t}.$$

故由(3-10-10)式有

$$\sum_{n=1}^{\infty}z^nE(S_n^{(k)})$$

$$=\frac{z}{(4z)^{k/2}(1-z)}\sum_{n=0}^{\infty}C_k^n\frac{(1+\sqrt{z})^n(-1+\sqrt{z})^{k-n}}{1+z-(2n\sqrt{z})}.$$

(3-10-14)

特别地，当 $k=2$ 时 $E(S_n^{(2)})$ 有如下的简单表示式

$$E(S_n^{(2)})=n+\frac{1}{4}. \tag{3-10-15}$$

若以 μ 表示伽玛分布 $\Gamma(\lambda,2)$ 的数学期望(当 $\lambda=1$ 时 $\mu=2$)，则不难证明当 N^i 有这类更新区间分布时

$$E(S_n^{(2)})=\left(\frac{n}{2}+\frac{1}{8}\right)\mu. \tag{3-10-16}$$

最后，我们给出在一般情形中 $ES_n^{(k)}$ 的一个近似估计. 考虑叠加过程描述的由 k 个独立零件组成的系统在时刻 $S_n^{(k)}$ 的状况，显然，这时 k 个分量过程的总运行时间是 $kS_n^{(k)}$，而在 k 个正在使用的零件中除了有一个正好在时刻 $S_n^{(k)}$ 发生故障外，其余 $k-1$ 个仍继续工作. 如果让它们一直工作到发生故障为止，我们就得到 $n+k-1$ 个零件的"完全"寿命，它们之和的期望值是 $(n+k-1)\mu$. 因此，

$$kE(S_n^{(k)})=(n+k-1)\mu-(k-1)\times\text{平均剩余寿命},$$

(3-10-17)

这里的剩余寿命是指在时刻 $S_n^{(k)}$ 仍在工作的零件在该时刻的剩余寿命．当零件寿命(即分量过程 N^i 的更新区间)分布是非格子且有有限二阶矩时，由定理 3-9-2 知当 $S_n^{(k)}$ 较大时（一般说来由 n/k 较大推知 $S_n^{(k)}$ 也较大)，平均剩余寿命等于 $(\mu^2+\sigma^2)/2\mu$，故由(3-10-17)式得

$$E(S_n^{(k)})\approx\frac{(n+k-1)\mu}{k}-\frac{(k-1)(\mu^2+\sigma^2)}{2k\mu}$$

$$=n\mu/k+(k-1)(\mu^2-\sigma^2)/2k\mu. \quad (3\text{-}10\text{-}18)$$

当寿命分布是泊松分布时 $\mu=\sigma$，上式就变成精确的等式．值得指出的是当 $k=2$ 时，若寿命有 $\Gamma(\lambda,2)$ 分布，则有 $\sigma^2=\mu^2/2$，于是(3-10-18)式变成(3-10-16)式，即这时亦给出 $E(S_n^{(k)})$ 的精确值．

我们还要指出，k 个相互独立的更新过程 $N^1,\cdots,N^k$ 的叠加过程 $M^{(k)}$ 的第一次更新时间 $S_1^{(k)}=\min(S_1^1,\cdots,S_1^k)$，其中 $S_1^i(i=1,\cdots,k)$ 是过程 N^i 的第一次更新时间，因此 $S_1^{(k)}$ 的分布可由 $P(S_1^{(k)}>t)=\prod\limits_{i=1}^{k}P(S_1^i>t)$ 直接算出．下面我们要进一步证明，对于平衡更新过程的情形，在相当一般的条件下 S_1^k 近似地有指数分布．这一事实部分地说明了为什么在实际生活中许多点过程呈现泊松性质．

设 k 个相互独立的平衡更新过程 $N^1,\cdots,N^k$ 的分布律由间距分布 $F_1,\cdots,F_k$ 给定，它们的数学期望分别是 $\mu_1,\cdots,\mu_k$．令 $1/\mu_1+\cdots+1/\mu_k=1/\alpha$．如果每一分量过程 N^i 的更新事件是罕有的，而且过程数目 k 又很大，换句话说，对任意介于 1 和 k 之间的正整数 i 和实数 $y\geqslant 0$，$F_i(y)$ 很小而 μ_i 很大．于是有 $P(S_1^i\leqslant t)=\mu_i^{-1}\int_0^t(1-F_i(y))dy\approx t/\mu_i$，从而 $P(S_1^{(k)}>t)$ $=\prod\limits_{i=1}^{k}P(S_1^i>t)\approx\prod\limits_{i=1}^{k}\left(1-\frac{t}{\mu_i}\right)$．当 k 很大时就有 $P(S_1^{(k)}>t)$ $\approx e^{-t\alpha}$．即 $S_1^{(k)}$ 近似地有参数为 α 的指数分布．

最后,简单介绍一些有关平稳更新过程的叠加和分解的结果.

定理 3-10-3 设 $N^1,\cdots,N^k$ 是相互独立且有相同区间分布的平稳更新过程. 若 $N=N^1+\cdots+N^k$ 也是平稳更新过程, 则 $N^1,\cdots,N^k$ 和 N 都是齐次泊松过程.

定理 3-10-4 设 N^1 和 N^2 是独立的平稳更新过程. 若 $N=N^1+N^2$ 也是平稳更新过程,则 N^1, N^2 和 N 都是齐次泊松过程.

定理 3-10-5 设 N^1 是强度为 λ 的齐次泊松过程, N^2 是一平稳的交替更新过程,其基本更新区间分布是

$$F_1(x)=1-e^{-\alpha x} \quad 和 \quad F_2(x)=1-e^{-\beta x}, \tag{3-10-19}$$

如果

$$\lambda^2=\alpha\beta, \tag{3-10-20}$$

而且 N^1 和 N^2 相互独立,则叠加过程 $N=N^1+N^2$ 是一平稳更新过程.

这定理的逆命题也成立,即是有

定理 3-10-6 设 N^1 和 N^2 分别是相互独立的强度为 λ 的齐次泊松过程和交替更新过程,叠加过程 $N=N^1+N^2$ 是有序的平稳更新过程,则 N^2 的基本更新区间分布 F_1 和 F_2 由(3-10-19)给出,其中参数 α 和 β 或者相等,或者满足(3-10-20)式.

定理 3-10-3—定理 3-10-6 的证明和有关论题的进一步讨论可参看 Daley (1972), Mecke (1967) 和 Çinlar (1972)等.

§3-11 标值更新过程

粗略地说,标值更新过程由将普通的更新过程的每一点附上一个标值而得到. 在应用中许多概率模型都可以看作是这类过程的特殊情形. 下面给出确切的定义.

设 $N=\{N_t,t\geqslant 0\}$ 是一个普通更新过程,其更新区间序列是 $\{T_n,n=1,2,\cdots\}$, 这些区间的共同分布是 F. 假设每一次更新(这里用更新区间 T_n 代表对应的更新)对应一个标值变量 R_n $(n=1,2,\cdots)$, 我们允许 R_n 依赖于 T_n, 但是, 二维随机向量

(T_n, R_n) $(n=1,2,\cdots)$ 是相互独立同分布的（从而标值变量 R_n, $n=1,2,\cdots$, 也是相互独立同分布的）. 令

$$R(t)=\sum_{n=1}^{N_t} R_n,$$

即 $R(t)$ 是在 $(0,t]$ 中发生的更新的标值之总和. 我们把二元随机向量序列 $\{(T_n, R_n), n=1,2,\cdots\}$（有时也把它对应的累计标值过程 $\{R(t), t\geqslant 0\}$）称做标值更新过程 (marked renewal process). 因为人们常常把标值解释为对应的更新带来（获得或付出）的偿金，所以标值更新过程有时又称做有偿更新过程或更新回报过程 (renewal reward process).

易见当 $R_n=1$ 时，标值更新过程就简约为普通的更新过程. 另一方面，若基本过程 N 是泊松过程，而且 R_n 与 T_n 独立时，标值更新过程就变为复合泊松过程（参看第五章）. 因此，标值更新过程可以看作是普通更新过程和复合泊松过程沿不同方向的推广.

定理 3-11-1 记 $E[R]=E[R_n]$ 和 $E[T]=E[T_n]$, 于是有以下论断:

(1) 以概率 1 有

$$\lim_{t\to\infty}\frac{R(t)}{t}=\frac{E[R]}{E[T]}. \tag{3-11-1}$$

(2) 若更新间距 T 有非格子分布，则

$$\lim_{t\to\infty}\frac{E[R(t)]}{t}=\frac{E[R]}{E[T]}. \tag{3-11-2}$$

证明 (1) 我们有

$$\frac{R(t)}{t}=\frac{\sum_{n=1}^{N_t} R_n}{t}=\left(\frac{\sum_{n=1}^{N_t} R_t}{N_t}\right)\left(\frac{N_t}{t}\right).$$

因为当 $t\to\infty$ 时 $N_t\to\infty$, 于是由强大数定律知当 $t\to\infty$ 时以概率 1 有

$$\frac{\sum_{n=1}^{N_t} R_n}{N_t} \to E[R].$$

另一方面,由定理 3-3-2 知当 $t\to\infty$ 时以概率 1 有

$$\frac{N_t}{t} \to \frac{1}{E[T]}.$$

从而(3-11-1)式得证.

(2) 首先要指出, N_t+1 是关于随机变量序列 $\{T_n\}$ 的停时. 又因为 $T_1,\cdots,T_n$ 与 $R_{n+1},R_{n+2},\cdots$无关,故 N_t+1 也是关于 $\{R_n\}$ 的停时. 因此,由 Wald 公式有

$$\begin{aligned}
E\left[\sum_{n=1}^{N_t} R_n\right] &= E\left[\sum_{n=1}^{N_t+1} R_n\right] - E[R_{N_t+1}] \\
&= E(N_t+1)E[R] - E[R_{N_t+1}] \\
&= [M(t)+1]E[R] - E[R_{N_t+1}],
\end{aligned}$$

于是

$$\frac{E[R(t)]}{t} = \frac{[M(t)+1]}{t} - \frac{E[R_{N_t+1}]}{t}.$$

因为由初等更新定理有

$$\lim_{t\to\infty}\frac{M(t)+1}{t} = \lim_{t\to\infty}\frac{M(t)}{t} = \frac{1}{ET},$$

故若能证明当 $t\to\infty$ 时 $E[R_{N_t+1}]/t\to 0$ 即得 (3-11-2) 式. 为此令 $g(t)=E[R_{N_t+1}]$. 注意到(3-5-30)式

$$\begin{aligned}
g(t) &= E(R_{N_t+1}|S_{N_t}=0)\bar{F}(t) \\
&\quad + \int_0^t E(R_{N_t+1}|S_{N_t}=s]\bar{F}(t-s)dM(s) \\
&= E(R_1|T_1>t)\bar{F}(t) \\
&\quad + \int_0^t E(R|T>t-s)\bar{F}(t-s)dM(s).
\end{aligned} \tag{3-11-3}$$

令

$$h(t)=E(R_1|T_1>t)\bar{F}(t)=E(R_1 1_{\{T_1>t\}})$$
$$=\int_t^{\infty} E(R_1|T_1=x)dF(x).$$

再注意到

$$E|R_1|=\int_0^{\infty} E(|R_1||T_1=x)dF(x)<\infty.$$

于是有

$$\lim_{t\to\infty} h(t)=0.$$

而且

$$|h(t)|\leqslant E|R_1|, \qquad 所有\ t\geqslant 0.$$

因此,对任意 $\varepsilon>0$,我们能够选取足够大的数 c,使当 $t\geqslant c$ 时 $|h(t)|<\varepsilon$. 故由(3-11-3)式有

$$\frac{|g(t)|}{t}\leqslant\frac{|h(t)|}{t}+\int_0^{t-c}\frac{|h(t-x)|}{t}dM(x)$$
$$+\int_{t-c}^{t}\frac{|h(t-x)|}{t}dM(x)$$
$$\leqslant\frac{\varepsilon}{t}+\frac{\varepsilon M(t-c)}{t}+E|R_1|\frac{[M(t)-M(t-c)]}{t}.$$

当 $t\to\infty$ 时,不等式右端的第一项和第三项(利用 Blackwell 更新定理)趋于零,又由初等更新定理知第二项趋于 $\varepsilon/E[T]$. 由 ε 的任意性即可推得当 $t\to\infty$ 时 $|g(t)|/t\to 0$. ■

应当指出如下两点.第一,在上述定理证明中出现的 $E[R_{N_t+1}]$ 与 $E[R_1]$ 是不一样的. 因为 R_{N_t+1} 连系于 T_{N_t+1},而 T_{N_t+1} 是包含时刻 t 的更新区间长度,它和一般的更新区间长度 T_1 有不同的分布(参看 § 3-9 中有关的讨论). 因此, R_{N_t+1} 和 R_1 的分布也不相同. 其次,迄今我们假设标值是附于每一次更新的,如果把标值解释为报偿的话,这表示报偿是在每一更新周期结束时一次支付了结. 但是应当指出,报偿也可以在整个更新周期中连续不断支付,这不会影响上面定理的结论. 事实上,若以 $R(t)$ 表示在区间 $(0,t]$ 中支付的总报偿,我们先设报偿是非负的,于是有

$$\frac{\sum_{n=1}^{N_t} R_n}{t} \leqslant \frac{R(t)}{t} \leqslant \frac{\sum_{n=1}^{N_t} R_n}{t} + \frac{R_{N_t+1}}{t}.$$

在上面的证明中已证 $\lim_{t\to\infty} E\left[\sum_{n=0}^{N_t} R_n\right]\Big/ t = E[R]/E[T]$ 和 $\lim_{t\to\infty} E[R_{N_t+1}]/t = 0$，故定理的第(2)部分在 $R(t)$ 连续变化的情形仍成立. 定理的第(1)部分则由

$$\lim_{t\to\infty}\sum_{n=1}^{N_t} R_n/t = \lim_{t\to\infty}\sum_{n=1}^{N_t+1} R_n/t = E[R]/E[T]$$

这一事实推出. 若报偿不是非负时可把它分为正部和负部个别处理.

为了显示标值更新过程模型适用的广泛性，我们讨论以下的问题和应用例子.

首先考虑平均年龄和平均剩余寿命. 如前用 $A(t)$ 和 $Y(t)$ 分别表示更新过程 $N \equiv \{N_t,\ t \geqslant 0\}$ 在时刻 t 的年龄和剩余寿命. 我们把 $\int_0^t A(s)ds/t$ 和 $\int_0^t Y(s)ds/t$ 分别称做更新过程 N 在时间区间 $(0,t]$ 的平均年龄和平均剩余寿命，把它们的极限（如果存在的话）$\lim_{t\to\infty}\int_0^t A(s)ds/t$ 和 $\lim_{t\to\infty}\int_0^t Y(s)ds/t$ 分别简单地称做**平均年龄和平均剩余寿命**.

定理 3-11-2 设更新过程 N 的更新间距 T 有有限的一阶矩和二阶矩，则

$$\lim_{t\to\infty}\int_0^t A(s)ds/t = \lim_{t\to\infty}\int_0^t Y(s)ds/t = \frac{E[T^2]}{2E[T]}. \quad (3\text{-}11\text{-}4)$$

证明 假设在任一时刻 s 以等于过程在该时刻的年龄 $A(s)$ 的支付率付出偿金. 因此 $\int_0^t A(s)ds$ 是在区间 $(0,t]$ 中的总偿金. 易见过程 N 的每一次更新意味着一切从头开始而与过程在此之前的历史无关. 故由定理 3-11-1 (1)知以概率 1 有

$$\lim_{t\to\infty}\frac{\int_0^t A(s)ds}{t}=\frac{\text{一个更新周期的偿金的期望值}}{\text{更新周期长度的期望值}}.$$

因为过程 N 在一更新周期中的时刻 s 的年龄（从这周期的起点算起）恰好是 s，故一周期的偿金 $=\int_0^T sds=T^2/2$. 于是以概率 1 有

$$\lim_{t\to\infty}\int_0^t A(s)ds/t=E[T^2]/2E[T].$$

对于平均剩余寿命也可作类似的讨论.

应当指出，平均年龄 $\int_0^t A(s)ds/t$ 与平均剩余寿命 $\int_0^t Y(s)ds/t$ 和早些时讨论过的年龄的平均值 $EA(t)$ 与剩余寿命的平均值 $EY(t)$ 是不同的概念. 前者是按时间求平均，得出来的结果仍是随机变量. 后者则是按(样本)空间求平均，得出来的结果是普通的（依赖于 t）的数. 但是，如果将定理 3-11-2 和定理 3-9-2 相对照可得

$$\lim_{t\to\infty}\int_0^t Y(s)ds/t=\lim_{t\to\infty}EY(t) \tag{3-11-5}$$

以概率 1 成立. 这表明存在某种遍历性质.

因为 $T_{N_t+1}=A(t)+Y(t)$，故由定理 3-11-2 马上推出如下论断.

推论 3-11-1 在定理 3-11-2 的假设下

$$\lim_{t\to\infty}\int_0^t T_{N_s+1}ds/t=E[T^2]/E[T]\geqslant E[T], \tag{3-11-6}$$

而且仅当 $\mathrm{Var}[T]=0$ 时等号成立. 注意前面已证 $E[T_{N_t+1}]\geqslant E[T]$.

将有偿更新过程的思想应用于交替更新过程就可推出交替更新过程的如下遍历性质.

对于一个交替更新过程，假设当系统处于状态“1”时我们以单位支付率付出偿金(即每单位时间付出一单位的偿金). 因此，每一个“1-0”周期付出的总偿金等于系统在这周期中处于状态“1”的

时间．于是，从初始时刻 0 到时刻 t 付出的总偿金等于系统在区间$(0, t]$中处于状态"1"的时间．由定理 3-11-1 知以概率 1 有

$$\lim_{t\to\infty}\frac{\text{系统在}(0,t]\text{中处于状态"1"的时间}}{t}=\frac{EZ}{EZ+EY},$$

其中 Z 和 Y 分别是系统在一个周期中处于状态"1"和"0"的时间．另一方面，由定理 3-8-1 知当周期长度有非格子分布时有

$$\lim_{t\to\infty}P_1(t)=\frac{EZ}{EZ+EY},$$

这里 $P_1(t)$ 是系统在时刻 t 处于状态"1"的概率．由此推知若周期长度分布是非格子时，系统处于状态"1"的极限概率等于系统在极限情形中(即系统运行了很长很长的时间)处于状态"1"的时间所占的比例．当然，对于状态"0"也有类似的结论．

例 3-11-1（火车的调度） 设乘客到达火车站形成一更新过程，其更新间距分布 F 有有限期望 μ．现设车站用如下方法调度火车：当有 K 个乘客到达车站时发出一列火车．同时还假定当有 n 个旅客在车站等候时车站每单位时间要付出 nc 元偿金，而开出一列火车的成本是 D 元．求车站单位时间的平均成本．

如果把每次火车离站看作是一次更新，我们就得到一个有偿更新过程，这过程的一个周期的平均长度是有 K 个旅客到达车站所需的平均时间，即 E [周期长度] $= K\mu$．若以 T_n 表示在一个周期中的第 n 个旅客和第 $n+1$ 个旅客的到达时间间距，则

$$\begin{aligned}E(\text{一周期的成本})&=E[cT_1+2cT_2+\cdots\\&\quad+(K-1)cT_{K-1}]+D\\&=\frac{c\mu K(K-1)}{2}+D.\end{aligned}$$

因此，单位时间的平均成本是

$$\frac{c(K-1)}{2}+\frac{D}{K\mu}. \tag{3-11-7}$$

如果已知 $D=10000$，$c=2$ 和 $\mu=1$，试确定使得平均成本为最小的 K 值．将上列数值代入(3-11-7)式得知这时的平均成本

是

$$K-1+\frac{10000}{K}.$$

若把K看作是连续变量,则可求出平均成本的导数是$1-(10000/K^2)$，令其等于零，即求得 $K=100$.

例 3-11-2（排队论的应用） 考虑 $GI/G/1$ 排队系统．设 $\{X_n\}$ 是顾客到达的时间间距序列，$\{Y_n\}$ 是服务时间序列．$\{X_n\}$ 和 $\{Y_n\}$ 相互独立，而且它们各自都是相互独立同分布的随机变量序列．又设 $EX_n=1/\lambda$ 和 $EY_n=1/\mu$ 均为有限,而且 $\lambda/\mu<1$.

假定第一个顾客在时刻 $t=0$ 到达并立即接受服务．记在时刻 t 系统中的顾客数为 $n(t)$ 和

$$L=\lim_{t\to\infty}\int_0^t n(s)ds/t. \tag{3-11-8}$$

为了计算 L，我们假想在时刻 s 以支付率 $n(s)$ 支付偿金,而且排队系统的每一忙期的开始对应一次更新，每一次更新发生时间是一个周期的开始．这样一来,我们就得到一个有偿更新过程,这过程的(长期)平均偿金就是由(3-11-8)式确定的 L. 根据定理 3-11-1 知

$$L=\frac{\text{一周期的偿金的期望值}}{\text{周期长度的期望值}}$$

$$=\frac{E\left[\int_0^{T_c}n(s)\,ds\right]}{ET_c}, \tag{3-11-9}$$

这里 T_c 是周期长度，注意它是排队系统的一个忙期与一个闲期之和.

另一方面,设W_i是第 i 个顾客在系统中逗留的时间并定义

$$W=\lim_{n\to\infty}\frac{W_1+\cdots+W}{n}.$$

易见W是顾客在排队系统的平均逗留时间，下面就来计算W．因

为在统计上可以认为在每一周期的起始时刻排队过程从头开始，故若以K表示在一周期内接受服务的顾客数目，则可以设想一个有偿更新过程，这过程的周期长度是K，在每一周期的第k个单位时间要付出偿金W_k，于是$W_1+\cdots+W_K$是一个周期的总偿金，这时W表示这过程单位时间的平均偿金，故由定理 3-11-1 知以概率 1 有

$$W=\frac{\text{一周期偿金的期望值}}{\text{周期长度的期望值}}=\frac{E\left[\sum_{k=1}^{K}W_k\right]}{EK}. \quad (3\text{-}11\text{-}10)$$

最后，我们要找出连系L和W的关系式．为此先考虑T_c与K的关系．设在一周期中有K个顾客接受服务，则当第$K+1$个顾客到达时下一个周期开始，故$T_c=X_1+\cdots+X_K$．因为

$$K=n\Longleftrightarrow S_k=X_1+\cdots+X_k<Y_1+\cdots+Y_k,$$

对$k=1,\cdots,n-1$和$S_n=X_1+\cdots+X_n>Y_1+\cdots+Y_n$，

即事件$\{K=n\}$与$X_{n+1},X_{n+2},\cdots$无关，故K是关于$\{X_i\}$的停时．由 Wald 公式(3-5-1)得

$$ET_c=EK\cdot EX=EK/\lambda. \quad (3\text{-}11\text{-}11)$$

联合(3-11-9)—(3-11-11)式推出

$$L=\lambda\frac{E\left[\int_0^{T_c}n(s)ds\right]}{EK}=\lambda W\frac{E\left[\int_0^{T_c}n(s)ds\right]}{E\left[\sum_{i=1}^{K}X_i\right]}. \quad (3\text{-}11\text{-}12)$$

如果设想顾客在系统逗留一单位时间要付出一单位偿金，则第i个顾客付出的偿金在数量上等于这顾客在排队系统逗留的时间W_i，故有

$$\int_0^{T_c}n(s)ds=\sum_{i=1}^{K}W_i.$$

因此，(3-11-12)式给出

$$L = \lambda W. \quad (3\text{-}11\text{-}13)$$

这是排队论的一个重要结果——Little 公式.

应当指出,在(3-11-13)式的证明过程中只是要求排队过程存在再生点——在统计上可认为过程一切从头开始的时刻. 因此,这公式对满足这一要求的所有排队系统(例如 $GI/G/k$ 系统)都成立.

§3-12 再生过程

设 $\{X_t, t \geqslant 0\}$ 是状态空间为 $\mathscr{X}$ 的随机过程,假定它具有如下性质: 存在时刻序列 $S_1, S_2, \cdots$, 使得从过程发展的概率规律来看,可以认为过程在这些时刻一切从头开始. 具体地说,以概率 1 存在时刻 S_1, 使得过程在 S_1 后的延续在统计意义上是从 $t=0$ 开始的整个过程的一个复本,这又蕴含以概率 1 存在时刻序列 S_2, $S_3, \cdots$, 其中每一时刻都有 S_1 的上述性质,我们把这样的随机过程称做**再生过程** (regenerative process). 时刻 $S_1, S_2, \cdots$称做过程的**再生点**. 相邻两个再生点确定过程的一个周期. 一个再生过程实际上就是把各个周期依次连接起来. 易见序列$\{S_1, S_2, \cdots\}$构成一更新过程, 我们把它称做再生过程 $\{X_t, t \geqslant 0\}$ 的**嵌入更新过程** (embedded renewal process).

下面给出再生过程的两个例子.

例 3-12-1 在 $GI/G/1$ 排队系统中, 若令 X_t 表示在时刻 t 的顾客数,则状态空间是$\mathscr{X} = \{0,1,2,\cdots\}$. 设系统在时刻 $t=0$ 有一顾客到达并马上开始接受服务,这意味着一个忙期的开始. 这忙期结束后紧接着是系统中没有任何顾客的闲期. 当一个新的顾客到达时 (我们用 S_1 表示这个时刻) 闲期结束并马上开始下一个忙期. 易见 S_1 是过程 $\{X_t, t \geqslant 0\}$ 的再生点, 两个依次相邻的忙期和闲期构成过程 X_t 的一个周期, 这样我们就得到一个再生过程.

对于 $GI/G/k$ 排队系统也可以定义一个类似的再生过程,这时忙期是从第一个顾客到达系统并马上接受服务时开始，当系统变空（即系统中没有任何顾客）时对应的忙期结束并开始一个闲期，这闲期随着一个新顾客的到达宣告结束并随即开始另一个忙期. 易见这样的一种兼具结束闲期和开始忙期的时刻是排队过程的再生点.

利用关键更新定理，我们可以证明如下定理，它可以看作是关于交替更新过程的相应定理的推广.

定理 3-12-1 设再生过程 $\{X_t, t \geqslant 0\}$ 的状态空间是 $\mathscr{X}=\{0,1,2,\cdots\}$，它的再生点是 $S_1, S_2, \cdots$. 如果过程的周期分布 F 具有有限数学期望且是非格子的，则 $\{p_j(t) \equiv P(X_t=j),\ j=0,1,2,\cdots\}$ 的极限分布存在并且由下式给出：

$$p_j \equiv \lim_{t \to \infty} P(X_t=j)=\frac{\text{过程在一周期内处于状态 } j \text{ 的平均时间}}{\text{周期的平均长度 } \mu}.$$

证明 通过取关于 S_1 的条件概率，我们可以写

$$\begin{aligned} p_j(t) &= P(X_t=j, S_1>t)+P(X_t=j, S_1 \leqslant t) \\ &= h_j(t)+\int_0^t P(x_t=j \mid S_1=s)dF(s) \\ &= h_j(t)+\int_0^t p_j(t-s)dF(s), \end{aligned}$$

式中 $h_j(t)=P(X_t=j,\ S_1>t)$. 由定理 3-4-2 知这个更新方程有解

$$p_j(t)=h_j(t)+\int_0^t h_j(t-s)dM(s).$$

因为 $h_j(t) \leqslant P(s_1>t)=\bar{F}(t)$，而且 $h_j(t)$ 可以进一步写为

$$\begin{aligned} h_j(t) &= \int_0^{\infty} P(X_t=j, S_1>t \mid S_1=s)dF(s) \\ &= \int_t^{\infty} P(X_t=j \mid S_1=s)dF(s), \end{aligned}$$

由此易知 $h_j(t)$ 是变元 t 的非负不增函数，而且当 $t \to \infty$ 时 $h_j(t) \to 0$（因为 $\int_0^{\infty} h_j(t)dt \leqslant \int_0^{\infty} \bar{F}(t)dt<\infty$）. 故由关键更新定

理立得

$$\lim_{t\to\infty} p_j(t) = \frac{1}{\mu}\int_0^\infty h_j(t)dt.$$

令

$$I(t) = \begin{cases} 1 & 若\ x_t = j\ 和\ S_1 > t, \\ 0 & 其它情形, \end{cases}$$

则 $\int_0^\infty I(t)dt$ 表示过程 x_t 在一周期内处于状态 j 的时间，因此在一周期内处于状态 j 的平均时间是

$$E\left[\int_0^\infty I(t)dt\right] = \int_0^\infty E[I(t)]dt$$

$$= \int_0^\infty P(X_t = j, S_1 > t)dt,$$

上式右端即 $\int_0^\infty h_j(t)dt$。定理得证. ■

推论 3-12-1 在定理 3-12-1 的假设下，以概率 1 有

$$\lim_{t\to\infty} \frac{过程在\ (0, t]\ 内处于状态\ j\ 的时间}{t}$$

$$= \frac{过程在一周期中处于状态\ j\ 的平均时间}{周期的平均长度\ \mu}.$$

证明 设想当过程处于状态 j 时赋予标值 1，否则为 0 .于是得到一个标值更新过程．余下只须利用定理 3-11-1 即可． ■

关于再生过程的进一步讨论可参看 Smith (1955, 1958) 等有关文献．其中所讨论的问题有一个是值得在这里提出的．设 $\{X_t, t \geqslant 0\}$是取值于一般状态空间 $(\mathscr{X}, \mathscr{B}(\mathscr{X}))$ 的随机过程，人们自然有兴趣于知道，什么时候类似于定理 3-12-1 的结论成立？更确切地说，什么时候对于每一可测集 $A \in \mathscr{B}(\mathscr{X})$，极限

$$\lim_{x\to\infty} P(X_t \in A)$$

都存在．Smith 证明了若 X_t 能内嵌一更新过程，则上述极限恒存在．他正是把这样(带有内嵌更新过程)的随机过程称做再生过程．内嵌更新过程的更新时刻就是基本过程 $\{X_t, t \geqslant 0\}$ 的再生

点。

§3-13 马尔可夫更新过程和半马尔可夫过程

如前所述，更新过程可以用来描述某种设备或零件的使用过程,在这过程中由于发生故障引起更新(即在使用的设备发生故障时马上用同类的新设备更替)．因为我们假设更新是瞬间完成的，所以我们可以认为过程恒处于使用状态．交替更新过程模型允许被描述的系统交替地处于两种不同的状态，因而它是更新过程模型的一种推广．沿着这一方向我们还能作进一步的推广，即当上述设备的使用过程有多种(有限或可数无穷多个)不同的状态，例如,当每一次更新都有多种不同类型的设备可供选用,而究竟选用哪一种类型则按预先给定的某种统计规律确定时，就引导到马尔可夫更新过程模型.

在数学上，马尔可夫更新过程的引入和描述常常是密切连系于半马尔可夫过程这一概念．顾名思义，半马尔可夫过程是马尔可夫过程的一种推广，因此马尔可夫更新过程也可以看作是马尔可夫过程的推广.

设 $\{X(t), t \geqslant 0\}$ 是具有连续时间参数的马尔可夫链，这链发生状态转移的时刻是 $t_n(n=1,2,\cdots)$，则易证随机序列 $\{X_n=X(t_n), n \geqslant 0\}$ 是一具有离散时间参数的马尔可夫链．已经知道[例如,参看 Chung (1960)]，马尔可夫链相邻两次转移之间的时间间距 $\tau_n=t_{n+1}-t_n(n=1,2,\cdots$，假定 $t_0=0)$ 有指数分布，分布的参数一般与状态 X_n 有关．如果现在仍设 $\{X_n, n \geqslant 0\}$ 构成一马尔可夫链，但 τ_n 可以有任意分布，而且分布既可依赖于 X_n，也可与 X_{n+1} 有关．这样的过程就称做半马尔可夫过程(semi-markov process)，而由偶对 $\{X_n, t_n\}$（或 $\{X_n, \tau_n\}$）给出的二维随机过程 $\{(X_n, t_n), n \geqslant 0\}$ 则称做马尔可夫更新过程(markov renewal process)．由上述易知一个半马尔可夫过程是这样的随机过程,它的状态转移形成一马尔可夫链,而相邻两次转移的时间间距(亦即在一状态的逗留时间)是一随机变量，它的分布一般与过程在这区间两端所处的状态有关。半马尔可夫过程提供了描述马尔可夫更新过程的一种方便的手段。Lévy (1954) 和 Smith (1955) 首先引入和研究半马尔可夫过程。而马尔可夫更新过程则首先是由 Pyke (1961) 研究的。马尔可夫过程的这类推广可以用来建立许多种不同现象的模型，它们除了在排队论，可靠性理论和储存论中有重要应用[参看 Fabens (1961), Çinlar (1969, 1975)] 外，还被某些作者用于研究社会学中的一些问题。例如，Kao (1974) 曾利用半马尔可夫过程模型来描述医院的行政管理——病人在医院内的检验、医疗、手术和特别护理等部门之间的流动问题。

下面给出马尔可夫更新过程和半马尔可夫过程的确切定义。

定义 3-13-1 设随机过程 $\{X(t), t \geqslant 0\}$ 取值于状态空间 $\mathscr{X} = \{0, 1, 2, \cdots\}$，$0 = t_0 < t_1 < t_2 < \cdots$ 是这过程的状态转移时刻，X_n 是在时刻 t_n 发生的转移后过程所处的状态。如果对所有整数 $n \geqslant 0$，$j \in \mathscr{X}$ 和实数 $t \geqslant 0$ 有

$$\begin{aligned} &P(X_{n+1} = j,\ t_{n+1} - t_n \leqslant t \mid X_0, \cdots, X_n, t_0, \cdots, t_n) \\ &\quad = P(X_{n+1} = j, t_{n+1} - t_n \leqslant t \mid X_n), \qquad (3\text{-}13\text{-}1) \end{aligned}$$

我们就说过程 $\{(X_n, t_n), n \geqslant 0\}$ 构成一个具有状态空间 $\mathscr{X}$ 的**马尔可夫更新过程**。

若进一步假设过程是时齐的，即转移概率

$$P(X_{n+1} = j,\ t_{n+1} - t_n \leqslant t \mid x_n = i) = Q_{ij}(t) \quad (3\text{-}13\text{-}2)$$

与 n 无关。我们把转移概率族 $Q = \{Q_{ij}(t), i, j \in \mathscr{X}, t \geqslant 0\}$ 称做空间 $\mathscr{X}$ 上的**半马尔可夫核**。记

$$P_{ij} \equiv \lim_{t \to \infty} Q_{ij}(t) = P(X_{n+1} = j \mid X_n = i). \quad (3\text{-}13\text{-}3)$$

易见

$$P_{ij} \geqslant 0 \qquad 和 \qquad \sum_{j=0}^{\infty} P_{ij} = 1，对所有 i.$$

定义

$$F_{ij}(t)=\begin{cases}\dfrac{Q_{ij}(t)}{P_{ij}} & 若\ P_{ij}>0,\\ 1 & 若\ P_{ij}=0.\end{cases} \tag{3-13-4}$$

注意当 $P_{ij}=0$ 时必有 $Q_{ij}(t)=0$ 对所有 $t\geqslant 0$.

若以 T_{ij} 记在给定过程处于状态 i，而下一次转移将到达状态 j 的条件下，它在转移前在状态 i 的逗留时间，则由(3-13-4)式看出 T_{ij} 的分布函数就是 F_{ij}，即

$$F_{ij}(t)=P(T_{ij}\leqslant t)=P(t_{n+1}-t_n\leqslant t\,|\,X_n=i,X_{n+1}=j). \tag{3-13-5}$$

再以 T_i 表示过程在状态 i 的(无条件)逗留时间和

$$H_i(t)=\sum_j P_{ij}F_{ij}(t)=\sum_j Q_{ij}(t). \tag{3-13-6}$$

因为显有

$$T_i=\sum_j P_{ij}T_{ij}. \tag{3-13-7}$$

所以

$$P(T_i\leqslant t)=\sum_j P_{ij}F_{ij}(t)=H_i(t), \tag{3-13-8}$$

即 T_i 的分布函数恰好就是 H_i.

我们用 α_{ij} 和 α_i 分别表示 T_{ij} 和 T_i 的数学期望，则按定义和(3-13-6)式有

$$\alpha_{ij}=\int_0^\infty P(T_{ij}>t)dt=\int_0^\infty [1-F_{ij}(t)]dt \tag{3-13-9}$$

和

$$\begin{aligned}\alpha_i&=\int_0^\infty P(T_i>t)dt=\int_0^\infty [1-H_i(t)]dt\\ &=\int_0^\infty \left[1-\sum_j Q_{ij}(t)\right]dt.\end{aligned} \tag{3-13-10}$$

而且，由(3-13-6)或(3-13-7)式马上看出，α_{ij} 和 α_i 之间有如下关系（易由定义看出，T_{ij} 和 T_i 的任意 r 阶矩之间也有类似关系）：

$$\alpha_i = \sum_j P_{ij}\alpha_{ij}. \tag{3-13-11}$$

定义 3-13-2 设随机过程 $\{X(t), t \geqslant 0\}$ 的状态空间是 $\mathscr{X} = \{0,1,2,\cdots\}$. 如果它具有如下性质：当已知过程到达状态 $i(i \geqslant 0)$ 时，

(1) 过程下一次将转移到状态 $j(j \geqslant 0)$ 的概率是 P_{ij}，这里有 $\sum_j P_{ij} = 1$.

(2) 给定下一个状态是 j 时，过程在原来状态 i 的逗留时间有分布函数 $F_{ij}(t)$.

我们就把这过程 $\{X(t), t \geqslant 0\}$ 称做半马尔可夫过程.

易见若给定了一个马尔可夫更新过程 $\{(X_n, t_n), n \geqslant 0\}$，则由

$$X(t) = X_n, \qquad t_n \leqslant t < t_{n+1}, \qquad n \geqslant 0 \tag{3-13-12}$$

确定的过程 $\{X(t), t \geqslant 0\}$ 是一半马尔可夫过程，我们把它称做马尔可夫更新过程的嵌入半马尔可夫过程.

反之，若给定了一个半马尔可夫过程 $\{X(t); t \geqslant 0\}$，则由这过程的状态转移时间 $t_0, t_1, t_2, \cdots$ 和 $X_n = X_{t_n} (n \geqslant 0)$ 确定的过程 $\{(X_n, t_n), n \geqslant 0\}$ 是一马尔可夫更新过程. 易知随机过程 $\{X_n, n \geqslant 0\}$ 是一马尔可夫链，它的转移概率矩阵是 $[P_{ij}]$. 我们把这链称做半马尔可夫过程 $\{X(t), t \geqslant 0\}$ 的嵌入马尔可夫链.

根据定义 3-13-2 容易看出，半马尔可夫过程不一定具有马尔可夫性质. 因为这时过程的将来不仅依赖于它现在所处的状态，而且一般还与它在这状态已逗留的时间有关. 另一方面，一个马尔可夫链必是半马尔可夫过程，这时在离散时间参数情形有

$$F_{ij}(t) = \begin{cases} 0 & t < 1, \\ 1 & t \geqslant 1, \end{cases}$$

即逗留时间 T_{ij} 以概率 1 恒等于 1；对于连续时间参数情形则有

$$Q_{ij}(t) = P_{ij}(1 - e^{-\lambda_i t})$$

或

$$F_{ij}(t) = 1 - e^{-\lambda_i t},$$

即 $F_{ij}(t)$ 是参数为 λ_i 的指数分布.

根据(3-13-1)和(3-13-5)容易证明,对于任意整数 $k\geqslant 1$, 任意非负实数 $u_1,\cdots,u_k$ 和任意 $i_0,\cdots,i_k\in\mathscr{X}$,

$$P(t_1-t_0\leqslant u_1,\cdots,t_k-t_{k-1}=u_k|X_0=i_0,\cdots,X_k=i_k)$$
$$=F_{i_0i_1}(u_1)F_{i_1i_2}(u_2)\cdots F_{i_{k-1}i_k}(u_k). \tag{3-13-13}$$

这就是说,当给定了马尔可夫链 $\{X_n;n\geqslant 0\}$ 的前 $k+1$ 个状态 $X_0=i_0,\cdots,X_k=i_k$ 时,逗留时间$\tau_1=t_1-t_0,\cdots,\tau_k=t_k-t_{k-1}$ 是条件独立的, 而且 $\tau_i(1\leqslant i\leqslant k)$ 的分布只与 X_{i-1} 和 X_i 有关. 特别地,若状态空间$\mathscr{X}$只含一个状态,则逗留时间 $\tau_1,\tau_2,\cdots$ 是独立同分布的非负随机变量序列, 易见这时 $\{\tau_n,n\geqslant 0\}$ 给定一个普通的更新过程.

另一方面, 对于每一 $i\in\mathscr{X}$, 如果定义 $S_1^i,S_2^i,\cdots$是使得 $X_n=i$ 的一连串状态转移时间,于是, 当我们把这时间序列看作是一系列更新时刻时, $\{S_n^i,n\geqslant 1\}$ 给出一个更新过程(如果初始状态 $X_0=i$, 这过程是普通更新过程,否则是延迟更新过程),我们把对应的更新过程记作 $N^i\equiv\{N_t^i,t\geqslant 0\}$. 这样一来, 我们又得到马尔可夫更新过程的另一种定义方式: 令 N_t^i 表示在时间区间 $(0,t]$ 内转移到状态 i 的次数(或者说状态 i 的更新次数),则由 $N_t=(N_t^0,N_t^0,\cdots,N_t^i,\cdots)$ 确定的过程 $N\equiv\{N_t,t\geqslant 0\}$ 称做马尔可夫更新过程. 易见若把所有 N^i 叠加起来, 则叠加过程的点(即更新)发生时间序列 $\{t_n\}$ 和由

$X_n=i$, 若 t_n 是 N^i 的更新时间

确定的序列$\{X_n\}$联合给出定义 3-13-1 中的过程$\{(X_n,t_n),n\geqslant 0\}$.

$\{X_n,n\geqslant 1\}$ 构成一马尔可夫链以及 $N^i\equiv\{N_t^i,t\geqslant 0\}$, $i\geqslant 0$, 是更新过程这些事实启示人们使用“马尔可夫更新过程” 这一术语.

当然,我们也可以把马尔可夫更新过程看作是标值更新过程,这时很自然会把每一次更新看作是一个点, 这个点的标值就是系统在这次更新后转移到的状态 $X_n=i_n$. 但是, 由于在马尔可夫

更新过程的研究中,人们主要关心的是 X_n, t_n, N_i^t 以及与它们有关的一些量,而不是累计标值过程,所以我们不把这一节的内容归入标值更新过程一节.

下面给出马尔可夫更新过程的几个例子.

例 3-13-1 (I 型计数器) 设到达计数器的放射性粒子形成一强度为 λ 的齐次泊松过程.若粒子到达时计数器是开放的,则粒子被记录并随即引起计数器封闭一段时间,封闭期间的长度是一随机变量,它有分布 $\phi(t)$. 在计数器封闭期间到达的粒子不被记录,同时对计数器也不会进一步产生影响[如果在封闭期间到达的粒子会延长计数器的封闭时间,这类计数器称做 II 型计数器. 各种类型的更新过程模型在计数器理论中有重要的应用,详见 Takács (1956, 1957, 1958) 和 Smith (1958) 等]. 如果我们有兴趣于考察计数器的状态变化,令 $t_0 = 0, t_1, t_2, \cdots$ 是计数器状态转移的时间序列,又设

$$X_n = \begin{cases} 1 & \text{第 } n \text{ 次转移封闭计数器,} \\ 0 & \text{第 } n \text{ 次转移开放计数器,} \end{cases}$$

则 $\{(X_n, t_n), n \geqslant 0\}$ 是一马尔可夫更新过程(假设 $P(X_0=1)=1$). 由(3-13-12)式定义的伴随于过程 $\{(X_n, t_n), n \geqslant 0\}$ 的半马尔可夫过程 $X(t)$ 表示计数器在时刻 t 的状态. 容易看出,对应的半马尔可夫核是

$$[Q_{ij}(t)] = \begin{bmatrix} 0 & 1 - e^{-\lambda t} \\ \phi(t) & 0 \end{bmatrix}.$$

例 3-13-2 ($M/G/1$ 排队系统) 若以 $Z(t)$ 表示在时刻 t 系统中的顾客数,则我们已经知道对于 $M/M/1$ 排队系统来说随机过程 $\{Z(t), t \geqslant 0\}$ 是一马尔可夫链. 但是,对于 $M/G/1$ 排队系统这一结论不再成立,因为这时服务时间一般不再有指数分布,所以系统下一次转移到的状态不仅依赖于它现在所处的状态,而且与正在接受服务的顾客已经被服务了多少时间有关.

现设 X_n 是当第 n 个到达系统的顾客离开系统时仍留在系统中的顾客数,则易证 $\{X_n, n \geqslant 0\}$ 是一马尔可夫链,又设 $t_0 = 0$ 和

$t_1, t_2, \cdots$是顾客离开系统的时间序列，则 $\{(X_n, t_n), n \geqslant 0\}$ 是一马尔可夫更新过程．由 (3-13-12) 式定义的伴随于 $\{(X_n, t_n), n \geqslant 0\}$ 的半马尔可夫过程 $X(t)$ 表示排队系统在时刻 t 前最近一次顾客离开时留在系统的顾客数．我们不难求得对应的半马尔可夫核是

$$[Q_{ij}(t)] = \begin{bmatrix} p_0(t) & p_1(t) & p_2(t)\cdots \\ q_0(t) & q_1(t) & q_2(t)\cdots \\ 0 & q_0(t) & q_1(t)\cdots \\ & 0 & \ddots \end{bmatrix},$$

其中

$$q_n(t) = \int_0^t e^{-\lambda x} \frac{(\lambda x)^n}{n!} dG(x), \qquad n = 0, 1, \cdots$$

$$p_n(t) = \int_0^t q_n(t - x) \lambda e^{-\lambda x} dx, \qquad n = 0, 1, \cdots.$$

例 3-13-3 ($GI/M/1$ 排队系统） 设 X_n 是第 n 个顾客到达前的瞬间在系统中的顾客数，则由服务时间分布的无记忆性易知 $\{X_n, n \geqslant 0\}$ 是一马尔可夫链．若令 $t_0 = 0$ 和 $t_1, t_2, \cdots$表示顾客到达系统的时间序列，则 $\{(X_n, t_n), n \geqslant 0\}$ 是一马尔可夫更新过程．由(3-13-12)式定义的伴随于过程 $\{(X_n, t_n), n \geqslant 0\}$ 的半马尔可夫过程 $X(t)$ 表示系统在时刻 t 前最近一次顾客到达时系统中的顾客数，不难求得对应的半马尔可夫核是

$$[Q_{ij}(t)] = \begin{bmatrix} r_0(t) & q_0(t) & & 0 & \\ r_1(t) & q_1(t) & q_0(t) & & \\ r_2(t) & q_2(t) & q_1(t) & q_0(t) & \\ \vdots & \vdots & \vdots & \vdots & \ddots \end{bmatrix},$$

其中

$$q_n(t) = \int_0^t [e^{-\mu x}(\mu x)^n / n!] dG(x),$$

$$r_n(t) = G(t) - \sum_{i=0}^{n} q_i(t),$$

这里 $n = 0,1,2,\cdots,\mu$ 是指数服务时间分布的参数，G 是顾客到达时间间距分布.

顺便指出，对于 $GI/M/1$ 系统来说，若以 $Z(t)$ 表示时刻 t 在系统中的顾客数，则过程 $\{Z(t), t \geqslant 1\}$ 一般也不是半马尔可夫过程.

我们再引入一些记号. 令

$$G_{ij}(t) = P(S_1^j \leqslant t | X(0) = i) \tag{3-13-14}$$

$$f_{ij}(t) = P(X(t) = j | X(0) = i) \tag{3-13-15}$$

和

$$Q_{ij}^{(n)}(t) = P(X_n = j, t_n \leqslant t | X(0) = i). \tag{3-13-16}$$

易见 $G_{ij}(t)$ 是给定初始状态是 i 时，首次通过状态 j 的时间 V_{ij} 的分布函数. 一般说来，对于不同的初始状态 i_1 和 i_2，分布 G_{i_1j} 和 G_{i_2j} 是不一样的. 特别地，当 $i = j$ 时，V_{ii} 实际上就是由 $\{S_n^i, n \geqslant 0\}$ 确定的更新过程 N^i 的更新区间. 我们用 μ_{ii} 表示 V_{ii} 的数学期望. 函数 $f_{ij}(t)$ 部分地给出过程 $X(t)$ 的状态转移规律. 当 $X(t)$ 是马尔可夫链时 $f_{ij}(t)$ 就是转移概率，这时它能完全刻划 $X(t)$ 的状态转移规律.

由 $Q_{ij}^{(n)}(t)$ 的定义(3-13-16)式马上看出

$$Q_{ij}^{(1)}(t) = Q_{ij}(t).$$

若再令

$$Q_{ij}^{(0)}(t) = \begin{cases} 1 & 若\ i = j, \\ 0 & 若\ i \neq j, \end{cases}$$

则不难证明如下的递推关系：对于任意 $n = 0,1,2,\cdots$

$$Q_{ij}^{(n+1)}(t) = \sum_k \int_0^t Q_{kj}^{(n)}(t-u) dQ_{ik}(u). \tag{3-13-17}$$

事实上，从状态 i 出发，经 $n+1$ 步转移到状态 j 这一事件可分解为下面的一系列事件，即第一次转移是从状态 i 到状态 k，而且在状态 i 的逗留时间是 $u(\leqslant t)$，然后从状态 k 出发以不超过 $t-$

u 的时间经过 n 次转移到达状态 j. 最后,对所有可能的 k 求和即得(3-13-17)式. ■

前面我们定义和讨论了一般更新过程的更新函数 $M(t)=EN_t$, 对于马尔可夫更新过程也可类似地定义马尔可夫更新函数如下:

$$M(i,j,t)=E[N_t^j|X_0=i],\ i,j\in\mathscr{X}. \tag{3-13-18}$$

定理 3-13-1 $M(i,j,t)=\sum_{n=1}^{\infty}Q_{ij}^{(n)}(t).$ (3-13-19)

证明 令

$$A_n=\begin{cases}1 & 若\ X_n=j,\ t_n\leqslant t,\\ 0 & 其它情形.\end{cases}$$

易见 $N_t^j=\sum_{n=0}^{\infty}A_n$. 于是

$$\begin{aligned}E(N_t^j|X_0=i)&=\sum_{n=0}^{\infty}E(A_n|X_0=i)\\ &=\sum_{n=1}^{\infty}P(A_n=1|X_0=i)\\ &=\sum_{n=1}^{\infty}P(X_n=j,t_n\leqslant t|X_0=i)\\ &=\sum_{n=1}^{\infty}Q_{ij}^{(n)}(t).\end{aligned}$$ ■

当 $i=j$ 时,更新过程 N^j 的区间分布是 G_{jj}. 若以 G_{jj}^{n*} 表示 G_{jj} 的 n 重卷积,则

$$M(j,j,t)=\sum_{n=1}^{\infty}G_{jj}^{n*}(t). \tag{3-13-20}$$

因此,马尔可夫更新函数 $M(j,j,t)$ 确实可以看作是一个普通更新过程(对应的区间分布是 G_{jj})的更新函数. 从而,对于 $M(j,j,t)$ 来说,相应于 Blackwell 更新定理和 Smith 关键更新定理的论断也成立.

下面讨论马尔可夫更新方程。

定理 3-13-2 对于任意状态 i, j 和 $t \geqslant 0$,

$$f_{ij}(t) = \delta_{ij} h_i(t) + \sum_k \int_0^t f_{kj}(t-x) dQ_{ik}(x), \quad (3\text{-}13\text{-}21)$$

这里 δ_{ij} 视 i 等于 j 与否而取值 1 或 0,

$$h_i(t) = 1 - \sum_k Q_{ik}(t) = 1 - H_i(t) = P(T_i > t).$$

证明 按 $f_{ij}(t)$ 的定义 (3-13-15) 并对 X_1 和 t_1 作条件化处理,我们有

$$\begin{aligned} f_{ij}(t) &= P(X(t) = j | X_0 = i) \\ &= \sum_k \int_0^\infty P(X(t) = j | X_0 = i, X_1 = k, t_1 = x) dQ_{ik}(x). \end{aligned}$$

当 $t_1 = x > t$ 时, $X(t) = X_0 = i$. 但若 $t_1 = x \leqslant t$, 则过程将(在时刻 $t_1 = x$)从状态 k 出发经过时间 $t - x$ 后到达 j. 于是有

$$P(X(t) = j | X_0 = i, X_1 = k, t_1 = x) = \begin{cases} \delta_{ij} & \text{若 } x > t, \\ f_{kj}(t-x) & \text{若 } x \leqslant t. \end{cases}$$

从而

$$f_{ij}(t) = \sum_k \left[\int_0^t f_{kj}(t-x) dQ_{ik}(x) + \delta_{ij} \int_t^\infty dQ_{ik}(x) \right].$$

因为

$$\sum_k \int_0^\infty dQ_{ik}(x) = 1.$$

故上式右端方括号内第二项等于

$$\delta_{ij} \left[1 - \sum_k \int_0^t dQ_{ik}(x) \right] = \delta_{ij} \left[1 - \sum_k Q_{ik}(t) \right] = \delta_{ij} h_i(t),$$

由此即得(3-13-21)式. ■

下面的定理给出 $f_{ij}(t)$ 和首次通过时间分布 $G_{ij}(t)$ 的关系. 鉴于连系这两个函数的方程的形式和作用类似于更新过程理论中的更新方程, 所以我们称之为**马尔可夫更新方程**.

定理 3-13-3 对于任意状态 i, j 和 $t \geqslant 0$,

$$f_{ij}(t) = \delta_{ij}h_i(t) + \int_0^t f_{jj}(t-x)dG_{ij}(x). \quad (3\text{-}13\text{-}22)$$

证明 当 $X_0 = i$ 时，事件 $\{X(t) = j\}$ 可以如下两种互斥的方式发生，它们分别给出(3-13-22)式右边的两项:

(1) 在时刻 t (包含 t)之前没有状态转移发生，于是 $X(t) = i$. 这时过程在状态 i 逗留一段长度超过 t 的时间后才发生状态转移.

(2) 在时刻 t (包含 t)之前至少有一次状态转移发生. 设过程在时刻 $x < t$ 首次到达 j，然后从 j 出发，经过时间 $t - x$ 后又处于状态 j. ■

在 G_{ij} 和 Q_{ij} 之间有如下的关系.

定理 3-13-4 对于任意状态 i, j 和 $t \geqslant 0$,

$$G_{ij}(t) = Q_{ij}(t) + \sum_{k \neq j} \int_0^t G_{kj}(t-x)dQ_{ik}(x)$$

$$= Q_{ij}(t) + \sum_k \int_0^t G_{kj}(t-x)dQ_{ik}(x)$$

$$- \int_0^t G_{jj}(t-x)dQ_{ij}(x). \quad (3\text{-}13\text{-}23)$$

证明 类似于定理 3-13-3 的证明，当给定 $x_0 = i$ 时，过程在时刻 t (包含 t) 前转移到状态 j 这一事件可以如下两种互斥的方式发生，它们分别给出(3-13-23)式居中的表示式的两项.

(1) 在时刻 t (包含 t) 前发生的第一次转移是从状态 i 到 j 的转移.

(2) 在时刻 t (包含 t) 前发生的第一次转移是从状态 i 到 k ($k \neq j$) 的转移，然后又从 k 出发，经过长度不超过 $t - x$ 的时间再转移到状态 j. ■

前面我们用记号 T_i 和 T_{ij} 分别表示过程在状态 i 的(无条件)逗留时间和在给定过程原来处于状态 i 而且下一次将转移到状态 j 的条件下它在状态 i 的逗留时间. 它们的分布分别是 H_i 和 F_{ij}，对应的数学期望则分别是 $\alpha_i = ET_i$ 和 $\alpha_{ij} = ET_{ij}$. 再令 V_{ij} 是

过程从 i 出发，首次经过状态 j 的时间（特别地，V_{ii} 是更新过程 N^i 的更新区间），它的分布函数和数学期望分别是 G_{ij} 和 μ_{ij}.

下述定理给出上面提到的数学期望之间的关系.

定理 3-13-5 对于任意状态 i, j 有

$$\mu_{ij} = \alpha_i + \sum_{k \neq j} P_{ik}\mu_{kj}. \tag{3-13-24}$$

证明 对(3-13-23)取 L-S 变换得

$$G_{ij}^*(s) = Q_{ij}^*(s) + \sum_{k \neq j} G_{kj}^*(s) Q_{ik}^*(s), \tag{3-13-25}$$

这里 G_{ij}^* 和 Q_{ij}^* 分别是 G_{ij} 和 Q_{ij} 的 L-S 变换. 将上式对变元 s 求导并注意到由 (3-13-4) 式有 $Q_{ij}^*(s) = P_{ij}F_{ij}^*(s)$，我们就得到

$$\frac{d}{ds}G_{ij}^*(s) = P_{ij}\frac{d}{ds}F_{ij}^*(s) + \sum_{k \neq j}\Big\{P_{ik}F_{ik}^*(s)\frac{d}{ds}G_{kj}^*(s) + P_{ik}G_{kj}^*(s)\frac{d}{ds}F_{ik}^*(s)\Big\}. \tag{3-13-26}$$

根据 L-S 变换的性质有

$$\mu_{ij} = -\frac{d}{ds}G_{ij}^*(s)\Big|_{s=0}$$

$$\alpha_{ij} = -\frac{d}{ds}F_{ij}^*(s)\Big|_{s=0}$$

和

$$G_{ij}^*(0) = F_{ij}^*(0) = 1.$$

若在(3-13-26)式中令 $s = 0$ 即得

$$\mu_{ij} = P_{ij}\alpha_{ij} + \sum_{k \neq j}\{P_{ik}\mu_{kj} + P_{ik}\alpha_{ik}\} = \sum_k P_{ik}\alpha_{ik} + \sum_{k \neq j} P_{ik}\mu_{kj}.$$

因为 $\sum\limits_k P_{ik}\alpha_{ik} = \alpha_i$，于是(3-13-24)式得证. ∎

这定理的直观意义是明显的. (3-13-24) 式表明过程从状态 i 出发首先到达状态 j 的平均时间 μ_{ij} 等于它在状态 i 的平均逗

留时间加上它从任一异于 j 的状态 k 出发首次到达状态 j 的平均时间与转移概率 P_{kj} 的乘积。

定理 3-13-6 若嵌入马尔可夫链 $\{X_n, n\geqslant 0\}$ 是不可约和遍历的，则

$$\mu_{jj}=\sum_i \pi_i\alpha_i/\pi_j, \tag{3-13-27}$$

这里 $\pi_j=\lim\limits_{n\to\infty} P_{ij}^n>0$ 给出马尔可夫链 $\{X_n, n\geqslant 0\}$ 的平稳分布。由马尔可夫链的理论知 $\{\pi_j, j=0,1,2,\cdots\}$ 是方程组

$$\pi_j=\sum_i \pi_i P_{ij},\quad j=0,1,2,\cdots$$

的唯一解。

证明 用 $\pi_i(i=0,1,2,\cdots)$ 乘(3-13-24)式两端并对 i 求和得

$$\begin{aligned}\sum_i \pi_i\mu_{ij}&=\sum_i \pi_i\alpha_i+\sum_i\left\{\sum_k \pi_i P_{ik}\mu_{kj}-\pi_i P_{ij}\mu_{jj}\right\}\\&=\sum_i \pi_i\alpha_i+\sum_k\left\{\sum_i \pi_i P_{ik}\right\}\mu_{kj}-\left\{\sum_i \pi_i P_{ij}\right\}\mu_{jj}\\&=\sum_i \pi_i\alpha_i+\sum_k \pi_k\mu_{kj}-\pi_j\mu_{jj}.\end{aligned}$$

上式经移项整理后立得欲证的结果。 ■

(3-13-27)式也可以改写为

$$\mu_{jj}=\sum_i \alpha_i\left(\frac{\pi_i}{\pi_j}\right), \tag{3-13-28}$$

其中因子 (π_i/π_j) 表示马尔可夫链 $\{X_n, n\geqslant 0\}$ 两次取 j 值之间访问状态 i 的平均次数，而 α_i 则是每次访问状态 i 的平均逗留时间。因此，两者相乘后对所有可能的 i 求和就给出这链两次访问状态 j 之间的平均时间间距 $\mu_{jj}=EV_{jj}$。

易见若半马尔可夫过程 $\{X(t), t\geqslant 0\}$ 实际上就是一在正整数格子点上发生转移的马尔可夫链时，则对任意状态 j 都有 $\alpha_j=1$，于是(3-13-27)式变成

$$\mu_{jj}=1/\pi_j,$$

这结果和马尔可夫链理论是一致的.

仿照马尔可夫链的状态分类，我们对马尔可夫更新过程的状态作如下分类.

定义 3-13-3 马尔可夫更新过程 $\{(X_n, t_n), n\geqslant 0\}$（等价地,伴随的半马尔可夫过程$\{X(t), t\geqslant 0\}$)的状态 i 称做常返的(瞬时的),如果 $G_{ii}(\infty)=1$（相应地, $G_{ii}(\infty)<1$).

一个常返状态 i 称做正常返状态(零常返状态),如果 $\mu_{ii}<\infty$（相应地, $\mu_{ii}=\infty$).

我们可以证明，马尔可夫更新过程 $\{(X_n, t_n), n\geqslant 0\}$（等价地,半马尔可夫过程$\{X(t), t\geqslant 0\}$)的状态 i 是常返的(瞬时的)当且仅当这状态对嵌入马尔可夫链 $\{X_n, n\geqslant 0\}$ 是常返的(相应地,瞬时的). 从这一论断看出,马尔可夫更新过程，或者说半马尔可夫过程的状态分类和马尔可夫链的状态分类本质上是一致的.

我们说马尔可夫更新过程 $\{(X_n, t_n), t_n\geqslant 0\}$（等价地，半马尔可夫过程 $\{X(t), t\geqslant 0\}$) 是不可约的,如果它的嵌入马尔可夫链 $\{X_n, n\geqslant 0\}$ 是不可约的.

利用交替更新过程的理论不难证明下述定理.

定理 3-13-7 设马尔可夫更新过程 $\{(X_n, t_n), t\geqslant 0\}$ 是不可约的, V_{ii} 是非格子随机变量，而且 $\mu_{ii}=EV_{ii}<\infty$，则极限

$$f_i\equiv\lim_{t\to\infty}P(X(t)=i|X(0)=j)=\lim_{t\to\infty}f_{ji}(t) \quad (3\text{-}13\text{-}29)$$

存在且与初始状态 j 无关. 进而我们还可断言

$$f_i=\alpha_i/\mu_{ii}. \quad (3\text{-}13\text{-}30)$$

证明 当伴随于$\{(X_n, t_n), t\geqslant 0\}$的半马尔可夫过程$\{X(t), t\geqslant 0\}$进入状态 i 时,我们说一个周期开始. 并且称状态 i 为“工作状态”;称除 i 之外的所有其它状态为“故障状态”. 这样，我们就得到一个交替更新过程(当 $X(0)\neq i$ 时过程是延迟的). 这过程处于“工作状态”的时间分布和数学期望分别是 H_i 和 α_i，周期长度的分布和数学期望则分别是 G_{ii} 和 μ_{ii}. 于是，根据定理 3-

8-1 立即得到欲证的结论. ■

由上述定理和定理 3-11-1 马上推得

定理 3-13-8 在定理 3-13-7 的假设下，以概率 1 有

$$f_i = \alpha_i/\mu_{ii} = \lim_{t\to\infty} \text{过程在 } [0,t] \text{ 中处于状态 } i \text{ 的时间}/t. \tag{3-13-31}$$

下面的定理表明，极限概率 f_i 只依赖于转移概率 P_{ij} 和平均逗留时间 α_i，而且定理还提供一个适于计算 f_i 的公式.

定理 3-13-9 在定理 3-13-7 的假设下

$$f_i = \frac{\pi_i\alpha_i}{\Sigma\pi_i\alpha_i}. \tag{3-13-32}$$

证明 我们定义

$Y_i(k)$ = 过程第 k 次访问状态 i 时在该状态的逗留时间.

$N_i(m)$ = 过程在前 m 次状态转移中访问状态 i 的次数.

$P_i(m)$ = 过程在前 m 次状态转移期间在状态 i 逗留的时间所占的比例.

于是有

$$P_i(m) = \sum_{k=1}^{N_i(m)} Y_i(k) \Big/ \sum_j \sum_{k=1}^{N_j(m)} Y_j(k)$$

$$= \frac{N_i(m)}{m} \frac{\sum\limits_{k=1}^{N_i(m)} Y(k)}{N_i(m)} \Big/ \sum_j \frac{N_j(m)}{m} \frac{\sum\limits_{k=1}^{N_j(m)} Y_j(k)}{N_j(m)}. \tag{3-13-33}$$

因为过程是不可约的，故由状态 i 是正常返知所有状态都是正常返的. 所以,对任意状态 j，当 $m\to\infty$时有 $N_j(m)\to\infty$. 又由强大数定律知以概率 1 有

$$\lim_{m\to\infty} \frac{\sum\limits_{k=1}^{N_j(m)} Y_j}{N_j(m)} = \alpha_j.$$

再按更新过程的强大数定律(定理 3-3-2)推得以概率 1 有

$$\lim_{m\to\infty} \frac{N_j(m)}{m} = (\text{两次访问状态 } j \text{ 之间的状态转移次数的期望}$$

值)$^{-1}$. 但是，这一极限恰好就是π_j（参看定理3-13-5后面的说明）. 另一方面，由定理3-13-8推知以概率1有

$$\lim_{m\to\infty} P_i(m) = f_i.$$

故在(3-13-33)式中令$m\to\infty$即得(3-13-32)式. ■

例 3-13-5 设嵌入马尔可夫链$\{X_n, n\geqslant 0\}$的转移概率矩阵是

$$(P_{ij}) = \begin{pmatrix} 0.5 & 0.3 & 0.2 \\ 0.2 & 0.4 & 0.4 \\ 0.1 & 0.5 & 0.4 \end{pmatrix},$$

条件等待时间T_{ij}的分布由

$$(\overline{F}_{ij}(t)) = \begin{pmatrix} e^{-2t} & e^{-5t} & e^{-t} \\ e^{-4t} & e^{-2t} & e^{-5t} \\ e^{-5t} & e^{-2t} & e^{-t} \end{pmatrix}$$

给出. 于是,利用公式$\alpha_i = \sum_j P_{ij}\alpha_{ij}$容易算出$\alpha_1 = 0.51$, $\alpha_2 = 0.33$和$\alpha_3 = 0.67$. 其次,由方程组

$$\begin{aligned} \pi_1 &= 0.5\pi_1 + 0.2\pi_2 + 0.1\pi_3, \\ \pi_2 &= 0.3\pi_1 + 0.4\pi_2 + 0.5\pi_3, \\ \pi_3 &= 0.2\pi_1 + 0.4\pi_2 + 0.4\pi_3, \\ \pi_1 &+ \pi_2 + \pi_3 = 1 \end{aligned}$$

的唯一解$\pi_1 = 0.2353$, $\pi_2 = 0.4118$和$\pi_3 = 0.3529$给出极限概率分布$\{\pi_i\}$. 最后,利用(3-13-32)式算出$f_1 = 0.2437$, $f_2 = 0.2760$和$f_3 = 0.4803$.

§3-14 更新过程的统计推断

1. 点间间距的独立性检验

根据更新过程的特性易知，这类过程的统计检验的一个中心

问题是检验事件间隔的相互独立性(即所谓区间独立性). 下面分别简单介绍基于样本序列相关系数和基于点间间距的谱的检验. 关于这些方法的背景、理论基础和进一步的讨论可参看第四章中有关平稳点过程的统计推断的材料以及 Cox 和 Lewis (1966) 中有关部分.

(A) 基于序列相关系数的检验

设 $\{X_i; i \geqslant 1\}$ 是平稳的随机变量序列, 这序列的自相关系数定义为

$$\rho_k = \frac{\mathrm{Cov}(X_i, X_{i+k})}{\mathrm{Var}(X)}, \qquad k = 1, 2, \cdots,$$

式中 k 是滞后. 显然, ρ_k 是刻划序列 $\{X_i\}$ 中各变量 X_i 的相关程度和特点的重要指标 (有时人们也使用自协方差函数 $C_k = \mathrm{Var}(X)\rho_k$). 如果 $\{X_i\}$ 是更新过程的更新区间序列,则由区间独立性知这时对所有正整数 k 均有 $\rho_k = 0$. 因此,要检验一个点过程的点间间距的独立性,自然会想到要检验假设 $\rho_k = 0$. 在实际中, 人们通常首先检验假设 $\rho_1 = 0$, 这时可以利用 ρ_1 的估计

$$\tilde{\rho}_1 = \frac{\tilde{C}_1}{(\tilde{C}'_{0,1}\tilde{C}''_{0,1})^{1/2}} \tag{3-14-1}$$

作检验统计量,其中

$$\begin{aligned}\tilde{C}_1 &= (n_0 - 1)^{-1} \sum_{i=1}^{n_0-1} (X_i - \overline{X}'_1)(X_{i+1} - \overline{X}''_1) \\ &= (n_0 - 1)^{-1} \sum_{i=1}^{n_0-1} X_i X_{i+1} - \overline{X}'_1 \overline{X}''_1,\end{aligned} \tag{3-14-2}$$

$$\tilde{C}'_{0,1} = (n_0 - 1)^{-1} \sum_{i=1}^{n_0-1} (X_i - \overline{X}'_1)^2, \tag{3-14-3}$$

$$\tilde{C}''_{0,1} = (n_0 - 1)^{-1} \sum_{i=1}^{n_0-1} (X_{i+1} - \overline{X}''_1)^2, \tag{3-14-4}$$

$$\overline{X}'_1 = (n_0 - 1)^{-1} \sum_{i=1}^{n_0-1} X_i, \tag{3-14-5}$$

$$\overline{X}_1'' = (n_0 - 1)^{-1} \sum_{i=1}^{n_0-1} X_{i+1}. \qquad (3-14-6)$$

上列式子中的 n_0 是观测数据的数目.

可以证明,在零假设 $\rho_1 = 0$ 之下,对于大的 n_0 值, $\tilde{\rho}_1\sqrt{n_0-1}$ 近似地有标准正态分布 $N(0, 1)$. 因此,若给定显著性水平为 α, 则当

$$|\tilde{\rho}_1| > C_{\alpha/2}/\sqrt{n_0 - 1} \qquad (3-14-7)$$

时拒绝 $\rho_1 = 0$ 的假设,这里 $C_{\alpha/2}$ 是标准正态分布的上 $\alpha/2$ 点.

当然,除了检验假设 $\rho_1 = 0$ 外, 如果认为有必要还可以检验假设 $\rho_2 = 0$, $\rho_3 = 0, \cdots$. 检验 $\rho_k = 0(k > 1)$ 所用的计算公式由将(3-14-1)—(3-14-6)式中的附标或数字"1"都相应地改为"k"即得,例如,(3-14-1)和(3-14-2)式分别变为

$$\tilde{\rho}_k = \widetilde{C}_k/(\widetilde{C}'_{0,k}\widetilde{C}''_{0,k})^{1/2}$$

和

$$\widetilde{C}_k = (n_0 - k)^{-1} \sum_{i=1}^{n_0-k} (X_i - \overline{X}_k^1)(X_{i+k} - \overline{X}_k'')$$

$$= (n_0 - k)^{-1} \sum_{i=1}^{n_0-k} X_i X_{i+k} - \overline{X}_k' \overline{X}_k''.$$

(B) 基于区间谱的检验

假设我们得到了 n_0 个观测数据 $X_1, X_2, \cdots, X_{n_0}$. 以 l 表示 $(n_0 - 1)/2$ 的整数部分, $\omega_p = 2\pi p/n_0(p = 1, 2, \cdots, l)$. 令

$$I_{n_0}(\omega_p) = \frac{1}{2\pi n_0} \sum_{s=1}^{n_0} \sum_{u=1}^{n_0} X_s X_u e^{i(s-u)\omega_p} \qquad (3-14-8)$$

和

$$S_i^2 = \sum_{p=(i-1)\nu+1}^{i\nu} 2\pi I_{n_0}(\omega_p), \quad i = 1, \cdots, k, \qquad (3-14-9)$$

这里 ν 和 k 是两个满足 νk 最接近 l 但又不超过 l 的正整数. 于是, (3-14-9) 式表示把所有 $I_{n_0}(\omega_p)$ 值分为 k 个组求和,每一组

含有 ν 个值.

考虑统计量

$$H=\frac{\left\{2l\log\left(\sum_{i=1}^{k}S_i^2/2l\right)-\sum_{i=1}^{k}2\nu\log\left(S_i^2/2\nu\right)\right\}}{(6\nu-2)/(6\nu-3)}. \quad (3\text{-}14\text{-}10)$$

当 $2\nu>5$ 时, H 近似地有自由度为 $k-1$ 的 χ^2 分布. 如果 $\{X_i\}$ 是被观测点过程的点间间距序列, 则当 H 值大到一定程度时应当拒绝这过程是更新过程的假设. 下面是一个解释上述方法的数字例子.

例 3-14-1 对计算机的故障进行观测, 得到 $n_0=255$ 个点事件间距, 因而有 $l=\left[(255-1)/2\right]=127$ 个 $I_{n_0}(\omega_p)$ 值可供利用. 在下表中给出对于 3 对 ν 和 k 的值由 (3-14-10) 式算出的统计量 H 的值

ν	k	$l=\nu k$	H	自由度 $=k-1$	近似的显著性水平%
4	31	124	29.73	30	48
8	15	120	18.32	14	20
24	5	120	12.96	4	1.2

当 $\nu=24$ 和 $k=5$ 时的 H 值虽然相对地较小, 但它对应的显著性水平特别小, 这表明点间间距的相依性最明显. 从上表可以看出, 检验在很大程度上依赖于 $I_{n_0}(\omega_p)$ 值的分组方法, 这是本检验的一个缺点.

2. 区间分布参数的估计——在可靠性理论中的应用

考察某种零件的故障过程 $\{X_i, i=1,2,\cdots\}$, 其中每一 X_i 表示某一同类型零件的使用寿命, 各 X_i 是相互独立同分布的, 设共同的寿命分布密度是 $f(t|\theta)$, 这里 θ 是分布的未知参数. 若用 N_t 表示在时间区间 $(0,t]$ 中发生故障的零件数目, 则 $N\equiv\{N_t, t\geqslant 0\}$ 是一更新过程.

我们希望根据对故障过程的观测数据对参数 θ 或可靠性函数 $R(t|\theta)=1-F(t|\theta)=1-\int_0^t f(s|\theta)ds$ 作出估计，为此要对被研究的零件作寿命试验．方法是取 n 个同类型的零件从 $t=0$ 同时开始进行试验，而终止试验的时间通常可用两种不同的方式确定．第一种是所谓定时截尾(又称第一类截尾)，即试验一直进行到事先规定的某一时间 T_0 终止；第二种是所谓定数截尾(又称第二类截尾)，即试验一直进行到出现第 r 个故障零件时终止，这里 $r(\leqslant n)$ 是事先选定的某一正整数．对于这两类截尾，试验又可以分为有替换和无替换两种情形．所谓有替换试验就是当一个零件发生故障后立即用一个同类型的新零件替换失效零件；而无替换试验则是指试验过程中零件发生故障后不再用同类型新零件替换．于是，试验有四种不同的组合方式，即无替换定时截尾，有替换定时截尾，无替换定数截尾和有替换定数截尾，图 3-14-1 是它们的示意图．

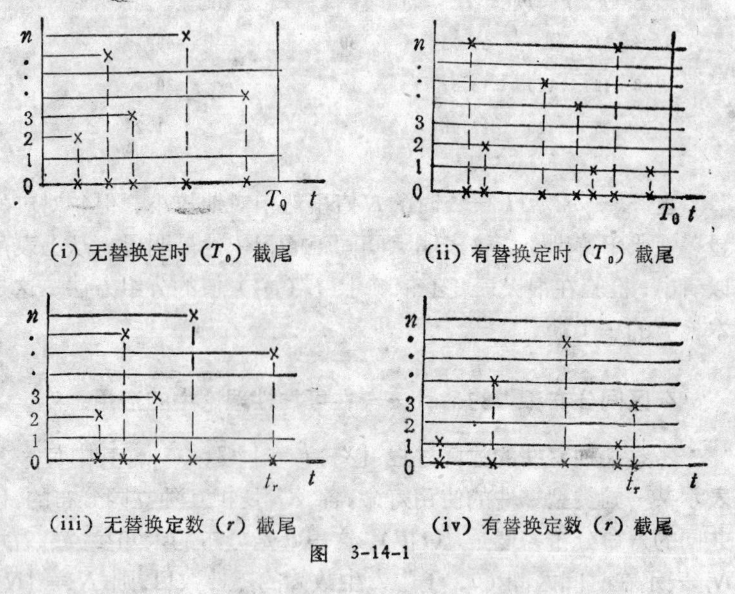

(i) 无替换定时 (T_0) 截尾　　(ii) 有替换定时 (T_0) 截尾

(iii) 无替换定数 (r) 截尾　　(iv) 有替换定数 (r) 截尾

图 3-14-1

在这里我们仅讨论最大似然估计．

对于无替换定时截尾的情形，由零件的独立性易知似然函数与

$$L^* = \left(\prod_{i=1}^{d} f(t_i|\theta)\right)(1 - F(T_0|\theta))^{n-d} \qquad (3\text{-}14\text{-}11)$$

成比例,其中 d 是观测到的故障数目.

对于无替换定数截尾的情形，同样由零件的独立性知似然函数与

$$L^{**} = \left(\prod_{i=1}^{r} f(t_i|\theta)\right)(1 - F(t_r|\theta))^{n-r} \qquad (3\text{-}14\text{-}12)$$

成比例.

下面只就 $f(t|\theta) = (1/\theta)e^{-t/\theta}(\theta > 0, t > 0)$，即零件寿命有期望为 θ 的指数分布情形给出 θ 的最大似然估计.

先考虑无替换定数截尾的情形，我们把 r 个失效零件的寿命从小到大排列,并以 $X_{(1)},\cdots,X_{(r)}$ 分别表示它们. 于是，由附录五知对应的次序统计量 $(X_{(1)},\cdots,X_{(r)})$ 的联合分布密度是

$$f(x_1,\cdots,x_r;\theta) = \frac{n!}{(n-r)!}\frac{1}{\theta^r}\exp\left\{-\frac{1}{\theta}\left[\sum_{i=1}^{r} x_i - (n-r)x_r\right]\right\},$$

$$0 \leqslant x_1 \leqslant \cdots \leqslant x_r \qquad (3\text{-}14\text{-}13)$$

将上式取对数后对 θ 求导并令其等于零，我们就可解出参数 θ 的最大似然估计

$$\hat{\theta} = \frac{1}{r}\left[\sum_{i=1}^{r} X_{(i)} + (n-r)X_{(r)}\right]. \qquad (3\text{-}14\text{-}14)$$

上式的分子正好是 n 个零件所经受的总的试验时间T_r.(3-14-14)式还可以写为

$$\hat{\theta} = \frac{1}{r}\sum_{i=1}^{r}(n-i+1)(X_{(i)} - X_{(i-1)}). \qquad (3\text{-}14\text{-}15)$$

我们需要下面的引理.

引理 3-14-1 设 $X_1,\cdots,X_n$ 是相互独立同分布的指数随机

变量，其共同分布的参数是 λ. 又设 $X_{(1)} \leqslant \cdots \leqslant X_{(n)}$ 是它们的次序统计量. 令

$$Y_i = (n-i+1)(X_{(i)} - X_{(i-1)}), i = 1, \cdots, n \quad (3\text{-}14\text{-}16)$$

其中定义 $X_{(0)} \equiv 0$, 则 $Y_1, \cdots, Y_n$ 是相互独立同分布的随机变量，它们的共同分布也是参数为 λ 的指数分布.

证明 只须证明对任意 $t_i \geqslant 0 (i = 1, \cdots, n)$ 有

$$P\{(n-i+1)(X_{(i)} - X_{(i-1)}) > t_i, i = 1, \cdots, n\} = \prod_{i=1}^{n} e^{-\lambda t_i}. \quad (3\text{-}14\text{-}17)$$

由附录五知 $X_{(1)}, \cdots, X_{(n)}$ 的联合分布密度是

$$n! \prod_{i=1}^{n} (\lambda e^{-\lambda x_i}), \quad 0 \leqslant x_1 \leqslant \cdots \leqslant x_n,$$

故(3-14-17)式左边等于

$$n! \int_{V_n} \lambda^n \exp\left\{-\lambda \sum_{i=1}^{n} x_i\right\} dx_1 \cdots dx_n, \quad (3\text{-}14\text{-}18)$$

这里积分区域

$$V_n = \{(x_1, \cdots, x_n): 0 \leqslant x_1 \leqslant \cdots \leqslant x_n, \\ (n-i+1)(x_i - x_{i-1}) > t_i, i = 1, \cdots, n\}.$$

作变量代换

$$y_i = (n-i+1)(x_i - x_{i-1}), i = 1, \cdots, n.$$

于是积分区域 V_n 变为

$$U_n = \{(y_1, \cdots, y_n): y_i > t_i, i = 1, \cdots, n\},$$

从而(3-14-17)式左边变作

$$n! \int_{U_n} \lambda^n \exp\left\{-\lambda \sum_{i=1}^{n} y_i\right\}\left(\prod_{i=1}^{n} \frac{1}{n-i+1}\right) dy_1 \cdots dy_n$$

$$= \prod_{i=1}^{n} \left(\int_{t_i}^{\infty} \lambda e^{-\lambda y_i} dy_i\right) = \prod_{i=1}^{n} e^{-\lambda t_i}. \quad ■$$

用 r 乘(3-14-15)式得

$$r\hat{\theta} = \sum_{i=1}^{r} (n-i+1)(X_{(i)} - X_{(i-1)}),$$

于是由上述引理马上推知 $r\hat{\theta}$ 是 r 个相互独立且具有同一参数 $1/\theta$ 的指数分布随机变量之和，故有参数为 $1/\theta$ 和 r 的伽玛分布 $\Gamma(1/\theta, r)$. 由附录三知

$$E(\hat{\theta}) = \theta \tag{3-14-19}$$

和

$$\mathrm{Var}(\hat{\theta}) = \theta^2/r. \tag{3-14-20}$$

类似地由

$$2r\hat{\theta}/\theta = \sum_{i=1}^{r} (2/\theta)(n-i+1)(X_{(i)} - X_{(i-1)}).$$

易知 $2r\hat{\theta}/\theta$ 是 r 个相互独立且有同一参数 $1/2$ 的指数分布随机变量之和，故有参数为 $1/2$ 和 r 的伽玛分布 $\Gamma(1/2, r)$，亦即自由度为 $2r$ 的 χ^2 分布（参看附录三）. 因此，当给定了显著性水平 α 时，我们可据此得到 θ 的置信水平为 $(1-\alpha)100\%$ 的单边置信区间是

$$(0, 2r\hat{\theta}/\chi^2_{1-\alpha}(2r)) \quad \text{或} \quad (2r\hat{\theta}/\chi^2_{\alpha}(2r), \infty), \tag{3-14-21}$$

而同样水平的双边置信区间则可取

$$(2r\hat{\theta}/\chi^2_{\alpha/2}(2r), 2r\hat{\theta}/\chi^2_{1-\alpha/2}(2r)), \tag{3-14-22}$$

这里 $\chi^2_{\alpha/2}(2r)$ 和 $\chi^2_{1-\alpha/2}(2r)$ 是自由度为 $2r$ 的 χ^2 分布的上侧 $\alpha/2$ 和 $1-\alpha/2$ 分位点，它们可以从 χ^2 分布表中查出.

我们还可以证明，$\hat{\theta}$ 是 θ 的唯一的一致最小方差无偏估计.

注意 $\lambda = 1/\theta$ 就是故障率，故由上述容易推知

$$\hat{\lambda} = 1/\hat{\theta} = r/T_r, \tag{3-14-23}$$

这里 $T_r = \sum_{i=1}^{n} (n-i+1)(X_{(i)} - X_{(i-1)})$ 是 n 个零件的总试验时间. 但是，估计 $\hat{\lambda}$ 不是无偏的，因为由 $T_r = r\hat{\theta}$ 服从 $\Gamma(\lambda, r)$ 分布易知[1)]

---

1) 因为 $\Gamma(\lambda, r)$ 分布的密度是 $\lambda^r x^{r-1} e^{-\lambda x}/\Gamma(r)$，均值是 r/λ. 故若 X 有分布 $\Gamma(\lambda, r)$，则 $Y = 1/X$ 有密度 $g(y) = \lambda^r \frac{1}{y^2}\left(\frac{1}{y}\right)^{r-1} e^{-\lambda/y}/\Gamma(r)$，从而 $EY = \int_0^\infty y g(y) dy = \int_0^\infty \lambda^r \frac{1}{y}\left(\frac{1}{y}\right)^{r-1} e^{-\lambda/y} dy/\Gamma(r) = \int_0^\infty \lambda^r \frac{1}{z^2} z^r e^{-\lambda z} dz/\Gamma(r) = \frac{\lambda}{r-1}$.

$$E\hat{\lambda} = \frac{r}{r-1}\lambda \qquad (r > 1).$$

由此看出

$$\lambda^* = \frac{r-1}{r}\hat{\lambda} \tag{3-14-24}$$

给出 λ 的一个无偏估计．事实上，估计 λ^* 比 $\hat{\lambda}$ 好．

不难验证，对于任意给定的 $t > 0$，可靠性函数 $R(t|\theta) = e^{-t/\theta}$ 的最大似然估计是

$$\hat{R}(t|\theta) = e^{-t/\hat{\theta}}, \tag{3-14-25}$$

这里 $\hat{\theta}$ 由 (3-14-15) 式给出．应当指出，$\hat{R}(t|\theta)$ 不是无偏估计．可以证明

$$\tilde{R}(t|\theta) = \left(1 - \frac{t}{r\hat{\theta}}\right)_+^{r-1} \tag{3-14-26}$$

给出 $R(t|\theta)$ 的唯一的一致最小方差无偏估计，这里 $x_+ = \max(x, 0)$ 和 $x_+^r = (x_+)^r$．

例 3-14-2 设在一无替换的定数截尾试验中 $n = 10, r = 3$，观测到的三个寿命数据是 60, 80, 200（小时）．这时

$$T_r = \sum_{i=1}^{3} X_{(i)} + (10-3)200 = 1740.$$

故 θ 的最大似然估计是 $\hat{\theta} = T_r/r = 580$．若给定显著性水平 $\alpha = 0.10$．由 χ^2 分布表查得 $\chi^2_{0.10}(6) = 10.645$，$\chi^2_{0.90}(6) = 2.204$，$\chi^2_{0.05}(6) = 12.592$ 和 $\chi^2_{0.95}(6) = 1.635$．据此和(3-5-21)，(3-5-22)式容易算出 θ 的 90% 单边置信区间是$(327, \infty)$或$(0, 1579)$，而 90%双边置信区间则可取$(276, 2128)$．

可靠性函数 $R(t|\theta)$ 的最大似然估计是 $\hat{R}(t|\theta) = e^{-t/580}$，一致最小方差无偏估计则是 $\tilde{R}(t|\theta) = [1-(t/1740)]_+^2$．当 $t = 10$ 时可进一步写出 $\tilde{R}(10|\theta) = e^{-1/58} = 0.9829$ 和 $\tilde{R}(10|\theta) = [1-(1/174)]^2 = 0.9885$．

对于有替换的定数截尾情形，我们可以想像为在 n 个试验台独立地分别将零件相继作寿命试验．因此，对于每个试验台来说，在该台上零件发生故障的时刻构成一个强度为 $1/\theta$ 的泊松过程，

从而 n 个这样的过程叠加就得到一个强度为 n/θ 的泊松过程．于是，$X_{(1)}, X_{(2)}-X_{(1)},\cdots,X_{(r)}-X_{(r-1)}$ 是相互独立且有同一参数 n/θ 的指数分布随机变量．注意到

$$X_{(i)}=\sum_{j=1}^{i}(X_{(j)}-X_{(j-1)}),\ i=1,\cdots,r,$$

易知 $X_{(1)},\cdots,X_{(r)}$ 的联合分布密度是

$$f(x_1,\cdots,x_r;\theta)=\left(\frac{n}{\theta}\right)^r\exp\left\{-\frac{n}{\theta}x_r\right\},$$

$$0\leqslant x_1\leqslant\cdots\leqslant x_r. \tag{3-14-27}$$

将上式取对数后对 θ 求导并令其等于零，我们就可得到参数 θ 的最大似然估计

$$\hat{\theta}=\frac{n}{r}X_{(r)}=\frac{T_r}{r}, \tag{3-14-28}$$

其中

$$T_r=nX_{(r)} \tag{3-14-29}$$

是所有受试零件的总试验时间．由(3-14-28)式得

$$E\hat{\theta}=\frac{n}{r}EX_{(r)}=\frac{n}{r}E\left[\sum_{j=1}^{r}(X_{(j)}-X_{(j-1)})\right]=\theta, \tag{3-14-30}$$

$$\mathrm{Var}\hat{\theta}=\frac{n^2}{r^2}\mathrm{Var}X_{(r)}=\theta^2 r. \tag{3-14-31}$$

可以证明，$\hat{\theta}$ 是 θ 的唯一的一致最小方差无偏估计．

类似于无替换的情形，容易推知

$$(2n/\theta)X_{(r)}=(2n/\theta)\sum_{j=1}^{r}(X_{(j)}-X_{(j-1)})$$

有自由度为 $2r$ 的 χ^2 分布．据此可得 θ 的 $(1-\alpha)100\%$ 的单边置信区间是

$$(0,\ 2nX_{(r)}/\chi^2_{1-\alpha}(2r))\ 或\ (2nX_{(r)}/\chi^2_{\alpha}(2r),\ \infty). \tag{3-14-32}$$

同样水平的双边置信区间可取

$$(2nX_{(r)}/\chi^2_{\alpha/2}(2r),\ 2nX_{(r)}/\chi^2_{1-\alpha/2}(2r)). \tag{3-14-33}$$

故障率 λ 的最大似然估计是

$$\hat{\lambda}=1/\hat{\theta}.$$

由 $X_{(r)}$ 有伽玛分布 $\Gamma(n/\theta, r)$ 易知 $E\hat{\lambda} = r\lambda/(r-1)(r>1)$，故 $\hat{\lambda}$ 不是无偏的．但是，

$$\lambda^* = (r-1)\hat{\lambda}/r \tag{3-14-34}$$

显是 λ 的一个无偏估计，而且事实上 λ^* 比 λ 好．

易见可靠性函数 $R(t|\theta)$ 的最大似然估计是

$$\hat{R}(t|\theta) = e^{-t/\hat{\theta}}, \tag{3-14-35}$$

其中 $\hat{\theta}$ 是参数 θ 的最大似然估计．注意这估计不是无偏的．类似于无替换情形，可以证明

$$\tilde{R}(t|\theta) = \left(1 - \frac{t}{r\hat{\theta}}\right)_+^{r-1} \tag{3-14-36}$$

是 $R(t|\theta)$ 的唯一的一致最小方差无偏估计．

例 3-14-3 设在一有替换的定数截尾试验中 $n=20$，$r=10$ 和 $X_{(10)}=45$（天）．这时有 $T_r = nX_{(r)} = 900$ 和 $\hat{\theta} = T_r/r = 90$．当给定 $\alpha = 0.10$ 时由 χ^2 分布表查出 $\chi^2_{0.10}(20) = 28.412$，$\chi^2_{0.90}(20) = 12.443$，$\chi^2_{0.05}(20) = 31.410$ 和 $\chi^2_{0.95}(20) = 10.851$．据此及(3-14-32)—(3-14-33)式容易算出 θ 的 90% 单边置信区间是 $(63.4, \infty)$ 或 $(0, 144.6)$，而 90% 双边置信区间则可取 $(57.3, 165.9)$．

现在考虑定时截尾试验．先讨论无替换情形．设在试验区间 $[0, T_0]$ 中发生故障的零件数目是 d，则 d 有二项分布

$$P(d=r) = C_n^r p^r q^{n-r},\ r = 0, 1, \cdots, n, \tag{3-14-37}$$

其中

$$p = 1 - e^{-T_0/\theta} \text{ 和 } q = 1 - p = e^{-T_0/\theta}. \tag{3-14-38}$$

我们用 $f(x_1, \cdots, x_r, r, \theta)$ 表示当 $d = r$ 时 $X_{(1)}, \cdots, X_{(r)}$ 的联合分布密度，则由附录五知

$$f(x_1, \cdots, x_r, r; \theta) =$$

$$\begin{cases} \exp\left\{-\dfrac{nT_0}{\theta}\right\}, & r = 0, \\ \dfrac{n!}{(n-r)!\,\theta^r} \exp\left\{-\dfrac{1}{\theta}\left[\sum\limits_{i=1}^{r} x_i + (n-r)T_0\right]\right\}, & \\ \quad 1 \leqslant r \leqslant n, 0 \leqslant x_1 \leqslant \cdots \leqslant x_r \leqslant T_0, r \geqslant 1. & \end{cases} \tag{3-14-39}$$

因此，对 $r \geqslant 1$ 我们不难从(3—14—39)式出发求得 θ 的最大似然估计

$$\hat{\theta} = T_r/r, \quad r \geqslant 1, \tag{3-14-40}$$

其中

$$T_r = \sum_{i=1}^{r} X_{(i)} + (n-r)T_0 \tag{3-14-41}$$

是 n 个受试零件的总试验时间。当 $r=0$ 时，f 是 θ 的严格递增函数，故 θ 的最大似然估计应为 $\hat{\theta} = +\infty$，这不是一个真正的随机变量。因为当 nT_0/θ 很大时，$P(\hat{\theta} = +\infty) = P(d=0) = e^{-nT_0/\theta}$ 很小，所以在实际中有人取

$$\hat{\theta} = nT_0, \quad r = 0 \tag{3-14-42}$$

作 θ 的估计。

由(3-14-37)式看出，无替换的定时截尾试验可以看作是成功概率为 p 的 n 次独立试验，其中成功的次数是 r。故求 θ 的置信区间的问题原则上可通过求 p 的置信区间，然后由(3-14-38)式转换为 θ 的置信区间得到解决。在这里我们不打算详细讨论这问题而只是介绍如下结果：θ 的一个置信水平至少为 $(1-\alpha)100\%$ 的单边置信区间可取

$$(-T_0/\log(1-p_*), \infty) \text{ 或 } (0, -T_0/\log(1-p^*)), \tag{3-14-43}$$

其中

$$p_* = \left[1 - \frac{n-r+1}{r} F_{1-\alpha}(2(n-r+1), 2r(1-\alpha))\right]^{-1}, \tag{3-14-44}$$

$$p^* = \left[1 + \frac{n-r}{r+1} F_{\alpha}(2(n-r), 2(r+1))\right]^{-1}。 \tag{3-14-45}$$

而 θ 的一个置信水平至少为 $(1-\alpha)100\%$ 的双边置信区间则可取

$$(-T_0/\log(1-a_*), -T_0/\log(1-b^*)), \tag{3-14-46}$$

其中

$$a_* = \left[1 + \frac{n-r+1}{r} F_{1-\alpha/2}(2(n-r+1), 2r)\right]^{-1}, \tag{3-14-47}$$

$$b^* = \left[1 + \frac{n-r}{r+1} F_{\alpha/2}(2(n-r), 2(r+1))\right]^{-1}. \qquad (3\text{-}14\text{-}48)$$

例 3-14-4 设在一无替换的定时截尾试验中 $n = 10$，$T_0 = 250$（小时）和 $d = r = 3$，三个失效零件的寿命分别是 60，80 和 200（小时）。于是，总试验时间是 $T_3 = 2090$，θ 的最大似然估计是 $\hat{\theta} = T_3/3 = 696.7$。

设给定显著性水平 $\alpha = 0.10$。因为 $2(n-r) = 14$，$2(n-r+1) = 16$，$2r = 6$ 和 $2(r+1) = 8$，又由 F 分布表查得 $F_{0.10}(14, 8) = 2.48$，$F_{0.90}(16.6) = 1/2.18$，$F_{0.05}(14, 8) = 3.24$ 和 $F_{0.95}(16, 6) = 1/2.74$。故由(3-14-43)—(3-14-48)式算出 θ 的 90％ 单边置信区间是$(418, \infty)$或$(0, 1208)$，而同样水平的双边置信区间则是$(353.5, 1538)$。

下面讨论有替换的定时截尾试验。设在试验区间$(0, T_0]$中观测到的故障数目是 d。如同在有替换的定数截尾情形中那样考虑，易知 d 有参数为 nT_0/θ 的泊松分布。设在试验结束时观测到 $d = r$ 次故障，这些故障的发生时间按从小到大的次序排列为 $X_{(1)} \leqslant \cdots \leqslant X_{(r)} \leqslant T_0$。类似于无替换的情形，我们可以求得 θ 的最大似然估计

$$\hat{\theta} = \begin{cases} nT_0/r & r \geqslant 1, \\ nT_0 & r = 0. \end{cases} \qquad (3\text{-}14\text{-}49)$$

为了给出 θ 的区间估计。注意到 $(0, T_0]$ 中的故障数 d 有参数为 $nT_0/6$ 的泊松分布，故对 θ 的区间估计可借助 $\lambda = 1/\theta$ 的区间估计得到。当给定了显著性水平 α 后，λ 的精确的置信限可按求泊松分布参数的置信限的一般方法求出。在这里我们只想介绍一个简易结果，它给出 θ 的置信水平至少为 $(1-\alpha)100\%$ 的单边置信区间(q_*, ∞) 或 $(0, q^*)$ 以及双边置信区间(u_*, v^*)，其中 q_*，q^*，u_* 和 v^* 由下列公式确定

$$q_* = 2nT_0/\chi^2_{\alpha}(2(r+1)), \qquad (3\text{-}14\text{-}50)$$

$$q^* = 2nT_0/\chi^2_{1-\alpha}(2r), \qquad (3\text{-}14\text{-}51)$$

$$u_* = 2nT_0/\chi^2_{\alpha/2}(2(r+1)), \qquad (3\text{-}14\text{-}52)$$

$$v^* = 2nT_0/\chi^2_{1-\alpha/2}(2r). \qquad (3\text{-}14\text{-}53)$$

易见故障率和可靠性函数的最大似然估计分别是

$$\hat{\lambda} = 1/\hat{\theta} \qquad (3\text{-}14\text{-}54)$$

和

$$\widetilde{R}(t|\theta) = e^{-t/\theta}. \qquad (3\text{-}14\text{-}55)$$

例 3-14-5 设在一有替换的定时截尾试验中 $n = 20$，$T_0 = 10$(天)和 $d = r = 4$. 于是，θ 的最大似然估计 $\hat{\theta} = nT_0/r = 50$. 故障率和可靠性函数的最大似然估计分别是 $\hat{\lambda} = 1/\hat{\theta} = 0.02$ 和 $\hat{R}(t|\theta) = e^{-0.02t}$. 若给定显著性水平 $\alpha = 0.10$，这时 $2(r+1) = 10$ 和 $2r = 8$，又由 χ^2 分布表查得 $\chi^2_{0.10}(10) = 15.987$，$\chi^2_{0.90}(8) = 3.49$，$\chi^2_{0.05}(10) = 18.307$ 和 $\chi^2_{0.95}(8) = 2.733$. 据此由(3-14-50)—(3-14-53) 式算出 θ 的置信水平至少为 90% 的单边置信区间是 $(25.0, \infty)$ 或 $(0, 114.6)$，置信水平至少为 90% 的双边置信区间则是 $(21.8, 146.4)$。

第四章　平稳点过程

§4-1　平稳点过程的定义

齐次泊松过程作为一类重要的点过程，它的一个主要特征是具有平稳独立增量．在第三章中我们把齐次泊松过程的增量平稳性除去，就得到非齐次泊松过程，这是齐次泊松过程的一种推广．在这一章中讨论的平稳点过程则可以看作是齐次泊松过程从另一个方向的推广，即只对过程加上增量平稳性或与此类似的条件，但不再保留增量独立性的要求．下面给出点过程的各种不同类型平稳性的定义．

定义 4-1-1　若点过程 $N=\{N_t: t\geqslant 0\}$ 具有平稳的区间分布，即对任意实数 $t_1, t_2>0$ 和 $h>0$，增量

$$N_{t_1,t_1+h}=N_{t_1+h}-N_{t_1}$$

和

$$N_{t_2,t_2+h}=N_{t_2+h}-N_{t_2}$$

有相同的分布．则称过程 N 为粗平稳点过程（crude stationary point process）．

如果在上述定义中把对一个区间中点数分布的平稳性加强为对任意有限多个区间中点数的联合分布的平稳性，我们就得到如下的定义．

定义 4-1-2　若点过程 $N=\{N_t, t\geqslant 0\}$ 具有平稳的联合区间分布，即对任意正整数 k，任意正实数 $t_1''>t_1'$，$t_2''>t_2'$，$\cdots$，$t_k''>t_k'$ 和 h，随机变量 $N_{t_1',t_1''}=N_{t_1''}-N_{t_1'}$，$N_{t_2',t_2''}=N_{t_2''}-N_{t_2'}$，$\cdots$，$N_{t_k',t_k''}=N_{t_k''}-N_{t_k'}$ 和 $N_{t_1'+h,t_1''+h}=N_{t_1''+h}-N_{t_1'+h}$，$N_{t_2'+h,t_2''+h}=N_{t_2''+h}-N_{t_2'+h}$，$\cdots$，$N_{t_k'+h,t_k''+h}=N_{t_k''+h}-N_{t_k'+h}$ 有

相同的联合分布．则称过程N为**平稳点过程**（stationary point process）．

在实际和理论中，常常不必对联合分布本身而只须对这些分布的前两阶矩加平稳性要求，这就引导到下面的定义．

定义 4-1-3 设 $N=\{N_t;\ t\geqslant 0\}$ 是点过程，如果对任意正整数 k，任意正实数 $t_1''>t_1'$，$t_2''>t_2'$，$\cdots$，$t_k''>t_k'$ 和 h，随机向量 $(N_{t_1',t_1''},\ N_{t_2',t_2''},\ \cdots,\ N_{t_k',t_k''})$ 和 $(N_{t_1'+h,t_1''+h}, N_{t_2'+h,t_2''+h},\cdots, N_{t_k'+h,t_k''+h})$ 有相同的一阶和二阶矩．则称过程N为**弱平稳点过程**（weakly stationary point process）．

容易看出，在过程增量存在一、二阶矩的条件下，上述三种定义中以定义 4-1-2 最强，即若过程N是平稳点过程，则它必是粗平稳和弱平稳的．但定义 4-1-1 和定义 4-1-3 则互不蕴含．

对于任意正数 $h>0$（常常取 $h=1$），考虑过程N的相继的增量 $I_1=N_h$，$I_2=N_{h,2h}$，$\cdots$，$I_n=N_{nh,(n+1)h}$，$\cdots$，这是一随机变量序列．显然，当N是粗平稳点过程时，这序列中的每一变量有相同的分布．当N是(弱)平稳点过程时，这序列是(弱)平稳序列．如果代替对应于固定的时间区间的序列，我们考虑对应于相邻点事件之间的（随机的）时间区间的序列 T_1，T_2，$\cdots$，T_n，$\cdots$（这时，$S_1=T_1$，$S_2=T_1+T_2$，$\cdots$，$S_n=T_1+\cdots+T_n$，$\cdots$ 是点事件的发生时间）．对于同一个点过程 N，随机变量序列 $\{T_n\}$ 和 $\{I_n\}$ 是有一定关系的．因此，人们自然会问，既然当N是一个平稳点过程时，序列 $\{I_n\}$ 具有相应的平稳性，那么，序列 $\{T_n\}$ 是否也同样具有平稳性呢？这问题的回答一般是否定的．从点过程的以上三种平稳性一般都不能推出随机序列 $\{T_k\}$ 的相应的平稳性，反过来也是一样．尽管如此，人们仍然希望了解和利用序列 $\{T_n\}$ 的平稳性质，这又导致下面的定义．

定义 4-1-4 我们说点过程 N 是**间距平稳的**（**间距弱平稳的**），如果它的点间间距(即相邻点事件之间的随机区间)序列 T_1，T_2，$\cdots$，T_n，$\cdots$ 形成一平稳随机序列（相应地，弱平稳随机序列）．这就是说，对于任意正整数 k 和 i_1，$\cdots$，i_k，随机变量

$T_{i_1+r}, \cdots, T_{i_k+r}$ 的联合分布(相应地,它们的一、二阶矩)与 r 无关，这里 r 可取任意非负整数值.

按照定义，普通的更新过程的点间间距 $\{T_n\}$ 是相互独立同分布随机变量序列. 因此,这样的过程是间距平稳的. 另一方面，根据定理 3-7-2(3) 知对平衡更新过程来说,对应于固定时间区间的增量序列 $\{I_n\}$ 中的每一随机变量有相同的分布.

§ 4-2* 点过程平稳性的进一步讨论

为了进一步了解点过程在固定时间区间上的增量序列 $\{I_n\}$ 和点间间距序列 $\{T_n\}$ 的平稳性及其相互关系,我们在这一节作比较深入的一般讨论. 应当指出, § 3-7 和 §3-10 对平衡更新过程，剩余寿命和年龄的讨论中的有关部分对本节材料的理解是有帮助的.

假定给出了一个 (满足定义 4-1-2 中条件的) 平稳点过程 N. 从这过程中任取一点事件并考虑这事件之后相继发生的事件间的间距序列 $\{X_n\}$. 这样,我们就得到一个点过程，它的起点有一点事件发生(但在对点计数时不把这点计算在内)，以后相继的点事件发生在 X_1, X_1+X_2, $\cdots$, $X_1+X_2+\cdots+X_n$, $\cdots$. 由过程 N 的平稳性推知序列 $\{X_n\}$ 的一维边沿分布是相同的，我们用 $F_x(x)$ 表示 X_n 的共同分布. 事实上, $\{X_n\}$ 还是一平稳随机变量序列. 但是,应当指出以下两点. 首先,由 $\{X_n\}$ 确定的点过程一般不再是平稳点过程. 事实上,假若分布 $F_x(x)$ 高度集中在它的平均值附近，则它在起点邻近的一个小区间中有事件发生的概率就很小,这与定义 4-1-2 的要求相矛盾. 其次,即使过程 N 不是在定义 4-1-2 的意义下的平稳点过程, 点间间距序列 $\{X_n\}$ 也有可能是平稳的. 普通的更新过程可以作为这样的例子. 因为一个普通的更新过程在一固定长度的区间中的点数的平均值除了依赖于这区间的长度外，一般还与这区间与原点的距离有关 (这就是说,更新函数 $M(t)=EN_t$ 一般不是 t 的线性函数,因而

$$EN_{t,t+h} = M(t+h) - M(t)$$

一般不等于 $EN_h = M(h)$). 所以，普通的更新过程一般不是平稳点过程. 然而，这类过程的点间间距序列 $\{X_n\}$ 显然是平稳序列.

为了进一步考察上述两种平稳性之间的关系，我们要研究接后发生时间(即剩余寿命)的分布. 所谓接后发生时间，是指从任一固定时刻(在这里我们取原点为固定点)到紧接在这时刻后的点事件的时间间距，它和点间间距 X_1 是不一样的.

考虑从任一事件到随后第 r 个事件的时间区间

$$I = (0, X_1 + \cdots + X_r),$$

易见它含有 r 个点间区间. 假设 r 很大而且 EX 和 $\mathrm{Var}X$ 存在. 我们在区间 I 中随机地选取一点. 以 L_1 表示这点所在的点间区间，W 表示这点的接后发生时间. 这时，L_1 和 X_i 的分布一般是不同的. 下面的推理是这一事实的一种不很严格的证明. 设 $r_x dx$ 是长度介于 x 和 $x+dx$ 之间的 X_i 的数目，则 L_1 的长度介于 x 和 $x+dx$ 之间的概率是

$$\frac{x r_x dx}{\sum_{i=1}^{r} X_i} = \frac{x r_x dx}{r} \cdot \frac{1}{\left(\sum_{i=1}^{r} X_i / r\right)}. \tag{4-2-1}$$

当 r 趋于无穷时，上式左边给出 $f_{L_1}(x)dx$，这里 $f_{L_1}(x)$ 是 L_1 的分布密度. 而等式右边的因子 r_x/r 和 $\sum_{i=1}^{r} X_i$ 则分别为 $f_X(x)$ 和 EX[1]. 故若 $EX > 0$ 时，由(4-1-1)可推得

$$f_{L_1}(x)dx = \frac{x f_X(x)\,dx}{EX}, \tag{4-2-2}$$

或者

---

1) 在这里我们没有严格证明 $\left(\sum_{i=1}^{r} X_i/r\right) \sim EX$，即对于序列 $\{X_i\}$ 强大数定律成立.

$$f_{L_1}(x)=\frac{xf_X(x)}{EX}. \tag{4-2-3}$$

上式右边含有因子 x 表明这样的抽样是带有长度偏倚的。当我们算出 L_1 的期望值后这一点就更清楚了。

$$\begin{aligned}E(L_1)&=\int_0^\infty xf_{L_1}(x)dx\\&=\int_0^\infty \frac{x^2f_X(x)dx}{EX}\\&=EX+\frac{\operatorname{Var}X}{EX}\\&=EX(1+C^2(X)),\end{aligned} \tag{4-2-4}$$

式中的 $C(X)=\sqrt{\frac{\operatorname{Var}X}{EX}}$ 是X的标准差。因为 $C^2(X)\geqslant 0$，所以 $E(L_1)\geqslant EX$，而且当且仅当 $\operatorname{Var}X=0$，即X以概率 1 取常值时 $E(L_1)=EX$。易见对于齐次泊松过程有 $E(L_1)=2EX$。我们在 § 3-9 中已经给出这个结果并做过解释。获得 L_1 的分布后，我们就可以基于这些知识进一步求出接后发生时间W的分布。当给定 $L_1=x_1>0$ 时，上面提到的随机选取的点有在 $[0, x_1]$ 上的均匀分布，即W的条件分布密度是

$$f_W(x|L_1=x_1)=\begin{cases}\dfrac{1}{x_1} & 对\ 0\leqslant x\leqslant x_1,\\ 0 & 对\ x>x_1.\end{cases} \tag{4-2-5}$$

因此，根据(4-1-3)式和(4-1-5)式马上可求出W的无条件分布密度是

$$\begin{aligned}f_W(x)&=\int_0^\infty f_W(x|L_1=x_1)f_{L_1}(x_1)dx_1\\&=\int_x^\infty \frac{1}{x_1}\frac{x_1f_X(x_1)}{EX}dx_1\\&=\frac{\bar{F}_X(x)}{EX},\end{aligned} \tag{4-2-6}$$

式中 $\bar{F}_X(x)=P(X>x)$ 是随机变量X的存活函数. 当N是强度为λ的齐次泊松过程时，$\bar{F}_X(x)=e^{-\lambda x}$ 和 $EX=\lambda$，于是有 $f_W(x)=\lambda e^{-\lambda x}=f_X(x)$，这结果与齐次泊松过程的无记忆性是一致的. 由(4-2-6)式出发并利用分部积分法可求得

$$
\begin{aligned}
EW &= \int_0^\infty x\frac{\bar{F}_X(x)}{EX}\,dx \\
&= \frac{1}{2EX}\int_0^\infty x^2 f_X(x)dx \\
&= \frac{1}{2EX}[(EX)^2+\mathrm{Var}\,X] \\
&= \frac{EX}{2}[1+C^2(X)]. \qquad (4\text{-}2\text{-}7)
\end{aligned}
$$

更一般地，对任意整数 $r\geqslant 1$，若 $E(X^{r+1})<\infty$，则有

$$E(W^r)=\frac{E(X^{r+1})}{(r+1)EX}. \qquad (4\text{-}2\text{-}8)$$

值得指出，即使X的密度不存在，W的由(4-2-6)式给出的密度仍然存在，但这时上面的推导过程要作相应的改变.

由(4-2-6)式还可以看出，$f_W(x)$ 和 $\bar{F}_X(x)$ 同样是x的不增函数，而且

$$f_W(0_+)=\frac{1-F(0)}{EX}. \qquad (4\text{-}2\text{-}9)$$

当 $F(0)=P(X=0)=0$（特别地，当点过程是简单的）时有

$$f_W(0_+)=\frac{1}{EX}. \qquad (4\text{-}2\text{-}9')$$

读者可以把(4-2-6)式和(4-2-7)式同定理 3-9-1(2)和定理 3-9-2 中关于更新过程剩余寿命 $Y(t)$ 的极限性质相比较，它们在形式上是很相像的.

在实际中经常出现的情形是人们从某一任意时刻t开始对一平稳点过程进行观测，而这过程的起点远在时刻t之前. 如果用W_t表示从时刻t到随后第一个点事件的时间间距(即t的接后发

生时间). 若当 $t\to\infty$ 时 W_t 的分布趋于一个与 t 无关的分布，则这分布一定有由（4-2-6）式给出的形式. 可以证明,许多特殊的过程都具有这种性质. 因此，像在讨论平衡更新过程时所作的设想和解释那样，我们也可以把上述情形想像为观测是在点过程开始了很久很久以后才进行，从观测的始点到随后第一个点事件的时间间距有由(4-2-6)式给出的分布.

现在研究跟随在接后发生时间W后面的事件间距序列. 包括上面讨论过的 L_1 在内. 我们用 $\{L_i, i=1, 2, \cdots\}$ 表示这个序列. 应当指出,这序列一般上和序列 $\{X_i, i=1, 2, \cdots\}$ 是不同的. 尽管 X_1 和 L_1 都表示同一个事件间距,但是每一变量 X_i 都有相同的一维分布 $F_X(x)$，而 L_i 则如同前面对 L_1 所证明那样是带有偏倚的. 下面给出这事实的一些证明细节. 首先要指出，当给定 $L_1=x_1$ 时 $\{L_i, i=2, 3, \cdots\}$ 的有限维联合分布和当给定 $X_1=x_1$ 时 $\{X_i, i=2, 3, \cdots\}$ 的对应有限维联合分布是一样的. 特别地,我们有

$$f_{L_i}(x_i|L_1=x_1)=f_{X_i}(x_i|X_1=x_1),\ i=2,3,\cdots.$$

因此,对于 $i=2, 3, \cdots$, 由(4-2-3)式有

$$\begin{aligned}f_{L_1,L_i}(x_1, x_i)&=f_{L_i}(x_i|L_1=x_1)f_{L_1}(x_1)\\&=f_{X_i}(x_i|X_1=x_1)\frac{x_1f_{X_1}(x_1)}{EX}\\&=\frac{x_1}{EX}f_{X_1,X_2}(x_1, x_2).\end{aligned}\tag{4-2-10}$$

上式可以看作是(4-2-3)式的二维推广. 由此可求得

$$\begin{aligned}E(L_i)&=\int_0^\infty\int_0^\infty x_if_{L_1,L_i}(x_1, x_i)dx_1dx_i\\&=\frac{1}{EX}\int_0^\infty\int_0^\infty x_1x_if_{X_1,X_i}(x_1, x_i)dx_1dx_i\\&=\frac{E(X_1X_i)}{EX}\\&=EX+\rho_{i-1}\frac{\operatorname{Var}X}{EX}\end{aligned}$$

$$= EX[1 + C^2(X)\rho_{i-1}], \tag{4-2-11}$$

这里

$$\rho_{i-1} = \mathrm{Cov}(X_1, X_i)/\sqrt{\mathrm{Var}X_1 \cdot \mathrm{Var}X_i} = \mathrm{Cov}(X_1, X_i)/\mathrm{Var}X$$

是平稳随机变量序列 $\{X_i;\ i = 1, 2, \cdots\}$ 的滞后为 $i-1$ 的序列(自)相关系数.

对于更新过程来说，所有 X_i 是相互独立的，故对任意整数 $i \geqslant 2$ 有 $\rho_{i-1} = 0$，于是有 $E(L_i) = EX$，即除 L_1 外所有其它的 L_i 不再带有偏倚.

最后,我们考察序列$\{W, L_2, L_3, \cdots\}$和 $\{X_1, X_2, X_3, \cdots\}$，令

$$G_1(x) = P\{W \leqslant x\} = F_W(x)$$

$$G_i(x) = P\{W + L_2 + \cdots + L_i \leqslant x\},$$

$$i = 2, 3, \cdots$$

和

$$F_i(x) = P\{X_1 + \cdots + X_i \leqslant x\},$$

$$i = 1, 2, \cdots.$$

则由(4-2-6)式并利用推导(4-2-10)式的方法可以证明 $G_i(x)$ 存在密度 $g_i(x)$ 并有如下表示式:

$$g_i(x) = \frac{F_{i-1}(x) - F_i(x)}{EX}. \tag{4-2-12}$$

这是(4-2-6)式的推广.

令 $\{N_t,\ t \geqslant 0\}$ 表示由序列 $\{W, L_2, L_3, \cdots\}$ 确定的计数过程，其中 N_t 给出从任意选定的观测起点开始的长为 t 的区间中的事件数目. 易知下面的基本关系成立:

$$N_t = 0 \quad \text{当且仅当} \quad W > t, \tag{4-2-13}$$

$$N_t < n \quad \text{当且仅当} \quad W + L_2 + \cdots + L_n > t,$$

$$n = 2,3,\cdots. \tag{4-2-14}$$

故

$$P(N_t = 0) = P(W > 0) = \bar{F}_W(t), \tag{4-2-15}$$

$$P(N_t < n) = P(W + L_2 + \cdots + L_n > t). \tag{4-2-16}$$

$$n = 2,3,\cdots.$$

因此,从理论上我们可以根据计数 N_t 求出序列 $\{W, L_2, L_3, \cdots\}$ 的分布．反之，由这个点间间距序列的分布也可得到计数 N_t 的分布．但要注意这时 W，L_2，$L_3, \cdots$ 一般不是相互独立的随机变量，因此它们之和的分布一般不能由它们的一维分布的卷积求得．所以实际中要从计数分布推出间距的联合分布是困难的．

(4-2-15)和(4-2-16)式在平稳点过程的统计分析中有重要意义．它们显示过程的计数性质和间距性质的关系．但要注意，仅仅在完全给定了计数 N_t 和间距 $\{W, L_2, L_3, \cdots\}$ 的分布(即所有有限维分布)时,这两个方面才提供过程的等价描述．由于实际上统计分析主要是研究一阶和二阶矩性质，这时计数和间距的前两阶矩分析是不等价的，因而它们所提供的信息是可以相互补充的．

我们在前面已经指出,间距序列 $\{W, L_2, L_3, \cdots\}$ 不是平稳的,因此在统计上不好处理．所以,在应用和统计分析中人们偏重于研究序列 $\{X_i\}$．在许多有兴趣的情形中，$\{W，L_i\}$ 是相当快地依分布收敛于 $\{X_i\}$ 的(特别地,对于更新过程来说,除了W外,两个序列的对应项是相同的)．在另外一些情形中,人们常常利用观测得到的 L_i 估计 X_i 的性质,这时会产生一定的偏差．例如,如果取 X_i 的估计为

$$\overline{X}=\frac{1}{r-1}\sum_{i=2}^{r}L_i,$$

这里 r 是记录到的事件数,则由(4-2-11)式得

$$\begin{aligned}E(\overline{X})&=\frac{1}{r-1}E\left(\sum_{i=2}^{r}L_i\right)\\&=EX+\frac{C^2(X)EX}{r-1}\sum_{i=2}^{r}\rho_{i-1}.\end{aligned}\tag{4-2-17}$$

在实际中，当 r 趋于无穷时序列相关系数之和一般收敛于一有限的极限,这时上面的估计是渐近无偏的．

事件间距序列 $\{X_i\}$ 有相同的一维分布 $F_X(x)$，我们用 $\{N_t^{(f)}, t\geqslant 0\}$ 表示这间距序列的伴随计数过程,即若以 O 记观测起点,则

$N_t^{(f)}$ 是在不包含左端的区间 (0, t] 中的事件数目. 易见 $\{X_i\}$ 和 $N_t^{(f)}$ 的分布有如下关系:

$$P\{N_t^{(f)} < r) = P(X_1 + \cdots + X_r > t).$$

$$r = 1,2,\cdots \qquad (4\text{-}2\text{-}18)$$

在此要再一次指出,计数过程 $N_t^{(f)}$ 和 N_t 不一样, 它一般不是平稳的.

$N_t^{(f)}$ 的概率母函数是

$$\varphi_f(\zeta; t) = \sum_{r=0}^{\infty} \zeta^r P(N_t^{(f)} = r)$$

$$= \sum_{r=0}^{\infty} \zeta^r \{F_r(t) - F_{r+1}(t)\}$$

$$= \frac{EX}{\zeta} \sum_{r=1}^{\infty} \zeta^r g_r(t). \qquad (4\text{-}2\text{-}19)$$

于是有

$$\int_0^t \varphi_f(\zeta;u)du = \frac{EX}{\zeta} \sum_{r=1}^{\infty} \zeta^r G_r(t). \qquad (4\text{-}2\text{-}20)$$

另一方面, N_t 的概率母函数是

$$\varphi(\zeta;t) = \sum_{r=0}^{\infty} \zeta^r P\{N_t = r\}$$

$$= \sum_{r=0}^{\infty} \zeta^r \{G_r(t) - G_{r+1}(t)\}$$

$$= 1 + \left(1 - \frac{1}{\zeta}\right) \sum_{r=1}^{\infty} \zeta^r G_r(t). \qquad (4\text{-}2\text{-}21)$$

把(4-2-20)式和(4-2-21)式作比较即可看出 $\varphi_f(\zeta; t)$ 和 $\varphi(\zeta;t)$ 有如下关系:

$$\varphi(\zeta; t) = 1 + \frac{(\zeta - 1)}{EX} \int_0^t \varphi_f(\zeta;u)du. \qquad (4\text{-}2\text{-}22)$$

(4-2-18), (4-2-15)和(4-2-16)式对于研究计数过程 N_t 和 $N_t^{(f)}$ 的渐近性态是很有用的. 例如, 根据(4-2-18)式可算出 $N_t^{(f)}$

的数学期望

$$E(N_i^{(f)}) \equiv M_f(t) = \sum_{r=1}^{\infty} rP(N_i^{(f)} = r)$$

$$= \sum_{r=1}^{\infty} P(N_i^{(f)} \geqslant r)$$

$$= \sum_{r=1}^{\infty} F_r(t), \tag{4-2-23}$$

这里 $F_r(t)$ 是 $X_1 + \cdots + X_r$ 的分布函数. 若对所有 $t \geqslant 0$, $M_f(t)$ 的导数存在,则

$$m_f(t) \equiv \frac{dM_f(t)}{dt} = \sum_{r=1}^{\infty} f_r(t), \tag{4-2-24}$$

这里 $f_r(t)$ 是 $F_r(t)$ 的密度函数. 上式赋予 $m_f(t)$ 这样的解释,即 $m_f(t)\Delta t$ 近似地给出在小区间 $(t, t+\Delta t]$ 有一个事件发生的概率.

如果对于随机变量序列 $\{X_i\}$ 大数定律成立, 则当 r 很大时有

$$\frac{X_1 + \cdots + X_r}{r} \approx EX. \tag{4-2-25}$$

因为在(4-2-23)式右端对 r 求和的无穷级数中每一项都形如$1-P(X_1 + \cdots + X_r > t)$. 若 EX 有限且 t 很大,则想要 $X_1 + \cdots + X_r > t$ 就必须以接近 1 的概率 r 也很大,于是由(4-2-25)式有 $X_1 + \cdots + X_r \approx rEX$. 这样一来, 级数 $\sum\limits_{r=1}^{\infty} F_r(t)$ 中大概有 $\left[\frac{t}{EX}\right]$ 项等于 1, 其余各项(这些项对应的 $X_1 + \cdots + X_r$ 大于 t)为零. 故当 t 很大时

$$M_f(t) \approx \frac{t}{EX}. \tag{4-2-26}$$

上式的直观意义是明显的. 对于强度为 λ 的齐次泊松过程,

$$M_f(t) = \lambda t = t/EX,$$

这是我们早已知道的结果.

由对被观测点过程的平稳性假设和计数过程 N_t 的构造易知过程 N_t 是平稳的. 由此又容易推得 $M(t)=EN_t$ 与 t 成正比(证明细节在下一节给出). 于是,精确的等式

$$M(t)=\frac{t}{EX}\quad \text{对所有 } t\geqslant 0 \tag{4-2-27}$$

成立,从而对应的密度是

$$m(t)=\frac{1}{EX}. \tag{4-2-27}$$

在结束本节的时候,我们把前面提到的一些概念和性质简要地归纳在表 4-2-1.

表 4-2-1

	原点(观测起点)位置	
	任意选取的时刻	任意选取的事件
事件间距序列	$\{W, L_2, L_3, \cdots\}$ 一般不是平稳序列,其中 W 是接后发生时间,其密度是 $f_W(x)=\bar{F}_x(x)/EX$ $EW=\frac{1}{2}EX[1+C^2(x)]$ $EL_i=EX[1+C^2(x)\rho_{i-1}]$ 其中 ρ_{i-1} 是这序列的滞后为 $i-1$ 的相关系数($i\geqslant 2$)	$\{X_1, X_2, \cdots\}$ 是平稳序列,公共的一维分布函数是 $F_X(x)$,其数学期望是 EX,标准差是 $C(x)$.
计数过程	N_t 是平稳的. $EN_t\equiv M(t)=t/EX$, $m(t)\equiv\frac{dM(t)}{dt}=1/EX$.	$N_t^{(f)}$ 一般不是平稳的. $EN_t^{(f)}\equiv M_f(t)=\sum_{r=1}^{\infty}F_r(t)$ $\approx t/EX$, $m_f(t)=\sum_{r=1}^{\infty}f_r(t)$.

§4-3 平稳点过程的发生率与强度, Korolyuk 定理和 Dobrushin 定理

我们在第二章已经看到,齐次泊松过程在区间 $(0, t]$ 中点

数的平均值

$$EN_t = \lambda t,$$

其中 $\lambda = EN_1$ 是过程在单位区间 $(0,1]$ 中点数的平均值，我们把它称做过程的平均发生率. 另一方面，我们还证明了过程的强度,即极限

$$\lim_{h \downarrow 0} \frac{P(N_h > 0)}{h}$$

恒存在而且也等于 λ. 因为发生率与强度是刻划点过程统计特性的两个重要的量,人们自然想要知道,一般的平稳点过程是否仍保有上述齐次泊松过程的类似性质.

在这一节中一般不假设点过程是简单的.

定理 4-3-1 设 $N = \{N_t, t \geqslant 0\}$ 是一粗平稳点过程. 记 $\mu = EN_1$，这里 μ 可能是有限或无穷. 则由

$$\mu(t) = EN_t \tag{4-3-1}$$

定义的函数 $\mu(t)$ 必可写成

$$\mu(t) = \mu t. \tag{4-3-2}$$

证明 对于任意 $t_1, t_2 \geqslant 0$，由过程的粗平稳性有

$$\begin{aligned}\mu(t_1 + t_2) &= E(N_{t_1} + N_{t_1, t_1+t_2}) \\ &= EN_{t_1} + EN_{t_2} \\ &= \mu(t_1) + \mu(t_2),\end{aligned}$$

即函数 $\mu(t)$ 满足附录三的引理 2 的条件 (A-3-17). 此外,按定义 $\mu(t)$ 显然是非负的. 故根据这引理知它是一线性函数:

$$\mu(t) = \mu t,$$

其中 $\mu = EN_1$ 是一非负常数, 当 μ 是无穷时 $\mu(t) = \infty$ 对所有 $t > 0$. ■

在证明粗平稳点过程强度的存在性之前，我们先给出一条引理.

引理 4-3-1 设定义在区间 $(0, a]$ 上的函数 $f(x)$ 满足条件: 对任意 x, y 和 $x + y \in (0, a]$

$$f(x+y) \leqslant f(x)+f(y)^{1)}. \tag{4-3-3}$$

若当 $x \to 0$ 时 $f(x) \to 0$，则

$$\lambda \equiv \sup_{x \in (0,a]} f(x)/x$$

为有限或$+\infty$，而且有

$$\lim_{x \to 0} f(x)/x = \lambda. \tag{4-3-4}$$

此外,若 $f(x)$ 非负,则 $\lambda = 0$ 当且仅当 $f(x) \equiv 0$.

证明 因为 $f(a)$ 是某一有限数，故 $f(a)/a$ 亦如此。所以 λ 不可能等于$-\infty$. 下面先就$0<\lambda<\infty$的情形证明(4-3-4)式. 假若当 $x \to 0$ 时 $f(x)/x$ 不趋于 λ，于是存在某 $\varepsilon_0>0$ 和一数列 $\{b_n\}$，使得 $b_n \downarrow 0$ 但对所有 n 不等式 $f(b_n)/b_n < \lambda - 2\varepsilon_0$ 成立. 现在,对 $(0, a]$ 中任意给定的 x，恒能找到充分小的 b_n，使得

$$\sup_{0 \leqslant \delta < b_n} f(\delta) < \varepsilon_0 x.$$

另一方面,我们可以把 x 写成 $x = k_n b_n + \delta_n$ 的形式，这里 k_n 是某非负整数，$0 \leqslant \delta_n < b_n$. 于是由条件(4-3-3)得

$$\begin{aligned}
\frac{f(x)}{x} &\leqslant \frac{k_n f(b_n) + f(\delta_n)}{k_n b_n + \delta_n} \\
&\leqslant f(b_n)/b_n + f(\delta_n)/x \\
&< \lambda - 2\varepsilon_0 + \varepsilon_0 x/x \\
&= \lambda - \varepsilon_0.
\end{aligned}$$

因为上式对 $(0, a]$ 中任意 x 都成立,故有

$$\sup_{x \in (0,a]} \frac{f(x)}{x} \leqslant \lambda - \varepsilon_0.$$

这与 λ 的定义相矛盾.

当$-\infty < \lambda \leqslant 0$ 时我们可以通过考虑 $f_1(x) = f(x) + \lambda' x$ 归结为上述情形,这里 λ' 是任一大于$|\lambda|$的正有限数. 这时 $f_1(x)$

1）人们常常把满足这条件的函数称做下可加函数;如果相反方向的不等式成立,则称做上可加函数.

仍满足引理条件，而且 $\sup_{x\in(0,a]} f_1(x)/x = \lambda + \lambda' > 0$. 故

$$\lim_{x\to 0} f_1(x)/x = \lim_{x\to 0} f(x)/x + \lambda_1 = \lambda + \lambda_1,$$

即 $\lim_{x\to 0} f(x)/x = \lambda$.

最后，考虑 $\lambda = +\infty$ 的情形. 如果当 $x\to 0$ 时 $f(x)/x$ 不趋于 $+\infty$，则存在某一有限数 A 和数列 $\{b_n\}$，使得 $b_n \downarrow 0$，但

$$f(b_n)/b_n < A$$

对所有 n. 类似于对 $0<\lambda<+\infty$ 的情形所作的推理可证对任意 $x\in(0,a]$ 有 $f(x)/x < A+1$，从而有

$$\sup_{x\in(0,a]} f(x)/x \leqslant A+1 < +\infty,$$

这与 $\lambda = +\infty$ 的假设矛盾.

定理的最后一个论断是显然的. ■

现在，我们就可以证明如下定理

定理 4-3-2 粗平稳点过程的强度

$$\lambda = \lim_{h\downarrow 0} \frac{P(N_h > 0)}{h}$$

恒存在（可能是无穷）. 而且除了 $P(N_t = 0) = 1$ 对所有 $t > 0$ 这种平凡情形外，必有 $\lambda > 0$.

证明 只须证明函数 $\varphi(x) = P(N_x > 0)$ 满足引理 4-3-1 的条件. 首先，由 $\varphi(x)$ 的定义易知它是 x 的非负不减函数，而且当 $x\downarrow 0$ 时 $\varphi(x)\downarrow 0$，其次，对任意 $x, y > 0$.

$$\{N_{x+y} > 0\} = \{N_x > 0\} \cup \{N_{x,x+y} > 0\}。$$

由概率的下可加性并考虑到过程的粗平稳性即得欲证的不等式. ■

既然粗平稳点过程的发生率 μ 和强度 λ 都存在，那么，是否像在齐次泊松过程情形中那样二者仍然相等？如果一般不相等的话，它们之间有没有什么关系？想要它们相等则应当加上什么附加条件？读者将会在下面一系列的定理和推论中找到这些问题的满意答案.

定理 4-3-3 粗平稳点过程的强度 λ 一定小于或等于平均发

生率 μ.

证明 由定理 4-3-1 知对于粗平稳点过程有 $EN_t=\mu t$. 故对任意 $t>0$

$$\mu=EN_t/t\geqslant\sum_{n=1}^{\infty}P(N_t=n)/t=P(N_t>0)/t.$$

令 $t\to 0$ 即得

$$\mu\geqslant\lim_{t\to 0}P(N_t>0)/t=\lambda. \tag{4-3-5}$$

因此,有些作者又把 μ 和 λ 分别称做平稳点过程的上强度和下强度. ■

定理 4-3-4 [Korolyuk(卡洛留克)定理] 如果粗平稳点过程是简单的,则它的强度 λ 和发生率 μ 相等,但这时 $\lambda=\mu$ 可取值无穷.

证明 对任意正整数 n 和 $i=1,\cdots,n$, 定义

$$\chi_{ni}=\begin{cases}1 & 若\ N_{(i-1)/n,i/n}>0,\\ 0 & 若\ N_{(i-1)/n,i/n}=0.\end{cases} \tag{4-3-6}$$

则由过程的简单性知当 n 经由取值 $2^p(p=1,2,\cdots)$ 趋于∞时以概率 1 有 $\sum_{i=1}^{n}\chi_{ni}\uparrow N_1$. 于是,由单调收敛定理和粗平稳性有

$$\mu=E\left(\lim_{n\to\infty}\sum_{i=1}^{n}\chi_{ni}\right)=\lim_{n\to\infty}E\left(\sum_{i=1}^{n}\chi_{ni}\right)$$

$$=\lim_{n\to\infty}nP(N_{1/n}>0)=\lambda.$$ ■

定理 4-3-5 [Dobrushin(达布鲁辛)定理] 强度为有限的粗平稳简单点过程是有序的.

证明 由粗平稳性推知对任意 $t>0$

$$\mu t=\sum_{k=1}^{\infty}P(N_t\geqslant k)\geqslant P(N_t\geqslant 1)+P(N_t\geqslant 2).$$

用 t 除上式两端后令 $t\to 0$, 由定理 4-3-4 知

$$\lim_{t\to 0}P(N_t\geqslant 1)/t=\mu<\infty,$$

由此立得

$$\lim_{t\to 0} P(N_t \geqslant 2)/t = 0. \quad ■$$

定理 4-3-6 粗平稳的有序点过程是简单的.

证明 注意简单性等价于要求对每一 $j = 0,1,2,\cdots$

$$P(N(\{t\}) \geqslant 2 \quad 对某\ t\in (j, j+1]) = 0. \tag{4-3-7}$$

又由粗平稳性知只须就 $j = 0$ 的情形证明上式. 事实上

$$P(N(\{t\}) \geqslant 2\ 对某\ t\in (0,1]) \leqslant \sum_{i=1}^{n} P(N_{(i-1)/n,i/n} \geqslant 2)$$

$$= nP(N_{1/n} \geqslant 2). \tag{4-3-8}$$

令 $n \to \infty$, 由有序性即得上式右端趋于零. ■

注意定理 4-3-6 并不像定理 4-3-5 那样要求点过程的强度是有限的. 因此,定理 4-3-5 仅能部分地看作是定理 4-3-6 之逆.然而,如果只限于讨论强度为有限的粗平稳点过程,则从这两个定理马上推知下面的推论.

推论 4-3-1 对于强度为有限的粗平稳点过程来说, 简单性和有序性是等价的.

下面的定理部分地是 Korolyuk 定理的逆命题.

定理 4-3-7 对于强度为有限的粗平稳点过程, $\mu = \lambda$ 蕴含过程是有序的(等价地,简单的).

本定理的证明和定理 4-3-5 的证明完全类似, 唯一的不同点是这里推出 $\lim\limits_{t\to 0} P(N_t \geqslant 1)/t = \mu < \infty$ 的根据是假设 $\mu = \lambda$ 而不是含有过程简单性假设的 Korolyuk 定理.

综合定理 4-3-4、推论 4-3-1 和定理 4-3-7 就得到如下重要论断.

推论 4-3-2 对于强度为有限的粗平稳点过程 $\mu = \lambda$ 和过程的简单性(或有序性)是等价的.

顺便指出,如果我们讨论的粗平稳点过程还是无后效的(即具有独立增量), 则由推论 4-3-2 知这时 $\mu = \lambda$ 和过程的简单性等价, 而且在第二章已经指出了简单的无后效粗平稳点过程就是齐次泊松过程. 因此我们有下面的定理.

定理 4-3-8 一个强度为有限的无后效粗平稳点过程是齐次泊松过程的充分必要条件是 $\mu = \lambda$.

这定理也可以从无后效粗平稳点过程 N_t 有形如

$$G_{N_t}(s) = \exp\left\{\lambda t\left[\sum_{k=1}^{\infty} p_k s^k - 1\right]\right\} \tag{4-3-9}$$

的概率母函数这一事实(参看例 2-8-2) 直接加以证明. 上面的表示式中 $\{p_k\}$ 是一概率分布. 这时我们可推得 μ 和 λ 有如下关系:

$$\mu = \lambda \sum_{k=1}^{\infty} k p_k. \tag{4-3-10}$$

由此即可看出 $\mu = \lambda$ 当且仅当 $p_1 = 1$.

无后效的粗平稳点过程就是广义齐次泊松过程. 这种过程发生事件的时刻形成一齐次泊松过程，而在每一发生时刻有 k 个点同时出现(即 k 重点)的概率是 p_k. 因此可以这样说，广义齐次泊松过程(或者说，无后效的粗平稳点过程)是有重点的齐次泊松过程. 重点的概念也可应用到一般的粗平稳点过程.

定理 4-3-9 对于粗平稳点过程来说，极限

$$\lambda_k = \lim_{h \downarrow 0} \frac{P(0 < N_h \leqslant k)}{h}, \quad k = 1, 2, \cdots \tag{4-3-11}$$

恒存在，而且当 $k \to \infty$ 时

$$\lambda_k \uparrow \lambda, \tag{4-3-12}$$

这里 λ 可能是有限或无穷. 当 λ 为有限时，

$$\pi_k = (\lambda_k - \lambda_{k-1})/\lambda = \lim_{h \downarrow 0} P\{N_h = k | N_h > 0\} \tag{4-3-13}$$

确定一概率分布(定义 $\pi_0 = 0$).

证明 对 $k = 1, 2, \cdots$ 和 $x > 0$，定义函数

$$\phi_k(x) = P(0 < N_x \leqslant k) \tag{4-3-14}$$

易见当 $x \to 0$ 时有 $\phi_k(x) \to 0$，而且由粗平稳性知对任意 x, $y > 0$ 有

$$\begin{aligned}\phi_k(x+y) \leqslant\ & P(0 < N_x \leqslant k; N_{x,x+y} = 0) \\ & + P(N_x \leqslant k - N_{x,x+y}; 0 < N_{x,x+y} \leqslant k)\end{aligned}$$

$$\leqslant P(0 < N_x \leqslant k) + P(0 < N_{x,x+y} \leqslant k)$$
$$= \phi_k(x) + \phi_k(y).$$

故由引理 4-3-1 知极限(4-3-11)存在. 又由 $\phi_k(x)$ 的定义易见 $\phi_k(x)$ 关于参数 k 是单调不减的,故其极限 λ_k 亦如此. 于是,当 $k \to \infty$时 λ_k 的极限存在且有

$$\lim_{k\to\infty} \lambda_k = \sup_{k>0} \sup_{h>0} \phi_k(h)/h = \sup_{h>0} \sup_{k>0} \phi_k(h)/h$$
$$= \sup_{h>0} \phi(h)/h = \lambda.$$

这里 $\phi(h) = P(N_h > 0)$. 最后,因为

$$P(N_h = k | N_h > 0) = \frac{P(0 < N_h \leqslant k) - P(0 < N_h \leqslant k-1)}{P(N_h > 0)},$$

用 h 除上式右端的分子和分母后令 $h \downarrow 0$ 即得(4-3-13)式. 若 λ 有限,则 $\sum_{k=1}^{\infty} \pi_k = \lim_{n\to\infty} \sum_{k=1}^{n} (\lambda_k - \lambda_{k-1})/\lambda = \lim_{n\to\infty} \lambda_n/\lambda = 1$, 即 $\{\pi_k\}$ 是一概率分布. ■

注意(4-3-13)式可改写为

$$P(N_h = k) = \lambda \pi_k h + o(h) \quad 当 \quad h \to 0. \tag{4-3-15}$$

上式启示我们可把 $\lambda\pi_k$ 看作是过程发生 k 重点 $(k = 1, 2, \cdots)$ 的强度. 为了使这一思想更为精确,对任意正整数 k, 我们用

$$N_t^{(k)} = \mathrm{card}(x: N(\{x\}) = k, \ x \in (0, t])$$

定义计数过程 $N^{(k)} = \{N_t^{(k)}, t \geqslant 0\}$. 易见 $N_t^{(k)}$ 是过程N在区间$(0, t]$ 中的 k 重点数,而且 $N^{(k)}$ 是简单的粗平稳点过程. 这时显有

$$N_t = \sum_{k=1}^{\infty} k N_t^{(k)}, \quad 对任意 \ t \geqslant 0. \tag{4-3-16}$$

类似于证明定理 4-3-4 时定义 χ_{ni} 那样,定义

$$\chi_{ni}^k = \begin{cases} 1 & 若 \ N_{(i-1)/n, i/n} = k, \\ 0 & 其它情形. \end{cases} \tag{4-3-17}$$

令 n 通过取值 $2^p (p = 1, 2, \cdots)$ 趋于无穷,由 $N_1^{(k)}$ 和 χ_{ni}^k 的定义易知以概率 1 有

$$N_1^{(k)} = \lim_{n\to\infty}\sum_{i=1}^{n}\chi_{ni}^{k}. \tag{4-3-18}$$

因显有 $\chi_{ni}^k \leqslant \chi_{ni}$，故当 $\lambda<\infty$时由控制收敛定理得

$$\begin{aligned} EN_1^{(k)} &= E\left(\lim_{n\to\infty}\sum_{i=1}^{n}\chi_{ni}^{k}\right) \\ &= \lim_{n\to\infty}E\left(\sum_{i=1}^{n}\chi_{ni}^{k}\right) \\ &= \lim_{n\to\infty}nP(N_{1/n}=k) \\ &= \lim_{n\to\infty}n\{\phi_k(1/n)-\phi_{k-1}(1/n)\} \\ &= \lambda\pi_k. \end{aligned}$$

下面的定理可看作是定理 4-3-4 的推广.

定理 4-3-10（广义 Korolyuk 定理） 对于强度为有限的粗平稳点过程恒有

$$\mu \equiv EN_1 = \lambda\sum_{k=1}^{\infty}k\pi_k, \tag{4-3-19}$$

这里μ可能取值无穷.

证明 对 $t=1$ 的(4-3-16)式两边取数学期望并利用 Fubini 定理得

$$\begin{aligned} \mu \equiv EN_1 &= E\left(\sum_{k=1}^{\infty}kN_1^{(k)}\right) \\ &= \sum_{k=1}^{\infty}kEN_1^{(k)} = \lambda\sum_{k=1}^{\infty}k\pi_k. \end{aligned}$$ ■

注意（4-3-19）式和前面的（4-3-10）式是一致的. 这里的$\{\pi_k\}$就是(4-3-10)式中的 $\{p_k\}$，它给出过程点的重数的分布. 我们还可进一步证明

定理 4-3-11 对于具有有限强度 λ 和有限 r 阶矩（r 是任意正整数)的粗平稳点过程恒有

$$\lim_{h\downarrow 0}E[(N_h)^r]/h = \lambda\sum_{k=1}^{\infty}k^r\pi_k. \tag{4-3-20}$$

证明的思想与定理 4-3-9 和定理 4-3-10 的类似，故从略。

§4-4 Palm-Khinchin 方程与 Palm 分布

在这一章的前两节中我们引入并讨论了点过程平稳性的各种不同定义。读者已经看到点过程的平稳增量性质和平稳间距性质是不等价的。前者通常联系于观测起点在某一任意时刻，后者则联系于观测起点在某一任意事件（确切地说是这事件的发生时刻）。从直观上看，点过程的这两类平稳性质之间应有一定的联系。这一节讨论的 Palm（帕尔姆）分布是由 Palm 引入的一种分布，它是研究平稳点过程的一个有用的工具。而从联系 Palm 分布与基本平稳点过程的计数分布的 Palm-Khinchin（帕尔姆-辛钦）方程则可看出前述两种平稳性的关系。

为简单起见，假设被讨论的平稳点过程是简单的。如果我们从某一任意选取的事件开始对过程进行观测，则从观测起点到下一事件的间距 X_1 的存活概率是

$$P(X_1 > x) = \lim_{h \downarrow 0} P\{N(0,x] = 0 \mid N_{(-h,0]} > 0\}. \quad (4\text{-}4\text{-}1)$$

上式定义一个(变元 x 的)函数，它右边的极限概率可以解释为当给定原点有事件发生时的条件概率。下面将要证明，通过这条件概率的确能定义一概率分布——Palm 分布 P_0。

由过程的平稳性知对任意固定实数 $t_0 > 0$ 有

$$\lim_{h \downarrow 0} P(N_{t_0,t_0+x} = 0 \mid N_{t_0-h,t_0} > 0)$$
$$= \lim_{h \downarrow 0} P(N_{(0,x]} = 0 \mid N_{(-h,0]} > 0).$$

上式左边是已知在 t_0 有事件发生时，从这事件到下一事件的间距大于 x 的条件概率。由此人们有理由相信由 Palm 分布 P_0 规定的观测点过程（即对基本平稳点过程从某一任意事件开始观测而得到的点过程）是间距平稳的。这就是说，带有 Palm 分布的观测点过程的点间间距序列 $\{X_i\}$ 是一平稳随机变量序列。

如果用 F_X 表示 $\{X_i\}$ 的共同分布，则

$$P(X > x) = 1 - F_X(x) = \bar{F}_X(x).$$

下面对这存活函数作进一步的讨论. 由过程的平稳性有

$$\begin{aligned} &P(N(0,x] = 0, N(-h,0] > 0) \\ &\quad = P(N(0,x] = 0) - P(N(-h,x] = 0) \\ &\quad = P(N_x = 0) - P(N_{x+h} = 0). \end{aligned}$$

因此

$$\begin{aligned} &h^{-1}P(N(0,x] = 0 | N(-h,0] > 0)P(N(-h,0] > 0) \\ &\quad = -h^{-1}[P(N_{x+h} = 0) - P(N_x = 0)]. \end{aligned} \tag{4-4-2}$$

令 $h \downarrow 0$, 由定理 4-3-2 知极限

$$\lambda = \lim_{h \downarrow 0} h^{-1} P(N_h > 0)$$

恒存在[注意 $P(N(-h, 0] > 0) = P(N_h > 0)$], 而且就等于过程的强度 λ. 若记

$$p_k(x) = P(N_x = k), \quad k = 0, 1, \cdots,$$

则由对(4-4-2)式取 $h \downarrow 0$ 的极限得

$$\lambda \bar{F}_X(x) = -D_x^+ p_0(x), \tag{4-4-3}$$

式中 D_x^+ 表示对变元 x 求右导数. (4-4-3)式把事件间距的分布(对应的存活函数是 $\bar{F}_X(x)$) 和从任一固定时刻到随后第一个事件的间距(亦即这时刻的接后发生时间)的分布 (对应的存活函数是 $p_0(x)$) 联系起来. 对于强度为 λ 的齐次泊松过程有 $p_0(x) = e^{-\lambda x}$, 故由(4-4-3)式推知 $\bar{F}_X(x) = e^{-\lambda x} = p_0(x)$, 即两个存活函数相等.

下面进一步证明对于每一 $k = 0, 1, \cdots$, 极限

$$\pi_k(x) \equiv \lim_{h \downarrow 0} P(N(0,x] = k | N(-h,0] > 0) \tag{4-4-4}$$

存在. 为此先证明如下定理:

定理 4-4-1 对于强度为有限的平稳点过程来说,对任意 $x > 0$ 和 $k = 0, 1, 2, \cdots$, 极限

$$Q_k(x) \equiv \lim_{h \downarrow 0} P\{N(0,x] \leqslant k | N(-h,0] > 0\} \tag{4-4-5}$$

恒存在,而且 $Q_k(x)$ 是 x 的右连续不增函数, $Q_k(0) = 1$.

证明 定义

$$\Psi_k(x,h) = P(N(0,x] \leqslant k, N(-h,0] > 0).$$

对任意 $u,v > 0$，定义 $\Psi_k(x,u+v)$ 的事件

$$\begin{aligned}
\{N(0,x] \leqslant k, N(-u-v,0] > 0\} \\
&= \{N(0,x] \leqslant k, N(-u,0] > 0\} \\
&\cup \{N(0,x] \leqslant k, N(-u,0] = 0, \\
&\quad N(-u-v,-u] > 0\}.
\end{aligned}$$

因为

$$\begin{aligned}
\{N(0,x] \leqslant k, N(-u,0] = 0\} &\subset \{N(-u,x] \leqslant k\} \\
&\subset \{N(-u,x-u] \leqslant k\},
\end{aligned}$$

故有

$$\begin{aligned}
(N_{(0,x]} \leqslant k, N(-u-v,0] > 0\} \\
&\subset \{N(0,x] \leqslant k, N(-u,0] > 0\} \\
&\cup \{N(-u,x-u] \leqslant k, N(-u-v,-u] > 0\}.
\end{aligned}$$

从而由平稳性得

$$\begin{aligned}
\Psi_k(x,u+v) &= P(N(0,x] \leqslant k, N(-u-v,0] > 0) \\
&\leqslant P(N(0,x] \leqslant k, N(-u,0] > 0) \\
&\quad + P(N(-u,x-u] \\
&\leqslant k, N(-u-v,-u] > 0) \\
&= P(N(0,x] \leqslant k, N(-u,0] > 0) \\
&\quad + P(N(0,x] \leqslant k, N(-v,0] > 0) \\
&= \Psi_k(x,u) + \Psi_k(x,v).
\end{aligned}$$

根据引理 4-3-1 推知极限 $\lim\limits_{h \downarrow 0} \Psi_k(x,h)/h$ 存在，而且由于

$$\Psi_k(x,h) \leqslant \phi(h) = P(N(0,h] > 0)$$

和

$$\lim_{h \downarrow 0} \frac{P(N(0,h] > 0)}{h} = \lambda,$$

故可断定这极限不会超过过程的强度 λ. 如果我们写

$$\begin{aligned}
P(N(0,x] \leqslant k | N(-h,0] > 0) &= \Psi_k(x,h)/\phi(h) \\
&= h^{-1}\Psi_k(x,h)/h^{-1}\phi(h).
\end{aligned}$$

令 $h \downarrow 0$ 即得 (4-4-5) 式中极限的存在性. 由 $\psi_k(x,h)$关于变元

h 的下可加性和关于变元 x 的右连续单调不增性质容易推出 $Q_k(x)$ 是 x 的右连续单调不增函数，而且由 $\Psi_k(0,h)=\phi(h)$ 马上推知 $Q_k(0)=1$. ■

由上述定理和 $\pi_k(x)$ 的定义容易看出，对于任意 $x>0$ 和 $k=0,1,2,\cdots$, $\pi_k(x)$ 作为条件概率

$$P(N(0,\ x]=k|N(-h,0]>0)=P(N(0,x]$$
$$\leqslant k|N(-h,0]>0)-P(N(0,x]\leqslant k-1|N(-h,0]>0)$$

当 $h\downarrow 0$ 时的极限一定存在，而且有

$$\pi_k(x)=Q_k(x)-Q_{k-1}(x), \tag{4-4-6}$$

这里定义 $Q_{-1}(x)=0$. 我们还有

$$\begin{aligned}\sum_{k=0}^{\infty}\pi_k(x)&=\lim_{k\to\infty}Q_k(x)\\&=\lim_{k\to\infty}P(N(0,x]\leqslant k|N(-h,0]>0)\\&=1.\end{aligned}$$

因此 $\{\pi_k(x)\}$ 是一离散概率分布，我们称之为 Palm **分布**.

可以证明，如果我们讨论的基本平稳点过程是简单的，而且有有限强度 λ，则这过程在长为 x 的区间中事件数的(一维)分布可由过程的 Palm 分布给定. 事实上，由过程的简单性(注意这时简单性和有序性等价！)知对任意正整数 k，当 h 趋于零时

$$\begin{aligned}p_k(x+h)&=P(N(-h,x]=k)\\&=P(N(-h,0]=0,N(0,x]=k)\\&\quad+P(N(-h,0]=1,N(0,x]=k-1)\\&\quad+o(h)\\&=p_k(x)-P(N(-h,0]>0,N(0,x]=k)\\&\quad+P(N(-h,0]>0,N(0,x]=k-1)\\&\quad+o(h).\end{aligned}$$

移项后用 h 除等式两边得

$$h^{-1}[p_k(x+h)-p_k(x)]$$
$$=-h^{-1}P(N(-h,0]>0)[P(N(0,x]=k|N(-h,0]>0)$$

$$- P(N(0,x] = k-1 | N(-h,0] > 0)] + o(1).$$

令 $h \downarrow 0$ 得

$$D_x^+ p_k(x) = -\lambda[\pi_k(x) - \pi_{k-1}(x)], \qquad (4\text{-}4\text{-}7)$$

这里 D_x^+ 表示求右导数．当 $k=0$ 时(4-4-7)式就是前面已推得的(4-4-3)式，即

$$D_x^+ p_0(x) = -\lambda \pi_0(x).$$

它们的积分形式分别是

$$p_k(x) = -\lambda \int_0^x [\pi_k(s) - \pi_{k-1}(s)] ds,$$

$$k = 1, 2, \cdots \qquad (4\text{-}4\text{-}8)$$

和

$$p_0(x) = 1 - \lambda \int_0^x \pi_0(s) ds. \qquad (4\text{-}4\text{-}9)$$

将(4-4-3)和(4-4-7)式对 k 求和得

$$-\frac{1}{\lambda} D_x^+ \left(\sum_{j=0}^{k} p_j(x) \right) = -\frac{1}{\lambda} D_x^+ P\{N_x \leqslant k\}$$

$$= \pi_k(x). \qquad (4\text{-}4\text{-}10)$$

对上式积分即得

$$P(N_x \leqslant k) = 1 - \lambda \int_0^x \pi_k(s) ds. \qquad (4\text{-}4\text{-}11)$$

此外，若再设

$$P(N_\infty = \infty) = 1, \qquad (4\text{-}4\text{-}12)$$

则对任意非负整数 k 有

$$P(N_\infty \leqslant k) = 0.$$

因此

$$\int_0^\infty \pi_k(s) ds = \frac{1}{\lambda}. \qquad (4\text{-}4\text{-}13)$$

于是(4-4-11)式可改写为

$$P\{N_x \leqslant k\} = \lambda \int_x^\infty \pi_k(s) ds$$

$$= \lambda \int_0^\infty \pi(u + x) du. \qquad (4\text{-}4\text{-}14)$$

通过对(4-4-6)式求和并注意到 $Q_0(x)=1$ 可推出

$$\sum_{j=0}^{k-1}\pi_j(x)=Q_{k-1}(x). \tag{4-4-15}$$

这时

$$R_k(x)=1-Q_{k-1}(x)=\sum_{j=k}^{\infty}\pi_j(x). \tag{4-4-16}$$

$R_k(x)$ 给出当过程在 0 点有事件发生时在区间 $(0,x]$ 中有不少于 k 个事件发生(这又等价于 0 点后第 k 个事件的发生时间 $\sum_{i=1}^{k}X_i$ 不超过 x) 的条件概率. 显然有 $0\leqslant R_k(x)\leqslant 1$. 由 $Q_{k-1}(x)$ 的右连续和单调不增性质可推出 $R_k(x)$ 是变元 x 的右连续单调不减函数. 最后,由条件(4-4-12)易知对任意整数 $k\geqslant 0$ 有

$$\lim_{x\to\infty}Q_k(x)=0, \tag{4-4-17}$$

或

$$\lim_{x\to\infty}R_k(x)=1. \tag{4-4-18}$$

因此, $R_k(x)$ 是 $(0,\infty)$ 上的分布函数. 由(4-4-12)和(4-4-13)式容易算出它的数学期望是

$$\begin{aligned}\int_0^{\infty}(1-R_k(x))dx&=\int_0^{\infty}Q_{k-1}(x)dx\\&=\int_0^{\infty}\sum_{j=0}^{k-1}\pi_j(x)dx\\&=k\lambda^{-1}.\end{aligned} \tag{4-4-19}$$

最后, 我们给出计数分布 $\{p_k(x),\ k=0,1,\cdots\}$ 和相应的 Palm 分布 $\{\pi_k,\ k=0,1,\cdots\}$ 的概率母函数之间的关系. 令

$$G(s,x)=\sum_{k=0}^{\infty}s^k p_k(x) \tag{4-4-20}$$

和

$$G_0(s,x)=\sum_{k=0}^{\infty}s^k\pi_k(x). \tag{4-4-21}$$

则由(4-4-7)式容易推出

$$D_x^+ G(s,x) = -\lambda(1-s)G_0(s,x). \qquad (4\text{-}4\text{-}22)$$

上式的积分形式是

$$G(s,x) = 1 - \lambda(1-s)\int_0^x G_0(s,u)du. \qquad (4\text{-}4\text{-}23)$$

我们把上面得到的结果归纳为下列定理.

定理 4-4-2 设N是强度为有限的平稳点过程. 对于任意实数 $x>0$ 和整数 $k=0,1,2,\cdots$, 极限

$$\pi_k(x) = \lim_{h\downarrow 0} P(N(0,x]=k \mid N(-h,0]>0)$$

恒存在,而且 $\{\pi_k(x), k=0,1,\cdots\}$ 给出一离散概率分布, 我们称之为 Palm 分布. 更进一步, $\{\pi_k(x),\ k=0,1,\cdots\}$ 和定理 4-4-1 中给出的 $\{Q_k(x),\ k=0,1,\cdots\}$ 有如下关系:

$$\pi_k(x) = Q_k(x) - Q_{k-1}(x), \quad k=0,1,\cdots$$

这里定义 $Q_{-1}(x)=0$.

定理 4-4-3 设N是具有有限强度λ的简单平稳点过程. 对于任意实数 $x>0$ 和整数 $k=0,1,\cdots$, 过程在区间 $(0,x]$ 上的计数分布 $\{p_k(x),\ k=0,1,\cdots\}$ 和相应的 Palm 分布

$$\{\pi_k(x),\ k=0,1,\cdots\}$$

有如下称做 Palm-Khinchin 方程的关系:

$$\begin{cases} D_x^+ p_0(x) = -\lambda\pi_0(x) \\ D_x^+ p_k(x) = -\lambda[\pi_k(x) - \pi_{k-1}(x)], \quad k=1,2,\cdots \end{cases}$$

这里 D_x^+ 表示对变元 x 求右导数. 它们的积分形式是

$$p_0(x) = 1 - \lambda\int_0^x \pi_0(s)ds$$

$$p_k(x) = -\lambda\int_0^x [\pi_k(s) - \pi_{k-1}(s)]ds,$$

$$k=1,2,\cdots$$

如果用 $G(s;x)$ 和 $G_0(s;x)$ 分别表示分布 $\{p_k(x)\}$ 和 $\{\pi_k(x)\}$ 的概率母函数,则有如下关系:

$$D_x^+ G(s;x) = -\lambda(1-s)G_0(s;x),$$

$$G(s;x) = 1 - \lambda(1-s)\int_0^x G_0(s;u)du.$$

若进一步假设 $P(N_\infty = \infty) = 1$，则对于任意正整数 k 和正实数 x，由

$$R_k(x) = 1 - Q_{k-1}(x) = \sum_{j=k}^{\infty} \pi_j(x)$$

定义的 $R_k(x)$ 给出$(0,\infty)$上的一个分布函数，它的数学期望等于 $k\lambda^{-1}$.

对于(平稳)更新过程来说，事件间距序列是相互独立同分布的随机变量序列．设 G 是间距的共同分布．这时 Palm 分布对应于在原点有一事件发生的过程，即普通的更新过程．而给出在长为 x 的区间中事件数目分布的计数分布 $\{p_k(x)\}$ 则对应于从任意时间原点开始的过程，即平衡的更新过程．这时，对于 $k \geqslant 1$ 有

$$\begin{aligned} R_k(x) &= P\left(\sum_{j=1}^{k} X_j \leqslant x\right) \\ &= G^{(k)}(x), \end{aligned}$$

这里 $G^{(k)}$ 表示 G 的 k 重卷积．把上式与(4-4-16)式比较即得

$$\sum_{j=k}^{\infty} \pi_j(x) = G^{(k)}(x), \qquad (4\text{-}4\text{-}24)$$

于是有

$$\pi_k(x) = G^{(k)}(x) - G^{(k+1)}(x). \qquad (4\text{-}4\text{-}25)$$

而 $p_k(x)$ 则可利用(4-4-8)和(4-4-9)式通过 $\pi_k(x)$ 算出．特别地，这时

$$\begin{aligned} p_0(x) &\equiv P(N_x = 0) \\ &= 1 - \lambda\int_0^x (1 - G(t))dt \\ &= \lambda\int_x^\infty (1 - G(t))dt \end{aligned}$$

给出第一个(观测的)间距大于 x 的概率，它和第三章关于平衡分布的结果是一致的.

§4-5 二阶矩性质

1. 间距性质

为方便起见，假设平稳点过程是简单的. 正如在 §4-2 中指出那样，当观测起点是某一任意选取的事件时，对应的事件间距序列是 $\{X_1, X_2, \cdots\}$，这是一平稳随机变量序列，我们用 $F_X(x)$，$\bar{F}_X(x)$ 和 $f_X(x)$ 分别表示它们的共同的一维分布函数、存活函数和密度函数. 于是，对应的数学期望 EX、方差 $\operatorname{Var} X$ 和变差系数 $C^2(X)$ 分别由下列公式给出：

$$EX = \int_0^\infty x f_X(x)dx = \int_0^\infty \bar{F}_X(x)dx, \tag{4-5-1}$$

$$\begin{aligned}\operatorname{Var} X &= \int_0^\infty x^2 f_X(x)dx - (EX)^2 \\ &= 2\int_0^\infty x\bar{F}_X(x)dx - (EX)^2\end{aligned} \tag{4-5-2}$$

和

$$C^2(X) = \operatorname{Var}X/(EX)^2. \tag{4-5-3}$$

当 X 有指数分布时 $C(X)=1$. 因此，人们常常粗略地用 $C(X)$ 的值来估量对应的分布对指数分布的偏离.

序列 $\{X_i\}$ 的二阶联合矩刻划这序列的相关性质，而这些二阶联合矩又是通过某些标准函数给出的. 其中首先要提出的是自相关函数 (autocorrelation function).

$$\rho_k = \frac{\operatorname{Cov}(X_i, X_{i+k})}{\operatorname{Var} X}, \quad k=0, \pm 1, \cdots. \tag{4-5-4}$$

人们有时也使用由

$$C_k = \rho_k \operatorname{Var} X, \quad k=0, \pm 1, \cdots \tag{4-5-5}$$

定义的自协方差函数 (autocovariance function).

可以证明 [例如，参看 Wold (1954), pp. 66]，序列 $\{\rho_k\}$ 是某一平稳随机序列 $\{X_i\}$ 的自相关函数当且仅当每一 $\rho_k(k=0, \pm 1, \cdots)$ 能表为

$$\rho_k = \int_{-\pi}^{\pi} \cos(k\omega) dF(\omega), \tag{4-5-6}$$

其中 $F(\omega)$ 是一个对称的(一维)分布函数,我们把它称做谱分布函数 (spectral distribution function), 它的跳跃点指出序列 $\{X_i\}$ 的周期. 对于大多数点过程来说, $F(\omega)$ 是绝对连续的, 它的导数 $f(\omega)$ 称做谱密度函数 (spectral density function), 这时(4-5-6)式可写成

$$\rho_k = \int_{-\pi}^{\pi} f(\omega) \cos(k\omega) d\omega, \quad k = 0, \pm 1, \cdots. \tag{4-5-7}$$

从上式看出, $\{\rho_k\}$ 实际上是函数 $f(\omega)$ 的傅里叶系数. 因此,由反演公式并注意到对于实值序列 $\{X_i\}$ 有 $\rho_k = \rho_{-k}$, 我们就得到

$$\begin{aligned} f(\omega) &= \frac{1}{2\pi} \sum_{k=-\infty}^{\infty} \rho_k e^{-ik\omega} \\ &= \frac{1}{2\pi} \left\{1 + 2 \sum_{k=1}^{\infty} \rho_k \cos(k\omega)\right\}, \\ & \qquad -\pi \leqslant \omega \leqslant \pi. \end{aligned} \tag{4-5-8}$$

由上式易见 $f(\omega) = f(-\omega)$. 因而可以定义一个只对 $\omega \geqslant 0$ 定义的谱密度

$$\begin{aligned} f_+(\omega) &= 2f(\omega) \\ &= \frac{1}{\pi} \left\{1 + 2 \sum_{k=1}^{\infty} \rho_k \cos(k\omega)\right\}, \\ & \qquad 0 \leqslant \omega \leqslant \pi. \end{aligned} \tag{4-5-9}$$

这时(4-5-7)式变为

$$\rho_k = \int_0^{\pi} f_+(\omega) \cos(k\omega) d\omega, \ k = 0, \pm 1, \cdots. \tag{4-5-10}$$

除自相关函数和谱密度函数外,还有由

$$\begin{aligned} V_k &= \mathrm{Var}(X_1 + \cdots + X_k) \\ &= k\mathrm{Var}X + 2 \sum_{l=1}^{k-1} \sum_{i=1}^{l} \mathrm{Cov}(X_i, X_{i+l}) \\ &= kV_1 + 2 \sum_{l=1}^{k-1} (k-l) C_l \end{aligned} \tag{4-5-11}$$

和

$$J_k = V_k / k(EX)^2 \tag{4-5-12}$$

定义的方差函数 V_k 和间距的偏差指标 J_k. 注意(4-5-12)式中的分母是对于齐次泊松过程（即 X_i 是相互独立同分布的指数随机变量）算出的 V_k. 故当被研究的点过程是齐次泊松过程时 $J_k = 1$（对所有 $k = 1, 2, \cdots$），而实际算出的 J_k 值与1之差反映被研究的点过程对齐次泊松过程的偏离. 特别地，对于更新过程来说,对所有 $k = 1,2,\cdots$ 均有

$$J_k = C^2(X). \tag{4-5-13}$$

从(4-5-5),(4-5-9),(4-5-10)和(4-5-11)式容易看出，函数 $f_+(\omega)$, ρ_k, C_k 和 V_k 在间距的二阶矩性质研究中起同样的作用.

2. 计数性质

前面已经指出,从完全的分布律来看,事件间距序列和对应的计数过程（或者说点过程的间距性质和计数性质）是等价的. 但是,如果我们只限于考虑有限阶矩,则间距性质和计数性质的研究是不等价的,这就是说,它们可能提供关于过程的不同的信息.

当观测的起点选在某一任意时刻时，对应的事件间距序列 $\{W, L_2, L_3, \cdots\}$ 一般不是平稳随机序列. 但是,对应的计数过程 N_t 作为连续时间参数的过程是平稳的。和平稳随机序列 $\{X_i\}$ 的二阶矩性质研究相比，连续时间参数的平稳过程 N_t 的二阶矩性质研究一般说来较为复杂和困难。

已经知道,过程在区间 $(0, t]$ 中事件数的数学期望和方差分别是

$$M(t) = EN_t = t/EX \tag{4-5-14}$$

和

$$V(t) = E(N_t^2) - (EN_t)^2, \tag{4-5-15}$$

我们把它们分别称做平均值-时间曲线（mean-time curve）和方差-时间曲线（variance-time curve）。(4-5-15) 式是(4-5-11)式

的类似物。我们还可以像定义 J_k 那样定义一个计数的散度指标

$$I(t)=V(t)/M(t)=V(t)EX/t. \qquad (4\text{-}5\text{-}16)$$

显然，对于齐次泊松过程有 $I(t)\equiv 1$。而对于更新过程则可证当 t 很大时有

$$I(t)\approx C^2(X)=J_k,\quad k=1,2,\cdots. \qquad (4\text{-}5\text{-}17)$$

对于较一般的过程，我们只能(利用中心极限定理)证明

$$\lim_{t\to\infty} I(t)=\lim_{k\to\infty} J_k, \qquad (4\text{-}5\text{-}18)$$

而且不保证这两极限的公共值等于 $C^2(X)$.

令 $C_i(\tau)$ 表示在两个长度为 τ 而且被 $i-1$ 个类似的区间隔开的区间中事件数目的协方差. 人们有时把 $C_1(t)$ 称做**协方差-时间曲线** (covariance-time curve). 容易验证下列关系式: 对于 $k=1,2,\cdots$,

$$C_1(k\tau)=\sum_{i=1}^{k} iC_i(\tau)+\sum_{i=k+1}^{2k}(2k-i)C_i(\tau), \qquad (4\text{-}5\text{-}19)$$

$$V(k\tau)=kV(\tau)+2\sum_{i=1}^{k-1}\sum_{j=1}^{i}C_j(\tau)$$

$$=kV(\tau)+2\sum_{i=1}^{k-1}(k-i)C_i(\tau). \qquad (4\text{-}5\text{-}20)$$

特别地，在(4-5-20)式中令 $k=2$ 和 $\tau=t$ 即得联系 $C_1(\cdot)$ 和 $V(\cdot)$ 的关系式:

$$C_1(t)=\frac{V(2t)}{2}-V(t). \qquad (4\text{-}5\text{-}21)$$

考察平稳计数过程 N_t 的相关性质的另一种方法是通过讨论**差分过程**

$$\Delta\widetilde{N}_t\equiv\frac{N_{t+\Delta t}-N_t}{\Delta t}. \qquad (4\text{-}5\text{-}22)$$

设过程 N_t 的发生率 $EN_1=m$，则由 N_t 的平稳性知对任意 $t>0$ 有 $EN_t=mt$. 因此

$$E(\Delta\widetilde{N}_t)=\frac{1}{\Delta t}E(N_{t+\Delta t}-N_t)$$

$$= \frac{1}{\Delta t}[m(t+\Delta t) - mt]$$

$$= m. \tag{4-5-23}$$

易见 $\Delta\widetilde{N}_t$ 只取值 $0, 1/\Delta t, 2/\Delta t, \cdots$，而且由过程的简单性假设可推得当 $\Delta t \to 0$ 时

$$P(\Delta\widetilde{N}_t = 1/\Delta t) = m\Delta t + o(\Delta t). \tag{4-5-24}$$

现在，设 $M_f(t)$ 是过程在以任一事件为起点的长为 t 的区间中发生的事件数(即是 N_t^f) 的期望值. 于是它的导数(假若它存在)是

$$m_f(t) \equiv \frac{dM_f(t)}{dt} \equiv \lim_{\Delta t \to 0} \frac{M_f(t+\Delta t) - M_f(t)}{\Delta t}$$

$$= \lim_{\Delta t \to 0} [P(\text{过程在}(\tau+t, \tau+t+\Delta t]\text{有事件发生} \mid \text{在}\tau\text{有事件发生})]/\Delta t. \tag{4-5-25}$$

注意 $m_f(t)$ 和 $m(t) = m$ 一般是不同的，它们分别是间距序列 $\{X_1, X_2, X_3, \cdots\}$ 和 $\{W, L_1, L_2, \cdots\}$ 确定的点过程的强度.然而，由(4-2-25)式知当 $t \to \infty$ 时有 $m_f(t) \to m$. 利用 $m_f(t)$ 不难推知**微分过程** dN_t 的协方差性质. 事实上，对于任意 $\tau > 0$,

$$\begin{aligned}
E(\Delta\widetilde{N}_t\Delta\widetilde{N}_{t+\tau}) &= \frac{1}{(\Delta t)^2} P\left(\Delta\widetilde{N}_t = \Delta\widetilde{N}_{t+\tau} = \frac{1}{\Delta t}\right) + o(\Delta t) \\
&= \frac{1}{(\Delta t)^2} P\left(\Delta\widetilde{N}_{t+\tau} = \frac{1}{\Delta t} \middle| \Delta\widetilde{N}_t = \frac{1}{\Delta t}\right) \\
&\quad \times P\left(\Delta\widetilde{N}_t = \frac{1}{\Delta t}\right) + o(\Delta t) \\
&= \frac{m\Delta t}{(\Delta t)^2} P\left(\Delta\widetilde{N}_{t+\tau} = \frac{1}{\Delta t} \middle| \Delta\widetilde{N}_t = \frac{1}{\Delta t}\right) \\
&\quad + o(\Delta t) \\
&= mm_f(\tau) + o(1),
\end{aligned} \tag{4-5-26}$$

其中第三和第四个等号分别由(4-5-24)和(4-5-25)式得到. 于是由(4-5-23)和(4-5-26)式得

$$
\begin{aligned}
&\mathrm{Cov}(\Delta\widetilde{N}_t,\Delta\widetilde{N}_{t+\tau})\\
&=E(\Delta\widetilde{N}_t\Delta\widetilde{N}_{t+\tau})-E(\Delta\widetilde{N}_t)E(\Delta\widetilde{N}_{t+\tau})\\
&=mm_f(\tau)-m^2+o(1).
\end{aligned}
\tag{4-5-27}
$$

令 $\Delta t\to 0$ 即得过程 N_t 的**协方差密度**（covariance density）是

$$
\gamma_+(\tau)=\lim_{\Delta t\to 0}\mathrm{Cov}(\Delta\widetilde{N}_t,\Delta\widetilde{N}_{t+\tau})=m[m_f(\tau)-m]. \tag{4-5-28}
$$

对于 $\tau<0$，由类似的讨论知可以定义

$$
\gamma_-(\tau)=\gamma_+(-\tau).
$$

为了使协方差密度 $\gamma(\tau)$ 对 $\tau=0$ 也有定义，注意到

$$
\begin{aligned}
\mathrm{Var}(\Delta\widetilde{N}_t)&=E(\Delta\widetilde{N}_t)^2-[E(\Delta\widetilde{N}_t)]^2\\
&=\frac{1}{(\Delta t)^2}P\left(\Delta\widetilde{N}_t=\frac{1}{\Delta t}\right)-o(\Delta t)\\
&=\frac{m+o(1)}{\Delta t}。
\end{aligned}
\tag{4-5-29}
$$

故当 $\Delta t\to 0$ 时

$$
\mathrm{Var}(\Delta\widetilde{N}_t)\to\infty. \tag{4-5-30}
$$

为使 $\gamma(\tau)$ 在 $\tau=0$ 的值与此一致，我们可以令

$$
\gamma(\tau)=m\delta(\tau)+m[m_f(\tau)-m],\quad -\infty<\tau<\infty, \tag{4-5-31}
$$

这里 $\delta(\tau)$ 是如下定义的狄拉克 δ-函数：

$$
\delta(\tau)=\begin{cases}0 & \tau\neq 0,\\ \infty & \tau=0.\end{cases}
$$

而且

$$
\int_{-\infty}^{\infty}\delta(\tau)d\tau=1.
$$

注意在上面的 $\gamma(\tau)$ 的定义中，当 τ 取负值时 $m_f(\tau)$ 应理解为按(4-5-25)式确定的 $m_f(-\tau)$，即有

$$
m_f(\tau)=m_f(-\tau).
$$

我们把 $\gamma(\tau)$ 的傅里叶变换 $g(\omega)$ 称做过程的 Bartlett 谱，即

$$
\begin{aligned}
g(\omega) &= \frac{1}{2\pi}\int_{-\infty}^{\infty} m\delta(\tau)e^{-i\omega\tau}d\tau \\
&\quad + \frac{1}{2\pi}\int_{-\infty}^{\infty} m[m_f(\tau)-m]e^{-i\omega\tau}d\tau \\
&= \frac{m}{2\pi} + \frac{m}{2\pi}\int_{-\infty}^{\infty}[m_f(\tau)-m]e^{-i\omega\tau}d\tau.
\end{aligned}
\tag{4-5-32}
$$

$\gamma(\tau)$ 的表示式（4-5-31）的第一项 $m\delta(\tau)$ 的实际作用是使得在 $g(\omega)$ 的表示式（4-5-32）中增加一项 $m/2\pi$，因为严格说来 $\gamma(\tau)$ 在 $\tau=0$ 是没有值的.

有时人们还利用由

$$
g_+(\omega) = 2g(\omega) = \frac{m}{\pi} + \frac{m}{\pi}\int_{-\infty}^{\infty}[m_f(\tau)-m]e^{-i\omega\tau}d\tau, \quad \omega > 0 \tag{4-5-33}
$$

给出的对 $\omega>0$ 定义的谱密度.

为了帮助读者进一步理解上面一段的内容，我们具体考察一下强度为 λ 的齐次泊松过程。这时，对于 $n=0,1,2,\cdots$

$$
\begin{aligned}
P\left(\Delta\widetilde{N}_t = \frac{n}{\Delta t}\right) &= P(N_{t+\Delta t}-N_t=n) \\
&= (\lambda\Delta t)^n e^{-\lambda\Delta t}/n!.
\end{aligned}
$$

容易验证

$$
E(\Delta\widetilde{N}_t) = \frac{1}{\Delta t}\lambda\Delta t = \lambda,
$$

$$
\begin{aligned}
\operatorname{Var}(\Delta\widetilde{N}_t) &= \frac{1}{(\Delta t)^2}\operatorname{Var}(N_{t+\Delta t}-N_t) \\
&= \frac{\lambda\Delta t}{(\Delta t)^2} = \frac{\lambda}{\Delta t},
\end{aligned}
$$

$$
E(\Delta\widetilde{N}_t\Delta\widetilde{N}_{t+\tau}) = \frac{1}{\Delta t^2}E[(N_{t+\tau+\Delta t}-N_{t+\tau})(N_{t+\Delta t}-N_t)]
$$

$$
=\begin{cases}\lambda^2(\Delta t)^2 & \text{当 } |\tau|>\Delta t,\\ \dfrac{\lambda(\Delta t-\tau)}{(\Delta t)^2}+\lambda^2 & \text{当 } |\tau|\leqslant\Delta t.\end{cases}
$$

故

$$
\mathrm{Cov}(\Delta\widetilde{N}_t,\Delta\widetilde{N}_{t+\tau})=E(\Delta\widetilde{N}_t\Delta\widetilde{N}_{t+\tau})-E(\Delta\widetilde{N}_t)E(\Delta\widetilde{N}_{t+\tau})
$$

$$
=\begin{cases}\dfrac{1}{(\Delta t)^2}[\lambda^2(\Delta t)^2-\lambda^2(\Delta t)^2]=0 & \text{当 } |\tau|>\Delta t,\\ \dfrac{1}{(\Delta t)^2}[\lambda(\Delta t-\tau)+\lambda^2(\Delta t)^2-\lambda^2(\Delta t)^2] & \\ \quad=\dfrac{\lambda}{\Delta t}\left(1-\dfrac{\tau}{\Delta t}\right) & \text{当 } |\tau|\leqslant\Delta t.\end{cases}
$$

这是一个三角形函数，其中心在原点，底和高分别是 $2\Delta t$ 和 $\lambda/\Delta t$，故此三角形面积恒等于 λ. 当 $\Delta t\to 0$ 时就定义一个狄拉克 δ-函数，这时有

$$
\gamma(\tau)=\lambda\delta(\tau) \tag{4-5-34}
$$

和

$$
g(\omega)=\lambda/2\pi. \tag{4-5-35}
$$

下面考察方差-时间曲线 $V(t)$ 和协方差密度（或谱）之间的关系. 设在(4-5-20)式中的 $k\tau=t$，则有

$$
V(t)=\frac{tV(\tau)}{\tau}+2\sum_{i=1}^{k-1}\sum_{j=1}^{i}C_j(\tau).
$$

令 $k\to\infty$ 时（于是对固定的 t，有 $\tau=t/k\to 0$)，由(4-5-29)式及积分的定义得

$$
V(t)=mt+2\int_0^t\int_0^v\gamma_+(u)du\,dv. \tag{4-5-36}
$$

将上式对变量 t 求导得

$$
V'(t)=m+2\int_0^t\gamma_+(u)du. \tag{4-5-37}
$$

令 $t\to\infty$ 并考虑到(4-5-33)式可得

$$
V'(\infty)=m+2\int_0^\infty\gamma_+(u)du=\pi g_+(0_+). \tag{4-5-38}
$$

上式给出方差-时间曲线 $V(t)$ 在无穷远处的渐近斜率 $V'(\infty)$ 和

谱 $g_+(\omega)$ 的初始值 $g_+(0_+)$ 之间的关系. 此外,对于由(4-5-16)式定义的 $I(t)=V(t)/M(t)$, 若极限 $I(\infty)=\lim\limits_{t\to\infty}I(t)$ 存在,则因 $M(t)=t/EX=mt$ 与 t 成正比,故由(4-5-16)和(4-5-18)式推知

$$I(\infty)=V'(\infty)/m=\lim_{k\to\infty}J_k. \tag{4-5-39}$$

又由(4-5-3),(4-5-11)和(4-5-12)式易得

$$\lim_{k\to\infty}J_k=C^2(X)\left(1-2\sum_{j=1}^{\infty}\rho_j\right)=\pi C^2(X)f_+(0_+). \tag{4-5-40}$$

联合(4-5-38)—(4-5-40)式就得到

$$g_+(0_+)=[C^2(X)/EX]f_+(0_+) \tag{4-5-41}$$

或

$$f_+(0_+)=V'(\infty)EX/\pi C^2(X). \tag{4-5-42}$$

还可以利用拉普拉斯变换把(4-5-36)式表为

$\left(\text{注意若 } \mathscr{L}[f(t)]=F(s),\ \text{则 } \mathscr{L}\left[\int_0^t f(u)du\right]=F(s)/s\right)$

$$\begin{aligned}\widetilde{V}(s)&=m/s^2+2\tilde{\gamma}_+(s)/s^2\\&=m/s^2+2m\widetilde{m}_f(s)/s^2+2m^2/s^3.\end{aligned} \tag{4-5-43}$$

联合(4-2-23)和(4-5-28)式又可得谱密度 $\gamma_+(\tau)$ 的如下表示:

$$\gamma_+(\tau)=m\left\{\sum_{r=1}^{\infty}f_r(\tau)-m\right\},\ \tau>0. \tag{4-5-44}$$

下面利用(4-2-15)和(4-2-16)式推出 N_t 的分布(或它的概率母函数)与间距 $\{X_i\}$ 的二阶矩性质的某些关系.

记 N_t 的概率母函数为

$$\varphi(\zeta;\ t)=\sum_{k=0}^{\infty}\zeta^kP(N_t=k),$$

它的拉氏变换是 $\tilde{\varphi}(\zeta;\ s)$. 由(4-2-7)式得

$$\begin{aligned}\tilde{\varphi}(0;\ 0_+)&=\int_0^{\infty}P(N_t=0)dt\\&=\int_0^{\infty}\bar{F}_W(t)dt\end{aligned}$$

$$= \frac{\mathrm{Var}X + (EX)^2}{2EX}. \tag{4-5-45}$$

故

$$\mathrm{Var}X = EX[2\tilde{\varphi}(0;0_+) - EX]. \tag{4-5-46}$$

另一方面,因为对 $k = 1,2,\cdots$ 有

$$\begin{aligned} p(k,t) \equiv P(N_t = k) &= P(W + L_2 + \cdots + L_{k+1} > t) \\ &\quad - P(W + L_2 + \cdots + L_k > t). \end{aligned}$$

当 $k = 1$ 时上式应理解为

$$\begin{aligned} p(1,t) = P(N_t = 1) &= P(W + L_2 > t) - P(W > t). \end{aligned}$$

故有

$$\begin{aligned} \int_0^\infty p(k,t)dt &= \int_0^\infty P(W + L_2 + \cdots + L_{k+1} > t)dt \\ &\quad - \int_0^\infty P(W + L_2 + \cdots + L_k > t)dt \\ &= E(W + L_2 + \cdots + L_{k+1}) \\ &\quad - E(W + L_2 + \cdots + L_k) \\ &= E(L_k). \end{aligned}$$

联合上式和(4-2-11)式就产生

$$\int_0^\infty p(k, t)dt = EX + \rho_{k-1}\frac{\mathrm{Var}X}{EX}, \tag{4-5-47}$$

或

$$\rho_{k-1} = \frac{EX}{\mathrm{Var}X}\left\{\int_0^\infty p(k, t)dt - EX\right\}, \tag{4-5-48}$$

这里 $k = 2, 3, \cdots$. 注意概率 $p(k, t)$ 可以按下面的公式根据 $\varphi(\zeta; t)$ 求出:

$$p(k, t) = \frac{1}{k!}\frac{\partial^k \varphi(\zeta; t)}{\partial \zeta^k}\bigg|_{\zeta=0}. \tag{4-5-49}$$

如果已知 $\tilde{\varphi}(\zeta; s)$，则可以按下式求出 $\int_0^\infty p(k, t)dt$ 后直接由(4-5-48)式算出 ρ_{k-1}.

$$\int_0^\infty p(k, t)dt = \frac{1}{k!} \frac{\partial^k \varphi(\zeta; s)}{\partial \zeta^k}\bigg|_{\zeta=0, s=0_+}. \tag{4-5-50}$$

最后，作为对上面某些结果的解释，我们考察（平稳）更新过程. 这类特殊的平稳点过程的间距序列 $\{X_i\}$ 是相互独立同分布的. 如前仍设间距 X 的分布函数和密度函数分别是 $F_X(x)$ 和 $f(x)$，对应的数学期望、方差和三阶中心阶存在并分别以 μ，σ^2 和 μ_3 表示. 这时有

$$m_f(t) = \sum_{r=1}^{\infty} f_r(t) \tag{4-5-51}$$

和

$$\tilde{m}_f(s) = \sum_{r=1}^{\infty} \tilde{f}_r(s) = \sum_{r=1}^{\infty} \{\tilde{f}_X(s)\}^r = \frac{\tilde{f}_X(s)}{1 - \tilde{f}_X(s)}. \tag{4-5-52}$$

于是由(4-5-43)式得

$$\tilde{V}(s) = \frac{1}{\mu s^2} + \frac{2\tilde{f}_X(s)}{\mu s^2\{1 - \tilde{f}_X(s)\}} - \frac{2}{\mu^2 s^3}. \tag{4-5-53}$$

当 X 有参数为 β 和 2 的伽玛分布时

$$\tilde{f}_X(s) = \left(\frac{\beta}{\beta + s}\right)^2 \quad 和 \quad EX = \mu = \frac{2}{\beta}.$$

代入(4-5-53)式得

$$\begin{aligned}
\tilde{V}(s) &= \frac{\beta}{2s^2} + \frac{\beta^3}{s^3(2\beta + s)} - \frac{\beta^2}{2s^3} \\
&= \frac{\beta}{2s^2} + \left(\frac{\beta^2}{2s^3} - \frac{\beta}{4s^2} + \frac{1}{8s} - \frac{1}{8(2\beta + s)}\right) - \frac{\beta^2}{2s^3} \\
&= \frac{\beta}{4s^2} + \frac{1}{8s} - \frac{1}{8(2\beta + s)}.
\end{aligned} \tag{4-5-54}$$

对上式求拉氏逆变换产生

$$V(t) = \frac{1}{4}\beta t + \frac{1}{8} - \frac{1}{8} e^{-2\beta t}. \tag{4-5-55}$$

把 $\tilde{f}_X(s)$ 的具体表示式代入(4-5-52)式得

$$\tilde{m}_f(s)=\frac{\left(\frac{\beta}{\beta+s}\right)^2}{1-\left(\frac{\beta}{\beta+s}\right)^2}$$

$$=\frac{\beta^2}{\beta^2+s^2+2\beta s-\beta^2}$$

$$=\frac{\beta^2}{s(s+2\beta)}$$

$$=\frac{\beta}{2}\left(\frac{1}{s}-\frac{1}{2\beta+s}\right). \tag{4-5-56}$$

由求拉氏逆变换得

$$m_f(s)=\frac{\beta}{2}-\frac{\beta}{2}e^{-2\beta t}. \tag{4-5-57}$$

代入(4-5-33)式就推出

$$g_+(\omega)=\frac{\beta}{2\pi}-\frac{\beta^2}{4\pi}\int_0^{\infty}e^{-2\beta t}\cos\omega t\,dt$$

$$=\frac{\beta}{2\pi}-\frac{\beta^2}{4\pi}\frac{2\beta}{4\beta^2+\omega^2}$$

$$=\frac{2\beta(4\beta^2+\omega^2)-2\beta^3}{4\pi(4\beta^2+\omega^2)}$$

$$=\frac{\beta(2\beta^2+\omega^2)}{2\pi(4\beta^2+\omega^2)},\quad \omega>0. \tag{4-5-58}$$

由将(4-5-55)式对 t 求导后令 $t\to\infty$ 得

$$V'(\infty)=\frac{\beta}{4}=\frac{1}{2\mu}.$$

而由(4-5-58)式则容易求出

$$g_+(0_+)=\frac{\beta}{4\pi}=\frac{1}{2\mu\pi}.$$

这时 $g_+(\omega)$ 从 $1/2\mu\pi$ 单调递增至 $g_+(\infty)=1/\mu\pi$. 下面的图 4-5-1 和图 4-5-2 分别给出由(4-5-55)式和(4-5-57)式给出的函数 $V(t)$ 和 $m_f(t)$ 的图像.

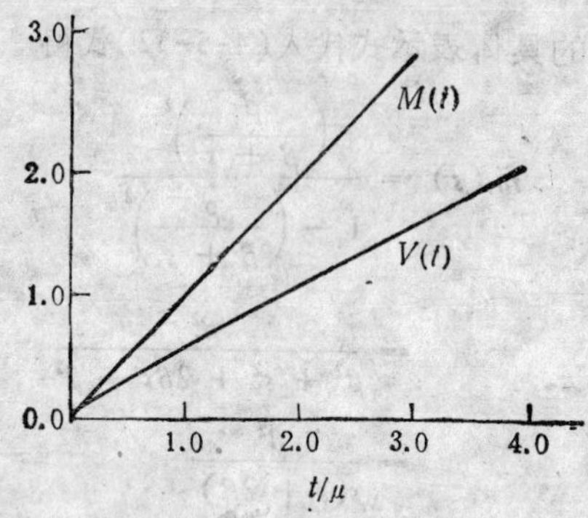

图 4-5-1 间距分布为 $\Gamma(\beta,2)$ 的更新过程的 $M(t)$ 和 $V(t)$.

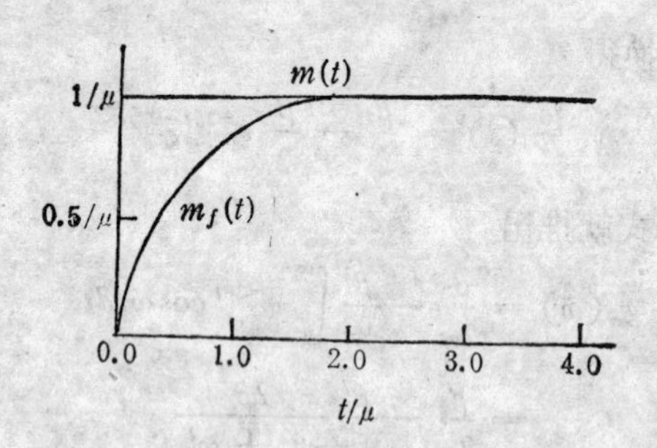

图 4-5-2 间距分布为 $\Gamma(\beta, 2)$ 的更新过程的强度函数 $m_f(t)$ 和 $m(t)=1/\mu$.

§4-6 间距的一、二阶矩的估计

本节介绍的方法和结果主要利用点间间距序列 $\{X_1, X_2, \cdots\}$ 是一平稳随机序列这一性质. 因此，它们原则上也可应用于一般的平稳随机序列.

设观测到的点事件之间的间距序列是 $\{X_1, X_2, \cdots, X_{n_0}\}$，当观测是从某一任意事件开始时，下式

$$\bar{X}=\frac{1}{n_0}\sum_{i=1}^{n_0} X_i \tag{4-6-1}$$

给出 EX 的一个无偏估计．但是，如果观测是从任一固定时刻开始，则观测到的间距序列实际上是 $\{W, L_2, \cdots, L_{n_0}\}$． 故由(4-2-7)和(4-2-11)式知如上用求平均得到的估计是有偏的，其偏倚是

$$\frac{EX}{n_0}\left[\left(\frac{1}{2}+\sum_{i=1}^{n_0-1}\rho_i\right)C^2(X)-\frac{1}{2}\right].$$

由于常有 $\sum_{i=1}^{\infty}\rho_i<\infty$，故当 $n_0\to\infty$ 时这偏倚通常会趋于零．这就是说，对于足够大的 n_0，偏差是可以忽略不计的．

容易验证

$$\operatorname{Var}(\bar{X})=\frac{\sigma^2}{n_0}\sum_{j=-n_0+1}^{n_0-1}\left(1-\frac{|j|}{n_0}\right)\rho_j, \tag{4-6-2}$$

这里 σ^2 是 X_i 的共同方差．当

$$\sum_{j=-\infty}^{\infty}|\rho_j|=1+2\sum_{j=1}^{\infty}|\rho_j|<\infty \tag{4-6-3}$$

时易见 $\operatorname{Var}(\bar{X})$ 随着 $n_0\to\infty$ 而趋于零． 而且在条件(4-6-3)之下有

$$\sum_{j=-\infty}^{\infty}\rho_j=2\pi f(0)<\infty \text{ 和 } \sum_{j=-\infty}^{\infty}\rho_j^2<\infty,$$

这里 $f(\cdot)$ 是过程的谱密度函数．由此还可进一步推断谱分布函数是绝对连续的，即存在谱密度函数．

现在讨论间距的其它矩的估计问题．首先考虑**序列协方差**

$$C_j=E[(X_i-EX)(X_{i+j}-EX)] \tag{4-6-4}$$

的估计．由平稳性知 C_j 与 i 无关．令 $Y_i=X_i-EX_i$，易见 $EY_i=0$．对于这样的随机变量，人们通常使用如下的无偏估计：

$$\frac{1}{n_0-j}\sum_{i=1}^{n_0-j}Y_iY_{i+j}. \tag{4-6-5}$$

当 EX_i 未知时，必须为此对上面的估计加以校正，即考虑估计

$$\tilde{C}_j=\frac{1}{n_0-j}\sum_{i=1}^{n_0-j}(X_i-\bar{X}_i')(X_{i+j}-\bar{X}_i'')$$

$$= \frac{1}{n_0 - j}\left(\sum_{i=1}^{n_0-j} X_i X_{i+j}\right) - \overline{X}_j' \overline{X}_i'', \tag{4-6-6}$$

其中

$$\overline{X}_j' = \frac{1}{n_0 - j}\sum_{i=1}^{n_0-j} X_i, \tag{4-6-7}$$

$$\overline{X}_i'' = \frac{1}{n_0 - j}\sum_{i=1}^{n_0-j} X_{i+j}. \tag{4-6-8}$$

于是有

$$E(\widetilde{C}_j) = C_j - E[(\overline{X}_i' - EX)(\overline{X}_i'' - EX)]. \tag{4-6-9}$$

对于很大的 n_0 有

$$E(\widetilde{C}_j) \approx C_j - \frac{\sigma^2}{n - j_0}\sum_{i=-\infty}^{\infty} \rho_i. \tag{4-6-10}$$

因此，在适当的条件下，例如，当 $\sum_{i=-\infty}^{\infty} \rho_i < \infty$ 时，这估计是渐近无偏的. 人们有时在估计(4-6-4)中用(4-6-7)和(4-6-8)式给出的前 $n_0 - j$ 个观测值的平均和后 $n_0 - j$ 个观测值的平均分别代替 X_i 和 X_{i+j}，这样能使估计得到某种改善.

一般说来，我们对 $\widetilde{C}_j$ 的方差和协方差知道得很少，这主要是因为它们的表示式一般相当复杂而且包含所有滞后的协方差（这些一般是未知的）. 同时它们还依赖于序列的四阶矩. 因此在讨论 $\widetilde{C}_j$ 的方差和协方差时必须至少假设序列是四阶弱平稳的.

下面简单介绍 $\widetilde{C}_j$ 的样本性质的某些主要特点. 有关这问题的详细讨论可进一步参看，例如，Lomnicki and Zaremba (1957), Bartlett (1946), (1955) 和 Hannan (1960).

(1) 若

$$\lim_{n_0\to\infty} \frac{\sigma^4}{n_0}\sum_{i=0}^{n_0-1} \rho_i^2 = 0 \tag{4-6-11}$$

和

$$\lim_{n_0\to\infty} \frac{1}{n_0}\sum_{k=0}^{n_0-j-1} \kappa_{j,k,k+i} = 0 \tag{4-6-12}$$

时，$\widetilde{C}_i$ 对 C_i 的均方差趋于零（对所有 i）.（4-6-12）式中的 $\kappa_{j,k,l}$ 是如下定义的四阶半不变量函数

$$\begin{aligned}\kappa_{j,k,l} = & E(Y_iY_{i+j}Y_{i+k}Y_{i+l}) - E(Y_iY_{i+j})E(Y_iY_{i+k-l}) \\ & - E(Y_iY_{i+k})E(Y_iY_{i+j-l}) \\ & - E(Y_iY_{i+l})E(Y_iY_{i+j-k}). \end{aligned} \tag{4-6-13}$$

（2）$\widetilde{C}_i$ 的表示式中的控制项是 $O(1/n_0)$，这和 X_i 有零均值时的情形一样，而且根据样本估计平均值而使 $\widetilde{C}_i$ 产生的抽样误差是 $o(1/n_0)$.

特别地，对于更新过程有

$$\mathrm{Var}(\widetilde{C}_i) = \begin{cases} \dfrac{\sigma^4}{n_0} + o\left(\dfrac{1}{n_0}\right), & i \geqslant 1, \\ \dfrac{E(Y^4) - \sigma^4}{n_0} + o\left(\dfrac{1}{n_0}\right), & i = 0. \end{cases} \tag{4-6-14}$$

（3）任意两个 $\widetilde{C}_i$ 的协方差一般是 $O(1/n_0)$，但对于更新过程则下降为 $o(1/n_0)$.

相关系数常常较协方差更便于使用．滞后为 j 的序列相关系数的常用估计是

$$\tilde{\rho}_j = \frac{\widetilde{C}_j}{(\widetilde{C}'_{0,j}\widetilde{C}''_{0,j})^{1/2}}, \tag{4-6-15}$$

其中

$$\widetilde{C}'_{0,j} = \frac{1}{n_0 - j}\sum_{i=1}^{n_0-j}(X_i - \overline{X}'_i)^2,$$

$$\widetilde{C}''_{0,j} = \frac{1}{n_0 - j}\sum_{i=1}^{n_0-j}(X_{i+j} - \overline{X}''_i)^2.$$

（4-6-15）式给出 ρ_j 的一个渐近无偏估计．对于足够大的 n_0，当下列式子右边的级数收敛（例如，若 $\sum_{i=1}^{\infty}|\rho_i| < \infty$）时有

$$\mathrm{Var}(\tilde{\rho}_j) \approx \frac{1}{n_0 - j}\sum_{i=-\infty}^{\infty}\rho_i^2$$

$$= \frac{1}{n_0 - j}\left(1 + 2\sum_{i=1}^{\infty} \rho_i^2\right), \qquad (4\text{-}6\text{-}16)$$

$$\mathrm{Cov}(\tilde{\rho}_j, \tilde{\rho}_{j+k}) \approx \frac{1}{n_0 - j} \sum_{i=-\infty}^{\infty} \rho_i \rho_{i+k}, \qquad (4\text{-}6\text{-}17)$$

$$\mathrm{Corr}(\tilde{\rho}_j, \tilde{\rho}_{j+k}) \approx \left(\sum_{i=-\infty}^{\infty} \rho_i^2\right)^{-1} \sum_{i=-\infty}^{\infty} \rho_i \rho_{i+k}. \qquad (4\text{-}6\text{-}18)$$

由(4-6-16)式给出的 $\tilde{\rho}_j$ 的渐近方差依赖于

$$\Delta = \sum_{j=-\infty}^{\infty} \rho_j^2 = 2\pi \int_{-\pi}^{\pi} f^2(\omega) d\omega. \qquad (4\text{-}6\text{-}19)$$

上式最后一个等号是根据 Parseval 定理. 因此人们常常要根据观测数据估计 Δ. Δ的一个具有较好统计特性的估计是

$$\tilde{\Delta} = \frac{1}{2}\left\{1 + 2\sum_{j=1}^{n_0-1}\left(1 - \frac{j}{n_0}\right)\tilde{\rho}_j^2\right\}. \qquad (4\text{-}6\text{-}20)$$

要对所有滞后 $j = 0, 1, \cdots, n_0 - 1$ 都算出 $\tilde{\rho}_j$ 是相当繁重的工作. 因此人们想到只利用 $\nu(\leqslant n_0)$ 个相关系数 $\tilde{\rho}_1, \tilde{\rho}_2, \cdots, \tilde{\rho}_\nu$ 进行估计,这时可利用

$$\tilde{\Delta}_\theta = \frac{1}{1 + 2\theta - \theta^2}\left\{1 + 2\sum_{j=1}^{\nu}\left(1 - \frac{j}{n_0}\right)\tilde{\rho}_j^2\right\}, \qquad (4\text{-}6\text{-}21)$$

其中 $\theta = \nu/n_0$.

在实际中常常把根据观测数据算出的 $\tilde{\rho}_j (j = 1, 2, \cdots, 90)$ 画成像图 4-6-1 所示的估计相关图(estimated correlogram). 图 4-6-1 给出的是人为的单位强度泊松过程和 $n_0 = 300$ 的估计相关图,这里所谓"人为的"是指按指数分布随机数产生的过程.

对根据观测数据算出的序列相关系数(等价地、估计相关图)

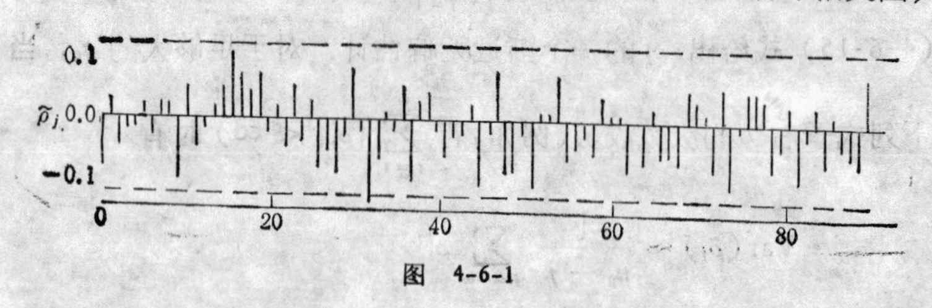

图 4-6-1

进行解释时要小心．因为一般它们会受样本数据波动的影响而变大些（就绝对值而言），所以这序列比对应的理论序列衰减得慢些．

对于更新过程来说，间距序列 $\{X_i\}$ 是相互独立同分布的随机序列．因此有关 C_j 和 ρ_j 的估计的表示式将会变得简单些．例如，这时有

$$\operatorname{Var} \overline{X} = \sigma^2/n_0, \tag{4-6-22}$$

$$E(\tilde{C}_j) = \begin{cases} (1 - 1/n_0)\sigma^2, & j = 0, \\ -\left\{\dfrac{1}{n_0 - j} - \dfrac{j}{(n_0 - j)^2}\right\}\sigma^2, & j \leqslant \dfrac{n_0}{2}, \\ 0, & j > \dfrac{n_0}{2}, \end{cases} \tag{4-6-23}$$

$$\operatorname{Var}(\tilde{C}_j) = \frac{\sigma^4}{4} + o\left(\frac{1}{n_0}\right), \quad j = 1, 2, \cdots, \tag{4-6-24}$$

$$\operatorname{Var}(\tilde{C}_0) = \frac{E(Y^4) - \sigma^4}{n_0} + o\left(\frac{1}{n_0}\right) \tag{4-6-25}$$

和

$$\operatorname{Var}(\tilde{\rho}_j) \approx \frac{1}{n_0 - j}. \tag{4-6-26}$$

由(4-6-23)容易看出，对于任意 $j > 0$，$E(\tilde{C}_j)$ 的绝对值都不会超过 $\sigma^2/(n_0 - 1)$．

间距的谱估计

现在讨论平稳序列 $\{X_i\}$ 的谱密度

$$f(\omega) = \frac{1}{2\pi} \sum_{j=-\infty}^{\infty} \rho_j \cos(j\omega), \quad -\pi \leqslant \omega \leqslant \pi \tag{4-6-27}$$

和功率谱

$$\sigma^2 f(\omega) = \frac{1}{2\pi} \sum_{j=-\infty}^{\infty} C_j \cos(j\omega), \quad -\pi \leqslant \omega \leqslant \pi \tag{4-6-28}$$

的估计问题．

我们假设谱分布是连续的（下面将会看清楚谱分布的不连续

性对估计产生的影响).

显然,(4-6-27)和(4-6-28) 式的一个最简单而直接的估计是将其中的 ρ_j 和 C_j 分别用它们的样本估计 $\tilde{\rho}_j$ 和 $\tilde{C}_j$ 代替,同时对 j 的求和可限于一个适当的有限数目.

先考虑功率谱 $\sigma^2 f(\omega)$ 的估计

$$\frac{1}{2\pi}\sum_{j=-(n_0-1)}^{n_0-1}\tilde{C}_j\cos(j\omega). \tag{4-6-29}$$

我们已经知道,在相当弱的条件下,对于 $j=0,\ \pm1,\cdots,\pm(n_0-1)$, $\tilde{C}_j$ 是 C_j 的渐近无偏估计. 因此(4-6-29)式也是 $\sigma^2 f(\omega)$ 的渐近无偏估计,但是,这估计不是相容的.

在实际中,人们常常不是用(4-6-29)式,而是用一个类似于它的量——周期图来估计功率谱.

我们只考虑 ω 的形如 $\omega_p=2\pi p/n_0\left(p=1,\ 2,\cdots,\ \left[\dfrac{n_0}{2}\right]\right)$的值. 可以证明,虽然其它的 ω 值也可考虑,但我们从中得不到额外的信息. 我们利用 ω_p 的一个好处是这时对于 $\omega_p\neq 0$ 和 π 有下列正交性关系:

$$\begin{cases}\displaystyle\sum_{s=1}^{n_0}\cos(s\omega_p)=\sum_{s=1}^{n_0}\sin(s\omega_p)=0,\\ \displaystyle\sum_{s=1}^{n_0}\cos^2(s\omega_p)=\sum_{s=1}^{n_0}\sin^2(s\omega_p)=n_0/2,\\ \displaystyle\sum_{s=1}^{n_0}\cos(s\omega_p)\sin(s\omega_p)=0,\\ \displaystyle\sum_{s=1}^{n_0}\cos(s\omega_{p_1})\cos(s\omega_{p_2})=\sum_{s=1}^{n_0}\sin(s\omega_{p_1})\cos(s\omega_{p_2})\\ \displaystyle\qquad=\sum_{s=1}^{n_0}\sin(s\omega_{p_1})\sin(s\omega_{p_2})=0,\quad(p_1\neq p_2).\end{cases} \tag{4-6-30}$$

当 $\omega_p=0,\ \pi$ 时,上面的关系要作明显的改变. 显然,正交性关系(4-6-30)将会使我们的研究得到简化.

基于上述,人们自然会想到以某种形式利用

$$\sum_{s=1}^{n_0} X_s \cos(s\omega_p) \text{ 和 } \sum_{s=1}^{n_0} X_s \sin(s\omega_p)$$

来估计功率谱. 令

$$\begin{aligned} A_{n_0}(\omega_p) &= \sqrt{\left(\frac{2}{n_0}\right)} \sum_{s=1}^{n_0} X_s \cos(s\omega_p) \\ B_{n_0}(\omega_p) &= \sqrt{\left(\frac{2}{n_0}\right)} \sum_{s=1}^{n_0} X_s \sin(s\omega_p) \end{aligned} \tag{4-6-31}$$

和

$$\begin{aligned} H_{n_0}(\omega_p) &= \frac{A_{n_0}(\omega_p) + iB_{n_0}(\omega_p)}{2\sqrt{\pi}} \\ &= \frac{1}{\sqrt{2\pi n_0}} \sum_{s=1}^{n_0} X_s e^{is\omega_p}. \end{aligned} \tag{4-6-32}$$

上式定义 X_s 的有限傅里叶变换. 我们不难借助反演公式经由 $H_{n_0}(\omega_p)$ 给出 X_s.

一般说来,人们对 X_s 和 $e^{is\omega_p}$ 之间关系的兴趣主要在振幅方面而不是相位方面,这就导致考虑如下的量:

$$\begin{aligned} I_{n_0}(\omega_p) &= |H_{n_0}(\omega_p)|^2 \\ &= \frac{1}{4\pi}[A_{n_0}^2(\omega_p) + B_{n_0}^2(\omega_p)]. \end{aligned} \tag{4-6-33}$$

我们把 $I_{n_0}(\omega_p)$ 对 p 或 ω_p 的依赖关系点描出的图称做**周期图**(periodogram), 或者简单地把 $I_n(\omega_p)$ 称做周期图.

利用(4-6-32)可把 $I_{n_0}(\omega_p)$ 写成

$$\begin{aligned} I_{n_0}(\omega_p) &= \frac{1}{2\pi n_0} \sum_{s=1}^{n_0} \sum_{u=1}^{n_0} X_s X_u e^{i(s-u)\omega_p} \\ &= \frac{1}{2\pi n_0} \sum_{j=-n_0+1}^{n_0-1} \sum_{u} X_u X_{u+j} e^{ij\omega_p}, \end{aligned} \tag{4-6-34}$$

在后一表示式中没有明显给出对 u 的求和范围, 它可以参照前一表示式的双重和数所含的项来确定. 但是, 若 $EX_s = 0$, 则后一表示式中对 u 求和的和数与 $\tilde{C}_j$ 成比例. 如果记

$$\tilde{\tilde{C}}_j = (1 - |j|/n_0)\tilde{C}_j \qquad (4\text{-}6\text{-}35)$$

则 $I_{n_0}(\omega_p)$ 又可写成

$$I_{n_0}(\omega_p) = \frac{1}{2\pi} \sum_{j=-n_0+1}^{n_0-1} \tilde{\tilde{C}}_j \cos(j\omega_p). \qquad (4\text{-}6\text{-}36)$$

将上式与给出功率谱的简单估计的(4-6-29)式相比较可看出,要得到周期图 $I_{n_0}(\omega_p)$,只须把(4-6-29)式中的 $\tilde{C}_j$ 换为 $\tilde{\tilde{C}}_j$ 即可. 由此亦可明了为什么在(4-6-31)式中我们乘以因子 $1/\sqrt{n_0}$ 而不是 $1/n_0$。功率谱 $\sigma^2 f(\omega)$ 及其估计 $I_{n_0}(\omega)$ 在拟合优度和随机性的检验中是很常用的. 图 4-6-2 给出一个典型的周期图. 为标定尺度方便起见,其中的 $I_{n_0}(\omega_p)$ 值已乘以 $2/s^2$,这里 s^2 是间距序列的方差的(标准)估计.

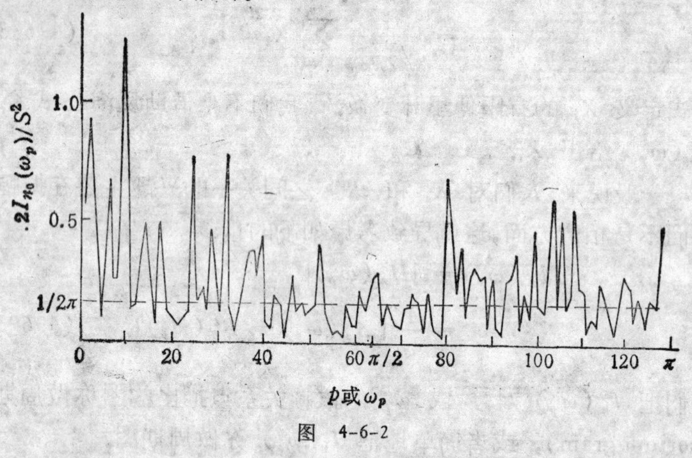

图 4-6-2

下面首先就间距序列 $\{X_s\}$ 是不相关的情形对周期图的性质加以考察. 假设 $\omega_p \neq 0, \pi$。由正交性关系(4-6-30)容易看出,若用 $X_s - \bar{X}$ 代替 X_s 时 $A_{n_0}(\omega_p)$ 和 $B_{n_0}(\omega_p)$ 不会改变,换句话说,周期图的性质与 EX_s 的值无关. 如果进一步假设 $\{X_s\}$ 是不相关的,则由(4-6-30)式易知 $A_{n_0}(\omega_p)$ 和 $B_{n_0}(\omega_p)$ 有零均值和方差 σ^2,而且它们也是不相关的. 根据中心极限定理,$A_{n_0}(\omega_p)$ 和 $B_{n_0}(\omega_p)$ 是渐近正态分布,因而是渐近独立的(注意对于正态分布来说,不相关和相互独立是等价的)。如果 X_s 是独立正态变量，则 $A_{n_0}(\omega_p)$ 和 $B_{n_0}(\omega_p)$ 亦如此．这样一来，$I_{n_0}(\omega_p)$ 有渐近的(当 X_s 是正态变量时是精确的)自由度为 2 的 χ^2 分布．因为对于不相关的过程有 $f(\omega)=1/2\pi$，故

$$E\{I_{n_0}(\omega_p)\}=\sigma^2/2\pi=\sigma^2 f(\omega_p),\quad \omega_p\neq 0,\pi. \tag{4-6-37}$$

这时渐近地(或精确地)有

$$P(I_{n_0}(\omega_p)>x)=\exp\left\{-\frac{x}{\sigma^2 f(\omega_p)}\right\}, \tag{4-6-38}$$

据此易由 (A-5-4) 式算出

$$\operatorname{Var}\{I_{n_0}(\omega_p)\}=\sigma^4/4\pi^2. \tag{4-6-39}$$

再一次利用正交性关系(4-6-30)推知，对于 $\omega_{p_1}\neq\omega_{p_2}$，当 X_s 是独立正态分布时，$I_{n_0}(\omega_{p_1})$ 和 $I_{n_0}(\omega_{p_2})$ 是相互独立的．当 $\{X_s\}$ 是不相关的一般随机变量序列时，二者则是渐近独立的．

根据以上结果可对周期图的某些性状作出解释．从(4-6-37)—(4-6-39)式看出，虽然 $I_{n_0}(\omega_p)$ 是功率谱的一个无偏估计，但当 n_0 增大时它的分布的散度仍保持不变，因此 $I_{n_0}(\omega_p)$ 不是一个相容估计． 另一方面，$I_{n_0}(\omega_{p_1})$ 和 $I_{n_0}(\omega_{p_2})$ 的渐近独立性蕴含 $I_{n_0}(\omega_p)$ 的样本起伏很不稳定，这一点在图 4-6-2 中有所反映．

当 $\omega_p=0$ 或 π 时，$A_{n_0}(\omega_p)$ 和 $B_{n_0}(\omega_p)$ 中有一个恒等于零．由此容易推知 $I_{n_0}(\omega_p)$ 渐近地与自由度为 1 的 x^2 分布变量成比例．当 $EX_s=0$ 时 $E\{I_{n_0}(\omega_p)\}=\sigma^2/2\pi$．一般地，若 $EX_s=\mu$，则

$$E\{I_{n_0}(0)\}=\frac{\sigma^2}{2\pi}+\frac{n_0\mu^2}{2\pi}. \tag{4-6-40}$$

这就是说，当我们把(4-6-33)式应用于一个非零均值的序列 $\{X_s\}$ 时会在 $\omega=0$ 处产生一个很高的尖峰．如果我们在(4-6-31)式中用 $X_s-\bar{X}$ 代替 X_s，或者在(4-6-34)及(4-6-35)式中使用关于样本平均的乘积和数时可以把这尖峰除去．更一般地，我们能够证明，如果真实的谱分布函数在某点 $\omega=\omega_p$ 有一个跳跃，则相应的周期图在这点会出现一个与 n_0 同阶的尖峰．

对于具有连续谱和零均值的一般过程，我们可以从(4-6-34)式或(4-6-36)式出发计算 $I_{n_0}(\omega_p)$ 的数学期望．这时有

$$E\{I_{n_0}(\omega_p)\} = \frac{\sigma^2}{2\pi}\sum_{j=-n_0+1}^{n_0-1}\left(1-\frac{|j|}{n_0}\right)\rho_j\cos(j\omega_p). \quad (4\text{-}6\text{-}41)$$

在相当一般的条件下，当 $n_0\to\infty$ 时 $E\{I_{n_0}(\omega_p)\}$ 趋于

$$\frac{\sigma^2}{2\pi}\sum_{j=-\infty}^{\infty}\rho_j\cos(j\omega_p) = \sigma^2 f(\omega_p). \quad (4\text{-}6\text{-}42)$$

功率谱 $\sigma^2 f(\omega)$ 的估计 $I_{n_0}(\omega)$ 的讨论到此告一段落. 下面简单地介绍一下关于谱 $f(\omega)$ 的估计

$$\tilde{f}(\omega) = \frac{1}{2\pi}\sum_{j=-n_0+1}^{n_0-1}\tilde{\rho}_j\cos(j\omega), \quad -\pi\leqslant\omega\leqslant\pi \quad (4\text{-}6\text{-}43)$$

的某些结果. 显然，(4-6-43)式和(4-6-29)式相类似. 但是，$\tilde{f}(\omega)$ 的样本性质的研究较 $I_{n_0}(\omega)$ 的要困难，其原因是 $\tilde{\rho}_j$ 中含有随机的分母. 可以证明，在相当一般的条件下，对于足够大的 n_0 有

$$\begin{aligned} &E\{\tilde{f}(\omega)\}\approx f(\omega) && 0<\omega\leqslant\pi, \\ &\mathrm{Var}\{\tilde{f}(\omega)\}\approx\begin{cases}\{f(\omega)\}^2 & 0<\omega<\pi, \\ 2\{f(\omega)\}^2 & \omega=0,\ \pi,\end{cases} && (4\text{-}6\text{-}44) \\ &\mathrm{Cov}\{\tilde{f}(\omega_1),\tilde{f}(\omega_2)\}\approx 0 && \omega_1\neq\omega_2. \end{aligned}$$

最后，简要地介绍两种产生谱密度的相容估计的方法. 第一种方法是 Daniell(1946) 提出来的. 这种方法很简单，具体说来只不过是把从周期图得到的估计按宽为 2ε 的频带求平均，即定义 $\tilde{f}_0(\omega)$ 为

$$\frac{1}{2\varepsilon}\int_{\omega-\varepsilon}^{\omega+\varepsilon}\tilde{f}(y)dy. \quad (4\text{-}6\text{-}45)$$

这种做法和产生直方图有点类似. 在宽为 2ε 的频带内约有

$$2\varepsilon\Big/\left(\frac{2\pi}{n_0}\right) = n_0\varepsilon/\pi$$

个独立的估计 $\tilde{f}(\omega)$. 故若 ε 很小而 εn_0 很大时，$\tilde{f}_0(\omega)$ 的方差将是 $O\{(\varepsilon n_0)^{-1}\}$. 我们用 (4-6-45) 式求得的估计按平均应近似地等于谱分布函数 $F(\omega)$ 在频率分别为 $\omega+\varepsilon$ 和 $\omega-\varepsilon$ 处的值之差，即

$$E\{\tilde{f}_0(\omega)\} \approx \frac{F(\omega+\varepsilon)-F(\omega-\varepsilon)}{2\varepsilon}. \qquad (4\text{-}6\text{-}46)$$

当谱密度在 $(\omega-\varepsilon,\ \omega+\varepsilon)$ 内比较光滑时，它和 $f(\omega)$ 的差别是微小的。

另一种产生 $f(\omega)$ 的相容估计的方法是基于(4-6-25)式[关于这方法可参看 Bartlett(1948),(1950)]. 在许多情形中除了比较小的滞后 j 值外自相关函数一般都很小. 因此人们自然会想到把滞后 j 大于某一个适当选取的值 l 的所有自相关函数略去不加考虑，即是定义

$$\tilde{f}_1(\omega)=\frac{1}{2\pi}\sum_{j=-l}^{l}\left(1-\frac{|j|}{l}\right)\tilde{\rho}_j\cos(j\omega), \qquad (4\text{-}6\text{-}47)$$

它和估计 $\tilde{f}(\omega)$ 的差别在于它对每一 $\tilde{\rho}_j$ 加权，其权重随着 j 增加而减小，当 $j>l-1$ 时权重为零.

可以证明，$\tilde{f}_0(\omega)$ 和 $\tilde{f}_1(\omega)$ 可以写成如下的统一形式[参看 Cox and Lewis(1966), §5—3]：对于 $k=0$ 或 1

$$\begin{aligned}\tilde{f}_k &= \int_{-\pi}^{\pi} h_k(\omega-y)\tilde{f}(y)dy\\ &= \frac{1}{2\pi}\sum_{j=-\infty}^{\infty}\lambda_j^{(k)}\tilde{\rho}_j\cos(j\omega),\end{aligned} \qquad (4\text{-}6\text{-}48)$$

其中 $h_k(\cdot)$ 是某个周期函数，它的傅里叶系数是 $\{\lambda_j^{(k)}\}$，而且 $h_j(\cdot)$ 满足条件

$$\int_{-\pi}^{\pi} h_k(y)dy=1. \qquad (4\text{-}6\text{-}49)$$

§ 4-7 计数的一、二阶矩的估计

设从某一任意的时间原点开始对某一平稳点过程进行观测，以 n 表示在长为 t_0 的区间中观测到的事件数目. 人们常常利用

$$\tilde{m}=n/t_0 \qquad (4\text{-}7\text{-}1)$$

作为平均发生率 m 的估计. 因为根据(4-2-26)式有

$$E(\tilde{m}) = M(t_0)/t_0 = m,$$

故估计(4-7-1)是无偏的．如果观测是从任一事件开始，则用这方法得到的估计就不再是无偏的了．然而，可以证明当观测时间无限增长时偏倚趋于零，即估计是渐近无偏的．

对(4-7-1)式两边求方差得

$$\mathrm{Var}(\tilde{m}) = V(t_0)/t_0^2. \tag{4-7-2}$$

当 t_0 无限增大时，$\mathrm{Var}(\tilde{m})$ 趋于 $V'(\infty)/t_0$．因此，对于长的观测序列，我们可以根据方差时间曲线的极限斜率对 $\tilde{m}$ 的方差做出估计．

我们把区间 $(0, t_0]$ 分为 k 个长为 τ 的 k 个子区间，于是有 $k\tau = t_0$．大体说来，我们选取 τ 的原则一是要使我们所关心的过程特征能得到较充分的表现；二是要使得在每一个长为 τ 的区间中发生的事件的确切位置不会起多大作用．

现在，考虑在这 k 个相继的区间中发生的事件数的相关性质．令 $C_i(\tau)$ 表示两个由 $i-1$ 个类似区间隔开的区间中事件数目的协方差，它和前面讨论过的关于间距序列 $\{X_i\}$ 的序列协方差 C_i 是类似的．但是，由于原点和 τ 的选取都具有某种任意性，因此 $C_i(\tau)$ 更为有用．当 $\tau \to 0$ 时就引导到考虑由(4-5-28)式定义的协方差密度 $\gamma_+(t)$．下面讨论 $C_i(\tau)$ 的估计．

设 n_j 是在第 j 个（长为 τ 的）区间中观测到的事件数，这里 $j=1, 2, \cdots, k$，则 $C_i(\tau)$ 的一个类似于(4-6-6)式的估计是

$$\tilde{C}_i(\tau) = \frac{1}{(k-i)}\sum_{j=1}^{k-i} n_j n_{j+i} - \frac{1}{(k-i)^2}\left(\sum_{j=1}^{k-i} n_j\right)\left(\sum_{j=1}^{k-i} n_{j+i}\right),$$

$$i = 0, 1, \cdots, k-1. \tag{4-7-3}$$

注意 $\tilde{C}_0(\tau)$ 是 $V(\tau)$ 的一个估计．

当我们考虑间距性质时，对于更新过程来说间距序列 $\{X_i\}$ 是相互独立的，因此当 $j \neq 0$ 时有 $C_j = 0$．但是在考虑计数性质时对于更新过程来说序列 $\{n_j = N_{(j-1)\tau, j\tau},\ j = 1, \cdots, k\}$ 一般就不再是相互独立的了．这时，只有齐次泊松过程才具有这种独立性．

类似于(4-6-10)式，对于强度为 λ 的齐次泊松过程有

$$E\{\widetilde{C}_0(\tau)\}=\frac{k-1}{k}\lambda\tau. \tag{4-7-4}$$

当 k 较大时，$E\{\widetilde{C}_0(\tau)\}\approx\lambda\tau$，对于其它的 i 值 $\widetilde{C}_i(\tau)$ 的偏倚也不大. 因为对于均值为 $\lambda\tau$ 的泊松分布有 $\kappa_4=\lambda\tau$，所以类似于(4-6-14)式有

$$\operatorname{Var}\{\widetilde{C}_i(\tau)\}=\begin{cases}\dfrac{(\lambda\tau)^2}{k}+o\left(\dfrac{1}{k}\right), & i\geqslant 1,\\[2ex] \dfrac{\lambda\tau(2\lambda\tau+1)}{k}+o\left(\dfrac{1}{k}\right), & i=0.\end{cases} \tag{4-7-5}$$

相关系数的估计可用通常的方法由协方差的估计 $\widetilde{C}_i(\tau)$ 直接得到.

现在考虑**方差-时间曲线** $V(t)$ **的估计**. 在§4-5中我们已经看到，方差-时间曲线实际上是对应的协方差的二重和数或协方差密度的二重积分. 因此，我们对方差时间曲线的兴趣主要在于这曲线在 t 较大时的形状. 对于小的 t 值，二阶矩性质主要是反映瞬时性态，如果对此有兴趣的话最好的办法是研究协方差密度或谱.

方差-时间曲线有多种估计方法，下面介绍其中的两种. 设观测区间的长度是 t_0. 先假定我们只是关心这曲线在 $t=t_0/k$ 的值. 这时可以用通常估计方差的方法，即根据在 k 个相继的长度为 t 的区间中的点数给出方差-时间曲线在 t 的值的一个估计. 然而，人们也可以根据从区间 $\left(\frac{t}{2},\ \frac{3t}{2}\right]$ 开始的 $k-1$ 个区间中的事件数作出类似的估计. 把这两个估计联合起来就能得到一个有较小方差的估计. 下面介绍的方法就带有这种思想.

第一种方法是 Cox 和 Smith(1953) 提出来的，它实质上是在一系列长为 t 的区间上求滑动平均. 仍令 $k=t_0/t$. 将记录序列分为长度为 τ 的小区间使得 $t/\tau=r$ 和 $t_0/\tau=rk$. 设 n_i 是在第 i 个小区间中的事件数. 再令

$$
\left.\begin{aligned}
U_1^{(r)} &= n_1 + \cdots + n_r \\
U_2^{(r)} &= n_2 + \cdots + n_{r+1} \\
&\cdots\cdots\cdots\cdots\cdots\cdots \\
U_{rk-r+1}^{(r)} &= n_{rk-r+1} + \cdots + n_{rk}
\end{aligned}\right\} \tag{4-7-6}
$$

易见每一 $U^{(r)}$ 是在某一个长为 $r\tau = t$ 的区间中发生的事件数.因此可以用经过校正的关于 $U^{(r)}$ 的平方和作为 $V(t)$ 的估计.确切地说,我们取

$$
\bar{V}(r\tau) = \frac{3}{3K^2 - 3Kr + r^2 - 1} \cdot \left\{ \sum_{i=1}^{K} (U_i^{(r)})^2 - \frac{1}{K} \left(\sum_{i=1}^{K} U_i^{(r)} \right)^2 \right\}, \tag{4-7-7}
$$

其中 $K = rk - r + 1$. 上式的常数因子是为了使这估计在齐次泊松过程的情形是无偏的. Cox 和 Smith (1953) 给出了在强度为 λ 的齐次泊松过程情形这估计的方差是

$$
\operatorname{Var}\{\bar{V}(r\tau)\} = \frac{r\tau\lambda}{3K}(4r^2\tau\lambda + 3r + 2\tau\lambda) + o\left(\frac{1}{K}\right). \tag{4-7-8}
$$

当 $r = 1$, 即 $\tau = t$ 时上式变成

$$
2(\lambda t)^2\left(\frac{t}{t_0}\right) + (\lambda t)\left(\frac{t}{t_0}\right) + o\left(\frac{\tau}{t_0}\right), \tag{4-7-9}
$$

这和(4-7-5)式中给出的 $\operatorname{Var}\{\widetilde{C}_0(\tau)\}$ 是一致的. 当 $r = 2$, 即 $2\tau = t$ 时(4-7-8)式给出

$$
\frac{3}{2}(\lambda t)^2\left(\frac{t}{t_0}\right) + (\lambda t)\left(\frac{t}{t_0}\right) + o\left(\frac{\tau}{t_0}\right). \tag{4-7-10}
$$

由以上式子易见, 当我们使长度为 t 的区间数目 $k = t_0/t$ 变大时,估计的方差一般会减小. 当 $\lambda t < 1$ 时, 减小是不显著的; 但当 λt 比 1 大得多时,减小则是很可观的. 另一方面, 随着 $r = t/\tau$ 的增大又会使得这种减小变得不显著.

对于非泊松的平稳点过程, 一般难以求得如上的关于这估计的抽样误差. 但可以证明,当 $t < t_0/5$ 时误差是不足道的,而且只有对这样的 t 值才能对方差-时间曲线作出合理的估计.

方差-时间曲线的另一种估计方法是将由(4-7-3)式给出的估计 $\widetilde{C}_i(\tau)$ 代入(4-5-20)式而得到

$$\widetilde{V}(t)=\widetilde{V}(r\tau)=r\widetilde{C}_0(\tau)+2\sum_{j=1}^{r-1}(r-j)\widetilde{C}_j(\tau). \qquad (4\text{-}7\text{-}11)$$

对于齐次泊松过程，当 t/t_0 很小时有

$$E\{\widetilde{V}(t)\}\approx\left(1-\frac{t}{t_0}\right)V(t). \qquad (4\text{-}7\text{-}12)$$

利用(4-7-5)式还可以得到

$$\begin{aligned}\mathrm{Var}\{\widetilde{V}(t)\}&=\frac{2}{3}(\lambda t)^2\left(\frac{t}{t_0}\right)+(\lambda t)\left(\frac{t}{t_0}\right)\\&\quad+\frac{4}{3}(\lambda t)^2\left(\frac{\tau}{t_0}\right)+o\left(\frac{\tau}{t_0}\right)\\&=\left(\frac{2}{3}+\frac{4}{3r}\right)(\lambda t)^2\left(\frac{t}{t_0}\right)+(\lambda t)\left(\frac{t}{t_0}\right)\\&\quad+o\left(\frac{\tau}{t_0}\right).\end{aligned} \qquad (4\text{-}7\text{-}13)$$

把上式和(4-7-8)式相比较即可看出，如果在上式中 $(\lambda t)^2$ 是主项，而且 τ 比 t 小得多(换句话说，$r=t/\tau$ 很大)，则当 $t/t_0<1/5$ 时，$\widetilde{V}(t)$的方差大概只有 $\overline{V}(t)$ 的方差的一半。即使为了 $\widetilde{V}(t)$ 具有无偏性(就泊松过程而言)而用因子 $\left(1-\frac{t}{t_0}\right)$ 去除，这样得到的估计的方差在同样的 t 值范围内仍较 $\overline{V}(t)$ 的要小些。

在理论上，我们很难断定 $\widetilde{V}(t)$ 和 $\overline{V}(t)$ 的这种比较对非泊松过程仍成立。经验表明，对于较大的 t 值，$\widetilde{V}(t)$ 相对于 $\overline{V}(t)$ 来说有较好的性态。

在实际中，只有在 t_0 的 20% 到 25% 范围内才可能对方差时间曲线作出较满意的估计，因为估计所得的曲线在这范围外通常会出现急剧的增大或减小。

图 4-7-1 是根据一些计算机故障资料得到的方差时间曲线估计 $\widetilde{V}(t)$ 和 $\overline{V}(t)$。这时 $t_0=84830$，$n=255$，从而可算出 $\widetilde{m}=$

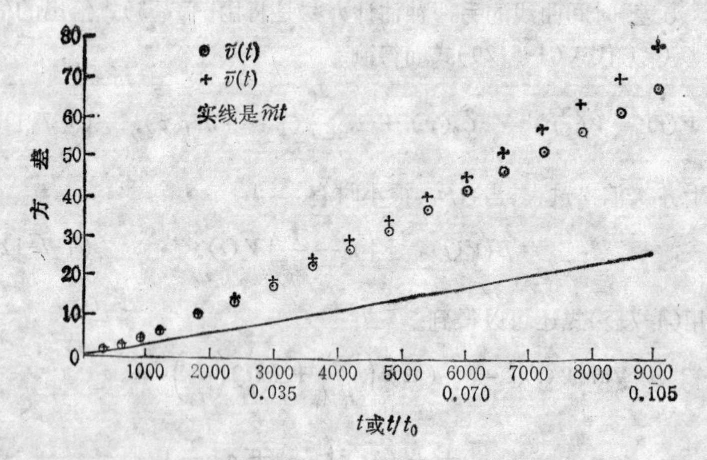

图 4-7-1 根据一组计算机故障资料得到的方差-时间曲线的估计 $\tilde{V}(t)$ 和 $\bar{V}(t)$.

0.00301. 取 $\tau=75$，则在一个长为 τ 的区间中的平均事件数要比 1 小得多. 我们看到大概在 $3000\leqslant t\leqslant 36000$ 的范围内估计曲线 $\tilde{V}(t)$ 在相邻两点取值之差接近常数，此后就稳定地递减并最终变为负值. 我们把 $\tilde{V}(t)$ 在区间 $3000\leqslant t\leqslant 36000$ 中取值的差除以这区间的长度得到 0.0068，这是曲线 $V(t)$ 的渐近斜率 $V'(\infty)$ 的一个粗略的估计.据此及(4-5-39)式可算出由(4-5-16)式定义的散度指标的估计渐近值是 $I(\infty)=0.0068/0.00301=2.26$. 此外,根据 $V(t)$ 的渐近斜率估计值 0.0068 由(4-7-2)式又可算出估计 $\tilde{m}=0.00301$ 的标准差是 $\sqrt{0.0068/84830}=0.00090$.

下面简单讨论**协方差-时间曲线的估计**.在平稳点过程的统计分析中，两个相邻的长度为 t 的区间中事件数的协方差有时是有用的. 但是,我们主要对它的极限 $C_1(\infty)$ 感兴趣. 可以证明,对于平稳点过程有

$$V(t)=V'(\infty)t-2C_1(\infty)+y(t),\qquad(4\text{-}7\text{-}14)$$

其中 $y(t)$ 是某个当 $t\to\infty$ 时趋于零的函数. 因此，$C_1(t)$ 含有关于方差-时间曲线 $V(t)$ 的某些信息. 此外,由(4-5-21)式和(4-7-14)式有

$$
\begin{aligned}
C_1(t) &= \frac{V(2t)}{2} - V(t) \\
&= \frac{1}{2}[V'(\infty)2t - 2C_1(\infty) + y(2t)] \\
&\quad - [V'(\infty)t - 2C_1(\infty) + y(t)] \\
&= C_1(\infty) + \frac{y(2t)}{2} + y(t). \qquad (4\text{-}7\text{-}15)
\end{aligned}
$$

如果用(4-7-11)式给出的估计 $\tilde{V}(t)$ 代替(4-5-21)式中的 $V(t)$ 我们就得到 $C_1(t)$ 的一个估计:

$$
\begin{aligned}
\tilde{C}_1(l\tau) &= \tilde{C}_1(t) \\
&= \frac{1}{2}\left[2l\tilde{C}_0(\tau) + 2\sum_{j=1}^{2l-1}(2l-j)\tilde{C}_j(\tau)\right] \\
&\quad - \left[l\tilde{C}_0(\tau) + 2\sum_{j=1}^{l-1}(l-j)\tilde{C}_j(\tau)\right] \\
&= \sum_{j=1}^{l-1} j\tilde{C}_j(\tau) + \sum_{j=l}^{2l-1}(2l-j)\tilde{C}_j(\tau). \qquad (4\text{-}7\text{-}16)
\end{aligned}
$$

现在,我们转向考虑协方差密度 $\gamma_+(t)$ 和强度函数 $m_f(t)$ 的估计问题. 这两个量有关系

$$\gamma_+(t) = m\{m_f(t) - m\}.$$

$\gamma_+(t)$ 或 $m_f(t)$ 的一种较好的估计方法是根据观测序列中相邻事件间距的所有可能和数作出直方图. 更确切地说, 假定观测从某一任意选取的时间原点开始,总的观测时间长度是 t_0. 设在此期间共观测到 n 个分别发生在 $t_1, t_2, \cdots, t_n$ 的事件. 我们把从原点到 t_1 这段接后发生时间略去不予考虑. 于是可以得到 $n(n-1)/2$ 个相邻事件间距的和数 t_2-t_1, t_3-t_1, $\cdots$, t_n-t_1, t_3-t_2, $t_4-t_2, \cdots$, $t_n-t_2, \cdots$, t_n-t_{n-1}. 将 $(0, t_0]$ 等分为长度等于 τ 的小区间. 为了作出直方图, 我们用 r_l 表示落在区间 $(l\tau, (l+1)\tau]$ $(l=0, 1, 2, \cdots)$ 中的这些和数的数目并用 $n\tau$ 去除这些计数. 这一程序在分析上可通过定义

$$\widetilde{m}_f(t) = \frac{1}{n} \sum_{i=1}^{n-1} \sum_{j=1}^{n-i} \delta(t_{i+j} - t_i - t) \tag{4-7-17}$$

来表示，这里 $\delta(\cdot)$ 是狄拉克 δ- 函数。我们要对上面的 $\widetilde{m}_f(t)$ 作某种类型的平滑才能得到一个在实际中有用的估计．易见在区间 $(l\tau, (l+1)\tau]$ 对 (4-7-17) 式右边的二重和数积分就得到 r_l，因此我们有

$$\begin{aligned} \frac{r_l}{n\tau} &= \frac{1}{\tau} \int_{l\tau}^{(l+1)\tau} \widetilde{m}_f(u) du \\ &= \frac{1}{\tau} \{\widetilde{M}_f(l\tau + \tau) - \widetilde{M}_f(l\tau)\}, \end{aligned} \tag{4-7-18}$$

这恰恰就是刚才提到的直方图．但是，不难看出对于有限的 t_0 来说，这估计的偏倚很厉害，因为在作直方图时本应把在区间 $(t_i + l\tau,\ t_i + l\tau + \tau](i = 1, \cdots, n)$ 中事件的平均数作为 $M_f(l\tau + \tau) - M_f(l\tau)$ 的估计． 然而，使得 $t_i + l\tau$ 大于 t_0 的区间实际上对这平均数没有任何贡献，因此在作直方图时用 n 除是不适当的。

为了获得 $m_f(t)$ 的一个无偏估计，我们利用计数过程的样本函数 N_u 把 r_l 写成

$$r_l = \int_{u=0}^{t_0-(l+1)\tau} \int_{h=l\tau}^{(l+1)\tau} dN_u dN_{u+h} + \int_{u=t_0-(l+1)\tau}^{t_0-l\tau} \int_{h=l\tau}^{t_0-u} dN_u dN_{u+h}. \tag{4-7-19}$$

对于 $h > 0$，根据(4-5-26)式知

$$E(dN_u dN_{u+h}) = m m_f(h) du dh,$$

由此易得(4-7-19)式中第一项的数学期望是

$$(t_0 - l\tau - \tau) m \int_{l\tau}^{(l+1)\tau} m_f(h) dh. \tag{4-7-20}$$

第二项的积分区域很小，我们可以假设在这积分区域中 $m_f(h)$ 近似地是一常数。这时第二项的数学期望就近似地等于

$$\frac{1}{2} \tau m \int_{l\tau}^{(l+1)\tau} m_f(h) dh.$$

把这结果与(4-7-20)式联合可得

$$E(r_l)=\left(t_0-l\tau-\frac{\tau}{2}\right)m\int_{l\tau}^{(l+1)\tau}m_f(h)dh. \qquad (4\text{-}7\text{-}21)$$

因此,若 $\tilde{m}$ 是估计的平均发生率,注意到

$$r_l=n\int_{l\tau}^{(l+1)\tau}\tilde{m}_f(u)du,$$

则 $m_f(t)$ 的一个无偏的平滑估计是

$$\begin{aligned}\bar{m}_f\left(l\tau+\frac{\tau}{2}\right)&=\frac{r_l}{\tilde{m}\left(t_0-l\tau-\frac{\tau}{2}\right)\tau}\\&=\frac{n}{\frac{n}{t_0}\left(t_0-l\tau-\frac{\tau}{2}\right)\tau}\int_{l\tau}^{(l+1)\tau}\tilde{m}_f(u)du\\&=\frac{t_0}{\left(t_0-l\tau-\frac{\tau}{2}\right)\tau}\int_{l\tau}^{(l+1)\tau}\tilde{m}_f(u)du.\end{aligned} \qquad (4\text{-}7\text{-}22)$$

不难看出,这估计只不过是用一个校正因子 $t_0\Big/\left(t_0-l\tau-\frac{\tau}{2}\right)$去乘前面提到的直方图估计.

对应的协方差密度估计是

$$\tilde{\gamma}_+\left(l\tau+\frac{\tau}{2}\right)=\tilde{m}\left\{\bar{m}_f\left(l\tau+\frac{\tau}{2}\right)-\tilde{m}\right\}. \qquad (4\text{-}7\text{-}23)$$

我们不准备详细讨论 $\bar{m}_f\left(l\tau+\frac{\tau}{2}\right)$ 的分布. 但是, 如果我们观测的是齐次泊松过程,这估计的均值很接近 $m\tau$.因此,我们希望得到在泊松假设下 r_l 和 $\bar{m}_f\left(l\tau+\frac{\tau}{2}\right)$ 的显著性界限. 通过考虑给定观测到的事件总数 n 时 r_l 的条件分布,我们可以证明对于大的 n 和小的 τ/t_0, r_l 是渐近正态分布的. 它的均值是

$$n(n-1)\tau\left(t_0-l\tau-\frac{\tau}{2}\right)\Big/t_0^2, \qquad (4\text{-}7\text{-}24)$$

而方差也很接近(4-7-24)式.

于是根据正态分布的特点和（4-7-24）式不难写出一些常用的显著性界限。例如在泊松过程的零假设下，$\bar{m}_f\left(l\tau+\frac{\tau}{2}\right)$ 的1％和5％的显著性界限分别约为

$$\frac{n-1}{t_0}\pm 1.96\left\{\tau\left(t_0-l\tau-\frac{\tau}{2}\right)\right\}^{-1/2} \qquad (4\text{-}7\text{-}25)$$

和

$$\frac{n-1}{t_0}\pm 2.56\left\{\tau\left(t_0-l\tau-\frac{\tau}{2}\right)\right\}^{-1/2}. \qquad (4\text{-}7\text{-}26)$$

图 4-7-2 给出对于前面引用过的计算机故障资料的估计强度函数 $\bar{m}_f\left(l\tau+\frac{\tau}{2}\right)$ 以及这估计的1％ 和5％ 的显著性界限．其中 $\tau=200$，$\tilde{m}=n/t_0=0.00301$．靠外边的两对（近似的）水平线分别是根据(4-7-25)和(4-7-26)式算出的1％和5％的显著性界限．每对界限的间距随着 t 或 l 的增加而略为增大，但这种变化在图 4-7-2 所显示的范围内很不显著．

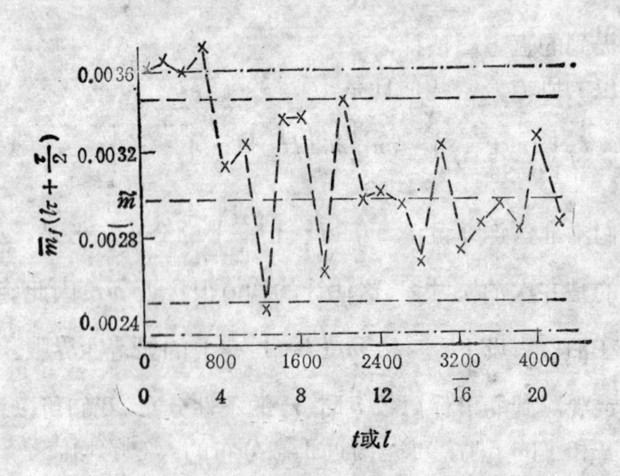

图 4-7-2　一个典型的平滑估计 $\bar{m}_f\left(l\tau+\frac{\tau}{2}\right)$

最后，我们讨论谱密度的估计．先把由(4-5-33)定义的谱密

度改写为

$$g_{+}(\omega)=\frac{m}{\pi}\left\{1+\int_{0}^{\infty} e^{it\omega}m_{f}(t)\,dt+\int_{0}^{\infty} e^{-it\omega}m_{f}(t)\,dt\right\},$$

$$\omega>0。\tag{4-7-27}$$

类似于事件间距序列 $\{X_i\}$ 的谱密度估计中的 $H_{s_0}(\omega)$，现在令

$$\begin{aligned}\mathscr{H}_{t_0}(\omega)&=\frac{1}{\sqrt{\pi t_0}}\int_{0}^{t_0} e^{it\omega}dN(t)\\&=\frac{1}{\sqrt{\pi t_0}}\sum_{s=1}^{n} e^{iT_s\omega}\\&=\frac{1}{\sqrt{\pi t_0}}\left\{\sum_{s=1}^{n}\cos(T_s\omega)+i\sum_{s=1}^{n}\sin(T_s\omega)\right\},\end{aligned}\tag{4-7-28}$$

其中 $T_1,\cdots,T_n$ 是在区间 $(0,t_0]$ 中观测到的 n 个事件的发生时间。这个量的模的平方就是周期图

$$\begin{aligned}\mathscr{I}_{t_0}(\omega)&=\mathscr{H}_{t_0}(\omega)\overline{\mathscr{H}}_{t_0}(\omega)\\&=\frac{1}{\pi t_0}\sum_{s=1}^{n}\sum_{k=1}^{n} e^{i\omega(T_s-T_k)}\\&=\frac{1}{\pi}\left\{\frac{n}{t_0}+\frac{1}{t_0}\sum_{s=1}^{n-1}\sum_{j=1}^{n-s} e^{i\omega(T_{s+j}-T_j)}\right.\\&\qquad\left.+\frac{1}{t_0}\sum_{s=1}^{n-1}\sum_{j=1}^{n-s} e^{-i\omega(T_{s+j}-T_j)}\right\}。\end{aligned}\tag{4-7-29}$$

注意到狄拉克 δ-函数的傅里叶变换是

$$\frac{1}{2\pi}\int_{-\infty}^{\infty}\delta(a-t)e^{i\omega t}dt=\frac{1}{2\pi}e^{i\omega a}$$

和 $\widetilde{m}=n/t_0$，则由对(4-7-17)式取傅里叶变换并与(4-7-28)式比较，我们就得到

$$\mathscr{I}_{t_0}(\omega)=\frac{\widetilde{m}}{\pi}\left\{1+\int_{0}^{\infty} e^{it\omega}\widetilde{m}_{f}(t)\,dt+\int_{0}^{\infty} e^{-it\omega}\widetilde{m}_{f}(t)\,dt\right\}。$$

(4-7-30)

显然,上式是(4-7-27)式的样本类似,故 $\mathscr{I}_{t_0}(\omega)$ 是 $g_+(\omega)$ 的一个估计,我们也把它记为 $\tilde{g}_+(\omega)$. 尽管 $\mathscr{I}_{t_0}(\omega)$ 和 $I_{n_0}(\omega)$ 有某些类似的样本性质,但是它们还是有不少相异之处,其中最明显的一点是 $g_+(\omega)$ 一般不是周期函数, 因此它的估计 $\tilde{g}_+(\omega)$ 也如此. 这样一来,我们首先要决定对哪一个范围的 ω 估计 $g_+(\omega)$. 正是因为两者之间存在这样一些不同点,所以对 $g_+(\omega)$ 的估计和关于 $\tilde{g}_+(\omega)$ 的样本性质的讨论比起对事件间距的谱 $\sigma^2 f(\omega)$ 的估计和关于 $\tilde{f}(\omega)$ 的样本性质的讨论要困难得多.

我们仅就泊松过程的情形简单地讨论一下 $\tilde{g}_+(\omega)$ 的样本性质. 令

$$\mathscr{H}_{t_0}(\omega)=\mathscr{A}_{t_0}(\omega)+i\mathscr{B}_{t_0}(\omega).$$

可以证明,当 ωt_0 是 2π 的整倍数时, $\mathscr{A}_{t_0}(\omega)$ 和 $\mathscr{B}_{t_0}(\omega)$ 是不相关的,而且当 $t_0\to\infty$ 时,两者都渐近地有零均值和方差为 $\lambda/2\pi$ 的正态分布. 因此 $\mathscr{I}_{t_0}(\omega)$ 与一自由度为 2 的 χ^2 分布随机变量成比例,确切地说,我们有

$$P\{\mathscr{I}_{t_0}(\omega)>y\}\approx e^{-\pi y/\lambda}$$

$$\left(\frac{\omega t_0}{2\pi}=1,2,\cdots\right). \tag{4-7-31}$$

$\tilde{g}_+(\omega)=\mathscr{I}_{t_0}(\omega)$ 在这些 ω 值处的均值和标准差都(近似地)等于 λ/π. 这些结果和有关 $I_{n_0}(\omega)$ 的相应结果是类似的.

通过把 $\tilde{g}_+(\omega)$ 写成

$$\tilde{g}_+(\omega)=\frac{1}{\pi}\left[\frac{n}{t_0}+\frac{2}{t_0}\sum_{s=1}^{n-1}\sum_{j=1}^{n-s}\cos\{\omega(T_{s+j}-T_j)\}\right]. \tag{4-7-32}$$

还可进一步求得

$$E\{\tilde{g}_+(\omega)\}=\frac{\lambda}{\pi}+\frac{\lambda^2 t_0}{\pi}\left\{\frac{\sin\frac{\omega t_0}{2}}{\frac{\omega t_0}{2}}\right\}. \tag{4-7-33}$$

易见当 ωt_0 是 2π 的非零整数倍时，上式中表示偏倚的第二项等于零．当 $\omega=0$ 时(确切地说，当 $\omega\downarrow 0$ 时的极限情形）达到最大值 $\frac{\lambda}{\pi}(1+\lambda t_0)$.

$\tilde{g}_+(\omega)$ 的方差和 $\tilde{g}_+(\omega)$ 对不同 ω 的协方差也可用类似的方法求出．但是,除了当 ω 是 $2\pi/t_0$ 的整倍数时结果是很繁琐的．当 $\frac{\omega t_0}{2\pi}=1,2,\cdots$ 时简单地有

$$\operatorname{Var}\{\tilde{g}_+(\omega)\}=\frac{\lambda^2}{\pi^2}\left(1+\frac{1}{\lambda t_0}\right). \tag{4-7-34}$$

$\tilde{g}_+(\omega)$ 在两个都是 $2\pi/t_0$ 的整倍数的不同频率 ω_1 和 ω_2 处的相关是

$$\operatorname{Corr}\{\tilde{g}_+(\omega_1),\ \tilde{g}_+(\omega_2)\}=\frac{1}{1+\lambda t_0}. \tag{4-7-35}$$

对于非泊松过程的情形,关于 $\tilde{g}_+(\omega)$ 的数学期望、方差和相关的讨论要困难得多．Bartlett (1963a), (1963b) 证明了对于重随机泊松过程，$\tilde{g}_+(\omega)$也有渐近分布(4-7-31),但这时要用 $g_+(\omega)$ 代替 λ/π，而且 $\tilde{g}_+(\omega)$ 在不同频率处的相关是 $O(1/t_0)$.

第五章　复合泊松过程，标值点过程和簇生点过程

§5-1　复合泊松过程的定义和例子

随机过程 $\{X_t,\ t\geqslant 0\}$ 称做**复合泊松过程**，如果它可以表为如下的形式：对任意 $t\geqslant 0$

$$X_t=\sum_{n=1}^{N_t} Y_n, \tag{5-1-1}$$

其中 $\{N_t,\ t\geqslant 0\}$ 是带有时倚强度 $\lambda(t)$ 的泊松过程，$\{Y_n,\ n=1,2,\cdots\}$ 是相互独立同分布的随机变量序列，而且还假设过程 $\{N_t,\ t\geqslant 0\}$ 和序列 $\{Y_n\}$ 是相互独立的.

下面考察几个例子.

例 5-1-1（保险公司支付的人寿保险赔偿金总数）设在保险公司买了人寿保险的人在时刻 $S_1,\ S_2,\cdots$ 死亡.假定时刻序列 $\{S_n\}$ 形成参数为 λ 的齐次泊松过程.如果在时刻 S_n 死亡的人的保险金额是 Y_n，而且保险公司在这个人死亡的同时支付这一数量的赔偿金．保险公司自然希望知道在任意时间区间 $(0,\ t]$ 内它必须支付的赔偿金总数 X_t，借此确定它应该维持多少资金储备才能满足要求赔偿的人．在 $Y_n(n=1,\ 2,\cdots)$ 是相互独立同分布随机变量序列而且 $\{Y_n\}$ 与过程 $\{S_n\}$ 也相互独立的假设下，$\{X_t,\ t\geqslant 0\}$ 是一复合泊松过程.

例 5-1-2（矿坑的涌水量）煤矿矿坑会发生涌水现象．如果涌水的发生时间是 $S_1,\ S_2,\cdots$，这一时间序列 $\{S_n,\ n\geqslant 1\}$ 形成一强度为 λ 的泊松过程．假设在时刻 S_n 发生的涌水水量是 Y_n，$Y_n(n=1,2,\cdots)$ 是相互独立同分布随机变量，而且还独立于它们的发生时刻 $S_1,\ S_2,\cdots$．则在时间区间 $(0,\ t]$ 中的总涌水

量可以用一复合泊松过程来描述.

例 5-1-3（机器损伤的积累） 机器在使用过程中会因偶然的碰撞、震动或其它意外事故受到某种程度的损伤. 如果损伤的程度可用一数量指标刻划，并且具有可加性，则在意外事故的发生形成一强度为 λ 的泊松过程，同时各次事故引起的损伤程度 $Y_n(n=1, 2,\cdots)$ 是相互独立同分布随机变量且与发生时间无关的假设下，在任意时间区间 $(0, t]$ 积累的损伤 X_t 形成一复合泊松过程.

例 5-1-4（水库积集的水量） 假设在水库的集水区域上降水的发生是一强度为 $\lambda(t)$ 的泊松过程，又每次降水积集到水库的水量是相互独立同分布的随机变量，而且与各次降水发生的时间也是独立的. 于是在任意时间区间 $(0, t]$ 中水库积集的总水量 X_t 形成一复合泊松过程.

例 5-1-5（顾客成批到达的排队系统） 设顾客到达某一服务系统的时间 $S_1, S_2,\cdots$ 形成一强度为 λ 的泊松过程. 如果顾客是成批到达，即在每一时刻 S_n 可以有多个顾客同时到达. 若以 Y_n 表示在时刻 S_n 到达的顾客数目，再设 $Y_n(n=1,2,\cdots)$ 是相互独立同分布的正整数值随机变量，而且 $\{Y_n\}$ 不依赖于它们的发生时间 $\{S_n\}$. 于是，在时间区间 $(0, t]$ 内到达服务系统的顾客总数 X_t 可用一复合泊松过程描述.

例 5-1-6（星体或生物后代的分布） 假设 (i) 星体簇（或生物群体）的“中心”是按照强度为 λ 的平面或空间泊松过程分布. (ii) 围绕着每一“中心”产生一些星体（或生物后代），其数目由一具有离散分布 $P\{Y=k\}=p_k$ 的随机变量 Y 给定. (iii) 各星体簇（或生物群体簇）的分布是相互独立的，而且与“中心”的位置无关. 在这些假设下，位于平面或空间的某一区域 R 中的“中心”产生的星体（或生物后代）总数可以表为

$$X(R)=\sum_{r_n\in R} Y_n, \tag{5-1-2}$$

这里 Y_n 是“中心”位置为 r_n 的簇所含的星体（或生物后代）数

目．这样，我们就得到一个平面或空间的复合泊松过程．

应当指出，上面的例5-1-5中给出的过程恰好就是§2-4中讨论的广义泊松过程．因此，复合泊松过程可以看作是广义泊松过程的推广，而后者则是前者当Y_n只取正整数值时的一种特殊情形．

§5-2 标值点过程和多元点过程

从复合泊松过程的定义看出，这类过程可以看作是用如下方法产生的随机过程：对泊松过程$\{N_t, t\geqslant 0\}$的每一个点都赋予一个辅助的随机变量，记连系于第n个点的辅助变量为Y_n，$n=1, 2,\cdots$．假定$\{Y_n, n\geqslant 1\}$是相互独立同分布的随机变量序列，而且$\{Y_n, n\geqslant 1\}$和$\{N_t, t\geqslant 0\}$也是独立的．于是，把连系于时间区间$(0, t]$中所有点的辅助变量累加起来就得到(5-1-1)式给出的X_t，故过程$\{X_t, t\geqslant 0\}$是一个复合泊松过程．把上述想法作进一步推广就引导到标值点过程这一重要的概念．

定义 5-2-1 设$\{N_t, t\geqslant 0\}$是一基本的点过程．对这过程的每一点S_n $(n=1,2,\cdots)$赋予一个辅助的随机变量并把这个辅助变量称做连系于这点的**标值**u_n，这里u_n随机地取值于某一标值空间$\mathscr{U}$．我们把这种每一点都带有一个标值的点过程称做**标值点过程**(marked point process)．

标值空间$\mathscr{U}$可以是一般的抽象空间．但为了能够考虑标值的累加，我们要求在$\mathscr{U}$中已定义加法运算．经常遇到的情形有两种．第一种是离散的标值空间，即$\mathscr{U}=\{U_1, U_2,\cdots, U_n,\cdots\}$是一可数集，其中每一$U_n$是一个有限维的实向量．典型的例子是$\mathscr{U}=\{1, 2,\cdots, n,\cdots\}$由所有正整数组成，这时第$n$个点的标值$u_n$取值$k$可以解释为在时刻$S_n$有$k$个点同时发生．第二种是连续的标值空间，即$\mathscr{U}$是有限维欧氏空间或它的一个区域，这种情形的一个典型例子是$\mathscr{U}=(0, \infty)$．

在一般的标值点过程的定义中，既不要求标值$\{u_i\}$是相互独立同分布的随机变量序列，也没有规定标值要独立于基本点过程．因此，通过适当选取标值空间，我们就能够用标值点过程来描述很广泛的一类自然现象和社会现象．例如，当我们对低频大气噪声进行观测时，我们可以用一个点过程来描述脉冲的发生时间．但仅仅是这些时间还不足以完全反映大气噪声的主要特点，尤其是这类脉冲的振幅变化的幅度很大，而振幅的大小对以低频工作的无线电接收机的影响又有很大的差异．因此，我们至少应该使每一个脉冲的发生时间和它的振幅连系起来，这就引导到一个带有表示振幅的标值的点过程（基本点过程的点表示脉冲的发生时间）．在排队论中，标值点过程也是很有用的．特别地，人们可以利用同一个基本点过程研究不同的排队系统特征，因为只须赋予这过程的点以适当的标值即可．例如，我们可以把由顾客到达时间描述的输入过程作为基本点过程，通过取顾客的等待时间，服务时间，顾客到达时的队长，顾客要去的服务站号(在多服务站或排队网络的情形)或顾客所属类型（在多类型顾客的情形）……等作标值就得到研究不同系统特征的有力手段和媒介．关于这类问题的系统讨论可参看 Franken, König, Arndt and Schmidt(1981)．

在理论和应用中都有重要作用的多元点过程（multivariate point process）也可以看作是一类特殊的标值点过程． 迄今为止，我们在研究中一般假设点过程的点除了发生时间(或者说"位置")不一样外，它们之间没有任何其它差别，这也就是说点是不可区分的．当过程的点被区分为若干不同类型时，对应的点过程就称做**多元点过程**，这里的"元"实际上就是指点的"类型"．一般上，点可以被分为有限多或可数无穷多类型．因此，这类点过程可以用一有限维或无穷维随机向量，即 $(N_t(1), \cdots, N_t(k))$ 或 $(N_t(1),\cdots,N_t(k),\cdots)$ 表示，其中 $N_t(k)$ 给出在时间区间 $(0, t]$ 中发生的第 k 类点的数目． 在实际的研究中常常假设不同类型的点不会同时发生．事实上，当点的类型数目为有限时，通过引进新的点类恒能把一般的多元点过程化为这种比较简单的情形来研究．从上述定义不难看出，多元点过程也可以用一个带有标值的一元点过程来描述．这时基本点过程是一个由所有点发生时间

(不区分点的类型)确定的一元点过程，每一个点的标值则指出该点所属的类型.

应当指出,多元点过程和第一章提到的多维点过程(multidimensional point process)是两个不同的概念. 后者是指点发生空间 $\mathscr{X}$ 是多维空间(维数 $\geqslant 2$)的一元(即只有一种类型的点)过程. 人们有时也把多维点过程称做空间点过程.

对于标值点过程也有计数过程的类似物，我们称之为标值累计过程.

定义 5-2-2 设 $\{N_t; t\geqslant 0\}$ 是一基本点过程，它的每一点 $S_n(n=1,2,\cdots)$ 带有标值 u_n，我们把由

$$x_t=\sum_{n=0}^{N_t}u_n \tag{5-2-1}$$

确定的过程 $\{x_t, t\geqslant 0\}$ 称做这标值点过程的伴随标值累计过程. 在(5-2-1)中定义 $u_0=\underline{0}$，即标值空间的零元素. 易见 x_t 表示在时间区间 $(0, t]$ 中发生的点的标值之和. 过程 x_t 的样本轨道是逐段取常值的. 图 5-2-1 显示一个标值点过程，它的基本计数过程和伴随的标值累计过程之间的关系，这例子的标值空间是实数直线 $\mathbb{R}$。容易看出,当标值 $u_n(n=1, 2,\cdots)$ 恒不取 $\underline{0}$ 值时标值点过程和伴随的标值累计过程是等效的，即它们可以相互唯一确定.

如前所述，复合泊松过程是一类特殊的标值点过程，这时基本点过程是一强度为 $\lambda(t)$ 的泊松过程，标值 u_n 就是(5-1-1)式中的 Y_n，它们是相互独立同分布的随机变量,而且它们还独立于基本点过程. 这样一来，(5-1-1)式给出由(5-2-1)式定义的标值累计过程.

一般标值点过程是由 Matthes, Schmidt 和 König 等人于本世纪 60 年代首先引入和研究的. 关于这类过程的详细讨论和应用,例如,可参看 König (1976), König, Rolski, Schmidt and Stoyan (1978), König and Schmidt (1977), Franken, König, Arndt and Schmidt(1982) 和 Snyder(1975).

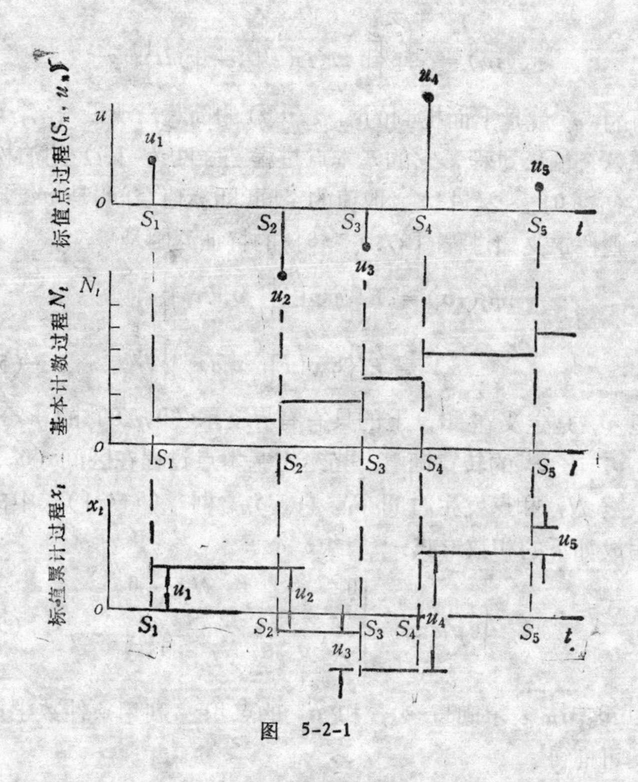

图 5-2-1

§ 5-3 复合泊松过程的特征泛函和独立增量性质

在第二章我们已经引入了随机过程 $\{N_t; t\geqslant 0\}$ 的特征泛函这一有用的概念，它定义为

$$\phi_N(iv)\equiv E\left\{\exp\left(i\int_0^\infty v(t)dN_t\right)\right\}$$

$$=E\left\{\exp\left(i\int_0^T v(t)dN_t\right)\right\},$$

其中 $v(t)$ 是 $\mathbb{R}_+$ 上任意具有有界支承 $(0, T]$ 的函数(一般是向量值). 我们还推出带时倚强度 $\lambda(t)$ 的泊松过程 $\{N_t, t\geqslant 0\}$ 的特征泛函有如下表示式:

$$\phi_N(iv) = \exp\left\{\int_0^T \lambda(t)(e^{iv_t} - 1)dt\right\},$$

式中的 v_t 就是上面提到的函数 $v(t)$ 的简写. 现设 $\{\boldsymbol{x}_t, t \geqslant 0\}$ 是一复合泊松过程，它的基本点过程是强度为 $\lambda(t)$ 的泊松过程 $\{N_t, t \geqslant 0\}$. 又设 Y_n 取值的空间(即标值空间)是 m 维向量空间. 则按定义知过程 $\{\boldsymbol{x}_t, t \geqslant 0\}$ 的特征泛函是

$$\phi_x(i\boldsymbol{v}) = E\left\{\exp\left(i\int_0^\infty \boldsymbol{v}_t d\boldsymbol{x}_t\right)\right\}$$

$$= E\left\{\exp\left(i\int_0^T \boldsymbol{v}_t' d\boldsymbol{x}_t\right)\right\}, \tag{5-3-1}$$

这里 $\boldsymbol{v}_t$ 是定义在 $\mathbb{R}_+$ 上的具有有界支承 $(0, T]$ 的 $\mathscr{U}$ 值函数，$\boldsymbol{v}_t'$ 是 $\boldsymbol{v}_t$ 的转置向量. 当给定基本点过程在区间 $(0,T]$ 中的点数 N_T 和点发生时间 $S_1, \cdots, S_{N_T}$ 时，(5-3-1)式中的积分可写成如下的和数形式:

$$\int_0^T \boldsymbol{v}_t d\boldsymbol{x}_t = \begin{cases} 0 & N_T = 0, \\ \sum_{k=1}^{N_T} \boldsymbol{v}_{S_k}\boldsymbol{u}_k & N_T \geqslant 1, \end{cases} \tag{5-3-2}$$

式中 $\boldsymbol{v}_{S_k}\boldsymbol{u}_k$ 表示向量 $\boldsymbol{v}_{S_k}$ 和 $\boldsymbol{u}_k$ 的点积. 利用条件数学期望的性质可推得

$$\phi_x(i\boldsymbol{v}) = \sum_{n=0}^\infty P(N_T = n)E\left\{\exp\left(i\int_0^T \boldsymbol{v}_t' d\boldsymbol{x}_t\right)\middle| N_T = n\right\}$$

$$= P(N_T = 0) + \sum_{n=1}^\infty P(N_T = n)$$

$$\cdot E\left\{\exp\left(i\sum_{k=1}^{N_T} \boldsymbol{v}_{S_k}\boldsymbol{u}\right)\middle| N_T = n\right\}. \tag{5-3-3}$$

因为对于带时倚强度 $\lambda(t)$ 的泊松过程来说，当给定 N_T 时，$S_1, S_2, \cdots, S_{N_T}$ 和 N_T 个相互独立同分布随机变量的次序统计量有相同的分布，这些变量的共同分布密度是

$$f(t) = \begin{cases} \lambda(t)\left(\int_0^T \lambda(s)ds\right)^{-1} & 0 \leqslant t \leqslant T, \\ 0, & \text{其它情形}. \end{cases} \tag{5-3-4}$$

据此并利用标值 $u_1,\cdots,u_{N_T}$ 的独立同分布性质得

$$E\left\{\exp\left(i\sum_{k=1}^{N_T} v_{S_k}u_k\right)\middle|N_T=n\right\}$$

$$=E\left\{E\left[\exp\left(i\sum_{k=1}^{N_T} v_{S_k}u_k\right)\right.\right.$$

$$\left.\left.|N_T=n,\ S_1,\cdots,S_{N_T}\right]|N_T=n\right\}$$

$$=E\left\{\prod_{i=1}^{N_T}\phi_u(v_{S_k})|N_T=n\right\}$$

$$=\left[\left(\int_0^T\lambda(t)dt\right)^{-1}\int_0^T\lambda(t)\phi_u(v_t)dt\right]^n, \tag{5-3-5}$$

其中 $\phi_u(v_{S_k})=E\{\exp(i\alpha v_k)\}$ 是标值随机变量的共同特征函数在 $\alpha=v_{S_k}$ 处的值．将(5-3-5)式代入 (5-3-3) 式并利用 N_T 的泊松分布性质就推出

$$\phi_x(iv)=\exp\left\{-\int_0^T\lambda(t)dt\right\}$$

$$+\sum_{n=1}^{\infty}\exp\left\{-\int_0^T\lambda(t)dt\right\}\frac{\left[\int_0^T\lambda(t)dt\right]^n}{n!}$$

$$\times\left[\left(\int_0^T\lambda(t)dt\right)^{-1}\int_0^T\lambda(t)\phi_u(v_t)dt\right]^n$$

$$=\exp\left\{-\int_0^T\lambda(t)dt\right\}\left\{\sum_{n=0}^{\infty}\frac{\left[\int_0^T\lambda(t)\phi_u(v_t)dt\right]^n}{n!}\right\}$$

$$=\exp\left\{\int_0^T\lambda(t)(\phi_u(v_t)-1)dt\right\}. \tag{5-3-6}$$

若取

$$v_t=\begin{cases}0 & 0<t\leqslant s,\\ \alpha & s<t\leqslant u,\\ 0 & u<t\leqslant T.\end{cases}$$

则

$$\int_0^T v_t dx_t=\alpha(x_u-x_s).$$

这时特征泛函(5-3-1)就变成增量 $\boldsymbol{x}_u - \boldsymbol{x}_s$ 的特征函数,即有

$$\phi_x(i\boldsymbol{v}) = \phi_{x_u - x_s}(\boldsymbol{v}) = \exp\left\{\int_s^u \lambda(t)dt[\phi_u(\boldsymbol{\alpha}) - 1]\right\}. \quad (5\text{-}3\text{-}7)$$

根据复合泊松过程的结构从直观上不难看出这类过程有独立增量. 然而,利用特征泛函的表示式(5-3-6), 我们可以给出这一论断的一个简单的严格证明. 为此只须对(5-3-6)式中的函数 v_t 作一特殊的规定. 对于任意正整数 n, 设 $(s_1, \boldsymbol{v}_1]$, $(s_2, \boldsymbol{u}_2]$, $\cdots$, $(s_n, u_n]$ 是 k 个互不相交的区间. 令

$$\boldsymbol{v}_t = \begin{cases} \boldsymbol{\alpha}_k & s_k < t \leqslant u_k, \\ \boldsymbol{0} & \text{其它情形}, \end{cases}$$

式中 $\boldsymbol{\alpha}_1, \cdots, \boldsymbol{\alpha}_k$ 是给定的常量. 于是(5-3-6)式变成

$$\phi_x(i\boldsymbol{v}) = \prod_{k=1}^{n} \exp\left\{\int_{s_k}^{t_k} \lambda(t)dt[\phi_u(\boldsymbol{\alpha}_k) - 1]\right\},$$

这就证明了 $\boldsymbol{x}_{t_k} - \boldsymbol{x}_{s_k}(k = 1, \cdots, n)$ 是相互独立的,即过程 $\boldsymbol{x}_t$ 有独立增量.

如果复合泊松过程的基本点过程$\{N_t, t \geqslant 0\}$是有常数强度 λ 的齐次泊松过程,则可以进一步证明这样的过程还具有平稳增量. 事实上,由(5-3-7)式知对于任意 $0 \leqslant s < t$ 和 $r > 0$, 增量 $\boldsymbol{x}_t - \boldsymbol{x}_s$ 的特征函数是

$$\phi_{x_t - x_s}(\boldsymbol{v}) = \exp\left\{\int_s^t \lambda dt[\phi_u(\boldsymbol{\alpha}) - 1]\right\} = \exp\{\lambda(t - s)[\phi_u(\boldsymbol{\alpha}) - 1]\}。$$

而增量 $\boldsymbol{x}_{u+r} - \boldsymbol{x}_{s+r}$ 的特征函数则等于

$$\phi_{x_{t+r} - x_{s+u}} = \exp\left\{\int_{s+r}^{t+r} \lambda dt[\phi_u(\boldsymbol{\alpha}) - 1]\right\} = \exp\{\lambda(t - s)[\phi_u(\boldsymbol{\alpha}) - 1)\}.$$

我们把上面的结果归纳为如下定理:

定理 5-3-1 复合泊松过程具有独立增量. 若基本点过程是齐次泊松过程,则进一步有平稳增量.

因为广义泊松过程是复合泊松过程的一种特殊情形. 所以根

据(5-3-6)和(5-3-3)式可马上写出广义泊松过程的特征泛函和过程增量的特征函数．设 $\{N_t,\ t \geqslant 0\}$ 是广义泊松过程，它的基本点过程的强度是 $\lambda(t)$，在每一发生时刻有 k 个点（$k=1,2,\cdots$）的概率是 p_k。这时，标值空间 $\mathscr{U}=\{1,2,\cdots,k,\cdots\}$，而标值变量 u 就表示该时刻发生的点数，变量 u 的特征函数是

$$\phi_u(\alpha)=\sum_{k=1}^{\infty} p_k e^{i\alpha k}. \qquad (5\text{-}3\text{-}8)$$

于是，过程 N_t 的特征泛函是

$$\phi_N(iv)=\exp\left\{\int_0^T \lambda(t)\left(\sum_{k=1}^{\infty} p_k e^{iv_t k}-1\right)dt\right\}. \qquad (5\text{-}3\text{-}9)$$

这过程在区间 $(s,\ t]$ 中的点数 $N_{s,t}$ 是一随机变量，它的特征函数是

$$\phi_{N_{s,u}}(\alpha)=\exp\left\{\int_s^t \lambda(w)dw\left[\sum_{k=1}^{\infty} p_k e^{i\alpha k}-1\right]\right\}. \qquad (5\text{-}3\text{-}10)$$

当 $\lambda(t)\equiv\lambda$ 时，(5-3-9)和(5-3-10)式简化为

$$\phi_N(iv)=\exp\left\{\lambda T\left(\sum_{k=1}^{\infty} p_k e^{iv_t k}-1\right)\right\}, \qquad (5\text{-}3\text{-}11)$$

$$\phi_{N_t}(\alpha)=\exp\left\{\lambda t\left(\sum_{k=1}^{\infty} p_k e^{i\alpha k}-1\right)\right\}. \qquad (5\text{-}3\text{-}12)$$

§5-4　一阶和二阶统计量、概率母泛函

复合泊松过程 $\{\boldsymbol{x}_t,\ t \geqslant 0\}$ 的一阶矩和二阶矩可以利用特征函数(5-3-7)求出，即有

$$E(\boldsymbol{x}_t)=i^{-1}\left.\frac{\partial \phi_{x_t}(\boldsymbol{\alpha})}{\partial \alpha}\right|_{\alpha=0},$$

$$E(\boldsymbol{x}_t\boldsymbol{x}_t')=i^{-2}\left.\frac{\partial^2 \phi_{x_t}(\boldsymbol{\alpha})}{\partial \alpha^2}\right|_{\alpha=0},$$

式中 $\phi_{x_t}(\boldsymbol{\alpha})$ 是随机向量 $\boldsymbol{x}_t$ 的特征函数，它由 (5-3-7) 式给出．$\partial \phi_{\boldsymbol{x}_t}(\boldsymbol{\alpha})/\partial \boldsymbol{\alpha}$ 是第 i 行元素为 $\partial \phi_{\boldsymbol{x}_t}/\partial \alpha_i$ 的列向量．$\partial^2 \phi_{x_t}(\boldsymbol{\alpha})/\partial \boldsymbol{\alpha}^2$

表 5-4-1

		复合泊松过程	广义泊松过程	泊松过程
特征泛函	时倚	$\exp\left\{\int_0^T \lambda(t)[\phi_u(v_t)-1]dt\right\}$	$\exp\left\{\int_0^T \lambda(t)\left[\sum_{k=1}^{\infty} p_k e^{iv_t k}-1\right]dt\right\}$	$\exp\left\{\int_0^T \lambda(t)[e^{iv_t}-1]dt\right\}$
	齐次	$\exp\left\{\lambda\int_0^T [\phi_u(v_t)-1]dt\right\}$	$\exp\left\{\lambda\int_0^T \left[\sum_{k=1}^{\infty} p_k e^{iv_t k}-1\right]dt\right\}$	$\exp\left\{\lambda\int_0^T [e^{iv_t}-1]dt\right\}$
增量 x_t-x_s 的特征函数	时倚	$\exp\left\{\int_s^t \lambda(w)dw[\phi_u(\alpha)-1]dw\right\}$	$\exp\left\{\int_s^t \lambda(w)dw\left[\sum_{k=1}^{\infty} p_k e^{i\alpha k}-1\right]\right\}$	$\exp\left\{\int_s^t \lambda(w)dw[e^{i\alpha}-1]\right\}$
	齐次	$\exp\{\lambda[t-s][\phi_u(\alpha)-1]\}$	$\exp\left\{\lambda[t-s]\left[\sum_{k=1}^{\infty} p_k e^{i\alpha k}-1\right]\right\}$	$\exp\{\lambda[t-s][e^{i\alpha}-1]\}$
概率母泛函	时倚	$\exp\left\{\int_0^T \lambda(t)[G_u(\xi_t)-1]dt\right\}$	$\exp\left\{\int_0^T \lambda(t)[G_u(\xi_t)-1]dt\right\}$	$\exp\left\{\int_0^T \lambda(t)[\xi_t-1]dt\right\}$
	齐次	$\exp\left\{\lambda\int_0^T [G_u(\xi_t)-1]dt\right\}$	$\exp\left\{\lambda\int_0^T [G_u(\xi_t)-1]dt\right\}$	$\exp\left\{\lambda\int_0^T [\xi_t-1]dt\right\}$

数学期望 $\boldsymbol{Ex}_t$	时倚	$\boldsymbol{Eu}\int_0^t \lambda(s)ds$	$\left(\sum_{k=1}^{\infty} kp_k\right)\int_0^t \lambda(s)ds$	$\int_0^t \lambda(s)ds$
	齐次	$\lambda t\boldsymbol{Eu}$	$\lambda t\left(\sum_{k=1}^{\infty} kp_k\right)$	λt
瞬时协方差 Σ_t	时倚	$E(\boldsymbol{uu})\int_0^t \lambda(s)ds$	$\left(\sum_{k=1}^{\infty} k^2p_k\right)\int_0^t \lambda(s)ds$	$\int_0^t \lambda(s)ds$
	齐次	$E(\boldsymbol{uu})\lambda t$	$\left(\sum_{k=1}^{\infty} k^2p_k\right)\lambda t$	λt
协方差 $K_x(s,t)$	时倚	$E(\boldsymbol{uu})\int_0^{\min(s,t)} \lambda(w)dw$	$\left(\sum_{k=1}^{\infty} k^2p_k\right)\int_0^{\min(s,t)} \lambda(w)dw$	$\int_0^{\min(s,t)} \lambda(w)dw$
	齐次	$E(\boldsymbol{uu})\lambda\min(s,t)$	$\left(\sum_{k=1}^{\infty} k^2p_k\right)\lambda\min(t,s)$	$\lambda\min(t,s)$

注 (1) 表中的标值变量 $\boldsymbol{u}$ 一般是随机向量. $\boldsymbol{uu}$ 是向量 $\boldsymbol{u}$ 和 $\boldsymbol{u}$ 的点积. 当 u 是实值随机变量时，$E(\boldsymbol{uu})$ 就是普通的(一维)二阶原点矩 $E(u^2)$.

(2) $\phi_u(\cdot)$ 和 $G_u(\cdot)$ 分别是标值变量 $\boldsymbol{u}$ 的特征函数和概率母函数.

是一 $m\times m$ 矩阵，它的第 i 行第 j 列元素是 $\partial^2\phi_{x_t}(\alpha)/\partial\alpha_i\partial\alpha_j$。利用这些关系式可推出

$$E(\boldsymbol{x}_t)=E(\boldsymbol{u})\int_0^t\lambda(s)ds, \tag{5-4-1}$$

$$\Sigma_t\equiv E(\boldsymbol{x}_t\boldsymbol{x}_t')-E(\boldsymbol{x}_t)E(\boldsymbol{x}_t')=E(\boldsymbol{u}\boldsymbol{u}')\int_0^t\lambda(s)ds. \tag{5-4-2}$$

$E(\boldsymbol{x}_t)$ 是均值(列)向量，它的第 i 行元素是

$$E(x_t^i)=E(u^i)\int_0^t\lambda(s)ds. \tag{5-4-3}$$

Σ_t 称做 $\boldsymbol{x}_t$ 的瞬时协方差矩阵，它的第 i 行第 j 列元素是

$$\sigma_t^{i,j}=\mathrm{Cov}(x_t^i,x_t^j)=E(u^iu^j)\int_0^t\lambda(s)ds. \tag{5-4-4}$$

特别地，当 $i=j$ 时

$$\sigma_t^{i,i}=\mathrm{Var}(x_t^i)=E(u^i)\int_0^t\lambda(s)ds. \tag{5-4-5}$$

按照定义，协方差矩阵

$$\begin{aligned}K_x(s,t)&\equiv E(\boldsymbol{x}_s\boldsymbol{x}_t)-E(\boldsymbol{x}_s)E(\boldsymbol{x}_t)\\&=E[\boldsymbol{x}_s(\boldsymbol{x}_t-\boldsymbol{x}_s+\boldsymbol{x}_s)']\\&\quad-E(\boldsymbol{x}_s)E[(\boldsymbol{x}_t-\boldsymbol{x}_s+\boldsymbol{x}_s)]\\&=E[\boldsymbol{x}_s(\boldsymbol{x}_t-\boldsymbol{x}_s)]+E(\boldsymbol{x}_s\boldsymbol{x}_s)\\&\quad-E(\boldsymbol{x}_s)E[(\boldsymbol{x}_t-\boldsymbol{x}_s)]-E(\boldsymbol{x}_s)E(\boldsymbol{x}_s).\end{aligned}$$

当 $0\leqslant s\leqslant t$ 时，由复合泊松过程的独立增量性质知

$$E[\boldsymbol{x}_s(\boldsymbol{x}_t-\boldsymbol{x}_s)]=E(\boldsymbol{x}_s)E[(\boldsymbol{x}_t-\boldsymbol{x}_s)].$$

所以

$$K_x(s,t)=\Sigma_s.$$

因为协方差矩阵是对称的，即 $K_x(s,t)=K_x(t,s)$。故当 $0\leqslant t\leqslant s$ 时有

$$K_x(s,t)=\Sigma_t.$$

这两种情形的结果可统一写成

$$\begin{aligned}K_x(s,t)&=\Sigma_{\min(s,t)}\\&=E(\boldsymbol{u}\boldsymbol{u})\int_0^{\min(s,t)}\lambda(\boldsymbol{w})d\boldsymbol{w}.\end{aligned} \tag{5-4-6}$$

齐次泊松过程，带时倚强度的泊松过程和广义泊松过程的特征泛函，特征函数，一阶和二阶矩都可以由对复合泊松过程的标值空间加以特殊的规定而得到．为便于比较和应用，我们将这些量归纳在表 5-4-1.

在表 5-4-1 中我们还列出概率母泛函一栏．如同（刻划随机过程的）特征泛函是（刻划随机变量的）特征函数这一概念的推广那样，我们也可从刻划非负整数值随机变量的概率母函数出发自然地推广为刻划计数过程（等价地，随机点过程）的概率母泛函．计数过程 $N\equiv\{N_t,\ t\geqslant 0\}$ 的概率母泛函 $G_N[\xi]$ 由下式定义：

$$
\begin{aligned}
G_N[\xi] &= E\left\{\exp\left[\int_0^\infty \log\xi(t)dN_t\right]\right\} \\
&= E\left\{\exp\left[\int_0^T \log\xi(t)dN_t\right]\right\} \\
&= E\left\{\prod_n \xi(s_n)\right\},
\end{aligned}
\tag{5-4-7}
$$

式中 $\xi(t)$ 是定义在 $\mathbb{R}_+$ 上的函数，$0\leqslant\xi(t)\leqslant 1$ 对所有 $t\in\mathbb{R}_+$，而且在某一有界区间 $(0,T]$ 外恒等于 1，S_n 是过程 N 的第 n 点的发生时间．如果对某个 n 有 $\xi(S_n)=0$，我们定义 $G_N[\xi]=0$；如果对所有 n 均有 $\xi(S_n)=1$，则定义 $G_N[\xi]=1$．易见若取

$$
\xi(t)=\begin{cases} z & 0\leqslant t\leqslant s, \\ 1 & t>s, \end{cases}
$$

这里 s 是任意给定的正数．则

$$
G_N[\xi]=E[z^{N_s}],
$$

这是 N_s 的概率母函数．又若过程 N 是两个相互独立的过程 N_1 和 N_2 的叠加，则易证有

$$
G_N[\xi]=G_{N_1}[\xi]G_{N_2}[\xi]. \tag{5-4-8}
$$

我们早已知道概率母函数是有类似性质的．

有关概率母泛函的详细讨论可参看 Moyal(1962)，Vere-Jones (1968, 1970) 和 Westcott (1972).

我们将在 § 5-6 中给出泊松过程和复合泊松过程（当标值变

量取非负整数值时)的概率母泛函的推导.

§5-5 复合泊松过程的表示

在第三章中我们已经证明了广义泊松过程 $\{N_t, t\geqslant 0\}$ 有分解表示式(2-4-10)

$$N_t=\sum_{k=1}^{\infty}kM_t^k,$$

这里 $\{M_t^k,\ t\geqslant 0\}$ $(k=1,2,\cdots)$ 是由过程 N_t 中具有标值 k 的点发生时间确定的过程,事实上,它们是相互独立的带时倚强度 $p_k\lambda(t)$ 的泊松过程. 人们自然有兴趣知道如上的分解能否推广到一般的复合泊松过程. 这问题的回答是肯定的. 我们可以利用研究广义泊松过程的方法给出证明. 但因这时标值 u 可以是连续随机变量或随机向量, 所以我们要用特征泛函或特征函数代替概率母函数作为证明的工具.

首先考虑可数标值空间,即 $\mathscr{U}=\{U_1,U_2,\cdots,U_k,\cdots\}$ 的情形. 如果复合泊松过程 $\{x_t,\ t\geqslant 0\}$ 的基本点过程是带时倚强度 $\lambda(t)$ 的泊松过程 $\{N_t,\ t\geqslant 0\}$, 它的每一点的标值变量 u 以概率 p_k 取值 U_k, 则过程 x_t 的特征泛函是

$$\phi_x(iv)=\exp\left\{\int_0^T\lambda(t)[\phi_u(v_t)-1]dt\right\},$$

其中 $\phi_u(\alpha)$ 是标值变量 u 的特征函数,它有表示式

$$\phi_u(\alpha)=E[e^{i\alpha u}]=\sum_{k=1}^{\infty}p_ke^{i\alpha U_k} \tag{5-5-1}$$

把上式代入 $\phi_x(iv)$ 的表示式中即得

$$\phi_x(iv)=\exp\left\{\int_0^T\lambda(t)\left[\sum_{k=1}^{\infty}p_ke^{iv_tU_k}-1\right]dt\right\}$$

$$=\exp\left\{\sum_{k=1}^{\infty}\int_0^Tp_k\lambda(t)(e^{iv_tU_k}-1)dt\right\}$$

$$= \prod_{k=1}^{\infty} \exp\left\{\int_0^T p_k \lambda(t)(e^{iv_t U_k} - 1)dt\right\}. \qquad (5\text{-}5\text{-}2)$$

另一方面，如果我们用 $\{x_t(U_k),\ t \geqslant 0\}$ 表示这样的复合泊松过程，即它的基本点过程是带时倚强度 $p_k\lambda(t)$ 的泊松过程，这过程的每一点都有标值 U_k，则易知过程 $x_t(U_k)$ 的特征泛函是

$$\phi_{x_t(U_k)}(iv) = \exp\left\{\int_0^T p_k \lambda(t)(e^{iv_t U_k} - 1)dt\right\}, \qquad (5\text{-}5\text{-}3)$$

故(5-5-2)式可写成

$$\phi_x(iv) = \prod_{k=1}^{\infty} \phi_{x_t(U_k)}(iv). \qquad (5\text{-}5\text{-}4)$$

因为特征泛函在统计上完全表征一个随机过程．故由(5-5-4)式马上推知复合泊松过程 $\{x_t,\ t \geqslant 0\}$ 可表为可数多个相互独立的过程 $\{x_t(U_k), t \geqslant 0\}$ 的叠加．易知 $x_t(U_k) = U_k N_t(U_k)$，这里 $N_t(U_k)$ 表示过程 x_t 在区间 $(0,\ t]$ 中发生的带标值 U_k 的点数，或者说 $\{N_t(U_k),\ t \geqslant 0\}$ 给出复合泊松过程 $\{x_t(U_k),\ t \geqslant 0\}$ 的基本点过程——带时倚强度 $p_k\lambda(t)$ 的泊松过程．这样一来，我们就有如下的分解表示式：对于任意 $t \geqslant 0$

$$x_t = \sum_{k=1}^{\infty} x_t(U_k) = \sum_{k=1}^{\infty} U_k N(U_k). \qquad (5\text{-}5\text{-}5)$$

当标值空间 $\mathscr{U}$ 是一 m 维欧氏空间时也可以推出(5-5-5)式在连续情形的类似物．将空间 $\mathscr{U}$ 分解为可数多个直径不超过 δ 的互不相交集合 $B_1, B_2, \cdots, B_k \cdots$，即 $\mathscr{U} = \bigcup_{k=1}^{\infty} B_k$，这里集合 B_k 的直径 $\|B_k\|$ 等于 B_k 中任意两点间距离的上确界．若以 $N_t(B_k)$ 表示在 $(0,\ t]$ 中发生的标值属于 B_k 的点数，则按前面的推理知过程 $\{N_t(B_k),\ t \geqslant 0\}$ $(k = 1,\ 2, \cdots)$ 是相互独立的带时倚强度 $p_k\lambda(t)$ 的泊松过程，这里 $p_k = P(u \in B_k)$ 是标值 u 在 B_k 中取值的概率．现设 U_k 是 B_k 中任一点，于是有

$$\left| x_t - \sum_{k=1}^{\infty} U_k N_t(B_k) \right| \leqslant \sum_{k=1}^{\infty} \|B_k\| N_t(B_k) \leqslant \delta N_t,$$

从而

$$E\left[\left|x_t-\sum_{k=1}^{\infty}U_kN_t(B_k)\right|^2\right]\leqslant\delta^2EN_{t_0}^2. \qquad (5\text{-}5\text{-}6)$$

因为 N_t 有参数为 $\int_0^t\lambda(s)ds$ 的泊松分布，故 $EN_t^2<\infty$. 于是当 $\delta\to0$ 时(5-5-6)式右端趋于 0，即和数 $\sum_{k=1}^{\infty}U_kN_t(B_k)$ 均方收敛于 $\boldsymbol{x}_t$. 若记当 $\delta\to0$ 时和数 $\sum_{k=1}^{\infty}U_kN_t(B_k)$ 的均方极限为

$$\int_{\mathscr{U}}UN_t(dU),$$

则可写

$$\boldsymbol{x}_t=\int_{\mathscr{U}}UN_t(dU). \qquad (5\text{-}5\text{-}7)$$

易见由

$$N_t(B_k)=\int_{B_k}N_t(dU) \qquad (5\text{-}5\text{-}8)$$

定义的过程 $\{N_t(B_k),\ t\geqslant0\}$ 是强度为

$$\lambda(t)\int_{B_k}dP_{\boldsymbol{u}}(U)=\lambda(t)p_k$$

的泊松过程,它只对标值属于 B_k 的点计数,这里 $P_{\boldsymbol{u}}(U)$ 是标值变量 $\boldsymbol{u}$ 的分布函数.

我们还可以利用时空点过程的概念对分解表示式(5-5-7)作进一步解释. 如果把标值点看作是乘积空间 $\mathbb{R}_+\times\mathscr{U}$ 中的点，则每一点有在 $\mathbb{R}_+$ 中的时间坐标和在 $\mathscr{U}$ 中的空间坐标. 设 T 是 $\mathbb{R}_+$ 中任一区间, B 是 $\mathscr{U}$ 中任一可测集,又以 $M(T,B)$ 记过程在集合 $T\times B$ 中（即时间坐标在 T 中而标值属于 B）的点的数目. 易知 $\{M(T,B),\ T\subset\mathbb{R}_+,\ B\subset\mathscr{U}\}$ 可看作是空间 $\mathbb{R}_+\times\mathscr{U}$ 上的计数过程，它在 $\mathbb{R}_+\times\mathscr{U}$ 的互不相交子集中的点数是相互独立的,而且在集合 $T\times B$ 中的点数有参数为

$$E[M(T,B)]=\int_T\int_B\lambda(t)dt\,dP_{\boldsymbol{u}}(U)$$

的泊松分布，故 $\{M(T, B), T\subset \mathrm{R}_+, B\subset \mathscr{U}\}$ 是乘积空间 $\mathrm{R}_+\times\mathscr{U}$ 上的泊松过程（这样的点过程称做时空泊松过程）. 若标值变量有分布密度 $p_u(U)$，则这过程有强度 $\lambda(t)p_u(U)$. 这时(5-5-7)式可写成

$$x_t=\int_0^t\int_{\mathscr{U}} UM(ds,dU). \tag{5-5-9}$$

§5-6 簇生点过程

现在，让我们来进一步考察描述星体或生物群体分布的例5-1-6并从中抽象出一类重要的点过程模型. 我们可以用一个两级过程模拟这个例子所描述的现象. 所谓两级过程就是说过程由一个主过程(又称主事件流，它可能是不能直接观测的)和以主过程的每一点(事件)为中心(称做簇生中心)产生的点簇（称做从属过程或簇生事件流)组成. 这样一类过程称做**簇生点过程**(cluster point process，简称簇生过程). 按照不同的具体情况它可以了解为主过程与所有从属过程的叠加，也可以只考虑各从属过程的叠加。但是，这种差别不是本质的. 因为可以通过把簇生中心看作是它产生的点簇中的一点而把前一种情形归结为后一情形来处理，这时，每一点簇至少含有一点. 所以，许多作者为方便和统一起见，干脆在定义中规定簇生过程仅是从属过程的叠加.

在一般簇生过程的定义中并没有假设主过程和从属过程以及各从属过程之间是统计独立的. 但是，这样一般的簇生过程研究起来是困难的，不容易得到有意义的结果. 迄今研究得较多且有具体结果的是下面几种特殊的簇生过程，其中多半假设主过程是泊松过程.

(A) **巴特利特-刘易斯**（Bartlett-Lewis）**过程**

模型的基本假设是:

(i) 主过程是强度为 λ 的齐次泊松过程.

(ii) 主过程的每一事件以一定的概率分布 $\{p_s(k)\}$ 产生随机

k 个从属事件（k 取非负整数值），这些从属事件形成一普通更新过程（的一部分），这过程的间距分布是 $P\{T \leqslant x\} = F_T(x)$. 各从属过程是相互独立的.

(iii) 主过程包含在簇生过程的叠加中.

为简化研究起见，常常进一步假设

(iv) λ, $E(k)$ 和 $E(T)$ 均为有限，而且 $F_T(0_+) = 0$.

这一模型是 Bartlett (1963a) 在研究交通运输问题的谱分析时引入的. 随后 Lewis (1964) 在研究电子计算机的故障问题时又作出如下的分析判断：计算机故障是由于很多零、部件出现故障而引起的. 根据叠加极限定理它们应形成一泊松过程. 但是，实际观测结果表明情况往往并非如此. 他认为产生这种现象的原因主要是修理不完善，所以同样的故障会重复出现而形成一系列的"余故障". 这种分析引导到和 Bartlett 提出的同样的模型，Lewis 称之为**分支泊松过程** (branching Poisson process).

对于这一模型主要研究下列随机变量的联合分布.

(i) 从任一时刻 t 到随后第一个主事件的时间间距 X_t;

(ii) 在任一时刻 t 还存在的从属过程的数目 Z_t;

(iii) 在任一时刻 t 之后第 i 个 $(1 \leqslant i \leqslant Z_t)$ 从属过程还可能发生的事件数 $Q_t(i)$;

(iv) 从任一时刻 t 到第 i 个从属过程随后的第一个事件的时间间距 $Y_t(i)$.

有关的详细讨论可参看 Lawrance (1972).

(B) **内曼-斯科特** (Neyman-Scott) **过程**

模型的基本假设是:

(i) 主过程是强度为 λ 的齐次泊松过程;

(ii) 每一主事件以概率分布 $\{p_s(k)\}$ 产生随机 k 个从属事件（k 取非负整数值）;

(iii) 这 k 个从属事件离簇生中心的距离分别是 $D_1, D_2, \cdots, D_k$, 各 $D_i > 0$ $(1 \leqslant i \leqslant k)$ 且为相互独立同分布的随机变量，它们的共同分布是 $F_D(x)$;

(iv) λ, $E(k)$ 和 $E(D)$ 均为有限,而且 $F_D(0_+)=0$.

这一模型是 Neyman 和 Scott (1957, 1958) 在研究宇宙中星体分布时引入的. Vere-Jones (1970) 应用这模型研究地震发生问题.这时若允许从属事件发生于主事件之前就对应于"前震",若只考虑单边从属事件流则是局限于"余震"的情形.

这模型与巴特利特-刘易斯过程的差异是 $D_1, D_2, \cdots, D_k$ 并不构成更新过程,从属事件簇可以分布在空间. 即使从属事件分布在时间轴上,我们也不能只研究从任一时刻 t 到其后第一个从属事件的时间间距,应当考虑所有从属事件之间的间距.

(C) 规则事件流的随机偏移

模型的基本假设是:

(i) 主过程是有相等间距的规则事件序列,每一主事件独立地偏移一随机的距离 B,其分布函数是 $F_B(x)$. 假设 $E(B)<\infty$.

(ii) 只考虑从属事件(即偏移后的事件)

Lewis (1961) 提出这一模型并用来研究本来应按时间表到达港口的油船由于种种原因使它们按分布 $F_B(x)$ 提前或推后一随机时间 B 到达的问题. 类似的现象在排队论和储存论中也有发生.

如果假定时间起点是 a_0,相邻两事件间的间距是 a,则第 i 个事件发生的实际时间是 $t_i=a_0+ia+B_i$. 当 a_0, a, i 和 $F_B(x)$ 为已知时,t_i 的分布容易求出. 但若只给出已观测到的经偏移后事件的发生时间(即实际发生时间)而 a, i 均不知道,特别是在有可能发生超越(即按时间表后到的反而先到)时问题就变得复杂.

(D) 较一般的簇生过程

在上面三种模型的基础上,簇生过程的研究已从下列两个方向推广到较一般的情形.

(i) 主过程是非齐次泊松过程、更新过程或平稳点过程.

(ii) 从属过程是较一般的过程.

但是，不管从哪一方面进行推广，若想要得到较好的具体结果，看来各从属过程之间以及它们和主过程间的独立性假设是不可少的。

在簇生过程的研究中，概率母泛函是一个重要的工具．设 $G_1[\xi]$ 是主过程 $\{N_t;\ t \geqslant 0\}$ 的概率母泛函，$G_2[\xi|t]$ 是簇生中心在 t 时从属过程的概率母泛函．在关于簇生过程的独立性和相当一般的附加规则性假设下，可以证明簇生过程的概率母泛函是

$$G[\xi] = G_1[G_2[\xi|t]]. \tag{5-6-1}$$

事实上，若以 $t_1, t_2, \cdots, t_k, \cdots$ 表示主过程的点发生时间，则由簇生过程的构造和独立性假设易知有

$$G[\xi|t_1, t_2, \cdots, t_k, \cdots] = \prod_{k=1}^{\infty} G_2[\xi|t_k],$$

于是

$$\begin{aligned} G[\xi] &= E[G[\xi|t_1, t_2, \cdots, t_k, \cdots]] \\ &= E\left[\prod_{k=1}^{\infty} G_2[\xi|t]\right] \\ &= E\left[\exp\left\{\int_0^{\infty} \log G_2[\xi|t]dN_t\right\}\right] \\ &= G_1[G_2[\xi|t]]. \end{aligned}$$

显然，(5-6-1)式是如下关于平均值的等式的推广：

$$E(X(A)) = \int E(M_{(t)}(A))E(dN_t). \tag{5-6-2}$$

上式中 $X(A)$ 表示簇生过程在(可测)集合 A 中的总点数，N_t 是主过程，$M_{(t)}(A)$ 是簇生中心在 t 的从属过程在集合 A 中的点数．但是应当指出，如果不是要求(5-6-1)而只要求(5-6-2)式成立，则对过程所加的条件可以减弱一些。

标值变量取非负整数值的复合泊松过程（若进一步排除标值变量取零值的可能性就得到广义泊松过程）是一类特殊的簇生过程，其主过程是强度为 $\lambda(t)$ 的泊松过程，从属过程(点簇)的所有点可以看作是全都位于该点簇中心的位置，而且各点簇的点数是相互独立同分布的随机变量，它们还独立于主过程。

我们知道,参数为 λ 的泊松分布随机变量的概率母函数是

$$G(s)=\exp\{\lambda(s-1)\}.$$

现在求强度为 $\lambda(t)$ 的泊松过程 $\{N_t;\ t\geqslant 0\}$ 的概率母泛函. 设函数 ξ_t 在区间 $(0, T]$ 外等于1, 则 N_T 有参数为

$$EN_T=\int_0^T \lambda(t)dt$$

的泊松分布. 当给定 $N_T=n$ 时这 n 个点发生时间是 $(0, T]$ 上同分布的相互独立随机变量,其共同分布密度是 $\lambda(t)/EN_T$。因此

$$\begin{aligned}G_N[\xi]&=E\left[\exp\left\{\int_0^T \log\xi_t dN_t\right\}\right]\\&=\sum_{n=0}^{\infty}\frac{e^{-EN_T}(EN_T)^n}{n!}\int_0^T dt_1\cdots\\&\quad\cdot\int_0^T dt_n\frac{\xi_{t_1}\lambda(t_1)\cdots\xi_{t_n}\lambda(t_n)}{(EN_T)^n}\\&=e^{-EN_T}\sum_{n=0}^{\infty}\frac{1}{n!}\left\{\int_0^T\xi_t\lambda(t)dt\right\}^n\\&=\exp\left\{\int_0^T[\xi_t-1]\lambda(t)dt\right\}.\end{aligned}\qquad(5\text{-}6\text{-}3)$$

设复合泊松过程 $x_t=\sum_{k=1}^{N_t}u_k$ 的概率母函数是 $G_u(s)$, 则由(5-6-1)和(5-6-3)式马上得到过程 $\{x_t,\ t\geqslant 0\}$ 的概率母泛函是

$$\begin{aligned}G_x[\xi]&=G_N[G_u(\xi)]\\&=\exp\left\{\int_0^T\lambda(t)[G_u(\xi_t)-1]dt\right\}.\end{aligned}\qquad(5\text{-}6\text{-}4)$$

§5-7 复合泊松过程的统计推断

在这一节我们简要地讨论复合泊松过程的统计推断问题. 具体地说就是首先推出复合泊松过程的样本函数密度, 然后利用它来讨论参数的最大似然估计和简单的假设检验问题.

我们着重考虑可数标值空间 $\mathscr{U}=\{U_1, U_2, \cdots\}$ 的情形. 设 $\{N_t,\ t\geqslant 0\}$ 是标值点过程 $\{x_t,\ t\geqslant 0\}$ 的基本点过程, 则过程

$\{x_t, t \geqslant 0\}$ 在区间 $(t_0, T]$ 上的样本函数密度定义为

$$p[\{x_t; t_0 < t \leqslant T\}]$$

$$= \begin{cases} P\{N_{t_0,T} = 0\}, & N_{t_0,T} = 0 \\ f_{S_1,\cdots,S_n}(s_1,\cdots,s_n,u_1 = \xi_1,\cdots,u_n = \xi_n, N_{t_0,T} = n), & \\ & N_{t_0,T} = n \geqslant 1, \end{cases} \tag{5-7-1}$$

式中

$$f_{S_1,\cdots,S_n}(s_1,\cdots,s_n,u_1 = \xi_1,\cdots,u_n = \xi_n, N_{t_0,T} = n)$$
$$= P(N_{t_0,T} = n | S_1 = s_1,\cdots,S_n = s_n, u_1 = \xi_1,\cdots,u_n = \xi_n)$$
$$\times P(u_1 = \xi_1,\cdots,u_n = \xi_n | S_1 = s_1,\cdots,S_n = s_n)$$
$$\times f_{S_1,\cdots,S_n}(s_1,\cdots,s_n). \tag{5-7-2}$$

这里 $\xi_k \in \mathscr{U}$ $(1 \leqslant k \leqslant n)$. 类似于泊松过程的样本函数密度，标值点过程的样本函数密度(5-7-1)它可以近似地解释为得到这过程在 $(t_0, T]$ 上的点数 $N_{t_0,T} = n$, n 个点的发生时间

$$S_1 = s_1, \cdots, S_n = s_n$$

且标值分别是 $u_1 = \xi_1, \cdots u_n = \xi_n$ 这样一个特殊现实的概率.

下面进一步讨论可数标值空间的复合泊松过程的样本函数密度. 令 $P(U_k)$ 表示一个点有标值 U_k 的概率，则由复合泊松过程结构中的独立性假设推知

$$p_{S_1,\cdots,S_n}(s_1,\cdots,s_n,u_1 = \xi_1,\cdots,u_n = \xi_n, N_{S,T} = n)$$
$$= P(N_{s,T} = n | S_1 = s_1,\cdots,S_n = s_n)$$
$$\cdot f_{S_1,\cdots,S_n}(s_1,\cdots,s_n) \prod_{k=1}^{n} P(\xi_k). \tag{5-7-3}$$

根据复合泊松过程的定义和泊松过程的有关表示式(2-9-10)和(2-9-12)易得

$$p[\{x_t; t_0 < t \leqslant T\}]$$

$$= \begin{cases} \exp\left\{-\int_{t_0}^{T} \lambda(t)dt\right\}, & N_{t_0,T} = 0, \\ \left[\prod_{k=1}^{n} \lambda(s_k)P(\xi_k)\right]\exp\left\{-\int_{t_0}^{T} \lambda(t)dt\right\}, & \\ & N_{t_0,T} = n \geqslant 1. \end{cases} \tag{5-7-4}$$

如果用 $N_{t_0,T}(U_k)$ 表示标值 $\xi_1,\cdots,\xi_n$ 中等于 U_k 的个数。于是有

$$\sum_{k=1}^{\infty} N_{t_0,T}(U_k) = N_{t_0,T} = n_{\circ}$$

这时,(5-7-4)式可以写成

$$\begin{aligned} & p[\{x_t,\ t_0 < t \leqslant T\}] \\ & = \exp\Big\{-\int_{t_0}^{T} \lambda(t)dt + \int_{t_0}^{T} \log\lambda(t)dN_t \\ & + \sum_{k=1}^{\infty} N_{t_0,T}(U_k)\log[P(U_k)]\Big\}, \end{aligned} \qquad (5\text{-}7\text{-}5)$$

式中的第二个积分是由下式计算的计数积分:

$$\int_{t_0}^{T} \log\lambda(t)dN_t = \begin{cases} 0, & N_{t_0,T} = 0, \\ \sum\limits_{k=1}^{N_{t_0,T}} \log\lambda(s_k), & N_{t_0,T} \geqslant 1, \end{cases} \qquad (5\text{-}7\text{-}6)$$

这里 s_k 是在区间 $(t_0,\ T]$ 中第 k 个点的发生时间.

从(5-7-5)式可以看出,复合泊松过程的样本函数密度可分为两个因子,即

$$\exp\Big\{-\int_{t_0}^{T} \lambda(t)dt + \int_{t_0}^{T} \log\lambda(t)dN_t\Big\}$$

和

$$\exp\Big\{\sum_{k=1}^{\infty} N_{t_0,T}(U_k)\log[P(U_k)]\Big\}.$$

其中第一个因子由点的数目和发生时间确定,它恰恰是强度为 $\lambda(t)$ 的泊松过程(即复合泊松过程的基本点过程)的样本函数密度(2-9-13)。第二个因子是标值的贡献,它是在现实中的标值为 ξ_1, $\cdots$, ξ_n 的概率.

利用复合泊松过程的分解表示

$$x_t = \sum_{k=1}^{\infty} x_t(U_k) \quad 和 \quad \sum_{k=1}^{\infty} P(U_k) = 1_{\circ}$$

可以把(5-7-5)式改写为

$$p[\{x_t, t_0 < t \leqslant T\}] = \prod_{k=1}^{\infty} p[\{x_t(U_k), t_0 < t \leqslant T\}], \quad (5\text{-}7\text{-}7)$$

其中

$$p[\{x_t(U_k),\ t_0 < t \leqslant T\}]$$
$$= \exp\left\{-\int_{t_0}^{T} P(U_k)\lambda(t)dt + \int_{t_0}^{T} \log[P(U_k)\lambda(t)]dN_t(U_k)\right\}. \quad (5\text{-}7\text{-}8)$$

这表明复合泊松过程的样本函数密度可分解为它的各个独立分量 $x_t(U_k)(k=1,2,\cdots)$ 的样本函数密度之乘积.

现在，我们转向考虑可数标值空间复合泊松过程的参数估计问题，不过在此仅限于讨论最大似然估计. 设过程的点发生强度是未知的. 我们要在集合 $\{\lambda(t|\theta);\ \theta \in Ⓗ\}$ 中对过程的强度作出估计. 这里 Ⓗ 是参数集合,而标值 U_k 发生的概率 $P(U_k|\theta)$ 与参数 θ 的值有关. 问题是若已在时间区间 $(t_0,\ T]$ 中对过程 x_t 进行了观测,如何根据所得的观测数据对参数 θ(从而也就是对强度 $\lambda(t|\theta)$) 作出估计. 假设观测数据是在 $(t_0,\ T]$ 中发生的点的数目、时间和标值，则和泊松过程的情形类似,参数 θ 的基于观测数据 $N_{t_0,T}=n,\ S_1=s_1,\cdots,\ S_n=s_n,\ u_1=\xi_1,\cdots,\ u_n=\xi_n$ 的最大似然估计 $\hat{\theta}_{ML}$ 就是使得到这些数据的概率为最大的 θ 值. 类似于在第二章中所作的推理,我们可以证明 $\hat{\theta}_{ML}$ 是使得按给定的数据算出的样本函数密度(等价地,它的对数)为最大的 θ 值.于是由(5-7-5)式知 $\hat{\theta}_{ML}$ 是使得似然函数

$$l(\theta) = \log p[\{x_t, t_0 < t \leqslant T\}|\theta]$$
$$= -\int_{t_0}^{T} \lambda(t|\theta)dt + \int_{t_0}^{T} \log\lambda(t|\theta)dN_t$$
$$+ \sum_{k=1}^{\infty} N_t(U_k)\log[P(U_k|\theta)] \quad (5\text{-}7\text{-}9)$$

达到最大的参数 θ 值. 式中右边是对给定的观测现实 $\{x_t,\ t_0 < t \leqslant T\}$ 计算的. 一般说来,为求出这样的 θ 必须作数值计算. 当

标值分布 $P(U_k|\theta)$ 事实上不依赖 θ 时，我们就可以略去 $l(\theta)$ 的表示式(5-7-9)中的最后一项，这就是说，标值的观测资料对于我们的估计是不起作用的． 类似地，若 $\lambda(t|\theta)$ 实际上不是 θ 的函数，则(5-7-9)式的前两项可以略去，即点发生时间在估计中没有影响．

由(5-7-7)式易知似然函数 $l(\theta)$ 也有如下的分解表式

$$l(\theta)=\sum_{k=1}^{\infty} l_k(\theta), \tag{5-7-10}$$

其中

$$l_k(\theta)=-\int_{t_0}^{T} P(U_k|\theta)\lambda(t|\theta)dt + \int_{t_0}^{T} \log[P(U_k|\theta)\lambda(t|\theta)]dN_t(U_k). \tag{5-7-11}$$

下面讨论假设检验问题．设 $\{x_t;\ t\geqslant 0\}$ 是具有可数标值空间 $\mathscr{U}=\{U_1,\cdots,U_k,\cdots\}$ 的复合泊松过程．我们想对基本点过程强度 $\lambda(t)$ 和标值发生概率 $P(U_k)$ 作如下的双假设检验：

零假设 H_0: $\lambda(t)=\lambda_0(t)$, $P(U_k)=P_0(U_k)$;

备择假设 H_1: $\lambda(t)=\lambda_1(t)$, $P(U_k)=P_1(U_k)$.

假设 H_0 和 H_1 真确的概率分别是 P_0 和 P_1． 类似于泊松过程的情形，我们可以把由事先给定的支付矩阵

$$C=\begin{bmatrix} C_{00} & C_{01} \\ C_{10} & C_{11} \end{bmatrix}$$

算出的门槛值 η 同根据观测数据算出的似然比相比较来决定是否接受假设 H_0．矩阵 $\boldsymbol{C}$ 中的元素 C_{ij} 表示当假设 H_i 为真时选择假设 H_j 的支付 ($i,j=0$ 或 1)．似然比则按下式计算：

$$\Lambda[\{x_t,\ t_0<t\leqslant T\}]=\frac{P(H_1|x_t,\ t_0<t\leqslant T)}{P(H_0|x_t,\ t_0<t\leqslant T)} = \frac{p[\{x_t,t_0<t\leqslant T\}|H_1]P_1}{p[\{x_t,t_0<t\leqslant T\}|H_0]P_0}. \tag{5-7-12}$$

由此看出在假设检验中复合泊松过程的样本函数密度同样也起着重要的作用．

下面利用(5-7-5)和(5-7-7)式分别给出似然比(5-7-12)的两个具体表达式：

$$\log \Lambda[\{\boldsymbol{x}_t, t_0 < t \leqslant T\}]$$

$$= -\int_{t_0}^{T} [\lambda_1(t) - \lambda_0(t)]\, dt + \int_{t_0}^{T} \log [\lambda_1(t)/\lambda_0(t)]\, dt$$

$$+ \sum_{k=1}^{\infty} N_{t_0,T}(U_k) \log [P_1(U_k)/P_0(U_k)] \tag{5-7-13}$$

和

$$\log \Lambda[\{\boldsymbol{x}_t, t_0 < t \leqslant T\}]$$

$$= \sum_{k=1}^{\infty} \log \Lambda[\{\boldsymbol{x}_t(U_k),\ t_0 < t \leqslant T\}], \tag{5-7-14}$$

式中

$$\log \Lambda[\{\boldsymbol{x}_t(U_k), t_0 < t \leqslant T\}]$$

$$= -\int_{t_0}^{T} [P_1(U_k)\lambda_1(t) - P_0(U_k)\lambda_0(t)]\, dt$$

$$+ \int_{t_0}^{T} \log [P_1(U_k)\lambda_1(t)/P_0(U_k)\lambda_0(t)]\, dN_t(U_k). \tag{5-7-15}$$

若对于 $t_0 < t \leqslant T$ 有 $\lambda_1(t) = \lambda_0(t)$，则 (5-7-13) 式中前两项等于零，即点发生时间对作出判断不起作用．类似地，若对某 k 有 $P_1(U_k) = P_0(U_k)$，则(5-7-13)式的最后一个和数中含 U_k 的分量等于零，故这时可不必考虑标值 U_k 的影响．

最后，简单地讨论一下连续标值空间的情形，即设 $\{\boldsymbol{x}_t, t \geqslant 0\}$ 的标值空间 $\mathscr{U}$ 是有限维欧氏空间． 这时假定标值 $\boldsymbol{u}$ 是具有概率密度 $p_{\boldsymbol{u}}(U)$ 的连续随机向量．令 $\{N_t, t \geqslant 0\}$ 是基本点过程，则按定义过程 $\{\boldsymbol{x}_t, t \geqslant 0\}$ 在区间 $(t_0, T]$ 的样本函数密度是

$$p[\{\boldsymbol{x}_t,\ t_0 < t \leqslant T\}]$$

$$= \begin{cases} P(N_{t_0,T} = 0), & N_{t_0,T} = 0, \\ p_{s_1,\cdots,s_n,\boldsymbol{u}_1,\cdots,\boldsymbol{u}_n}(s_1,\cdots,s_n,U_1,\cdots,U_n,N_{t_0,T} = n), \\ & N_{t_0,T} = n \geqslant 1, \end{cases} \tag{5-7-16}$$

式中

$$
\begin{aligned}
& p_{s_1,\cdots,s_n,u_1,\cdots,u_n}(s_1,\cdots,s_n,U_1,\cdots,U_n,\ N_{t_0,T}=n) \\
& = P(N_{s,T}|S_1=s_1,\cdots,S_n=s_n,u_1=U_1,\cdots,u_n=U_n) \\
& \quad \times p_{u_1,\cdots,u_n}(U_1,\cdots,U_n|S_1=s_1,\cdots,S_n=s_n) \\
& \quad \times f_{s_1,\cdots,s_n}(s_1,\cdots,s_n).
\end{aligned}
$$

上式右边的乘积中第一个因子是给定（t_0, ∞）中前 n 个点的发生时间和标值时 $N_{t_0,T}=n$ 的条件概率，后一个因子是给定（t_0, ∞）中前 n 个点的发生时间时这 n 个点的标值的条件联合概率密度. 易知对于复合泊松过程来说，(5-7-16)式可进一步写为

$$
p[\{x_t, t_0<t\leqslant T\}]
=\begin{cases}
\exp\left\{-\int_{t_0}^{T}\lambda(t)dt\right\}, & N_{t_0,T}=0, \\
\left[\prod_{k=1}^{n}\lambda(\omega_k)p_u(U)\right]\exp\left\{-\int_{t_0}^{T}\lambda(t)dt\right\}, & \\
\qquad N_{t_0,T}=n\geqslant 1.
\end{cases} \tag{5-7-17}
$$

上式又可以改写成

$$
\begin{aligned}
& p[\{x_t,\ t_0<t\leqslant T\}] \\
& = \exp\left\{-\int_{t_0}^{T}\lambda(t)dt+\int_{t_0}^{T}\log\lambda(t)dN_t\right. \\
& \qquad \left.+\int_{\mathscr{U}}\log[p_u(U)]N_{t_0,T}(dU)\right\},
\end{aligned} \tag{5-7-18}
$$

式中 $N_{t_0,T}(dU)$ 表示（t_0, T] 中标值属于小体积单元（U, $U+dU$] 的点数.

表示式(5-7-17)和(5-7-18)分别是(5-7-4)和(5-7-5)式在连续标值空间情形的类似物，而样本函数密度的独立分量分解表示(5-7-7)式的类似物则是

$$
\begin{aligned}
& p[\{x_t,\ t_0<t\leqslant T\}] \\
& = \exp\left\{-\int_{t_0}^{T}\lambda(t)dt+\int_{t_0}^{T}\int_{\mathscr{U}}\log[p_u(U)\lambda(t)]M(dt,\ dU)\right\},
\end{aligned} \tag{5-7-19}
$$

式中的 M 是连续标值空间复合泊松过程的分解表示 (5-5-9) 中的

时空泊松过程。

类似于可数标值空间的情形，样本函数密度的表示式（5-7-18）和(5-7-19)在连续标值复合泊松过程的统计推断问题中起着重要的作用。

第六章　滤过泊松过程

§6-1　定义和例子

许多物理现象就其本来的微观状态来说是应当形成泊松过程的．但是，人们通过各种仪器设备观察到的宏观状态则是泊松过程经受各种随机因素影响后的总结果，因而可称之为由泊松过程导出的过程，也就是对泊松过程施行某种变换或滤波而产生的过程．我们把这种过程称做滤过泊松过程．

复合泊松过程是对泊松过程的点附上标值而得到，因此是一种特殊的滤过泊松过程．但这类过程的标值累计过程只是对各点的标值进行累加，并没有考虑到点发生时间的影响．在实际中有许多自然现象和社会现象不是如此简单．下面考察一些例子．

例 6-1-1（发射噪声）　从二极管的热阴极发射的电子跃迁到阳极，从而对阴极电流有增大作用．但是，对于不同时刻发射的电子，这种作用是不同的．若以 I_t 表示在时刻 t 的阴极电流，则它可表为

$$I_t=\begin{cases}0 & \text{当 } N_t=0 \text{ 时},\\ \sum_{n=1}^{N_t} w_1(t-\tau_n) & \text{当 } N_t\geqslant 1 \text{ 时}.\end{cases}\tag{6-1-1}$$

式中 τ_n 是第 n 个电子发射的时间，$\{\tau_n,\ n=1,2,\cdots\}$ 形成一泊松过程，而 $w_1(t-\tau_n)$ 则表示在 τ_n 发射的电子在时刻 t 对阴极电流所起的作用．通常把过程 $\{I_t,\ t\geqslant 0\}$ 称做发射噪声 (shot noise)．滤过泊松过程是首先作为这类发射噪声模型而被引入和研究的．

例 6-1-2（电话系统中被占用线路的数目）　考虑一个有无穷多条线路的电话总机，假设呼唤的到达形成一齐次泊松过程．又

设各次呼唤的通话时间是 $u_1, u_2, \cdots$，它们是相互独立同分布的随机变量. 于是，在时刻 t 被占用(即正在通话)的线路数目 x_t 可表为

$$x_t = \begin{cases} 0 & \text{当 } N_t = 0 \text{ 时}, \\ \sum_{n=1}^{N_t} w_0(t - \tau_n, u_n) & \text{当 } N_t \geqslant 1 \text{ 时}, \end{cases} \tag{6-1-2}$$

其中

$$w_0(s, y) = \begin{cases} 1 & \text{当 } 0 < s \leqslant y \text{ 时}, \\ 0 & \text{当 } s \leqslant 0 \text{ 或 } s > y \text{ 时}, \end{cases}$$

N_t 是在时间区间 $(0, t]$ 中的呼唤次数.

上述例子可以推广到一般的有无穷多个服务员和泊松输入的排队系统，这时 u_n 表示第 n 个顾客的服务时间，x_t 则表示在时刻 t 正在工作的服务员数目.

例 6-1-3 (极低频-甚低频大气噪声)　大约在 30 千赫以下的频带(即极低频和甚低频带)内，大气射电噪声主要是由于闪电放电引起的. 这种噪声对以低频工作的无线电接收机影响显著，其效应可以近似地表为

$$x_t = \begin{cases} 0 & \text{若 } N_t = 0, \\ \sum_{n=1}^{N_t} u_n w_1(t - \tau_n) & \text{若 } N_t \geqslant 1, \end{cases} \tag{6-1-3}$$

式中 N_t 表示在时间区间 $(0, t]$ 内的闪电放电次数，τ_n 是闪电放电的发生时间，$w_1(s)$ 是在闪电放电 s 个时间单位后该次闪电在接收机中引起的响应，$u_1, \cdots, u_n, \cdots$ 是随机因子，它表示响应振幅的变化，这种变化产生的原因是各次闪电释放的能量并不相同.

把上列例子作数量抽象就导致如下的定义.

定义 6-1-1　随机过程 $\{x_t, t \geqslant 0\}$ 称做**滤过泊松过程** (filtered Poisson process)，如果它能表为

$$x_t = \begin{cases} 0 & \text{若 } N_t = 0, \\ \sum_{n=1}^{N_t} w(t, \tau_n, u_n) & \text{若 } N_t \geqslant 1, \end{cases} \tag{6-1-4}$$

式中 $\{N_t, t \geqslant 0\}$ 是齐次泊松过程，u_n 是连系于过程 N_t 的第 n 个点的随机变量，$u_1, \cdots, u_n, \cdots$ 相互独立同分布，而且还独立于过程 N_t. $w(t, \tau, y)$ 称做**响应函数**.

一般的响应函数 $w(t, \tau, y)$ 是三元函数，但在实际中常常有如下的二元函数的特殊形式:

$$w(t, \tau, u) = w_0(t - \tau, u),$$

即在时刻 τ 发生的事件的效应只依赖于时间差 $t - \tau$ 和标值 u.

$w_0(s, u)$ 又常常以下列的形式出现:

(1)
$$w_0(s, u) = \begin{cases} 1 & \text{若 } 0 \leqslant s \leqslant u, \\ 0 & \text{其它情形.} \end{cases} \tag{6-1-5}$$

例 6-1-2 就是这种情形.

(2)
$$w_0(s, u) = \begin{cases} u - s & \text{若 } 0 \leqslant s \leqslant u, \\ 0 & \text{其它情形.} \end{cases} \tag{6-1-6}$$

例 6-1-1 就属于这种情形.

(3)
$$w_0(s,u) = uw_1(s), \tag{6-1-7}$$

式中 $w_1(s)$ 与 u 无关，它经常被要求满足条件：当 $s < 0$ 时

$$w_1(s) = 0.$$

特别地，当

$$w_1(s) = \begin{cases} 1 & \text{若 } s \geqslant 0, \\ 0 & \text{若 } s < 0 \end{cases} \tag{6-1-8}$$

时对应的滤过泊松过程就是复合泊松过程.

§6-2 滤过泊松过程的特征函数和一、二阶矩

下面的定理给出滤过泊松过程的一阶和二阶统计量.

定理 6-2-1 设 $\{x_t, t \geqslant 0\}$ 是滤过泊松过程. 对于任意 $t \geqslant 0$ 和 $t_2 > t_1 \geqslant 0$，x_t 的特征函数是

$$\phi_{x_t}(v) = \exp\left\{\lambda \int_0^t E\left[e^{ivw(t,\tau,u)} - 1\right] d\tau\right\}. \tag{6-2-1}$$

(x_{t_1}, x_{t_2}) 的二维特征函数是

$$\phi_{x_{t_1},x_{t_2}}(v_1,v_2) = \exp\left\{\lambda\int_0^{t_1} E[e^{i[v_1w(t_1,\tau,u)-v_2w(t,\tau,u)]}-1]d\tau\right.$$

$$\left.+\lambda\int_{t_1}^{t_2}E[e^{iv_2w(t_2,\tau,u)}-1]d\tau\right\}. \qquad (6\text{-}2\text{-}2)$$

若 $E[w^2(t,\tau,u)]<\infty$ 对所有 τ，则 x_t 有有限的一阶和二阶矩，它们有如下的表示式：

$$Ex_t = \lambda\int_0^t E[w(t,\tau,u)]d\tau, \qquad (6\text{-}2\text{-}3)$$

$$\mathrm{Var}x_t = \lambda\int_0^t E[w^2(t,\tau,u)]d\tau \qquad (6\text{-}2\text{-}4)$$

和

$$\mathrm{Cov}(x_{t_1},x_{t_2}) = \lambda\int_0^{\min(t_1,t_2)} E[w(t_1,\tau,u)w(t_2,\tau,u)]d\tau. \qquad (6\text{-}2\text{-}5)$$

证明 只须证明二维特征函数的表示式 (6-2-2). 因按定义

$$\phi_{x_{t_1},x_{t_2}}(v_1,v_2) = E[\exp\{i(v_1x_{t_1}+v_2x_{t_2})\}],$$

若在其中取 $v_2=0$，$t_1=t$ 和 $v_1=v$ 即得一维特征函数 ϕ_{x_t} 的表示式(6-2-1). 对于 $0\leqslant t_1<t_2$，令

$$z = v_1x_{t_1}+v_2x_{t_2}$$

$$=\sum_{n=1}^{N_{t_1}} v_1w(t_1,\tau_n,u_n)+\sum_{n=1}^{N_{t_2}} v_2w(t_2,\tau_n,u_n). \qquad (6\text{-}2\text{-}6)$$

因为当 $t<\tau$ 时，在时刻 τ 出现的事件不会在较早的时刻 t 对系统产生影响(即系统是物理可实现的)，故不妨设对任意 τ 和 u 有

$$w(t,\tau,u)=0, \quad 若\ t<\tau.$$

这样，如果令

$$g(\tau,u)=v_1w(t_1,\tau,u)+v_2w(t_2,\tau,u),$$

则(6-2-5)可写成

$$z=\sum_{n=1}^{N_{t_2}}[v_1w(t_1,\tau_n,u_n)+v_2w(t_2,\tau_n,u_n)]$$

$$= \sum_{n=1}^{N_{t_2}} g(\tau_n, u_n). \tag{6-2-7}$$

从而有

$$\phi_{x_{t_1}, x_{t_2}}(v_1, v_2) = E[e^{iz}]$$

$$= \sum_{m=0}^{\infty} P(N_{t_2} = m) E[e^{iz} | N_{t_2} = m]. \tag{6-2-8}$$

按条件期望的定义

$$E[e^{iz} | N_{t_2} = m] = \int_0^{t_2} \int_{s_1}^{t_2} \cdots \int_{s_{m-1}}^{t_2} E[e^{iz} | N_{t_2} = m, \tau_1 = s_1, \cdots, \tau_m = s_m] \times dF_{\tau_1, \cdots, \tau_m}(s_1, \cdots, s_m | N_{t_2} = m),$$

其中

$$E[e^{iz} | N_{t_2} = m, \tau_1 = s_1, \cdots, \tau_m = s_m]$$

$$= E\left[e^{i \sum_{n=1}^{N_{t_2}} g(\tau_n, u_n)} | N_{t_2} = m, \tau_1 = s_1, \cdots, \tau_m = s_m \right]$$

$$= E\left[e^{i \sum_{n=1}^{m} g(\tau_n, u_n)} | N_{t_2} = m, \tau_1 = s_1, \cdots, \tau_m = s_m \right]$$

$$= \prod_{n=1}^{m} E[e^{ig(\tau_n, u_n)}],$$

上面最后一个等式由 $\{u_n\}$ 之间以及 $\{u_n\}$ 与 $\{N_t;\ t \geqslant 0\}$ 的独立性推出.

$F_{\tau_1, \cdots, \tau_m}(s_1, \cdots, s_m | N_{t_2} = m)$ 是已知齐次泊松过程 N_t 在 $(0, t_2]$ 中有 m 个点时这 m 个点的发生时刻 $\tau_1, \cdots, \tau_m$ 的分布函数. 由泊松过程的性质知它与 m 个在 $(0, t_2]$ 上均匀分布的相互独立随机变量的次序统计量有相同的分布,即有分布密度 $m!/t_2^m$. 因此

$$E[e^{iz} | N_{t_2} = m]$$

$$= \frac{m!}{t_2^m} \int_0^{t_2} ds_1 \int_{s_1}^{t_2} ds_2 \cdots \int_{s_{n-1}}^{t_2} ds_m \prod_{n=1}^{m} E[e^{ig(s_n, u_n)}].$$

注意到被积函数 $\prod_{n=1}^{m} E[e^{ig(s_n,u_n)}]$ 是变元 $s_1,\cdots,s_m$ 的对称函数，上式又等于

$$\frac{1}{t_2^m}\int_0^{t_2}ds_1\int_0^{t_2}ds_2\cdots\int_0^{t_2}ds_m\prod_{n=1}^{m}E[e^{ig(s_n,u_n)}]$$

$$=\frac{1}{t_2^m}\left\{\int_0^{t_2}E[e^{ig(\tau,u)}]d\tau\right\}^m.$$

将 $E[e^{iz}|N_{t_2}=m]$ 的这一表示代入(6-2-8)式并利用 N_{t_2} 的泊松分布性质得

$$\phi_{x_{t_1},x_{t_2}}(v_1,v_2)=\sum_{m=0}^{\infty}\frac{1}{t_2^m}\left\{\int_0^{t_2}E[e^{ig(\tau,u)}]d\tau\right\}^m e^{-\lambda t_2}\frac{(\lambda t_2)^m}{m!}$$

$$=e^{-\lambda t_2}\sum_{m=0}^{\infty}\frac{1}{m!}\left\{\lambda\int_0^{t_2}E[e^{ig(\tau,u)}]d\tau\right\}^m$$

$$=e^{-\lambda t_2}e^{\lambda\int_0^{t_2}E[e^{ig(\tau,u)}]d\tau}$$

$$=\exp\left\{\lambda\int_0^{t_1}E[e^{i[v_1w(t_1,\tau,u)+v_2w(t_2,\tau,u)]}-1]d\tau+\lambda\int_{t_1}^{t_2}E[e^{iv_2w(t_2,\tau,u)}-1]d\tau\right\},$$

这就证明了(6-2-2)式。

根据(6-2-1)和(6-2-2)式并利用关系式

$$iEx_t=\frac{d}{dv}\log\phi_{x_t}(v)|_{v=0},$$

$$i^2\mathrm{Var}x_t=\frac{d^2}{dv^2}\log\phi_{x_t}(v)|_{v=0}$$

和

$$i\mathrm{Cov}(x_{t_1},x_{t_2})=\frac{\partial^2}{\partial v_1\partial v_2}\log\phi_{x_{t_1},x_{t_2}}(v_1,v_2)|_{v_1=v_2=0},$$

即可推出表示式(6-2-3)—(6-2-5)式。 ■

我们给出有关定理 6-2-1 的应用的一些例子。

例 6-2-1 将定理 6-2-1 应用于例 6-1-2 中的排队系统. 设滤过泊松过程 $\{x_t;\ t \geqslant 0\}$ 由(6-1-2)式给出，则由(6-2-1)式有

$$\phi_{x_t}(v) = \exp\left\{\lambda\int_0^t E[e^{ivw_0(t-\tau,u)} - 1]d\tau\right\}$$
$$= \exp\left\{\lambda\int_0^t E[e^{ivw_0(s,u)} - 1]ds\right\}. \qquad (6-2-9)$$

在上面已作了变量代换 $s = t - \tau$. 对于固定的 $s \geqslant 0$，按 $w_0(s, u)$ 的定义有

$$e^{ivw_0(s,u)} - 1 = \begin{cases} e^{iv} - 1 & 若\ u > s, \\ 0 & 若\ u \leqslant s. \end{cases}$$

所以

$$E[e^{ivw_0(s,u)} - 1] = (e^{iv} - 1)[1 - F_u(s)].$$

因而有

$$\phi_{x_t} = \exp\left\{(e^{iv} - 1)\lambda\int_0^t [1 - F_u(s)]ds\right\}. \qquad (6-2-10)$$

由此看出 x_t 有参数为 $\lambda\int_0^t [1 - F_u(s)]ds$ 的泊松分布. 根据附录五中的 (A-5-2) 式

$$Eu = \int_0^\infty [1 - F_u(s)]ds.$$

故当 t 很大时

$$\int_0^t [1 - F_u(s)]ds \approx Eu,$$

即 x_t 近似地有参数为 λEu 的泊松分布. 这样，我们马上推知

$$正在工作的服务员的平均数 \approx \lambda Eu$$
$$= \frac{顾客的平均服务时间}{顾客到达的平均时间间距}. \qquad (6-2-11)$$

正在工作的服务员数目等于零，亦即所有服务员都空闲的概率是

$$P(x_t = 0) \approx e^{-\lambda Eu}. \qquad (6-2-12)$$

下面求协方差 $\mathrm{Cov}(x_s, x_t)$. 对于 $s < t$

$$\mathrm{Cov}(x_s, x_t) = \lambda\int_0^s E[w_0(s - \tau, u)w_0(t - \tau, u)]d\tau$$
$$= \lambda\int_0^s E[w_0(r, u)w_0(r + t - s, u)]dr. \qquad (6-2-13)$$

按照 $w_0(r,u)$ 的定义知对固定的 r 有

$$w_0(r,u)w_0(r+t-s,u)=\begin{cases}1, & u>r+t-s,\\ 0, & u\leqslant r+t-s.\end{cases}$$

将此式代入 $\mathrm{Cov}(x_s,x_t)$ 的表示式(6-2-13)中得

$$\begin{aligned}\mathrm{Cov}(x_s,x_t)&=\lambda\int_0^s P(u>r+t-s)dr\\ &=\lambda\int_0^s[1-F_u(r+t-s)]dr\\ &=\lambda\int_{t-s}^t[1-F_u(y)]dy.\end{aligned}\qquad(6\text{-}2\text{-}14)$$

因为,对于 $M/M/\infty$ 排队系统 u 有均值为 $1/\mu$ 的指数分布($\mu>0$ 是某一常数),故 $1-F_u(s)=e^{-\mu s}$. 所以这时有

$$\mathrm{Cov}(x_s,x_t)=\frac{\lambda}{\mu}[e^{-\mu(t-s)}-e^{-\mu t}].\qquad(6\text{-}2\text{-}15)$$

若记 $t=s+v(v\geqslant 0)$, 则上式可改写为

$$\mathrm{Cov}(x_s,x_{s+v})=\frac{\lambda}{\mu}e^{-\mu v}[1-e^{-\mu s}].\qquad(6\text{-}2\text{-}16)$$

在上式令 $s\to\infty$ 得

$$\lim_{s\to\infty}\mathrm{Cov}(x_s,x_{s+v})=\frac{\lambda}{\mu}e^{-\mu v}.\qquad(6\text{-}2\text{-}17)$$

这表明当系统工作了很长一段时间后,可以认为正在工作着的服务员数目 x_t 构成一协方差平稳的过程,这时数学期望等于常数,即

$$Ex_t=\lambda/\mu,\qquad(6\text{-}2\text{-}18)$$

协方差函数是

$$\mathrm{Cov}(x_s,x_t)=\frac{\lambda}{\mu}e^{-\mu|t-s|},\quad s,t\geqslant 0.\qquad(6\text{-}2\text{-}19)$$

对于服务时间 u 有一般分布的 $M/G/\infty$ 系统,我们从(6-2-14)式出发并令 $t=s+v$ 后不难证明

$$\lim_{s\to\infty}\mathrm{Cov}(x_s,x_{s+v})=\mu Eu\left\{1-\int_0^v\frac{1-F_u(y)}{Eu}dy\right\}.\qquad(6\text{-}2\text{-}20)$$

注意上式中的$\int_0^v \frac{1-F_u(y)}{Eu}dy$作为$v$的函数是变量 u 的平衡分布。

§6-3 发射噪声过程和 Campbell 定理

我们在例 6-1-1 中已经看到，发射噪声现象可以用一个定义在 $\mathbb{R}_+$ 上的滤过泊松过程来描述，这里把开始观测的时刻取作时间原点．然而，在物理学上常常需要考察在很久很久以前已经存在的类似现象，这导致定义在整个数轴 $\mathbb{R}$ 上的滤过泊松过程．

定义 6-3-1 随机过程 $\{x_t, -\infty < t < \infty\}$ 称做**发射噪声过程**，如果它可以表为发生在随机时间…，τ_{-1}，τ_0，τ_1，…的点对一个滤波器激发所产生的脉冲响应的叠加，而且这些脉冲响应有同一的样式 $w(s)$，换句话说，x_t 可表为

$$x_t = \sum_{n=-\infty}^{\infty} w(t-\tau_n). \tag{6-3-1}$$

更一般地，脉冲响应有时也会形如 $w(s, u)$，即它还依赖于另一参数 u。在每一时刻 τ_n 参数 u 取某一随机变量 u_n 的值，即有

$$x_t = \sum_{n=-\infty}^{\infty} w(t-\tau_n, u_n). \tag{6-3-2}$$

此外，进一步假设 $\{\tau_n, -\infty < n < \infty\}$ 是 $\mathbb{R}$ 上强度为 λ 的齐次泊松过程，$\{u_n\}$ 是一串相互独立同分布的随机变量。

读者不难发现，例 6-1-2—例 6-1-4 中的过程都有类似于(6-3-2)式的形式。

利用完全类似于证明定理 6-2-1 的方法，我们可以推出对于由(6-3-1)式定义的发射噪声过程 $\{x_t, -\infty < t < \infty\}$ 有

$$\begin{aligned}\phi_{x_t}(v) &= \exp\left\{\lambda\int_{-\infty}^{\infty}[e^{ivw(t-\tau)}-1]d\tau\right\}\\ &= \exp\left\{\lambda\int_{-\infty}^{\infty}[e^{ivw(s)}-1]ds\right\}\end{aligned}$$

$$= \exp\left\{2\lambda\int_0^{\infty}[\cos v\cdot w(s)-1]ds\right\}, \quad (6\text{-}3\text{-}3)$$

$$Ex_t = \lambda\int_{-\infty}^{\infty} w(s)ds, \quad (6\text{-}3\text{-}4)$$

$$\mathrm{Var}x_t = \lambda\int_{-\infty}^{\infty} w^2(s)ds \quad (6\text{-}3\text{-}5)$$

和

$$\mathrm{Cov}(x_t, x_{t+v}) = \lambda\int_{-\infty}^{\infty} w(s)w(s+v)ds. \quad (6\text{-}3\text{-}6)$$

人们通常把(6-3-4)—(6-3-6)式称做关于随机脉冲叠加的Campbell (坎贝尔)定理. 易见定理 6-2-1 中的 (6-2-3)—(6-2-5) 式(如有必要，将积分限适当改变)可以看作是 Campbell 定理的推广形式.

有些著作把 Campbell 定理进一步写为

$$Ex_t\left(=\lambda\int_{-\infty}^{\infty} w(s)ds\right) = \lambda W(o), \quad (6\text{-}3\text{-}7)$$

$$\mathrm{Var}\,x_t\left(=\lambda\int_{-\infty}^{\infty} w^2(s)ds\right) = \int_{-\infty}^{\infty}|W(f)|^2df, \quad (6\text{-}3\text{-}8)$$

$$\mathrm{Cov}(x_t, x_{t+v}) = \lambda\int_{-\infty}^{\infty} w(s)w(s+v)ds \quad (6\text{-}3\text{-}9)$$

和

$$S_x(f) \equiv \int_{-\infty}^{\infty}\mathrm{Cov}(x_t, x_{t+v})\exp(-i2\pi fv)dv$$
$$= \lambda|W(f)|^2, \quad (6\text{-}3\text{-}10)$$

其中

$$W(f) = \int_{-\infty}^{\infty} w(v)\exp(-i2\pi fv)dv \quad (6\text{-}3\text{-}11)$$

是滤波器的频率响应函数，它在数学上就是函数 $w(\cdot)$ 的傅里叶变换的一种形式. 因此,它的逆变换是

$$w(v) = \int_{-\infty}^{\infty} W(f)\exp(i2\pi fv)df, \quad (6\text{-}3\text{-}12)$$

参数 f 可被赋予“频率”的含义. (6-3-7)式的真确性是显然的. (6-3-8)式实质上(除去常数因子 λ 后)就是著名的 Parserval (巴

塞瓦)等式．而(6-3-10)式则易由(6-3-9)式和当 $w(v)$ 是实函数时

$$\overline{W(f)} = \int_{-\infty}^{\infty} w(v)\exp(i2\pi f v)dv = W(-f)$$

这一事实得到，这里 $\bar{y}$ 表示复数 y 的共轭.(6-3-10)式中的 $S_x(f)$ 是过程 x_t 的协方差函数的傅里叶变换，称做过程 x_t（确切地说是 $x_t - Ex_t$）的**功率谱密度**（power density spectrum）．这样一来，Campbell 定理除了通过脉冲信号 $w(v)$ 给出过程 x_t 的平均值，方差和协方差的表示之外，还告诉我们 $w(v)$ 的频率响应函数 $W(f)$ 与过程 x_t 的平均值、方差以及功率谱密度之间的关系．顺便指出，积分 $\int_{-\infty}^{\infty} w^2(v)dv$ 的物理意义是脉冲响应 $w(v)$ 的总能量．因此，(6-3-8)式给出总能量的另一种表示．

例 6-3-1 设(6-3-1)式中的脉冲响应有如下形式：

$$w(s) = \begin{cases} \dfrac{2e}{T^2}s & \text{当 } 0 \leqslant s \leqslant T \text{ 时}, \\ 0 & \text{其它情形}, \end{cases}$$

其中 e 和 T 是给定的常数．则过程 $\{x_t,\ t \geqslant 0\}$ 可描述在时刻 t 流经真空管的总电流．它由把从阴极跃迁到阳极的单个电子产生的脉冲电流叠加而得．这时，每个电子带有电荷 $-e$，从阴极跃迁到阳极所需的时间是 T．于是，(6-3-4)—(6-3-6)式给出

$$Ex_t = \lambda \int_0^T \frac{2e}{T^2} s ds = \lambda e, \tag{6-3-13}$$

$$\operatorname{Var} x_t = \lambda \int_0^T \left(\frac{2es}{T^2}\right)^2 ds = \frac{4\lambda e^2}{3T} \tag{6-3-14}$$

和

$$\operatorname{Cov}(x_t, x_{t+v}) = \begin{cases} \dfrac{4\lambda e^2}{3T}\left(1 - \dfrac{3}{2}\dfrac{|v|}{T} + \dfrac{1}{2}\dfrac{|v|^3}{T^3}\right), & |v| \leqslant T, \\ 0, & \text{其它情形}. \end{cases} \tag{6-3-15}$$

例 6-3-2 进一步考察例 2-2-2 中由

$$D_t = \sum_{n=1}^{N_t} D_n e^{-\alpha(t-s_n)}$$

给定的过程 $\{D_t, t \geqslant 0\}$，其中 $D_n(n=1, 2, \cdots)$ 是相互独立同分布的随机变量，$\{S_n\}$ 是强度为 λ 的泊松过程的点发生时间. 显然,这属于由(6-3-2)式给出的较一般的发射噪声过程类. 在例 2-2-2 中已直接算出

$$ED_t = \frac{\lambda ED}{\alpha}(1-e^{-\alpha t}). \tag{6-3-16}$$

现在,根据定理 6-2-1 再求出过程 D_t 的特征函数、方差和协方差函数. 在本例中 $w(t, \tau, u) = ue^{-\alpha(t-\tau)}$，于是由(6-2-1)式知特征函数是

$$\begin{aligned}\phi_{x_t}(v) &= \exp\left\{\lambda\int_0^t E[e^{ivDe^{-\alpha(t-\tau)}}-1]d\tau\right\}\\ &= \exp\left\{\lambda\int_0^t E[e^{ivDe^{-\alpha y}}-1]dy\right\}\\ &= \exp\left\{\lambda\int_0^t [\phi_D(ve^{-\alpha y})-1]dy\right\}.\end{aligned} \tag{6-3-17}$$

又由(6-2-3)和(6-2-4)式可得

$$\begin{aligned}\mathrm{Var}D_t &= \lambda\int_0^t E[(De^{-\alpha(t-\tau)})^2]d\tau\\ &= \lambda\int_0^t E[D^2e^{-2\alpha y}]dy\\ &= \lambda E(D^2)(1-e^{-2\alpha t})/2\alpha\end{aligned} \tag{6-3-18}$$

和

$$\begin{aligned}\mathrm{Cov}(D_t, D_{t+s}) &= \lambda\int_0^t E[De^{-\alpha(t-\tau)}De^{-\alpha(t+s-\tau)}]d\tau\\ &= \lambda\int_0^t E[D^2e^{-2\alpha(t-\tau)}e^{-\alpha s}]d\tau\\ &= e^{-\alpha s}\mathrm{Var}D_t\\ &= e^{-\alpha s}\lambda E(D^2)(1-e^{-2\alpha t})/2\alpha.\end{aligned} \tag{6-3-19}$$

为求 D_t 的极限分布，我们可以在 (6-3-17) 式中令 $t\to\infty$ 即得

$$
\begin{aligned}
&\lim_{t\to\infty} E[\exp\{ivD_t\}] \\
&= \lim_{t\to\infty} \exp\left\{\lambda\int_0^t [\phi_D(ve^{-\alpha y})-1]dy\right\} \\
&= \exp\left\{\lambda\int_0^\infty [\phi_D(ve^{-\alpha y})-1]dy\right\}.
\end{aligned}
$$

现在考虑当 D_n 是参数为 μ 的指数分布时的特殊情形，这时有

$$
\phi_D(u) = \left(\frac{\mu}{\mu - iu}\right).
$$

因此

$$
\begin{aligned}
&\lim_{t\to\infty} E[\exp\{ivD_t\}] \\
&= \exp\left\{\lambda\int_0^\infty \left[\frac{\mu}{\mu - ive^{-\alpha y}} - 1\right]dy\right\} \\
&= \exp\left\{\lambda\int_0^\infty \frac{ive^{-\alpha y}}{\mu - ive^{-\alpha y}}\,dy\right\} \\
&= \exp\left\{\frac{\lambda i}{\alpha}\int_0^v \frac{1}{\mu - ix}\,dx\right\} \\
&= \left(\frac{\mu}{\mu - iv}\right)^{\lambda/\alpha}. \qquad (6\text{-}3\text{-}20)
\end{aligned}
$$

这是具有参数 λ/α 和 μ 的伽玛分布随机变量的特征函数，即 D_t 的极限分布是参数为 λ/α 和 μ 的伽玛分布.

§6-4 滤过泊松过程的推广

我们首先从响应函数方面对滤过泊松过程的定义加以推广.在定义 6-1-1 中响应函数 $w(t, \tau, u)$ 是确定性函数，但它的 3 个变元中有的可以用随机变量代入. 现在，我们更一般地假设

$$
\{\{w_n(t, \tau),\ t \geq 0,\ \tau \geq 0\};\ n = 1, 2, \cdots\}
$$

是一串相互独立同分布的随机过程，它们和过程 $\{w(t, \tau),\ t \geq 0,\ \tau \geq 0\}$ 有相同的概率分布律. 对于任意 $t \geq 0$ 和 $\tau \geq 0$,

$w(t, \tau)$ 的特征函数是

$$\phi_{w(t,\tau)}(v) = E[\exp\{ivw(t, \tau)\}].$$

再设 $\{N_t, t \geqslant 0\}$ 是强度为 λ 的齐次泊松过程，$\tau_1, \tau_2, \cdots, \tau_n, \cdots$ 是这过程的点发生时间. 假定 $\{N_t, t \geqslant 0\}$ 和

$$\{w_n(t, \tau), t \geqslant 0, \tau \geqslant 0\} \quad (n = 1, 2, \cdots)$$

也是独立的. 则由

$$x_t = \sum_{n=1}^{N_t} w_n(t, \tau_n) \tag{6-4-1}$$

定义的过程 $\{x_t, t \geqslant 0\}$ 就称做**广义的滤过泊松过程**. 我们可以利用类似于证明定理 6-2-1 的方法推出广义滤过泊松过程的如下关系式:

$$\phi_{x_t}(v) = \exp\left\{\lambda \int_0^t [\phi_{w(t,\tau)}(v) - 1] d\tau\right\}, \tag{6-4-2}$$

$$Ex_t = \lambda \int_0^t E[w(t, \tau)] d\tau, \tag{6-4-3}$$

和

$$\mathrm{Var} x_t = \lambda \int_0^t E[w^2(t, \tau)] d\tau. \tag{6-4-4}$$

广义滤过泊松过程可以用作有迁入的群体过程的模型. 考察在一定的区域某类动物的繁殖过程. 设一个动物在时刻 τ 进入该区域,它在时刻 t 存在于这区域内的后代数目是一随机变量 $w(t, \tau)$. 假定在初始时刻区域内没有这类动物，但后来在随机时刻 $\tau_1 < \tau_2 < \cdots$ 有同类动物迁入,而且迁入的发生形成强度为 λ 的泊松过程. 以 $w_n(t, \tau_n)$ 表示在时刻 τ_n 迁入的动物从迁入时起到时刻 t 为止所繁殖的后代数目. 于是在时刻 t 存在于该区域内的这类动物总数由 (6-4-1) 式给出. 如果再加上由 $\{\tau_n\}$ 确定的过程 $\{N_t, t \geqslant 0\}$ 和 $\{w_n(t, \tau_n), n \geqslant 1\}$ 间以及各 $w_n(t, \tau_n)$ 之间的独立性假设，我们就得到广义滤过泊松过程. 因为这样的群体过程 x_t 是取非负整数值的，故利用概率母函数常常更为方便. 类似于前面使用特征函数的情形,我们可以证明若以

$$G_x(s, t) = \sum_{n=0}^{\infty} s^n P\{x_t = n\}$$

和

$$G_w(s,t,\tau)=\sum_{n=0}^{\infty}s^nP\{w(t,\tau)=n\}$$

分别表示随机变量 x_t 和 $w(t,\ \tau)$ 的概率母函数,则二者有如下关系:

$$G_x(s,t)=\exp\left\{\lambda\int_0^t[G_w(s,t,\tau)-1]\right\}d\tau. \qquad (6\text{-}4\text{-}5)$$

现在,我们从基本过程方面进行推广.

滤过的非齐次泊松过程 如果在定义 6-1-1 中允许基本过程 $\{N_t,\ t\geqslant 0\}$ 是有时倚强度 $\lambda(t)$ 的泊松过程,我们就得到滤过的非齐次泊松过程. 这一推广能给非平稳的发射噪声提供一个适当的模型. 考虑一个有温度限制的二极管,它由一个交流灯丝电源开动. 在这种情形中阴极发射电子的概率周期地发生变化. 若以 N_t 表示在时间区间 $(0,\ t]$ 内发射的电子数,则 $\{N_t,\ t\geqslant 0\}$ 可用一具有周期强度 $\lambda(t)$ 的泊松过程来模拟. 于是,这二极管的发射噪声

$$x_t=\sum_{n=1}^{N_t}w(t,\ \tau_n,\ u_n)$$

就给出一个滤过的非齐次泊松过程.

对于滤过的非齐次泊松过程,我们也可以用类似的方法证明相应于定理 6-2-1 的结果,即 x_t 的特征函数是

$$\phi_{x_t}(v)=\exp\left\{\int_0^t\lambda(\tau)E[e^{ivw(t,\tau,u)}-1]d\tau\right\}, \qquad (6\text{-}4\text{-}6)$$

数学期望、方差和协方差分别是

$$Ex_t=\int_0^t\lambda(\tau)E[w(t,\tau,u)]d\tau, \qquad (6\text{-}4\text{-}7)$$

$$\mathrm{Var}\,x_t=\int_0^t\lambda(\tau)E[w^2(t,\ \tau,\ u)]d\tau \qquad (6\text{-}4\text{-}8)$$

和

$$\mathrm{Cov}(x_{t_1},x_{t_2})=\int_0^{\min(t_1,t_2)}\lambda(\tau)E[w(t_1,\ \tau,\ u)w(t_2,\ \tau,\ u)]d\tau. \qquad (6\text{-}4\text{-}9)$$

滤过的广义泊松过程 设 $\{M_t, t \geqslant 0\}$ 是一广义泊松过程，它的基本点过程是强度为 λ 的齐次泊松过程 $\{N_t, t \geqslant 0\}$, N_t 的每一发生时间有（M_t 的）k 个点的概率是 p_k. 于是，过程 $\{M_t, t \geqslant 0\}$有分解表示

$$M_t = \sum_{k=1}^{\infty} kN_t^{(k)}, \tag{6-4-10}$$

其中 $\{N_t^{(k)}, t \geqslant 0\}$ 是强度为 $\lambda_k = \lambda p_k$ 的齐次泊松过程，且各 $\{N_t^{(k)}, t \geqslant 0\}$ $(k = 1, 2, \cdots)$ 相互独立. 由此易知

$$EM_t = \mu_1 t \quad 和 \quad \operatorname{Var} M_t = \mu_2 t,$$

其中

$$\mu_1 = \sum_{k=1}^{\infty} k\lambda_k \quad 和 \quad \mu_2 = \sum_{k=1}^{\infty} k^2\lambda_k.$$

如果令过程 $\{M_t, t \geqslant 0\}$ 通过一响应函数为 $w(t-\tau)$ 的滤波器，则输出过程就是一个滤过的广义泊松过程. 在实际中，例如，在二极管的发射噪声模型中，若阴极的每一次电子发射不是单个电子而是一电子簇，而且每簇的电子数有离散分布 $\{p_k\}$. 这就引导到滤过的广义泊松过程. 由(6-4-10)式及定理 6-2-1 易得

$$Ex_t = \mu_1 \int_0^t w(s)ds, \tag{6-4-11}$$

$$\operatorname{Var} x_t = \mu_2 \int_0^t w^2(s)ds. \tag{6-4-12}$$

§6-5* 滤过泊松过程的中心极限定理

因为滤过泊松过程可以表为它的各个独立成分的叠加，故由关于相互独立随机变量和的中心极限定理的启发，人们自然会问，在极限情形中滤过泊松过程是否会收敛于一高斯过程？这问题的答案基本上是肯定的，即在某些相对地说并不强的条件下，当滤过泊松过程的某些参数(例如，基本点过程的强度)趋于某一极限时，这过程的标准化版本收敛于一高斯过程，确切地说，我们有如下

理。

定理 6-5-1 设 $\left\{x_t=\sum_{n=1}^{N_t} w(t,\tau_n,u_n),\ t\geqslant 0\right\}$是一滤过的泊松过程,它的基本点过程是带时倚强度 $\lambda(t)$ 的泊松过程。假设对于 $t\in(0,T]$ 有

$$\gamma_1(t)\equiv Ex_t=\int_0^t \lambda(\tau)E[w(t,\tau,u)]d\tau<\infty, \quad (6\text{-}5\text{-}1)$$

$$0<\gamma_2(t)\equiv \operatorname{Var} x_t=\int_0^t \lambda(\tau)E[w^2(t,\tau,u)]d\tau<\infty. \quad (6\text{-}5\text{-}2)$$

而且当某些参数趋于一定的极限时

$$[\gamma_2(t_1)\gamma_2(t_2)\gamma_2(t_3)]^{-1/2}\Gamma(t_1,t_2,t_3) \quad (6\text{-}5\text{-}3)$$

在三维立方体 $(0,T]\times(0,T]\times(0,T]$ 中一致趋于零,这里

$$\Gamma(t_1,t_2,t_3)\equiv\int_0^{\min(t_1,t_2,t_3)} \lambda(\tau)E\left\{\left|\prod_{i=1}^{3} w(t_i,\tau,u)\right|\right\}d\tau. \quad (6\text{-}5\text{-}4)$$

则过程 $\{x_t,\ t\geqslant 0\}$ 的由

$$x_t^*\equiv[x_t-\gamma_1(t)]\gamma_2^{-1/2}(t) \quad (6\text{-}5\text{-}5)$$

给出的标准化版本在 $(0,T]$ 上收敛于一高斯过程,它的均值函数等于零,协方差函数是

$$[\gamma_2(t_1)\gamma_2(t_2)]^{-1/2}K_x(t_1,t_2),$$

这里

$$K_x(t_1,t_2)\equiv\int_0^{\min(t_1,t_2)} \lambda(\tau)E[w(t_1,\tau,u)w(t_2,\tau,u)]du. \quad (6\text{-}5\text{-}6)$$

如果基本点过程具有常数强度 λ,则

$$[\gamma_2(t_1)\gamma_2(t_2)\gamma_2(t_3)]^{-1/2}\Gamma(t_1,t_2,t_3)$$

$$=\lambda^{-1/2}\frac{\displaystyle\int_0^{\min(t_1,t_2,t_3)} E\left\{\left|\prod_{i=1}^{3} w(t_i,\tau,u)\right|\right\}d\tau}{\left\{\displaystyle\prod_{i=1}^{3}\int_0^{t_i} E[w^2(t_i,\tau,u)]d\tau\right\}^{1/2}}.$$

因此,当

$$\int_0^T E\left\{\left|\prod_{i=1}^{3} w(t_i,\tau,u)\right|\right\}d\tau<\infty$$

时(特别地，当响应函数 $w(t,\tau,u)$ 在 $(0,T]$ 上有界时)，如果强度 λ 趋于无穷，则定理 6-5-1 的条件必能满足，故由该定理知由(6-5-5)式定义的 $\{x_t^*, t\geqslant 0\}$ 收敛于协方差函数为

$$\frac{\int_0^{\min(t_1,t_2)} E[w(t_1,\tau,u)w(t_2,\tau,u)]d\tau}{\int_0^{t_1} E[w^2(t_1,\tau,u)]d\tau \int_0^{t_2} E[w^2(t_2,\tau,u)]d\tau}$$

的高斯过程。

顺便指出，对于由(6-4-1)式定义的经推广的滤过泊松过程，类似于定理 6-5-1 的中心极限定理也成立。

根据上面的极限定理就不难明白，为什么一些乍看起来滤过泊松过程是恰当模型的随机现象(如发射噪声，大气噪声等)在实际中常常可以利用高斯过程来模拟。

关于定理 6-5-1 的证明及更多的实际例子可参看 Snyder (1975)的第四章。

第七章　纯生过程和生灭过程

§7-1　齐次纯生过程

§2-1 的条件 2-1-5 给出齐次泊松过程的一个等价定义，其中除了对计数过程 $\{N_t,\ t\geqslant 0\}$ 的初始状态的规定外，最本质的要求是：对任意正整数 k，实数 $0<t_1<\cdots<t_k=t$，非负整数 $n_1\leqslant\cdots\leqslant n_k=n$ 和 $h>0$ 有

$$P(N_{t,t+h}=1|N_{t_j}=n_j,\ j\leqslant k-1;N_t=n)=\lambda h+o(h) \tag{7-1-1}$$

和

$$P(N_{t,t+h}\geqslant 2|N_{t_j}=n_j,\ j\leqslant k-1;N_t=n)=o(h), \tag{7-1-2}$$

其中 λ 是点发生率或强度．在这定义中 λ 是一常数，它既不依赖于时间 t，也和 $N_{t_1},\cdots,N_{t_{k-1}}$ 和 N_t 的取值无关．在 §2-2 中我们通过允许强度随时间而变化，即假设它是时间 t 的一个函数 $\lambda(t)$ 而将齐次泊松过程推广为带时倚强度的泊松过程．在这一章，我们将进一步允许上面的条件概率实际上还依赖于 N_t 的取值，亦即假定发生率也是状态 N_t 的函数，这样一来我们就得到所谓纯生过程．当发生率只依赖于 $N_t=n$ 而与时间 t 无关时纯生过程称做齐次的．下面首先讨论这种简单情形．

定义 7-1-1　计数过程 $\{N_t,\ t\geqslant 0\}$ 称做齐次纯生过程（homogeneous pure birth process），如果它是一个以非负整数集 Z_+ 为状态空间的马尔可夫过程，而且满足条件：对任意 $t\geqslant 0$ 和 $h>0$

$$P(N_{t,t+h}=1|N_t=n)=\lambda_n h+o(h) \tag{7-1-3}$$

和

$$P(N_{t,t+h} \geqslant 2 | N_t = n) = o(h). \tag{7-1-4}$$

由 (7-1-3) 和 (7-1-4) 式马上推出

$$P(N_{t,t+h} = 0 | N_t = n) = 1 - \lambda_n h + o(h). \tag{7-1-5}$$

过程的马尔可夫性要求和条件 (7-1-3)—(7-1-4) 可以合并写成：对任意正整数 k，实数 $0 < t_1 < \cdots < t_k = t$，非负整数 $n_1 \leqslant \cdots \leqslant n_k = n$ 和 $h > 0$ 有

$$P(N_{t,t+h} = 1 | N_{t_j} = n_j,\ j \leqslant k-1; N_t = n) = \lambda_n h + o(h), \tag{7-1-6}$$

$$P(N_{t,t+h} \geqslant 2 | N_{t_j} = n_j,\ i \leqslant k-1; N_t = n) = o(h). \tag{7-1-7}$$

易见齐次纯生过程的这种形式的定义是齐次泊松过程的条件 (2-1-27) 和 (2-1-28) 的直接推广.

对于齐次纯生过程，发生率 λ_n 又称做生率，它只依赖于过程在时刻 t 的值 $N_t = n$ 而与 t 的具体值无关.

由 (7-1-3) 和 (7-1-5) 式容易看出，这些等式的右端不含时间参数 t，故左端的条件概率恰好就是平稳转移概率 $P_{n,n+1}(h)$ 和 $P_{n,n}(h)$，即定义 7-1-1 给出的齐次纯生过程是齐次马尔可夫链.

记 $P_n(t) = P(N_t = n)$. 借助类似于讨论泊松过程时使用过的方法，我们可以推出一组关于 $P_n(t)$ $(n = 0,1,2,\cdots; t \geqslant 0)$ 的微分方程：

$$P_0'(t) = -\lambda_0 P_0(t), \tag{7-1-8}$$

$$P_n'(t) = -\lambda_n P_n(t) + \lambda_{n-1} P_{n-1}(t),\ n \geqslant 1. \tag{7-1-9}$$

如果给定了初始条件，我们就可以由微分方程组 (7-1-8) 和 (7-1-9) 依次解出 $P_n(t)$，$n = 0, 1, 2, \cdots$. 例如，当 $P\{N_0 = 0\} = 1$[1)]，即 $P_0(0) = 1$ 时容易求得

$$P_0(t) = \exp\{-\lambda_0 t\}. \tag{7-1-10}$$

用因子 $\exp\{\lambda_n t\}$ 乘 (7-1-9) 式后积分又可得到

---

1) 一般地，若 $P(N_0 = m) = 1$，这里 m 是任意非负整数，则有 $P_0(t) = \cdots = P_{m-1}(t) = 0$（对所有 $t \geqslant 0$）和 $P_m(t) = \exp\{-\lambda_m t\}$.

$$P_n(t) = \lambda_{n-1}\exp\{-\lambda_n t\}\int_0^t \exp\{\lambda_n x\}P_{n-1}(x)dx. \qquad (7\text{-}1\text{-}11)$$

从（7-1-10）式出发并相继反复利用（7-1-11）式即可依次解出 $P_1(t), P_2(t), \cdots$. 显然有 $P_n(t) \geqslant 0$. 可以证明,使得等式

$$\sum_{n=0}^{\infty} P_n(t) = 1, \qquad \text{对所有 } t \geqslant 0$$

成立的充分必要条件是

$$\sum_{n=0}^{\infty} \frac{1}{\lambda_n} = \infty. \qquad (7\text{-}1\text{-}12)$$

事实上,令 $S_k(t) = P_0(t) + \cdots + P_k(t)$. 根据微分方程(7-1-8)和(7-1-9)容易推出

$$S_k'(t) = -\lambda_k(t). \qquad (7\text{-}1\text{-}13)$$

设初始状态由 $P\{N_0 = m\} = 1$ 给定,则当 $k \geqslant m$ 时有

$$1 - S_k(t) = \lambda_k \int_0^t P_k(u)du. \qquad (7\text{-}1\text{-}14)$$

由 $S_k(t)$ 的定义知它随着 k 一起增加，故(7-1-14)式右边随着 k 无限增加而单调下降趋于某一极限 $\mu(t)$. 于是对于 $k \geqslant m$ 有

$$\lambda_k \int_0^t P_k(u)du \geqslant \mu(t). \qquad (7\text{-}1\text{-}15)$$

故

$$\int_0^t S_n(u)du \geqslant \mu(t)\left(\frac{1}{\lambda_m} + \frac{1}{\lambda_{m+1}} + \cdots + \frac{1}{\lambda_n}\right). \qquad (7\text{-}1\text{-}16)$$

因为对任意 n 均有 $S_n(t) \leqslant 1$，故（7-1-16）式左边最多等于 t. 若(7-1-12)式成立,则(7-1-16)式右边第二个因子趋于无穷,故仅当对任意 t 均有 $\mu(t) = 0$ 时(7-1-16)式才能成立. 这时,由(7-1-14)式推知 $S_k(t) \to 1$, 即 $\sum_{n=0}^{\infty} P_n(t) = 1$. 反之,由（7-1-14）式易见 $\int_0^t P_k(u)du \leqslant \lambda_k^{-1}$，故(7-1-16)式左边小于

$$\sum_{k=0}^{n} \lambda_k^{-1}.$$

若 $\sum_{k=0}^{\infty}\lambda_k^{-1}<\infty$，则 $\int_0^t S_n(u)du$ 作为 t 的函数是有界的，故不可能对任意 t 都有 $S_k(t)\to 1$。

易知

$$L_0(t)=1-\sum_{n=0}^{\infty}P_n(t)$$

是 $N_t=\infty$ (即过程 N_t 在 t 之前已通过所有有限状态)的概率，$L_0(t)>0$ 意味着由过程 N_t 描述的群体以正的概率在一个有限的时间区间内无限膨胀，我们把这种现象称做群体的**剧增或爆炸**。

若以 $T_n(n=1,2,\cdots)$ 表示过程 N_t 的第 $n-1$ 次和第 n 次状态变更（即从 N_t 刚进入状态 $n-1$ 到刚进入状态 n）之间的时间间隔，则 (7-1-10) 式可改写为

$$P(T_1>t)=P_0(t)=e^{-\lambda_0 t}.$$

上式可以进一步一般化而写成

$$P(T_{n+1}>t)=e^{-\lambda_n t}\quad n\geqslant 0. \tag{7-1-17}$$

事实上，由 T_{n+1} 的定义知它是过程在状态 n 的逗留时间. 因为齐次纯生过程是具有平稳转移概率的马尔可夫过程，故不失一般性可写

$$\begin{aligned}P(T_{n+1}>t+h)&=P(N_{t+h}=n|N_0=n)\\&=P(N_{t+h}=n,N_t=n|N_0=n)\\&=P(N_{t+h}=n|N_t=n)P(N_t=n|N_0=n)\\&=[1-\lambda_n h+o(h)]P(T_{n+1}>t),\end{aligned}$$

式中的 h 是任意正数. 若记

$$P(T_{n+1}>t)=G_{n+1}(t),$$

则上式可改写为

$$G_{n+1}(t+h)-G_{n+1}(t)=[-\lambda_n h+o(h)]G_{n+1}(t).$$

用 h 除上式两端后令 $h\to 0$ 就得到

$$G'_{n+1}(t)=-\lambda_n G_{n+1}(t). \tag{7-1-18}$$

通过求这方程的满足初始条件 $G_{n+1}(0)=P(T_{n+1}>0)=1$ 的解就推得 (7-1-13) 式. 此外，由纯生过程的定义从直观上容易看

出各 T_n 是相互独立的.

在结束这一节之前,我们给出齐次纯生过程的一个应用例子.

例 7-1-1(一个简单的传染模型) 有一个群体,它由 m 个成员组成.设该群体在初始时刻有一个已被感染的成员和 $m-1$ 个可被感染的健康成员.假设每个成员一旦被感染后就永远是被感染者,而且在任意长为 h 的小时间区间内任一个被感染者能以概率 $\alpha h+o(h)$ 使群体中任一健康成员受到感染,同时群体各健康成员是否被传染以及各被感染成员的传染作用是相互独立的.若以 N_t 表示在时刻 t 群体中已被感染的成员数目,则 $\{N_t,t\geqslant 0\}$ 是一齐次纯生过程,其生率由下式给出:

$$\lambda_n=\begin{cases}(m-n)n\alpha, & n=1,\cdots,m-1,\\ 0, & \text{其它情形}.\end{cases}\tag{7-1-19}$$

因为当群体中有 n 个被感染成员时健康成员有 $(m-n)$ 个,他们中的每一个在长为 h 的小区间内独立地以概率 $n\alpha h+o(h)$ 被传染,由此即得(7-1-19)式.

若以 T 表示群体所有 m 个成员都被感染的时间,则易知

$$T=\sum_{i=1}^{m-1}T_i,$$

其中 T_i 是群体中第 i 个被感染成员出现到第 $i+1$ 个被感染成员出现之间的时间间距.因为 $T_i(i=1,2,\cdots,m-1)$ 是相互独立且分别有参数 $\lambda_i=(m-i)i\alpha$ 的指数随机变量,故

$$ET=\frac{1}{\alpha}\sum_{i=1}^{m-1}\frac{1}{(m-i)i}\tag{7-1-20}$$

和

$$\mathrm{Var}T=\frac{1}{\alpha^2}\sum_{i=1}^{m-1}\left(\frac{1}{(m-i)i}\right)^2.\tag{7-1-21}$$

当 m 较大时,利用积分近似和数可得 ET 的近似表示式

$$ET=\frac{1}{m\alpha}\sum_{i=1}^{m-1}\left(\frac{1}{m-i}+\frac{1}{i}\right)$$

$$\approx \frac{1}{m\alpha}\int_0^{m-1}\left(\frac{1}{m-t}+\frac{1}{t}\right)dt$$

$$=\frac{2\log(m-1)}{m\alpha}.$$

§7-2 Yule-Furry 过程

我们把生率和群体的大小成正比,即

$$\lambda_n = n\lambda \quad n = 1,2,\cdots$$

的齐次纯生过程称做 Yule-Furry (尤尔-费里)过程,其中 $\lambda>0$ 是某一常数. 这类过程是因为首先被 Yule 和 Furry 分别应用来研究由突变分裂而繁殖的生物群体和宇宙射线的有关问题而得名. 考虑一个群体,它的每一个成员能通过分裂或其它方式产生新的成员,同时群体的成员是不会死亡的. 假设在长为 h 的一个小区间中每个成员产生一个新成员的概率是 $\lambda h+o(h)$,而且各成员之间又无相互作用. 那么,如果已知在时刻 t 群体的大小 $N_t=n$,则群体在区间 $(t,t+h]$ 内增加一个新成员的概率是 $n\lambda h+o(h)$. 若再设群体在区间 $(t,t+h]$ 内增加两个或更多新成员的概率是 $o(h)$. 则这样的群体模型就引导到 Yule-Furry 过程. 假定初始状态 $N_0=m$, m 是某一正整数,则微分方程组 (7-1-8) 和 (7-1-9) 有如下的形式:

$$P'_m(t) = -m\lambda P_m(t) \tag{7-2-1}$$

和

$$P'_n(t) = -n\lambda P_n(t)+(n-1)\lambda P_{n-1}(t),\ n>m. \tag{7-2-2}$$

如果 $N_0=m=1$ (这时显有 $P_0(0)=0$),则 (7-2-1) 式变为

$$P'_1(t) = -\lambda P_1(t). \tag{7-2-3}$$

这个微分方程带有初始条件 $P_1(0)=1$ 的解是

$$P_1(t) = e^{-\lambda t}. \tag{7-2-4}$$

利用这结果和 (7-1-13) 式可求出

$$P_n(t) = e^{-\lambda t}(1 - e^{-\lambda t})^{n-1},\ n > 1. \qquad (7\text{-}2\text{-}5)$$

当 $n = 1$ 时 (7-2-5) 式就变成 (7-2-4) 式. 故 (7-2-5) 事实上对所有 $n \geqslant 1$ 均成立,这是参数为 $p = e^{-\lambda t}$ 的(正值)几何分布,它的概率母函数是

$$P(t,s) = \sum_{n=0}^{\infty} P_n(t)s^n = \frac{se^{-\lambda t}}{1 - s(1 - e^{-\lambda t})} \qquad (7\text{-}2\text{-}6)$$

和

$$EN_t = e^{\lambda t}. \qquad (7\text{-}2\text{-}7)$$

现在考虑 $N_0 = m$ 的一般情形. 因为各成员间无相互作用,故可把这群体看作是 m 个相互独立且在初始时刻有一个成员的 Yule-Furry 过程的叠加. 令

$$P_{mn}(t) = P(N_t = n | N_0 = m), \qquad (7\text{-}2\text{-}8)$$

$$P_m(t,s) = \sum_{n=m}^{\infty} P_{mn}(t)s^n. \qquad (7\text{-}2\text{-}9)$$

于是有

$$P_m(t,s) = [P(t,s)]^m = \left[\frac{se^{-\lambda t}}{1 - s(1 - e^{-\lambda t})}\right]^m$$

$$= (se^{-\lambda t})^m \sum_{k=0}^{\infty} C_{k+m-1}^{k}(1 - e^{-\lambda t})^k s^k. \qquad (7\text{-}2\text{-}10)$$

在最后的等式中我们利用了二项展式

$$(1 - x)^{-m} = \sum_{k=0}^{\infty} C_{k+m-1}^{k} x^k.$$

将 (7-2-10) 式和 (7-2-9) 式中每一 s^n 的系数相比较即得对于 $n \geqslant m$ 有

$$P_{mn}(t) = C_{n-1}^{n-m} e^{-m\lambda t}(1 - e^{-\lambda t})^{n-m}. \qquad (7\text{-}2\text{-}11)$$

这表明当给定 $N_0 = m$ 时 N_t 有参数为 $p = e^{-\lambda t}$ 和 $r = m$ 的负二项分布 $\mathscr{B}_2^-(p,m)$, 它的概率母函数、数学期望和方差(参看附录二)分别是

$$G_{N_t}(s)=\left[\frac{e^{-\lambda t}}{1-(1-e^{-\lambda t})s}\right]^m, \qquad (7\text{-}2\text{-}12)$$

$$EN_t=EN_{0,t}+m=me^{\lambda t} \qquad (7\text{-}2\text{-}13)$$

和

$$\text{Var}N_t=\text{Var}N_{0,t}=me^{\lambda t}(e^{\lambda t}-1) \qquad (7\text{-}2\text{-}14)$$

下面考虑有关群体新成员出现（亦即发生状态改变）的时刻 S_n $(n=1,2,\cdots)$ 的概率分布. 仍以 T_n $(n\geqslant 1)$ 表示第 $n-1$ 次和第 n 次状态改变之间的时间间距. 前面已经证明 T_n 有参数为 $n\lambda$ 的指数分布,而且各 T_n 是相互独立的. 容易看出,第 n 个新成员出现的时刻 $S_n=T_1+T_2+\cdots+T_n$ $(n\geqslant 1)$, 即 S_n 是 n 个相互独立的指数随机变量之和，由此利用 T_n 的分布即可求出 S_n 的分布. 但是，亦可根据 (7-2-5) 式直接计算 $P(S_n\leqslant t)$. 这时,对于 $n\geqslant 1$ 有(注意假设 $N_0=1$)

$$\begin{aligned}P(S_n\leqslant t)&=P(T_1+\cdots+T_n\leqslant t)=P(N_t\geqslant n+1)\\&=\sum_{k=n+1}^{\infty}e^{-\lambda t}(1-e^{-\lambda t})^{k-1}\\&=e^{-\lambda t}(1-e^{-\lambda t})^n[1-(1-e^{-\lambda t})]^{-1}\\&=(1-e^{-\lambda t})^n. \qquad (7\text{-}2\text{-}15)\end{aligned}$$

再来考虑当已给定在时刻 t 群体的大小时新成员出现时刻的条件分布. 在 § 2-1 中我们曾经证明了在齐次泊松过程的情形，当给定过程在 $(0, T]$ 中的点数 $N_T=n$ 时这 n 个点的发生时间 $S_1,\cdots,S_n$ 和 n 个在 $(0,T]$ 上均匀分布的相互独立随机变量的次序统计量有相同的分布. 对于 Yule-Furry 过程也有与此相仿的结果.

定理 7-2-1 设 $\{N_t, t\geqslant 0\}$ 是一具有初始状态 $N_0=1$ 的 Yule-Furry 过程. 对于任意 $T>0$, 当已知 $N_T=n+1$ 时 $S_1,\cdots,S_n$ 的条件分布和 n 个相互独立同分布随机变量 $Y_1,\cdots,Y_n$ 的次序统计量的分布相同,这里 Y_i $(i=1,\cdots,n)$ 的共同分布密度是

$$f(y)=\begin{cases}\dfrac{\lambda e^{-\lambda(T-y)}}{1-e^{-\lambda T}} & 0\leqslant y\leqslant T,\\ 0 & \text{其它情形.}\end{cases}\qquad(7\text{-}2\text{-}16)$$

我们给出这定理的一个不十分严格但较直观的简单论证. 如果我们把密度作为概率（严格地说密度是概率的一种极限情形）来处理,即对任意 $0\leqslant s_1\leqslant\cdots\leqslant s_n\leqslant t$, 条件密度 $f(s_1,\cdots,s_n|N_T=n+1)$ 写为

$$\begin{aligned}&P(S_1=s_1,\cdots,S_n=s_n|N_T=n+1)\\&=\frac{P(T_1=s_1,T_2=s_2-s_1,\cdots T_n=s_n-s_{n-1},T_{n+1}>T-s_n)}{P(N_T=n+1)}\\&=\frac{\lambda e^{-\lambda s_1}2\lambda e^{-2\lambda(s_2-s_1)}\cdots n\lambda e^{-n\lambda(s_n-s_{n-1})}e^{-(n+1)\lambda(T-s_n)}}{e^{-\lambda T}(1-e^{-\lambda T})^n}\\&=\frac{n!\,\lambda^n}{(1-e^{-\lambda T})^n}e^{-\lambda(T-s_1)}\cdots e^{-\lambda(T-s_n)}\\&=n!\prod_{i=1}^n f(s_i),\end{aligned}$$

式中的函数 $f(\cdot)$ 由（7-2-16）式给出. 这就是我们想要得到的结论(参看附录五).

例 7-2-1 设 $\{N_t,t\geqslant 0\}$ 是初始状态 $N_0=1$ 的 Yule-Furry 过程. 在任意时刻 $t\geqslant 0$ 群体所有成员的年龄之和 $A(t)$ 可表为

$$A(t)=a_0+t+\sum_{i=1}^{N_t-1}(t-s_i),$$

其中 a_0 是在初始时刻 $t=0$ 群体祖宗的年龄. 我们希望求出 $A(t)$ 的数学期望 $E[A(t)]$. 为此先算出条件数学期望 $E[A(t)|N_t]$.

$$\begin{aligned}&E[A(t)|N_t=n+1]\\&=a_0+t+n!\int_0^t ds_1\int_{s_1}^t ds_2\cdots\int_{s_{n-1}}^t ds_n\left[\sum_{i=1}^n(t-s_i)\right]\prod_{i=1}^n f(s_i).\end{aligned}$$

因为被积函数关于它的变元是对称的，故式中的重积分可写成

$$n(n!)^{-1}\int_0^t (t-s)f(s)ds,$$

故

$$E[A(t)|N_t = n+1] = a_0 + t + n\int_0^t \frac{(t-s)\lambda e^{-\lambda(t-s)}}{1-e^{-\lambda t}}ds.$$

由此推得

$$E[A(t)|N_t] = a_0 + t + (N_t - 1)\frac{1 - e^{-\lambda t} - \lambda t e^{-\lambda t}}{\lambda(1-e^{-\lambda t})}.$$

注意到 EN_t 由 (7-2-7) 式给出就得到

$$E[A(t)] = E[E[A(t)|N_t]]$$

$$= a_0 + t + (e^{\lambda t} - 1)\frac{1 - e^{-\lambda t} - \lambda t e^{-\lambda t}}{\lambda(1-e^{-\lambda t})}$$

$$= a_0 + \frac{e^{\lambda t} - 1}{\lambda}.$$

§7-3 非齐次纯生过程

如果在齐次纯生过程的定义 7-1-1 中允许过程的生率 λ_n 还可以依赖于时间参数 t 时，我们就得到非齐次纯生过程．这时，生率一般同时是状态 $N_t = n$ 和时间 t 的函数 $\lambda_n(t)$．在这一节我们只讨论三类特殊的非齐次纯生过程．

第一类是称做非齐次线性增长过程（nonhomogeneous linear growth process）的非齐次纯生过程，这类过程的生率具有如下的特殊形式：对所有正整数 n

$$\lambda_n(t) = n\lambda(t), \tag{7-3-1}$$

这里 $\lambda(t)$ 是时间 t 的一个非负函数．易见当在 Yule-Furry 过程的定义中允许参数 λ 随时间 t 而改变时就得到非齐次线性增长过程．记

$$P_{jk}(s,t) \equiv P(N_t = k|N_s = j). \tag{7-3-2}$$

再用

$$\Psi_{j,s}(z,t)\equiv\sum_{k=0}^{\infty}z^kP_{jk}(s,t)\qquad(7\text{-}3\text{-}3)$$

表示转移概率(7-3-2)的概率母函数．我们可以证明[例如，参看 Parzen (1962)，§7-5]

$$\Psi_{j,s}(z,t)=\left(\frac{zp}{1-zq}\right)^j,\qquad(7\text{-}3\text{-}4)$$

其中

$$p=e^{-(\rho(t)-\rho(s))},\ q=1-p\qquad(7\text{-}3\text{-}5)$$

和

$$\rho(t)=\int_0^t\lambda(u)du.\qquad(7\text{-}3\text{-}6)$$

这是参数为 p 和 j 的负二项分布 $\mathscr{B}_2^-(p,j)$ 的概率母函数，因此有

$$P_{1n}(s,t)=e^{-(\rho(t)-\rho(s))}[1-e^{-(\rho(t)-\rho(s))}]^{n-1}\qquad(7\text{-}3\text{-}7)$$

和

$$P_{mn}(s,t)=C_{n-1}^{n-m}p^mq^{n-m},\ m\leqslant n.\qquad(7\text{-}3\text{-}8)$$

这两个式子分别是(7-2-5)和(7-2-11)式的推广．

我们要考虑的另一类非齐次纯生过程是所谓**有迁入的非齐次线性增长过程** (nonhomogeneous linear growth process with immigration)．这类过程的生率由

$$\lambda_n(t)=\nu(t)+n\mu(t),\ n\geqslant 0\qquad(7\text{-}3\text{-}9)$$

给出．根据 $\lambda_n(t)$ 的表示式(7-3-9)，我们可以对一个有迁入的非齐次线性增长过程 $\{N_t,t\geqslant 0\}$ 作如下解释：把 N_t 看作是一个群体在时刻 t 的大小．这群体在它的发展过程中陆续有个体迁入．如果个体的迁入形成一强度为 $\nu(t)$ 的非齐次泊松过程，而每一个体迁入后即相互独立地按照一具有生率 $\mu(t)$ 的非齐次线性增长过程繁殖后代．这样，我们就得到一个有迁入的非齐次线性增长过程．可以证明(例如，参看 Parzen (1962)，§7-5)，这类过程的转移概率(7-3-2)的概率母函数(7-3-3)由下式给出

$$\Psi_{j,s}(z,t)=z^{-\nu(t)/\mu(t)}\left\{\frac{zp}{1-zq}\right\}^{j+\{\nu(t)/\mu(t)\}},\qquad(7\text{-}3\text{-}10)$$

其中

$$p = e^{-(\rho(t)-\rho(s))}, \quad q = 1 - p \tag{7-3-11}$$

和

$$\rho(t) = \int_0^t \mu(u)du. \tag{7-3-12}$$

最后,我们再简单地介绍一类有重要应用的非齐次纯生过程,这类过程是由 Isham 和 Westcott (1979) 首先研究并称之为自校正点过程 (self-correcting point process). 纯生过程 $\{N_t, t \geqslant 0\}$ 称做**自校正点过程**,如果它具有如下形式的生率:

$$\lambda(t) = \eta\phi(\rho t - N_t), \tag{7-3-13}$$

其中 η 和 ρ 是正常数,函数 $\phi(\cdot)$ 满足下列条件:

(i) $0 \leqslant \phi(x) < \infty$ 对任意 $x \in \mathbb{R}$.

(ii) 存在正常数 c, 使得 $\phi(x) \geqslant c$ 对所有 $x > 0$.

(iii) $\lim\limits_{x\to\infty} \sup\phi(x) > 1$ 和 $\liminf\limits_{x\to-\infty} \phi(x) < 1$.

容易证明,生率具有指数形式

$$\lambda(t) = \exp\{\alpha + \beta(t - \gamma N_t)\} \tag{7-3-14}$$

的纯生过程是自校正点过程,其中 $\alpha, \beta > 0$ 和 $\gamma > 0$ 是常数. 事实上,(7-3-14)式可改写为

$$\lambda(t) = \exp\{\alpha\} \cdot \exp\left\{\beta\gamma\left[\frac{t}{\gamma} - N_t\right]\right\}.$$

故取 $\eta = \exp\{\alpha\}$, $\rho = 1/\gamma$ 和 $\phi(x) = \exp\{\beta\gamma x\}$ 时就得到 (7-3-13)的形式, 易见 $\phi(x) = \exp(\beta\gamma x)$ 满足条件(i)—(iii). 由条件 (iii) 看出,当在区间 $(0,t]$ 中发生的点较少时,对应的$(\rho t - N_t)$ 有较大的正值,这意味着在紧接 t 后的时间区间 $(t,t']$ 中将会有较多的点发生, 于是导致 $(\rho t' - N_{t'})$ 的值变小以至取有较大绝对值的负值, 从而又使得在 t' 后的时间区间出现较少的点,…. 这表明过程有自校正的特征.

Vere-Jones 等曾利用生率形如(7-3-14)的自校正点过程建立地震发生的应力释放模型和讨论了这种过程的矩和统计推断问题. 进一步的参考资料有 Isham 和 Westcott (1979), Vere-

Jones 和 Ogata (1984), Ogata 和 Vere-Jones (1984), Vere-Jones 和 Deng (1989) 等。

在下一节我们还要介绍一些非齐次纯生过程模型。

§7-4 马尔可夫点过程

如果把纯生过程的定义中对群体变大方式的限制除去而只保留马尔可夫性的要求，我们就得到如下的马尔可夫点过程模型.

定义 7-4-1 计数过程 $\{N_t, t \geqslant 0\}$ 称做马尔可夫点过程 (Markov point process) 如果它是一个以非负整数集 $\mathbf{Z}_+$ 为状态空间的马尔可夫过程，而且它的所有样本函数是变元 t 的逐段为常值的不减函数. 这就是说，对任意正整数 k，任意实数 $0 \leqslant t_1 < t_2 < \cdots < t_k$ 和任意非负整数 $n_1 \leqslant n_2 \leqslant \cdots \leqslant n_k$ 有

$$P(N_{t_{k-1},t_k} = n_k - n_{k-1} | N_{t_j} = n_j, 1 \leqslant j \leqslant k-1)$$
$$= P(N_{t_{k-1},t_k} = n_k - n_{k-1} | N_{t_{k-1}} = n_{k-1}). \tag{7-4-1}$$

这又等价于

$$P(N_{t_k} = n_k | N_{t_j} = n_j, 1 \leqslant j \leqslant k-1)$$
$$= P(N_{t_k} = n_k | N_{t_{k-1}} = n_{k-1}) \tag{7-4-2}$$

或对任意 $0 \leqslant s \leqslant t$ 和任意状态 j 有

$$P(N_t = j | N(u), u \leqslant s) = P(N_t = j | N_s). \tag{7-4-3}$$

从上面的定义看出，马尔可夫点过程只不过是一类特殊的马尔可夫过程. 因为马尔可夫性是独立增量性质的推广，所以马尔可夫点过程也可以看作是具有独立增量性质的点过程——无后效点过程的一种推广.

描述马尔可夫过程的概率分布律的基本手段是过程的转移概率. 我们记

$$p_{ij}(s,t) = P(N_t = j | N_s = i) \quad s \leqslant t.$$

显然，对于马尔可夫点过程来说必有

$$p_{ij}(s,t) = 0 \text{ 对 } j < i \text{ 和 } s < t. \tag{7-4-4}$$

我们进一步假设对任意状态 i，实数 $t \geqslant 0$ 和充分小的 $h > 0$，存在满足

$$p_{ii}(t, t+h) = 1 - \lambda_i(t)h + o(h)$$

的非负函数 $\lambda_i(t)$ 并称之为条件强度. 不难看出

$$\begin{aligned}p_{ii}(s, t+h) &= p_{ii}(s,t)p_{ii}(t, t+h) \\ &= p_{ii}(s,t)[1 - \lambda_i(t)h + o(h)].\end{aligned}$$

从上式两端减去 $p_{ii}(s,t)$ 后用 h 除得

$$\frac{p_{ii}(s, t+h) - p_{ii}(s,t)}{h} = -p_{ii}(s,t)\lambda_i(t) + o(1),$$

令 $h \to 0$ 得

$$\frac{\partial}{\partial t} p_{ii}(s,t) = -p_{ii}(s,t)\lambda_i(t). \tag{7-4-5}$$

利用初始条件 $p_{ii}(s,s) = 1$ 求得方程 (7-4-5) 的解是

$$p_{ii}(s,t) = \exp\{-\Lambda_i(s,t)\}, \tag{7-4-6}$$

其中

$$\Lambda_i(s,t) = \int_s^t \lambda_i(u)du \tag{7-4-7}$$

称做条件累积强度.

对于任意 $t \geqslant 0$，马尔可夫点过程在时刻 t 的接后发生时间 U_t（即从 t 到 t 后最近一个点发生时间的距离）的条件概率分布可由 (7-4-6) 式推出:

$$\begin{aligned}P(U_t \leqslant u | N_t = i) &= 1 - p_{ii}(t, t+u) \\ &= 1 - \exp\{-\Lambda_i(t, t+u)\}.\end{aligned}$$

于是，U_t 的无条件分布是

$$P(U_t \leqslant u) = \sum_{i=0}^{\infty} [1 - \exp\{-\Lambda_i(t, t+u)\}] P(N_t = i). \tag{7-4-8}$$

由此容易推出马尔可夫点过程的强度是

$$\lambda(t) = \lim_{h \to 0} \frac{P(N_{t,t+h} \geqslant 1)}{h} = \lim_{h \to 0} \frac{P(U_t \leqslant h)}{h}$$

$$= \sum_{i=0}^{\infty} \lambda_i(t) P(N_t = i). \tag{7-4-9}$$

当 $\lambda_i(t)$ 实际上不随 i 变化，即所有 $\lambda_i(t)$ 都等于某一非负函数 $\lambda(t)$ 时，马尔可夫点过程就是带有时倚强度 $\lambda(t)$ 的泊松过程.

根据马尔可夫性和(7-4-2)式推知对任意正整数 k，任意实数 $0 < s_1 < s_2 < \cdots < s_k < t$ 和充分小的 $h > 0$

$$\begin{aligned} & P(N_t = k | N_{s_1-h} < 1, N_{s_1} = 1, \cdots, N_{s_k-h} < k, N_{s_k} = k) \\ & = P(N_t = k | N_{s_k-h} < k, N_{s_k} = k) \\ & = P(N_t = k | N_{s_k} = k) = \exp\{-\Lambda_k(s_k, t)\}. \end{aligned}$$

注意上式实际上对任意 $0 \leqslant s_1 \leqslant s_2 \leqslant \cdots \leqslant s_k \leqslant t$ 也成立，只不过证明时写法稍有不同. 由这等式易得

$$\begin{aligned} & P(S_{k+1} > t | S_1 = s_1, \cdots, S_k = s_k) \\ & = P(S_{k+1} > t | S_k = s_k) = \exp\{-\Lambda_k(s_k, t)\} \end{aligned} \tag{7-4-10}$$

或

$$\begin{aligned} & P(T_{k+1} > x | S_1 = s_1, \cdots, S_k = s_k) \\ & = P(T_{k+1} > x | S_k = s_k) = \exp\{-\Lambda_k(s_k, s_k + x)\} \end{aligned} \tag{7-4-11}$$

或对任意非负实数 $x_1, \cdots, x_k$ 和 x

$$\begin{aligned} & P(T_{k+1} > x | T_1 = x_1, \cdots, T_k = x_k) \\ & = \exp\{-\Lambda_k(s_k, s_k + x)\}, \end{aligned} \tag{7-4-12}$$

在上列式子中 S_i 和 T_i 分别是过程的第 i 个点发生时间和点间间距，

即

$$s_i = \sum_{j=1}^{i} x_j \ (i = 1, \cdots, k).$$

在条件强度 $\lambda_i(t) = \lambda_i$ 不随 t 变化的齐次情形，(7-4-12)式可写成

$$P(T_{k+1} > x | T_1 = x, \cdots, T_k = x_k) = e^{-\lambda_k x}, \tag{7-4-13}$$

即 $T_1, T_2, \cdots$ 是相互独立(但可能有不同参数)的指数分布随机变

量.

下面讨论没有重点的马尔可夫点过程，即对充分小的 $h>0$ 有

$$P(N_{t,t+h}\geqslant 2|N_t=i)=o(h).$$

于是

$$p_{i,i+1}(t,t+h)=\lambda_i(t)h+o(h).$$

这表明没有重点的马尔可夫点过程就是(非齐次)纯生过程，其条件强度就是生率. 因此,对于 $i<j$ 和 $s\leqslant t$ 有

$$\begin{aligned}p_{ij}(s,t+h)&=p_{i,j-1}(s,t)p_{j-1,j}(t,t+h)+p_{ij}(s,t)p_{jj}(t,t+h)\\&=p_{i,j-1}(s,t)[\lambda_{j-1}(t)h+o(h)]+p_{ij}(s,t)[1-\lambda_j(t)h+o(h)],\end{aligned}$$

由此可推出微分方程

$$\frac{\partial}{\partial t}p_{ij}(s,t)+p_{ij}(s,t)\lambda_j(t)=p_{i,j-1}(s,t)\lambda_{j-1}(t). \tag{7-4-14}$$

用 $\exp\{\Lambda_j(s,t)\}$ 乘上式两端得

$$\frac{\partial}{\partial t}\{p_{ij}(s,t)\exp\{\Lambda_j(s,t)\}=p_{i,j-1}(s,t)\lambda_{j-1}(t)\exp\{\Lambda_j(s,t)\}. \tag{7-4-15}$$

若记

$$Q_j(t)=p_{ij}(s,t)\exp\{\Lambda_j(s,t)\},\quad j\geqslant i, \tag{7-4-16}$$

并注意到(7-4-6)式有 $Q_i(t)=1$. 于是 (7-4-15) 式可改写为

$$\frac{\partial}{\partial t}Q_j(t)=Q_{j-1}(t)\lambda_{j-1}(t)\exp\left\{\int_s^t[\lambda_j(u)-\lambda_{j-1}(u)]du\right\}. \tag{7-4-17}$$

将上式积分并利用边界条件 $Q_j(s)=p_{ij}(s,s)=0$(对 $j>i$) 得

$$Q_j(t)=\int_s^t Q_{j-1}(u)\lambda_{j-1}(u)\exp\left\{\int_s^u[\lambda_j(v)-\lambda_{j-1}(v)]dv\right\}du. \tag{7-4-18}$$

原则上我们可从 $Q_i(t)=1$ 出发递推地由 (7-4-18) 式依次算出各 $Q_j(t)$, 然后利用 (7-4-16) 式求得转移概率 $p_{ij}(s,t)$.

下面讨论两类特殊的马尔可夫点过程.

(1) 助长-阻碍模型 (facilitation-hindrance model)

我们把条件强度(亦即生率)形如

$$\lambda_i(t)=(1+\alpha i)\lambda_0(t),\ \text{任意}\ i\geqslant 0\ \text{和}\ t\geqslant 0 \tag{7-4-19}$$

的马尔可夫点过程称做助长-阻碍模型,其中 $\lambda_0(t)$ 是 t 的非负函数,α 是一常数. 这模型得名的原因是: 当 $\alpha>0$ 时, $\lambda_i(t)$ 随 i 增大而增大,这意味着过去出现的点愈多,将来出现点的可能性就愈大, 即过去出现的点对将来出现点有助长作用. 当 $\alpha<0$ 时, $\lambda_i(t)$ 随 i 增大而减小,这表明过去出现的点愈多, 将来出现点的可能性反而变小, 即过去出现的点对将来出现点有阻碍作用. 当 $\alpha=0$ 时 $\lambda_i(t)\equiv\lambda_0(t)$, 这是无后效的泊松过程情形, 即过去出现的点对将来出现点不起任何作用.

先讨论 $\alpha>0$ 的情形,这时 (7-4-18) 式变为

$$Q_j(t)=[\alpha^{-1}+(j-1)]\int_s^t Q_{j-1}(u)\frac{d}{du}[\exp\{\alpha\Lambda_0(s,u)\}]du,$$

$$j>i. \tag{7-4-20}$$

若记 $\alpha^{(k)}=\alpha(\alpha-1)\cdots(\alpha-k+1)$, 则从 $Q_i(t)=1$ 出发由 (7-4-20) 式可依次解出

$$Q_{i+1}(t)=(\alpha^{-1}+i)[\exp\{\alpha\Lambda_0(s,t)\}-1],$$

$$Q_{i+2}(t)=(\alpha^{-1}+i)(\alpha^{-1}+i+1)[\exp\{\alpha\Lambda_0(s,t)\}-1]^2/2,$$

$$\vdots$$

一般地,对 $k=0,1,2,\cdots$ 有

$$Q_{i+k}(t)=(\alpha^{-1}+i+k-1)^{(k)}[\exp\{\alpha\Lambda_0(s,t)\}-1]^k/k!.$$

于是由 (7-4-16) 式得

$$\begin{aligned}p_{i,i+k}(s,t)&=Q_{i+k}(t)\exp\{-\Lambda_{i+k}(s,t)\}\\&=(\alpha^{-1}+i+k-1)^{(k)}[\exp\{\alpha\Lambda_0(s,t)\}-1]^k\\&\quad\times\exp\{-[1+\alpha(i+k)]\Lambda_0(s,t)\}/k!\\&=C^k_{\alpha^{-1}+i+k-1}[1-\exp\{-\alpha\Lambda_0(s,t)\}]^k\\&\quad\times[\exp\{-\alpha\Lambda_0(s,t)\}]^{\alpha^{-1}+i}.\end{aligned} \tag{7-4-21}$$

这是参数为 $\alpha^{-1}+i$ 和 $\exp\{-\alpha\Lambda_0(s,t)\}$ 的(非负值)负二项分布 $\mathscr{B}_1^-(\alpha^{-1}+i,\ \exp\{-\alpha\Lambda_0(s,t)\})$.

现设 $\alpha<0$. 因为强度不可能取负值, 所以当 $i>-\alpha^{-1}$ 时不能再用 $\lambda_i(t)=(1+\alpha i)\lambda_0(t)$ 作强度,这时可考虑

$$\lambda_i(t)=\begin{cases}(1+\alpha i)\lambda_0(t) & i=0,1,\cdots,n_\alpha,\\ 0 & i\geqslant n_\alpha+1,\end{cases} \tag{7-4-22}$$

其中 $n_\alpha=[-\alpha^{-1}]$ 是 $-\alpha^{-1}$ 的整数部分. 当 $j\leqslant n_\alpha$ 时对应的方程 (7-4-18)恰好和 $\alpha>0$ 情形的一样,于是对 $k=0,1,\cdots,n_\alpha-i$ 有

$$\begin{aligned}p_{i,i+k}(s,t)&=(\alpha^{-1}+i+k-1)^{(k)}[\exp\{\alpha\Lambda_0(s,t)\}-1]^k\\&\quad\times\exp\{-[1+\alpha(i+k)]\Lambda_0(s,t)\}/k!\\&=C^k_{-\alpha^{-1}-i}[1-\exp\{\alpha\Lambda_0(s,t)\}]^k[\exp\{\alpha\Lambda_0(s,t)\}]^{-\alpha^{-1}-i-k}.\end{aligned} \tag{7-4-23}$$

又由方程 (7-4-14) 可求出(注意 $\lambda_{n_\alpha+1}(t)=0$)

$$p_{i,n_\alpha+1}(s,t)=(1+\alpha n_\alpha)\int_s^t p_{i,n_\alpha}(s,u)\Lambda_0(u)du. \tag{7-4-24}$$

对于 $j>n_\alpha+1$ 则有 $p_{ij}(s,t)=0$.

当 $-\alpha^{-1}$ 是整数时 $p_{i,n_\alpha+1}(s,t)=0$. 这时(7-4-23)式给出参数为 $[-\alpha^{-1}-i]$ 和 $[1-\exp\{\alpha\Lambda_0(s,t)\}]$ 的二项分布. 当 $-\alpha^{-1}$ 不是整数时 (7-4-23) 式虽有二项分布的样式,但 $\{p_{i,i+k}(s,t)\}$ 实际上并不是二项分布. 不过我们可以证明 (7-4-23) 和 (7-4-24) 式一起的确给出一概率分布. 事实上,将 (7-4-5) 式和 $j=i+1,\cdots,n_\alpha+1$ 的 (7-4-14) 式相加得

$$\frac{\partial}{\partial t}\left[\sum_{j=i}^{n_\alpha+1}p_{ij}(s,t)\right]+\sum_{j=i}^{n_\alpha}p_{ij}(s,t)\lambda_j(t)=\sum_{j=i+1}^{n_\alpha+1}p_{i,j-1}(s,t)\lambda_{j-1}(t)$$

于是有

$$\frac{\partial}{\partial t}\left[\sum_{j=i}^{n_\alpha+1}p_{ij}(s,t)\right]=0,\ \text{对任意}\ t\geqslant s.$$

因此

$$\sum_{j=i}^{n_\alpha+1} p_{ij}(s,t)=\sum_{j=i}^{n_\alpha+1} p_{ij}(s,s)=p_{ii}(s,s)=1.$$

例 7-4-1 Janardan, Srivastava and Taneja (1981) 提出如下的雌象鼻虫在豆子中产卵方式的随机模型：一只理想的象鼻虫不会把卵产在已有虫卵的豆子中．然而，每只象鼻虫仅能检查可供它产卵的豆子的一部分，而且若有许多寻找适合产卵豆子的象鼻虫的话，它们之间就要为这样的产卵场地展开竞争．我们可以设想,在产卵的早期阶段,当一只象鼻虫找到一颗适合产卵的豆子后,如果它发现那颗豆中已有虫卵,它就会再找另一颗适合产卵的豆子．当愈来愈多适合产卵的豆子被虫卵占据后，象鼻虫之间的竞争要求它们在已有虫卵的豆子和尚未有虫卵但不十分适合产卵的豆子之间作出选择．因此,很少豆子会含有两个或更多的虫卵．当豆子中的虫卵数目增加时幼虫成活率下降．

令 N_t 表示一颗豆在时刻 t 含有的虫卵数．假设若 $N_t=i$，则经过一个很短的时间区间$(t,t+h]$后，(i) 增加一个新的虫卵的概率是 $\lambda_i h+o(h)$；(ii) 虫卵数目没有改变的概率是 $1-\lambda_i h+o(h)$．在这模型中还假设每颗豆中虫卵数只会取 0, 1 和 2 等三个值,而且 $\lambda_0=\lambda$ 和 $\lambda_1=c\lambda\,(0<c<1)$．这是阻碍模型 (7-4-23) 的一种特殊情形：$n_\alpha=1$, $1+\alpha=c$．因此 $-\alpha^{-1}=(1-c)^{-1}$，又由 $n_\alpha=[-\alpha^{-1}]=1$ 推知 $(1-c)^{-1}<2$，故必须有 $0\leqslant c<1/2$．以 P_k 表示一颗豆在时刻 τ 有 k 个虫卵 $(k=0,1,2)$ 的概率,则由 (7-4-23) 式得

$$P_0=p_{00}(0,\tau)=\exp\{-\lambda\tau\},$$

$$P_1=p_{01}(0,\tau)=(1-c)^{-1}[1-\exp\{\alpha\lambda\tau\}][\exp\{\alpha\lambda\tau\}]^{-\alpha^{-1}-1},$$

$$P_2=1-P_0-P_1.$$

Janardan 等发现，$C=0.12$ 的阻碍模型和试验数据拟合得非常好，而泊松过程则拟合得不好．这事实确认了他们的上述基本设想．

例 7-4-2 （水底无脊椎动物分布的助长-阻碍模型） Elliott (1977) 讨论了水底无脊椎动物群栖息区的取样问题．他认为在一个生物群体中，个体的分布有三种基本类型：(i) 规则型，即个体在栖息区中接近以规则的间隔或均匀地分布；(ii) 感染型，即个体成簇地分布；(iii) 随机型，即个体分布无任何规律性．Elliott 观察到以下事实：(1)对于规则型分布，在一个样本中某种属动物的数目的方差小于数学期望，这时二项分布常常是合适的模型；(2) 对于感染型分布，样本中个体数目的方差大于数学期望，这时负二项分布常常是合适的模型；(3) 对于随机型分布，样本中个体数目的方差和数学期望约略相等，这时泊松分布常常是合适的模型．

利用助长-阻碍模型可以对 Elliott 选择的三种分布类型作出解释．设在某栖息地区中一面积为 A 的(取样)区域中已发现有 i 个个体，则在面积为 ΔA 的附加小区域中发现一个新个体的概率是

$$p_{i,i+1}(A, A+\Delta A) = (1+\alpha i)\lambda_0 \Delta A + o(\Delta A),$$

其中 $\lambda_0 > 0$ 是一常数．

当个体是随机地分布时对应 $\alpha = 0$ 的情形．若以 P_k 表示在面积为 A 的区域中有 k 个个体的概率并记 $\Lambda = \lambda A$，则由 (7-4-19)式得

$$P_k = e^{-\Lambda}\Lambda^k/k!, \quad k = 0,1,2,\cdots.$$

这是泊松分布，[方差/数学期望] = 1．

当 $\alpha > 0$ 时个体趋向于成簇分布，由 (7-4-21) 式有

$$P_k = C^k_{\alpha^{-1}+k-1}[1-e^{-\alpha\Lambda}]^k[e^{-\alpha\Lambda}]^{\alpha^{-1}}, \ k = 0,1,2,\cdots.$$

这是(非负值)负二项分布，[方差/数学期望] = $[e^{-\alpha\Lambda}]^{-1} = e^{\alpha\Lambda} > 1$．

当 $\alpha < 0$ 时个体趋向于相互避开，即规则的分布．由 (7-4-23) 式有

$$P_k = C^k_{-\alpha^{-1}}[1-e^{\alpha\Lambda}]^k[e^{\alpha\Lambda}]^{-\alpha^{-1}-k}, \ k = 0,1,\cdots,-\alpha^{-1}.$$

当 $-\alpha^{-1}$ 是整数时这是二项分布，[方差/数学期望] = $e^{\alpha\Lambda} < 1$．

(2) 次序统计量点过程（order statistics point process）

设 $X_1,\cdots,X_n$ 是 n 个相互独立同分布的非负随机变量,其共同分布是 $F(t)$, 这 n 个变量的次序统计量是它们的一个按从小到大次序的排列 $X_{(1)}\leqslant X_{(2)}\leqslant\cdots\leqslant X_{(n)}$。令 $N_t=\max\{k:X_{(k)}\leqslant t, 1\leqslant k\leqslant n\}$, 即 N_t 是小于或等于 t 的 $X_{(k)}$ 的个数，则 $\{N_t, t\geqslant 0\}$ 是一计数过程. 因为这过程的点发生时间是 $X_1,\cdots,X_n$ 的次序统计量,所以我们把这样的点过程称做**次序统计量过程**.易见这过程的点发生时间 $S_i=X_{(i)}$ 和点间间距 $T_i=X_{(i)}-X_{(i-1)}$ $(i=1,\cdots,n$ 并定义 $X_{(0)}=0)$。由过程 $\{N_t,t\geqslant 0\}$ 的定义不难推知,对于任意正整数 k，任意实数 $0\leqslant t_1\leqslant\cdots\leqslant t_k$ 和任意非负整数 $0\leqslant n_1\leqslant n_2\leqslant\cdots\leqslant n_k\leqslant n$

$$
\begin{aligned}
&P(N_{t_k}=n_k|N_{t_1}=n_1,\cdots,N_{t_{k-1}}=n_{k-1})\\
&=C_{n-n_{k-1}}^{n_k-n_{k-1}}\left[\frac{F(t_k)-F(t_{k-1})}{1-F(t_{k-1})}\right]^{n_k-n_{k-1}}\left[\frac{1-F(t_k)}{1-F(t_{k-1})}\right]^{n-n_k}\\
&=P(N_{t_k}=n_k|N_{t_{k-1}}=n_{k-1})
\end{aligned}
\tag{7-4-25}
$$

只依赖于 n_k 和 n_{k-1} 而与 t_{k-1} 前的状态 $n_{k-2},\cdots,n_1$ 无关，因此次序统计量过程是马尔可夫点过程，它的转移概率由(7-4-25)式给出。

如果分布 $F(t)$ 有密度 $f(t)$ [这时过程 N_t 没有重点]，则对于任意 $i=0,1,\cdots,n$, 任意实数 $t\geqslant 0$ 和充分小的 $h>0$ 有

$$
\begin{aligned}
P(N_{t+h}=i|N_t=i)&=\left[\frac{1-F(t+h)}{1-F(t)}\right]^{n-i}\\
&=\left[1-\frac{F(t+h)-F(t)}{1-F(t)}\right]^{n-i}\\
&=1-(n-i)r(t)h+o(h),
\end{aligned}
\tag{7-4-26}
$$

这里 $r(t)=f(t)/[1-F(t)]$ 是分布 F 的故障率。类似地还可推出

$$
P(N_{t+h}=i+1|N_t=i)=(n-i)r(t)h+o(h).
\tag{7-4-27}
$$

由上述得知，点发生时间分布存在密度 $f(t)$ 的次序统计量过程是生率为 $\lambda_i(t)=(n-i)r(t)$ 的(非齐次)纯生过程，这里 $r(t)$ 是对应于密度 $f(t)$ 的故障率. 因为分布(7-4-25)是二项分布，由此立知增量 $N_{t,t+h}$ 的条件期望

$$E(N_{t,t+h}|N_t=i)=(n-i)\frac{F(t+h)-F(t)}{1-F(t)}, \tag{7-4-28}$$

于是有

$$\lim_{h\to 0} E\left(\frac{N_{t,t+h}}{(n-i)h}\middle| N_t=i\right)=r(t). \tag{7-4-29}$$

上式给出故障率的如下的概率解释： $r(t)$ 是群体存活部分的每一个体和单位时间的瞬时条件死亡平均数.

例 7-4-3(软件错误检测) 设已知一软件含有 n 个错误，其中每一个错误的发现(或者说，消除)时间是相互独立同分布的随机变量，其共同分布是参数为 θ 的指数分布 $F(t)=1-e^{-\theta t}(t\geqslant 0)$. 按前述知由这些错误的发现时间确定的次序统计量过程的条件强度是 $\lambda_i(t)=(n-i)\theta$. 它不依赖于 t. 故相邻两次发现错误的时间间距相互独立，其分布由

$$P(T_{i+1}>x)=\exp\{-(n-i)\theta x\},\ x\geqslant 0$$

给出，即 T_{i+1} 有参数为 $(n-i)\theta$ 的指数分布 $(i=0,1,\cdots,n-1)$.

§7-5 生灭过程

对于纯生过程来说，群体中的成员只会繁殖而不会死亡，因此群体的大小只会增大而不会减小. 换句话说，表示群体在时刻 t 的大小 N_t 随参数 t 的增大而增大(起码不会减小). 如果群体的成员可能死亡，亦即群体的大小既会增大也会减小，这样就把纯生过程推广为既有生又有死的生灭过程. 生灭过程是一类很有用的随机过程. 下面给出它的数学定义. 读者可把这定义与纯生过程

的定义 7-1-1 相对照。

定义 7-5-1 随机过程 $\{N_t, t \geq 0\}$ 称做齐次生灭过程(homogeneous birth-death process),如果它是一个以非负整数集 $\mathbf{Z}_+$ 为状态空间的齐次马尔可夫过程。而且满足下列条件:对任意 $t \geq 0$, $h > 0$ 和任意非负整数 i, j

$$P(N_{t+h} = j | N_t = i) = \begin{cases} \lambda_{j-1} h + o(h) & \text{当 } j = i + 1, \quad (7\text{-}5\text{-}1) \\ \mu_{j+1} h + o(h) & \text{当 } j = i - 1, \quad (7\text{-}5\text{-}2) \\ 1 - (\lambda_j + \mu_j) h + o(h) & \\ & \text{当 } j = i, \quad (7\text{-}5\text{-}3) \\ o(h) & \text{当 } |j - i| \geq 2. \quad (7\text{-}5\text{-}4) \end{cases}$$

这里 $\{\mu_n, n \geq 0\}(\mu_0 = 0)$ 和 $\{\lambda_n, n \geq 0\}$ 分别称做过程的灭率和生率。注意上面的四个等式不全是独立的,易见从前两个式子和第三(或第四)个式子可推出余下的一个式子。

如果在上面的定义中允许生率 λ_n 和灭率 μ_n 随时间 t 而改变,亦即生率和灭率事实上是时间 t 和状态 $N_t = n$ 的非负函数,我们就得到非齐次的生灭过程。但是,在本书中我们主要讨论齐次生灭过程。

利用类似于在讨论纯生过程时所作的推理,我们可以证明对于齐次生灭过程 $\{N_t, t \geq 0\}$,概率 $P_n(t) \equiv P(N_t = n)$ 满足下面的微分方程组:

$$P'_0(t) = -\lambda_0 P_0(t) + \mu_1 P_1(t) \qquad (7\text{-}5\text{-}5)$$

和

$$P'_n(t) = -(\lambda_n + \mu_n) P_n(t) + \lambda_{n-1} P_{n-1}(t) + \mu_{n+1} P_{n+1}(t), \quad n \geq 1. \qquad (7\text{-}5\text{-}6)$$

这方程组的解的存在性和唯一性问题的讨论是比较困难的。在这里我们仅叙述如下的结果:对于任意 $\lambda_n \geq 0$ 和 $\mu_n \geq 0$ $(n=0, 1, \cdots)$,微分方程组 (7-5-5)—(7-5-6) 恒存在满足

$$\sum_{n=0}^{\infty} P_n(t) \leq 1 \qquad (7\text{-}5\text{-}7)$$

的解 $P_n(t)$ $(n=0,1,\cdots,t\geqslant 0)$. 对于几乎所有有实际兴趣的情形，特别地，当 $\{\lambda_n\}$ 和 $\{\mu_n\}$ 为有界时存在满足

$$\sum_{n=0}^{\infty} P_n(t)=1 \tag{7-5-8}$$

的唯一解 $(n=0,1,\cdots,t\geqslant 0)$.

下面的例子给出一类特殊的生灭过程.

例 7-5-1（纯灭过程） 当一个生灭过程的所有生率 $\lambda_n(n\geqslant 0)$ 全等于零时对应的群体的成员只会死亡而不会繁殖，这是和纯生过程相反的另一极端情形，我们把这种过程称做**纯灭过程**(pure death process). 这类过程的一种常见的特殊情形是灭率正比于群体的大小，即对所有整数 $n\geqslant 0$ 有 $\mu_n=n\mu$，这里 $\mu>0$ 是一常数(请读者把这种情形和 Yule-Furry 过程相比较). 易见当群体中每一个在时刻 t 活着的成员在小区间 $(t,t+h]$ 死亡和存活的概率分别是 $\mu h+o(h)$ 和 $1-\mu h+o(h)$，而且各成员死亡的发生是相互独立时就引导到这样一个纯灭过程模型. 设过程的初始状态是 m(m 是任意正整数)，这时微分方程组(7-5-5)—(7-5-6) 就变成

$$P_n'(t)=(n+1)\mu P_{n+1}(t)-n\mu P_n(t),\quad n=0,1,\cdots,m-1 \tag{7-5-9}$$

和

$$P_m'(t)=-m\mu P_m(t). \tag{7-5-10}$$

初始条件是 $P_m(o)=1$ 和 $P_n(o)=0$ 对所有 $n\neq m$. 这 $m+1$ 个方程可以依次解出. 不难验证它们的解是

$$P_n(t)=C_m^n(e^{-\mu t})^n(1-e^{-\mu t})^{m-n},\quad n=0,1,\cdots,m. \tag{7-5-11}$$

这是参数为 $e^{-\mu t}$ 和 m 的二项分布，故易知

$$EN_t=me^{-\mu t} \tag{7-5-12}$$

和

$$\mathrm{Var}N_t=me^{-\mu t}(1-e^{-\mu t}). \tag{7-5-13}$$

对应于给出齐次纯生过程在状态 n $(n=0,1,2,\cdots)$ 逗留时

间分布的(7-1-13)式，对于一般的生灭过程也可用类似的方法推出如下的结果.

定理 7-5-1 设 $\{N_t, t \geqslant 0\}$ 是一生灭过程，它的生率和灭率分别是 λ_n 和 $\mu_n(n \geqslant 0)$. 若以 τ_n 表示过程在状态 n 的逗留时间，亦即给定过程在时刻 t 处于状态 n 时，从该时刻到过程首次离开状态 n 的时间间距. 则当 $P(\tau_n > 0) = 1$ 时有

$$P(\tau_n > x) = e^{-(\lambda_n+\mu_n)x}. \tag{7-5-14}$$

证明 因为对任意 $x \geqslant 0$ 和 $h > 0$，有

$$\{\tau_n > x + h\} = \{\tau_n > x\} \cap \{\text{过程在区间}\ (x, x+h]\ \text{中没有状态转移}\}.$$

若记 $F_n(x) = P(\tau_n > x)$，则上面的关系式通过概率表示就是

$$F_n(x+h) = F_n(x)[1 - (\lambda_n + \mu_n)h + o(h)].$$

由此可推出微分方程

$$F'_n(x) = -(\lambda_n + \mu_n)F_n(x).$$

用 $e^{(\lambda_n+\mu_n)x}$ 乘上式两端并记 $G_n(x) = e^{(\lambda_n+\mu_n)x}F_n(x)$ 就得到

$$G'_n(x) = 0,$$

故

$$G_n(x) = C,$$

这里 C 是一常数. 如果假定 $P(\tau_n > 0) = 1$ 作为初始条件，则由此推出 $G_n(o) = 1$. 据此即可确定 $C = 1$. 故最终得到

$$F_n(x) = e^{-(\lambda_n+\mu_n)x}. \qquad ■$$

注意按定义有 $\mu_0 = 0$，故当 $n = 0$ 时 (7-5-14) 式简化为

$$P(\tau_0 > x) = e^{-\lambda_0 t}. \tag{7-5-15}$$

另一方面，根据 (7-5-1)—(7-5-3) 式得知，若给定过程在时刻 t 处于状态 n，则它在小区间 $(t, t+h]$ 内发生转移的概率是 $(\lambda_n + \mu_n)h + o(h)$，而且转移后的新状态是 $n+1$ 或 $n-1$ 的概率分别是 $\lambda_n h + o(h)$ 和 $\mu_n h + o(h)$. 由此从直观上容易看出，若已知过程原来处于状态 n 并即将发生转移，则它将要转移到的新状态 $n+1$ 或 $n-1$ 的(条件)概率分别是 $\lambda_n/(\lambda_n + \mu_n)$ 和

$\mu_n/(\lambda_n+\mu_n)$（假定 $\lambda_n+\mu_n>0$，如果 $\lambda_n+\mu_n=0$，这时状态 n 是吸收的，即过程一旦到达状态 n 后就以概率 1 永远逗留在这状态而不再发生转移）.

以上关于生灭过程性质的描述不但直接给出构造（或者说模拟）生灭过程的一种常用的方法，而且也为生灭过程的统计推断提供了一种可行的途径．下面先讨论过程的模拟问题，有关统计推论的问题将在 § 7-9 中作专门的讨论．

设已知齐次生灭过程的生率 $\{\lambda_n\}$ 和灭率 $\{\mu_n\}$，则可以用如下的程序构造这过程的样本轨道：设 $N_0=i_1$，于是过程在状态 i_1 逗留一段随机的时间 τ_{i_1}，这里 τ_{i_1} 是参数为 $\lambda_{i_1}+\mu_{i_1}$ 的指数分布随机变量．然后以概率 $\lambda_{i_1}/(\lambda_{i_1}+\mu_{i_1})$ 转移到状态 i_1+1 或以概率 $\mu_{i_1}/(\lambda_{i_1}+\mu_{i_1})$ 转移到状态 i_1-1，我们用 i_2 表示这次转移后的新状态（即 i_2 等于 i_1+1 或 i_1-1）．过程在状态 i_2 逗留一段随机的时间 τ_{i_2}（τ_{i_2} 有参数为 $\lambda_{i_2}+\mu_{i_2}$ 的指数分布）后又以概率 $\lambda_{i_2}/(\lambda_{i_2}+\mu_{i_2})$ 转移到 i_2+1 或以概率 $\mu_{i_2}/(\lambda_{i_2}+\mu_{i_2})$ 转移到 i_2-1，记新状态为 i_3．按上述步骤继续依次确定 $\tau_{i_3}, i_4, \tau_{i_4}, \cdots$，我们就得到这生灭过程的一个样本轨道．应当指出，在实际中应用上面的程序时只须交替独立地产生具有相应参数的指数分布和二项分布的现实就可得到逗留时间序列 $\{\tau_{i_n}, n\geqslant 1\}$ 和状态序列 $\{i_n, n>1\}$，这两个序列即确定生灭过程的一个样本轨道．

在所有 μ_i 均等于零，即纯生过程的情形，上面的程序变得更简单．因为这时从状态 n 只能转移到状态 $n+1$，所以在模拟时只须确定逗留时间序列，即相继对具有相应参数的指数分布作随机抽样就给出齐次纯生过程的一个样本轨道．

§ 7-6　$P_n(t)$ 的极限性态

在介绍一些常见的特殊生灭过程之前，我们先简要地讨论一下当 $t\to\infty$ 时概率 $P_n(t)=P(N_t=n)$ 的极限性态．首先考察一个简单的生灭过程，它的生率和灭率是：$\lambda_0=\lambda$ 和 $\lambda_n=0$ 当 $n\neq 0$；$\mu_1=\mu$ 和 $\mu_n=0$ 当 $n\neq 1$，这里 λ 和 μ 是两个正常数．易见这生灭过程只有两个可能的状态 0 和 1．这时微分方程组 (7-5-5)—(7-5-6) 有如下形状：

$$P_0'(t)=\mu P_1(t)-\lambda P_0(t), \tag{7-6-1}$$

$$P_1'(t)=\lambda P_0(t)-\mu P_1(t). \tag{7-6-2}$$

由马尔可夫链理论知极限 $\lim\limits_{t\to\infty}P_n(t)=P_n$ 存在，而且 $\lim\limits_{t\to\infty}P_n'(t)=0$ $(n=0,1)$．这一事实启示我们，极限分布应满足由 (7-6-1) 和 (7-6-2) 式导出的方程：

$$0=\mu P_1-\lambda P_0, \tag{7-6-3}$$

$$0=\lambda P_0-\mu P_1. \tag{7-6-4}$$

这两个方程实际上是等价的．解之得

$$P_1=(\lambda/\mu)P_0. \tag{7-6-5}$$

为使 P_0 和 P_1 形成一概率分布，必须满足条件

$$P_0+P_1=1. \tag{7-6-6}$$

由此及 (7-6-1) 式可求出极限分布：

$$P_0=\mu/(\lambda+\mu) \text{ 和 } P_1=\lambda/(\lambda+\mu). \tag{7-6-7}$$

对于一般的齐次生灭过程也可用类似的方法研究其极限分布，即由微分方程组 (7-5-5)—(7-5-6) 导出相应于 (7-6-3)—(7-6-4) 式的方程：

$$-\lambda_0P_0+\mu_1P_1=0, \tag{7-6-8}$$

$$-(\lambda_n+\mu_n)P_n+\lambda_{n-1}P_{n-1}+\mu_{n+1}P_{n+1}=0,\ n\geqslant 1. \tag{7-6-9}$$

这是一组差分方程．我们在此不准备详细讨论这方程组解的存在性和唯一性问题而只是给出如下有用结果．

定理 7-6-1 设齐次生灭过程 $\{N_t,\ t\geqslant 0\}$ 的生率和灭率分别是 $\{\lambda_n\}$ 和 $\{\mu_n\}$，它们满足条件：$\mu_n>0$ $(n\geqslant 1)$．又设

$$S=1+\frac{\lambda_0}{\mu_1}+\frac{\lambda_0\lambda_1}{\mu_1\mu_2}+\cdots+\frac{\lambda_0\lambda_1\cdots\lambda_{n-1}}{\mu_1\mu_2\cdots\mu_n}+\cdots, \tag{7-6-10}$$

则极限概率 $P_n=\lim_{t\to\infty}P_n(t)$ $(n=0,1,\cdots)$ 存在且与过程的初始状态无关. 当 $S<\infty$时存在满足

$$\sum_{n=0}^{\infty}P_n=1$$

的唯一极限概率分布 $\{P_n\}$，这分布由

$$P_n=\begin{cases}S^{-1} & n=0,\\ \dfrac{\lambda_0\lambda_1\cdots\lambda_{n-1}}{\mu_1\mu_2\cdots\mu_n}S^{-1} & n\geqslant 1\end{cases}\tag{7-6-11}$$

给出；当 $S=\infty$时 $P_n=0$ 对所有 $n\geqslant 0$.

证明 若对所有 $n\geqslant 0$，$\lim_{t\to\infty}P_n(t)=P_n$ 存在，则 $\lim_{t\to\infty}P'_n(t)$ 也存在且等于0。故对方程组 (7-5-5)—(7-5-6) 取 $t\to\infty$的极限即得

$$\lambda_0P_0=\mu_1P_1,$$
$$\lambda_nP_n=\mu_{n+1}P_{n+1}+(\lambda_{n-1}P_{n-1}-\mu_nP_n),\ n\geqslant 1.$$

这方程组的通过 P_0 表出的解是

$$\begin{aligned}P_1&=\frac{\lambda_0}{\mu_1}P_0,\\ P_2&=\frac{\lambda_1}{\mu_2}P_1=\frac{\lambda_1\lambda_0}{\mu_2\mu_1}P_0,\\ &\vdots\\ P_n&=\frac{\lambda_{n-1}}{\mu_n}P_{n-1}=\frac{\lambda_{n-1}\lambda_{n-2}\cdots\lambda_0}{\mu_n\mu_{n-1}\cdots\mu_1}P_0.\\ &\vdots\end{aligned}\tag{7-6-12}$$

将上列式子两端求和. 若 $S<\infty$，则利用

$$\sum_{n=0}^{\infty}P_n=1$$

即可推出(7-6-11)式. 若 $S=\infty$，则仅当 $P_0=0$ 时左端的和数 $\sum_{n=0}^{\infty}P_n$才不会发散. 但由 $P_0=0$ 显然又可推出对每一 $n\geqslant 1$

都有 $P_n = 0$.

作为定理 7-6-1 的一个应用，考虑满足条件：$\lambda_{n-1} = \mu_n > 0$ ($n \geqslant 1$) 的齐次生灭过程．这时 $S = 1 + 1 + \cdots = \infty$．因此所有 P_n 均等于零，即极限分布不存在．

我们还要指出，对于齐次纯生过程来说所有 μ_n 均等于零，因此不能应用定理 7-6-1．但是，由对 $P_0(t)$ 的显式表示 (7-1-10) 式取 $t \to \infty$ 的极限可直接求得 $P_0 = \lim_{t\to 0} P_0(t) = 0$．据此并基于 (7-1-9) 式可推出 $P_n = 0$ 对所有 $n \geqslant 1$．这表明极限分布不存在．特别地，因为齐次泊松过程和 Yule-Furry 过程都可看作是齐次纯生过程的特殊情形，故这两类过程都不存在极限分布，这时所有 $P_n = \lim_{t\to 0} P_n(t)$ 都等于零．

§7-7　迁入-迁出过程，$M/M/1$ 排队系统

我们把具有恒定的生率和灭率的生灭过程称做迁入-迁出过程 (immigration-emigration process)．因为当生率 $\lambda_n = \lambda$ 不依赖于群体大小 n 时，我们可以想像群体的增大是从某一外部来源以恒定速率 λ 迁入的．类似地，当灭率 $\mu_n = \mu$ 是一常数时，也可以想像群体的减小是由于它的成员以一定的速率 μ 迁出的．当然，这时还假定群体的成员既不会死亡也不能繁殖．这类过程有时也称做简单生灭过程，它在排队论中有重要的应用．

$M/M/1$ 排队系统是一种最基本的排队模式，它可以用一个迁入-迁出过程来描述．设到达系统的顾客形成一具有常数强度 λ 的泊松过程，服务时间具有参数为 μ 的指数分布．若以 N_t 表示时刻 $t \geqslant 0$ 在系统的顾客数（包括等待服务和正在接受服务的顾客）．易见 $\{N_t, t \geqslant 0\}$ 是一个生灭过程，它的生率和灭率分别是 λ 和 μ，生率和灭率的比值 $\rho = \lambda/\mu$ 在排队论中称做交通强度或利用因子，它表示相对的服务需求量．不难推知确定上述过程的微分方程组 (7-5-5)—(7-5-6) 有如下形式：

$$P_0'(t) = -\lambda P_0(t) + \mu P_1(t) \tag{7-7-1}$$

和

$$P_n'(t) = -(\lambda + \mu)P_n(t) + \lambda P_{n-1}(t) + \mu P_{n+1}(t), \quad n \geqslant 1. \tag{7-7-2}$$

根据定理 7-5-1 知当 $\rho = \lambda/\mu < 1$ 时，上述方程组的解 $P_n(t)$ $(n \geqslant 0)$ 当 t 趋于∞时的极限 P_n 存在,而且 $\{P_n\}$ 是唯一的极限概率分布. 下面我们具体求出这一分布. 容易看出，这时确定 $\{P_n\}$ 的方程组 (7-6-8)—(7-6-9) 可以写成

$$-\lambda P_0 + \mu P_1 = 0, \tag{7-7-3}$$

$$-(\lambda + \mu)P_n + \lambda P_{n-1} + \mu P_{n+1} = 0, \ n \geqslant 1. \tag{7-7-4}$$

用 μ 除这两式子得

$$P_1 - \rho P_0 = 0, \tag{7-7-5}$$

$$P_{n+1} - (1 + \rho)P_n + \rho P_{n-1} = 0, \ n \geqslant 1. \tag{7-7-6}$$

这是一组差分方程,我们利用概率母函数求解. 令

$$G(s) = \sum_{n=0}^{\infty} P_n s^n. \tag{7-7-7}$$

用 s^n 乘 (7-7-6) 式后对 $n = 1, 2, \cdots$ 求和得

$$\sum_{n=1}^{\infty} P_{n+1}s^n - (1 + \rho)\sum_{n=1}^{\infty} P_n s^n + \rho \sum_{n=1}^{\infty} P_{n-1}s^n = 0.$$

上式又可写成

$$(1/s)[G(s) - P_0 - P_1 s] - (1 + \rho)[G(s) - P_0] + \rho s G(s) = 0$$

或

$$\frac{(1 - s)(1 - \rho s)}{s} G(s) = \frac{P_0(1 - s)}{s}.$$

因此

$$G(s) = \frac{P_0}{1 - \rho s} = P_0(1 + \rho s + \rho^2 s^2 + \cdots). \tag{7-7-8}$$

将上式与 (7-7-7) 式比较即得

$$P_n = \rho^n P_0, \quad n \geqslant 0. \tag{7-7-9}$$

再对 $n=0,1,2,\cdots$ 求和并利用 $\sum_{n=0}^{\infty} P_n=1$ 即推出

$$P_n=(1-\rho)\rho^n, \quad n\geqslant 0. \tag{7-7-10}$$

这表明系统处于平衡状态时在系统中的顾客数 N 有参数为 ρ 的(非负值)几何分布 $\mathscr{G}_1(\rho)$，它的数学期望和方差是

$$EN=\frac{\rho}{1-\rho}=\frac{\lambda}{\mu-\lambda}, \tag{7-7-11}$$

$$\text{Var}N=\frac{\rho}{(1-\rho)^2}=\frac{\lambda\mu}{(1-\lambda)^2}. \tag{7-7-12}$$

系统变空(即没有顾客)和不空的概率则是

$$P(N=0)=1-\rho=\frac{\mu-\lambda}{\mu}, \tag{7-7-13}$$

$$P(N\geqslant 1)=1-P(N=0)=\rho=\frac{\lambda}{\mu}. \tag{7-7-14}$$

最后介绍等待空间有限的 $M/M/1$ 排队系统，设系统等待空间的容量(包含正在接受服务的顾客在内)是 R。我们把这种排队系统记为 $M/M/1/R$，易见 $M/M/1$ 系统也可写为 $M/M/1/\infty$ 系统。这时微分方程(7-7-1)仍然成立，但方程(7-7-2)则仅对 $n=1,\cdots,R-1$ 成立。易知对于 $n=R$ 应有如下等式:

$$P_R(t+h)=P_R(t)(1-\mu h)+P_{R-1}(t)\lambda h(1-\mu h)+o(h),$$

由此可推出

$$P'_R(t)=-\mu P_R(t)+\lambda P_{R-1}(t). \tag{7-7-15}$$

于是平衡状态的差分方程组应是

$$-\lambda P_0+\mu P_1=0 \tag{7-7-16}$$

$$-(\lambda+\mu)P_n+\lambda P_{n-1}+\mu P_{n+1}=0,\ n=1,\cdots,R-1, \tag{7-7-17}$$

$$-\mu P_R+\lambda P_{R-1}=0. \tag{7-7-18}$$

由前两式求得 $P_n=P_0\rho^n(n=0,1,\cdots,R-1)$，又由最后一个方程求得 $P_R=\rho P_{R-1}=P_0\rho^R$。综合起来即得

$$P_n = P_0\rho^n,\ n = 0,1,\cdots,R. \tag{7-7-19}$$

再利用条件 $\sum_{n=0}^{R} P_n = 1$ 即可推出对任意 $n = 0,1,\cdots,R$ 有

$$P_n = \begin{cases} \dfrac{(1-\rho)\rho^n}{1-\rho^{R+1}} & 若\ \rho \neq 1, \\ \dfrac{1}{R+1} & 若\ \rho = 1. \end{cases} \tag{7-7-20}$$

即当 $\rho \neq 1$ 时 $\{P_n\}$ 是截尾几何分布，当 $\rho = 1$ 时是离散的均匀分布. 于是,系统中的顾客期望数 $L_R = \sum_{n=0}^{R} nP_n$ 的具体表示式是

$$L_R = \begin{cases} \dfrac{R(R+1)/2}{R+1} = \dfrac{R}{2} & 若\rho = 1, \\ \dfrac{(1-\rho)\rho}{1-\rho^{R+1}} \sum_{n=0}^{R} n\rho^{n-1} = \dfrac{(1-\rho)\rho}{1-\rho^{R+1}} & \\ \times \dfrac{1-(R+1)\rho^R + R\rho^{R+1}}{(1-\rho)^2} & 若\rho \neq 1. \end{cases} \tag{7-7-21}$$

应当指出,与 $R = \infty$ 的情形不同,当 $R < \infty$ 时对任意的 ρ 值，和数 $\sum_{n=0}^{R} \rho^n$ 必为有限,因此平衡分布 $\{P_n\}$ 必定存在.

§7-8 线性增消过程

Yule-Furry 过程是假定所涉及的群体中每一成员能够(以同样的生率)繁殖新的成员,而且自己又不会死亡. 现在把这种过程推广为繁殖和死亡都有可能发生的情形. 设群体中每一个成员在长为 h 的小区间内繁殖一个新成员的概率是 $\lambda h + o(h)$，死亡的概率是 $\mu h + o(h)$，既不繁殖又不死亡的概率是 $1-(\lambda+\mu)h+o(h)$. 而且群体各成员的繁殖和死亡是互不影响的. 于是，如果已知群体在时刻 t 有 n 个成员,则在小区间 $(t,t+h]$ 中有一新

成员出现的概率是 $n\lambda h + o(h)$，有一成员死亡的概率是 $n\mu h + o(h)$，成员数目保持不变的概率是 $1 - n(\lambda + \mu)h + o(h)$。这样，我们就得到一个生率和灭率分别由

$$\lambda_n = n\lambda, \quad n \geqslant 0,$$

$$\mu_n = n\mu, \quad n \geqslant 0,$$

给定的生灭过程，其中 $\lambda \geqslant 0$ 和 $\mu \geqslant 0$ 是某两个常数。因为这时生率 λ_n 和灭率 μ_n 均与群体的大小 n 成正比，所以我们把这类过程称做(齐次)线性增消过程 (birth-death process with linear rates)。

同前以 N_t 表示群体在时刻 t 所含的成员数目和 $P_n(t) = P(N_t = n)$，则微分方程组 (7-5-5) 和 (7-5-6) 可进一步写成

$$P'_0(t) = \mu P_1(t), \tag{7-8-1}$$

$$P'_n(t) = -n(\lambda + \mu)P_n(t) + \lambda(n-1)P_{n-1}(t) + \mu(n+1)P_{n+1}(t), \quad n \geqslant 1. \tag{7-8-2}$$

如果在初始时刻 $t = 0$ 群体有 m 个成员 (m 是任意非负整数)，即 $N_0 = m$。则我们有初始条件:

$$P_n(o) = \begin{cases} 1 & 若\ n = m, \\ 0 & 若\ n \neq m. \end{cases} \tag{7-8-3}$$

设分布 $\{P_n(t)\}$ 的概率母函数是

$$G(t,s) \equiv \sum_{n=0}^{\infty} P_n(t)s^n,$$

则

$$\frac{\partial G}{\partial s} = \sum_{n=1}^{\infty} nP_n(t)s^{n-1}$$

和

$$\frac{\partial G}{\partial t} = \sum_{n=0}^{\infty} P'_n(t)s^n.$$

用 s^n 乘 (7-8-2) 式，然后对 $n = 1, 2, \cdots$ 以及 (7-8-1) 各式求和得

$$\frac{\partial G}{\partial t}=-(\lambda+\mu)\sum_{n=1}^{\infty}nP_n(t)s^n+\lambda\sum_{n=1}^{\infty}(n-1)P_{n-1}(t)s^n$$

$$+\mu\left\{\sum_{n=1}^{\infty}(n+1)P_{n+1}(t)s^n+P_1(t)\right\}$$

$$=-(\lambda+\mu)s\frac{\partial G}{\partial s}+\lambda s^2\frac{\partial G}{\partial s}+\mu\frac{\partial G}{\partial s}$$

$$=\{\mu-(\lambda+\mu)s+\lambda s^2\}\frac{\partial G}{\partial s}, \tag{7-8-4'}$$

这是一个拉格朗日型的一阶线性偏微分方程．在此我们不准备详细讨论它的求解问题[详细的讨论，例如，可参看 Srinivasan and Mehata (1976) pp. 156—158．不过应当指出，在那里求解方程(7-8-4)时没有把 $\lambda=\mu$ 的情形另作讨论是不当的]．我们只给出这方程满足初始条件 (7-8-3) 的解是:

当 $\lambda\neq\mu$ 时

$$G(t,s)=\left[\frac{\mu(1-e^{-(\lambda-\mu)t})-(\mu-\lambda e^{-(\lambda-\mu)t})s}{(\lambda-\mu e^{-(\lambda-\mu)t})-\lambda(1-e^{-(\lambda-\mu)t})s}\right]^m. \tag{7-8-5}$$

当 $\lambda=\mu$ 时

$$G(t,s)=\left[\frac{\lambda t+(1-\lambda t)s}{(1+\lambda t)-\lambda ts}\right]^m. \tag{7-8-6}$$

将上两式展为关于 s 的幂级数就可以得到 $P_n(t)$ 的显式表示．下面给出当 $N_0=1$ 时的具体表示式．

当 $\lambda\neq\mu$ 时

$$P_0(t)=\frac{\mu(1-e^{-(\lambda-\mu)t})}{\lambda-\mu e^{-(\lambda-\mu)t}}, \tag{7-8-7}$$

$$P_n(t)=[1-P_0(t)]\left[1-\frac{\lambda}{\mu}P_0(t)\right]\left[\frac{\lambda}{\mu}P_0(t)\right]^{n-1},\ n\geqslant 1. \tag{7-8-8}$$

当 $\lambda=\mu$ 时

$$P_0(t)=\frac{\lambda t}{1+\lambda t}, \tag{7-8-9}$$

$$P_n(t)=\frac{(\lambda t)^{n-1}}{(1+\lambda t)^{n+1}}=[1-P_0(t)][1-P_0(t)][P_0(t)]^{n-1},$$

$$n\geqslant 1. \quad (7\text{-}8\text{-}10)$$

易见 $\{P_n(t)\}$ 是变形的几何分布. 对于 $N_0=m$ 的一般情形,这里只给出 $P_0(t)$ 的表示式.

当 $\lambda\neq\mu$ 时

$$P_0(t)=\left[\frac{\mu(1-e^{-(\lambda-\mu)t})}{\lambda-\mu e^{-(\lambda-\mu)t}}\right]^m, \quad (7\text{-}8\text{-}11)$$

当 $\lambda=\mu$ 时

$$P_0(t)=\left(\frac{\lambda t}{1+\lambda t}\right)^m. \quad (7\text{-}8\text{-}12)$$

借助 $P_n(t)$ 的表示式(7-8-7)—(7-8-10)能便捷地写出 N_t 的矩表示式. 先假定 $N_0=1$, 这时 $P_n(t)$ 的表示式(7-8-8)和(7-8-10)与参数为 $1-(\lambda/\mu)P_0(t)$ 的正值几何分布 $\mathscr{G}_2(1-(\lambda/\mu)P(t))$ 只差一个常数因子 $1-P_0(t)$. 因此按定义, 分布 $\{P_n(t)\}$ 的一阶矩 EN_t 和二阶矩 EN_t^2 与分布 $\mathscr{G}_2(1-(\lambda/\mu)P(t))$ 的相应的量也只差一个常数因子 $1-P_0(t)$, 即

$$EN_t=[1-P_0(t)]\frac{1}{1-(\lambda/\mu)P_0(t)}, \quad (7\text{-}8\text{-}13)$$

$$EN_t^2=[1-P_0(t)]\frac{1+(\lambda/\mu)P_0(t)}{[1-(\lambda/\mu)P_0(t)]^2}. \quad (7\text{-}8\text{-}14)$$

因而

$$\begin{aligned}\mathrm{Var}N_t&=EN_t^2-(EN_t)^2\\&=[1-P_0(t)]\frac{[P_0(t)+(\lambda/\mu)P_0(t)]}{[1-(\lambda/\mu)P_0(t)]^2},\end{aligned}$$

$$(7\text{-}8\text{-}15)$$

式中的 $P_0(t)$ 由(7-8-9)或(7-8-11)式给出. 对于 $N_0=m$ 的一般情形, 由各成员的生灭是相互独立的假设可把群体看作是 m 个相互独立的假设可把群体看作是 m 个相互独立的子群体叠加而得, 其中每一子群体的初始成员数是 1. 于是由(7-8-13)和(7-8-14)式易得

$$EN_t = m\frac{[1-P_0(t)]}{[1-(\lambda/\mu)P_0(t)]}, \tag{7-8-16}$$

$$\mathrm{Var}N_t = m[1-P_0(t)]\frac{[P_0(t)+(\lambda/\mu)P_0(t)]}{[1-(\lambda/\mu)P_0(t)]^2}. \tag{7-8-17}$$

将 $P_0(t)$ 的表示式(7-8-9)或(7-8-11)代入上两式就进一步得到

$$EN_t = \begin{cases} me^{(\lambda-\mu)t} & 若\ \lambda\neq\mu, \\ m & 若\ \lambda=\mu, \end{cases} \tag{7-8-18}$$

$$\mathrm{Var}N_t = \begin{cases} m\left(\dfrac{\lambda+\mu}{\lambda-\mu}\right)e^{(\lambda-\mu)t}[e^{(\lambda-\mu)t}-1] & 若\ \lambda\neq\mu \\ 2m\lambda t & 若\ \lambda=\mu. \end{cases} \tag{7-8-19}$$

易见极限 $\lim\limits_{t\to\infty}P_0(t)\equiv P_E$ 给出群体最终灭绝(即过程 N_t 被状态0吸收)的概率. 下面就来考察这种极限情形. 由(7-8-11)和(7-8-12)式易得

$$P_E = \begin{cases} (\mu/\lambda)^m & 若\ \lambda>\mu, \\ 1 & 若\ \lambda\leqslant\mu. \end{cases} \tag{7-8-20}$$

λ 和 μ 的比值对 EN_t 和 $\mathrm{Var}N_t$ 也有显著影响. 由(7-8-18)和(7-8-19)式容易推出

$$\lim_{t\to\infty}EN_t = \begin{cases} 0 & 若\ \lambda<\mu, \\ m & 若\ \lambda=\mu, \\ \infty & 若\ \lambda>\mu, \end{cases} \tag{7-8-21}$$

$$\lim_{t\to\infty}\mathrm{Var}N_t = \begin{cases} 0 & 若\ \lambda<\mu, \\ \infty & 若\ \lambda\geqslant\mu. \end{cases} \tag{7-8-22}$$

值得指出如下事实：在 $\lambda=\mu$ 的情形，当 $t\to\infty$ 时 EN_t 的极限是一个有限数 m，但群体最终灭绝的概率却等于1. 这意味着绝大多数的现实最终要灭绝，而极少数的现实必须变得很大.

最后，简单地讨论一下非齐次线性增消过程. 这时，过程的生率和灭率分别是 $\lambda_n(t)=n\lambda(t)$ 和 $\mu_n(t)=n\mu(t)(n=0,1,2,\cdots)$，其中 $\lambda(t)$ 和 $\mu(t)$ 是变元 t 的非负函数. 令

$$P_{jk}(s,t) \equiv P(N_t = k \mid N_s = j),$$

$$\psi_{j,s}(z,t) \equiv \sum_{k=0}^{\infty} z^k P_{jk}(s,t).$$

可以证明

$$\psi_{j,s}(z,t) = \left\{1 + \left[\frac{1}{z-1} e^{\rho(t)-\rho(s)} - e^{-\rho(s)} \int_s^t \lambda(u) e^{\rho(u)} du\right]^{-1}\right\}^j, \tag{7-8-23}$$

这里

$$\rho(t) = \int_0^t [\mu(u) - \lambda(u)] du. \tag{7-8-24}$$

特别地,我们有

$$\psi_{1,0}(z,t) = 1 + \left[\frac{1}{z-1} e^{\rho(t)} - \int_0^t \lambda(u) e^{\rho(u)} du\right]^{-1}. \tag{7-8-25}$$

群体在时刻 t 已灭绝的概率可通过在上式中令 $z = 0$ 而得到,即

$$P_{10}(0,t) \equiv P(N_t = 0 \mid N_0 = 1)$$

$$= \frac{e^{\rho(t)} + \int_0^t \lambda(u) e^{\rho(u)} du - 1}{e^{\rho(t)} + \int_0^t \lambda(u) e^{\rho(u)} du}. \tag{7-8-26}$$

若 $\mu(t)$ 和 $\lambda(t)$ 都是连续函数,则将(7-8-24)式对 t 求导得

$$\rho'(t) = \mu(t) - \lambda(t).$$

因此

$$\int_0^t [\mu(u) - \lambda(u)] e^{\rho(u)} du = \int_0^t \rho'(u) e^{\rho(u)} du = e^{\rho(u)} - 1.$$

故(7-8-26)式又可写成

$$P(N_t = 0 \mid N_0 = 1) = \frac{\int_0^t \mu(u) e^{\rho(u)} du}{1 + \int_0^t \mu(u) e^{\rho(u)} du}. \tag{7-8-27}$$

由此容易看出, $\lim\limits_{t \to \infty} P(N_t = 0 \mid N_0 = 1) = 1$, 即群体最终灭绝的概率等于 1 的充分必要条件是

$$\lim_{t\to\infty}\int_0^t \mu(u)e^{\rho(u)}du = \infty. \qquad (7\text{-}8\text{-}28)$$

特别地,对于 $\lambda(t)=\mu(t)$ 的特殊情形, $\psi_{1,0}(z,t)$ 由下式给出:

$$\psi_{1,0}(z,t)=\frac{\dfrac{\rho(t)}{1+\rho(t)}+z\dfrac{1-\rho(t)}{1+\rho(t)}}{1-\dfrac{z\rho(t)}{1+\rho(t)}}, \qquad (7\text{-}8\text{-}29)$$

其中

$$\rho(t)=\int_0^t \lambda(u)du.$$

因此,若当 $t\to\infty$ 时 $\rho(t)\to\infty$, 则

$$\lim_{t\to\infty} P_{10}(0,t)=\lim_{t\to\infty}\frac{\rho(t)}{1+\rho(t)}=1,$$

即群体以概率 1 最终灭绝.

§7-9 排队论中的某些生灭过程模型

在这一节我们将讨论其它一些特殊的生灭过程模型. 它们是利用各种不同的排队系统来描述的.

(1) $M/M/\infty$ 排队系统　设到达系统的顾客形成一强度为 λ 的泊松过程,服务时间有参数为 μ 的指数分布. 又设系统有无穷多个服务员,因此每一个顾客到达系统后马上可接受服务而不必等待. 若以 N_t 表示在时刻 t 仍逗留在系统中的顾客数目,则 $\{N_t, t\geqslant 0\}$ 是一生灭过程,其生率和灭率分别由

$$\lambda_n=\lambda,\ n\geqslant 0$$

和

$$\mu_n=n\mu,\ n\geqslant 1$$

给出. 关于 $P_n(t)$ 的微分方程组是

$$P_0'(t)=-\lambda P_0(t)+\mu P_1(t), \qquad (7\text{-}9\text{-}1)$$

$$P_n'(t)=\lambda P_{n-1}(t)-(\lambda+n\mu)P_n(t)+(n+1)\mu P_{n+1}(t),\ n\geqslant 1. \qquad (7\text{-}9\text{-}2)$$

假设初始状态 $N_0=m$，即有 $P_m(0)=1$ 和 $P_n(0)=0$ 当 $n\neq m$。我们用概率母函数方法求解上面的方程组。令

$$G(t,s)=\sum_{n=0}^{\infty}P_n(t)s^n,$$

则

$$\frac{\partial G}{\partial s}=\sum_{n=1}^{\infty}nP_n(t)s^{n-1}$$

和

$$\frac{\partial G}{\partial t}=\sum_{n=0}^{\infty}P'_n(t)s^n.$$

用 s^n 乘(7-9-2)式后对 $n=1,2,\cdots$及(7-9-1)式求和得

$$\begin{aligned}\frac{\partial G}{\partial t}&=-\lambda\sum_{n=0}^{\infty}P_n(t)s^n-\mu\sum_{n=1}^{\infty}nP_n(t)s^n+\lambda\sum_{n=1}^{\infty}P_{n-1}(t)s^n\\&\quad+\mu\sum_{n=0}^{\infty}(n+1)P_{n+1}(t)s^n\\&=-\lambda(1-s)G+\mu(1-s)\frac{\partial G}{\partial s}.\end{aligned}\tag{7-9-3}$$

可以验证[详细的求解,例如,可参看 Fisz (1958) 第八章]，这方程的满足初始条件 $G(0,s)=s^m$（由 $N_0=m$ 推出）的解是

$$G(t,s)=[1-(1-s)e^{-\mu t}]^m\exp\left\{-\frac{\lambda}{\mu}(1-s)(1-e^{-\mu t})\right\}.\tag{7-9-4}$$

注意上式右端的第一个因子 $[1-(1-s)e^{-\mu t}]^m$ 是二项分布 $\mathscr{B}(m,e^{-\mu t})$ 的概率母函数,而第二个因子

$$\exp\left\{-\frac{\lambda}{\mu}(1-s)(1-e^{-\mu t})\right\}$$

则是参数为 $\frac{\lambda}{\mu}(1-e^{-\mu t})$ 的泊松分布的概率母函数。因此，对任意 $t>0$，分布 $\{P_t(n)\}$ 是上述两分布的卷积。由此易知

$$P_n(t) = \sum_{k=0}^{\min(m,n)} C_m^k e^{-\mu t k}(1 - e^{-\mu t})^{m-k}\exp\left\{-\frac{\lambda}{\mu}(1 - e^{-\mu t})\right\}$$

$$\times \left(\frac{\lambda}{\mu}\right)^{n-k} \frac{(1 - e^{-\mu t})^{n-k}}{(n-k)!}$$

$$= \exp\left\{-\frac{\lambda}{\mu}(1 - e^{-\mu t})\right\}$$

$$\times \sum_{k=0}^{\min(m,n)} C_m^k \left(\frac{\lambda}{\mu}\right)^{n-k} \frac{e^{-\mu+k}(1 - e^{-\mu t})^{m+n-2k}}{(n-k)!},$$

$$n = 0,1,2,\cdots; \quad (7\text{-}9\text{-}5)$$

$$EN_t = me^{-\mu t} + \frac{\lambda}{\mu}(1 - e^{-\mu t}); \quad (7\text{-}9\text{-}6)$$

$$\mathrm{Var}N_t = me^{-\mu t}(1 - e^{-\mu t}) + \frac{\lambda}{\mu}(1 - e^{-\mu t})$$

$$= (1 - e^{-\mu t})\left(me^{-\mu t} + \frac{\lambda}{\mu}\right). \quad (7\text{-}9\text{-}7)$$

上列公式首先由 Palm 得到.

当 $m = 0$ 时 (7-9-4) 式右端的第一个因子退化为 1, 即 $\{P_n(t)\}$ 就是参数为 $\frac{\lambda}{\mu}(1 - e^{-\mu t})$ 的泊松分布.

由 (7-9-5) 式可看出, 当 $t \to \infty$ 时 $P_n(t)$ 有极限

$$P_n = e^{-\frac{\lambda}{\mu}} \frac{\left(\frac{\lambda}{\mu}\right)^n}{n!} \quad n = 0,1,2,\cdots, \quad (7\text{-}9\text{-}8)$$

即平衡分布是参数为 $\frac{\lambda}{\mu}$ 的泊松分布.

(2) $M/M/k$ 排队系统　关于顾客的到达以及服务时间的假设和上面的 $M/M/\infty$ 系统相同, 不同之处是这时只有 k 个服务员. 当这 k 个服务员都在工作时到达的顾客排队等待服务. 同样用 N_t 表示在时刻 t 逗留在系统中的顾客数目 (包括正在接受服务和排队等待服务的顾客), 则 $\{N_t, t \geqslant 0\}$ 是一个生灭过程, 其生率和灭率分别由

$$\lambda_n = \lambda, \quad n \geqslant 0$$

和

$$\mu_n = \begin{cases} n\mu, & k \geqslant n \geqslant 0; \\ k\mu, & n > k \end{cases}$$

给出，这里 λ 和 μ 是两个任意的正数。这时关于概率 $P_n(t) = P(N_t = n)$ 的微分方程组是

$$\begin{aligned} P'(t) &= -\lambda P_0(t) + \mu P_1(t) \\ P'_n(t) &= \lambda P_{n-1}(t) - (\lambda + n\mu)P_n(t) \\ &\quad + (n+1)\mu P_{n+1}(t) \qquad 1 \leqslant n \leqslant k-1 \qquad (7\text{-}9\text{-}9) \\ P'_n(t) &= \lambda P_{n-1}(t) - (\lambda + k\mu)P_n(t) + k\mu P_{n+1}(t), \\ &\qquad n \geqslant k. \end{aligned}$$

一般说来，求出这方程组的解是困难的。但是由定理 7-6-1 知平衡分布 $\{P_n\}$ 由方程组

$$\begin{aligned} &-\lambda P_0 + \mu P_1 = 0, \\ &\lambda P_{n-1} - (\lambda + n\mu)P_n + (n+1)\mu P_{n+1} = 0, \qquad 1 \leqslant n \leqslant k-1 \\ &\lambda P_{n-1} - (\lambda + k\mu)P_n + k\mu P_{n+1} = 0, \qquad n \geqslant k \end{aligned} \qquad (7\text{-}9\text{-}10)$$

的解给出。当 $\frac{\lambda}{\mu} < k$ 时

$$\begin{aligned} S &= 1 + \frac{\lambda_0}{\mu_1} + \frac{\lambda_0\lambda_1}{\mu_1\mu_2} + \cdots + \frac{\lambda_0\cdots\lambda_{n-1}}{\mu_1\cdots\mu_n} + \cdots \\ &= 1 + \frac{\lambda}{\mu} + \frac{1}{2!}\left(\frac{\lambda}{\mu}\right)^2 + \cdots + \frac{1}{k!}\left(\frac{\lambda}{\mu}\right)^k \\ &\quad + \frac{1}{k!}\left(\frac{\lambda}{\mu}\right)^k\left[\sum_{j=1}^{\infty}\left(\frac{\lambda}{k\mu}\right)^j\right] \\ &= \sum_{i=0}^{k}\frac{1}{i!}\left(\frac{\lambda}{\mu}\right)^i + \frac{1}{k!}\frac{\left(\frac{\lambda}{\mu}\right)^{k+1}}{k - \frac{\lambda}{\mu}} < \infty. \end{aligned} \qquad (7\text{-}9\text{-}11)$$

故方程组 (7-9-10) 存在由

$$P_n=\begin{cases}S^{-1} & 若\ n=0,\\ \dfrac{\lambda_0\lambda_1\cdots\lambda_{n-1}}{\mu_1\mu_2\cdots\mu_n}S^{-1} & 若\ n\geqslant 1\end{cases}$$

给出的唯一解．将(7-9-11)式代入上式即求得平衡分布

$$P_0=\left[\sum_{i=0}^{k}\frac{1}{i!}\left(\frac{\lambda}{\mu}\right)^i+\frac{1}{k!}\frac{\left(\frac{\lambda}{\mu}\right)^{k+1}}{k-\frac{\lambda}{\mu}}\right]^{-1}, \tag{7-9-12}$$

$$P_n=\begin{cases}\dfrac{1}{n!}\left(\dfrac{\lambda}{\mu}\right)^n P_0, & 若\ 1\leqslant n\leqslant k,\\ \dfrac{1}{k!k^{n-k}}\left(\dfrac{\lambda}{\mu}\right)^n P_0, & 若\ n>k.\end{cases} \tag{7-9-13}$$

当 $\frac{\lambda}{\mu}\geqslant k$ 时平衡分布 $\{P_n\}$ 不存在．这时系统的服务能力不能满足顾客的需要，当 $t\to\infty$ 时在系统中排队等待服务的顾客数目以概率 1 趋于无穷．

(3) 顾客会消失的 $M/M/k$ 排队系统　关于排队系统的假设基本同前，但这时顾客是没有耐心等待的，即若顾客到达系统时发现所有服务员都没有空，他就马上离开而不会排队等待服务．我们同样可以用一生灭过程 $\{N_t, t\geqslant 0\}$ 描述在这系统中的顾客数目(这时只含正在接受服务的顾客)．因为这样的系统最多只可能有 k 个顾客，故过程 N_t 的状态空间是 $\{0, 1, \cdots, k\}$，它只含有限多个元素．过程的生率和灭率分别由

$$\lambda_n=\lambda,\ 0\leqslant n\leqslant k$$

和

$$\mu_n=n\mu,\ 1\leqslant n\leqslant k$$

给定．于是，关于 $P_n(t)$ 的微分方程组是

$$\begin{aligned}P_0'(t)&=-\lambda P_0(t)+\mu P_1(t),\\ P_n'(t)&=\lambda P_{n-1}(t)-(\lambda+n\mu)P_n(t)\\ &\quad+(n+1)\mu P_{n+1}(t),\qquad 1\leqslant n\leqslant k-1\\ P_k'(t)&=\lambda P_{k-1}(t)-k\mu P_k(t).\end{aligned} \tag{7-9-14}$$

在此我们同样只讨论当 $t \to \infty$ 时的极限情形. 因为过程只有有限多个状态,故定理 7-5-1 中的 S 只含有限多项, 从而必为有限. 所以由该定理知存在唯一的极限分布 $\{P_n\}$. 将上面的 λ_n 和 μ_n 代入 (7-6-10) 式算出

$$S = \sum_{j=0}^{k} \frac{1}{j!}\left(\frac{\lambda}{\mu}\right)^{j}. \tag{7-9-15}$$

再由 (7-6-17) 式得

$$P_0 = \left[\sum_{j=0}^{k} \frac{1}{j!}\left(\frac{\lambda}{\mu}\right)^{j}\right]^{-1}, \tag{7-9-16}$$

$$P_n = \left[\frac{1}{n!}\left(\frac{\lambda}{\mu}\right)^{n}\right]\left[\sum_{j=0}^{k} \frac{1}{j!}\left(\frac{\lambda}{\mu}\right)^{j}\right]^{-1}, \quad 1 \leqslant n \leqslant k. \tag{7-9-17}$$

这就是排队论中著名的埃尔兰 (Erlang) 公式.

关于排队论中的生灭过程模型就介绍到这里, 进一步的讨论可参看有关的著作, 例如, Gross and Harris (1985) 和邓永录 (1993).

§7-10 生灭过程的统计推断

我们着重讨论简单生灭过程的参数估计和假设检验问题. 因为这时有 $\lambda_n = \lambda (n \geqslant 0)$ 和 $\mu_n = \mu (n \geqslant 1)$, 故需要考虑的参数事实上只有 λ 和 μ 两个. 我们用 $\hat{\lambda}$ 和 $\hat{\mu}$ 分别表示 λ 和 μ 的估计. 下面介绍的推断方法是基于前面关于生灭过程构造的讨论提出的. 概略地说, 这方法主要利用生灭过程的如下重要性质: 过程在状态 n 的逗留时间有参数为 $(\lambda_n + \mu_n)$ 的指数分布,而且在状态 n 发生的转移只可能是到状态 $n+1$ 或 $n-1$, 其概率分别是 $\lambda_n/(\lambda_n + \mu_n)$ 和 $\mu_n/(\lambda_n + \mu_n)$.

设在时间区间 $(0,T]$对一简单生灭过程 $\{N_t, t \geqslant 0\}$ 进行观测并记录如下数据: 在这段时间内过程逗留在状态 0 (群体变空)

的时间 T_e 和逗留在非零状态(群体至少含一个成员)的时间 T_b，显然有 $T_e+T_b=T$；在这长为 T 的时间区间内过程从状态 0 转移到 1 的次数 m_e，从状态 $n(n=1,2,\cdots)$ 转移到 $n+1$ 的次数 m_i 和从状态 $n(n=1,2,\cdots)$ 转移到 $n-1$ 的次数 m_d. 我们希望根据观测值 T_e，T_b，m_e，m_i 和 m_d 作出参数 λ 和 μ 的估计. 由上述不难看出，简单生灭过程的一个现实包含下列组成部分:

(1) 从具有参数 λ 的指数分布总体中所作容量为 m_e 的随机抽样. 若过程在观测区间末端处于状态 0 时，则加上一个参数为 λ 的指数随机变量的不完整(在 T 处被截断) 的现实. 这 m_e (或 m_e+1) 个观测值之和等于 T_e，它们分别表示过程在状态 0 的各个逗留区间长度.

(2) 从具有参数 $(\lambda+\mu)$ 的指数分布总体中所作容量为 m_i+m_d 的随机抽样. 若过程在观测区间末端处于非零状态，则加上一个参数为 $(\lambda+\mu)$ 的指数随机变量的不完整 (在 T 处被截断)的现实. 这 m_b (或 m_b+1) 个观测值之和等于 T_b，它们分别表示过程在非零状态的各个逗留区间长度.

(3) m_i+m_d 次成功概率是 $\lambda/(\lambda+\mu)$ 的贝努里试验，其中成功的次数是 m_i，失败的次数是 m_d，它们分别表示从状态 n 到 $n+1$ 和到 $n-1(n>0)$ 的转移次数.

(4) 观测到的 $0\to1$ 转移只能在 $1\to0$ 的转移之后发生.

现在，我们来求参数 λ 和 μ 的最大似然估计. 为此必须先求出似然函数,这函数给出获得上面描述的现实的概率(确切地说是密度). 这现实的四个组成部分为相应的似然函数依次提供了下列四个因子:

(1) 设 $(\delta_1,\delta_2,\cdots,\delta_{m_e})$ 是具有参数 λ 的指数分布总体的一个容量为 m_e 的随机样本. 若过程在观测区间末端 T 处于状态 0，则还要增加一个参数为 λ 的指数随机变量的不完整的现实 δ——$(0,T]$ 中最后一次从 1 到 0 的转移时刻到 T 的间距. 它们满足条件:

$$\delta_1+\delta_2+\cdots+\delta_{m_e}+\delta=T_e. \qquad (7\text{-}10\text{-}1)$$

这些样本为似然函数提供的因子是

$$\left(\prod_{i=1}^{m_e}\lambda e^{-\lambda\delta_i}\right)e^{-\lambda\delta}=\lambda^{m_e}e^{-\lambda T_e}. \qquad (7\text{-}10\text{-}2)$$

注意当过程在观测区间末端 T 处于非零状态时，δ 这一项不再存在（可以认为 $\delta=0$）。但这时 $\delta_1,\delta_2,\cdots,\delta_{m_e}$ 之和应为 T_e，故仍有

$$\prod_{i=1}^{m_e}\lambda e^{-\lambda\delta_i}=\lambda^{m_e}e^{-\lambda T_e}.$$

（2）类似于上面的推理得知，参数为 $(\lambda+\mu)$ 的指数分布总体的容量为 m_i+m_d 的随机样本为似然函数提供的因子是

$$(\lambda+\mu)^{m_i+m_d}e^{-(\lambda+\mu)T_b}. \qquad (7\text{-}10\text{-}3)$$

（3）m_i+m_d 次成功概率为 $\lambda/(\lambda+\mu)$ 的贝努里试验，其结果是有 m_i 次成功和 m_d 次失败。这些样本为似然函数提供的因子是

$$C_{m_i+m_d}^{m_i}\left(\frac{\lambda}{\lambda+\mu}\right)^{m_i}\left(\frac{\mu}{\lambda+\mu}\right)^{m_d}. \qquad (7\text{-}10\text{-}4)$$

（4）转移性质之间的依赖关系为似然函数所提供的因子仅是 m_e，m_i 和 m_d 的函数而与参数 λ 和 μ 无关，我们把这因子记为 A。

令 $f(\lambda,\mu)$ 和 $L(\lambda,\mu)$ 分别表示这似然函数和它的自然对数。由 (7-10-2)—(7-10-4) 式推知

$$\begin{aligned}f(\lambda,\mu)&=A\lambda^{m_e}e^{-\lambda T_e}(\lambda+\mu)^{m_i+m_d}e^{-(\lambda+\mu)T_b}\\&\quad\times C_{m_i+m_d}^{m_i}\left(\frac{\lambda}{\lambda+\mu}\right)^{m_i}\left(\frac{\mu}{\lambda+\mu}\right)^{m_d}\\&=AC_{m_i+m_d}^{m_i}\lambda^{m_e+m_i}\mu^{m_d}e^{-\lambda T-\mu T_b}, \qquad (7\text{-}10\text{-}5)\end{aligned}$$

$$\begin{aligned}L(\lambda,\mu)&=(m_e+m_i)\log\lambda+m_d\log\mu-\lambda T\\&\quad-\mu T_b+B, \qquad (7\text{-}10\text{-}6)\end{aligned}$$

式中 $B=\log AC_{m_i+m_d}^{m_i}$. 将 (7-10-6) 式分别对 λ 和 μ 求导后令

$\partial L/\partial\lambda=0$ 和 $\partial L/\partial\mu=0$，我们就容易由此解出 λ 和 μ 的最大似然估计

$$\hat{\lambda}=\frac{m_e+m_i}{T},\tag{7-10-7}$$

$$\hat{\mu}=\frac{m_d}{T_b}.\tag{7-10-8}$$

下面讨论假设检验问题．仍设在时间区间 $(0,T]$ 内对一简单生灭过程进行观测并得到前述的数据 T_e,T_b,m_e,m_i 和 m_d．我们想判定这些观测数据是否来自一个具有参数 λ^o 和 μ^o 的简单生灭过程的总体．这是一个零假设是 $H_0:\lambda=\lambda^o$ 和 $\mu=\mu^o$ 的简单假设检验问题．下面介绍一种基于 Neyman-Pearson (内曼-皮尔逊)理论的方法．把 λ 和 μ 的最大似然估计 (7-10-7) 和 (7-10-8) 代入 (7-10-6) 式得

$$\max L(\lambda,\mu)=(m_e+m_i)\log\left(\frac{m_e+m_i}{T}\right)+m_d\log\left(\frac{m_d}{T_b}\right)-(m_e+m_i)-m_d+B.$$

检验假设 H_0 的 Neyman-Pearson 统计量是

$$\begin{aligned}&2[\max L(\lambda,\mu)-L(\lambda^o,\mu^o)]\\&=2\left[(m_e+m_i)\log\frac{m_e+m_i}{\lambda^oT}+m_d\log\frac{m_d}{\mu^oT_b}\right.\\&\left.\quad-(m_e+m_i-\lambda^oT)-(m_d-\mu^oT_b)\right].\end{aligned}\tag{7-10-9}$$

若 H_0 真确，则这统计量渐近地有自由度为 2 的 χ^2 分布．据此即可对假设 H_0 作统计检验．

我们不准备详细讨论一般生灭过程的统计推断问题．但是可以指出，若过程的状态空间有限，则生率 λ_n 和灭率 μ_n 可通过对过程作足够长时间的观测而用下式作粗略的估计：

$$\hat{\lambda}_n=\frac{\text{过程从 } n \text{ 到 } n+1 \text{ 的转移次数}}{\text{过程处于状态 } n \text{ 的总时间}},\tag{7-10-10}$$

$$\hat{\mu}_n=\frac{\text{过程从 } n \text{ 到 } n-1 \text{ 的转移次数}}{\text{过程处于状态 } n \text{ 的总时间}}.\tag{7-10-11}$$

下面给出一个应用例子.

例 7-10-1 （超级市场收款柜台的配置） 某超级市场的经理预计按平均来说，每一顾客通过出口的收款柜台需要 2 分钟的服务时间，而且他通过调整收款柜台的数目以保持顾客的到达率等于 0.5(人/秒). 根据过去的经验，可以假设顾客到达收款柜台的时间间距和他们的服务时间是指数分布的随机变量. 为了检查商场的工作情况，他对一个收款柜台进行了一个小时的观测. 在这一小时内有 34 位顾客到达柜台,有 23 位顾客在柜台付款后离开,此外,有 3 分钟无顾客.

根据上面的指数分布假设,在柜台等待的顾客(包括正在结帐那一位顾客) 数目可用一生灭过程来描述. 利用早些时候引入的记号可把观测数据写为

$$T = 60\ (分), \qquad T_b = 57\ (分),$$

$$m_e + m_i = 34\,(人)和\ m_d = 23\,(人).$$

根据 (7-10-7) 和 (7-10-8) 式知生率和灭率（在本例中它们分别表示顾客到达和柜台服务的速率)的估计是

$$\hat{\lambda} = \frac{34}{60} = 0.57\ 和\ \hat{\mu} = \frac{23}{57} = 0.40.$$

因为该经理原来认为 $\lambda = 0.5$ 和 $\mu = 0.5$，所以他想要对上面的参数估计值 $\hat{\lambda}$ 和 $\hat{\mu}$ 是否与参数理想值 $\lambda = \mu = 0.5$ 有显著差异作统计检验. 利用 (7-10-9) 式和上面的观测数据不难算出

$$\begin{aligned} &2[\max L(\lambda, \mu) - L(\lambda^o, \mu^o)] \\ &= 2[L(0.57, 0.40) - L(0.50, 0.50)] = 2.368. \end{aligned}$$

当零假设 H_0 为真时这统计量渐近地有自由度为 2 的 χ^2 分布. 从 χ^2 分布表查出

$$P(\chi^2 \geqslant 2.368) \approx 0.30,$$

这概率比 0.05 和 0.10 都大得多,因此根据上面的观测资料我们接受假设 H_0，即可以认为参数仍是 $\lambda = \mu = 0.5$，当天商场的工作情况和理想情形没有显著差异.

第八章 自激点过程

§8-1 过程的历史与自激点过程的定义

齐次泊松过程是平稳的无后效过程，过程的强度是一常数.带时倚强度的泊松过程的强度则是时间 t 的函数，这类过程仍然具有无后效性，但已经不再是平稳的了.第七章讨论的一般纯生过程是通过让过程在任一时刻 t 的强度还依赖于过程直到时刻 t 为止所发生的点数 N_t 而得到泊松过程的进一步推广.这样的过程虽然是一个马尔可夫过程，但一般并不是平稳和无后效的.在实际中经常还会遇到更广泛的一类过程，即过程在任一时刻 t 的强度不仅是时间 t 和过程直到时刻 t 为止所发生的点数 N_t 的函数，而且还可以依赖于这些点的发生时间，换句话说，过程在时刻 t 的强度依赖于过程在时刻 t 之前(包含 t)的历史.例如，考察一个在空间电荷有限的条件下工作的二极管，其中从阴极发射到阳极的每一个电子都会使电位发生改变，这种电位变化是瞬态的，而且它反过来又影响电子发射到阳极的强度(即到达率)，因此引起强度的瞬态变化.这种情形的一个简单模型是若已知在时刻 t_0 的到达率是 λ_0，则在 t_0 后瞬间有一电子到达阳极的条件下，在下一个电子到达阳极之前的任意时刻 $t>t_0$ 的电子到达率 $\lambda(t)$ 由

$$\lambda(t)=\lambda_0-be^{-a(t-t_0)} \tag{8-1-1}$$

给出，其中 a,b 是两个正常数.从上式可以看出，$\lambda(t)$ 不仅与 $\lambda(t_0)=\lambda_0$ 有关，而且还依赖于 t 和 t_0(确切地说，t 和 t_0 的差数，即时刻 t 和上次电子到达阳极的时间 t_0 的间距).

我们把具有上述特性的点过程称做自激点过程，原因是这类过程未来的演变依赖于(同时也仅依赖于)过程自身过去的历史.

为了给出自激点过程的数学定义，我们有必要对过程的历史这一概念作数学上的描述.

大家都会记得，在§2-1中条件2-1-5给出的齐次泊松过程的一个等价定义中，最本质的要求是下面两个含有条件概率的关系式：对任意正整数 k，任意实数 $h>0, 0<t_1<\cdots<t_k=t$ 和任意非负整数 $n_1\leqslant\cdots\leqslant n_k=n$ 有

$$P(N_{t,t+h}=1|N_{t_j}=n_j,1\leqslant j\leqslant k-1;N_t=n)$$
$$=\lambda h+o(h)$$

和

$$P(N_{t,t+h}\geqslant 2|N_{t_j}=n_j,1\leqslant j\leqslant k-1;\ N_t=n)$$
$$=o(h).$$

对于带时倚强度 $\lambda(t)$ 的泊松过程,上面第一个式子变为

$$P(N_{t,t+h}=1|N_{t_j}=n_j,1\leqslant j\leqslant k-1;N_t=n)$$
$$=\lambda(t)h+o(h),$$

在一般纯生过程的定义中,上式进一步推广为

$$P(N_{t,t+h}=1|N_{t_j}=n_j,1\leqslant j\leqslant k-1;N_t=n)$$
$$=\lambda_n(t)h+o(h).$$

上列式子的左边都是关于事件 $\{N_{t_j}=n_j,\ 1\leqslant j\leqslant k-1;\ N_t=n\}$ 的条件概率，而且要求对任意正整数 k，任意实数 $h>0$，$t=t_k>t_{k-1}>\cdots>t_1>0$ 和任意非负整数 $n=n_k\geqslant n_{k-1}\geqslant\cdots\geqslant n_1$ 这些关系式都成立. 注意到当这些参数取遍它们的所有可能值时,我们就得到过程的所有可能的(在区间 $(0,t]$ 那一部分的) 现实. 这些现实的总体描述直到时刻 t 为止过程演变的全貌，所以人们又称之为过程在时刻 t 以前（包含 t）的历史. 因此，上面的关系式是对关于过程历史的条件概率所加的要求.

另一方面,因为点过程在区间 $(0,t]$ 的演变情况也可以通过给定过程在这区间中发生的点数 N_t 和这 N_t 个点的发生时间 $S_1,\cdots,S_{N_t}$ 得到完全的刻划,这一事实在直观上是明白的,利用过程的计数性质和间距性质之间的关系(参看§1-3和前面各章有关

的论述)也不难给出理论的证明. 所以,我们也可以用 $N_t, S_1, \cdots, S_{N_t}$ 来描述过程在时刻 t 以前(包含 t) 的历史, 这就是说, 上列式子的条件概率中作为条件的事件 $\{N_{t_j} = n_j, 1 \leqslant j \leqslant k-1, N_{t_k} = N_t = n\}$ 可以改写为 $\{N_t = n, S_1 = s_1, \cdots, S_n = s_n\}$, 其中 n 是任意非负整数. 当 $n = 0$ 时表示在区间 $(0, t]$ 中没有点发生,这时当然不必再写点发生时间 $S_1, \cdots, S_n$ 了; $0 < s_1 < \cdots < s_{N_t} \leqslant t$ 是任意实数. 当 $n, s_1, \cdots, s_n$ 取遍它们的所有可能值时同样给出点过程(在区间 $(0, t]$) 的所有可能的现实. 因此,过程的历史可以等价地通过 $N_t, S_1, \cdots, S_{N_t}$ 来描述[1].

下面给出一般的自激点过程的正式定义.

定义 8-1-1 计数过程 $\{N_t, t \geqslant 0\}$ 称做自激点过程 (self-exciting point process), 如果它满足以下条件[2]: 对任意实数 $t \geqslant 0$ 和 $h > 0$

$$P(N_{t,t+h} = 1 | N_t, S_1, \cdots, S_{N_t}) = \lambda(t, N_t, S_1, \cdots, S_{N_t})h + o(h), \quad (8\text{-}1\text{-}2)$$

$$P(N_{t,t+h} \geqslant 2 | N_t, S_1, \cdots, S_{N_t}) = o(h). \quad (8\text{-}1\text{-}3)$$

有必要时还加上对初始状态的规定:

$$P(N_0 = 0) = 1, \quad (8\text{-}1\text{-}4)$$

联合 (8-1-2) 和 (8-1-3) 式可得

$$\lim_{h \downarrow 0} h^{-1} P(N_{t,t+h} \geqslant 1 | N_t, S_1, \cdots, S_{N_t}) = \lambda(t, N_t, S_1, \cdots, S_{N_t}), \quad (8\text{-}1\text{-}5)$$

即 $\lambda(t, N_t, S_1, \cdots, S_{N_t})$ 是自激点过程 $\{N_t, t \geqslant 0\}$ 的强度, 它随

---

1) 熟悉测度论的读者知道,过程 $\{N_t, t \geqslant 0\}$ 在时刻 t 以前(包含 t) 的历史就是集合的 σ 代数 $\mathscr{H}_t = \sigma\{N_s, s \leqslant t\}$, 即由所有满足 $0 \leqslant s \leqslant t$ 的随机变量 N_s 产生的 σ 代数. 这等价于由所有形如 $\{N_{t_j} = n, 1 \leqslant j \leqslant k-1, N_t = n\}$ 的集合产生的 σ 代数, 这里 $k > 0$ 和 $n \geqslant 0$ 是任意整数, $t_1, \cdots, t_{k-1}$ 是满足 $0 < t_1 < \cdots < t_{k-1} < t$ 的任意实数. 不难证明这恰恰又是由随机变量 $N_t, S_1, \cdots, S_{N_t}$ 产生的 σ 代数.

2) 若使用记号 $\mathscr{H}_t$, 则条件 (8-1-2) 和 (8-1-3) 可写成 $P(N_{t,t+h} = 1 | \mathscr{H}_t) = \lambda(t, \mathscr{H}_t)h + o(h)$ 和 $P(N_{t,t+h} \geqslant 2 | \mathscr{H}_t) = o(h)$. 有些作者, 例如 Cox and Isham (1980) 就使用这样的记号.

着 $N_t, S_1, \cdots, S_{N_t}$ 取值的不同而变化. 虽然有时人们也把它简写为 $\lambda(t)$, 但要注意这时 $\{\lambda(t), t \geqslant 0\}$ 本身就是一随机过程, 因此有人把它称做强度过程. 当强度 $\lambda(t)$ 事实上不以任何方式依赖于过程的历史,而只是 t 的函数时, $\{N_t, t \geqslant 0\}$ 就是带时倚强度的泊松过程. 又当 $\lambda(t)$ 仅依赖于 t 和过程在 $(0,t]$ 中的点数 N_t 时则归结为(非齐次)纯生过程的情形.

从 (8-1-5) 式不难看出强度 $\lambda(t)$ 的直观意义: 它和无穷小时间增量的乘积给出当给定过程在 $(0, t]$ 中的点数和发生时间时, 在无穷小区间 $(t, t+h]$ 有点发生的条件概率. 因此, 给定了自激点过程的强度也就规定了它在无穷小区间中有点发生的条件概率. 下面再看看强度和宏观的点发生条件概率的关系.

对任意 $t > s \geqslant 0$ 和 $h > 0$, 先假设 $N_s = 0$. 我们考虑在区间 $(s, t+h]$ 中没有点的条件概率. 由 (8-1-5) 式易知

$$
\begin{aligned}
&P(N_{s,t+h} = 0 | N_s = 0) \\
&= P(N_{s,t} = 0 | N_s = 0) P(N_{t,t+h} = 0 | N_t = 0) \\
&= P(N_{s,t} = 0 | N_s = 0)[1 - \lambda(t, N_t = 0)h + o(h)].
\end{aligned}
$$

由此可推出

$$
\frac{dP(N_{s,t} = 0 | N_s = 0)}{dt} = -\lambda(t, 0) P(N_{s,t} = 0 | N_s = 0).
$$

这微分方程的满足初始条件 $P(N_{s,s} = 0 | N_s = 0) = 1$ 的解是

$$
P(N_{s,t} = 0 | N_s = 0) = \exp\left\{-\int_s^t \lambda(u, 0) du\right\}. \qquad (8\text{-}1\text{-}6)
$$

一般地,对于 $N_s \geqslant 0$ 同样也可推得

$$
P(N_{s,t} = 0 | N_s, S_1, \cdots, S_{N_s}) = \exp\left\{-\int_s^t \lambda(u, N_u, S_1, \cdots, S_{N_u}) du\right\} \qquad (8\text{-}1\text{-}7)
$$

由 (8-1-6) 和 (8-1-7) 式马上看出,对任意 $t > s \geqslant 0$, 过程在宏观区间 $(s, t]$ 中没有点发生的条件概率(从而,有点发生的条件概率)和过程的强度是相互唯一确定的.

§8-2 条件存活概率

设 $\{N_t, t \geqslant 0\}$ 是具有强度 $\{\lambda(t), t \geqslant 0\}$ 的自激点过程，它的点发生时间是 $S_1, S_2, \cdots$. 我们用

$$\mathscr{P}_{S_{n+1}|S_1,\cdots,S_n}(t|s_1,\cdots,s_n)$$

表示给定 $S_i = s_i (i = 1,\cdots,n)$ 时 $S_{n+1} > t$ 的条件概率. 如果 N_t 给出某机器在开始工作后长为 t 的时间区间中发生故障的计数，假定故障出现后能瞬间排除，机器随即又恢复正常工作. 于是，这条件概率就是给定前面 n 次故障的发生时间是 $s_1,\cdots,s_n$ 时第 $n+1$ 次故障在时刻 t 以后发生的条件概率. 因此我们把它称做**经过 n 次故障后的条件存活概率**，或者（不太确切地）简称**第 $n+1$ 点的条件存活概率**. 由 (8-1-6) 式立得

$$P(N_t = 0) = \exp\left\{-\int_0^t \lambda(u,0)du\right\}.$$

因为 $\{N_t = 0\} = \{S_1 > t\}$，故第一点的存活概率是

$$\mathscr{P}_{S_1}(t) = P(S_1 > t) = \exp\left\{-\int_0^t \lambda(u,0)du\right\}. \quad (8\text{-}2\text{-}1)$$

一般地，对 $n \geqslant 1$ 和 $t \geqslant s_n$，第 $n+1$ 点的条件存活概率是

$$\mathscr{P}_{S_{n+1}|S_1,\cdots,S_n}(t|s_1,\cdots,s_n) = \exp\left\{-\int_{s_n}^t \lambda(u,n,s_1,\cdots,s_n)du\right\}. \quad (8\text{-}2\text{-}2)$$

事实上，由 (8-1-2) 式有

$$\begin{aligned}
&P(t < S_n \leqslant t + \Delta t | N_t = n; S_1 = s_1,\cdots,S_n = s_n) \\
&= P(N_{t,t+\Delta t} = 1 | N_t = n; S_1 = s_1,\cdots S_n = s_n) \\
&= \lambda(t,n,s_1,\cdots,s_n)\Delta t + o(\Delta t).
\end{aligned} \quad (8\text{-}2\text{-}3)$$

另一方面，当 $t \geqslant s_n$ 时事件 $\{N_t = n\}$ 和 $\{S_{n+1} > t\}$ 等价，故

$$\begin{aligned}
&P(t < S_{n+1} \leqslant t + \Delta t | N_t = n; S_1 = s_1,\cdots,S_n = s_n) \\
&= \frac{P(t < S_{n+1} \leqslant t + \Delta t | S_1 = s_1,\cdots,S_n = s_n)}{P(S_{n+1} > t | S_1 = s_1,\cdots,S_n = s_n)}.
\end{aligned} \quad (8\text{-}2\text{-}4)$$

用 Δt 除(8-2-3)和(8-2-4)式后令 $\Delta t \to 0$ 就得到

$$\lambda(t,n,s_1,\cdots,s_n)=\frac{f_{S_{n+1}|S_1,\cdots,S_n}(t|s_1,\cdots,s_n)}{\mathscr{P}_{S_{n+1}|S_1,\cdots,S_n}(t|s_1,\cdots,s_n)}. \tag{8-2-5}$$

上式右边的分子是给定 $S_1=s_1,\cdots,S_n=s_n$ 时 S_{n+1} 的条件概率密度. 因为显有

$$\partial\mathscr{P}_{S_{n+1}|S_1,\cdots,S_n}(t|s_1,\cdots,s_n)/\partial t=-f_{S_{n+1}|S_1,\cdots,S_n}(t|s_1,\cdots,s_n).$$

故由(8-2-5)式和上式容易推出

$$\lambda(t,n,s_1,\cdots,s_n)=-\frac{\partial\log\mathscr{P}_{S_{n+1}|S_1,\cdots,S_n}(t|s_1,\cdots,s_n)}{\partial t}. \tag{8-2-6}$$

由此即可得到(8-2-2)式.

根据(8-2-1)和(8-2-2)式推知，当给出了自激点过程的强度时,过程的条件存活概率跟着被给定,从而过程的分布律也就确定了.

下面给出一个在计数器问题中应用的例子.

例 8-2-1(不会瘫痪的计数器的停滞时间) 在实际中用计数器对从某放射源发射出来的伽玛光子进行计数时，计数器在记录到一个光子后的一段短时间(其长度可以是确定性的,也可以是随机的)内会失去效用，在这期间内到达的光子不会被计数器记录. 如果在计数器失效期到达的光子会进一步延长计数器的失效时间，我们就称这计数器是**会瘫痪的**(paralyzable)，否则是**不会瘫痪的**(non-paralyzable).

我们现在考察一个不会瘫痪的计数器，其中相继的失效时间 $\tau_1,\tau_2,\cdots$是相互独立同分布的,它们的共同分布是 $F_\tau(t)$. 设光子到达计数器形成一强度为 $\nu(t)$ 的非齐次泊松过程. 又设 N_t 是计数器在时间区间 $(0,t]$ 中记录到的点数，$S_1,S_2,\cdots,S_{N_t}$ 是这些点的发生时间(参看图 8-2-1).

易见输出过程 $\{N_t,\ t\geqslant 0\}$ 在任意时刻 t 的强度 $\lambda(t)$ 除了依赖于 t 外,还与最近的点发生时间 S_{N_t} 有关，因此它是一自激

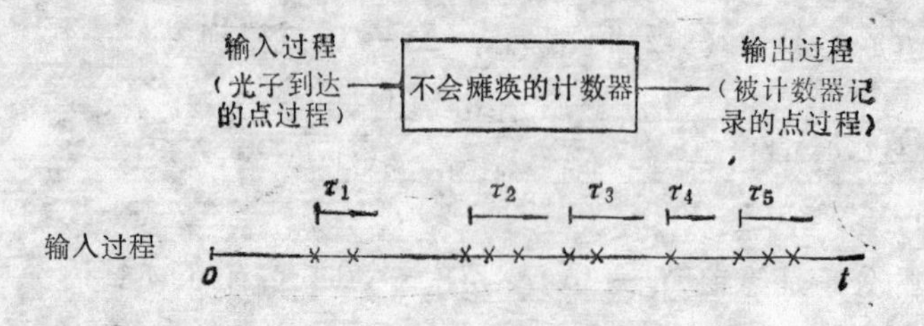

图 8-2-1

点过程．因此，它的强度过程 $\{\lambda(t),t\geqslant 0\}$ 可由给定在区间 $(0,t]$ 上的输出过程时计数器在无穷小区间 $(t,t+\Delta t]$ 中记录到一个点的条件概率来确定．假设计数器在 $t=0$ 时不是处于失效期，因而有 $\lambda(t,0)=\nu(t)$．对于 $n\geqslant 1$ 则有 $\lambda(t,n,s_1,\cdots,s_n)=\nu(t)F_\tau(t-s_n)$．把这两个式子联合起来就得到输出过程强度的表示式

$$\begin{cases}\lambda(t,0)=\nu(t),\\ \lambda(t,n,s_1,\cdots,s_n)=\nu(t)F_\tau(t-s_n),\quad n\geqslant 1.\end{cases}\tag{8-2-7}$$

特别地，当停滞时间 τ 是一常数 t_d 时有

$$F_\tau(t)=\begin{cases}0 & 若\ t\leqslant t_d,\\ 1 & 若\ t>t_d.\end{cases}$$

将这式子代入 (8-2-7) 式得

$$\lambda(t,n,s_1,\cdots,s_n)=\begin{cases}0 & 若\ s_n<t\leqslant s_n+t_d,\\ \nu(t) & 若\ s_n+t_d<t.\end{cases}\tag{8-2-8}$$

当光子到达计数器的强度 $\nu(t)=e^{-t}$ 时，由 (8-2-8) 式给定的强度过程 $\{\lambda(t),t\geqslant 0\}$ 如图 8-2-2 所示．

下面给出输出过程 $\{N_t,t\geqslant 0\}$ 的条件存活概率．根据 (8-2-1)、(8-2-2) 和 (8-2-7) 式我们有

$$\mathscr{P}_{s_1}(t)=\exp\left\{-\int_0^t \nu(u)du\right\}.\tag{8-2-9}$$

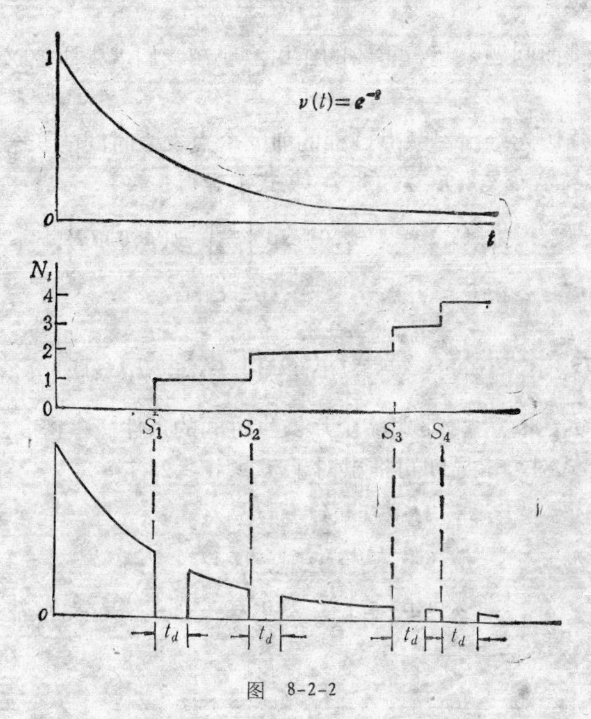

图 8-2-2

当 $n \geqslant 1$ 和 $t \geqslant S_n$ 时

$$\begin{aligned}&\mathscr{P}_{s_{n+1}|s_1,\cdots,s_n}(t|s_1,\cdots s_n)\\&=\exp\left\{-\int_{s_n}^{t}\nu(u)F_{\tau}(u-s_n)du\right\}.\end{aligned}\qquad(8\text{-}2\text{-}10)$$

当停滞时间 $\tau\equiv t_d$ 时，由 (8-2-8) 式知 (8-2-10) 式可写成

$$\begin{aligned}&\mathscr{P}_{s_{n+1}|s_1,\cdots,s_n}(t|s_1,\cdots,s_n)\\&=\begin{cases}1 & \text{当 } t<s_n+t_d,\\ \exp\left\{-\int_{s_n+t_d}^{t}\nu(u)du\right\} & \text{当 } t\geqslant s_n+t_d.\end{cases}\end{aligned}\qquad(8\text{-}2\text{-}11)$$

§8-3 样本函数密度

和泊松过程的情形一样，自激点过程的样本函数密度在它的

统计推断问题中起着重要的作用．现在我们就来研究这个重要的量．

我们先给出自激点过程的前 n 个点发生时间的联合概率密度 $f_{S_1,\cdots,S_n}(s_1,\cdots,s_n)$．对 (8-2-1) 式求导得

$$f_{S_1}(s_1)=\lambda(s_1,0)\exp\left\{-\int_0^{s_1}\lambda(u,0)du\right\}. \qquad (8\text{-}3\text{-}1)$$

对于 $n\geqslant 2$ 和 $0<s_1<s_2<\cdots<s_n$ 有

$$f_{S_1,\cdots,S_n}(s_1,\cdots,s_n)=f_{S_1}(s_1)\prod_{k=2}^{n}f_{S_k|S_1,\cdots,S_k}(s_k|s_1,\cdots,s_{k-1}),$$

其中 $f_{S_k|S_1,\cdots,S_{k-1}}$ 是第 k 个点发生时间的条件概率密度．将 (8-2-2) 式对 t 求导即可推出对于 $n\geqslant k\geqslant 2$ 有

$$\begin{aligned}&f_{S_k|S_1,\cdots,S_{k-1}}(s_k|s_1,\cdots,s_{k-1})\\&=\lambda(s_k,k-1,s_1,\cdots,s_{k-1})\\&\quad\times\exp\left\{-\int_{s_{k-1}}^{s_k}\lambda(u,k-1,s_1,\cdots s_{k-1})du\right\}\end{aligned}$$

因此

$$\begin{aligned}f_{S_1,\cdots,S_n}(s_1,\cdots,s_n)&=\lambda(s_1,0)\left\{\prod_{k=2}^{n}\lambda(s_k,k-1,s_1,\cdots,s_{k-1})\right\}\\&\times\exp\left\{-\int_0^{s_1}\lambda(u,0)du-\prod_{k=0}^{n}\int_{s_{k-1}}^{s_k}\lambda(u,k-1,s_1,\cdots,s_{k-1})du\right\}.\end{aligned} \qquad (8\text{-}3\text{-}2)$$

设 $\{N_t,\ t\geqslant 0\}$ 是一自激点过程．按照样本函数密度的定义，过程在区间 $(0,t]$ 上的样本函数密度是

$$\begin{aligned}&p[\{N_t,0<t\leqslant T\}]\\&=\begin{cases}P(N_{0,T}=0) & \text{若} N_{0,T}=0,\\ f_{S_1,\cdots,S_n,N_{0,T}}(s_1,\cdots,s_n,n) & \text{若 } N_{0,T}=n\geqslant 1.\end{cases}\end{aligned} \qquad (8\text{-}3\text{-}3)$$

其中

$$\begin{aligned}f_{S_1,\cdots,S_n,N_{0,T}}(s_1,\cdots,s_n,n)&=P(N_{0,T}=n|S_1=s_1,\cdots,S_n=s_n)\\&\quad\times f_{S_1,\cdots,S_n}(s_1,\cdots,s_n).\end{aligned} \qquad (8\text{-}3\text{-}4)$$

前面已求出前 n 个点发生时间的联合概率密度 $f_{S_1,\cdots,S_n}(s_1,\cdots,s_n)$. 为了得到点数 $N_{0,T}$ 的条件概率 $P(N_{0,T}=n|S_1=s_1,\cdots,S_n=s_n)$, 我们利用第 $n+1$ 点的条件存活概率把它表为

$$P(N_{0,T}=n|S_1=s_1,\cdots,S_n=s_n)$$
$$=\mathscr{P}_{S_{n+1}|S_1,\cdots,S_n}(T|s_1,\cdots,s_n),n\geqslant 1. \qquad (8\text{-}3\text{-}5')$$

综合上面有关式子就得到

$$p[\{N_t,0<t\leqslant T\}]$$
$$=\begin{cases}\exp\left\{-\int_0^T\lambda(u,0)du\right\} & \text{若 } N_{0,T}=0,\\ \lambda(s_1,0)\exp\left\{-\int_0^{s_1}\lambda(u,0)du-\int_{s_1}^T\lambda(u,1,s_1)du\right\} & \text{若 } N_{0,T}=1,\\ \lambda(s_1,0)\left\{\prod_{k=2}^n\lambda(s_k,k-1,s_1,\cdots,s_{k-1})\right\} & \\ \quad\times\exp\left\{-\int_0^{s_1}\lambda(u,0)du-\sum_{k=2}^n\int_{s_{k-1}}^{s_k}\lambda(u,k-1,s_1,\cdots,s_{k-1})du\right. & \\ \quad\left.-\int_{s_n}^T\lambda(u,n,s_1,\cdots,s_n)du\right\} & \\ & \text{若 } N_{0,T}=n\geqslant 2,\ 0<s_1<\cdots<s_n\leqslant T.\end{cases}$$
$$(8\text{-}3\text{-}6)$$

利用强度过程的记号 $\{\lambda(t),\ t\geqslant 0\}$ 和计数积分，我们可以赋予 (8-3-6) 式一个更紧凑的形式. 为此首先注意到

$$\int_0^T\lambda(u)dN_u=\begin{cases}\int_0^T\lambda(u,0)du & \text{若 } N_{0,T}=0,\\ \int_0^{s_1}\lambda(u,0)du+\int_{s_1}^T\lambda(u,1,s_1)du & \text{若 } N_{0,T}=1,\\ \int_0^{s_1}\lambda(u,0)du+\sum_{k=2}^n\int_{s_{k-1}}^{s_k}\lambda(u;k-1,s_1,\cdots,s_{k-1})du & \\ \quad+\int_{s_n}^T\lambda(u,n,s_1,\cdots,s_n)du & \text{若 } N_{0,T}=n\geqslant 2.\end{cases}$$
$$(8\text{-}3\text{-}7)$$

类似地，计数积分

$$\int_0^T \log\lambda(u)du = \begin{cases} 0 & \text{若 } N_{0,T}=0, \\ \log\lambda(s_1,0) & \text{若 } N_{0,T}=1, \\ \log\lambda(s_1,0)+\sum_{k=2}^{n}\log\lambda(s_k,k-1,s_1,\cdots,s_{k-1}) & \\ & \text{若 } N_{0,T}=n\geqslant 2. \end{cases} \tag{8-3-8}$$

联合 (8-3-6)—(8-3-8) 式就得到如下的结论：具有强度过程 $\{\lambda(t),t\geqslant 0\}$ 的自激点过程 $\{N_t,t\geqslant 0\}$ 在区间 $(0,T]$ 上的样本函数密度由

$$p[\{N_t,0<t\leqslant T\}] = \exp\left\{-\int_0^T \lambda(u)du+\int_0^T \log\lambda(u)dN_u\right\} \tag{8-3-9}$$

给出．我们看到，这和泊松过程情形的表示在形式上完全一样，只不过在那里 $\lambda(t)$ 是一个只依赖于 t 的确定性函数，而现在的 $\lambda(t)$ 则是一个随机过程，即是 t 和 ω 的函数．

§8-4　自激点过程的统计推断

首先讨论参数估计问题．假设我们在区间 $(0,T]$ 中对自激点过程 $\{N_t,t\geqslant 0\}$ 进行了观测，所得的观测数据就是这过程在 $(0,T]$ 上的计数轨道 $\{N_t,\ 0<t\leqslant T\}$．又假定强度过程是 $\{\lambda(t,X),t\geqslant 0\}$，其中 X 是一非随机的参数，它取值于某一集合 $\mathscr{X}$．像在泊松过程情形中那样，由 (8-2-9) 式容易推知联系于观测计数记录的似然函数由

$$l(X) = -\int_0^T \lambda(t,X)dt+\int_0^T \log\lambda(t,X)dN_t \tag{8-4-1}$$

给出．一般地，我们用 $\hat{X}_{ML}$ 表示 X 的用观测计数轨道表示的最大似然估计，它是在约束条件 $X\in\mathscr{X}$ 下使得似然函数 $l(X)$ 达到最大的 X 值．下面用一个实例说明如何应用这个一般的原则．

例 8-4-1（由固定的停滞时间引起的计数损失校正）　继续研

究在例 8-2-1 中描述的不会瘫痪的计数器．现在假设输入过程是一具有常数强度 ν 的齐次泊松过程，而计数器的停滞时间则等于一固定的常数 t_d．这时输出过程 $\{N_t, t\geqslant 0\}$ 是一自激点过程．由 (8-2-7) 和 (8-2-8) 式易知这过程的强度由

$$\lambda(t;0)=\nu$$

和

$$\lambda(t,n,S_1,\cdots,S_n)=\begin{cases}0, & S_n<t\leqslant S_n+t_d,\\ \nu, & S_n+t_d<t,\end{cases}\qquad n\geqslant 1$$

给出．这表明输出过程 N_t 的强度过程 $\{\lambda(t), t\geqslant 0\}$ 是一个两状态过程，它在计数器记录到每一点的时刻都有一个从 ν 到 0 的跳跃，然后在 t_d 秒后又回复到 ν（参看图 8-4-1）．

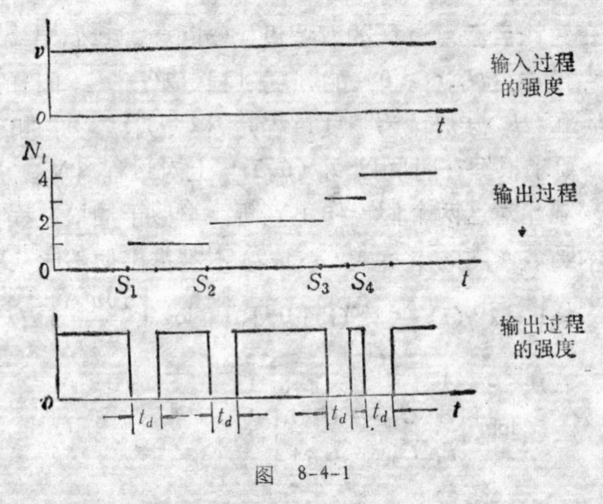

图　8-4-1

根据 (8-4-1) 式可写出按观测计数轨道 $N_T=n, S_1=s_1, \cdots, S_n=s_n$ 估计 ν 的似然函数

$$l(\nu)=\begin{cases}-\nu[s_n-(n-1)t_d]+n\log\nu, & s_n<T\leqslant s_n+t_d,\\ -\nu[T-nt_d]+n\log\nu, & s_n+t_d<T.\end{cases}\tag{8-4-2}$$

求出 $l(\nu)$ 关于 ν 的导数后令它等于零就可得到 ν 的最大似然估计

$$\hat{\nu}_{ML}=\begin{cases}\bar{n}\left[\dfrac{s_n+t_d}{T}-\bar{n}t_d\right]^{-1}, & s_n<T\leqslant s_n+t_d,\\ \bar{n}[1-\bar{n}t_d]^{-1}, & s_n+t_d<T,\end{cases}\tag{8-4-3}$$

其中 $\bar{n}=n/T$ 是观测到的平均点发生率. 如果观测区间长度 T 相对于 t_d 来说很大, 则 (8-4-3) 式中的尾效应可以忽略不计, 即取

$$\hat{\nu}_{ML}=\bar{n}[1-\bar{n}t_d]^{-1}.\tag{8-4-4}$$

这就是说, 为了得到输入过程的平均点发生率的最大似然估计, 我们应该用因子 $[1-\bar{n}t_d]^{-1}$ 乘观测到的平均点发生率 $\bar{n}$, 这个因子称做校正因子. 易见 $[1-\bar{n}t_d]^{-1}$ 大于 1, 而且随着 t_d 和 $\bar{n}$ 的增大而增大.

现在讨论自激点过程的双假设检验问题. 我们要检验的是关于自激点过程 $\{N_t,t\geqslant 0\}$ 的强度过程 $\{\lambda(t),t\geqslant 0\}$ 的假设, 即假设 H_0 和 H_1 分别认为强度过程是 $\{\lambda^0(t),t\geqslant 0\}$ 和 $\{\lambda^{(1)}(t),t\geqslant 0\}$. 要求根据在时间区间 $(0,T]$ 上对过程 $\{N_t,\ t\geqslant 0\}$ 所作的一次观测对这两个假设作出判断. 类似于泊松过程的情形, 利用样本函数密度的表示式 (8-3-9) 不难推出似然比检验是

$$-\int_0^T[\lambda^{(1)}(t)-\lambda^{(0)}(t)]dt+\int_0^T\log\left(\frac{\lambda^{(1)}(t)}{\lambda^{(0)}(t)}\right)dN_t$$

$$\underset{H_0}{\overset{H_1}{\gtrless}}\log\left[\frac{P_0(C_{10}-C_{00})}{P_1(C_{01}-C_{11})}\right],\tag{8-4-5}$$

其中 P_0 和 P_1 分别是 H_0 和 H_1 的验前概率, $C_{01}-C_{11}$ 和 $C_{10}-C_{00}$ 分别是一次漏报(即 H_1 是真时判断 H_0) 和虚报(即 H_0 是真时判断 H_1) 的相对支付, 这些数据都是预先给定的. 由 (8-4-5) 式右边的表示式可算出一个门槛值, 然后把根据观测数据由左边公式算出的值与之比较决定接受假设 H_0 或 H_1. 下面通过一个例子解释这检验的应用.

例 8-4-2 设 $\{N_t,t\geqslant 0\}$ 是一自激点过程, 它的强度过程是

$\{\lambda^{(0)}(t),t\geqslant 0\}$ 和 $\{\lambda^{(1)}(t),t\geqslant 0\}$ 中的一个. 这里$\{\lambda^{(i)}(t),t\geqslant 0\}$ $(i=0,1)$ 是交替取 a_i 和 $b_i(b_i\geqslant a_i)$ 的两状态过程. 假定其状态转换规则是

$$\lambda^{(i)}(t)=\begin{cases}a_i & N_t=0,2,4,\cdots,\\ b_i & N_t=1,3,5,\cdots.\end{cases}$$

这时 (8-4-5) 式的左边变成

$$(a_0-a_1)T_e+(b_0-b_1)T_0+N_{e\to 0}\log\left(\frac{a_1}{a_0}\right)+N_{0\to e}\log\left(\frac{b_1}{b_0}\right),$$

其中 T_e 是在区间 $(0,T]$ 中 N_t 取偶数值的时间, $T_0=T-T_e$ 是在同一区间中 N_t 取奇数值的时间, $N_{0\to e}$ 是在区间 $(0,T]$ 中 N_t 从奇数到偶数的转移次数, 而 $N_{e\to 0}=N_T-N_{0\to e}$ 则是 N_t 从偶数到奇数的转移次数.

§8-5 一个极限定理

在这里, 我们简短地讨论由许多相互独立的点过程叠加而得到的点过程的极限情形.

对于每一正整数, 设 $\{N_{ik}(t),t\geqslant 0\}$ $(i=1,2,\cdots,k)$ 是相互独立的自激点过程, $\{M_k(t),t\geqslant 0\}$ 是由把这 k 个点过程叠加而得的过程,这就是说,对于任意 $t\geqslant 0$,

$$M_k(t)=\sum_{i=1}^{k}N_{ik}(t).\qquad(8\text{-}5\text{-}1)$$

我们说分量过程 $\{N_{ik}(t),t\geqslant 0\}(k>0,i=1,\cdots,k)$ 是一致稀疏的 (uniformly sparse), 如果对于任意 $t\geqslant 0$, 下面的极限关系式成立:

$$\lim_{k\to\infty}\sup_{1\leqslant i\leqslant k}P(N_{ik}(t)\geqslant 1)=0.\qquad(8\text{-}5\text{-}2)$$

这式子表明当分量过程的数目趋于无穷时, 任一分量过程在任意有限区间上对叠加过程至少贡献一点的概率趋于零.

我们可以证明如下的极限定理.

定理 8-5-1 对于相互独立且具有一致稀疏性质 (8-5-2) 的分量过程 $\{N_{ik}(t), t\geqslant 0\}$ $(k>0, i=1,2,\cdots,k)$ 来说，它们的由 (8-5-1) 式给出的叠加过程 $\{M_k(t),\ t\geqslant 0\}$ 收敛于一个具有时倚强度 $\lambda(t)$ 的泊松过程的充分必要条件是：对于任意 $t\geqslant 0$,

$$\lim_{k\to\infty}\sum_{i=1}^{k} P\{N_{ik}(t)>1\}=0 \tag{8-5-3}$$

和

$$\lim_{k\to\infty}\sum_{i=1}^{k} P\{N_{ik}(t)=1\}=\int_0^t \lambda(s)ds. \tag{8-5-4}$$

这定理本质上是属于 Franken (1963) 和 Grigelionis (1963) 的. 有关点过程的叠加问题的进一步讨论可参看 Çinlar (1972) 和 Jagers (1972).

定理 8-5-1 最低限度能够部分地阐明为什么在应用中泊松过程常常是一个合适的模型. 它可以看作是随机变量和的中心极限定理在点过程理论中的类似物.

§8-6 具有有限记忆的自激点过程

对于一般的自激点过程，过程将来的演变既可以依赖于过去发生的点数，也可以与这些点的发生时间有关. 而且一般还随着观测时间 t 的不同而改变. 在实际应用中这种依赖关系未免过于复杂. 因此，有必要引入和讨论一些比较简单而又有用的特殊情形. 在这一节和下一节中我们将做这工作.

正如我们已经看到，纯生过程是一类特殊的自激点过程，它的强度在任意时刻 t 的值 $\lambda(t)$ 只依赖于直到这时刻为止过程所发生的点数 N_t，而这些点在什么时候发生都是无关紧要的. 点间间距分布具有密度函数的更新过程则是自激点过程的另一种特殊情形. 这类过程的将来的演变只与最近一个点的发生时间有关,其它更早出现的点的发生时间以至点数 N_t 都不会有影响. 现在,我们考虑比上述两类过程更广泛些的情形,即过程将来的演变只由相对地较少的几个最近的点发生时间(还可能包括点数 N_t)所决定,这就是所谓具有有限记忆的自激点过程. 下面给出这类过程的正式定义.

定义 8-6-1 (m-记忆自激点过程) 我们说自激点过程 $\{N_t, t \geqslant 0\}$ 是 O-记忆的,如果对所有 $N_t \geqslant 1$,过程的强度函数 $\lambda(t, N_t, S_1, \cdots, S_{N_t})$ 实际上不依赖于任何一个点发生时间 $S_1, \cdots, S_{N_t}$. 对于任意正整数 m,我们说自激点过程 $\{N_t, t \geqslant 0\}$ 是 m-记忆的,如果对所有 $N_t \geqslant m$,过程的强度函数 $\lambda(t, N_t, S_1, \cdots, S_{N_t})$ 实际上只依赖于 t, N_t 和 m 个最近的点发生时间 $S_{N_t-m+1}, \cdots, S_{N_t-1}, S_{N_t}$ 而与其余的 $N_t - m$ 个较早的点发生时间无关.

应当指出,在第二章中我们说泊松过程具有无记忆性是指过程有独立增量,在那里强度函数 $\lambda(t)$ 是一个确定性函数,它不依赖于过程在 $(0, t]$ 上的历史——点数 N_t 和这些点的发生时间 $S_1, \cdots, S_{N_t}$. 而这里所说的 O-记忆过程却允许强度函数 $\lambda(t)$ 依赖于点数 N_t. 因此,O-记忆并不是无记忆!

此外,纯生过程显然就是 O-记忆自激点过程.

下面讨论 m-记忆自激点过程的表征问题. 首先考虑 O-记忆的情形.

定理 8-6-1 设 $\{N_t, t \geqslant 0\}$ 是一自激点过程,它的强度过程 $\{\lambda(t), t \geqslant 0\}$ 满足条件:对任意 $t \geqslant 0, E[\lambda(t)] < \infty$,则当且仅当 $\{N_t, t \geqslant 0\}$ 是一马尔可夫过程时它是 O-记忆的.

当 m 是任意正整数时,在和定理 8-6-1 同样的假设下有

定理 8-6-2 一个自激点过程是 m-记忆的充分必要条件是它的点发生时间序列 $\{S_n, n \geqslant 1\}$ 构成一个 m 阶马尔可夫序列,即对任意 $n \geqslant m$,这过程的条件存活概率满足

$$\mathscr{P}_{S_{n+1}|S_1,\cdots,S_n}(t|s_1, \cdots, s_n) = P_{S_{n+1}|S_{n-m+1},\cdots,S_n}(t|s_{n-m+1}, \cdots, s_n). \qquad (8\text{-}6\text{-}1)$$

这两个定理的证明可参看 Rubin (1972) 或 Snyder (1975)。

下面对1-记忆自激点过程作进一步的讨论．按照定义，一个1-记忆自激点过程在时刻 t 的强度 $\lambda(t,N_t,S_{N_t})$ 只依赖于 t、直到 t 为止发生的点数 N_t 和最近一个点的发生时间 S_{N_t}．在应用中，常常会遇到这种依赖关系不是各别对 t 和 S_{N_t} 而只是对差数 $t-S_{N_t}$ 的情形，这就是说强度 $\lambda(t,N_t,S_{N_t})$ 可写成 $\lambda(N_t, t-S_{N_t})$ 的形式．我们把这样的过程称做**齐次1-记忆自激点过程**.

定理 8-6-3 一个自激点过程 $\{N_t; t\geqslant 0\}$ 是齐次1-记忆的充分必要条件是它的点间间距 $T_1=S_1, T_2=S_2-S_1,\cdots,T_n=S_n-S_{n-1},\cdots$ 构成一独立随机变量序列，即对于任意整数 $n\geqslant 1$ 和任意非负实数 $t_1,\cdots,t_n$

$$P(T_n\leqslant t_n|T_1=t_1,\cdots,T_{n-1}=t_{n-1})=P(T_n\leqslant t_n).\tag{8-6-2}$$

证明 先证必要性．设过程在时刻 t 的强度可表为 $\lambda(N_t, t-S_{N_t})$，它的点间间距序列和点发生时间序列分别是 $\{T_n\}$ 和 $\{S_n\}$．则由条件存活概率与强度的关系 (8-2-2) 可得

$$\begin{aligned}
&P(T_n>t_n|T_1=t_1,\cdots,T_{n-1}=t_{n-1})\\
&=P(S_n>t_1+\cdots+t_n|S_1=t_1,\cdots,S_{n-1}\\
&=t_1+\cdots+t_{n-1})\\
&=\mathscr{P}_{S_n|S_1,\cdots,S_{n-1}}(t_1+\cdots+t_n|t_1,\cdots,t_1+\cdots+t_{n-1})\\
&=\exp\left\{-\int_{t_1+\cdots+t_{n-1}}^{t_1+\cdots+t_n}\lambda(n-1,u-t_1-\cdots-t_{n-1})du\right\}\\
&=\exp\left\{-\int_0^{t_n}\lambda(n-1,u)du\right\},
\end{aligned}\tag{8-6-3}$$

因为一般地有

$$P(T_n>t_n)=\int\cdots\int P(T_n>t_n|T_1=t_1,\cdots,T_{n-1}=t_{n-1})$$
$$\times p_{T_1,\cdots,T_{n-1}}(t_1,\cdots,t_{n-1})dt_1\cdots dt_{n-1}.$$

将 (8-6-3) 式代入上式即得

$$P(T_n>t_n)=\exp\left\{-\int_0^{t_n}\lambda(n-1,u)du\right\},$$

故

$$P(T_n > t_n | T_1 = t_1, \cdots, T_{n-1} = t_{n-1}) = P(T_n > t_n),$$

这和 (8-6-2) 式是等价的.

下面证明充分性. 设自激点过程 $\{N_t, t \geqslant 0\}$ 的点间间距序列 $\{T_n\}$ 是独立随机变量序列, 则第 $n+1$ 点的存活条件概率是

$$\begin{aligned}
&\mathscr{P}_{S_{n+1}|S_1,\cdots,S_n}(t|s_1,\cdots,s_n) \\
&= P(S_{n+1} > t | S_1 = s_1, \cdots, S = s_n) \\
&= P(T_{n+1} > t - s_n | T_1 = s_1, T_2 = s_2 - s_1, \cdots, T_n = s_n - s_{n-1}) \\
&= P(T_{n+1} > t - s_n).
\end{aligned}$$

故由 (8-2-2) 式有

$$\lambda(t, n, s_1, \cdots, s_n) = \frac{-\partial \log P(T_{n+1} > t - s_n)}{\partial t}. \tag{8-6-4}$$

上式右端只与最近一个(第 n 个)点发生时间 s_n 有关, 故过程是 1-记忆的. 同时它对 t 和 s_n 的依赖关系是通过差数 $t - s_n$ 表现出来,因此过程又是齐次的. 定理证完. ■

在第三章讨论的更新过程是很重要的一类点过程. 按照定义, 更新过程的点间间距 $\{T_n\}$ 是相互独立同分布 (对于变形更新过程来说, T_1 可以有不同的分布)的随机变量序列. 在大多数的应用中,更新过程的点间间距是连续型随机变量,即它们的共同分布 F (对于变形更新过程来说还有 T_1 的分布 F_1) 有密度函数 f (相应地,还有 f_1). 由分布的密度函数和故障率的关系知点间间距分布密度的存在保证了过程强度的存在, 而且易知这样的更新过程满足定义 8-1-1 中的条件 (8-1-2) 和(8-1-3),因此是一类特殊的自激点过程. 根据定理 8-6-3 还可进一步推知 (在直观上也是明显的) 它是齐次 1-记忆自激点过程. 这一事实有助于理解为什么 Khinchin (1955) 把更新过程称做具有有限后效的事件流 (flow of events with limited aftereffect).

下面的定理是定理 8-6-3 的推论, 它从自激点过程的角度给出更新过程的描述. 为了叙述简单起见, 在本节的余下部分提到

的更新过程是指点间间距分布有密度函数的更新过程.

定理 8-6-4 一个自激点过程 $\{N_t, t \geqslant 0\}$ 是变形的更新过程的充分必要条件是它的强度函数有如下形式:

$$\lambda(t, N_t, S_1, \cdots, S_{N_t}) = h(t - S_{N_t}), \tag{8-6-5}$$

这里 $h(\cdot)$ 是某个一元函数. 这过程是普通的更新过程的充分必要条件则是除 (8-6-5) 式成立外还有

$$\lambda(t, 0) = h(t). \tag{8-6-6}$$

证明 若 (8-6-5) 式成立, 则过程是齐次 1-记忆的. 由定理 8-6-3 知它有独立的点间间距. 又由 (8-2-1) 式得

$$P(T_1 > t) = \exp\left\{-\int_0^t \lambda(u, 0) du\right\}.$$

将上式对 t 求导即得 T_1 有分布密度

$$f_1(t) = \lambda(t, 0) \exp\left\{-\int_0^t \lambda(u, 0) du\right\}.$$

对于 $n > 1$, 则由 $\{T_n\}$ 的独立性、(8-2-2) 和 (8-6-5) 式推得

$$\begin{aligned}
P(T_n > t) &= P(T_n > t \mid T_1 = t_1, \cdots, T_{n-1} = t_{n-1}) \\
&= \mathscr{P}_{S_n \mid S_1, \cdots, S_{n-1}}(t_1 + \cdots + t_{n-1} + t \mid t_1, \cdots, t_1 + \cdots + t_{n-1}) \\
&= \exp\left\{-\int_{t_1 + \cdots + t_{n-1}}^{t_1 + \cdots + t_{n-1} + t} \lambda(u, n \right. \\
&\qquad \left. - 1, t_1, \cdots, t_1 + \cdots + t_{n-1}) du\right\} \\
&= \exp\left\{-\int_0^t h(u) du\right\}.
\end{aligned} \tag{8-6-7}$$

因此对所有 $n = 2, 3, \cdots, T_n$ 有相同的分布函数

$$F(t) = 1 - \exp\left\{-\int_0^t h(u) du\right\}, \tag{8-6-8}$$

其密度函数是

$$f(t) = h(t) \exp\left\{-\int_0^t h(u) du\right\}. \tag{8-6-9}$$

故 $\{N_t, t \geqslant 0\}$ 是变形的更新过程. 如果还满足条件 (8-6-6), 则 $f_1(t)$ 和 $f(t)$ 相同, 故是普通的更新过程.

反过来, 假若 $\{N_t; t \geqslant 0\}$ 是变形的更新过程, 它的第一个点

间间距 T_1 有分布密度 $f_1(t)$，其它的点间间距 $T_2, T_3, \cdots$ 则有共同的分布密度 $f(t)$。这时，第一点的存活概率是

$$\mathscr{P}_{s_1}(t) = P(T_1 > t) = \int_t^\infty f_1(u)du. \tag{8-6-10}$$

与 (8-2-1) 式比较易得

$$\lambda(t,0) = \frac{f_1(t)}{1 - F_1(t)}. \tag{8-6-11}$$

类似地，当 $n \geqslant 1$ 时第 $n+1$ 点的条件存活概率是

$$\mathscr{P}_{s_{n+1}|s_1,\cdots,s_n}(t|s_1,\cdots,s_n) = P(T_{n+1} > t - s_n)$$

$$= \int_{t-s_n}^\infty f(u)du, \tag{8-6-12}$$

故由 (8-2-6) 式推得

$$\lambda(t,n,s_1,\cdots,s_n) = \frac{f(t-s_n)}{1 - F(t-s_n)}. \tag{8-6-13}$$

我们取

$$h(t) = \frac{f(t)}{1 - F(t)} \tag{8-6-14}$$

就得到 (8-6-5) 式. 如果进一步有 $f_1(t) = f(t)$，则由 (8-6-11) 式知也有 $\lambda(t,0) = h(t)$. 定理全部得证. ∎

易见函数 $h(t)$ 就是对应于分布函数 $F(t)$ 的故障率，它和 $F(t)$ 是相互唯一确定的.

一个普通的更新过程完全由它的点间间距的共同分布 $F(t)$，或者等价地，由这分布的故障率 $h(t)$ 表征. 因此，在这类过程的统计推断问题中涉及的表示式就比较简单，它们只含这分布或它的故障率.

设 $\{N_t, t \geqslant 0\}$ 是一个普通的更新过程，它的间距分布及其密度函数分别是 $F(t)$ 和 $f(t)$。于是，对应的故障率 $h(t)$ 由(8-6-14) 式给出. 注意到

$$-\frac{d\log(1 - F(t))}{dt} = \frac{f(t)}{1 - F(t)}$$

就容易推知

$$\int_{\alpha}^{\beta} h(u)du = \log\left(\frac{1-F(\alpha)}{1-F(\beta)}\right). \tag{8-6-15}$$

根据(8-3-9)式并利用(8-6-3)、(8-6-6)和(8-6-15)式，我们不难写出普通更新过程的样本函数密度：对于任意 $T>0$,

$$p[\{N_t, 0<t\leqslant T\}] = \begin{cases} 1-F(T), & N_T=0, \\ [1-F(T)]h(S_1), & N_T=1, \\ [1-F(T)]h(S_1)h(S_2-S_1)\cdots h(S_n-S_{n-1}), & \\ & N_T=n\geqslant 2. \end{cases} \tag{8-6-16}$$

因此，在参数估计问题中使用的似然函数(8-4-1)可简化为

$$l(X) = \begin{cases} \log[1-F(T,X)], & N_T=0, \\ \log\{[1-F(T,X)]h(S_1,X)\}, & N_T=1, \\ \log\{[1-F(T,X)]h(S_1,X)\cdots h(S_n-S_{n-1},X)\}, & \\ & N_T=n\geqslant 2. \end{cases} \tag{8-6-17}$$

这里记号$(\cdot,X)$表示分布函数或故障率依赖于参数 X. 我们要求参数 X 的最大似然估计，即在一定的参数集合$\mathscr{X}$中找出使似然函数 $l(X)$ 为最大的 X 值.

在简单的双假设检验中，设被观测的普通更新过程的间距分布可能是 $F^{(0)}(t)$ 或 $F^{(1)}(t)$，它们分别对应于假设 H_0 和 H_1. 于是根据(8-4-5)式推知可取

$$\Lambda = \begin{cases} [1-F^{(1)}(T)][1-F^{(0)}(T)]^{-1}, & N_T=0, \\ [1-F^{(1)}(T)]h^{(1)}(S_1)\{[1-F^{(0)}(S_1)]h^{(0)}(S_1)\}^{-1}, & N_T=1, \\ [1-F^{(1)}(T)]h^{(1)}(S_1)\cdots h^{(1)}(S_n-S_{n-1}) & \\ \quad\times\{[1-F^{(0)}(T)]h^{(0)}(S_1)\cdots h^{(0)}(S_n-S_{n-1})\}^{-1}, & \\ & N_T=n\geqslant 2. \end{cases} \tag{8-6-18}$$

作为检验的统计量. 如果 P_0 和 P_1 分别是假设 H_0 和 H_1 的验前概率，$C_{01}-C_{00}$ 和 $C_{10}-C_{00}$ 分别是一次漏报(即 H_1 是真时判断 H_0)和虚报(即 H_0 是真时判断 H_1)的相对支付. 则可按下

面的不等式进行检验:

$$\Lambda \underset{H_0}{\overset{H_1}{\gtrless}} \frac{P_0(C_{10}-C_{00})}{P_1(C_{01}-C_{11})}. \tag{8-6-19}$$

§8-7 具有马尔可夫间距序列的点过程

上一节的定理 8-6-2 表明,一个自激点过程是 m-记忆的等价于它的点发生时间序列 $\{S_n\}$ 是一个 m 阶马尔可夫序列. 因为点间间距序列 $\{T_n\}(T_n = S_n - S_{n-1})$ 也可以确定一个点过程,所以人们自然会想到利用点间间距序列的马尔可夫相依性来反映点过程的记忆性. 虽然定理 8-6-3 还进一步告诉我们,一个自激点过程是齐次 1-记忆的当且仅当它的点间间距序列是一独立随机变量序列(或者说是 O-阶马尔可夫序列),但遗憾的是对于一般的 m-记忆 $(m \geqslant 1)$ 过程来说还不能推出类似的等价描述. 因此,我们有必要单独讨论点间间距序列具有马尔可夫依赖性的点过程. 这类过程首先由 Wold (1948a, 1948b) 作为具有独立同分布间距序列的更新过程的推广而引入并加以研究,所以人们又把它称做**沃尔德** (Wold) **过程**.

定义 8-7-1 点过程 N 称做**具有 m 阶马尔可夫间距序列的点过程**,如果它的点间间距序列 $\{T_n\}$ 是一个 m 阶马尔可夫序列 (m 是任一自然数). 这就是说对任意整数 j 和任意非负实数 $x_i(i \leqslant j+m-1)$ 和 x 有

$$\begin{aligned} &P(T_{j+m} \leqslant x | T_i = x_i, i \leqslant j+m-1) \\ &\quad = P(T_{j+m} \leqslant x | T_i = x_i,\ j \leqslant i \leqslant j+m-1). \end{aligned} \tag{8-7-1}$$

注意在上面的定义中,点过程 N 的状态空间可以是 $\mathbb{R}_+$, 也可以整个实数直线 $\mathbb{R}$. 这两种情形对应的点间间距序列分别是 $\{T_n, n \geqslant 1\}$ 和 $\{T_n, -\infty < n < \infty\}$.

在这一节我们只考虑当 $m=1$ 时的某些特殊情形. 人们通常把一阶马尔可夫序列简称做马尔可夫序列.

设当给定 $T_i=y$ 时 T_{i+1} 的条件概率密度不依赖于 i，我们把它记为 $g(x|y)$，又设 T_i 的(边沿)概率密度是 $f_i(x)$。于是有

$$f_{i+1}(x)=\int_0^{\infty} g(x|y)f_i(y)dy, \tag{8-7-2}$$

如果序列 $\{T_n\}$ 是平稳的，则边沿概率密度 $f_i(x)$ 事实上不依赖于 i，故(8-7-2)式可写成

$$f(x)=\int_0^{\infty} g(x|y)f(y)dy. \tag{8-7-3}$$

这表明为了描述这类具有马尔可夫间距序列的点过程的概率分布律，我们需要一对由积分方程(8-7-3)联系的函数 $f(x)$ 和 $g(x|y)$. 若给定了一般形式的 $g(x|y)$，要从方程(8-7-3)解出 $f(x)$ 是困难的. 在这里只讨论一种简单而有用的情形——$g(x|y)$ 有如下的指数形式:

$$g(x|y)=\lambda(y)e^{-\lambda(y)x}, \tag{8-7-4}$$

这里 $\lambda(y)$ 是变元 y 的某个函数. Wold (1948a, 1948b) 较详细地研究了 $\lambda(y)=\lambda y^{-1/2}$ 的情形，这时(8-7-3)式可具体写为

$$f(x)=\int_0^{\infty}\frac{\lambda}{\sqrt{y}}\exp\left(-\frac{\lambda x}{\sqrt{y}}\right)f(y)dy. \tag{8-7-5}$$

于是对于任意 $\alpha>0$，T_n 的 α 阶矩是

$$\begin{aligned}\mu_\alpha=E[T_n^\alpha]&=\int_0^{\infty}x^\alpha f(x)dx\\&=\int_0^{\infty}\left(\frac{\sqrt{y}}{\lambda}\right)^\alpha\Gamma(1+\alpha)f(y)dy\\&=\frac{\Gamma(1+\alpha)}{\lambda^\alpha}\mu_{\alpha/2}=\prod_{k=0}^{\infty}\frac{\Gamma(1+(\alpha/2^k))}{\lambda^{\alpha/2k}}.\end{aligned} \tag{8-7-6}$$

Cox (1955) 讨论了有线性形式的 $\lambda(y)=\lambda(1+\varepsilon y)$，其中 λ 是正常数，ε 可以是正的也可以是负的，但当 $\varepsilon<0$ 时 $|\varepsilon|$ 要足够小，使能保证 $\lambda(y)$ 取负值的概率(这概率与 $e^{1/\varepsilon}$ 同一数量级)可以忽略不计. 若 $\varepsilon=0$，则 $g(x|y)=\lambda e^{-\lambda x}$ 只不过是(与 y 无关的)以 λ 为参数的指数分布密度，即对应的点过程事实上是

强度为 λ 的齐次泊松过程．当 $\varepsilon>0$ 时，若已知出现了一个较大的间距，则按平均来说随后的间距将会较小，因此相继间距将是负相关的．当 $|\varepsilon|\ll 1$(即 $|\varepsilon|$ 比 1 小得多)时，方程 (8-7-3) 的一个近似解是

$$f(x)=\lambda e^{-\lambda x}\left\{1+\varepsilon\left(\frac{1}{\lambda}-x\right)\right\}+O(\varepsilon^2). \tag{8-7-7}$$

上式右端还可以写成一个指数密度和一 $O(\varepsilon^2)$ 项之和，它表明这样的间距序列的相依性对完全随机性的偏离可通过对指数间距分布的二阶偏离来表示．

即使给定了能完全刻划过程分布律的满足方程 (8-7-3) 的函数对 $f(x)$ 和 $g(x|y)$，要据此求出这过程的重要特性一般也是不容易的．下面仅讨论过程在某区间的点数的概率分布．为了便于讨论，设 N 是 $\mathbb{R}=(-\infty,\infty)$ 上的点过程．令 $N_y(y,t]$ 表示已知过程在时刻 y 有一点发生时，它在区间 $(y,t]$ 的点数．令 Y 表示从过程某一(指定的)点开始的间距，而 Z 则表示以这一点为末端的间距．于是有

$$P(N_0(0,t]=n)=\int_0^\infty P(N_0(0,t]=n|Z=z)f(z)dz,\quad n\geqslant 0, \tag{8-7-8}$$

其中

$$\begin{aligned}P(N_0(0,t]=n|Z=z)&=\int_0^t P(N_y(y,t)=n-1|Y=y)g(y|z)dy\\&=\int_0^t P(N_0(0,t-y]=n-1|Z=y)g(y|z)dy,\quad n\geqslant 1\end{aligned} \tag{8-7-9}$$

和

$$P(N_0(0,t]=0|Z=z)=\int_t^\infty g(y|z)dy=h(t,z). \tag{8-7-10}$$

图 8-7-1 有助于理解 (8-7-8) 和 (8-7-9) 式．注意对于指定点 0 来说区间 $(0,y]$ 是 Y，而对于指定点 y 来说 $(0,y]$ 是 Z．而且 (8-7-9) 式最后一个等号要利用间距序列转移的时齐性．当 $n=0$ 时 (8-7-8) 式可写成

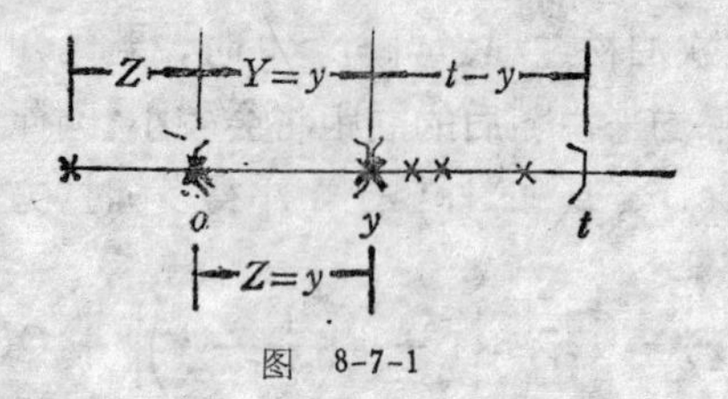

图 8-7-1

$$P(N_0(0,t]=0)=\int_0^\infty h(t,z)f(z)dz=R(t), \quad (8\text{-}7\text{-}11)$$

即 $R(t)$ 是间距 T_n 的(边沿)存活函数.

现在,设 $t=0$ 处不一定有点发生且以 $N(0, t]$ 表示过程 N 在 $(0,t]$ 中的点数. 若过程已处于平衡状态,则关于 $t=0$ 的接后发生时间密度是 $\mu_T^{-1}R(t)$, 这里 $\mu_T=ET_n$. 于是

$$P(N(0,t]=0)=\int_t^\infty \mu_T^{-1}R(t)dt. \quad (8\text{-}7\text{-}12)$$

我们还不难看出关于 $t=0$ 的接后和对前发生时间的联合密度是 $\mu_T^{-1}f(x+y)$, 故对 $n\geqslant 1$ 有

$$P(N(0,t]=n)=\int_0^\infty dy\int_0^t dx\,\mu_T^{-1}f(x+y)$$

$$\times P(N_0(0,t-x]=n-1|Z=x+y). \quad (8\text{-}7\text{-}13)$$

§8-8 线性自激点过程

在结束自激点过程的讨论之前, 我们简要地介绍另一类特殊的自激点过程——线性自激点过程.

在 §8-1 我们通过空间电荷有限的二极管的例子引入自激点过程的概念,在那里我们曾假设过程的强度是

$$\lambda(t)=\lambda_0-\sum_{S_i\leqslant t} be^{-a(t-S_i)}, \quad (8\text{-}8\text{-}1)$$

其中 S_i 是第 i 点的发生时间. 这种强度可用计数积分写成如下更一般的形式:

$$\lambda(t)=\lambda_0+\int_{-\infty}^t g(t-u)dN_u. \quad (8\text{-}8\text{-}2)$$

我们把具有形如(8-8-2)式那样的强度的自激点过程称做**线性自激点过程**.(linear self-exciting point process).易见这类过程在任意时刻 t 的强度 $\lambda(t)$ 由直到这时刻为止所发生的点决定,而且这些点的总影响是各单个点的影响的叠加. Hawkes (1971) 首先系统研究了这一类过程. 它除了在物理学中有重要应用之外, Vere-Jones 在1978年把这类点过程用作地震发生的一种模型. 请参看 Vere-Jones and Ozaki (1982) 和 Ogata and Akaike (1982).

(8-8-2)式中的函数 $g(\cdot)$ 称做响应函数.一般情况下, $|g(t)|$ 随 t 的增加而迅速地减小. 例如,在地震模型的应用中, $g(t)$ 可以描述每次地震引起的余震活动的衰减. 从理论上来说,强度 $\lambda(t)$ 应该是非负的. 但是,在某些物理问题中 $\lambda(t)$ 可能会取负值,由(8-8-1)式给出的强度函数就是一个这样的例子. 这时,问题变得十分困难.

在点过程 $\{N_t, t \geqslant 0\}$ 是(弱)平稳和响应函数 $g(t)$ 非负的情形,问题能得到较好的解决. 这时我们有

$$\lambda \equiv E[\lambda(t)] = \lambda_0 + \lambda\int_{-\infty}^{t} g(t-u)du \qquad (8\text{-}8\text{-}3)$$

或

$$\lambda = \lambda_0 \Big/ \left[1 - \int_0^{\infty} g(u)du\right], \qquad (8\text{-}8\text{-}4)$$

这里要求 $\int_0^{\infty} g(u)du < 1$. 又由

$$\mu(\tau) = \{E[dN(t+\tau)dN(t)]/(dt)^2\} - \lambda^2 \text{[1)]} \qquad (8\text{-}8\text{-}5)$$

定义的协方差密度能写为

$$\mu(\tau) = E\left\{\frac{dN(t)}{dt}\left[\lambda_0 + \int_{-\infty}^{t+\tau} g(t+\tau-u)dN_u\right]\right\} - \lambda^2$$

$$= \int_{-\infty}^{\tau} g(\tau-v)\mu^{(c)}(v)dv, \qquad (8\text{-}8\text{-}6)$$

---

1) 这里

$$E[dN(t+\tau)dN(t)]/(dt)^2 = \lim_{\Delta t\to 0} E\left[\frac{(N_{t+\tau+\Delta t} - N_{t+\tau})}{\Delta t}\cdot\frac{(N_{t+\Delta t} - N_t)}{\Delta t}\right],$$

式中

$$\delta(\tau)=\begin{cases}1 & \tau=0,\\ 0 & \tau\neq 0.\end{cases}$$

因此,对于 $\tau>0$ 有

$$\mu(\tau)=\lambda g(\tau)-\int_{-\infty}^{\tau} g(\tau-v)\mu(v)dv. \qquad (8\text{-}8\text{-}7)$$

当响应函数由

$$g(t)=\begin{cases}be^{-at}, & a>b>0, \quad t\geqslant 0,\\ 0, & t<0\end{cases} \qquad (8\text{-}8\text{-}8)$$

给定时,可以证明对应的点过程是(弱)平稳的(因而满足前面提到的假设),参看 Srinivasan and Vasudevan (1971). 把 (8-8-8) 式代入 (8-8-4) 式得

$$\lambda=a\lambda_0/(a-b). \qquad (8\text{-}8\text{-}9)$$

我们还可以求出积分方程 (8-8-7) 的显式解是

$$\mu(\tau)=\frac{b\lambda(2a-b)}{2(a-b)}e^{-(a-b)\tau}, \quad \tau>0. \qquad (8\text{-}8\text{-}10)$$

顺便指出,响应函数是有限多个形如 (8-8-8) 的函数叠加的线性自激点过程也是(弱)平稳的.

可以沿不同方向把线性自激点过程加以推广. 例如, 可把 (8-8-2) 式看作是形如

$$\lambda(t)=\lambda_0+\int_{-\infty}^{t} g_1(t-u)\,dN_u + \int_{-\infty}^{t} dN_{u_1}\int_{-\infty}^{t} g_2(t-u_1,t-u_2)dN_{u_2}+\cdots \qquad (8\text{-}8\text{-}11)$$

的更一般表达式的前两项, 或者通过引入对另一个被观测的随机过程 x_t 的依赖关系:

$$\lambda(t)=\lambda_0+\int_{-\infty}^{t} g(t-u)dN_u+\int_{-\infty}^{t} h(t-v)dx_v, \qquad (8\text{-}8\text{-}12)$$

其中 x_t 可以是点过程, 也可以是某一个实值随机过程或其累积过程. 有关线性自激点过程的统计分析和推广的进一步讨论. 例如,可参看 Hawkes (1971), Ozaki (1979), Vere-Jones and Ozaki (1982) 和 Ogata and Akaike (1982) 等.

第九章　重随机泊松过程，具有条件平稳独立增量过程和具有次序统计量性质点过程

§9-1　重随机泊松过程的定义和例子

通过允许泊松过程的强度不仅可随时间而变化，而且还会随环境等因素随机地改变，即强度本身是一非负实值随机过程时，我们就得到所谓重随机泊松过程.

定义 9-1-1　点过程 $\{N_t, t \geqslant 0\}$ 称做具有强度过程 $\{\Lambda(t), t \geqslant 0\}$ 的重随机泊松过程 (doubly stochastic Poisson process)，如果对于过程 $\Lambda(t)$ 的几乎所有现实 $\lambda(t)$，当给定 $\Lambda(t)=\lambda(t)$ 时点过程 $\{N_t, t \geqslant 0\}$ 是具有时倚强度 $\lambda(t)$ 的泊松过程.

因为按定义，重随机泊松过程在给定了随机强度的条件下是一(带时倚强度的)泊松过程，所以人们又把这类过程称做条件泊松过程 (conditional Poisson process).

D. Cox 于 1955 年首先引入并讨论了重随机泊松过程，所以也有人把这类过程称做 Cox (柯克斯) 过程. 他在研究由于纬纱中断引起纺纱机的停机问题时认为，如果纺纱机的工作环境(如温度、湿度等)和使用的纬纱质量完全不变时，纬纱中断的现象可用一具有常数强度 λ 的齐次泊松过程来描述. 但是，实际上由于工作环境会发生变化，纬纱的质量(例如，来源不同)也可能变化，因而强度 λ 也随之改变. 所以不能简单地用一强度恒定不变的齐次泊松过程描述纬纱中断现象. 由于工作环境和纬纱质量的变化通常是随机的，从而强度的改变也是随机的. 为了描述这样的纬纱中断引起的停机事件，我们必须引入和研究重随机泊松过程.

在物理学中也有类似的现象. 例如，激光通讯系统的发送部分发出作为载波的激光投射到接收部分的光检测器上. 激光引起

的光电子流形成一泊松过程．要传输的信号被转化为一定频率和相位的无线电波（称做副载波）后用来调制载波的激光强度． 这样，在接收部分的检测器接收到的光电子流形成一强度随机变化的泊松过程,即重随机泊松过程．

在管理科学中也会遇到不少要用重随机泊松过程描述的现象．下面是一个简单的例子．设某系统的工作过程交替处于正常周期和非正常周期，这两种周期的长度是随机的．如果系统在工作过程会出现故障，而且故障的发生在正常周期和非正常周期分别形成强度为 λ_1 和 λ_2，（λ_1 和 λ_2 是两个相异正数）的泊松过程．于是，系统在工作过程中故障的发生可用一重随机泊松过程来描述,它的强度过程 $\Lambda(t)$ 随机地交替取值 λ_1 和 λ_2 而形成一两值随机过程．

虽然重随机泊松过程和第八章讨论的自激点过程的强度自身都是随机过程,但是两者是有区别的．自激点过程的强度直接(而且仅仅)依赖于点过程已有的历史,即是由点过程自身激发的，而重随机泊松过程的强度过程则是由周围环境或外部因素影响所制约．在许多场合中，强度过程 Λ 能表为某一个“外部的”随机过程 X_t 的函数,即 $\Lambda(t)=\mu(X_t)$,通常假设过程 X_t 是左(或右)连续的．当 X_t 表征点过程在时刻 t 所处的环境的时候，对应的重随机泊松过程又称做**具有随机环境的泊松过程**，(Poisson process with random environment),而随机过程 $\{X_t,\ t\geqslant 0\}$ 则称做**环境过程**． 如果随机过程 $\{X_t,\ t\geqslant 0\}$ 是作为传递信息的量而出现的(上面有关激光通信系统的例子就是这样的情形)，这时人们就把它称做**信息过程**．

Serfozo (1963a) 给出重随机泊松过程的一个更一般的严格定义,我们也把它介绍给读者．但应指出,这一定义并不是理解本章余下部分所必需的,初学者可以把它略过．

定义 9-1-2 设 $(\Omega,\mathscr{F},P)$ 是基本概率空间,$\{A(t),t\geqslant 0\}$ 是一满足 $A(0)=0$（以概率 1）的非负不减右连续实值随机过程．以 $\mathscr{A}$ 表示在 Ω 上使得过程 $\{A(t),t\geqslant 0\}$ 可测的最小 σ 代

数. 我们把点过程 $\{N_t,\ t\geqslant 0\}$ 称做具有累积强度过程(又称均值过程) $\{A(t),\ t\geqslant 0\}$ 的重随机泊松过程，如果它满足下列两条件：

1° 对 $\mathscr{A}$ 有条件独立增量，即对任意整数 $n>0$，实数 $0\leqslant t_0\leqslant t_1\leqslant\cdots\leqslant t_n$ 和非负整数 $k_1,\cdots,k_n$，以概率 1 有

$$P(N_{t_0,t_1}=k_1,\cdots,N_{t_{n-1},t_n}=k_n|\mathscr{A})$$
$$=\prod_{i=1}^{n}P(N_{t_{i-1},t_i}=k_i|\mathscr{A}). \qquad (9\text{-}1\text{-}1)$$

2° 对 $\mathscr{A}$ 有条件泊松分布，即对任意 $0\leqslant s<t$ 和非负整数 k，以概率 1 有

$$P(N_{s,t}=k|\mathscr{A})=\exp\{-[A(t)-A(s)]\}\frac{[A(t)-A(s)]^k}{k!}. \qquad (9\text{-}1\text{-}2)$$

在定义 9-1-2 中没有要求存在强度过程，故它较定义 9-1-1 更一般些. 显然，若强度过程 $\{\Lambda(t),t\geqslant 0\}$ 存在，则

$$A(t)=\int_0^t\Lambda(u)du \qquad (9\text{-}1\text{-}3)$$

给出点过程的累积强度过程 $\{A(t);\ t\geqslant 0\}$. 在后面的讨论中一般假设强度过程存在 (而且只有进一步假设强度过程 $\Lambda(t)$ 是平稳随机过程时才能得到较多的结果)，因此若无特别声明，下面提到的重随机泊松过程均指满足定义 9-1-1 中条件的点过程.

§9-2 条件化方法

从这一节开始，我们依次介绍描述和研究重随机泊松过程的几种方法.

首先要介绍所谓条件化方法 (conditioning method). 这方法是基于重随机泊松过程在给定强度过程样本轨道的条件下是一泊松过程这个事实. 当我们用条件化方法求重随机泊松过程的某种性质时，先在给定强度过程的条件下求出所得的(条件)泊松过

程的对应的(条件)性质，然后利用全概率公式或条件数学期望性质过渡到它的无条件形式。从理论上说，重随机泊松过程的统计特征能够用条件化方法确定。例如，若 $\{\Lambda(t),\ t\geqslant 0\}$ 是一可测随机过程[1]，而且 $E\Lambda(t)<\infty$ 对所有 $t\geqslant 0$，则按泊松过程的性质知对任意 $0\leqslant a<b$ 有

$$P(N_{a,b}=n\mid\Lambda(t)=\lambda(t))$$
$$=(n!)^{-1}\left\{\int_a^b\lambda(u)du\right\}^n\exp\left\{-\int_a^b\lambda(u)du\right\},$$

$$E[N_{a,b}\mid\Lambda(t)=\lambda(t)]=\int_a^b\lambda(u)du$$

和

$$\operatorname{Var}[N_{a,b}\mid\Lambda(t)=\lambda(t)]=\int_a^b\lambda(u)du.$$

因此

$$P(N_{a,b}=n)=E[P(N_{a,b}=n\mid\Lambda(t);t\geqslant 0)]$$
$$=E\left[(n!)^{-1}\left\{\int_a^b\Lambda(u)du\right\}^n\right.$$
$$\left.\times\exp\left\{-\int_a^b\Lambda(u)du\right\}\right],\tag{9-2-1}$$

$$E(N_{a,b})=\int_a^b E[\Lambda(u)]du\tag{9-2-2}$$

和

$$\operatorname{Var}(N_{a,b})=\int_a^b E[\Lambda(u)]du+\operatorname{Var}\left[\int_a^b\Lambda(u)du\right].\tag{9-2-3}$$

(9-2-3) 式右边的第二项是非负的，当且仅当 $\int_a^b\Lambda(u)du$ 是常数时这一项等于零。由此看出强度过程的随机化会增大点过程的离散度。

应当指出，要具体算出 (9-2-1)—(9-2-3) 式的右端一般是很困难甚至是不可能的。只有某些简单的特殊情形才能得到具体的显式表示，后面将陆续给出一些例子。

---

1) 即 $\Lambda(t)$ 作为 t 和 ω 的二元函数是可测的。

§9-3 看作是自激点过程的重随机泊松过程

这一方法是利用下面的定理把重随机泊松过程表征为自激点过程，然后利用关于自激点过程的已有结果来研究重随机泊松过程。

定理 9-3-1 设重随机泊松过程 $\{N_t,\ t \geqslant 0\}$ 的强度过程 $\{\Lambda(t),\ t \geqslant 0\}$ 是可测的，而且 $E\Lambda(t) < \infty$ 对所有 $t \geqslant 0$. 则 $\{N_t;\ t \geqslant 0\}$ 是具有强度过程 $\{\tilde{\Lambda}(t);\ t \geqslant 0\}$ 的自激点过程，其中

$$\begin{aligned}\tilde{\Lambda}(t) &= E[\Lambda(t)|N_u;\ 0 \leqslant u \leqslant t] \\ &= \begin{cases} E[\Lambda(t)|N_t], & N_t = 0, \\ E[\Lambda(t)|N_t; S_1, \cdots, S_{N_t}], & N_t \geqslant 1. \end{cases}\end{aligned} \tag{9-3-1}$$

条件数学期望 $\tilde{\Lambda}(t)$ 在我们的方法中起着基本的作用. 它可以解释为用 $\{N_u,\ 0 \leqslant u \leqslant t\}$ 对 $\Lambda(t)$ 的一个估计，这估计相对于 $\{N_u,\ 0 \leqslant u \leqslant t\}$ 的任何其它函数来说有最小的均方误差.

基于上面的定理能够证明重随机泊松过程 $\{N_t,\ t \geqslant 0\}$ 的计数概率满足下面的微分差分方程:

$$\frac{\partial P(N_t = 0)}{\partial t} = -\tilde{\Lambda}_t(0) P(N_t = 0), \tag{9-3-2}$$

对于 $n \geqslant 1$

$$\begin{aligned}\frac{\partial P(N_t = n)}{\partial t} = &-\tilde{\Lambda}_t(n) P(N_t = n) \\ &+ \tilde{\Lambda}_t(n-1) P(N_t = n-1).\end{aligned} \tag{9-3-3}$$

初始条件是

$$P(N_0 = 0) = 1 \text{ 和 } P(N_0 = n) = 0,\ n \geqslant 1. \tag{9-3-4}$$

式中的 $\tilde{\Lambda}_t(n)$ 由

$$\tilde{\Lambda}_t(n) = E[\tilde{\Lambda}(t)|N_t = n] = E[\Lambda(t)|N_t = n] \tag{9-3-5}$$

给定. 于是可递归地解出 $P(N_t = 0)$, $P(N_t = 1)$, $\cdots$. 由 (9-3-2) 式和初始条件 $P(N_0 = 0) = 1$ 求得

$$P(N_t=0)=\exp\left\{-\int_0^t \tilde{\Lambda}_u(0)du\right\}. \tag{9-3-6}$$

再根据(9-3-3)式和初始条件 $P(N_t=n)=0$ 对 $n\geqslant 1$ 即可依次求出

$$P(N_t=n)=\int_0^t \tilde{\Lambda}_v(n-1)P(N_v=n-1)$$

$$\times \exp\left\{-\int_0^t \tilde{\Lambda}_u(n)du\right\}dv,\ n\geqslant 1. \tag{9-3-7}$$

不过要指出，上式中的条件强度 $\tilde{\Lambda}_t(n)$ 一般是很难以显式计算出来的。

§9-4　概率母函数方法和一个随机故障率的例子

这一方法实质上也是利用重随机泊松过程在给定强度过程的条件下是一泊松过程的特性。设强度过程是 $\{\Lambda(t),\ t\geqslant 0\}$，则累积强度过程 $\{A(t),\ t\geqslant 0\}$ 由 $A(t)=\int_0^t \Lambda(u)du$ 给出。当给定 $\Lambda(t)=\lambda(t)$ 时，由泊松过程的性质易知 N_t 的条件均值是 $a(t)=\int_0^t \lambda(u)du$，条件概率母函数是

$$G_{N_t,a(t)}(z)=\exp\{(z-1)a(t)\}.$$

因此，无条件概率母函数是

$$G_{N_t}(z)=E[\exp\{(z-1)A(t)\}]. \tag{9-4-1}$$

另一方面，按定义 $A(t)$ 的矩母函数[1]（若它存在）

$$M_{A(t)}(z)=E[\exp\{zA(t)\}]. \tag{9-4-2}$$

比较(9-4-1)和(9-4-2)式可以看出，将 $A(t)$ 的矩母函数中的 z 换为 $z-1$ 就得到 N_t 的概率母函数。故原则上据此即可求出 N_t 的各阶矩及计数概率。

现在讨论一种简单的情形，即假设强度过程 $\{\Lambda(t),\ t\geqslant 0\}$ 是

1) 也可用普拉拉斯变换或特征函数。

二阶平稳的，它的均值是 μ_Λ，自相关函数是 γ_Λ。于是，由(9-2-2)和(9-2-3)式马上看出 $EN_{a,b}$ 和 $\mathrm{Var}N_{a,b}$ 只依赖于差数 $b-a$ 而与 a,b 的具体值无关。因此我们只须求出 N_t 的均值和方差. 根据(9-2-2)和(9-2-3)式不难推出

$$EN_t = \mu_\Lambda t, \tag{9-4-3}$$

$$\mathrm{Var}N_t = \mu_\Lambda t + 2\int_0^t (t-u)\gamma_\Lambda(u)du. \tag{9-4-4}$$

即 N_t 的前两阶矩可由强度过程的均值和自相关函数表出。

下面进一步讨论在本章开始时给出的有关管理科学的例子. 在那里假定系统的工作过程交替处于正常周期和非正常周期，这两种周期长度是随机的，设它们分别有分布密度 $\alpha(\cdot)$ 和 $\beta(\cdot)$. 系统在正常周期和非正常周期发生的故障分别形成强度为 λ_1 和 λ_2 的泊松过程. 这时 $\Lambda(t)$ 比较简单，它只是随机地交替取值 λ_1 和 λ_2. 所以我们能够通过分布密度 $\alpha(\cdot)$ 和 $\beta(\cdot)$ 直接写出故障计数 N_t 的概率母函数 $G_{N_t}(z)$.

因为正常周期和非正常周期是交替地出现，故若系统开始工作时是一正常周期的起点，则奇区间对应正常周期，偶区间对应非正常周期. 为了计算 (9-4-1) 式的右端，考虑以下两种可能出现的互斥情形: 1° 区间 $(0,t]$ 涉及 m 个奇区间和 $m-1$ 个偶区间，这时 t 被一奇区间包含; 2° 区间 $(0,t]$ 涉及 m 个奇区间和 m 个偶区间，这时 t 落在一偶区间中. 将这两种情形对期望的贡献相加并对 $m=1,2,\cdots$ 求和得

$$\begin{aligned} g(z,t) &\equiv G_{N_t}(z) \\ &= \sum_{m=1}^{\infty}\int_0^t \exp\{\lambda_1(z-1)x + \lambda_2(z-1)(t-x)\} \\ &\quad \times [L_m(x)\beta_{m-1}(t-x) + \alpha_m(x)Q_m(t-x)]dx, \end{aligned} \tag{9-4-5}$$

其中 $\alpha_k(\cdot)$ 和 $\beta_k(\cdot)$ 分别是密度 $\alpha(\cdot)$ 和 $\beta(\cdot)$ 的 k 重卷积，而 $L_k(\cdot)$ 和 $Q_k(\cdot)$ 则分别是

$$L_k(x) = \int_0^x \alpha_{k-1}(v)dv\int_{x-v}^{\infty}\alpha(w)dw, \tag{9-4-6}$$

$$Q_k(x)=\int_0^x \beta_{k-1}(v)dv\int_{x-v}^{\infty}\beta(w)dw. \qquad (9\text{-}4\text{-}7)$$

可以验证 $g(z,t)$ 的拉氏变换是

$$\tilde{g}(z,s)=[1-\tilde{\alpha}(s+\lambda_1-\lambda_1 z)\tilde{\beta}(s+\lambda_2-\lambda_2 z)]^{-1}$$
$$\times\left[\frac{1-\tilde{\alpha}(s+\lambda_1-\lambda_1 z)}{s+\lambda_1-\lambda_1 z}\right.$$
$$\left.+\frac{\tilde{\alpha}(s+\lambda_1-\lambda_1 z)-\tilde{\alpha}(s+\lambda_1-\lambda_1 z)\tilde{\beta}(s+\lambda_2-\lambda_2 z)}{s+\lambda_2-\lambda_2 z}\right], \qquad (9\text{-}4\text{-}8)$$

其中 $\tilde{\alpha}$ 和 $\tilde{\beta}$ 分别是 α 和 β 的拉氏变换.

现在给出从系统开始工作到首次发生故障的时间区间长度 T（即系统的使用寿命）的数学期望. 由 $P(T>t)=P(N_t=0)$, 易知

$$ET=\int_0^{\infty}P(T>t)dt=\tilde{g}(0,0)$$
$$=[1-\tilde{\alpha}(\lambda_1)\tilde{\beta}(\lambda_2)]^{-1}\left[\frac{1-\tilde{\alpha}(\lambda_1)}{\lambda_1}+\tilde{\alpha}(\lambda_1)\frac{1-\tilde{\beta}(\lambda_2)}{\lambda_2}\right]. \qquad (9\text{-}4\text{-}9)$$

T 的高阶矩原则上可通过 $\tilde{\alpha}$ 和 $\tilde{\beta}$ 的相应阶导数分别在 λ_1 和 λ 的值算出.

§9-5 借助随机时间变换用单位强度泊松过程表示重随机泊松过程

我们在第二章中曾经证明一个非齐次泊松过程能够通过时间尺度的变换化为单位强度的齐次泊松过程. 利用类似的想法, 重随机泊松过程也能通过时间坐标的变换化为单位强度泊松过程, 不过由于这时强度是随机的, 所以时间尺度的变换不再是确定性的而是随机的了. 我们已经看到, 这种时间变换方法在非齐次泊松过程的研究中起着重要的作用. 尽管随机的时间变换一般比较复杂,但在某些特殊情形和问题中,这种方法仍然不失为研究重随机泊松过程的方便而有效的方法.

重随机泊松过程可以通过随机时间变换化为单位强度泊松过程这一事实大概是 Kingman (1964) 首先指出的. 已经知道当强度过程 $\{\Lambda(t), t \geqslant 0\}$ 是平稳随机过程时 $\{N_t, t \geqslant 0\}$ 是平稳点过程[参看 Bartlett (1963) 和 Kingman (1964)]. Kingman (1964) 进一步考虑这样一类重随机泊松过程究竟有多大的问题. 他利用随机时间变换的方法对于更新过程的情形证明了如下的论断: 设一个平衡的更新过程有区间分布 $F(x)$. 又设 $\varphi(s)$ 是 $F(x)$ 的拉普拉斯-斯蒂阶斯变换,即

$$\varphi(s) = \int_0^\infty e^{-sx} dF(x).$$

则这过程是一个重随机泊松过程的充分必要条件是存在 $\lambda > 0$ 和某一满足

$$\int_0^\infty z dK(z) < \infty$$

的不减函数 $K(z)$ $(z > 0)$, 使得对所有 $s > 0$,

$$\varphi(s) = \lambda \left[\lambda + s + \int_0^\infty (1 - e^{-sz}) dK(z)\right]^{-1}. \quad (9\text{-}5\text{-}1)$$

这时对应的强度过程 $\Lambda(t)$ 只取 λ 和 0 两值,而且 $\{\Lambda(t) = \lambda\}$ 是一再生事件.

下面具体介绍怎样通过随机时间变换把重随机泊松过程表为单位强度的泊松过程.

首先回忆(参看 § 2-6) 若 $\{N_t, t \geqslant 0\}$ 是具有时倚强度 $\lambda(t)$ 的非齐次泊松过程,它的累积强度是

$$a(t) = \int_0^t \lambda(u) du.$$

易见 $a(t)$ 是单调不减的非负连续函数,于是可由

$$a^{-1}(t) = \begin{cases} \inf\{u: a(u) > t\}, & \\ 0 & \text{若} a(u) \leqslant t \text{ 对所有 } t. \end{cases}$$

定义 $a(t)$ 的反函数. 定理 2-6-1 及其推论表明由

$$M_t = N_{a^{-1}(t)} \quad (9\text{-}5\text{-}2)$$

定义的过程 $\{M_t, t \geqslant 0\}$是单位强度的齐次泊松过程, 而且当且

仅当 $S_1, S_2, \cdots$ 是单位强度泊松过程 $\{M_t, t \geqslant 0\}$ 的点发生时间时，$a^{-1}(S_1), a^{-1}(S_2), \cdots$ 给出具有累积强度 $a(t)$ 的非齐次泊松过程 $\{N_t, t \geqslant 0\}$ 的点发生时间。由此又不难看出

$$N_t = M_{a(t)}. \tag{9-5-3}$$

现在考虑重随机泊松过程的情形，这时强度 $\Lambda(t)$ 和累积强度 $A(t) = \int_0^t \Lambda(u)du$ 是随机的。因为 $A(t)$ 的每一个现实 $a(t)$ 都可用上面提到的方法定义一个右连续的反函数 $a^{-1}(t)$，故按此也可定义 $A(t)$ 的一个右连续的反函数 $A^{-1}(t)$，只不过这时 $A^{-1}(t)$ 是随机的。根据重随机泊松过程的定义，当给定 $\Lambda(t) = \lambda(t)$，亦即给定 $A(t) = a(t)$ 时，过程 N_t 是具有时倚强度 $\lambda(t)$ 的非齐次泊松过程，由前述知它可表为 $M_{a(t)}$，这里 $\{M_t, t \geqslant 0\}$ 是一独立于 $\{\Lambda(t), t \geqslant 0\}$ 的单位强度泊松过程。另一方面，在 $\Lambda(t) = \lambda(t)$ 的条件下，过程 $M_{A(t)}$ 显然是具有强度 $\lambda(t)$ 和累积强度 $a(t) = \int_0^t \lambda(u)du$ 的非齐次泊松过程，这就是说在概率上 N_t 和 $M_{A(t)}$ 是等价的。因此我们可以写

$$N_t = M_{A(t)}, \tag{9-5-4}$$

或者反过来，作为(9-5-2)式的推广我们有

$$M_t = N_{A^{-1}(t)}. \tag{9-5-5}$$

这样一来，我们就证明了重随机泊松过程 N_t 能通过对一单位强度的泊松过程用随机函数 $A(t)$ 作时间尺度的变换而产生。特别地，若 M_t 的点发生时间是 $S_1, S_2, \cdots$，则 N_t 的点发生时间是 $A^{-1}(S_1), A^{-1}(S_2), \cdots$。由上面的构造还不难看出，若随机过程 $\{\Lambda(t); t \geqslant 0\}$ 是平稳的，则过程 $N_t = M_{A(t)}$ 是平稳点过程。

当重随机泊松过程是通过累积强度 $A(t)$ 由条件(9-1-1)和(9-1-2)定义时上面的结论仍然成立（注意这时强度 $\Lambda(t)$ 不一定存在）。

类似于非随机强度的情形，重随机泊松过程的上述特性为这类过程的模拟提供了一条可行的途径。

最后顺便指出，对于相当广泛的一类点过程上面的结论仍成立，即任意一个相当一般的点过程都可通过随机时间变换化为单位强度的泊松过程，具体的结果和讨论，例如，可参看 Papangelou (1972) 和 Brémaud (1981), pp. 40—43。

§9-6 重随机泊松过程的极限定理

重随机泊松过程的随机时间变换表示在这类过程的极限性态的研究中也有重要作用。基于这种特性我们可以证明这类过程如下的强、弱大数定律和中心极限定理。这些定理表明，类似于有限时间 t 的情形，当 $t\to\infty$ 时过程 N_t 的极限也能用它的累积强度 $A(t)$ 的极限性质来确定。

在下面的定理中，$\{N_t,\ t\geqslant 0\}$ 是由定义 9-1-2 给出的较一般的重随机泊松过程，它的累积强度过程是 $\{A(t), t\geqslant 0\}$。

定理 9-6-1 1° 若当 $t\to\infty$ 时，$A(t)$ 几乎处处（依概率或依分布）收敛于某一广义实值(即可取无穷值)随机变量 A，则 N_t 几乎处处(相应地，依概率或依分布)收敛于由下式给定的随机变量 Z：

$$Z=\begin{cases}N_A & 若\ A<+\infty,\\ \infty & 若\ A=+\infty.\end{cases}$$

2° 当 $t\to\infty$ 时 N_t 在 L_1（或 L_2）[1] 中收敛于 N_A 的充分必要条件是 A_t 在 L_1（相应地，L_2）中收敛于 A。

定理 9-6-2 1° 若 $t\to\infty$ 时 $t^{-1}A(t)$ 几乎处处（依概率）收敛于某一广义实值随机变量 A，则 $t^{-1}N_t$ 几乎处处（相应地，依概率）收敛于 A。

如果再有 $A(t)$ 几乎处处趋于∞，则条件 $t^{-1}A(t)\to A$ 也是

---

1) 我们说当 $t\to\infty$时 X_t 在 L_1（或 L_2）中收敛于 Y，如果

$$\lim_{t\to\infty}\int|X_t-Y|dP=0$$

$\left(相应地，\lim_{t\to\infty}\int|X_t-Y|^2dP=0\right)$.

必要的.

2° 若当 $t\to\infty$ 时 $t^{-1}A(t)$ 在 L_1（或 L_2）中收敛于 A,则 $t^{-1}N_t$ 也在 L_1（相应地，L_2）中收敛于 A.

以上两定理是重随机泊松过程的大数定律.

定理 9-6-3 1° 若当 $t\to\infty$ 时 $A(t)$ 依概率收敛于随机变量 A，则 $EN_t\to EA$. 若进一步有 $EA<\infty$，则

$$\mathrm{Var}N_t\to EA+\mathrm{Var}A.$$

2° 若当 $t\to\infty$ 时 $t^{-1}EA(t)\to a$，则 $t^{-1}EN_t\to a$. 若进一步有 $a<\infty$，则 $t^{-1}E(N_t-at)^2\to a+b^2$ 的充分必要条件是 $t^{-1}E(A(t)-at)^2\to b^2$.

下面给出一个重随机泊松过程的中心极限定理.

定理 9-6-4 若存在数 a_t，b_t 和随机变量 ξ，它们满足以下条件：$a_t>0$，当 $t\to\infty$ 时 $b_t/a_t\to\sigma^2$（$\sigma^2<\infty$）和

$$a_t^{-1}A(t)-b_t\to\xi \text{（依分布）}.$$

则 $a_t^{-1}N_t-b_t\to\xi+N(0,\sigma^2)$，这里 $N(0,\sigma^2)$ 是均值和方差分别是 0 和 σ^2 的正态变量,它独立于 ξ.

若强度过程 $\{\Lambda(t),\ t\geqslant 0\}$ 是平稳过程,则在一定的附加条件下当 $t\to\infty$ 时 $(N_t-\mu t)/\sqrt{t}$ 依分布收敛于$N(0,\mu+\sigma^2)$，这里 $\mu=E\Lambda(0)$ 和 $\sigma^2=2\int_0^\infty E[\Lambda(0)\Lambda(t)]dt$.

以上定理的证明可在 Serfozo (1972, a, b) 中找到. 类似的结果对于在下一节将要讨论的更一般的条件平稳独立增量过程仍然成立，因为这类过程和重随机泊松过程一样也有它的随机时间变换表示. 事实上，Serfozo 主要是就条件平稳独立增量过程的情形给出这些定理的详细证明.

§9-7 条件平稳独立增量过程

条件平稳独立增量过程可以看作是重随机泊松过程的一种推广，引入这两类过程的思想是类似的. 当我们允许泊松过程的强

度随机地变化时就得到重随机泊松过程，而条件平稳独立增量过程则是通过允许具有平稳独立增量过程的某些基本参数随机地变化而得，它们都可以通过随机时间变换转化为人们比较熟悉的简单过程。

下面给出条件平稳独立增量过程的正式定义。

定义 9-7-1 设 $\{\tau(t),\ t\geqslant 0\}$ 是一非负实值随机过程，它的样本轨道是不减右连续的，而且以概率 1 有 $\tau(0)=0$；$\mathscr{A}=\sigma\{\tau(u):u\geqslant 0\}$ 是由过程 $\tau(t)$ 产生的 σ 代数。又设 $\{X_t, t\geqslant 0\}$ 是一可测的实值随机过程，如果它满足下列两条件：

(1) 对任意实数 $0\leqslant s_1<t_1<\cdots<s_n<t_n$ 和 $x_1,\ \cdots,\ x_n$，以概率 1 有

$$P(X_{t_1}-X_{s_1}\leqslant x_1,\cdots,X_{t_n}-X_{s_n}\leqslant x_n|\mathscr{A})$$

$$=\prod_{k=1}^{n}P(X_{t_k}-X_{s_k}|\mathscr{A}). \tag{9-7-1}$$

(2) 对任意实数 $0\leqslant s\leqslant t$ 和 z，以概率 1 有

$$E[\exp\{iz(X_t-X_s)\}|\mathscr{A}]=[\phi(z)]^{\tau(t)-\tau(s)}, \tag{9-7-2}$$

这里 ϕ 是一无穷可分的特征函数。

我们就说 $\{X_t,\ t\geqslant 0\}$ 是关于 $\{\tau(t),\ t\geqslant 0\}$ 的**条件平稳独立增量过程**（process with conditional stationary independent increments）。如果 $\tau(t)$ 随着 t 的增加而严格上升至无穷，则条件 (2) 可用如下较弱的条件代替：

(2′) 对任意实数 $0\leqslant s\leqslant t$，条件分布函数

$$P(X_t-X_s\leqslant x|\mathscr{A})$$

仅是 $\tau_t-\tau_s$ 和 x 的函数。

上面的条件 (1) 要求当给定 $\{\tau(t),\ t\geqslant 0\}$ 时过程 $\{X_t,\ t\geqslant 0\}$ 有独立增量。条件 (2) 则说明增量 X_t-X_s 的分布对时间的依赖关系仅是通过 $\tau(t)-\tau(s)$ 的分布表现出来。过程 $\{X_t,\ t\geqslant 0\}$ 的特性由 $\{\tau(t),\ t\geqslant 0\}$ 和 ϕ 完全确定。例如，若 $\tau(t)$ 依概率连续，则 X_t 也是依概率连续的。事实上，由条件 (2) 和控制收敛定理有

$$\lim_{t\to s} E[\exp\{iz(X_t - X_s)\}]$$

$$= \lim_{t\to s} E[E[\exp\{iz(X_t - X_s)\} | \mathscr{A}]]$$

$$= \lim_{t\to s} E[[\phi(z)]^{\tau(s)-\tau(s)}]$$

$$= 1.$$

在上面的定义中，过程 $\{\tau(t),\ t\geqslant 0\}$ 可以是任意的不减过程，例如，它可以是下鞅，具有非负独立增量过程，更新计数过程或任意其它计数过程. 在许多应用中 $\tau(t)$ 的一种自然形式是

$$\tau(t) = \int_0^t f(\xi_u)du, \tag{9-7-3}$$

其中 f 是非负实值波雷尔函数，$\{\xi_t,\ t\geqslant 0\}$ 可以是马尔可夫过程、半马尔可夫过程、平稳过程或鞅等. 这时，我们能够把 $\{X_t,\ t\geqslant 0\}$ 想像为一个在由 $\{\xi_t,\ t\geqslant 0\}$ 确定的随机变化的环境中演化的独立增量过程.

下面给出具有条件平稳独立增量过程的一些特殊例子.

例 9-7-1 设 $\tau(t)=ct$，这里 $\lambda>0$ 是某一常数. 则过程 $\{X_t,\ t\geqslant 0\}$ 是具有平稳独立增量的过程. 更一般地，只要过程 $\{\tau(t),\ t\geqslant 0\}$ 有平稳独立非负增量，则也可以证明 $\{X_t,\ t\geqslant 0\}$ 是具有平稳独立增量的过程(参看 Feller (1966)，第十章).

例 9-7-2 当 $\phi(z)=\exp\{e^{iz}-1\}$ 时，$\{X_t,\ t\geqslant 0\}$ 是在定义 9-1-2 意义下的重随机泊松过程，它具有随机的累积强度 $\tau(t)$.

例 9-7-3 我们称过程 $\{X_t,\ t\geqslant 0\}$ 为关于 $\{\tau(t),\ t\geqslant 0\}$ 的条件复合泊松过程 (conditional compound Poisson process)，如果它满足定义 9-7-1 的两个条件，而且 $\phi(z)=\exp\{\psi(z)-1\}$，这里 ψ 是一特征函数. 这样的过程与具有累积强度 $\tau(t)$ 的条件泊松过程相类似，其差别在于前者每一次跳跃的跃度不一定是一个单位而是具有特征函数 ψ 的随机变量，这变量与过程的其余部分是独立的. Feller (1966) 证明了每一个无穷可分的特征函数是一串复合泊松特征函数的极限. 由此推知 (参看 Breiman

(1968)）任意依概率连续的平稳独立增量过程是一串复合泊松过程的依分布收敛的极限．利用类似的推理可以证明任意具有条件平稳独立增量的过程是一串条件复合泊松过程的依分布收敛的极限．

例 9-7-4 当 $\phi(z)=e^{-z^2/2}$ 时的条件平稳独立增量过程称做具有方差过程 $\{\tau(t),\ t\geqslant 0\}$ 的条件维纳过程（conditional wiener process），它可以用来描述介质温度随机地变化的质点布朗运动．此外，它在电学，量子力学乃至管理科学中也有重要应用．

类似于重随机泊松过程可由一单位强度的泊松过程经随机时间变换而得到那样，任一个条件平稳独立增量过程在概率上等价于一个经过随机时间变换的平稳独立增量过程．确切地说，我们有以下定理．

定理 9-7-1 设 $\{\tau(t),\ t\geqslant 0\}$ 是满足定义 9-7-1 中要求的随机过程．又设 $\{Y_t,\ t\geqslant 0\}$ 是具有平稳独立增量的可测实值随机过程，它与 $\{\tau(t),\ t\geqslant 0\}$ 相互独立且定义在同一概率空间 $(\Omega,\mathscr{F},P)$ 上，而且 Y_t 有特征函数 ϕ^t，这里 ϕ 是一个无穷可分的特征函数．则由

$$X_t=Y(\tau(t))$$

定义的过程 $\{X_t,\ t\geqslant 0\}$ 是关于 $\{\tau(t),\ t\geqslant 0\}$ 的条件平稳独立增量过程．反之，每一个条件平稳独立增量过程在概率上等价于一个有如上形式的随机过程．

证明 在此只给出证明的要点．定理的第一部分可由直接计算定义 9-7-1 的两个条件中的概率得到．第二部分则可通过在个别的概率空间上构造适当的过程 $\{Y_t,\ t\geqslant 0\}$ 和 $\{\tau(t),t\geqslant 0\}$，然后取它们的乘积空间为 $(\Omega,\mathscr{F},P)$ 即得． ■

当 $\tau(t)$ 具有严格递增的轨道时，上面的结果能用更紧凑的形式给出．

定理 9-7-2 设 $\{X_t,\ t\geqslant 0\}$ 和 $\{\tau(t),t\geqslant 0\}$ 是定义在同一概率空间 $(\Omega,\mathscr{F},P)$ 上如定义 9-7-1 中描述的随机过程．再

设 $\{\tau(t), t\geqslant 0\}$ 的几乎所有样本轨道是严格递增并趋于无穷的. 则 $\{X_\tau, t\geqslant 0\}$ 有关于 $\{\tau(t), t\geqslant 0\}$ 的条件平稳独立增量的充分必要条件是

$$X_t = Y(\tau(t)), \tag{9-7-4}$$

这里 $\{Y_t, t\geqslant 0\}$ 是 $(\Omega, \mathscr{F}, P)$ 上的可测实值随机过程，它具有平稳独立增量且依概率连续,同时与 $\{\tau(t), t\geqslant 0\}$ 相互独立.

证明 设 $\{X_t, t\geqslant 0\}$ 是关于 $\{\tau(t), t\geqslant 0\}$ 的条件平稳独立增量过程. 令

$$\tau^{-1}(t) = \begin{cases}\inf\{u: \tau(u) > t\}, \\ 0, \qquad 若\ \tau(u)\leqslant t\ 对所有\ t.\end{cases}$$

表示 $\tau(t)$ 的反函数. 又令

$$Y_t = X(\tau^{-1}(t)),\ 对\ t\geqslant 0. \tag{9-7-5}$$

则过程 $\{Y_t, t\geqslant 0\}$ 是可测的,原因是由假设 $\{X_t, t\geqslant 0\}$ 是可测过程，而由 $\tau(t)$ 的右连续性知过程 $\{\tau(t), t\geqslant 0\}$ 也是可测的. 现在,由 $\tau(t)$ 的严格单调性推知

$$\tau^{-1}(\tau(t)) = t, \tag{9-7-6}$$

故以概率 1 有

$$\begin{aligned} X_t &= X(\tau^{-1}(\tau(t))) \\ &= Y(\tau(t)). \end{aligned}$$

对于任意实数 $0\leqslant s\leqslant t$, 由定义 9-7-1 的条件 (2) 和 (9-7-6) 式有

$$\begin{aligned} &E[\exp\{iz(Y_t - Y_s)\}] \\ &\quad = E[E[\exp\{iz(X(\tau^{-1}(t)) - X(\tau^{-1}(s)))\}|\mathscr{A}]] \\ &\quad = [\phi(z)]^{t-s}. \end{aligned} \tag{9-7-7}$$

故 Y_t 有平稳增量. 下面证明 Y_t 还有独立增量. 事实上，对于任意 $0\leqslant s_1 < t_1 < \cdots < s_n < t_n$ 和 $z_1, \cdots, z_n$, 由定义 9-7-1 的条件 (1), (2) 和 (9-7-6) 式有

$$E\left[\exp\left\{\sum_{k=1}^n iz_k(Y_{t_k} - Y_{s_k})\right\}\right]$$

$$= E\left[E\left[\exp\left\{\sum_{k=1}^{n} iz_k(X(\tau^{-1}(t_k)) - X(\tau^{-1}(s_k)))\right\}\Big|\mathscr{A}\right]\right]$$

$$= \prod_{k=1}^{n} [\phi(z_k)]^{t_k - s_k}$$

$$= \prod_{k=1}^{n} E[\exp\{iz_k(Y_{t_k} - Y_{s_k})\}].$$

此外，由 (9-7-7) 式可推得 Y_t 的依概率连续性（参看 Breiman (1968), p. 304).

最后，对于任意 $0 \leqslant s_1 < t_1 < \cdots < s_n < t_n$ 和 $x_1, \cdots, x_n$，利用类似于上面的推理可得

$$P(X_{t_1} - X_{s_1} \leqslant x_1, \cdots, x_{t_n} - X_{s_n} \leqslant x_n | \mathscr{A})$$

$$= \prod_{k=1}^{n} P(X_{t_k} - X_{s_k} \leqslant x_k),$$

因此过程 $\{Y_t, t \geqslant 0\}$ 和 $\{\tau(t), t \geqslant 0\}$ 是独立的. 至此，定理的必要性部分全部证完. 充分性部分由定理 9-7-1 直接推得. ■

顺便指出，根据定理 9-7-2 容易给出定义 9-7-1 的条件 (1) 和 (2) 在 $\tau(t)$ 以概率 1 严格递增至无穷的附加假设下等价于条件(1)和(2′)的证明. 事实上，若(1)，(2′)成立，则 $Y_t = X(\tau^{-1}(t))$ 有平稳独立增量，而且独立于 $\{\tau(t), t \geqslant 0\}$，故

$$E[\exp\{iz(X_t - X_s)\}|\mathscr{A}]$$

$$= E[\exp\{iz(Y(\tau(t)) - Y(\tau(s)))\}|\mathscr{A}]$$

$$= [\phi(z)]^{\tau(t)-\tau(s)},$$

这里

$$\phi(z) = E[\exp\{izX(\tau^{-1}))\}|\mathscr{A}],$$

故条件 (2) 得到满足.

在结束这一节的时候，我们想要再一次指出，如同在上一节末后所提到，对于条件平稳独立增量过程来说也有类似于上节给出的极限定理. 具体的结论可参看 Serfozo (1972*b*) 和本书 § 9-6 中有关的内容.

§9-8 混合泊松过程

当重随机泊松过程 $\{N_t, t\geqslant 0\}$ 的强度 $\Lambda(t)$ 仅仅是一个非负随机变量 Λ 而与 t 无关时，我们就得到所谓混合泊松过程(mixed Poisson process). 因此，混合泊松过程只不过是一类简单的重随机泊松过程. 设随机变量 Λ 的分布函数 $F_\Lambda(\cdot)$, 它显然与 t 无关,故混合泊松过程必是平稳点过程.

对于任意 $t>0$, 按照定义,在给定 $\Lambda=\lambda$ 的条件下,混合泊松过程在时间区间 $(0,t]$ 中发生的点数 N_t 有参数为 λt 的泊松分布,即对 $n=0,1,2,\cdots$

$$P\{N_t=n|\Lambda=\lambda\}=e^{-\lambda t}\frac{(\lambda t)^n}{n!}.$$

通过取数学期望就得到计数的无条件概率分布

$$p_n(t)\equiv P(N_t=n)=\int_0^\infty e^{-\lambda t}\frac{(\lambda t)^n}{n!}dF_\Lambda(\lambda). \quad (9\text{-}8\text{-}1)$$

若以 $G_{N_t}(z)$ 表示 N_t 的概率母函数，则在(9-4-1)式中令 $A(t)=\Lambda t$ 即得

$$G_{N_t}(z)=E[\exp\{(z-1)\Lambda t\}]. \quad (9\text{-}8\text{-}2)$$

(9-8-1) 式表明 N_t 有混合的泊松分布,其中混合变量是 Λ, 这一事实是我们把 $\{N_t, t\geqslant 0\}$ 称做混合泊松过程的依据.

按照概率母函数的定义

$$G_{N_t}(z)=E[z^{N_t}]=\sum_{n=0}^\infty z^n p_n(t), \quad (9\text{-}8\text{-}3)$$

与(9-8-2)式比较易见

$$p_0(t)=G_{N_t}(0)=E[\exp\{-\Lambda t\}], \quad (9\text{-}8\text{-}4)$$

即 $p_0(t)$ 是随机变量 Λ 的拉普拉斯变换. 把(9-8-2)式和(9-8-4)式相比较又可看出

$$G_{N_t}(z)=p_0(t(1-z)). \quad (9\text{-}8\text{-}5)$$

这就是说，N_t 的分布由概率 $p_0(t)\equiv P(N_t=0)$ 确定. 由

(9-8-4) 式易知对于任意 $t>0$，$p_0(t)$ 的各阶导数存在. 根据 (9-8-5) 式的马克劳林级数展开式容易推出

$$p_n(t)=[(-t)^n/n!]\frac{d^n p_0(t)}{dt^n}.^{1)} \tag{9-8-6}$$

上面已经指出,混合泊松过程有平稳增量,但这类过程一般不具有独立增量. Mcfadden (1965) 指出,如果一个混合泊松过程有独立增量,则它只能是齐次泊松过程.

Mcfadden (1965) 还证明了混合泊松过程可以表征为具有平稳增量的纯生过程.

现在计算当给定 $N_t=n$ 时强度 Λ 的条件分布. 先考察当给定 $N_t=n$ 时 Λ 在无穷小区间 $[\lambda,\lambda+d\lambda)$ 中取值的条件概率. 根据条件概率的定义、性质和 (9-8-1) 式,我们可写

$$P\{\Lambda\in[\lambda,\lambda+d\lambda)|N_t=n\}=\frac{P(\Lambda\in[\lambda,\lambda+d\lambda),N_t=n)}{P(N_t=n)}$$

$$=\frac{P(N_t=n|\Lambda\in[\lambda,\lambda+d\lambda))P(\Lambda\in[\lambda,\lambda+d\lambda))}{P\{N_t=n\}}$$

$$=\frac{e^{-\lambda t}\frac{(\lambda t)^n}{n!}dF_\Lambda(\lambda)}{\int_0^\infty e^{-\lambda t}\frac{(\lambda t)^n}{n!}dF_\Lambda(\lambda)}.$$

由此推得

$$P(\Lambda\leqslant x|N_t=n)=\frac{\int_0^x e^{-\lambda t}(\lambda t)^n dF_\Lambda(\lambda)}{\int_0^\infty e^{-\lambda t}(\lambda t)^n dF_\Lambda(\lambda)}. \tag{9-8-7}$$

下面给出一个简单的应用例子.

例 9-8-1 (地震的发生) 考察某地区地震事件的发生. 假定由于未知因素的影响,该地区在一定的季节(或者说时期)内,地震的平均发生率等于 λ_1 或 λ_2，这就引导到一个混合泊松过程模

---

1) 根据这一式子及 $p_0(0)=1$，$p_n(t)\geqslant 0$ 易知 $p_0(t)$ 是一个完全单调函数.

型，它的强度Λ是一个只取 λ_1 和 λ_2 两个值的随机变量. 如果已知 $P(\Lambda=\lambda_1)=p$ 和 $P(\Lambda=\lambda_2)=1-p$，而且在一个这样的季节(或时期)的前 t 个时间单位中观测到 n 次地震发生，则在这季节(或时期)中发生强度 $\Lambda=\lambda_1$ 的概率是

$$P(\Lambda=\lambda_1|N_t=n)=\frac{P(N_t=n|\Lambda=\lambda_1)P(\Lambda=\lambda_1)}{P(N_t=n)}$$

$$=\frac{pe^{-\lambda_1 t}(\lambda_1 t)^n}{pe^{-\lambda_1 t}(\lambda_1 t)^n+(1-p)e^{-\lambda_2 t}(\lambda_2 t)^n}. \tag{9-8-8}$$

因此

$$P(\Lambda=\lambda_2|N_t=n)=1-P(\Lambda=\lambda_1|N_t=n)$$

$$=\frac{(1-p)e^{-\lambda_2 t}(\lambda_2 t)^n}{pe^{-\lambda_1 t}(\lambda_1 t)^n+(1-p)e^{-\lambda_2 t}(\lambda_2 t)^n}. \tag{9-8-9}$$

设从时刻 t 到下一次地震发生的时间间距是 $U(t)$，则易由(9-8-8)和(9-8-9)式推出 $U(t)$ 的条件分布是

$$\begin{aligned}&P(U(t)\leqslant x|N_t=n)\\&=P(U(t)\leqslant x|N_t=n,\Lambda=\lambda_1)P(\Lambda=\lambda_1|N_t=n)\\&\quad+P(U(t)\leqslant x|N_t=n,\Lambda=\lambda_2)P(\Lambda=\lambda_2|N_t=n)\\&=\frac{pe^{-\lambda_1 t}(\lambda_1 t)^n(1-e^{-\lambda_1 x})+(1-p)e^{-\lambda_2 t}(\lambda_2 t)^n(1-e^{-\lambda_2 x})}{pe^{-\lambda_1 t}(\lambda_1 t)^n+(1-p)e^{-\lambda_2 t}(\lambda_2 t)^n}.\end{aligned} \tag{9-8-10}$$

现把混合泊松过程的定义稍作推广. 如果在重随机泊松过程的定义中，让强度 $\Lambda(t)$ 以特定的方式依赖于时间参数 t，即假设

$$\Lambda(t)=\xi\cdot\mu(t), \tag{9-8-11}$$

其中ξ是一个随机变量，$\mu(t)$ 是一个确定性(即时间参数 t) 的函数. 有些作者把这样的过程称做混合泊松过程，但也有人为此另外取了一个名称——带有随机尺度因子的非齐次泊松过程. 显然，这类过程比原先定义的混合泊松过程更一般些. 因为形如(9-8-11) 式的强度可以分解为一个随机变量和一个确定性的时间函数之乘积 (所以又有人称这样的过程为带有时间尺度变换的混合泊松过程)，所以我们有可能得到较多的具体结果.

利用条件化方法我们求得重随机泊松过程在区间 $(a, b]$ 的增量 $N_{a,b}$ 的概率分布、数学期望和方差的表示式 (9-2-1)—(9-2-3)。但是,对于一般的重随机泊松过程我们难以根据这些公式进一步得到具体的结果。不过,对于强度形如 (9-8-11) 式的过程则不难算出

$$P(N_{a,b}=n)=(n!)^{-1}\left(\int_a^b \mu(u)du\right)^n \times\int_a^b x^n \exp\left\{-x\int_a^b \mu(u)du\right\} dF_\xi(x), \qquad (9\text{-}8\text{-}12)$$

式中 $F_\xi(x)=P(\xi\leqslant x)$ 是 ξ 的分布函数,

$$EN_{a,b}=E\xi\int_a^b \mu(u)du \qquad (9\text{-}8\text{-}13)$$

和

$$\mathrm{Var}N_{a,b}=E\xi\int_a^b \mu(u)du+\mathrm{Var}\xi\left[\int_a^b \mu(u)du\right]^2. \qquad (9\text{-}8\text{-}14)$$

当 ξ 有伽玛分布,即有密度函数

$$f_\xi(x)=\begin{cases}\dfrac{\alpha^{k+1}x^k e^{-\alpha x}}{\Gamma(k+1)} & x\geqslant 0,\\ 0 & x<0\end{cases} \qquad (9\text{-}8\text{-}15)$$

时,由 (9-8-12) 式得

$$P\{N_{a,b}=n\}=\frac{\Gamma(n+k+1)}{\Gamma(n+1)\Gamma(k+1)}\left[\frac{\alpha}{\alpha+\int_a^b \mu(u)du}\right]^{k+1} \cdot\left[\frac{\int_a^b \mu(u)du}{\alpha+\int_a^b \mu(u)du}\right]^n, \quad n=0,1,\cdots. \qquad (9\text{-}8\text{-}16)$$

这是负二项分布。对应的过程 $\{N_t, t\geqslant 0\}$ 称做**非齐次 Polya (波里阿)过程**。

如果 ξ 的矩母函数

$$M_\xi(z)\equiv E[\exp\{z\xi\}]=\int_0^\infty e^{zx}dF_\xi(x)$$

存在，则有

$$M_{\xi}^{(n)}(z)\equiv\frac{d^nM_{\xi}(z)}{dz^n}=\int_0^{\infty}x^ne^{zx}dF_{\xi}(x)。\qquad(9\text{-}8\text{-}17)$$

于是，(9-8-12) 式可写成

$$P(N_{a,b}=n)=(n!)^{-1}\left(\int_a^b\mu(u)du\right)^n\times M_{\xi}^{(n)}\left(-\int_a^b\mu(u)du\right)。\qquad(9\text{-}8\text{-}18)$$

当我们利用自激点过程方法时，N_t 的概率分布由 (9-3-6) 和 (9-3-7) 式给出，这些式子含有由

$$\tilde{\Lambda}_t(n)=E[\tilde{\Lambda}(t)|N_t=n]=E[\tilde{\Lambda}(t)|N_t=n]$$

给定的条件强度．对于具有随机尺度因子的非齐次泊松过程，将 $\Lambda(t)$ 的表示式(9-8-11)代入上式即得

$$\tilde{\Lambda}_t(n)=E[\xi\mu(t)|N_t=n].$$

类似于推导 (9-8-7) 式那样由贝叶斯公式可得

$$\tilde{\Lambda}_t(N_t)=\frac{\mu(t)\int_0^{\infty}x^{N_t+1}\exp\left\{-x\int_0^t\mu(u)du\right\}dF_{\xi}(x)}{\int_0^{\infty}x^{N_t}\exp\left\{-x\int_0^t\mu(u)du\right\}dF_{\xi}(x)}.\qquad(9\text{-}8\text{-}19)$$

对于 ξ 的任一给定分布，我们都可用上式确定 $\tilde{\Lambda}_t$。求得 $\tilde{\Lambda}_t$ 后原则上可通过将所得的 $\tilde{\Lambda}_t$ 代入 (9-3-6) 和 (9-3-7) 式就得到 $P(N_t=0)$ 和 $P(N_t=n)$ 的具体表示式．

如果 ξ 的矩母函数 $M_{\xi}(z)$ 存在，则利用 (9-8-17) 式可把 (9-8-19) 式写为

$$\tilde{\Lambda}_t(N_t)=\frac{\mu(t)M_{\xi}^{(N_t+1)}\left(-\int_0^t\mu(u)du\right)}{M_{\xi}^{(N_t)}\left(-\int_0^t\mu(u)du\right)}。\qquad(9\text{-}8\text{-}20)$$

当 ξ 有伽玛分布密度(9-8-15)时有

$$M_{\xi}(z)=\left(\frac{\alpha}{\alpha-z}\right)^{k+1}\quad 和\quad M_{\xi}^{(n)}(z)=\frac{(k+n)!}{\alpha^nk!}\left(\frac{\alpha}{\alpha-z}\right)^{n+k-1}.\qquad(9\text{-}8\text{-}21)$$

联合(9-8-21)和(9-8-20)式即得

$$\tilde{\Lambda}_t(N_t)=\frac{\mu(t)(N_t+k+1)}{\alpha+\int_0^t\mu(u)du}. \tag{9-8-22}$$

上式表明,非齐次 Polya 过程的条件计数强度对计数 N_t 有线性依赖关系。

当过程 $\{N_t,t\geqslant 0\}$ 是混合泊松过程, 即 (9-8-11) 式中的 $\mu(t)\equiv 1$ 时,(9-8-18)—(9-8-20)和(9-8-22)式分别简约为

$$P(N_{a,b}=n)=\frac{(b-a)^n M_\xi^{(n)}(a-b)}{n!}, \tag{9-8-23}$$

$$\tilde{\Lambda}_t(N_t)=\frac{\int_0^\infty x^{N_t+1}e^{-xt}dF_\xi(x)}{\int_0^\infty x^{N_t}e^{-xt}dF_\xi(x)}, \tag{9-8-24}$$

$$\tilde{\Lambda}_t(N_t)=\frac{M_\xi^{(N_t+1)}(-t)}{M_\xi^{(N_t)}(-t)} \tag{9-8-25}$$

和

$$\tilde{\Lambda}_t(N_t)=\frac{N_t+k+1}{\alpha+t} \tag{9-8-26}$$

§9-9 具有次序统计量性质的点过程

我们在第二章证明了如下与次序统计量有关的事实: 设 $\{N_t,t\geqslant 0\}$ 是强度为 λ 的齐次泊松过程,则对任意正整数 n 和任意实数 $T>0$, 当给定 $N_T=n$ 时,这过程在 $(0,T]$ 区间的 n 个点发生时间 $(S_1,S_2,\cdots,S_n)$ 和 n 个在 $(0,T]$ 上均匀分布的相互独立随机变量 $U_1,U_2,\cdots,U_n$ 的次序统计量有相同的分布(参看定理 2-2-1). 对于带有时倚强度 $\lambda(t)$ 的泊松过程也有类似的性质(参看定理 2-5-2), 即若 $\{N_t,t\geqslant 0\}$ 是一个强度为 $\lambda(t)$ 的泊松过程,当给定 $N_T=n$ 时,过程在 $(0,T]$ 上的 n 个点发生时间 $(S_1,S_2,\cdots,S_n)$ 和 n 个相互独立同分布的随机变量 U_1,

$U_2,\cdots,U_n$ 的次序统计量有相同的分布，这里 $U_i(i=1,\cdots,n)$ 的共同密度函数和分布函数分别是

$$f_T(u)=\begin{cases}\dfrac{\lambda(u)}{\Lambda(T)-\Lambda(0)} & 0<u\leqslant T,\\ 0 & \text{其它情形.}\end{cases}$$

和

$$F_T(u)=\begin{cases}0 & u\leqslant 0,\\ \dfrac{\Lambda(u)-\Lambda(0)}{\Lambda(T)-\Lambda(0)} & 0<u\leqslant T,\\ 1 & u>T,\end{cases}$$

其中 $\Lambda(t)=\int_0^t\lambda(u)du$ 是过程的累积强度函数。

在第七章中我们又进一步证明了若 $\{N_t,\ t\geqslant 0\}$ 是 Yule-Furry 过程 [即生率为 $\{n\lambda,\ n\geqslant 0\}$ 的纯生过程，而且假设 $P(N_0=1)=1$]，则当给定 $N_T=n+1$ 时，这过程在 $(0,T]$ 上的 n 个点发生时间 $(S_1,S_2,\cdots,S_n)$ 和 n 个相互独立同分布的随机变量 $U_1,\ U_2,\ \cdots,\ U_n$ 的次序统计量有相同的分布，这里 $U_i(i=1,\cdots,n)$ 的共同密度函数是

$$f_T(u)=\begin{cases}\dfrac{\lambda e^{-\lambda(T-u)}}{1-e^{-\lambda T}}, & 0<u\leqslant T,\\ 0, & \text{其它情形.}\end{cases}$$

我们把上面列举的性质抽象和归纳为：设 $N\equiv\{N_t,\ t\geqslant 0\}$ 是一简单点过程. 对于任意正整数 n 和实数 $T>0$，若给定 $N_T=n$，则过程在 $(0,T]$ 上的 n 个点发生时间 $S_1,S_2,\cdots,S_n$ 和 n 个相互独立同分布的随机变量 $U_1,U_2,\cdots,U_n$ 的次序统计量有相同的分布，这里 $U_i(i=1,\cdots,n)$ 的共同分布函数 $F_U(u)$ 把全部质量集中在区间 $(0,T]$ 上。我们把这样的点过程称做**具有次序统计量性质的点过程** (point process with order statistics property)。特别地，当 $F_U(u)$ 是 $(0,T]$ 上的均匀分布时，我们就说**过程具有性质** P。

从前述知道，齐次泊松过程，具有时倚强度的泊松过程以及Yule-Furry 过程都是具有次序统计量性质的点过程，而且齐次泊松过程还进一步具有性质 P. 人们自然希望知道，还有哪些点过程具有这些性质？这就引导到研究具有这些性质的点过程的表征问题. Nawrotzki (1962) 首先考虑了这样的问题.随后，Westcott (1973), Crump (1975), Kallenberg (1976), Cane (1977), Feigin (1979), Puri (1982) 以及 Deffner and Haeusler (1985) 等对此作了进一步的研究. 下面把他们得到的一些主要结果作扼要的介绍，这些结果的证明可在上面提到的文献中找到.

下面恒设 $\{N_t, t \geqslant 0\}$ 是简单点过程. 记 $m(t) = EN_t$ 并设 $m(t) < \infty$ 对所有 $t \geqslant 0$. 对于 $\lim_{t \to \infty} m(t) = \infty$ 的情形，Feigin (1979) 证明了以下定理.

定理 9-9-1 点过程 $N \equiv \{N_t, t \geqslant 0\}$ 有性质 P 当且仅当存在一单位强度的齐次泊松过程 $M \equiv \{M_t, t \geqslant 0\}$，使得

$$N_0 = M_0, \text{ 以概率 } 1$$

和

$$N_t = M_{Wt}, \quad t > 0, \text{ 以概率 } 1. \tag{9-9-1}$$

其中W是独立于M的非负随机变量.

定理 9-9-2 若点过程N具有次序统计量性质且相应的分布是 $F_U(x)$，则

$$F_U(x) = \frac{m(x) - m(0)}{m(T) - m(0)}, \quad 0 \leqslant x \leqslant T. \tag{9-9-2}$$

定理 9-9-3 若点过程N具有次序统计量性质，则存在单位强度的齐次泊松过程M和非负独立随机变量W（M和W定义在同一概率空间上)，使得

$$N_t = M_{Wq(t)}, \text{ 以概率 } 1, \tag{9-9-3}$$

其中 $q(x) = m(x) - m(0)$.

这定理表明，具有次序统计量性质的点过程可用带有时间尺

度变换的混合泊松过程来刻划.

当 $\lim_{t\to\infty} m(t)=\gamma<\infty$ 时,表征问题变得复杂些. 为了研究这一问题, Kallenberg 首先引入所谓混合取样过程的概念.

考虑如下的纯灭过程,它在初始时刻有随机 Z 个质点,每一个质点独立地存活,它们有相同的寿命分布 F (设 $F(0)=0$). 若以 D_t 表示在 $(0,t]$ 中死去的质点数目,则称 $\{D_t, t\geqslant 0\}$ 是一**混合取样过程** (mixed sampling process). 易见

$$D_0=0$$

和对任意 $t>0$

$$D_t=\begin{cases}0 & Z=0,\\ \max\{j: T^{(j)}\leqslant t,\ j=1,\cdots,k\} & Z=k\geqslant 1.\end{cases} \tag{9-9-4}$$

当给定 $Z=k$ 时, $(T^{(1)},\cdots,T^{(k)})$ 和 k 个相互独立同分布的随机变量 $T_1,\cdots,T_k$ 的次序统计量有相同的分布,这里 $T_1,\cdots,T_k$ 分别表示 k 个质点的存活时间(即寿命), 它们有相同的分布函数 F.

Puri 指出,这样定义的过程 $\{D_t,t\geqslant 0\}$ 是马尔可夫过程,而且由上述易知它有次序统计量性质. 此外, 按定义它显然是不减右连续的,它的间断点是单位跳.

Cane 进一步证明了如下论断.

定理 9-9-4 在上述关于混合取样过程的定义中, 若分布 $F(t)$ 有密度函数 $f(t)$, 则 $\{D_t, t\geqslant 0\}$ 是生率为 $\{\rho_n(t), n\geqslant 0\}$ 的非齐次纯生过程,这里

$$\rho_n(t)=\frac{g^{(n+1)}(1-F(t))}{g^{(n)}(1-F(t))}\cdot f(t) \quad \text{对于 } n=0,1,2,\cdots \text{ 和 } P\{Z=n\}>0, \tag{9-9-5}$$

式中 $g(\cdot)$ 是随机变量 Z 的概率母函数, $g^{(n)}(\cdot)$ 是 $g(\cdot)$ 的 n 阶导数.

现在,我们就能够叙述当 $\lim_{t\to\infty} m(t)=\gamma<\infty$ 时表征问题的

有关结果. Puri 指出，这时定理 9-9-1 和定理 9-9-3 相应地改变为

定理 9-9-5 点过程N在 $(0,t^*]$ 上有性质P(这里 t^* 是任意固定正实数)当且仅当存在非负整数值随机变量Z(它和N定义在同一概率空间上)，使当给定 $Z=k$ $(k\geqslant 1)$ 时，根据从一独立于Z且分布为

$$F_{t^*}(x)=\frac{x}{t^*}\quad 0\leqslant x\leqslant t^* \tag{9-9-6}$$

的总体中独立抽取出来的容量为 k 的样本的次序统计量 $T^{(1)}<T^{(2)}<\cdots<T^{(k)}$. 按(9-9-4)式定义的混合取样过程 D_t 满足

$$N_t=D_t,\quad 0\leqslant t\leqslant t^* \text{ 以概率 } 1. \tag{9-9-7}$$

定理 9-9-6 在定理 9-9-3 的条件下，若 $\lim\limits_{t\to\infty}m(t)=\gamma<\infty$，则存在一非负整数值随机变量$Z$ (它和过程N定义在同一概率空间上)，使当给定 $Z=k\geqslant 1$ 时，根据从独立于Z且分布为

$$\tilde{F}(x)=\begin{cases}m(x)/\gamma & 0\leqslant x<\infty,\\ 0 & \text{其它情形}\end{cases} \tag{9-9-8}$$

的总体中独立抽取出来的容量为k的样本的次序统计量

$$\tilde{T}^{(1)}<\cdots<\tilde{T}^{(k)}$$

按(9-9-4)式定义的混合取样过程 $\tilde{D}_t$ 满足

$$N_t=\tilde{D}_t,\quad 0\leqslant t<\infty \text{ 以概率 } 1. \tag{9-9-9}$$

对于纯生过程还有如下结果.

定理 9-9-7 设N是非齐次纯生过程，它的生率是 $\{\lambda_n(t),0\leqslant n\leqslant m\}$. 若 $\lambda_n(t)$ $(n<m)$ 连续且在任意区间上可积，

$$\lambda_m(t)\equiv 0,$$

这里m可以是无穷或有限（后一情形对应于过程有一吸收状态）. 则过程N具有次序统计量性质当且仅当对任意 $t>0$，$\lambda_n(t)$ 满足

$$\rho_n(t)=h(t)L(n+1)/L(n),\ n=0,1,\cdots,m-1, \tag{9-9-10}$$

式中

$$\rho_n(t)=\lambda_n(t)\exp\{\Lambda_{n+1}(t)-\Lambda_n(t)\}, \qquad (9\text{-}9\text{-}11)$$

$$\Lambda_n(t)=\int_0^t \lambda_n(u)du, \qquad (9\text{-}9\text{-}12)$$

$L(n)$ $(n=0,1,\cdots,m)$ 是某些(依赖于 n 的)常数，$L(0)=1$，$h(\cdot)$ 是某个在任意有限区间上可积的严格正的连续函数。

如果进一步令 $H(t)=\int_0^t h(u)du$，则还有

$$EN_t=H(t)=\frac{L(n)}{L(n+1)}\int_0^t \lambda_n(u)\exp\{\Lambda_{n+1}(u)-\Lambda_n(u)\}du$$

$$n=0,1,\cdots,m-1 \qquad (9\text{-}9\text{-}13)$$

和

$$P(N_t=k)=L(k)\frac{[H(t)]^k}{k!}\exp\{-\Lambda_k(t)\},$$

$$k=0,1,\cdots,m. \qquad (9\text{-}9\text{-}14)$$

Puri 还讨论了 $m(t)\equiv EN_t$ 不是有限的情形。

上面的结果表明一个具有次序统计量性质的点过程可以用带有时间尺度变换的混合泊松过程或混合取样过程来刻划。最近，Deffner 和 Haeusler 进一步考察了在什么条件下一个具有次序统计量性质的点过程同时是带有时间尺度变换的混合泊松过程和混合取样过程。

首先注意到由混合取样过程的定义可马上看出这样的过程的几乎所有样本轨道只有有限多个点发生。换句话说，一个以非零概率在$(0,\infty)$上有无穷多个点的具有次序统计量性质的点过程只能是带有时间尺度变换的混合泊松过程。因此，如果一个具有次序统计量性质的点过程 $N\equiv\{N_t,t\geqslant 0\}$ 同时是带有时间尺度变换的混合泊松过程和混合取样过程，它必须满足

$$N_\infty\equiv\lim_{t\to\infty}N_t<\infty \text{ 以概率 } 1. \qquad (9\text{-}9\text{-}15)$$

对于满足条件 (9-9-15) 的具有次序统计量性质的点过程 $N\equiv\{N_t,\ t\geqslant 0\}$，Puri 证明了以下两命题是等价的:

(1) N是带有时间尺度变换的混合泊松过程.

(2) 对于序列 $\{k!P(N_\infty=k),\ k\geqslant 0\}$, 斯蒂阶斯矩问题有唯一解. 这就是说存在定义在$[0,\infty)$上的唯一有限测度 μ, 使得对任意整数 $k\geqslant 0$ 有

$$k!P(N_\infty=k)=\int_{[0,\infty)}t^k\mu(dt).$$

应当指出,上述论断是依分布律给出过程的表征,而前面各定理则是以概率 1 给出过程的表征.

§9-10 重随机泊松过程和更新过程的稀疏的进一步讨论

我们在 §2-3 和 §3-11 分别讨论了齐次泊松过程和更新过程的稀疏问题. 在那里我们证明了齐次泊松过程类和更新过程类对稀疏运算是封闭的. 这就是说, 一个齐次泊松过程(或更新过程)经随机稀疏后得到的过程仍然是齐次泊松过程(相应地, 更新过程). 在这一节我们将讨论重随机泊松过程的稀疏并利用有关结果对更新过程的稀疏问题作进一步的研究.

设N是 $\mathbb{R}_+$ 上的一个点过程, p 是介于 0 和 1 之间的常数. 我们用 N_p 表示用如下方法产生的点过程: 对过程N的每一个点均以概率 p 保留和以概率 $q=1-p$ 舍弃. 而且每一个点是否保留不受其它点的状况的影响, 这时保留下来的点就构成点过程 N_p. 我们把 N_p 称做N的 *p-稀疏过程* (p-thinning process, 简称 *p-稀疏*), 而N则称做 N_p 的 *p-稀疏逆过程* (p-inverse thinning process, 简称 *p-逆*). 可以证明, [例如, 参看 Thedéen (1986) 和 Grandell (1976)] 任意一个经稀疏的点过程 M 的 p-稀疏逆过程 (按概率分布的观点) 是唯一的. 我们把这些(对不同的 p 值) p-稀疏逆过程称做M的*源过程* (original process). 一个点过程称做*非稀疏的* (unthinned) 如果它不是某个点过程的 p-稀疏过程 $(0\leqslant p<1)$. 我们用 τ_p 表示 p-稀疏算子, 用 τ_p^{-1} 表示它的逆算子, 于是可记

$$N_p = \tau_p N \qquad \text{和} \qquad N = \tau_p^{-1} N_p. \tag{9-10-1}$$

利用 p-稀疏逆过程的概念可以给出重随机泊松过程的一种刻划.

定理 9-10-1 一个点过程M是重随机泊松过程的充分必要条件是对每一 $p\in(0,1]$，必存在M的一个 p-稀疏逆过程.

这结果是属于 Mecke (1968) 的，它的证明也可在 Matthes, Kerstan and Mecke (1978) 中(第七章)找到. 由这定理不难推知

推论 9-10-1 设M是一点过程. 记

$$\eta = \inf\{p\in(0,1]: M\text{有 } p\text{-稀疏逆过程}\}.$$

则当M是重随机泊松过程时 $\eta=0$；当M不是重随机泊松过程时 $\eta>0$.

设对点过程M作 p_1-稀疏后得过程N (即 $N=\tau_{p_1}M$)，又对N作 p_2-稀疏后得过程 Q (即 $Q=\tau_{p_2}N$). 则由稀疏的独立性易知Q可以看作是对过程M作 p_1p_2-稀疏而得(即 $Q=\tau_{p_1}(\tau_{p_2}M)=\tau_{p_1p_2}M$). 根据这一事实和定理 9-10-1 马上推出以下重要结论.

定理 9-10-2 重随机泊松过程类对稀疏运算是封闭的.

Thedéen (1986) 还证明了如下定理.

定理 9-10-3 若M不是重随机泊松过程，则存在唯一的非稀疏过程 N，使得M的所有可能的源过程都是N的某一个 p-稀疏过程. 我们把这样的非稀疏过程N称做**顶过程** (top process).

下面着重研究更新过程的稀疏问题. 虽然我们的讨论是就 $\mathbb{R}_+$ 上的普通更新过程而言，但所得的结果可以直接推广到延迟更新过程的情形. 我们先列出在讨论中要用到的一些概念和结果.

定义 9-10-1 $(0,\infty)$ 上的函数φ称做**完全单调的** (completely monotone) 如果它有任意阶导数 $\varphi^{(n)}$ 且满足

$$(-1)^n\varphi^{(n)}(s)\geqslant 0,\ n\geqslant 1,\ s>0.$$

记$\varphi^{(n)}(0)=\lim\limits_{s\to 0}\varphi^{(n)}(s)$，假若等式右边的极限存在(有限或无穷).

命题 9-10-1 $(0,\infty)$ 上的函数φ是某概率分布的拉普拉

斯-斯蒂阶斯变换当且仅当 φ 是完全单调且 $\varphi(0)=1$.

命题 9-10-2 若 φ 和 ψ 是完全单调函数，则它们的乘积 $\varphi\psi$ 亦然.

命题 9-10-3 若 φ 是完全单调函数，ψ 是非负函数且有完全单调的导数[即满足 $(-1)^n\psi^{(n)}(s)\leqslant 0$ 对 $n\geqslant 1$]，则复合函数 $\varphi(\psi)$ 是完全单调的[特别地，$e^{-\psi}$ 和 $(1+\psi)^{-1}$ 是完全单调的].

以上结果的证明和关于完全单调函数的进一步讨论可参看 Feller (1966).

设 N 是一更新过程. 对于任意 $p\in(0,1]$，以 N_p 记 N 的 p-稀疏过程. 由定理 3-11-1 知 N_p 仍是一更新过程. 令 F 和 G 分别是更新过程 N 和 N_p 的间距分布，F^* 和 G^* 分别是 F 和 G 的拉普拉斯-斯蒂阶斯变换. 由 (3-11-3) 式有

$$G^*(s)=\frac{pF^*(s)}{1-qF^*(s)}, \tag{9-10-2}$$

上式又可改写为

$$F^*(s)=\frac{G^*(s)}{p+qG^*(s)}. \tag{9-10-3}$$

我们也把稀疏算子用于间距分布 F 和 G，即相应于 (9-10-1) 式记

$$G=\tau_pF \text{ 和 } F=\tau_p^{-1}G. \tag{9-10-4}$$

现在考虑如下问题：设已知具有间距分布 G 的更新过程 M 是某一点过程 N 的 p-稀疏过程，换句话说，N 是更新过程 M 的 p-稀疏逆过程. 我们想要知道源过程 N 是否更新过程. 由(9-10-3)式知如果我们能够证明由这式子给出的 $F^*(s)$ 是一概率分布 F 的拉普拉斯-斯蒂阶斯变换，则由 p-稀疏逆过程的唯一性 [参看 Thedeén (1986)] 知 N 是以 F 为间距分布的更新过程. 这样一来，我们的问题就变为：设给定了一概率分布 G 的拉普拉斯-斯蒂阶斯变换 G^*，问由(9-10-3)式确定的 F^* 是否某一概率分布 F 的拉普拉斯-斯蒂阶斯变换? 因为 $G^*(0)=1$，故也有 $F^*(0)=1$，于是由命题 9-10-1 知上面的问题又等价于问 F^* 是否一完全

单调函数？下面分别就更新过程M是重随机泊松过程和非重随机泊松过程两种情形来讨论.

先考虑重随机泊松情形. 因为 Kingman (1964) 首先研究了一个同时是重随机泊松过程和更新过程的刻划问题，所以有人把这样的过程称做 Kingman 过程. Yannaros (1986) 利用 Bernstein 函数[1]的技巧证明了如下结果:

定理 9-10-4 一个具有间距分布F的更新过程是重随机泊松过程当且仅当

$$F^*(s)=[1+\phi(s)]^{-1},$$

其中 F^* 是F的拉普拉斯-斯蒂阶斯变换，ϕ是 Bernstein 函数且满足 $\lim\limits_{s\downarrow 0}\phi(s)=0$。

根据这一定理又不难证明如下的关于 Kingman 过程的刻划定理.

定理 9-10-5 点过程M是 Kingman 过程的充分必要条件是对每一 $p\in(0,1)$，存在某一更新过程 N，使得M是N的 p-稀疏过程,即

$$M=\tau_p N.$$

证明 条件的充分性由定理9-10-1和更新过程类关于稀疏运算的封闭性推出.

现设M同时是重随机泊松过程和更新过程，则由定理 9-10-1 知对每一 $p\in(0,1)$，存在点M的 p-稀疏逆过程 N. 因此，为了证明条件的必要性只须确认N是更新过程. 事实上，由定理 9-10-4 知 $G^*=[1+\phi]^{-1}$，其中ϕ是 Bernstein 函数. 由 (9-10-3) 式得 $F^*=[1+p\phi]^{-1}$. $p\phi$ 显然也是 Bernstein 函数。于是由命题 9-10-3 知 F^* 是完全单调的,而且满足

$$F^*(0)=1,$$

故由命题9-10-1知 F^* 是某概率分布F的 L-S 变换，即N是以F为间距分布的更新过程. ■

1) 函数 $\varphi:(0,\infty)\longrightarrow[0,\infty)$ 称做 Bernstein 函数,如果它有完全单调的导数,亦即满足 $(-1)^n\varphi^{(n)}(s)\leqslant 0$ 对所有 $n\geqslant 1$,

转向讨论非重随机泊松情形. 这时有如下论断:

定理 9-10-6 若更新过程M(间距分布是G)不是重随机泊松过程,则存在唯一的非稀疏分布函数[1] F_0 和唯一的 $p_0\in(0,1]$,使得 $G=\tau_{p_0}F_0$. 而且过程M的 p-稀疏逆更新过程类由分布族

$$\tau^{-1}G=\{F:F=\tau_pF_0,\ \text{这里}\ p\in[p_0,1]\}$$

确定.

证明 令

$$\begin{aligned}p_0&=\inf\{p\in(0,1]:\tau_p^{-1}G\ \text{是分布函数}\}\\&=\inf\{p\in(0,1]:N=\tau_p^{-1}M,N\ \text{是更新过程}\}.\end{aligned}\quad(9\text{-}10\text{-}5)$$

由推论 9-10-1 知 $p_0>0$. 下面证明存在 M 的 p_0-稀疏逆更新过程 $N=\tau_{p_0}^{-1}M$. 设 $\{p_n\}$ 是一串满足 $0<p_n\leqslant1$ 和 $p_n\downarrow p_0$ 的数列, 则 $F_n^*=G^*(p_n+q_nG)^{-1}$ (其中 $q_n=1-p_n$) 是概率分布 F_n 的 L-S 变换,而且当 $n\to\infty$ 时

$$F_n^*\to G^*(p_0+q_0G^*)^{-1}\equiv F_0^*.$$

易见当 $s\to0$ 时 $F_0^*(s)\to1$. 故由 L-S 变换的连续性(参看附录一)知 F_0^* 是某概率分布 F_0 的 L-S 变换, 即存在一个以 F_0 为间距分布的更新过程 N, 它是M的 p_0-稀疏逆过程. ■

由定理9-10-6直接看出,若更新过程M不是重随机泊松过程,则存在唯一的顶更新过程 N_0(即它不可能是某更新过程的 p-稀疏过程, $0\leqslant p<1$), M的所有可能的 p-稀疏逆更新过程都能够通过对这个顶更新过程 N_0 作稀疏而得, 而M是它对应的顶更新过程 N_0 的 p-稀疏逆更新过程类中的一个元素. 据此我们可进一步证明.

定理 9-10-7 对于任意 $p\in(0,1)$, 任一更新过程不可能是某个非更新过程的 p-稀疏过程,换句话说, 任意经稀疏的更新过程M的 p-稀疏逆过程(如果存在的话)必是更新过程.

证明 当M是重随机泊松过程时论断由定理 9-10-5 推出.现设M不是重随机泊松过程, 它的间距分布是G. 又设 N_0 是对应

---

1) 分布函数G称做非稀疏的,如果由(9-10-3)式确定的 F^* 仅当 $p=1$ 时才是完全单调的.

的顶更新过程，则 $N_0 = \tau_{p_0}^{-1}M$，这里 p_0 由(9-10-5)式确定，它是使得由(9-10-3)式确定的 F^* 是某概率分布的 L-S 变换的最小正数．假若M有一非更新的 p-稀疏逆过程 Q，即存在某 $p_Q > 0$，使得

$$M = \tau_{p_Q}Q \qquad \text{或} \qquad Q = \tau_{p_Q}^{-1}M.$$

因为当 $p \in [p_0, 1]$ 时M的 p-稀疏逆过程必是更新过程，故有 $p_Q < p_0$．现在，一般地用N表示M的 p-稀疏逆过程，又设 F_1 是N的第一个点间间距 T_1 的分布，F_1^* 是 F_1 的 L-S 变换．当 $p \in [p_0, 1]$ 时(这时N是更新过程)有

$$F_1^*(s) = \frac{G^*(s)}{p + qG^*(s)}. \tag{9-10-6}$$

因为 $N = \tau_p^{-1}M = \tau_p^{-1}(\tau_{p_Q}Q) = \tau_{(p_Q/p)}Q$，故

$$P(T_1 > t) = \sum_{k=0}^{\infty}\left(1 - \frac{p_Q}{p}\right)^k P(Q_t = k).$$

两边乘 e^{-st} 后对变元 t 在$(0, \infty)$积分得

$$\frac{1 - F_1^*(s)}{s} = \sum_{k=0}^{\infty}\left(1 - \frac{p_Q}{p}\right)^k H_k^*(s), \tag{9-10-7}$$

其中

$$H_k^*(s) = \int_0^{\infty} e^{-st}P(Q_t = k)dt.$$

令 $z = 1 - (p_Q/p)$，则 $p = p_Q/(1 - z)$．容易验证

(i) $p_0 \leqslant p \leqslant 1$ 当且仅当 $1 - (p_Q/p_0) \leqslant z \leqslant 1 - p_Q$；

(ii) $p_Q \leqslant p \leqslant 1$ 当且仅当 $0 \leqslant z \leqslant 1 - p_Q$.

由(9-10-7)式得

$$F_1^*(s) = 1 - s\sum_{k=0}^{\infty} z^k H_k^*(s) \quad \text{对} \quad 0 \leqslant z \leqslant 1 - p_Q. \tag{9-10-8}$$

对于固定的 s，$F_1^*(s)$ 作为z的函数有如(9-10-8)的幂级数展式．因为当 $p_0 \leqslant p \leqslant 1$，即 $1 - (p_Q/p_0) \leqslant z \leqslant 1 - p_Q$ 时，由(9-10-6)式有

$$F_1^*(s) = \frac{(1-z)G^*(s)}{p_Q + (1-z-p_Q)G^*(s)}. \qquad (9\text{-}10\text{-}9)$$

对于固定的 s，我们可以写

$$\frac{1}{p_Q + (1-z-p_Q)G^*(s)} = \frac{K}{1 - \dfrac{zG^*(s)}{p_Q + (1-p_Q)G^*(s)}}, \qquad (9\text{-}10\text{-}10)$$

其中K是不依赖于z的常数．因为由 $z \leqslant 1-p_Q$ 和 $p_Q > 0$ 推知 $zG^*(s) < p_Q + (1-p_Q)G^*(s)$，故对 $1-(p_Q/p_0) \leqslant z \leqslant 1-P_Q$，(9-10-10)式的右端作为$z$的函数可展为幂级数，因而(9-10-9)式的右端亦然．由于幂级数展式(9-10-8)对 $0 \leqslant z \leqslant 1-p_Q$（即 $p_Q \leqslant p \leqslant 1$）成立，由解析函数性质知(9-10-6)式对 $p \in [p_Q, 1]$ 亦应成立．但这是不可能的，因为前面已经指出，当 $p < p_0$ 时(9-10-6)式不可能给出某个概率分布的 L-S 变换．这一矛盾表明对于 $p < p_0$ 不可能存在 M 的 p-稀疏逆过程．定理证完． ■

从这定理看出,更新过程类对于稀疏逆运算是封闭的,而且一个顶更新过程也是一个顶过程(即它不可能是某一点过程的 p-稀疏过程，$p<1$)．

顶更新过程的一个简单例子是具有恒定的点间间距的点过程，较为一般的例子则是间距分布有有界支承的更新过程．Yannaros (1988, b) 进一步给出一个更新过程是顶过程的如下充分条件．

定理 9-10-8 设M是具有间距分布G的更新过程． 如果G有有限的正数学期望,而且

$$\lim_{t\to\infty} \frac{H*H(t)}{H(t)t} = \infty, \qquad (9\text{-}10\text{-}11)$$

其中 $H(t) = 1 - G(t)$，“$*$”是卷积运算符号，则这过程是一顶过程．若G有密度 g，则当

$$\lim_{t\to\infty}\frac{g*g(t)}{g(t)t}=\infty \tag{9-10-12}$$

时(9-10-11)式成立.

我们把间距分布G是伽玛分布 $\Gamma(\lambda, k)$，即间距分布密度是

$$f_{\lambda,k}(t)=\lambda^k t^{k-1}e^{-\lambda t}/\Gamma(k),\ t\geqslant 0$$

的更新过程称做**伽玛更新过程**. 定理 9-10-8 的一个有用推论是: 当形状参数 $k>1$ 时伽玛更新过程是一顶过程. 为了证明简单起见,设分布的尺度参数 $\lambda=1$. 因为伽玛分布 $\Gamma(1,k)$ 与自身的卷积是伽玛分布 $\Gamma(1,2k)$，于是有

$$\frac{g*g(t)}{g(t)t}=\frac{\Gamma(k)}{\Gamma(2k)}t^{k-1},$$

因为 $\Gamma(k)/\Gamma(2k)$ 是一常数,故当 $k>1$ 时(9-10-11)式成立.

对于 $0<k\leqslant 1$ 的情形则可以证明如下论断: 一个(普通的)伽玛更新过程M是重随机泊松过程当且仅当间距分布的形状参数 $k\in(0,1]$. 事实上(仍设 $\lambda=1$)，由定理9-10-1和刚才证明的事实知当 $k>1$ 时伽玛更新过程不是重随机泊松过程，这就证明了条件的必要性. 现证当 $0<k\leqslant 1$ 时伽玛更新过程是重随机泊松过程,为此只须证明对任意 $p\in(0,1]$，由(9-10-3)确定的 F^* 是某一概率分布的 L-S 变换. 根据命题 9-10-1 这又归结为证明 F^* 是一完全单调函数. 因为伽玛分布 $\Gamma(1,k)$ 的 L-S 变换是 $(1+s)^{-k}$，于是这时有

$$F^*(s)=(1+s)^{-k}/[p+q(1+s)^{-k}]=[q+p(1+s)^k]^{-1}.$$

因为当 $0<k\leqslant 1$ 时函数 $\psi(s)=(1+s)^k$ 是 Bernstein 函数, 而函数 $\varphi(s)=(q+ps)^{-1}$ 则是完全单调的. 故由命题 9-10-3 知 $F^*(s)=\varphi[\psi(s)]=[q+p(1+s)^k]^{-1}$ 是完全单调的.

我们把以上结果综合为

定理 9-10-9 (1) 一个普通的伽玛更新过程是重随机泊松过程的充分必要条件是间距分布的形状参数 $k\in(0,1]$.

(2) 当间距分布的形状参数 $k>1$ 时，普通的伽玛更新过程是一顶过程.

对于延迟更新过程的情形,利用 Kingman (1964) 给出的关于延迟更新过程是重随机泊松过程的充分必要条件 [亦可参看 Grandell (1976), p. 35] 可以证明如下结果:

定理 9-10-10 若延迟更新过程的间距分布是H和F，其中第一个更新间距分布H是任意的，而其余更新间距的公共分布F是具有形状参数k的伽玛分布，则这过程是重随机泊松过程的充分必要条件为$0<k\leqslant 1$和$H^*(s)(1+s)^k$是某一概率分布的 L-S 变换.

当H是具有形状参数m的伽玛分布，即 $H^*(s)=(1+s)^{-m}$ 时，如果 $m\geqslant k$，则 $H^*(s)(1+s)^k=(1+s)^{k-m}$ 是形状参数为$m-k$的伽玛分布的 L-S 变换. 这样一来就得到.

推论 9-10-2 若延迟更新过程的间距分布H和F分别是有形状参数m和k的伽玛分布，则这过程是重随机泊松过程的充分必要条件是$0<k\leqslant 1$和 $k\leqslant m$.

§9-11 重随机泊松过程的联合发生密度,样本函数密度和存活概率

在重随机泊松过程的研究，特别是在关于这类过程的统计推断问题中,联合发生密度,样本函数密度和存活概率同样起着重要的作用，这三者中间又以样本函数密度最为有用. 下面分别利用条件化方法和自激点过程方法讨论这三个量.

首先考虑条件化方法. 令 $f_{S_1,\cdots,S_n}(s_1,\cdots,s_n)$ 表示重随机泊松过程 $N=\{N_t,\ t\geqslant 0\}$ 的前n个点发生时间的联合概率密度，$p[\{N_t,\ 0<t\leqslant T\}]$ 是它的样本函数密度. 假设N的强度过程是 $\{\Lambda(t),\ t\geqslant 0\}$，则根据重随机泊松过程的条件泊松性质以及(2-5-19)和(2-9-13)式我们可求得

$$f_{S_1,\cdots,S_n}(s_1,\cdots,s_n)=E\left[\prod_{i=1}^{n}\Lambda(s_i)\exp\left\{-\int_0^{s_n}\Lambda(u)du\right\}\right]\tag{9-11-1}$$

和

$$p[\{N_t, 0 < t \leqslant T\}] = E\left[\exp\left\{-\int_0^T \Lambda(u)du + \int_0^T \log \Lambda(u)dN_u\right\}\right]. \tag{9-11-2}$$

应当指出，上两式右端的数学期望一般是难以算出的．但是，某些常见的简单情形却是例外．考虑下面关于带有时间尺度变换的混合泊松过程的例子．

例 9-11-1 设 $\{N_t, t \geqslant 0\}$ 的强度过程由 $\Lambda(t) = \xi \cdot \mu(t)$ 给出，其中 ξ 是随机变量，$\mu(t)$ 是确定性的时间函数． 于是由(9-10-2)得

$$p[\{N_t; 0 < t \leqslant T\}] = E\left[\xi^{N_T}\exp\left\{-\xi\int_0^T \mu(u)du\right\}\right] \times \exp\left\{\int_0^T \log \mu(u)dN_u\right\}. \tag{9-11-3}$$

当给定了 ξ 的分布时上式右端的数学期望原则上能够算出．如果 ξ 的矩母函数 $M_\xi(z) \equiv E[e^{\xi z}]$ 存在，则可利用它把(9-10-3)式写成

$$p[\{N_t, 0 < t \leqslant T\}] = M_\xi^{(N_T)}\left(-\int_0^T \mu(u)du\right)\exp\left\{\int_0^T \log \mu(u)dN_u\right\}. \tag{9-11-4}$$

当 ξ 有由 (9-8-15) 给定的伽玛分布时，N 是一非齐次波里阿过程，这时 (9-11-4) 式可写成

$$p[\{N_t, 0 < t \leqslant T\}] = \frac{\Gamma(N_T + k + 1)}{\Gamma(k + 1)}\left[\frac{\alpha}{\alpha + \int_0^T \mu(u)du}\right]^{k+1} \times \left[\frac{1}{\alpha + \int_0^T \mu(u)du}\right]^{N_T} \exp\left\{\int_0^T \log \mu(u)dN_u\right\}. \tag{9-11-5}$$

当 $k=0$ 时，伽玛分布变为指数分布，这时(9-11-5)式可进一步简化为

$$p[\{N_t,0<t\leqslant T\}]$$
$$=\Gamma(N_T+1)\alpha\left[\alpha+\int_0^T\mu(u)du\right]^{-(N_T+1)}$$
$$\times\exp\left\{\int_0^T\log\mu(u)dN_u\right\}. \qquad (9\text{-}11\text{-}6)$$

将上式对 α 求导后令其等于零，我们就推出当给定观测的计数轨道时，ξ 的指数分布参数 α 的最大似然估计是

$$\hat{\alpha}_{ML}(\{N_t,0<t\leqslant T\}]=N_T^{-1}\int_0^T\mu(u)du. \qquad (9\text{-}11\text{-}7)$$

这估计只依赖于在区间 $(0,T]$ 中的点数 N_T 而与这些点的发生时间无关.

对于混合泊松过程，即 $\mu(t)\equiv 1$ 的情形，(9-11-3)，(9-11-4)和(9-11-5)式分别简约为

$$p[\{N_t,0<t\leqslant T\}]=E[\xi^{N_T}e^{-\xi_T}], \qquad (9\text{-}11\text{-}3')$$
$$p[\{N_t,0<t\leqslant T\}]=M_\xi^{(N_T)}(-T) \qquad (9\text{-}11\text{-}4')$$

和

$$p[\{N_t,\ 0<t\leqslant T\}]=\frac{\Gamma(N_T+k+1)}{\Gamma(k+1)}$$
$$\times\left[\frac{\alpha}{\alpha+T}\right]^{k+1}\left[\frac{1}{\alpha+T}\right]^{N_T}. \qquad (9\text{-}11\text{-}5')$$

在 ξ 有参数为 α 的指数分布的情形，样本函数密度 (9-11-6) 变成

$$p[\{N_t,0<t\leqslant T\}]=\Gamma(N_T+1)\alpha(\alpha+T)^{-(N_T+1)}, \qquad (9\text{-}11\text{-}6')$$

而参数 α 的最大似然估计则有如下的简单形式:

$$\hat{\alpha}_{ML}(\{N_t,0<t\leqslant T\})=T/N_T. \qquad (9\text{-}11\text{-}7')$$

上式右端是观测到的平均点发生率 N_T/T 的倒数.

如前所述，一个强度过程为 $\{\Lambda(t),t\geqslant 0\}$ 的重随机泊松过程 $\{N_t;t\geqslant 0\}$ 可以表为具有由

$$\tilde{\Lambda}(t)=E[\Lambda(t)|N_u,0<u\leqslant t]$$

$$=\begin{cases}E[\Lambda(t)|N_t] & N_t=0,\\ E[\Lambda(t)|N_t,S_1,\cdots,S_{N_t}] & N_t\geqslant 1\end{cases}$$

给定的强度 $\{\tilde{\Lambda}(t),t\geqslant 0\}$ 的自激点过程。因此，由(8-2-2)式推知过程 $\{N_t,t\geqslant 0\}$ 的第 $n+1$ 点的条件存活概率是

$$\mathscr{P}_{S_{n+1}|S_1,\cdots,S_n}(t|s_1,\cdots,s_n)=\exp\left\{-\int_{s_n}^{t}\tilde{\Lambda}(u)du\right\},\tag{9-11-8}$$

其中 $t\geqslant s_n,n\geqslant 1$。又由(8-3-2)、(8-3-3)和(9-3-1)式可推出 $\{N_t,t\geqslant 0\}$ 的前 n 个发生时间的联合概率密度

$$f_{S_1,\cdots,S_n}(s_1,\cdots,s_n)$$

和样本函数密度 $p[\{N_t,0<t\leqslant T\}]$ 的另一种表达形式：

$$f_{S_1,\cdots,S_n}(s_1,\cdots,s_n)=\exp\left\{-\int_0^{s_n}\tilde{\Lambda}(u)du+\int_0^{s_n}\log\tilde{\Lambda}(u)dN_u\right\}\tag{9-11-9}$$

和

$$p[\{N_t,0<t\leqslant T\}]=\exp\left\{-\int_0^{T}\tilde{\Lambda}(u)du+\int_0^{T}\log\tilde{\Lambda}(u)dN_u\right\}.\tag{9-11-10}$$

(9-11-8)—(9-11-10)式中的强度 $\tilde{\Lambda}(t)$ 由(9-3-1)式给出。应当指出，要用(9-3-1)式具体算出 $\tilde{\Lambda}(t)$ 通常是很困难的。因此，必须进一步研究 $\tilde{\Lambda}(t)$ 的估计问题。

§9-12 重随机泊松过程的统计推断

我们先讨论如下的双假设检验问题：设 $N\equiv\{N_t,t\geqslant 0\}$ 是一重随机泊松过程，它的强度过程或者是 $\{\Lambda^{(0)}(t),t\geqslant 0\}$，或者是 $\{\Lambda^{(1)}(t),t\geqslant 0\}$。问题是当给定一个在区间 $(0,T]$ 上的观测记录 $\{N_t,0<t\leqslant T\}$ 时判断这两个强度过程中哪个是真正支配过程 N 的。根据第二章关于泊松过程假设检验的讨论知道，这一判断可以根据似然比

$$\Lambda = \frac{p^{(1)}[\{N_t, 0 < t \leqslant T\}]}{p^{(0)}[\{N_t, 0 < t \leqslant T\}]} \tag{9-12-1}$$

作出，式中右边的分子和分母分别表示联系于强度 $\Lambda^{(1)}(t)$ 和 $\Lambda^{(0)}(t)$ 的样本函数密度. 判断的准则是：当 $\Lambda \geqslant \eta$ 时接受 $\Lambda^{(1)}(t)$；当 $\Lambda < \eta$ 时则接受 $\Lambda^{(0)}(t)$. 这里 η 是一非负常数，它仅依赖于 $\Lambda^{(1)}(t)$ 和 $\Lambda^{(0)}(t)$ 的验前概率和事先给定的有关数据而与观测记录无关(请参看 § 2-14 中有关的材料).

因此,如果能够求出联系于 $\Lambda^{(0)}(t)$ 和 $\Lambda^{(1)}(t)$ 的样本函数密度的显式表示，我们也就能够具体求出似然比 Λ. 但遗憾的是这种可能性只在少数几种简单情形（如带随机时间尺度变换的混合泊松过程)才会变为现实. 在较一般的情形我们需要利用样本函数密度的表示式(9-11-10). 把这式子代入 (9-12-1) 式中并取对数得

$$\log \Lambda = -\int_0^T [\tilde{\Lambda}^{(1)}(u) - \tilde{\Lambda}^{(0)}(u)]du + \int_0^T \log\left[\frac{\tilde{\Lambda}^{(1)}(u)}{\tilde{\Lambda}^{(0)}(u)}\right] dN_u \underset{\text{接受 } \Lambda^{(0)}}{\overset{\text{接受 } \Lambda^{(1)}}{\gtrless}} \log \eta, \tag{9-12-2}$$

其中 $\tilde{\Lambda}^{(i)}(t)$ $(i=0,1)$ 的定义如下：

$$\tilde{\Lambda}^{(i)}(t) = \begin{cases} E[\Lambda^{(i)}(t) | H_i, N_t = 0] & N_t = 0, \\ E[\Lambda^{(i)}(t) | H_i, N_t = k, S_1, \cdots, S_k], & N_t = k \geqslant 1, \end{cases} \tag{9-12-3}$$

这里 H_i 表示过程N的强度是 $\Lambda^{(i)}$ 的假设. 当 H_i 为真时，$\tilde{\Lambda}^{(i)}$ 是 $\Lambda^{(i)}$ 的用观测计数记录表示的最小均方误差估计. 在相反的情形，$\tilde{\Lambda}^{(i)}$ 只不过是计数记录的一个函数而不能解释为 $\Lambda^{(i)}$ 的一个估计量. 因此，我们把 $\tilde{\Lambda}^{(i)}$ 称做 $\Lambda^{(i)}$ 的一个伪估计量. 这样一来，重随机泊松过程的双假设检验问题可以分解为两部分. 第一是产生伪估计量，第二是把所得的伪估计量代入判断准则

(9-12-12)中与门槛值 $\log\eta$ 比较.

重随机泊松过程的强度过程(或者确定强度的信息过程)的估计问题在理论和应用两方面都很重要. 从前面的讨论可以看出,在重随机泊松过程的许多统计特征的表示式中都含有强度过程的估计. 在重随机泊松过程的假设检验问题中强度的估计更是起着关键的作用. 此外,在实际中,例如在本章开始时提到的激光通信系统中,我们感兴趣的不是能被观测到的重随机泊松过程本身而是不能直接观测的强度过程或用以调制强度的信息过程. 因此,我们需要根据观测计数记录确定强度过程或信息过程.

重随机泊松过程的估计问题有两种常见的形式: 滤过与平滑. 滤过问题大致可描述如下: 设 $N \equiv \{N_t, t \geqslant 0\}$ 是一个具有强度过程 $\{\Lambda(x_t), t \geqslant 0\}$ 的重随机泊松过程, 其中 x_t 是基本的信息过程. 如果在区间 $(0,t]$ 上对N进行了观测,而且整个计数轨道 $\{N_u, 0 < u \leqslant t\}$ 对于形成估计都是有用的. 随着末端时刻 t 的增大,我们不断积累补充的观测资料,这样一来, t 相应于一个实时参数. 我们想要估计信息过程的某个特定的函数在时刻 t 的值. 这个特定函数,例如,可以是信息过程 x_t 自身或强度过程 $\Lambda(x_t)$. 我们希望找出一个估计量, 它随着新数据的获得而改变. 到任一时刻为止积累到的观测资料可用来构成那一时刻的估计量,这就是说,估计量与观测资料之间存在着因果依赖关系. 若规定 $\Lambda(t)$ 的估计量 $\Lambda^{*l}(t)$ 是线性的,即它必须有如下形式:

$$\Lambda^{*l}(t) = a(t) + \int_0^t h(t,u)dN_u, \qquad (9\text{-}12\text{-}4)$$

其中 $a(t)$ 是某一确定性函数, $h(t,u)$ 是脉冲响应函数, 我们就把这样的估计问题称做线性滤过 (linear filtering), 它可以看作是由过程N通过脉冲响应为 $h(t,u)$ 的线性滤波器而得到. 当我们取

$$a(t) \equiv 0$$

和

$$h(t,u)=\begin{cases}1/\tau & t-\tau<u\leqslant t\\ 0 & \text{其它情形}\end{cases} \tag{9-12-5}$$

时就得到一个线性估计量

$$\Lambda^{*l}(t)=\frac{1}{\tau}\int_{t-\tau}^{t}dN_u=\frac{1}{\tau}(N_t-N_{t-\tau}). \tag{9-12-6}$$

这是强度过程的滑动平均估计. 这种估计量的优点是简单易行，它除了必须选定求平均的时间区间长度 τ 之外几乎不需要有关强度的任何知识. 在实际中通常在离散时间,例如,在 τ 的整数倍处作滑动平均估计的取样，然后用最小二乘法对取样值拟合一个假定的时间函数.

如果有更多的关于强度过程的知识，我们就有可能得到较滑动平均估计具有更好特性的估计量. 令 $\tilde{\Lambda}^l(t)$ 表示在 (9-12-4) 式中同时选取 $a(t)$ 和 $h(t,u)$, 使得均方误差

$$E[(\Lambda(t)-\Lambda^{*l}(t))^2]$$

为最小的线性估计，Grandell (1971, 1972) 等人证明了如下的线性最小均方误差估计定理.

定理 9-12-1 设 $\Lambda^{*l}(t)$ 是 $\Lambda(t)$ 的一个线性估计量，

$$E[(\Lambda(t)-\Lambda^{*l}(t))^2]$$

是相应的均方误差. 又设 $\tilde{\Lambda}^l(t)$ 是使得这个均方误差为最小的估计量 $\Lambda^{*l}(t)$, 则

$$\tilde{\Lambda}^l(t)=E[\Lambda(t)]+\int_0^t h_0(t,u)\{dN_u-E[\Lambda(u)]du\}, \tag{9-12-7}$$

式中的最优脉冲响应 $h_0(t,u)$ 是积分方程

$$h_0(t,u)E[\Lambda(u)]+\int_0^t h_0(t,v)K_\Lambda(v,u)dv$$

$$=K_\Lambda(t,u),\ 0\leqslant u\leqslant t \tag{9-12-8}$$

的解,其中 K_Λ 是强度过程 Λ 的协方差函数. 此外,最小均方误差

是

$$E[(\Lambda(t)-\tilde{\Lambda}^{l}(t))^{2}]=h_{0}(t,t)E[\Lambda(t)]. \qquad (9\text{-}12\text{-}9)$$

如果在上面的滤过问题中除去对估计量所加的线性限制，则引导到非线性滤过问题．根据理论或应用的需要，人们可以在不同的实施准则下(如最小均方误差准则，次最优准则等)讨论这种滤过问题．

如前所述，无论是线性或非线性滤过，它们是一种带有因果依赖性质的估计问题，因为这时是根据在时间区间 $(0,t]$ 的观测计数记录对强度过程 $\Lambda(u)$ 或支配强度的信息过程 x_u 的某个函数在时刻 t 的值作出估计．当 t 增大时，观测数据随着增加，估计量也随之改变． 所谓平滑问题就是把这种因果关系除去的估计问题． 这类问题要求根据过程 N 在时间区间 $(0,t_1]$ 的观测记录对强度过程或信息过程的某个函数在这区间的任一时刻 t 的值作出估计．在实际中通常考虑三种类型的平滑问题．第一类是固定点平滑 (fixed point smoothing)，这时要求对观测区间 $(0,t_1]$ 中的一个固定时刻 t 作出估计．当区间末端时刻 t_1 增大时不断积累补充的观测数据，人们想要知道他们关心的统计量(最常见的是所谓平滑条件密度，即当给定了过程 N 在区间 $(0,t_1]$ 的观测记录 $\{N_u,\ 0<u\leqslant t_1\}$ 时 $\Lambda(t)$ 或 x_t 的条件密度)怎样随着 t_1 的增大而变化． 第二类是固定区间扫过平滑 (fixed interval sweep smoothing)． 这类平滑的 t_1 是固定的，而 t 则从初始时刻 0 增大到 t_1．人们有兴趣于知道他们关心的统计量怎样随着 t 的增大而变化． 第三类是固定滞后平滑 (fixed lag smoothing)．这类问题的特点是 t 和 t_1 都不是固定的，但两者之差却固定不变．这时 t 从初始时刻 0 开始增大，而观测区间的末端时刻 t_1 则以 $t_1=t+T$ 的形式随之增大，其中 T 是“滞后时间”，它取某一常值．对于这类问题人们想要知道有关的统计量怎样随着 t 的增大而改变．

由于平滑是非因果性的估计问题，因此在平滑问题中有可能根据新获得的补充观测数据在原有估计的基础对它不断加以修正.

由于篇幅所限，上面只是对重随机泊松过程的滤过问题和平滑问题作轮廓性的简单介绍. 有关这些问题的详细讨论参看Snyder (1972a, b, 1975).

第十章　随机点过程的比较

§10-1　引言，随机变量的比较

在数学分析中，人们常常利用一些比较简单和具有较好性质的函数（如阶梯函数、多项式或连续函数等）来研究某些复杂的函数．例如，通过前者来逼近后者或求得后者的界，这就是一种比较的方法．在应用概率（特别是排队论、可靠性理论和储存论）中，也有类似的情况出现．当被研究的随机模型很复杂，难以用经典的方法求得欲知的系统特征的精确结果，或者虽能求得但过于复杂而难以在实际中应用时．人们自然会想到用一些比较简单和研究得较透彻的模型去近似复杂模型，从而得到较满意并能应用于实际的近似结果．譬如说，在排队论中用有特殊类型的输入和服务的系统的特征（如平均等待时间、排队长度等）作为有一般输入和服务的系统的相应特征的界；通过单服务员排队问题的解来近似多服务员排队问题的解．在可靠性理论中，为了研究由具有不同寿命分布或修理时间分布的元、部件组成的复杂系统，我们可以把它与相应的具有同一寿命分布或修理时间分布的元、部件组成的简单系统相比较．

随机模型一般可用一个或若干个随机变量和（或）随机过程来描述．随机点过程可以看作是一类特殊的随机过程，在应用中许多随机模型（例如，更新模型，计数器模型以及排队论中的某些模型）需要利用点过程来描述，因此，有必要专门研究随机点过程的比较问题．

因为随机变量的比较是随机比较方法的基础，所以我们首先对随机变量的比较作一简单的介绍．

在本书中我们只限于讨论实值随机变量，为了比较它们的“大小”，我们需要在它们中间定义各种各样的序。一般说来，这些序只是“半序”而不是“全序”。我们说关系$\prec$是集合$\mathscr{D}$中的一个半序，如果它满足以下条件：(1) 自反性—— $a \prec a$ 对任意 $a \in \mathscr{D}$；(2) 传递性——若 $a \prec b$ 和 $b \prec c$，则 $a \prec c$；(3) 反称性——若 $a \prec b$ 和 $b \prec a$，则 $a = b$。“半序”和“全序”的差别在于对$\mathscr{D}$上的一个“全序”来说，$\mathscr{D}$中任意两个元素之间必有确定的“序”关系，而对于“半序”来说则不一定。

现在，令 $\mathscr{D}_R$ 表示所有实值随机变量对应的分布函数集合。在 $\mathscr{D}_R$ 上可以定义各种不同的半序$\prec$。约定当随机变量 X_1 和 X_2 的分布函数分别是 F_1 和 F_2 时，若 $F_1 \prec F_2$，则也说 $X_1 \prec X_2$。

$\mathscr{D}_R$ 上的一种最自然而又应用最多的“半序”是“随机序”(Stochastic ordering，又称“分布序”)，我们用 $\leqslant_d$ 表示这种序，其定义如下。

定义 10-1-1 设 $F_1, F_2 \in \mathscr{D}_R$。记 $F_1 \leqslant_d F_2$，如果

$$F_1(x) \geqslant F_2(x) \text{（或等价地，} \bar{F}_1(x) \leqslant \bar{F}_2(x)\text{），对所有 } x, \tag{10-1-1}$$

这里 $\bar{F}_i(x) = 1 - F_i(x)$，$i = 1,2$。

下面的定理赋予随机序以明显的直观意义。

定理 10-1-1 设 $F_1, F_2 \in \mathscr{D}_R$ 和 $F_1 \leqslant_d F_2$，则可构造定义在同一概率空间 $(\Omega, \mathscr{F}, P)$ 上的随机变量 X_1 和 X_2，使得

$$X_1(\omega) \leqslant X_2(\omega)$$

对所有 $\omega \in \Omega$，而且 X_i 的分布函数就是 $F_i (i = 1,2)$。

证明 取 $\Omega = [0,1]$，$\mathscr{F}$ 由 $[0,1]$ 上的所有波雷尔子集组成，P 是$[0,1]$上的勒贝格测度。对任意$\omega \in \Omega$和 $i = 1, 2$，令

$$X_i(\omega) = F_i^{-1}(\omega) \equiv \inf\{x \geqslant 0 : F_i(x) \geqslant \omega\}.$$

由分布函数性质易知对任意 $\omega \in [0,1]$ 有 $F_1^{-1}(\omega) \leqslant F_2^{-1}(\omega)$，而且对任意实数 x 和 $i = 1,2$ 有

$$P(\{\omega : X_i(\omega) \leqslant x\}) = P(\{\omega : F_i^{-1}(\omega) \leqslant x\}) = F_i(x). \quad ■$$

下述定理给出随机序的一个等价定义。

定理 10-1-2 设 $F_1, F_2 \in \mathscr{D}_R$，则 $F_1 \leqslant_d F_2$ 的充分必要条件是下面的积分不等式对所有使得式中出现的积分有定义的函数 $f(t) \in K_d(\mathbb{R})$ 均成立：

$$\int_{-\infty}^{\infty} f(t) dF_1(t) \leqslant \int_{-\infty}^{\infty} f(t) dF_2(t), \qquad (10\text{-}1\text{-}2)$$

这里 $K_d(\mathbb{R})$ 是由所有定义在 $\mathbb{R}$ 上的单调不减实函数组成的函数类.

证明 令

$$\theta_x(t) = \begin{cases} 0 & t < x, \\ 1 & t \geqslant x. \end{cases}$$

显然 $\theta_x \in K_d(\mathbb{R})$. 若在(10-1-2)式中取 $f(t) = \theta_x(t)$，则它的左、右端分别变成 $F_1(x)$ 和 $F_2(x)$. 充分性得证.

为证必要性，先考虑 $K_d(\mathbb{R})$ 中满足条件：当 $t \downarrow -\infty$ 时 $f(t) \downarrow 0$ 和 $t \uparrow \infty$ 时 $f(t) \uparrow K < \infty$ 的函数 f. 对于这样的 f，(10-1-2) 式两端的积分有意义，而且对任意实数 t 有

$$f(t) = \int_{-\infty}^{t} df(x) = \int_{-\infty}^{\infty} \theta_x(t) df(x). \qquad (10\text{-}1\text{-}3)$$

故对于 $i = 1, 2$

$$\begin{aligned}\int_{-\infty}^{\infty} f(t) dF_i(t) &= \int_{-\infty}^{\infty} \left[\int_{-\infty}^{\infty} \theta_x(t) df(x)\right] dF_i(t) \\ &= \int_{-\infty}^{\infty} \left[\int_{-\infty}^{\infty} \theta_x(t) dF_i(t)\right] df(x) \\ &= \int_{-\infty}^{\infty} [1 - F_i(x)] df(x). \qquad (10\text{-}1\text{-}4)\end{aligned}$$

于是由(10-1-1)式推知(10-1-2)式成立.

若当 $t \uparrow \infty$ 时 $f(t) \uparrow \infty$，则可用截尾方法构造一串单调上升于 f 的有界非负函数 $\{f_n\}$. 刚才已证(10-1-2)式对所有 f_n 成立，故通过极限过程知这不等式对 f 也成立. 据此即不难推出(10-1-2)式对 $K_d(\mathbb{R})$ 中任意使得这式中积分有意义的 f 成立. ■

若在(10-1-2)式中取 $f(t) = t$，则 $m_{F_i} \equiv \int_{-\infty}^{\infty} t dF_i(t)$ 就是

分布 F_i 的数学期望 ($i=1,2$). 因此，当 F_1 和 F_2 的数学期望存在时由 $F_1 \leqslant_d F_2$ 可推出 $m_{F_1} \leqslant m_{F_2}$. 事实上，定理 10-1-2 还有如下更一般的推论.

推论 10-1-1 设 X_1 和 X_2 是两个随机变量,若下面出现的数学期望存在,则下列论断成立.

(1) 若 $X_1 \leqslant_d X$, 则对任意正奇数 r 有

$$EX_1^r \leqslant EX_2^r.$$

(2) 若 $X_1 \leqslant_d X_2$, 且 X_1, X_2 非负,则

$$EX_1^r \leqslant EX_2^r, \qquad \text{对任意实数 } r \geqslant 0,$$

$$EX_1^r \geqslant EX_2^r, \qquad \text{对任意实数 } r < 0.$$

下面对几类常用的分布给出某些有关随机序的进一步结果，其证明可参看 Stoyan (1983).

(1) 设 F_i 是参数为 λ_i 的指数分布 ($i=1,2$), 则

$$F_1 \leqslant_d F_2 \Longleftrightarrow \lambda_2 \leqslant \lambda_1.$$

(2) 设 F_i 是参数为 λ_i 的泊松分布 ($i=1,2$), 则

$$F_1 \leqslant_d F_2 \Longleftrightarrow \lambda_1 \leqslant \lambda_2.$$

(3) 设 F_i 是正态分布 $N(\mu_i, \sigma_i^2)$, $i=1,2$, 则

$$\mu_1 \leqslant \mu_2 \text{ 和 } \sigma_1 = \sigma_2 \Rightarrow F_1 \leqslant_d F_2.$$

(4) 设分布 F 有密度 f. 若 λ_0 是任一满足

$$\int_0^t r(u)du \geqslant \lambda_0 t$$

(对任意 $t>0$) 的实数,这里 $r(u)$ 是分布 F 的故障率,则

$$F \leqslant_d Exp(\lambda_0),$$

其中 $Exp(\lambda_0)$ 表示参数为 λ_0 的指数分布.

由定理10-1-1知随机序本质上反映随机变量的样本性质. 又由推论 10-1-1 知由 $X_1 \leqslant_d X_2$ 可推出 $EX_1 \leqslant EX_2$ (若 EX_1 和 EX_2 存在). 下面介绍其它两种直接用数学期望定义的序.

定义 10-1 2 (凸序,convex ordering) 我们说随机变量 X_1 依凸序小于随机变量 X_2, 并记作 $X_1 \leqslant_c X_2$, 如果 $EX_i^+ < \infty$ ($i=1,2$) 和对任意实数 x 有

$$
\begin{aligned}
E(X_1 - x)^+ &= \int_x^{\infty} (t - x) dF_1(t) \\
&= \int_x^{\infty} [1 - F_1(t)] dt \\
&\leqslant \int_x^{\infty} [1 - F_2(t)] dt \\
&= \int_x^{\infty} (t - x) dF_2(t) = E(x_2 - x)^+,
\end{aligned}
\tag{10-1-5}
$$

这里 $X^+ = \max(X, 0)$ 表示X的正部。

若 X_1 和 X_2 非负，它们分别表示两台设备的寿命，则 $(X_i - x)^+$ 表示第 i 台设备在时刻 x 的剩余寿命 $(i = 1, 2)$。故 $X_1 \leqslant_c X_2$ 表示第一台设备的平均剩余寿命小于第二台设备的。

因为 $\max(x, X) = x + (X - x)^+$，故(10-1-5)式的一种等价形式是

$$
E\max(x, X_1) \leqslant E\max(x, X_2), \quad \text{对任意 } x. \tag{10-1-6}
$$

定义 10-1-3 (凹序, concave ordering) 我们说随机变量 X_1 依凹序小于随机变量 X_2，并记作 $X_1 \leqslant_{cv} X_2$，如果 $EX_i^- < \infty$ $(i = 1, 2)$ 和对任意实数 x 有

$$
\begin{aligned}
E(x - X_1)^+ &= \int_{-\infty}^{x} (x - t) dF_1(t) \\
&= \int_{-\infty}^{x} F_1(t) dt \\
&\geqslant \int_{-\infty}^{x} F_2(t) dt \\
&= \int_{-\infty}^{x} (x - t) dF_2(t) = E(x - X_2)^+.
\end{aligned}
\tag{10-1-7}
$$

因为 $\min(x, X) = x - (x - X)^+$，故(10-1-7)式的一种等价形式是

$$
E\min(x, X_1) \leqslant E\min(x, X_2), \text{对任意 } x. \tag{10-1-8}
$$

若 X_1 和 X_2 非负且分别表示两台设备的寿命，则 $E\min(x, X_i)$ 是在时刻 x 的使用寿命，故 $X_1 \leqslant_{cv} X_2$ 表示第一台设备的平均使用寿命小于第二台设备的。

类似于随机序，我们也可用积分不等式(10-1-2)刻划凸序和凹序，即有

定理 10-1-3 设 $F_1, F_2 \in \mathscr{D}_R$，而且 $\int_0^\infty t dF_i(t) < \infty$, $i = 1, 2$. 则 $F_1 \leqslant_c F_2$ 当且仅当(10-1-2)式对所有使得式中的积分有定义的函数 $f \in K_c(\mathbb{R})$ 都成立，这里 $K_c(\mathbb{R})$ 是 $\mathbb{R}$ 上的单调不减凸函数类.

定理 10-1-4 设 $F_1, F_2 \in \mathscr{D}_R$，而且 $\int_{-\infty}^0 t dF_i(t) < \infty$, $i = 1, 2$. 则 $F_1 \leqslant_{cv} F_2$ 当且仅当(10-1-2)式对所有使得式中的积分有定义的函数 $f \in K_{cv}(\mathbb{R})$ 都成立，这里 $K_{cv}(\mathbb{R})$ 是 $\mathbb{R}$ 上的单调不减凹函数类.

以上两定理的证明思想与定理 10-1-2 的相似. 从这两定理可看出凸序和凹序取名的依据.

下面给出随机序、凸序和凹序的某些关系.

定理 10-1-5 (1) 若 $X_1 \leqslant_d X_2$ 且 $EX_2^+ < \infty$，则 $X_1 \leqslant_c X_2$.

(2) 若 $X_1 \leqslant_d X_2$ 且 $EX_1^- < \infty$，则 $X_1 \leqslant_{cv} X_2$.

(3) 若 EX_1 和 EX_2 均有限，而且 $X_1 \leqslant_c X_2$ 或 $X_1 \leqslant_{cv} X_2$，则 $EX_1 \leqslant EX_2$.

(4) 若 X_1, X_2 非负和 $X_1 \leqslant_c X_2$，则 $EX_1^r \leqslant EX_2^r (r \geqslant 1)$.

(5) 若 X_1, X_2 非负和 $X_1 \leqslant_{cv} X_2$，则 $EX_1^r \leqslant EX_2^r (0 \leqslant r \leqslant 1)$.

(6) 若 $EX = m < \infty$，则 $m \leqslant_c X$.

(7) $X_1 \leqslant_c X_2 \Longleftrightarrow -X_2 \leqslant_{cv} -X_1$.

(8) 若 $EX_1 = EX_2$，则 $X_1 \leqslant_c X_2 \Longleftrightarrow X_2 \leqslant_{cv} X_1$.

证明 (1) 和 (2) 分别由凸序和凹序的定义推出.

(3)
$$\begin{aligned} EX_2 - EX_1 &= E(X_2 - x) - E(X_1 - x) \\ &= E(X_2 - x)^+ - E(X_2 - x)^- - E(X_1 - x)^+ \\ &\quad + E(X_1 - x)^- \\ &= E(X_2 - x)^+ - E(X_1 - x)^+ \end{aligned}$$

$$+E(x-X_1)^+-E(x-X_2)^+.$$

故当 $X_1 \leqslant_c X_2$ 时按凸序定义有 $E(X_2-x)^+ \geqslant E(X_1-x)^+$，于是 $EX_2-EX_1 \geqslant E(x-X_1)^+-E(x-X_2)^+$. 令 $x\to-\infty$，则这不等式的右边趋于 0. 当 $X_1 \leqslant_{cv} X_2$ 时证明是类似的.

(4) 和 (5) 是定理 10-1-3 和定理 10-1-4 的直接推论. 注意 t^r 当 $r\geqslant 1$ 时是 t 的凸函数,当 $0\leqslant r\leqslant 1$ 时则是凹函数.

(6) 对任意实数 x 有

$$E\max(x,X) \geqslant \max(x,EX) = \max(x,m)=E\max(x,m),$$

故按定义有 $m \leqslant_c X$.

(7) 由 $X_1 \leqslant_{cv} X_2$ 知对任意实数 x 有 $E(x-X_1)^+ \geqslant E(x-X_2)^+$，这又可写成 $E[(-X_1)-(-x)]^+ \geqslant E[(-X_2)-(-x)]^+$. 注意到 x 的任意性知上式表明 $-X_2 \leqslant_c -X_1$. 类似地也可由 $-X_2 \leqslant_c -X_1$ 推出 $X_1 \leqslant_{cv} X_2$.

(8) 设 $EX_1=EX_2=m$，则对 $i=1,2$ 有 $E(X_i-x)^+=E(X_i-x)+E(X_i-x)^-=m-x+E(x-X_i)^+$. 因为 m 和 x 是常数,故由凸序和凹序的定义立得欲证的结论. ■

下面给出凸序的一个判别准则，它是属于 Karlin 和 Novikoff (1963) 的.

定理 10-1-6 设 X_1 和 X_2 的分布函数分别是 F_1 和 F_2，它们有有限数学期望. 若 $EX_1 \leqslant EX_2$，而且存在某实数 x_0，使得

$$F_1(x)\leqslant F_2(x) \text{ 对 } x<x_0 \text{ 和 } F_1(x)\geqslant F_2(x) \text{ 对 } x>x_0,$$

则 $X_1 \leqslant_c X_2$. 注意满足上面两个不等式的 x_0 值可以是一点，也可以组成一个区间.

根据这定理容易得到下列论断:

(1) 设 X_i 有正态分布 $N(\mu_i,\sigma_i^2)$，$i=1,2$，则由 $\mu_1\leqslant\mu_2$ 和 $\sigma_1\leqslant\sigma_2$ 推出 $X_1 \leqslant_c X_2$.

(2) 设非负随机变量 X_i 有故障率 $r_i(x)$，$i=1,2$. 若 $EX_1\leqslant EX_2$ 且存在某实数 τ，使得 $r_1(x)\leqslant r_2(x)$ 对 $x<\tau$ 和

$r_1(x) \geqslant r_2(x)$ 对 $x > \tau$，则 $X_1 \leqslant_o X_2$. 如果 $\tau = 0$，则进一步有 $X_1 \leqslant_d X_2$.

(3) 对 $i = 1, 2$，设 X_i 有 Weibull 分布

$$F_i(x) = 1 - \exp\{\lambda_i x^{\alpha_i}\} \quad (t \geqslant 0),$$

其故障率是 $r_i(x) = \alpha_i \lambda_i t_i^{\alpha_i - 1}$. 若 $EX_1 \leqslant EX_2$ 和 $\alpha_1 \geqslant \alpha_2$，则 $X_1 \leqslant_o X_2$. 如果再加上条件 $\lambda_1 \geqslant \lambda_2$，则进一步有 $X_1 \leqslant_d X_2$.

应当指出，上面的定义和结果(如果仍有意义的话)原则上都可以推广到一般的单调不减函数的情形. 关于随机变量和一般随机过程比较的详细讨论可参看专著 Stoyan (1983) 及有关文献，例如，邓永录 (1984, 1993), Kamae, Krengel and O'Brien (1977), O'Brien (1975), Pledger and Proschan (1973), Sonderman (1980), Whitt (1980), Daley (1968), Chong Kong Ming (1975), Bergmann (1978) 和 Doorn (1981) 等.

§10-2 随机点过程的序

正如我们在前面各章所看到,随机点过程在排队论、可靠性理论中有重要的应用. 而随机比较方法又广泛应用于这两个学科领域. 因此，有关随机点过程比较的研究无疑是有重要意义的. 下面先考察一个简单的例子. 设一个复杂系统由 $n(\geqslant 2)$ 个部件构成，部件投入运行后连续工作到损坏为止，而且部件损坏后不能修复也不作更新. 若第 $i(1 \leqslant i \leqslant n)$ 个部件工作时间的分布是 F_i，又以 N_t 表示系统从开始工作起(取作时间原点)到时刻 t 为止损坏了的部件数目. 则 $N \equiv \{N_t, t \geqslant 0\}$ 是一计数过程. 在一般情形中系统各部件是不全相同的,因此它们的寿命分布 F_i 一般也互不相同. 这时,过程 N 的概率特性的研究是相当复杂的. 如果我们再用 N_t^* 表示在 n 个部件是同一类型,即 $F_1 = \cdots = F_n = F$ 的附加假设下系统在时间区间 $(0, t]$ 中损坏的部件数,则

$$N^* \equiv \{N_t^*, t \geqslant 0\}$$

也是一计数过程，而且过程 N^* 的概率特性的研究相对来说简单

得多．因此，通过引入过程N和 N^* 的分布间的一定关系并把这两个点过程作比较，我们就可以借助 N^* 的已知概率特性得到过程N的某些有用信息．

由于点过程有它自身的特点，因此为了研究这类过程的比较问题必须引入某些能够反映点过程特点的“序”． 设 $N \equiv \{N_t, t \geqslant 0\}$ 是 $\mathbb{R}_+$ 上的计数过程．我们用

$$S(n)=\begin{cases}\inf\{s: N_s \geqslant n\}, \\ \infty, \quad \text{若 } N_t < n \text{ 对所有 } t \geqslant 0\end{cases} \tag{10-2-1}$$

表示过程的第 n 点发生时间(假设 $S(0)=0$)． 又以 $\mathscr{L}(N)$ 表示过程N在样本空间上的概率分布律．

下面的定义给出点过程的八种不同的序．

定义 10-2-1 设 N^1 和 N^2 是两个计数过程．

(1) $N^1 \leqslant_f N^2$，如果条件分布 $P(S(N_t^i+1)-t \leqslant x \mid N_s^i, 0 \leqslant s \leqslant t)$ 对每一 $i=1, 2$ 和 $t>0$ 存在故障率（即临危函数）$r_i(t,x)$，而且 $r_1(t,x)$ 和 $r_2(t,x)$ 分别以某函数 $\lambda(t)(t \geqslant 0)$ 为上界和下界，即

$$r_1(t,x) \leqslant \lambda(t) \leqslant r_2(t,x), \text{ 对所有 } x。$$

(2) $N^1 \leqslant_{ino} N^2$，如果存在两个定义在同一概率空间上的过程 $\tilde{N}^1$ 和 $\tilde{N}^2$（它们的点发生时间分别用 $\tilde{S}_1(n)$ 和 $\tilde{S}_2(n)$ 表示，$n=1,2,\cdots$），使得 $\mathscr{L}(N^i)=\mathscr{L}(\tilde{N}^i)$，$i=1,2$，并且对所有样本函数有

$$\{\tilde{S}_1(1),\tilde{S}_1(2),\cdots\} \subset \{\tilde{S}_2(1),\tilde{S}_2(2),\cdots\} \tag{10-2-2}$$

和

$$\tilde{N}_t^1-\tilde{N}_{t-}^1 \leqslant \tilde{N}_t^2-\tilde{N}_{t-}^2, \text{ 所有 } t \geqslant 0. \tag{10-2-2'}$$

注意 (10-2-2) 式表明序列 $\tilde{S}_1 \equiv \{\tilde{S}_1(n), n \geqslant 1\}$ 是序列 $\tilde{S}_2 \equiv \{\tilde{S}_2(n), n \geqslant 1\}$ 的一个子列，而且当我们用 (10-2-1) 式给定点发生时间序列时满足 (10-2-2) 的计数过程 N^1 和 N^2 必满足 (10-2-2′) 式．此外，(10-2-2) 和 (10-2-2′) 式等价于

$$\tilde{N}_{s,t}^1 \leqslant \tilde{N}_{s,t}^2, \text{ 对任意 } t>s \geqslant 0 \text{ 和所有样本函数}, \tag{10-2-3}$$

(3) $N^1 \leqslant_{int} N^2$，如果存在两个定义在同一概率空间上的过

程 $\tilde{N}^1$ 和 $\tilde{N}^2$，使得 $\mathscr{L}(N^i)=\mathscr{L}(\tilde{N}^i)$，$i=1, 2$，并且对任意整数 $n \geqslant 1$ 和所有样本函数有

$$\tilde{S}_1(n)-\tilde{S}_1(n-1) \geqslant \tilde{S}_2(n)-\tilde{S}_2(n-1). \quad (10\text{-}2\text{-}4)$$

(4) $N^1 \leqslant_n N^2$，如果存在两个定义在同一概率空间上的过程 $\tilde{N}^1$ 和 $\tilde{N}^2$，使得 $\mathscr{L}(N^i)=\mathscr{L}(\tilde{N}^i)$，$i=1,2$，并且对每一 $t \geqslant 0$ 和所有样本函数有

$$\tilde{N}_t^1 \leqslant \tilde{N}_t^2. \quad (10\text{-}2\text{-}5)$$

(5) $N^1 \leqslant_d N^2$，如果对每一 $t \geqslant 0$ 和任意实数 x 有

$$P(N_t^1 \leqslant x) \geqslant P(N_t^2 \leqslant x). \quad (10\text{-}2\text{-}6)$$

显然，这表明对于任意固定的 t，随机变量 N_t^1 和 N_t^2 有序关系 $N_t^1 \leqslant_d N_t^2$。易见(10-2-6)式等价于

$$P(N_t^1 > x) \leqslant P(N_t^2 > x). \quad (10\text{-}2\text{-}6')$$

因为 $\{N_t^i > n\}=\{S_i(n) < t\}$，故(10-2-6′)式又可写成

$$P(S_1(n) < t) \leqslant P(S_2(n) < t) \quad (10\text{-}2\text{-}6'')$$

对任意正整数 n 和实数 $t \geqslant 0$。

(6) $N^1 \leqslant_{sd} N^2$，如果序 $\leqslant_d$ 的条件(10-2-6)加强为对任意 $t > s \geqslant 0$ 和实数 x 有

$$P(N_{s,t}^1 \leqslant x) \geqslant P(N_{s,t}^2 \leqslant x). \quad (10\text{-}2\text{-}6''')$$

(7) $N^1 \leqslant_c N^2$，如果对任意 $t \geqslant 0$ 和非负整数 j 有

$$E(N_t^1-j)^+ \leqslant E(N_t^2-j)^+. \quad (10\text{-}2\text{-}7)$$

(8) $N^1 \leqslant_{cv} N^2$，如果对任意 $t \geqslant 0$ 和非负整数 j 有

$$E(j-N_t^1)^+ \geqslant E(j-N_t^2)^+. \quad (10\text{-}2\text{-}8)$$

对于一般的点过程来说，上列各种不同的序有如下的关系。

定理 10-2-1 设 N^1 和 N^2 是两个一般的计数过程。则

(1) $N^1 \leqslant_t N^2 \Rightarrow N^1 \leqslant_{inc} N^2 \Rightarrow N^1 \leqslant_n N^2 \Rightarrow N^1 \leqslant_d N^2$. (10-2-9)

(2) $N^1 \leqslant_{int} N^2 \Rightarrow N^1 \leqslant_n N^2$. (10-2-10)

(3) $N^1 \leqslant_{inc} N^2 \Rightarrow N^1 \leqslant_{sd} N^2 \Rightarrow N^1 \leqslant_d N^2$. (10-2-11)

(4) $N^1 \leqslant_d N^2 \Rightarrow N^1 \leqslant_c N^2$ 和 $N^1 \leqslant_{cv} N^2$. (10-2-12)

(5) $N^1 \leqslant_c N^2 \Leftrightarrow N^1 \leqslant_{cv} N^2$ 若 $EN_t^1 = EN_t^2$ 对任意 $t \geqslant 0$. (10-2-13)

符号"⇒"表示蕴含,"⇔"表示等价.

我们在此不准备给出定理的详尽证明. 上列论断中大多数的证明是直接的. 我们只是对少数论断指出证明的思想和参考文献. 证明 $N^1 \leqslant_f N^2$ 蕴含 $N^1 \leqslant_{inc} N^2$ 的基本思想和方法是通过对过程 N^2 作随机稀疏而得到过程 N^1. Miller (1979) 和 Deng (1985a)(亦可参看本书定理 10-4-1)分别就更新过程和非齐次泊松过程的情形给出了详细的证明.

为了证明 $N^1 \leqslant_d N^2$ 蕴含 $N^1 \leqslant_c N^2$ 和 $N^1 \leqslant_{cv} N^2$, 只须注意下面的关系式: 对任意整数 $j \geqslant 0$

$$E(N_t - j)^+ = \sum_{k=1}^{\infty} kP(N_t = j + k) = \sum_{k=j+1}^{\infty} P(N_t \geqslant k) \tag{10-2-14}$$

和

$$E(j - N_t)^+ = \sum_{k=0}^{j-1} (j-k)P(N_t = k) = \sum_{k=0}^{j-1} P(N_t \leqslant k). \tag{10-2-15}$$

因此, $N^1 \leqslant_c N^2$ 和 $N^1 \leqslant_{cv} N^2$ 分别等价于对任意 $t > 0$ 和任意整数 $j \geqslant 1$

$$\sum_{k=j}^{\infty} P(N_t^1 \geqslant k) \leqslant \sum_{k=j}^{\infty} P(N_t^2 \geqslant k) \tag{10-2-16}$$

和

$$\sum_{k=0}^{j-1} P(N_t^1 \leqslant k) \geqslant \sum_{k=0}^{j-1} P(N_t^2 \leqslant k). \tag{10-2-17}$$

Schmidt (1976) 指出,序 $\leqslant_d$ 不蕴含序 $\leqslant_{int}$. Szasz (1970)(亦可参看本书例 2-6-1)的拟泊松过程的例子表明从 $N^1 \leqslant_d N_2$

亦不能推出 $N^1 \leqslant_n N^2$. Daley (1981) 给出两个例子，其中一个说明当 $N^1 \leqslant_{inc} N^2$ 成立时 $N^1 \leqslant_f N^2$ 可能不真，而另一个则指出序 $\leqslant_n$ 并不蕴含序 $\leqslant_{int}$. 又由定义本身易知 $N^1 \leqslant_{inc} N^2$ 和 $N^1 \leqslant_{int} N^2$ 互不蕴含.

§10-3 更新过程的比较

为了叙述简单起见；在这一节我们仅就普通更新过程的情形进行讨论. 但是，所得的结果经必要的改变后一般都能应用于延迟更新过程的情形. 众所周知，一个普通更新过程的分布律可由它的(点间)间距分布 $F_X(\cdot)$ 完全确定. 因此,间距的比较应是过程比较的一种重要手段.

定理 10-3-1 设 N^1 和 N^2 是两个普通的更新过程,它们的间距分布分别是 F_{X_1} 和 F_{X_2}，则

(1) $N^1 \leqslant_d N^2 \Longleftrightarrow X_2 \leqslant_d X_1$.

(2) $N^1 \leqslant_{inc} N^2 \Rightarrow N^1 \leqslant_{int} N^2 \Longleftrightarrow N^1 \leqslant_n N^2 \Longleftrightarrow N^1 \leqslant_d N^2$.

证明 (1) 因为 $P(N_t < n) = P(T_1 + \cdots + T_n > t)$，这里 T_n 是更新过程的第 n 点间间距. 由于随机变量的序 $\leqslant_d$ 对独立和的运算保持不变,故定理的论断成立.

(2) 由定理 10-2-1 知对于一般点过程有

$$N^1 \leqslant_{inc} N^2 \Rightarrow N^1 \leqslant_d N^2$$

和 $N^1 \leqslant_{int} N^2 \Rightarrow N^1 \leqslant_n N^2 \Rightarrow N^1 \leqslant_d N^2$，但根据定理 10-1-1 易知 $X_2 \leqslant_d X_1$ 等价于 $N^1 \leqslant_{int} N^2$. 综合上述关系即得欲证的结论. ■

强度为 λ 的齐次泊松过程是一类特殊的更新过程，它的间距分布是参数为 λ 的指数分布. 因为齐次泊松过程的分布律由它的强度唯一确定,由此马上可得下面的论断.

定理 10-3-2 对于齐次泊松过程来说,上面提到的各种序彼此等价，而且两个齐次泊松过程的序由它们的强度的序完全确定.

§ 10-4 非齐次泊松过程和复合泊松过程的比较

在这一节我们借助过程的强度给出两个非齐次泊松过程或两个复合泊松过程有某种序关系的条件.

定理 10-4-1 设 N^1 和 N^2 是强度分别为 $\lambda_1(t)$ 和 $\lambda_2(t)$ 的非齐次泊松过程,则

$$N^1 \leqslant_f N^2,$$

当且仅当

$$\sup_{t\geqslant 0}\lambda_1(t) \leqslant \inf_{t\geqslant 0}\lambda_2(t). \qquad (10\text{-}4\text{-}1)$$

证明 对于非齐次泊松过程,条件分布

$$P(S(N_t+1)-t\leqslant x|N_s,\ 0\leqslant s\leqslant t)$$

的故障率是

$$r(t,x)=\frac{\lambda(t+x)\exp\left\{-\int_t^{t+x}\lambda(u)du\right\}}{1-\left(1-\exp\left\{-\int_t^{t+x}\lambda(u)du\right\}\right)}$$

$$=\lambda(t+x),\ \text{对任意}\ t\geqslant 0\ \text{和}\ x\geqslant 0. \qquad (10\text{-}4\text{-}2)$$

由序关系 $N^1\leqslant_f N^2$ 的定义知存在某个数 $\mu(0)$,使得

$$r_1(0,x)\leqslant \mu(0)\leqslant r_2(0,x),\ \text{对任意}\ x\geqslant 0,$$

此即

$$\lambda_1(x)\leqslant \mu(0)\leqslant \lambda_2(x),\ \text{对任意}\ x\geqslant 0.$$

于是有

$$\sup_{x\geqslant 0}\lambda_1(x)\leqslant \inf_{x\geqslant 0}\lambda_2(x).$$

另一方面,若

$$\sup_{t\geqslant 0}\lambda_1(t)\leqslant \inf_{t\geqslant 0}\lambda_2(t),$$

则对任意固定的 $t\geqslant 0$

$$\sup_{x\geqslant 0}r_1(t,x)=\sup_{x\geqslant 0}\lambda_1(t+x)\leqslant \sup_{x\geqslant 0}\lambda_1(x)$$

$$\leqslant \inf_{x\geqslant 0}\lambda_2(x)\leqslant \inf_{x\geqslant 0}\lambda_2(t+x)=\inf_{x\geqslant 0}r_2(t,x),$$

故能够找到一个数 $\mu(t)$，使得

$$\sup_{x\geqslant 0} r_1(t,x)\leqslant \mu(t)\leqslant \inf_{x\geqslant 0} r_2(t,x),$$

即满足 $N^1\leqslant_{f}N^2$ 的定义.

定理 10-4-2 设 N^1 和 N^2 是强度分别为 $\lambda_1(t)$ 和 $\lambda_2(t)$ 的非齐次泊松过程,则

(1) $N^1\leqslant_{inc}N^2\Longleftrightarrow N^1\leqslant_{sd}N^2$

$$\Longleftrightarrow \lambda_1(t)\leqslant\lambda_2(t),\ 对任意\ t\geqslant 0, \tag{10-4-3}$$

(2) $N^1\leqslant_{d}N^2\Longleftrightarrow N^1\leqslant_{c}N^2\Longleftrightarrow N^1\leqslant_{cv}N^2$

$$\Longleftrightarrow \int_0^t\lambda_1(u)du\leqslant\int_0^t\lambda_2(u)du,\qquad 对任意\ t\geqslant 0. \tag{10-4-4}$$

证明 (1) 首先证明 $N^1\leqslant_{sd}N^2\Rightarrow\lambda_1(t)\leqslant\lambda_2(t)$ 对任意 $t\geqslant 0$. 事实上,由 $N^1\leqslant_{sd}N^2$ 知对任意 $t>s\geqslant 0$ 有

$$P(N'_{s,t}>0)\leqslant P(N^2_{s,t}>0),$$

即

$$1-\exp\left\{-\int_s^t\lambda_1(u)du\right\}\leqslant 1-\exp\left\{-\int_s^t\lambda_2(u)du\right\},$$

故有

$$\int_s^t\lambda_1(u)du\leqslant\int_s^t\lambda_2(u)du,\ 对任意\ t\geqslant s>0. \tag{10-4-5}$$

这等价于(10-4-3)[1].

为了完成论断 (1) 的证明，只须确认条件 (10-4-3) 蕴含 $N^1\leqslant_{inc}N^2$. 为此我们证明这时 N^1 可以通过对过程 N^2 作随机稀疏而得到,确切地说,我们能由对过程 N^2 作随机稀疏构造一个新的过程 $\widetilde{N}^1$，使得 $\mathscr{L}(\widetilde{N}^1)=\mathscr{L}(N^1)$. 令

$$S_2\equiv\{S_2(1),S_2(2),\cdots\}$$

是过程 N^2 的点发生时间序列. 对于这序列的每一点 $S_2(n)$, $n=1,2,\cdots$, 我们以概率 $1-\lambda_1(S_2(n))/\lambda_2(S_2(n))$ 对它作随机删减

1) 严格地说,由(10-4-5)式只能推出(10-4-3)式几乎处处成立. 但在应用上这一区别不是本质的,因为只须在使得(10-4-3)式不成立的零测集上适当改变一下 $\lambda_1(t)$ 和 $\lambda_2(t)$ 即可,这样做并不影响过程 N^1 和 N^2 的分布律.

(即保留这一点的概率是 $\lambda_1(S_2(n))/\lambda_2(S_2(n))$)，而且各点被删减与否是相互独立的. 我们把 S_2 中保留下来的点列记为

$$\tilde{S}_1 = \{S_1(1), S_1(2), \cdots\}.$$

显然 $\tilde{S}_1$ 是 S_2 的一个子序列. 下面证明由 $\tilde{S}_1$ 给定的点过程 $\tilde{N}^1$ 是强度为 $\lambda_1(t)$ 的非齐次泊松过程. 对于任意固定的 $t \geqslant s > 0$，令

$$P_{0,k} \equiv P(\tilde{N}^1_{s,t} = 0 | s < S_2(N^2_s + 1) = t_1 \leqslant \cdots \leqslant S_2(N^2_s + k) = t_k \leqslant t,\ N^2_{s,t} = k).$$

根据随机稀疏的规则有

$$P_{0,k} = \begin{cases} \prod_{i=1}^{k} [1 - \lambda_1(t_i)/\lambda_2(t_i)] & \text{对 } k \geqslant 1, \\ 1 & \text{对 } k = 0. \end{cases} \tag{10-4-6}$$

于是,由(2-5-15)式和(10-4-6)式知

$$\begin{aligned} P(\tilde{N}^1_{s,t} = 0) &= \sum_{k=0}^{\infty} P(\tilde{N}^1_{s,t} = 0,\ N^2_{s,t} = k) \\ &= \exp\{-[\Lambda_2(t) - \Lambda_2(s)]\} \\ &\quad + \sum_{k=1}^{\infty} \int_{s<t_1\leqslant\cdots\leqslant t_k\leqslant t} P_{0,k} f^{(2)}_{s,t}(t_1, \cdots, t_k | k) \\ &\qquad \times P(N^2_{s,t} = k) dt_1 \cdots dt_k \\ &= \exp\{-[\Lambda_2(t) - \Lambda_2(s)]\} \\ &\quad + \sum_{k=1}^{\infty} \int_{s<t_1\leqslant\cdots\leqslant t_k\leqslant t} \prod_{i=1}^{k} \left[1 - \frac{\lambda_1(t_i)}{\lambda_2(t_i)}\right] k! \prod_{i=1}^{k} \frac{\lambda_2(t_i)}{\Lambda_2(t) - \Lambda_2(s)} \\ &\quad \times \exp\{-[\Lambda_2(t) - \Lambda_2(s)]\}\{[\Lambda_2(t) - \Lambda_2(s)]^k/k!\} dt_1 \cdots dt_k \\ &= \exp\{-[\Lambda_2(t) - \Lambda_2(s)]\} \\ &\quad + \sum_{k=1}^{\infty} \int_{s<t_1\leqslant\cdots\leqslant t_k\leqslant t} \prod_{i=1}^{k} [\lambda_2(t_i) - \lambda_1(t_i)] \end{aligned}$$

$$\times \exp\{-[\Lambda_2(t)-\Lambda_2(s)]\}/k!\,dt_1\cdots dt_k,$$

其中 $\Lambda_i(t)=\int_0^t \lambda_i(u)du$ 是过程 N^i 的累积强度函数，$i=1,2$.

由上式的积分中被积函数的对称性易知最后的和数等于

$$\sum_{k=1}^{\infty}\left[\int_s^t (\lambda_2(u)-\lambda_1(u)du\right]^k \frac{\exp\{-[\Lambda_2(t)-\Lambda_2(s)]\}}{k!}$$

$$=\sum_{k=1}^{\infty}\frac{\{[\Lambda_2(t)-\Lambda_2(s)]-[\Lambda_1(t)-\Lambda_1(s)]\}^k}{k!}$$

$$\times\exp\{-[\Lambda_2(t)-\Lambda_2(s)]\}$$

$$=\{\exp\{[\Lambda_2(t)-\Lambda_2(s)]-[\Lambda_1(t)-\Lambda_1(s)]\}-1\}$$

$$\times\exp\{-[\Lambda_2(t)-\Lambda_2(s)]\}.$$

因此

$$P(\widetilde{N}^1_{s,t}=0)=\exp\{-[\Lambda_1(t)-\Lambda_1(s)]\}. \qquad (10\text{-}4\text{-}7)$$

其次，对任意整数 $m\geqslant 1$,

$$P(\widetilde{N}^1_{s,t}=m)=\sum_{k=m}^{\infty}P(\widetilde{N}^1_{s,t}=m|s<S_2(N^2_s+1)$$

$$=t_1\leqslant\cdots\leqslant S_2(N^2_s+k)=t_k\leqslant t,N^2_{s,t}=k)$$

$$\times f^{(2)}_{s,t}(t_1,\cdots,t_k|k)P(N^2_{s,t}=k)dt_1\cdots dt_k$$

$$=\sum_{k=m}^{\infty}\int_{s<t_1\leqslant\cdots\leqslant t_k\leqslant t}\sum_{\pi(t_{n_1},\cdots,t_{n_m})}\prod_{\substack{j=1\\ t_{n_j}\in\{t_{n_1},\cdots,t_{n_m}\}}}^{m}\frac{\lambda_1(t_{n_j})}{\lambda_2(t_{n_j})}$$

$$\times\prod_{\substack{j=1\\ t_{n_j}\in\{t_1,\cdots,t_k\}\setminus\{t_{n_1},\cdots,t_{n_m}\}}}^{k-m}\left[1-\frac{\lambda_1(t_{n_j})}{\lambda_2(t_{n_j})}\right]$$

$$\times k!\prod_{l=1}^{k}\frac{\lambda_2(t_l)}{\Lambda_2(t)-\Lambda_2(s)}\exp\{-[\Lambda_2(t)-\Lambda_2(s)]\}$$

$$\times\frac{[\Lambda_2(t)-\Lambda_2(s)]^k}{k!}\,dt_1\cdots dt_k,$$

其中 $\sum\limits_{\pi(t_{n_1},\cdots,t_{n_m})}$ 表示对从 k 个元素 $t_1,\cdots,t_k$ 中取出 m 个元素

$t_{n_1}, \cdots, t_{n_m}$ 的所有可能不同的组合求和. 再一次利用被积函数的对称性得

$$P(\widetilde{N}^1_{s,t} = m) = \frac{k!}{m!(k-m)!}\left[\int_s^t \lambda_1(u)du\right]^m$$

$$\times\left[\int_s^t [\lambda_2(u) - \lambda_1(u)]du\right]^{k-m} \exp\{-[\Lambda_2(t) - \Lambda_2(s)]\}/k!$$

$$= \frac{1}{m!}\left\{\sum_{k=m}^{\infty} \frac{\{[\Lambda_2(t) - \Lambda_2(s)] - [\Lambda_1(t) - \Lambda_1(s)]\}^{k-m}}{(k-m)!}\right.$$

$$\left.\times [\Lambda_1(t) - \Lambda_1(s)]^m \exp\{-[\Lambda_2(t) - \Lambda_2(s)]\}\right\}$$

$$= \frac{[\Lambda_1(t) - \Lambda_1(s)]^m}{m!} \exp\{-[\Lambda_1(t) - \Lambda_1(s)]\}. \tag{10-4-8}$$

最后,由上面的构造和 N^2 的独立增量性质知 $\widetilde{N}^1$ 也有独立增量,即 $\widetilde{N}^1$ 是具有强度 $\lambda_1(t)$ 的非齐次泊松过程.

(2) 因为对于强度为 $\lambda(t)$ 的非齐次泊松过程 N 有

$$P(N_t \leqslant m) = \exp\left\{-\int_0^t \lambda(u)du\right\}$$

$$\times\left\{\sum_{k=0}^{m} (k!)^{-1}\left(\int_0^t \lambda(u)du\right)^m\right\},$$

而函数

$$f(x) = \sum_{k=0}^{m} e^{-x}x^k/k! = \int_x^{\infty} (e^u u^k/k!)du$$

是变元 x 的不减函数,因此 $\int_0^t \lambda_1(u)du \leqslant \int_0^t \lambda_2(u)du$ 对所有 $t \geqslant 0$ 成立蕴含 $N^1 \leqslant_d N^2$. 另一方面, 若 $N^1 \leqslant_c N^2$ 或 $N^1 \leqslant_{cv} N^2$, 则 $EN^1_t \leqslant EN^2_t$ 对所有 $t \geqslant 0$, 即 $\int_0^t \lambda_1(u)du \leqslant \int_0^t \lambda_2(u)du$ 对所有 $t \geqslant 0$. ∎

定理 10-4-3 设 N^1 和 N^2 是累积强度函数分别为 $\Lambda_1(t)$

和 $\Lambda_2(t)$ 的非齐次泊松过程。定义 $\Lambda(t)$ 的反函数

$$\Lambda^{-1}(u) = \inf\{t: \Lambda(t) \geqslant u\}.$$

若对任意使得这反函数有定义的 $u > v \geqslant 0$ 不等式

$$\Lambda_1^{-1}(u) - \Lambda_1^{-1}(v) \geqslant \Lambda_2^{-1}(u) - \Lambda_2^{-1}(v) \qquad (10\text{-}4\text{-}9)$$

成立,则

$$N^1 \leqslant_{int} N^2.$$

证明 由定理 2-6-1 知一个具有累积强度 $\Lambda(t)$ 的非齐次泊松过程 N_t 可表为 $N_t = M_{\Lambda(t)}$，这里 $M = \{M_t, t \geqslant 0]$ 是单位强度的齐次泊松过程。即是说，一个非齐次泊松过程可以通过对一个单位强度的齐次泊松过程作时间变换而得到。设过程M的点发生时间序列是 $\{S_1, S_2, \cdots\}$。对于 $i = 1, 2$ 和 $n = 1, 2, \cdots$，将点 S_n 平移到 $S_i(n) = \Lambda_i^{-1}(S_n)$，我们就得到新的点发生时间序列 $\{S_i(1), S_i(2), \cdots\}$，由它给定的点过程 N^i 是具有累积强度 $\Lambda_i(t)$ 的非齐次泊松过程，而且由条件(10-4-9)知对任意正整数 n 有

$$S_1(n) - S_1(n-1) \geqslant S_2(n) - S_2(n-1).$$

最后要指出，当点 $S_i(n)$ 实际上不存在时 $\Lambda_i^{-1}(S_n)$ 就没有定义。 ■

定理 10-4-4 设 N^1 和 N^2 是强度分别为 $\lambda_1(t)$ 和 $\lambda_2(t)$ 的非齐次泊松过程。如果

$$\lambda_1(t) \leqslant \lambda_2(t), \text{对所有 } t \geqslant 0,$$

而且 $\lambda_1(t)$ 和 $\lambda_2(t)$ 中至少有一个是不增函数,则 $N^1 \leqslant_{int} N^2$.

证明 只须证明这时条件(10-4-9)成立。首先，假设 $\lambda_1(t)$ 和 $\lambda_2(t)$ 都不等于零，由反函数的求导法则和强度的定义知对任意 $\varepsilon > 0$ 和 $w \geqslant 0$，存在 $\delta(\varepsilon, w) > 0$，使得

$$\left.\begin{aligned} &\frac{\Lambda_1^{-1}(w') - \Lambda_1^{-1}(w)}{w' - w} \geqslant \frac{d^+\Lambda_1^{-1}(w)}{dw} - \frac{\varepsilon}{2} \\ &= \frac{1}{\lambda_1(\Lambda_1^{-1}(w) + 0)} - \frac{\varepsilon}{2} \qquad \text{对 } w' \in (w, w+\delta) \end{aligned}\right|$$

$$\left.\begin{aligned}
&\frac{\Lambda_2^{-1}(w')-\Lambda_2^{-1}(w)}{w'-w} \leqslant \frac{d^+\Lambda_2^{-1}(w)}{dw}+\frac{\varepsilon}{2} \\
&\quad =\frac{1}{\lambda_2(\Lambda_2^{-1}(w)+0)}+\frac{\varepsilon}{2} \qquad \text{对 } w' \in (w, w+\delta) \\
&\frac{\Lambda_1^{-1}(w')-\Lambda_1^{-1}(w)}{w'-w} \geqslant \frac{d^-\Lambda_1^{-1}(w)}{dw}-\frac{\varepsilon}{2} \\
&\quad =\frac{1}{\lambda_1(\Lambda_1^{-1}(w)-0)}-\frac{\varepsilon}{2} \qquad \text{对 } w' \in (w-\delta, w) \\
&\frac{\Lambda_2^{-1}(w')-\Lambda_2^{-1}(w)}{w'-w} \leqslant \frac{d^-\Lambda_2^{-1}(w)}{dw}+\frac{\varepsilon}{2} \\
&\quad =\frac{1}{\lambda_2(\Lambda_2^{-1}(w)-0)}+\frac{\varepsilon}{2} \qquad \text{对 } w' \in (w-\delta, w).
\end{aligned}\right\} \quad (10\text{-}4\text{-}10)$$

由条件 $\lambda_1(t) \leqslant \lambda_2(t)$ 对所有 $t \geqslant 0$ 推知

$$\Lambda_1(t) \leqslant \Lambda_2(t), \text{ 对所有 } t \geqslant 0, \qquad (10\text{-}4\text{-}11)$$

从而有

$$\Lambda_1^{-1}(w) \geqslant \Lambda_2^{-1}(w), \text{ 对所有 } w \geqslant 0. \qquad (10\text{-}4\text{-}12)$$

因为按假设 $\lambda_1(t)$ 和 $\lambda_2(t)$ 中至少有一个是不增函数，故由(10-4-12) 式易知

$$1/\lambda_1(\Lambda_1^{-1}(w)) \geqslant 1/\lambda_2(\Lambda_2^{-1}(w)), \text{ 对所有 } w \geqslant 0. \quad (10\text{-}4\text{-}13)$$

令 $I(w)=I_-(w)\cup\{w\}\cup I_+(w)=(w-\delta, w+\delta)$，其中

$$I_-(w)=(w-\delta, w)$$

和 $I_+(w)=(w, w+\delta)$，由(10-4-10)和(10-4-13)式推出

$$\frac{\Lambda_1^{-1}(w')-\Lambda_1^{-1}(w)}{w'-w} \geqslant \frac{\Lambda_2^{-1}(w')-\Lambda_2^{-1}(w)}{w'-w}-\varepsilon,$$

$$\text{对 } w' \in I(w)-\{w\}, \qquad (10\text{-}4\text{-}14)$$

即

$$\left.\begin{aligned}
&\Lambda_1^{-1}(w')-\Lambda_1^{-1}(w) \geqslant \Lambda_2^{-1}(w)-\Lambda_2^{-1}(w) \\
&\qquad -\varepsilon(w'-w) \qquad \text{对 } w \in I_+(w) \\
&\Lambda_1^{-1}(w)-\Lambda_1^{-1}(w') \geqslant \Lambda_2^{-1}(w)-\Lambda_2^{-1}(w) \\
&\qquad -\varepsilon(w'-w) \qquad \text{对 } w \in I_-(w)
\end{aligned}\right\} (10\text{-}4\text{-}15)$$

对任意使得 Λ_1^{-1} 和 Λ_2^{-1} 有定义的(固定的) $u>v>0$，开区间族 $\{I(w):w\in[v,u]\}$ 是区间 $[v,u]$ 的一个开覆盖. 由有限覆盖定理知存在 $\{I(w):w\in[v,u]\}$ 的一个覆盖 $[v,u]$ 的有限子族 $\{I(w_0),I(w_1),\cdots,I(w_n)\}$. 不失一般性可设

$$v=w_0<w_1<\cdots<w_n=u,$$

而且对每一 $k=0,1,\cdots,n-1$，集合 $I_+(w_k)\cap I_-(w_{k+1})$ 必非空,取其中一点并记为 w^k. 于是,对于 $i=1,2$，我们可以写

$$\begin{aligned}\Lambda_i^{-1}(u)-\Lambda_i^{-1}(v)=&[\Lambda_i^{-1}(u)-\Lambda_i^{-1}(w^{n-1})]\\&+[\Lambda_i^{-1}(w^{n-1})-\Lambda_i^{-1}(w_{n-1})]+\cdots\\&+[\Lambda_i^{-1}(w_1)-\Lambda_i^{-1}(w^0)]\\&+[\Lambda_i^{-1}(w^0)-\Lambda_i^{-1}(v)].\end{aligned}$$

利用(10-4-15)式得

$$\Lambda_1^{-1}(u)-\Lambda_1^{-1}(v)\geqslant\Lambda_2^{-1}(u)-\Lambda_2^{-1}(v)+\varepsilon(u-v),$$

再由 ε 的任意任即可推出

$$\Lambda_1^{-1}(u)-\Lambda_1^{-1}(v)\geqslant\Lambda_2^{-1}(u)-\Lambda_2^{-1}(v).$$

我们要指出,当只假设 $\lambda_2(t)>0$ 对所有 $t\geqslant0$ ($\lambda_1(t)$ 可能等于 0) 时(10-4-14)式仍然成立.

现在考虑对某 t_0 有 $\lambda_2(t_0)=0$ 的情形。这时若 $\lambda_1(t)$ 不增,则由 $\lambda_2(t_0)\geqslant\lambda_1(t_0)$ 知 $\lambda_1(t_0)=0$. 令

$$t_1=\inf\{t:\lambda_1(t)=0\},$$

则由 $\lambda_1(t)$ 的不增性质知 $\lambda_1(t)=0$ 对 $t\in(t_1,\infty)$. 而对于 $t\in[0,t_1)$，则 $\lambda_1(t)>0$ 和 $\lambda_2(t)>0$ 同时成立. 因为在 $[t_1,\infty)$ 上 $N^1\leqslant_{int}N^2$ 平凡地成立,所以我们可只在 $[0,t_1)$ 上比较 N^1 和 N^2. 类似地，若 $\lambda_2(t)$ 不增,则令 $t_2=\inf\{t:\lambda_2(t)=0\}$，于是在 $[0,t_2]$ 上有 $\lambda_2(t)>0$. 同样由于在 (t_2,∞) 上 $N^1\leqslant_{int}N^2$ 平凡地成立,故这时可只在 $[0,t_2)$ 上比较 N^1 和 N^2. ∎

注 1 条件 $\lambda_1(t)\leqslant\lambda_2(t)$ 对任意 $t\geqslant0$ 可用较弱的要求：对任意 $t\geqslant0$,

$$\Lambda_1(t)=\int_0^t\lambda_1(u)du\leqslant\int_0^t\lambda_2(u)du=\Lambda_2(t).$$

注 2 定理 10-4-4 只是给出 $N^1 \leqslant_{int} N^2$ 的充分条件. 不难构造一个这样的例子，其中序关系 $N^1 \leqslant_{int} N^2$ 成立，但不等式 $\lambda_1(t) \leqslant \lambda_2(t)$ 并不对所有 $t \geqslant 0$ 都成立.

下面给出两个解释定理 10-4-4 的应用的例子.

例 10-4-1 设 $N^i(i=1,2)$ 是具有强度 $\lambda_i(t)$ 的非齐次泊松过程.

(1) 设

$$\lambda_1(t)=\begin{cases}a_1, & 0 \leqslant t < t_0,\\ t^{b_1}, & t \geqslant t_0\end{cases}$$

和

$$\lambda_2(t)=\begin{cases}a_2, & 0 \leqslant t < t_0,\\ t^{b_2}, & t \geqslant t_0.\end{cases}$$

其中 $a_1(\geqslant 0)$, $a_2(\geqslant 0)$, b_1, b_2 和 t_0 都是常数。若 (i) $a_1 \geqslant t_0^{b_1}$, $b_1 < 0$, $a_1 \leqslant a_2$ 和 $b_1 \leqslant b_2$ 或 (ii) $a_2 \geqslant t_0^{b_2}$, $b_2 < 0$, $a_1 \leqslant a_2$ 和 $b_1 \leqslant b_2$, 则有 $N^1 \leqslant_{int} N^2$.

(2) 设 $\lambda_1(t)=b_1 e^{a_1 t}$ 和 $\lambda_2(t)=b_2 e^{a_2 t}$, 其中 a_1, a_2, $b_1(\geqslant 0)$ 和 $b_2(\geqslant 0)$ 都是常数. 若 $a_1 \leqslant 0$, $a_1 \leqslant a_2$ 和 $b_1 \leqslant b_2$, 则 $N^1 \leqslant_{int} N^2$.

联合定理10-4-1,定理10-4-2和定理10-4-4,我们可得如下论断.

定理 10-4-5 设 N^1 和 N^2 是强度分别为 $\lambda_1(t)$ 和 $\lambda_2(t)$ 的非齐次泊松过程,则

$$N^1 \leqslant_f N^2 \Rightarrow N^1 \leqslant_{inc} N^2 \Longleftrightarrow N^1 \leqslant_{sd} N^2, \qquad (10\text{-}4\text{-}16)$$

$$N^1 \leqslant_f N^2 \Rightarrow N^1 \leqslant i_{int} N^2. \qquad (10\text{-}4\text{-}17)$$

证明 (10-4-16)式的真确性是显然的. 为证 (10-4-17) 式, 只须注意由定理10-4-1知 $N^1 \leqslant_f N^2$ 的充分必要条件是

$$\sup_{t \geqslant 0} \lambda_1(t) \leqslant \inf_{t \geqslant 0} \lambda_2(t).$$

但是,这条件同样能够保证 (10-4-14) 式成立, 由此就可以推出 $N^1 \leqslant_{int} N^2$. ■

最后, 我们给出两个有关复合泊松过程比较的定理. 虽然复合泊松过程

$$X_t = \sum_{n=1}^{N_t} Y_n, \quad t \geqslant 0$$

一般不是计数过程，但对这类过程仍可用(10-2-2)和(10-2-2′)式定义序$\leqslant_{inc}$。

定理 10-4-6 对 $i=1,2$，设 $X^i=\{X_t^i, t\geqslant 0\}$ 是复合泊松过程，其基本点过程 $N^i=\{N_t^i, t\geqslant 0\}$ 是具有强度 $\lambda_i(t)$ 的泊松过程，标值变量 Y_{in} 有分布 F_i。若 $\lambda_1(t)\leqslant\lambda_2(t)$ 对所有 $t\geqslant 0$ 和 $F_1\leqslant_d F_2$，则 $X^1\leqslant_{inc}X^2$。

定理 10-4-7 对 $i=1,2$，设 $X^i=\{X_t^i, t\geqslant 0\}$ 是复合泊松过程，其标值变量 Y_{in} 取值于离散空间 $\mathscr{U}=\{U_1, U_2, \cdots\}$，其中每一元素 U_k 都是正的，Y_{in} 取值 U_k 的概率是

$$p_{ik}, k=1,2,\cdots.$$

如果对任意正整数 k 和任意实数 $t\geqslant 0$ 有

$$p_{1k}\lambda_1(t)\leqslant p_{2k}\lambda_2(t). \tag{10-4-18}$$

则 $X^1\leqslant_{inc}X^2$。

应当指出，定理 10-4-6 和定理 10-4-7 互不包含。然而，由对 (10-4-18) 式两边的 k 求和可推出 $\lambda_1(t)\leqslant\lambda_2(t)$。这两定理的证明参看 Deng (1985a)。

§10-5 纯生过程和自激点过程的比较

在这一节我们首先讨论一般自激点过程的比较，然后就纯生过程的特殊情形给出进一步的结果。

我们知道，自激点过程 $N=\{N_t, t\geqslant 0\}$ 的强度 $\lambda=\{\lambda(t), t\geqslant 0\}$ 由

$$\lambda(t)=\begin{cases}\mu(N_t, S(1), \cdots, S(N_t), t), & \text{在 } \{N_t<\infty\} \text{ 上,}\\ 0, & \text{在 } \{N_t=\infty\} \text{ 上}\end{cases} \tag{10-5-1}$$

给出。一般情况，强度 λ 自身是一个随机过程。当 (10-5-1) 式的右端实际上只依赖于在区间 $(0,t]$ 中的点数 N_t 而与这些点的

发生时间 $S(1),S(2),\cdots,S(N_t)$ 无关时，N就是一非齐次纯生过程，它的生率由

$$\nu(n,t)=\mu(N_t,t),\ \text{在}\ \{N_t=n\}\ \text{上}$$

给出。如果 $\mu(n,t)=\mu(t)$ 不依赖于 t，则对应的纯生过程是齐次的。

根据(8-2-2)式，自激点过程的第 $n+1$ 点的条件存活概率

$$\begin{aligned}&\mathscr{P}_{S(n+1)|S(1),\cdots,S(n)}(t|s_1,\cdots,s_n)\\&=P(S(n+1)>t|N_t=n,S(1)=s_1,\cdots,S(n)=s_n)\\&=\exp\left\{-\int_{s_n}^{t}\mu(n,s_1,\cdots,s_n,u)du\right\},\end{aligned}\tag{10-5-2}$$

我们首先证明一个定理，其中虽然只涉及到一个一般自激点过程和一个齐次纯生过程的比较问题，但它是我们的一般自激点过程比较结果的基础。

定理 10-5-1 设 $N=\{N_t,\ t\geqslant 0\}$ 是强度为 $\lambda=\{\lambda(t),\ t\geqslant 0\}$ 的一般自激点过程，$M=\{M_t,t\geqslant 0\}$ 是生率为 $\{\nu(n),\ n\geqslant 0\}$ 的齐次纯生过程。

(1) 若 $\lambda(t)\leqslant\nu(N_t)$ 对所有 $t\geqslant 0$，　　(10-5-3)

则

$$N\leqslant_{int}M.\tag{10-5-4}$$

(2) 若 $\lambda(t)\geqslant\nu(N_t)$ 对所有 $t\geqslant 0$，　　(10-5-5)

则

$$M\leqslant_{int}N.\tag{10-5-6}$$

证明 以 $S(0)=0,\ S(1),\ S(2),\cdots$ 表示过程M的点发生时间序列。由齐次纯生过程的性质(参看§7-1)知过程M的点间间距 $Y(n+1)=S(n+1)-S(n),\ n=0,1,2,\cdots$，是相互独立的，而且 $Y(n+1)$ 有均值为 $1/\nu(n)$ 的指数分布。

对于任意整数 $n\geqslant 0$，任意实数 $t_1<\cdots<t_n$ 和 $t\geqslant 0$，定义

$$K(n,t_1,\cdots,t_n,t)$$

$$
=\begin{cases}\nu(n)^{-1}\int_0^t \mu(n,t_1,\cdots,t_n,t_n+u)du, & 当\ \nu(n)\neq 0,\\ \infty & 当\ \nu(n)=0,\end{cases}
$$
(10-5-7)

这里 $\mu(n,t_1,\cdots,t_n,t)$ 是过程强度 (10-5-1) 中的函数. 我们定义 $K(n,t_1,\cdots,t_n,\cdot)$ 的反函数 $K^{-1}(n,t_1,\cdots,t_n,\cdot)$ 如下: 对任意 $s\geqslant 0$,

$$
K^{-1}(n,t_1,\cdots,t_n,s)
=\begin{cases}\inf\{t>0:\ K(n,t_1,\cdots,t_n,t)\geqslant s\}, & 若\ s\in[0,K(n,t_1,\cdots,t_n,\infty)),\\ 0, & 若\ s\in[K(n,t_1,\cdots,t_n,\infty),\infty),\end{cases}
$$
(10-5-8)

其中

$$
K(n,t_1,\cdots,t_n,\infty)
=\nu(n)^{-1}\int_0^\infty \mu(n,t_1,\cdots,t_n,t_n+u)du.
$$

现再定义随机变量序列 $\{T(n),\ n=0,1,2,\cdots\}$ 如下:

$$
T(0)=0
$$

和

$$
T(n+1)=T(n)+K^{-1}(n,T(1),\cdots,T(n),Y(n+1)),\quad n\geqslant 0.
$$
(10-5-9)

由 $\nu(n)$ 的有限性不妨假设所有 $Y(n)>0$. 根据 (10-5-8) 式容易推知对每一 $n\geqslant 0$ 有

$$
K^{-1}(n,T(1),\cdots,T(n),Y(n+1))\geqslant 0,
$$

从而必有

$$
T(n+1)\geqslant T(n).
$$

因此, 可以把序列 $\{T(n),\ n\geqslant 0\}$ 取作某一点过程 $\tilde{N}$ 的点发生时间序列. 不难验证, 新过程 $\tilde{N}$ 的第 $n+1$ 点 $T(n+1)$ 的条件存活概率是

$$
P(T(n+1)>t\,|\,T(1),\cdots,T(n))
$$

$$= P(K^{-1}(n,T(1),\cdots,T(n),Y(n+1)) > t - T(n) | T(1),\cdots,T(n))$$

对 $t \geqslant T(n)$ 和在 $\{T(n) < \infty\}$ 上 (10-5-10)

和

$$P(T(n+1) = \infty) = 1, \text{ 在 } \{T(n) = \infty\} \text{ 上.}$$

因为(10-5-10)式右端涉及的事件可写为

$$\begin{aligned}
&\{K^{-1}(n,T(1),\cdots,T(n),Y(n+1)) = \infty\} \\
&\cup \{t - T(n) < K^{-1}(n,T(1),\cdots,T(n),Y(n+1)) < \infty\} \\
&\quad = \{Y(n+1) \geqslant K(n,T(1),\cdots,T(n),\infty)\} \\
&\cup \{K(n,T(1),\cdots,T(n),\infty) > Y(n+1) \\
&\qquad > K(n,T(1),\cdots,T(n),t - T(n))\} \\
&\quad = \{Y(n+1) > K(n,T(1),\cdots,T(n),t - T(n))\}.
\end{aligned}$$

故(10-5-11)式可改写为

$$\begin{aligned}
&P(T(n+1) > t | T(1),\cdots,T(n)) \\
&\quad = P(Y(n+1) > K(n,T(1),\cdots,T(n), \\
&\qquad t - T(n)) | T(1),\cdots,T(n))
\end{aligned}$$

对 $t \geqslant T(n)$ 和在 $\{T(n) < \infty\}$ 上. (10-5-11)

根据 $T(n)$ 的定义(10-5-9)易知由 $Y(1),\cdots,Y(n)$ 确定的 $T(1),\cdots,T(n)$ 与 $Y(n+1)$ 无关,因此

$$\begin{aligned}
&P(T(n+1) > t | T(1),\cdots,T(n)) \\
&\quad = P(Y(n+1) > K(n,T(1),\cdots,T(n),t - T(n))) \\
&\quad = \exp\{-\nu(n)K(n,T(1),\cdots,T(n),t - T(n))\} \\
&\quad = \exp\left\{-\int_{T(n)}^{t} \mu(n,T(1),\cdots,T(n),u)du\right\}.
\end{aligned}$$

这就是说,新过程 $\tilde{N}$ 和原来给定的过程 N 有相同的强度,即

$$\mathscr{L}(\tilde{N}) = \mathscr{L}(N).$$

最后,联合假设(10-5-3)和函数 $K(n, t_1, \cdots, t_n,)$ 的定义(10-5-7)可推出不等式

$$K(n,t_1,\cdots,t_n,t) \leqslant t, \text{ 对所有 } t \geqslant 0,$$

从而有

$$K^{-1}(n,t_1,\cdots,t_n,s) \geqslant s, \text{ 对所有 } s \geqslant 0.$$

又根据序列 $\{T(n), n \geqslant 0\}$ 的定义显有

$$T(n+1) \geqslant T(n) + Y(n+1)，对所有 n \geqslant 0, \quad (10\text{-}5\text{-}12)$$

或者写成

$$T(n+1) - T(n) \geqslant Y(n+1)，对所有 n \geqslant 0, \quad (10\text{-}5\text{-}13)$$

这意味着 $N \leqslant_{int} M$. 论断(1)得证.

论断(2)的证明和论断(1)的基本类似,但这时由(10-5-5)和(10-5-7)式推得

$$K(n, t_1, \cdots, t_n, t) \geqslant t，对所有 t \geqslant 0,$$

因此

$$K^{-1}(n, t_1, \cdots, t_n, s) \leqslant s，对所有 s \geqslant 0.$$

故与(10-5-13)反方向的不等式成立,即

$$T(n+1) - T(n) \leqslant Y(n+1)，对所有 n \geqslant 0. \quad (10\text{-}5\text{-}14)$$

定理全部证完. ■

基于上面的定理并利用序 $\leqslant_{int}$ 的传递性即可推出如下关于自激点过程比较的一般结果.

定理 10-5-2 设 $N = \{N_t, t \geqslant 0\}$ 和 $M = \{M_t, t \geqslant 0\}$ 是两个自激点过程,它们的强度分别是 $\{\lambda(t), t \geqslant 0\}$ 和 $\{\eta(t), t \geqslant 0\}$. 若存在实数序列 $\{\nu(n), n \geqslant 0\}$，使得

$$\lambda(t) \leqslant \nu(N_t)，对所有 t \geqslant 0 \quad (10\text{-}5\text{-}15)$$

和

$$\nu(M_t) \leqslant \eta(t)，对所有 t \geqslant 0, \quad (10\text{-}5\text{-}16)$$

则

$$N \leqslant_{int} M. \quad (10\text{-}5\text{-}17)$$

应当指出,若 $\sup\limits_{t \geqslant 0} \lambda(t) \leqslant \inf\limits_{t \geqslant 0} \eta(t)$，则存在实数 $\nu \geqslant 0$（除了 $\lambda(t) \equiv 0$ 这一平凡情形外，我们还可进一步断言 $\nu > 0$)，使得 $\lambda(t) \leqslant \nu \leqslant \eta(t)$ 对所有 $t \geqslant 0$, 这时条件(10-5-15)和(10-5-16)显然得到满足.

下面对一类特殊的自激点过程——纯生过程作进一步的讨论.

定理 10-5-3 设 $N = \{N_t, t \geqslant 0\}$ 和 $M = \{M_t; t \geqslant 0\}$ 是两个齐次纯生过程，它们的生率分别是 $\{\nu(n), n \geqslant 0\}$ 和 $\{\mu(n), n \geqslant 0\}$，则

$$N \leqslant_{int} M$$

成立的充分必要条件是

$$\nu(n) \leqslant \mu(n), \text{ 对所有正整数 } n. \tag{10-5-18}$$

证明 首先假设(10-5-18)式成立，我们利用构造性的推理证明这时有 $N \leqslant_{int} M$. 设 $\{T(n), n \geqslant 0\}$ 和 $\{S(n), n \geqslant 0\}$ 分别是过程N和M的点发生时间序列. 在定理10-5-1的证明中已经指出，点间间距 $X(n+1) = T(n+1) - T(n)$ 和

$$Y(n+1) = S(n+1) - S(n) \ (n = 0, 1, 2, \cdots)$$

分别有均值为 $1/\nu(n)$ 和 $1/\mu(n)$ 的指数分布，而且它们是相互独立的. 由定理 10-1-1 知对每一正整数 n，存在两个定义在同一概率空间 $(\Omega_n, \mathscr{F}_n, P_n)$ 上的随机变量 $\widetilde{X}(n)$ 和 $\widetilde{Y}(n)$，使得 $\widetilde{X}(n)$ 和 $\widetilde{Y}(n)$ 分别有均值为 $1/\nu(n-1)$ 的指数分布，而且对所有样本点有

$$\widetilde{X}(n) \geqslant \widetilde{Y}(n). \tag{10-5-19}$$

分别用 $\{\widetilde{X}(n); n \geqslant 0\}$ 和 $\{\widetilde{Y}(n); n \geqslant 0\}$ 作为点间间距序列可得点过程 $\widetilde{N}$ 和 $\widetilde{M}$，它们是定义在乘积空间

$$\left(\prod_{n=1}^{\infty} \Omega_n, \prod_{n=1}^{\infty} \mathscr{F}_n, \prod_{n=1}^{\infty} P_n\right)$$

上的两个齐次纯生过程，其生率分别是 $\{\nu(n), n \geqslant 0\}$ 和 $\{\mu(n), n \geqslant 0\}$. 显然有 $\mathscr{L}(N) = \mathscr{L}(\widetilde{N})$ 和 $\mathscr{L}(M) = \mathscr{L}(\widetilde{M})$，故由(10-5-19)式马上知道 $N \leqslant_{int} M$.

反过来，若 $N \leqslant_{int} M$ 成立，不失一般性可设过程N和M是定义在同一概率空间上，而且对所有样本轨道和任意 $n \geqslant 0$ 有

$$X(n+1) \geqslant Y(n+1), \tag{10-5-20}$$

这里 $X(n+1)$ 和 $Y(n+1)$ 分别是点过程N和M的第 $n+1$ 个点间间距. 因此，对任意实数 $t \geqslant 0$ 有

$$P(X(n+1) > t) \geqslant P(Y(n+1) > t). \tag{10-5-21}$$

另一方面，因为 $X(n+1)$ 和 $Y(n+1)$ 有均值分别是 $1/\nu(n)$ 和 $1/\mu(n)$ 的指数分布，故 (10-5-21) 式等价于

$$\exp\{-\nu(n)t\} \geqslant \exp\{-\mu(n)t\}, \text{ 对任意 } t \geqslant 0, \quad (10\text{-}5\text{-}22)$$

这又等价于

$$-\nu(n)t \geqslant -\mu(n)t, \text{ 对任意 } t \geqslant 0,$$

即 $\nu(n) \leqslant \mu(n)$。定理证完. ■

我们回忆，一个具有线性生率 $\nu(n) = n\nu$ 的齐次纯生过程称做线性增长过程或 Yule-Furry 过程，这里 $\nu > 0$ 是某一常数. 由定理10-5-3马上推出

推论 10-5-1 设 $N = \{N_t, t \geqslant 0\}$ 和 $M = \{M_t, t \geqslant 0\}$ 是两个 Yule-Furry 过程，它们的生率分别是 $\nu(n) = n\nu$ 和 $\mu(n) = n\mu$. 又设 $P(N_0 = 1) = P(M_0 = 1) = 1$，则 $N \leqslant_{int} M$ 当且仅当 $\nu \leqslant \mu$.

对于生率形如 $\nu(n,t) = n\nu(t)$ 的非齐次线性增长过程(这里 $\nu(t) \geqslant 0$ 是变元 t 的某一函数)，推论 10-5-1 的结论一般不成立. 事实上，设 N 和 M 是两个非齐次线性增长过程，它们的生率分别由 $\nu(n,t) = n\nu(t)$ 和 $\mu(n,t) = n\mu(t)$ 给出. 这时，仅假设

$$\nu(t) \leqslant \mu(t), \text{ 对所有 } t \geqslant 0, \quad (10\text{-}5\text{-}23)$$

一般还不足以保证有序关系 $N \leqslant_{int} M$. 但是，如果较 (10-5-23) 式更强的条件

$$\sup_{t \geqslant 0} \nu(t) \leqslant \inf_{t \geqslant 0} \mu(t) \quad (10\text{-}5\text{-}24)$$

成立，则必存在实数 θ，使得

$$\sup_{t \geqslant 0} \nu(t) \leqslant \theta \leqslant \inf_{t \geqslant 0} \mu(t). \quad (10\text{-}5\text{-}25)$$

现设 H 是生率为 $\theta(n) = n\theta$ 的 Yule-Furry 过程，这时显然有

$$N_t \nu(t) \leqslant N_t \theta, \text{ 对所有 } t \geqslant 0$$

和

$$M_t \theta \leqslant M_t \mu(t), \text{ 对所有 } t \geqslant 0,$$

故由定理10-5-2直接得到下面的定理.

定理 10-5-4 设 $N = \{N_t, t \geqslant 0\}$ 和 $M = \{M_t, t \geqslant 0\}$ 是

两个非齐次线性增长过程，它们的生率分别由 $\nu(n,t)=n\nu(t)$ 和 $\mu(n,t)=n\mu(t)$ 给出．又设 $P(N_0=1)=P(M_0=1)=1$，则条件(10-5-24)式蕴含序关系 $N\leqslant_{int}M$． ■

如果我们只知道条件(10-5-23)真确，则只能推得较弱的结论．具体地说，我们有

定理 10-5-5 设 $N=\{N_t,t\geqslant 0\}$ 和 $M=\{M_t,t\geqslant 0\}$ 是两个非齐次线性增长过程，它们的生率分别由 $\nu(n,t)=n\nu(t)$ 和 $\mu(n,t)=n\mu(t)$ 给出．又设 $P(N_0=1)=P(M_0=1)=1$．则(10-5-23)式蕴含序关系 $N\leqslant_d M$．

证明 根据(7-3-7)式知对任意 $t>0$，随机变量 N_t 和 M_t 有参数分别为

$$p=\exp\left\{-\int_0^t \nu(s)ds\right\} \qquad (10\text{-}5\text{-}26)$$

和

$$q=\exp\left\{-\int_0^t \mu(s)ds\right\} \qquad (10\text{-}5\text{-}27)$$

的正值几何分布，即对每一 $k=1,2,\cdots$

$$P(N_t=k)=p(1-p)^{k-1} \qquad (10\text{-}5\text{-}28)$$

$$P(M_t=k)=q(1-q)^{k-1}. \qquad (10\text{-}5\text{-}29)$$

因此，对每一 $n=0,1,2,\cdots$ 有

$$P(N_t>n)=\sum_{k=n}^{\infty}p(1-p)^k=(1-p)^n,$$

$$P(M_t>n)=(1-q)^n.$$

由(10-5-23)式推知 $p\geqslant q$，故对任意整数 $n>0$ 和任意实数 $t\geqslant 0$ 有 $P(N_t>n)\leqslant P(M_t>n)$，即 $N\leqslant_d M$． ■

注 1 从上面的证明过程容易看出，当用较弱的要求

$$\int_0^t \nu(s)ds\leqslant\int_0^t \mu(s)ds,\ \text{对任意}\ t\geqslant 0 \qquad (10\text{-}5\text{-}30)$$

代替(10-5-23)式时仍有 $p\geqslant q$，故定理结论仍成立．

注 2 当初始状态由 $P(N_0=m)=P(M_0=m)=1$ 给定

时（m 是任意大于1的整数），定理 10-5-5 仍成立．因为由(7-3-8)式知这时 N_t 和 M_t 有参数分别由(10-5-26)和(10-5-27)式给出的 p 和 q 的负二项分布，即对任意整数 $k \geqslant m$ 和实数 $t \geqslant 0$ 有

$$P(N_t = k) = C_{k-1}^{k-m} p^m (1-p)^{k-m}, \qquad (10\text{-}5\text{-}31)$$

$$P(M_t = k) = C_{k-1}^{k-m} q^m (1-q)^{k-m}. \qquad (10\text{-}5\text{-}32)$$

因为一个这样的负二项分布变量可以看作是 m 个具有同样参数 p（或 q）的独立正值几何分布变量之和，而随机序对于独立求和运算是封闭的[例如，参看 Stoyan (1983) 或 Deng (1985b)].

最后给出一个关于有迁入的非齐次纯生过程的比较定理.

定理 10-5-6 设 $N = \{N_t, t \geqslant 0\}$ 和 $M = \{M_t, t \geqslant 0\}$ 是分别具有生率 $\nu(n,t) = a(t) + nr(t)$ 和 $\mu(n,t) = b(t) + ns(t)$ 的有迁入的非齐次纯生过程，这里 $a(t)$，$b(t)$，$r(t)$ 和 $s(t)$ 是变元 $t(\geqslant 0)$ 的非负函数．又设 $P(N_0 = 0) = P(M_0 = 0) = 1$．若

$$a(t) \leqslant b(t)，对任意\ t \geqslant 0, \qquad (10\text{-}5\text{-}33)$$

$$\sup_{t \geqslant 0} r(t) \leqslant \inf_{t \geqslant 0} s(t), \qquad (10\text{-}5\text{-}34)$$

则 $N \leqslant_n M$.

如果(10-5-34)式用较弱的要求

$$r(t) \leqslant s(t)，对任意\ t \geqslant 0 \qquad (10\text{-}5\text{-}35)$$

代替，则 $N \leqslant_d M$.

证明 根据§7-3对有迁入的非齐次纯生过程的描述，我们知道对任意 $s \geqslant 0$，我们可以把 N_s 看作是某群体在时刻 s 的大小，这群体有外部的来源，从这来源迁入的个体形成一强度为 $a(t)$ 的非齐次泊松过程，而且个体迁入后即独立地按线性增长率 $nr(t)$ 繁殖后代．因此，N_s 是在时间区间 $(0,s]$ 迁入的祖宗以及他们在这区间中繁殖的后代的总和，这时，各个由外部迁入个体作为祖宗及其子孙后代组成的家庭的繁殖是互不影响的．所以我们可用如下的构造性方法证明定理.

设 $N' = \{N'_t, t \geqslant 0\}$ 和 $M' = \{M'_t, t \geqslant 0\}$ 是两个分别具有强度 $a(t)$ 和 $b(t)$ 的非齐次泊松过程。根据(10-5-33)式和定理 10-4-2 (1) 知

$$N' \leqslant_{inc} M'.$$

根据序 $\leqslant_{inc}$ 的定义不失一般性可假设 N' 和 M' 定义在同一概率空间 $(\Omega_0, \mathscr{F}_0, P_0)$ 上,而且对所有样本轨道有

$$\{S_{N'}(1), S_{N'}(2), \cdots\} \subset \{S_{M'}(1), S_{M'}(2), \cdots\}, \quad (10\text{-}5\text{-}36)$$

这里 $S_{N'}(k)$ 和 $S_{M'}(k)$ $(k = 1, 2, \cdots)$ 分别是过程 N' 和 M' 的第 k 点发生时间。

其次,取 M' 的每一点 $S_{M'}(k)$ 作为初始点(亦即祖宗),分别以生率 $nr(t)$ 和 $ns(t)$ 繁殖后代,我们就得到两个非齐次线性增长过程 $N^k = \{N_t^k, t \geqslant 0\}$ 和 $M^k = \{M_t^k, t \geqslant 0\}$。根据(10-5-34)式和定理 10-5-5 知有 $N^k \leqslant_{int} M^k$,从而更有

$$N^k \leqslant_n M^k.$$

因此,存在一概率空间 $(\Omega_k, \mathscr{F}_k, P_k)$ 和定义在这空间上的两个点过程 $\widetilde{N}^k$ 和 $\widetilde{M}^k$,使得 $\mathscr{L}(\widetilde{N}^k) = \mathscr{L}(N^k)$,$\mathscr{L}(\widetilde{M}^k) = \mathscr{L}(M^k)$ 以及对任意 $t \geqslant 0$ 和所有样本轨道有

$$\widetilde{N}_t^k \leqslant \widetilde{M}_t^k. \quad (10\text{-}5\text{-}37)$$

以 $(\Omega, \mathscr{F}, P)$ 表示乘积空间

$$\left(\prod_{k=0}^{\infty} \Omega_k, \ \prod_{k=0}^{\infty} \mathscr{F}_k, \ \prod_{k=0}^{\infty} P_k\right),$$

再用 $\widetilde{N}$ 和 $\widetilde{M}$ 表示分别由

$$\widetilde{N}_t = \sum_{n_k \leqslant M'_t} \widetilde{N}_t^k, \text{ 对任意 } t \geqslant 0 \quad (10\text{-}5\text{-}38)$$

和

$$\widetilde{M}_t = \sum_{k \leqslant M'_t} \widetilde{M}_t^k, \text{ 对任意 } t \geqslant 0 \quad (10\text{-}5\text{-}39)$$

确定的点过程,(10-5-38) 式中的 n_k 是由对应关系

$$S_{N'}(k) = S_{M'}(n_k)$$

给出的整数,这即是说过程 N' 的第 k 点是过程 M' 的第 n_k 点

(显有 $n_k \geqslant k$). 根据以上构造容易看出对任意 $t \geqslant 0$ 和所有样本轨道有

$$\widetilde{N}_t \leqslant \widetilde{M}_t,$$

而且 $\mathscr{L}(\widetilde{N}) = \mathscr{L}(N)$ 和 $\mathscr{L}(\widetilde{M}) = \mathscr{L}(M)$, 这就证明了

$$N \leqslant_n M.$$

下面证明定理的后一半. 我们仍采用上面的记号 N', M', $S_{N'}(k)$, $S_{M'}(k)$, N^k 和 M^k. 根据 (10-5-35) 式和定理 10-5-5 推知对每一 $k \geqslant 1$ 有 $N^k \leqslant_d M^k$. 于是对任意整数 $n \geqslant 1$ 和任意实数 $t \geqslant 0$, $0 < t_1 \leqslant t_2 \leqslant \cdots \leqslant t_n \leqslant t$, 当给定 $M'_t = n$, $S_{M'}(1) = t_1, \cdots, S_{M'}(n) = t_n$ 时, N^k_t 的条件分布随机地小于 M^k_t 相应的条件分布. 因为随机序 $\leqslant_d$ 对独立求和运算是保持不变的,故类似的序关系对过程 $\widetilde{\widetilde{N}}_t = \sum_{k=1}^{n} N^k_t$ 和 $\widetilde{M}_t = \sum_{k=1}^{n} M^k_t$ 亦成立,从而对任意整数 $m \geqslant 0$ 有

$$\begin{aligned} &P(\widetilde{\widetilde{N}}_t > m \mid M'_t, S_{M'}(1), \cdots, S_{M'}(M'_t)) \\ &\quad \leqslant P(\widetilde{M}_t > m \mid M'_t, S_{M'}(1), \cdots, S_{M'}(M'_t)). \end{aligned} \tag{10-5-40}$$

在上式两边取数学期望得

$$P(\widetilde{\widetilde{N}}_t > m) \leqslant P(\widetilde{M}_t > m) \text{ 对所有 } m \geqslant 0,$$

即 $\widetilde{\widetilde{N}} \leqslant_d \widetilde{M}$. 最后, 对于由(10-5-38)式确定的 N 显有 $\widetilde{N} \leqslant_{inc} \widetilde{\widetilde{N}}$, 故由序 $\leqslant_d$ 的传递性立得 $\widetilde{N} \leqslant_d \widetilde{M}$, 亦即 $N \leqslant_d M$. ■

注 当初始状态由 $P(N_0 = m) = P(M_0 = m) = 1$ 给定时, 其中 m 是任意大于 1 的整数,定理的结论仍然成立.

在应用(特别是在生物学和物理学)中, 人们往往对一个群体是否稳定, 即在任意有限时刻 t 群体的大小均为有限的概率是否等于 1 的问题十分关注. 如果群体用一个点过程描述, 则上述问题相当于问对任意 $t \geqslant 0$ 概率 $P(N_t < \infty) = 1$ 是否成立? 当对任意 $t \geqslant 0$, $P(N_t < \infty) = 1$ 都成立时我们说群体是稳定的或非剧增的,否则就说群体是剧增的. 在 §7-1 中我们已经证明一个具有生率 $\{v(n), n \geqslant 0\}$ 的齐次纯生过程是稳定的充分必要条件为

$$\sum_{n=0}^{\infty} \nu(n) < \infty. \tag{10-5-41}$$

把这一事实和定理 10-5-1 联合起来就得到如下的判别准则：设 N 是强度为 $\{\lambda(t), t \geqslant 0\}$ 的自激点过程. 若存在满足(10-5-41)的非负数列 $\{\nu(n), n \geqslant 0\}$，使得

$$\lambda(t) \leqslant \nu(N_t)，对任意\ t \geqslant 0,$$

则 N 是稳定的；若级数 $\sum_{n=0}^{\infty} \nu(n)$ 发散，而且

$$\lambda(t) \geqslant \nu(N_t)\ 对任意\ t \geqslant 0,$$

则 N 是剧增的.

§ 10-6 点过程对某些运算的序保持问题

在本书前面各章我们已经看到，为了理论和应用的需要，人们常常要对一个或多个点过程作某种运算(或者说变换)而得到一个新的点过程. 因此，在点过程比较的研究中自然会有兴趣知道在对点过程施行某些运算时前面提到的各种序关系是否保持不变，这就是"序保持"问题. 下面依次就叠加、稀疏、平移、极限和随机时间变换等运算分别进行讨论.

1. 叠加

定理 10-6-1 在一般点过程的情形，序 $\leqslant_{inc}$，$\leqslant_n$，$\leqslant_d$，$\leqslant_c$ 和 $\leqslant_{cv}$ 对于独立的叠加运算保持不变，确切地说，设 N^{11}, N^{12}, N^{21} 和 N^{22} 是四个点过程，N^{i1} 独立于 N^{i2}，$i=1, 2$，而且 $N^{1j} \prec N^{2j}$，$j=1,2$，则 $N^{11}+N^{12} \prec N^{21}+N^{22}$，这里"$\prec$"表示上面提到的五种序中的任一种. "$+$"表示点过程的叠加运算.

证明 对于序 $\leqslant_{inc}$ 和 $\leqslant_n$ 来说，定理的论断在直观上是明显的，我们不难用构造性方法给出严格的证明. 对于序 $\leqslant_d$，$\leqslant_c$ 和 $\leqslant_{cv}$ 来说，定理证明的关键是下述引理.

引理 10-6-1 设 X_1, X_2, Y_1 和 Y_2 是随机变量，X_i 独立于

Y_i $(i=1, 2)$，而且 $X_1 \prec X_2$，$Y_1 \prec Y_2$，则 $X_1+Y_1 \prec X_2+Y_2$，这里“$\prec$”表示 $\leqslant_d$，$\leqslant_c$ 或 $\leqslant_{cv}$。

证明 我们只就序 $\leqslant_c$ 的情形给出定理的证明，其余两种序的证明思想是类似的. 不失一般性只须考虑 Y_1 和 Y_2 有相同分布 G 的情形. 设 F_i $(i=1,2)$ 是 X_i 的分布函数. 对于任意实数 t，我们有

$$
\begin{aligned}
E(X_1+Y_1-t)^+ &= \iint (x+y-t)^+ dF_1(x)dG(y) \\
&= \int dG(y)\int [x-(t-y)]^+ dF_1(x) \\
&\leqslant \int dG(y)\int [x-(t-y)]^+ dF_2(x) \\
&= \iint (x+y-t)^+ dF_2(x)dG(y) \\
&= E(X_2+Y_2-t)^+.
\end{aligned}
$$
■

定理 10-6-2 在非齐次泊松过程的情形，序 $\leqslant_f$ 对于独立叠加运算也保持不变.

证明 对于 $i=1,2$，设 N^i 和 M^i 是独立的泊松过程，它们的强度分别是 $\lambda_i(t)$ 和 $\mu_i(t)$. 因为两个独立泊松过程的叠加仍是泊松过程，而且这过程的强度是两分量过程的强度之和，故按定理 10-4-1 我们只须证明

$$
\sup_{t\geqslant 0}[\lambda_1(t)+\lambda_2(t)] \leqslant \inf_{t\geqslant 0}[\mu_1(t)+\mu_2(t)]. \quad (10\text{-}6\text{-}1)
$$

同样由定理 10-4-1 知 $N^i \leqslant_f M^i$ 的充分必要条件是

$$
\sup_{t\geqslant 0}\lambda_i(t) \leqslant \inf_{t\geqslant 0}\mu_i(t),\ i=1,\ 2.
$$

故

$$
\begin{aligned}
\sup_{t\geqslant 0}[\lambda_1(t)+\lambda_2(t)] &\leqslant \sup_{t\geqslant 0}\lambda_1(t)+\sup_{t\geqslant 0}\lambda_2(t) \\
&\leqslant \inf_{t\geqslant 0}\mu_1(t)+\inf_{t\geqslant 0}\mu_2(t) \\
&\leqslant \inf_{t\geqslant 0}[\mu_1(t)+\mu_2(t)].
\end{aligned}
$$
■

注 即使对于更新过程或非齐次泊松过程，在独立叠加运算

下序$\leqslant_{int}$也不一定保持不变.但是,因为对于齐次泊松过程本章提到的各种序均等价,故这时序$\leqslant_{int}$对独立叠加运算是保持不变的.

2. 随机稀疏

定理 10-6-3 在一般点过程的情形,序 $\leqslant_{inc}$, $\leqslant_{int}$ 和 $\leqslant_{n}$ 对于随机稀疏运算保持不变. 确切地说,设 M^1 和 M^2 是两个一般的点过程, N^1 和 N^2 分别是通过对 M^1 和 M^2 的每一点以一定的概率 p 保留而得到的新过程. 如果 $M^1 \prec M^2$, 则 $N^1 \prec N^2$, 这里"$\prec$"表示 $\leqslant_{inc}$, $\leqslant_{int}$ 或 $\leqslant_{n}$.

证明 定理的全部论断都可以用构造性推理加以证明,在这里我们只对序 $\leqslant_{int}$ 给出详细的证明. 由假设 $M^1 \leqslant_{int} M^2$, 知存在定义在同一概率空间 $(\Omega_0, \mathscr{F}_0, P_0)$ 的点过程

$$\widetilde{M}^1 = \{\widetilde{S}_1^M(1), \widetilde{S}_1^M(2), \cdots\}$$

和 $\widetilde{M}^2 = \{\widetilde{S}_2^M(1), \widetilde{S}_2^M(2), \cdots\}$, 使得 $\mathscr{L}(\widetilde{M}^i) = \mathscr{L}(M^i)$ $(i = 1, 2)$, 而且对所有样本轨道和任意整数 $n \geqslant 1$ 有

$$\widetilde{S}_1^M(n) - \widetilde{S}_2^M(n-1) \geqslant \widetilde{S}_2^M(n) - \widetilde{S}_2^M(n-1).$$

其次,我们构造定义在某概率空间 $(\tilde{\Omega}, \widetilde{\mathscr{F}}, \tilde{P})$ 上的随机变量 X, 使得 $\tilde{P}(X=1) = p$ 和 $\tilde{P}(X=0) = 1-p = q$. 考虑乘积空间 $\left(\prod\limits_{n=0}^{\infty} \Omega_n, \prod\limits_{n=0}^{\infty} \mathscr{F}_n, \prod\limits_{n=0}^{\infty} P_n\right)$, 其中 $\Omega_n = \tilde{\Omega}$, $\mathscr{F}_n = \widetilde{\mathscr{F}}$ 和 $P_n = \tilde{P}$ 对任意 $n \geqslant 1$. 如果对每一点 $\omega = (\omega_0, \omega_1, \omega_2, \cdots) \in \prod\limits_{n=0}^{\infty} \Omega_n$, 根据 $X(\omega_n) = 1$ 或 0 决定保留或舍弃过程 $\widetilde{M}^i$ 的第 n 点 $\widetilde{S}_i^M(n)$, $i = 1, 2$, 我们就得到定义在上述乘积空间上的点过程 $\widetilde{N}^i$, 显然 $\widetilde{N}^i$ 是由对过程 $\widetilde{M}^i$ 作随机稀疏(每一点被保留的概率是 p)而得到的过程,因此 $\mathscr{L}(\widetilde{N}^i) = \mathscr{L}(N^i)$. 下面证明对于所有样本轨道和任意正整数 n 有

$$\widetilde{S}_1^N(n) - \widetilde{S}_1^N(n-1) \geqslant \widetilde{S}_2^N(n) - \widetilde{S}_2^N(n-1). \quad (10\text{-}6\text{-}2)$$

事实上,对于 $i = 1, 2$, 每一个点间间距 $\widetilde{S}_i^N(n) - \widetilde{S}_i^N(n-1)$ 必有如下形式:

$$\sum_{k=m_{n-1}+1}^{m_n}[\tilde{S}_i^M(k)-\tilde{S}_i^M(k-1)]=\tilde{S}_i^M(m_n)-\tilde{S}_i^M(m_{n-1}),$$

(10-6-3')

其中 m_n 随 n 增大而且与 i 无关. 根据过程 $\widetilde{M}^i$ 的构造知对任意整数 $k\geqslant 1$ 和所有样本轨道有

$$\tilde{S}_1^M(k)-\tilde{S}_1^M(k-1)\geqslant\tilde{S}_2^M(k)-\tilde{S}_2^M(k-1),$$

由此立得欲证的论断. ∎

定理 10-6-4 在非齐次泊松过程的情形,本章提到的所有序对于随机稀疏运算保持不变. 更进一步,对于 $i=1,2$,设 N^i 是通过对具有强度 $\lambda_i(t)$ 的非齐次泊松过程 M^i 以保留概率 p_i 作随机稀疏而得到的点过程,则

(1) 若

$$p_1/p_2\leqslant\inf_{t\geqslant 0}\lambda_2(t)/\sup_{t\geqslant 0}\lambda_1(t),\tag{10-6-4}$$

则 $N^1\leqslant_f N^2$.

(2) 若

$$p_1/p_2\leqslant\inf_{t\geqslant 0}\left[\frac{\lambda_2(t)}{\lambda_1(t)}\right],\tag{10-6-5}$$

则 $N^1\leqslant_{inc}N^2$.

(3) 若

$$p_1/p_2\leqslant\inf_{t\geqslant 0}\left[\int_0^t\lambda_2(u)du\Big/\int_0^t\lambda_1(u)du\right],\tag{10-6-6}$$

则 $N^1\leqslant_d N^2$.

当上列式子中出现的分母等于 0 时,相应的比值看作是∞.

证明 首先注意到由对一个具有强度 $\lambda(t)$ 的非齐次泊松过程以保留概率 p 作随机稀疏而得到的过程仍是一个非齐次泊松过程,而且新过程的强度是 $p\lambda(t)$. 然后,利用 § 10-4 中关于非齐次泊松过程比较的结果即易得本定理的所有结论. ∎

定理 10-6-5 在更新过程的情形,序 $\leqslant_d$ 对于随机稀疏运算也保持不变.

证明 由定理10-3-1知若更新过程 N^i 的点间间距 X_i 有分布函数 F_i，$i=1,2$，则 $N^1\leqslant_d N^2$ 当且仅当 $X_2\leqslant_d X_1$，这意味着对任意 $x\geqslant 0$ 有 $F_1(x)\leqslant F_2(x)$。另一方面，通过初等的计算可以推出

$$F_i(x)=p\sum_{k=1}^{\infty}q^{k-1}G_i^{k*}(x),\ \text{对任意}\ x\geqslant 0,\quad(10\text{-}6\text{-}7)$$

这里 $G_i^{k*}(\cdot)$ 是分布函数 $G_i(\cdot)$ 的 k 重卷积，而 $G_i(\cdot)$ 是更新过程 M^i 的点间间距分布(过程 N^i 由对 M^i 作随机稀疏而得)。现在，由定理假设 $M^1\leqslant_d M^2$ 知 $G_1(x)\leqslant G_2(x)$ 对所有 $x\geqslant 0$，因而有(根据引理10-6-1)

$$G_1^{k*}(x)\leqslant G_2^{k*}(x),\ \text{对所有}\ x\geqslant 0,$$

从而由(10-6-7)式推得

$$F_1(x)\leqslant F_2(x),\ \text{对所有}\ x\geqslant 0.$$ ∎

3. 随机平移

定理 10-6-6 在一般点过程的情形，序 $\leqslant_n$ 和 $\leqslant_{inc}$ 对于随机平移运算保持不变。确切地说，对于 $i=1,2$，设 N^i 是由对点过程 M^i 作随机平移而得到的点过程。以 H_i 表示 M^i 的每一点的平移距离 $D_i(n)$ $(n=1,2,\cdots)$ 的公共分布函数。若 $M^1\leqslant_n M^2$ $(M^1\leqslant_{inc}M^2)$ 和 $H_2\leqslant_d H_1$（相应地，$H_1=_d H_2$)，则 $N^1\leqslant_n N^2$（相应地，$N^1\leqslant_{inc}N^2$)。

证明 我们只就序 $\leqslant_n$ 的情形给出定理论断的证明，对于序 $\leqslant_{inc}$ 的证明是类似的。

不失一般性可以假设 M^1 和 M^2 定义在同一概率空间 $(\Omega_0,\mathscr{F}_0,P_0)$ 上，而且对于所有 $t\geqslant 0$ 和所有样本轨道有 $M_t^1\leqslant M_t^2$，这又等价于对所有整数 $n\geqslant 1$ 和所有样本轨道有

$$S_1^M(n)\geqslant S_2^M(n).$$

另一方面，由假设 $H_2\leqslant_d H_1$ 及定理10-1-1知可找到定义在同一概率空间 $(\Omega',\mathscr{F}',P')$ 上的随机变量 $\widetilde{D}_1$ 和 $\widetilde{D}_2$，使得

$$\widetilde{D}_2(\omega)\leqslant\widetilde{D}_1(\omega)$$

对所有 $\omega' \in \Omega'$ 和 $P'(\widetilde{D}_i \leqslant u) = H_i(u)$, $i = 1,2$. 于是，定义在 $(\Omega, \mathscr{F}, P) = \left(\prod\limits_{n=0}^{\infty} \Omega_n, \prod\limits_{n=0}^{\infty} \mathscr{F}_n, \prod\limits_{n=0}^{\infty} P_n\right)$ 上的点过程

$$N^i = \{S_i^M(n) + \widetilde{D}_i(n),\ n \geqslant 1\}$$

是由对点过程 $M^i = \{S_i^M(n),\ n \geqslant 1\}$ 作随机平移 $D_i(n)$ 而得，这里 $\Omega_n = \Omega'$, $\mathscr{F}_n = \mathscr{F}'$ 和 $P_n = P'$ 对所有 $n \geqslant 1$，而 $\widetilde{D}_i(n)$ 则看作是定义在 $(\Omega_n, \mathscr{F}_n, P_n)$ 上的随机变量. 根据上述构造显然对任意整数 $n \geqslant 0$ 和 $\omega \in \Omega$ 有

$$\begin{aligned} S_1^N(n,\omega) &= S_1^M(n,\omega) + \widetilde{D}_1(n,\omega) \\ &\geqslant S_2^M(n,\omega) + \widetilde{D}_2(n,\omega) \\ &= S_2^N(n,\omega), \end{aligned}$$

这相当于对所有 $t \geqslant 0$ 和 $\omega \in \Omega$

$$N_t^1(\omega) \leqslant N_t^2(\omega). \qquad \blacksquare$$

应当指出，序 $\leqslant_{int}$, $\leqslant_d$, $\leqslant_c$ 和 $\leqslant_{cv}$ 对随机平移运算一般是不保持的. 下面给出一个关于序 $\leqslant_d$, $\leqslant_c$ 和 $\leqslant_{cv}$ 的反例.

例 10-6-1 设 $\Omega = \{\omega_1,\ \omega_2\}$ 和 $P(\omega_1) = P(\omega_2) = 1/2$. 在 Ω 上定义两个点过程 M^1 和 M^2 如下:

M^1: $S_1^M(1,\ \omega_1) = 4, S_1^M(2,\omega_1) = 5$, $S_1^M(1,\omega_2) = 1$ 和 $S_1^M(2,\omega_2) = 9$;

M^2: $S_2^M(1,\omega_1) = 4$, $S_2^M(2,\omega_1) = 9$, $S_2^M(1,\omega_2) = 1$ 和 $S_2^M(2,\omega_2) = 5$.

N^1 和 N^2 是分别对 M^1 和 M^2 作随机平移而得的点过程，平移距离 $D(n)$ $(n = 1,2,\cdots)$ 的概率分布由

$$P(D(n) = 0) = P(D(n) = 2) = 1/2$$

给定.

容易验证对任意 $t \geqslant 0$, M_t^1 和 M_t^2 有相同的分布，即

$$M_t^1 =_d M_t^2,$$

因而更有 $M_t^1 =_c M_t^2$ 和 $M_t^1 =_{cv} M_t^2$. 另一方面，不难算出 $P(N_{5.5}^1 = 0) = P(N_{5.5}^1 = 2) = 1/8$, $P(N_{5.5}^1 = 1) = 3/4$ 和 $P(N_{5.5}^2 =$

$0) = P(N^2_{5.5} = 2) = 1/4$， $P(N^2_{5.5} = 1) = 1/2$，即 $N^1_{5.5}$ 和 $N^2_{5.5}$ 有不同的分布．我们还可进一步算出 $EN^1_{5.5} = EN^2_{5.5} = 1$，但 $E(N^1_{5.5} - 1)^+ = 1/8 \neq 1/4 = E(N^2_{5.5} - 1)^+$．

4. 极限运算

在这里我们只是介绍两个有关的结果，其证明请参看 Deng (1985a)．

定理 10-6-2 设 $N^m = \{N^m_t, t \geq 0\}$，$m = 1, 2, \cdots$ 和 $N = \{N_t, t \geq 0\}$ 是计数过程．若对任意 $t \geq 0$ 以概率 1 有

$$\lim_{m\to\infty} N^m_t = N_t,$$

则以概率 1 对所有正整数 n 有 $\lim\limits_{m\to\infty} S_m(n) = S(n)$，这里 $S_m(n)$ 和 $S(n)$ 分别是过程 N^m 和N的第 n 点发生时间．

定理 10-6-3 对于 $i = 1,2$ 和 $m = 1,2,\cdots$，设

$$N^{im} = \{N^{im}_t, t \geq 0\}$$

和 $N^i = \{N^i_t, t \geq 0\}$ 是计数过程．若对 $i = 1,2$ 和任意 $t \geq 0$，以概率 1 有 $\lim\limits_{m\to\infty} N^{im}_t = N^i_t$，而且 $N^{1m} \leqslant_{inc} N^{2m}$ (或 $N^{1m} \leqslant_{int} N^{2m}$) 对 $m = 1,2,\cdots$．则 $N^1 \leqslant_{inc} N^2$ (相应地，$N^1 \leqslant_{inc} N^2$)．

5. 随机时间变换

考虑在定义序 $\leqslant_d$，$\leqslant_c$ 和 $\leqslant_{cv}$ 的 (10-2-6′)，(10-2-7) 和 (10-2-8) 式中用随机的停时 τ 代替固定时刻 t 后不等式是否仍成立的问题．先考察以下例子．

例 10-6-2 设 $\Omega = \{\omega_1, \omega_2\}$，$\Omega$ 上的σ 代数 $\mathscr{F}$ 由Ω的所有子集组成． 再令 $P\{\omega_1\} = P\{\omega_2\} = 1/2$，我们就得到一概率空间 $(\Omega, \mathscr{F}, P)$． 令 N^1 和 N^2 是两个定义在这概率空间上的点过程，它们分别由

$$N^1_t(\omega_1) = \begin{cases} 0 & t < 4, \\ 1 & t \geq 4, \end{cases} \quad N^1_t(\omega_2) = \begin{cases} 0 & t < 2, \\ 1 & t \geq 2 \end{cases}$$

和

$$N_t^2(\omega_1)=\begin{cases}0 & t<1,\\ 1 & t\geqslant 1,\end{cases}\quad N_t^2(\omega_2)=\begin{cases}0 & t<3,\\ 1 & t\geqslant 3\end{cases}$$

给定. 显然有 $N^1\leqslant_d N^2$, 故由定理 10-2-1 知亦有 $N^1\leqslant_c N^2$ 和 $N^1\leqslant_{cv}N^2$. 现定义随机变量 τ 如下: $\tau(\omega_1)=4$ 和 $\tau(\omega_2)=2$. 易证 τ 是关于 σ 代数族 $\mathscr{F}_t^{N^i}=\sigma\{N_s^i: 0\leqslant s\leqslant t\}$ 的停时 ($i=1,2$), 而且易知 $N_{\tau(\omega_1)}^1(\omega_1)=N_4^1(\omega_1)=1$; $N_{\tau(\omega_2)}^1(\omega_2)=N_2^1(\omega_2)=1$ 和 $N_{\tau(\omega_1)}^2(\omega_1)=N_2^2(\omega_1)=1$; $N_{\tau(\omega_2)}^2(\omega_2)=N_2^2(\omega_2)=0$. 因此, $P(N_\tau^1=0)<P(N_\tau^2=0)$, 即序关系 $N_\tau^1\leqslant_d N_\tau^2$ 不成立. 其次, 容易验证 $EN_\tau^1=1>1/2=EN_\tau^2$. 因此,

$$E(N_\tau^1-0)^+\leqslant E(N_\tau^2-0)^+$$

不成立. 最后,还有 $E(1-N_\tau^1)^+=0<1/2=E(1-N_\tau^2)^+$.

这例子表明,纵使 $N^1\leqslant_d N^2$, $N^1\leqslant_c N^2$ 和 $N^1\leqslant_{cv}N^2$ 成立, 但若在定义这些序的不等式(10-2-6′),(10-2-7)和(10-2-8)中用停时 τ 代替固定时刻 t 时, 相应的不等式不一定成立. 因此, 我们要研究在什么情况下这种随机时间代换是容许的. 设 $\{\mathscr{F}_t, t\geqslant 0\}$ 是一族递增的 σ 代数, $\{\mathscr{G}_t, t\geqslant 0\}$ 是任一满足 $\mathscr{G}_t\subset\mathscr{F}_t$ (对任意 $t\geqslant 0$) 的递增的 σ 代数族. 又设 $N=\{N_t, t\geqslant 0\}$ 是 $\mathscr{F}_t$-适应的计数过程, τ 是 $\mathscr{G}_t$-停时. 于是有以下论断.

定理 10-6-8 设 N^1 和 N^2 是两个计数过程. 若对任意整数 $n\geqslant 0$ 和任意实数 $t\geqslant 0$ 以概率 1 有

$$P(N_t^1>n|\mathscr{G}_t)\leqslant P(N_t^2>n|\mathscr{G}_t),$$

则 $N_\tau^1\leqslant_d N_\tau^2$.

定理 10-6-9 设 N^1 和 N^2 是两计数过程,而且 N^1 是 $\mathscr{G}_t$-适应的. 若对每一实数 $t\geqslant 0$ 以概率 1 有 $N_t^1\leqslant E(N_t^2|\mathscr{G}_t)$ [或 $E(N_t^2|\mathscr{G}_t)\leqslant N_t^1$], 则 $N_\tau^1\leqslant_c N_\tau^2$ [相应地 $N_\tau^2\leqslant_{cv}N_\tau^1$].

以上两定理的证明可参看 Deng (1985b).

注 1 定理 10-6-8 和定理 10-6-9 对一般的右连续过程也成立.

注 2 若取 $\mathscr{G}_t=\sigma\{N_s^1, 0\leqslant s\leqslant t\}$, 则 N^1 一定是 $\mathscr{G}_t$-适

应的。

注 3 对任意右连续过程N和满足 $\mathscr{G}_t \subset \mathscr{F}_t$ 和

$$\mathscr{G}_t = \bigcap_{h>0} \mathscr{G}_{t+h}$$

对每一 $t \geqslant 0$ 的 σ 代数族 $\{\mathscr{G}_t, t \geqslant 0\}$，由 $M_t = E[N_t | \mathscr{G}_t]$ 定义的过程 $M = \{M_t, t \geqslant 0\}$ 是由对过程N作 $\mathscr{G}_t$-光滑而得。若对每一 $t \geqslant 0$，存在(可以依赖于 t) 的正数 $\sigma(t)$，使得

$$\{M_{t+h}, 0 \leqslant h \leqslant \sigma(t)\}$$

一致可积，则 M_t 对 t 右连续。这时应用定理 10-6-9 于过程N和M可得 $E(N_\tau | \mathscr{G}_\tau) \leqslant_c N_\tau$，或等价地，$N_\tau \leqslant_{cv} E(N_\tau | \mathscr{G}_\tau)$。

第十一章 随机点过程和随机测度的一般理论概要

在这一章我们简要地介绍随机点过程的测度论理论基础. 按测度论的观点,随机点过程可看作是一类特殊的随机测度,因此在这里同时也对随机测度基本理论作简单的讨论.

§ 11-1 实数直线上的随机点过程

在第一章我们已经给出了随机点过程的描述性定义, 即一个随机点过程就是在某空间上的一个随机点分布. 为了理论上的需要,我们还要利用测度论的语言给出随机点过程的严格数学定义. 在这一节我们先假设状态空间(即点发生空间) $\mathscr{X}$ 是实数直线 $\mathbb{R}$ 或它的一个子集(在本书前面各章我们基本上限于考虑 $\mathscr{X}$ 是实数直线的非负部分 $\mathbb{R}_+$ 的情形). 令 $\mathscr{B}$ 表示 $\mathscr{X}$ 中全体波雷尔集组成的 σ 代数.

我们用 $\langle x\rangle$ 表示 $\mathscr{X}$ 中某些点的集合,这些点可以重复,但是它们满足有限性假设——在 $\mathscr{X}$ 内没有聚点,这意味着在 $\mathscr{X}$ 的任意有界集内只有 $\langle x\rangle$ 的有限多个点. 因此,$\langle x\rangle$ 的点可按大小顺序排列,即可写成

$$\langle x\rangle=\{\cdots,x_{-2},x_{-1},x_1,x_2,\cdots\},$$

其中$\cdots\leqslant x_{-2}\leqslant x_{-1}<0\leqslant x_1\leqslant x_2\leqslant\cdots$. 记所有如上满足有限性假设的点列 $\langle x\rangle$ 为 Ω_x.

以 $\boldsymbol{Z}_+$ 表示全体非负整数,$\mathscr{B}'$ 表示 $\mathscr{B}$ 中全体有界集. 对于任意 $A\in\mathscr{B}',k\in\boldsymbol{Z}_+$, 记

$$G=\{\langle x\rangle:\operatorname{card}(i:x_i\in\langle x\rangle\cap A)=k\},$$

即G由恰有k个 x_i（即k个点）落在集合A中的那些$\langle x\rangle$组成。当A取遍 $\mathscr{B}'$ 和k取遍 $\mathbf{Z}_+$ 时，我们得到所有形如G的集合族$\mathscr{G}$。用 $\sigma(\mathscr{G})$ 表示包含 $\mathscr{G}$ 的最小σ代数（这又称由投影产生的σ代数）。我们把二元组（$\Omega_x,\sigma(\mathscr{G})$）称做点列可测空间。

为了从计数的角度定义随机点过程，我们还要引入计数测度空间。设给定了状态空间（$\mathscr{X},\mathscr{B}$），我们把 $N(\cdot)$（或简记作N）称做（$\mathscr{X},\mathscr{B}$）上的计数测度，如果它是定义在 $\mathscr{B}$ 上的只取非负整数值（包括$+\infty$）的测度，而且满足有限性条件：对任意$A\in\mathscr{B}'$ 有 $N(A)<\infty$。以 $\mathscr{N}$ 表示（$\mathscr{X},\mathscr{B}$）上所有这样的计数测度。于是，Ω_x 与 $\mathscr{N}$ 之间存在一一对应关系。我们还可以定义 $\mathscr{N}$ 上的σ代数 $\mathscr{B}(\mathscr{N})$，使得在可测空间（$\Omega_x,\sigma(\mathscr{G})$）与（$\mathscr{N},\mathscr{B}(\mathscr{N})$）之间存在一一对应双向可测映像。事实上，对于给定的$\langle x\rangle\in\Omega_x$，定义

$$N_{\langle x\rangle}(A)=\operatorname{card}(i:x_i\in\langle x\rangle\cap A),\qquad A\in\mathscr{B},$$

即 $N_{\langle x\rangle}(A)$ 是点列$\langle x\rangle$中属于A的点数。易见 $N_{\langle x\rangle}(\cdot)$ 是一计数测度，即 $N_{\langle x\rangle}(\cdot)\in\mathscr{N}$。反之，若给定 $N(\cdot)\in\mathscr{N}$，我们定义点列 $\langle x\rangle^N=(\cdots,x_{-2}^N,x_{-1}^N,x_1^N,\cdots)$ 如下：

$$x_i^N=\begin{cases}y\geqslant 0 & \text{当 } N[0,y)<i\leqslant N[0,y],i=1,2,\cdots\\ y<0 & \text{当 } N(y,0)<-i\leqslant N[y,0),\ i=-1,-2,\cdots.\end{cases}$$

显然$\langle x\rangle^N\in\Omega_x$，这就建立了 Ω_x 与 $\mathscr{N}$ 之间的一一对应关系。现再定义 $\mathscr{B}(\mathscr{N})$ 是 $\mathscr{N}$ 上由所有形如

$$U=\{N(\cdot):N(A)=k\}\ A\in\mathscr{B}',\ k\in\mathbf{Z}_+$$

的集合产生的σ代数（即由投影产生的σ代数）。可以证明，$\mathscr{B}(\mathscr{N})$ 也是由所有形如

$$S=\{N_{\langle x\rangle}(\cdot):\langle x\rangle\in G\},G\in\sigma(\mathscr{G})$$

的集合产生的σ代数。这样一来，如上定义的 Ω_x 与 $\mathscr{N}$ 之间的一一对应关系是点列可测空间（$\Omega_x,\sigma(\mathscr{G})$）与计数测度空间（$\mathscr{N}$，$\mathscr{B}(\mathscr{N})$）之间的一个一一对应双向可测映像。我们用$f$表示从$\Omega_x$ 到 $\mathscr{N}$ 的这一映像，f^{-1} 表示它的逆映像（对于一般的空间$\mathscr{X}$，这种一一对应关系的证明可参看 Moyal（1962））。

现在,我们就可以给出随机点过程的基于测度论的定义.

定义 11-1-1 设给定了基本概率空间 $(\Omega,\mathscr{F},P)$.一个给定在这空间上的随机点过程就是从 $(\Omega,\mathscr{F})$ 到 $(\mathscr{N},\mathscr{B}(\mathscr{N}))$ 的一个可测映像 ξ.

因为当给出了 ξ 时,由 $\xi'=f^{-1}\cdot\xi$ 唯一地确定一个从 $(\Omega,\mathscr{F})$ 到 $(\Omega_x,\sigma(\mathscr{G}))$ 的可测映像. 反之,若给定了一个从 $(\Omega,\mathscr{F})$ 到 $(\Omega_x,\sigma(\mathscr{G}))$ 的可测映像 ξ',则 $\xi=f\cdot\xi'$ 是一个从 $(\Omega,\mathscr{F})$ 到 $(\mathscr{N},\mathscr{B}(\mathscr{N}))$ 的可测映象. 所以,我们可等价地定义 $(\Omega,\mathscr{F},P)$ 上的一个随机点过程为从 $(\Omega,\mathscr{F})$ 到 $(\Omega_x,\sigma(\mathscr{G}))$ 的一个可测映像 ξ'.

另一方面,空间 $(\Omega,\mathscr{F},P)$ 的概率测度 P 通过映像 ξ(或 ξ')诱导出可测空间 $(\mathscr{N},\mathscr{B}(\mathscr{N}))$ 上的一个概率测度 P_ξ(相应地,$(\Omega_x,\sigma(\mathscr{G}))$ 上的一个概率测度 $P_{\xi'}$). 因此,一个随机点过程又可等价地定义为计数测度空间 $(\mathscr{N},\mathscr{B}(\mathscr{N}))$ 上的一个概率测度 P_ξ 或点列可测空间 $(\Omega_x,\sigma(\mathscr{G}))$ 上的一个概率测度 $P_{\xi'}$. 有时人们也把三元组 $(\mathscr{N},\mathscr{B}(\mathscr{N}),P_\xi)$ 或 $(\Omega_x,\sigma(\mathscr{G}),P_{\xi'})$ 称做随机点过程.

相应于一般随机过程理论中的柯尔莫果洛夫存在定理,在随机点过程理论中也有类似的定理,人们通常称之为 Moyal-Harris 存在定理. 为了介绍这一定理,我们先定义随机点过程的有限维分布函数.

定义 11-1-2 设 $(\mathscr{N},\mathscr{B}(\mathscr{N}),P_\xi)$ 是 R 上的随机点过程,它的有限维分布函数定义为

$$\begin{aligned}&p(A_1,\cdots,A_k;i_1,\cdots,i_k)\\&=P_\xi(N:N\in\mathscr{N},N(A_j)=i_j,j=1,\cdots,k)\end{aligned}\qquad(11\text{-}1\text{-}1)$$

对任意 $A_j\in\mathscr{B}',i_j\in\mathbf{Z}_+$ 和 $k\in\mathbf{Z}_+$.

下面的定理给出随机点过程的有限维分布函数的一个完全的刻划.

定理 11-1-1 随机点过程的有限维分布函数具有下列性质,其中 $A,A_1,\cdots,A_k$ 是 $\mathscr{B}'$ 中任意集合.

1° 对称性　对任意正整数 k 和 $1,2,\cdots,k$ 的任意排列 $j_1,j_2,\cdots,j_k$ 有

$$p(A_{j_1},\cdots,A_{j_k};i_{j_1},\cdots,i_{j_k})=p(A_1,\cdots,A_k;i_1,\cdots,i_k),$$

其中 $i_1,\cdots,i_k$ 是任意非负整数.

2°相容性

$$\sum_{i_k=0}^{\infty}p(A_1,\cdots,A_{k-1},A_k;i_1,\cdots,i_{k-1},i_k)$$
$$=p(A_1,\cdots,A_{k-1};i_1,\cdots,i_{k-1}).$$

3°有限性

$$\sum_{i=0}^{\infty}p(A;i)=1.$$

4° 有限可加性　对任意整数 $k\geqslant 1$，$i\geqslant 0$ 和互不相交的 $A_1,\cdots,A_k\in\mathscr{B}'$ 有

(i) $p\left(\bigcup_{j=1}^{k}A_j;i\right)=\sum_{i_1+\cdots+i_k=i}p(A_1,\cdots,A_k;i_1,\cdots,i_k)$

(ii) $p\left(\bigcup_{j=1}^{k}A_j,A_1,\cdots,A_k;i,i_1,\cdots,i_k\right)$

$$=\begin{cases}0 & \text{当}\sum_{j=1}^{k}i_j\neq i,\\ p(A_1,\cdots,A_k;i_1,\cdots,i_k) & \text{当}\sum_{j=1}^{k}i_j=i.\end{cases}$$

5°连续性　对任意 $A_j\downarrow\phi$ 有

$$\lim_{j\to\infty}p(A_j;0)=1.$$

证明　由有限维分布函数的定义易得 1°,2°. 下面证 3°. 由点过程的有限性知对任意 $A\in\mathscr{B}'$ 有 $P_\xi(N:N(A)<\infty)=1$，故

$$\sum_{i=0}^{\infty}p(A;i)=\sum_{i=0}^{\infty}P_\xi(N:N(A)=i)$$

$$= P_\xi\left(\bigcup_{i=0}^{\infty} (N:N(A) = i)\right)$$

$$= P_\xi(N:N(A) < \infty) = 1.$$

现证4°. 若 $A_1, \cdots, A_k$ 互不相交,则

$$p\left(\bigcup_{j=1}^{k} A_j; i\right) = P_\xi\left(N:N\left(\bigcup_{j=1}^{k} A_j\right) = i\right)$$

$$= P_\xi\left(N: \sum_{j=1}^{k} N(A_j) = i\right)$$

$$= P_\xi\left(\bigcup_{i_1+\cdots+i_k=i} (N:N(A_j) = i_j, j = 1, \cdots, k)\right)$$

$$= \sum_{i_1+\cdots+i_k=i} p(A_1, \cdots, A_k; i_1, \cdots, i_k),$$

于是 4° (i)得证. 下面证明 4° (ii).

$$p\left(\bigcup_{j=1}^{k} A_j, A_1, \cdots, A_k; i, i_1, \cdots, i_k\right)$$

$$= P_\xi\left(N:N\left(\bigcup_{j=1}^{k} A_j\right) = i, N(A_j) = i_j, j = 1, \cdots, k\right)$$

$$= \begin{cases} P_\xi(\phi) = 0 & \text{当} \ \sum_{j=1}^{k} i_j \neq i, \\ P_\xi(N:N(A_j) = i_j, j = 1, \cdots, k) = p(A_1, \cdots, A_k; i_1, \cdots, i_k) & \\ & \text{当} \ \sum_{j=1}^{k} i_j = i. \end{cases}$$

最后证明 5°. 设 $A_j \downarrow \phi$,则由N的有限性和连续性知对任意 $N \in \mathscr{N}$ 有 $N(A_j) \downarrow 0$. 因为N只取非负整数值,故若 $N(A_j) \downarrow 0$ 则必存在正整数 j_0, 使当 $j \geqslant j_0$ 时有 $N(A_j) = 0$. 于是,

$$\lim_{j\to\infty} p(A_j; 0) = \lim_{j\to\infty} P_\xi(N:N(A_j) = 0) = P_\xi(\mathscr{N}) = 1.$$

上述定理的逆命题就是随机点过程的存在定理.

定理 11-1-2 若给定满足定理 11-1-1 中性质 1°—5° 的有

限维分布函数族 $\{p(A_1,\cdots,A_k;i_1,\cdots,i_k)\}$，则它在 $(\mathscr{N},\mathscr{B}(\mathscr{N}))$ 上唯一地确定一概率测度 P，使对任意正整数 $k, A_i\in\mathscr{B}'$ 和 $i_j\in Z_+(j=1,\cdots,k)$ 有

$$P(N:N(A_j)=i_j,j=1,\cdots,k)=p(A_1,\cdots,A_k;i_1,\cdots,i_k).$$

定理的证明可参看梁之舜、邓永录(1979)。在 §11-4 我们将证明更一般的点过程存在定理。

§ 11-2 实数直线上的随机测度

从上节关于随机点过程的数学定义可以看出，随机点过程是一个定义在基本概率空间 $(\Omega,\mathscr{F},P)$ 上而取值于计数测度空间 $(\mathscr{N},B(\mathscr{N}))$ 中的可测映象，或者说是一个取(抽象的) $\mathscr{N}$ 值的随机变量。如果把取值空间 $\mathscr{N}$ 适当扩大，我们就得到随机测度的概念。

为了便于读者从直观上看清随机点过程、随机测度和一般的随机过程之间的关系，我们仍先设 $\mathscr{X}=\mathbb{R}_+$。$(\mathbb{R}_+,\mathscr{B}(\mathbb{R}_+))$ 上的一个测度 μ 称做 Radon (拉东)测度，如果对 $\mathscr{B}(\mathbb{R}_+)$ 中任意有界集 B 有 $\mu(B)<\infty$。以 $\mathscr{M}$ 表示定义在 $(\mathbb{R}_+,\mathscr{B}(\mathbb{R}_+))$ 上的 Radon 测度的全体，又以 $\mathscr{B}(\mathscr{M})$ 表示$\mathscr{M}$上由投影产生的 σ 代数，即包含所有形如

$$M=\{\mu:\mu(A)\leqslant y\},\qquad 任意有界\ A\in\mathscr{B}(\mathbb{R}_+)\ 和\ y\in\mathbb{R}_+$$

的集合的最小 σ 代数。易见对于每一 $\mu\in\mathscr{M}$，对应 $\mathbb{R}_+$ 上一个单调不减的右连续左极限存在的函数 $\Lambda_\mu(t)=\mu\{[0,t]\}$。我们可以把 $\Lambda_\mu(t)$ 称做 μ 的分布函数。以$\tilde{\mathscr{M}}$表示所有这样的函数$\Lambda_\mu(t)$。另一方面，对于每一 $\Lambda(t)\in\tilde{\mathscr{M}}$ 也对应一 $\mu_\Lambda\in\mathscr{M}$。因此$\mathscr{M}$与$\tilde{\mathscr{M}}$ 是一一对应的。如果用 $\mathscr{B}(\tilde{\mathscr{M}})$ 表示空间 $\tilde{\mathscr{M}}$ 上由投影产生的 σ 代数，即是包含所有形如

$$\Gamma=\{\Lambda(t):\Lambda(s)\leqslant y\},\qquad 任意\ s,y\in\mathbb{R}_+$$

的集合的最小 σ 代数。可以证明，可测空间 $(\mathscr{M},\mathscr{B}(\mathscr{M}))$ 与可测空间 $(\tilde{\mathscr{M}},\beta(\tilde{\mathscr{M}}))$ 之间存在一一对应双向可测映象，故可把

这两个空间等同起来而不加区别.

定义 11-2-1 设给定了基本概率空间 $(\Omega,\mathscr{F},P)$，我们把从 $(\Omega,\mathscr{F},P)$ 到 $(\mathscr{M},\mathscr{B}(\mathscr{M}))$ 上的可测映象称做**随机测度**(random measure).

若 $\xi(\omega)$是一个随机测度，则它通过概率测度 P 诱导出$(\mathscr{M},\mathscr{B}(\mathscr{M}))$ 上一个由

$$P_\xi(A)=P(\omega:\xi(\omega)\in A),\qquad \text{任意 } A\in\mathscr{B}(\mathscr{M})$$

定义的概率测度 P_ξ. 因此，我们也可以等价地定义随机测度为可测空间 $(\mathscr{M},\mathscr{B}(\mathscr{M}))$ 上的一个概率测度 P_ξ [或者把三元组 $(\mathscr{M},\mathscr{B}(\mathscr{M}),P_\xi)$ 称做随机测度]. 因为 $(\mathscr{M},\mathscr{B}(\mathscr{M}))$ 和 $(\tilde{\mathscr{M}},\mathscr{B}(\tilde{\mathscr{M}}))$ 可以认为是等同的，故随机测度又可等价地定义为从 $(\Omega,\mathscr{F},P)$ 到 $(\tilde{\mathscr{M}},\mathscr{B}(\tilde{\mathscr{M}}))$ 上的可测映象 $\xi(\omega)$ 或可测空间$(\tilde{\mathscr{M}},\mathscr{B}(\tilde{\mathscr{M}}))$上的概率测度 P_ξ [或者把三元组 $(\tilde{\mathscr{M}},\mathscr{B}(\tilde{\mathscr{M}}),P_\xi)$ 称做随机测度].

根据一般随机过程理论，我们知道基本概率空间 $(\Omega,\mathscr{F},P)$ 上以 $T=\mathbb{R}_+$ 为参数集，状态空间为 $\mathbb{R}_+$ 的随机过程 $\{x(t,\omega),t\in T\}$ 可理解为从 $(\Omega,\mathscr{F},P)$ 到实函数空间$(\mathbb{R}_+^T,\mathscr{B}(\mathbb{R}_+)^T)$的可测映象，其中 $\mathbb{R}_+^T$ 是定义在T上取值于 $\mathbb{R}_+$ 中的全体实函数. $\mathscr{B}(\mathbb{R}_+)^T$ 是 $\mathbb{R}_+^T$ 上由投影产生的σ代数. 显然有 $\tilde{\mathscr{M}}\subset\mathbb{R}_+^T$，故随机测度可看作是一般随机过程的一种特殊情形.

另一方面，令 $\tilde{\mathscr{N}}$ 表示所有取值于 $\mathbf{Z}_+$ 的单调不减右连续的逐段常值函数，则空间 $\mathscr{N}$ 与 $\tilde{\mathscr{N}}$ 之间存在一一对应关系. 事实上，每一 $N\in\mathscr{N}$ 对应一 $N_t=N([0,t])\in\tilde{\mathscr{N}}$. 反过来，对于每一 $N_t\in\tilde{\mathscr{N}}$，由 $N([0,t])=N_t$ 可唯一地确定一$N\in\mathscr{N}$. 用类似于定义 $\mathscr{B}(\tilde{\mathscr{M}})$ 的方法可定义空间 $\tilde{\mathscr{N}}$ 上由投影产生的σ代数 $\mathscr{B}(\tilde{\mathscr{N}})$，即 $\tilde{\mathscr{N}}$ 上包含所有形如

$$\{N_t:N_s\leqslant k\},\ s\in\mathbb{R}_+,k\in\mathbf{Z}_+$$

的集合的最小σ代数. 易见 $(\mathscr{N},\mathscr{B}(\mathscr{N}))$ 和 $(\tilde{\mathscr{N}},\mathscr{B}(\tilde{\mathscr{N}}))$ 之间存在一一对应双向可测映象. 这样一来，随机点过程又可看作是从基本概率空间 $(\Omega,\mathscr{F},P)$ 到可测空间 $(\tilde{\mathscr{N}},\mathscr{B}(\tilde{\mathscr{N}}))$的

可测映象．因为显然有 $\tilde{\mathscr{N}} \subset \tilde{\mathscr{M}} \subset \mathbb{R}_+^T$，故在这种观点下，随机点过程是一类特殊的随机测度，从而也是一类特殊的随机过程．

§11-3 抽象空间上的随机测度

从这一节开始，假设状态空间 $\mathscr{X}$ 是满足第二可数公理（即它的拓扑有可数基）的局部紧豪斯道夫（Hausdorff）空间．这是一个 Polish 空间，即这样的空间可以距离化而成为可分完备距离空间．我们还不难看出，空间 $\mathscr{X}$ 是 σ 紧的，即有一串紧集 $\{K_n, n=1,2,\cdots\}$，使得 $\mathscr{X}=\bigcup_{n=1}^{\infty} K_n$，而且这串集合可以选得有 $K_n \subset K_{n+1}^0$，这里 K_{n+1}^0 表示集合 K_{n+1} 的内部．

下面叙述拓扑学和测度论中的一些有用的概念和结果．

引理 11-3-1 (Urysohn 引理) 对于 $\mathscr{X}$ 中的任意开集 G 和任意紧集 $K \subset G$，恒存在 $\mathscr{X}$ 上的连续函数 f，使得 $0 \leqslant f(x) \leqslant 1$ 对所有 $x \in \mathscr{X}$ 和 $f(x)=1$ 对所有 $x \in K$，而且 f 的支承

$$S(f)=\overline{\{x: f(x) \neq 0\}}$$

是含于 G 中的紧集．我们用 $\bar{A}$ 表示集合 A 的闭包，∂A 和 A' 分别表示 A 的边界和余集．今后将用记号 $K \prec f \prec G$ 表示满足引理要求的紧集 K、开集 G 和函数 f．

我们说集合 $A \subset \mathscr{X}$ 是**有界的**，如果存在一紧集 $K \subset \mathscr{X}$，使得 $A \subset K$．我们用 $C_K(\mathscr{X})$ 表示从 $\mathscr{X}$ 到实数直线 $\mathbb{R}$ 的具有紧支承的连续函数类．当赋予空间 $C_K(\mathscr{X})$ 以上确界范数

$$\|f\|=\sup_{x \in \mathscr{X}}|f(x)|$$

时，这空间是可分的．$\mathscr{X}$ 上的波雷尔代数 $\mathscr{B}(\mathscr{X})$ 是 $\mathscr{X}$ 上由所有开集产生的 σ 代数．定义在 $\mathscr{B}(\mathscr{X})$ 上的测度称做 Radon 测度，如果它在任意紧集上均取有限值，因而它在任意有界集上亦取有限值．我们用 $\mathscr{M}(\mathscr{X})$ 表示定义在 $\mathscr{B}(\mathscr{X})$ 上的 Radon

测度的全体，用 $\mathscr{N}(\mathscr{X})$ 表示 $\mathscr{M}(\mathscr{X})$ 中只取整数或无穷值的元素组成的集合，显然有 $\mathscr{N}(\mathscr{X})\subset\mathscr{M}(\mathscr{X})$. 对于 $\mathscr{B}(\mathscr{X})$ 上任意测度 μ 和 $\mathscr{X}$ 上任意关于 μ 可积的函数 f，记

$$\mu f\equiv\int f(x)\mu(dx).$$

可以证明，若 $\mu\in\mathscr{M}(\mathscr{X})$，则 μ 是 σ 有限和规则的 (regular)，即对任意 $A\in\mathscr{B}(\mathscr{X})$ 有

$$\begin{aligned}\mu(A)&=\inf\{\mu(G):A\subset G,G\ \text{是开集}\}\\&=\sup\{\mu(F):A\supset F,F\ \text{是闭集}\}.\end{aligned}\tag{11-3-1}$$

测度 μ 称做密的 (tight)，如果 (11-3-1) 式中的闭集可用紧集代替.

我们说测度序列 $\{\mu_n\}$ 淡收敛 (Vaguely converge) 于测度 μ 并记作 $\mu_n\xrightarrow{V}\mu$，如果对所有 $f\in C_K(\mathscr{X})$ 有 $\mu_n f\to\mu f$. 通过淡收敛可赋予 $\mathscr{M}(\mathscr{X})$ 以淡拓扑，这时所有形如

$$\{\mu:\mu\in\mathscr{M}(\mathscr{X}),|\mu f_j-\nu f_j|<\varepsilon,1\leqslant j\leqslant n\}$$

$$n=1,2,\cdots,\varepsilon>0,\nu\in\mathscr{M}(\mathscr{X}),f_j\in C_K(\mathscr{X})\tag{11-3-2}$$

的集合给出这拓扑的一个基. 带有淡拓扑的空间 $\mathscr{M}(\mathscr{X})$ 可以距离化，而且这空间具有可数基. 集合 $H\subset\mathscr{M}(\mathscr{X})$ 称做淡有界的 (vaguely bounded)，如果对任意 $f\in C_K(\mathscr{X})$ 有

$$\sup\{|\mu f|:\mu\in H\}<\infty.$$

可以证明，集合 $H\subset\mathscr{M}(\mathscr{X})$ 是相对紧的充分必要条件是 H 为淡有界.

以 $\mathscr{B}(\mathscr{M})$ 表示 $\mathscr{M}(\mathscr{X})$ 上的波雷尔代数. 设 $(\Omega,\mathscr{F})$ 是任意可测空间，我们用 $\vec{\mathscr{F}}$ 表示从 $(\Omega,\mathscr{F})$ 到 $(\bar{\mathbb{R}},\mathscr{B}(\bar{\mathbb{R}}))$ 的可测函数类，这里 $\bar{\mathbb{R}}=\{-\infty\}\cup\mathbb{R}\cup\{\infty\}$ 是广义实数直线.

$\mathscr{X}$ 上的一个随机测度是从基本概率空间 $(\Omega,\mathscr{F},P)$ 到 $(\mathscr{M}(\mathscr{X}),\mathscr{B}(\mathscr{M}))$ 中的一个可测映象 ξ. 易见若 ξ 是一个随机测度，则由

$$P\xi^{-1}(A)=P\{\omega\in\Omega:\xi(\omega)\in A\},\ A\in\mathscr{B}(\mathscr{M})\tag{11-3-3}$$

诱导出 $(\mathscr{M}(\mathscr{X}),\mathscr{B}(\mathscr{M}))$ 上的一个概率测度 $P\xi^{-1}$ (有时把

这概率测度称做 ξ 的分布). 因此,我们也可以把一个随机测度看作是定义在空间 $(\mathscr{M}(\mathscr{X}),\mathscr{B}(\mathscr{M}))$ 上的一个概率测度. 这就是说, 随机测度的存在性问题等价于在 $(\mathscr{M}(\mathscr{X}),\mathscr{B}(\mathscr{M}))$ 上定义概率测度的问题.

设 $\mathfrak{A}$ 是 $\mathscr{X}$ 的任意子集族. 定义

$$\mathscr{L}_{\mathfrak{A}}=\sigma\{\{\mu\in\mathscr{M}(\mathscr{X}):\mu(A)\in H\};\ A\in\mathfrak{A},\ H\in\mathscr{B}(\bar{\mathbb{R}})\},\tag{11-3-4}$$

即 $\mathscr{L}_{\mathfrak{A}}$ 是包含所有形如 $\{\mu\in\mathscr{M}(\mathscr{X}):\mu(A)\in H\}$ $(A\in\mathfrak{A})$ 的最小 σ 代数. 我们用

$$\varphi_A(\mu)=\mu(A)$$

定义从 $\mathscr{M}(\mathscr{X})$ 到 $\bar{\mathbb{R}}$ 的函数 φ_A, 则 $\mathscr{L}_{\mathfrak{A}}$ 也是使得所有 $\varphi_A(A\in\mathfrak{A})$ 为可测的最小 σ 代数.

下面给出 σ 代数 $\mathscr{B}(\mathscr{M})$ 的构造性刻划. 为此需要一个引理. 设 Ω 是任一集合, $\mathscr{L}$ 是 Ω 的一个子集族. 我们说 $\mathscr{L}$ 是一个**π-系** 如果它对有限交封闭; $\mathscr{L}$ 是一个 **d-系**, 如果它满足条件:

(i) $\Omega\in\mathscr{L}$.

(ii) 若 $A,B\in\mathscr{L},A\subset B$, 则 $B\backslash A\in\mathscr{L}$.

(iii) 若 $\{A_n\}$ 是 $\mathscr{L}$ 中一串递增的集合,则 $\bigcup\limits_{n=1}^{\infty}A_n\in\mathscr{L}$. 对任意的 $\mathscr{L}$, 用 $d(\mathscr{L})$ 表示包含 $\mathscr{L}$ 的最小 d-系.

引理 11-3-2 设 $\mathscr{L}$ 是一 π-系,则 $d(\mathscr{L})=\sigma(\mathscr{L})$.

引理的证明可参看,例如, Bergstrom(1982).

定理 11-3-1 $\mathscr{L}_{\mathscr{B}(\mathscr{X})}=\mathscr{B}(\mathscr{M})$.

证明 对任意 $A\in\mathscr{B}(\mathscr{X})$,把 μ 映为 $\mu(A)$的函数是 $\mathscr{L}_{\mathscr{B}(\mathscr{X})}$ 可测的. 因为 $C_K(\mathscr{X})$ 中任一函数 f 都可用简单函数逼近, 故把 μ 映为 $\mu f=\int f(x)\mu(dx)$ 的函数是 $\mathscr{L}_{\mathscr{B}(\mathscr{X})}$ 可测, 从而 $\mathscr{M}(\mathscr{X})$的淡拓扑基集

$$\{\mu\in\mathscr{M}(\mathscr{X}):|\mu f_j-\nu f_j|<\varepsilon,1\leqslant j\leqslant n\}\in\mathscr{L}_{\mathscr{B}(\mathscr{X})},$$

其中 n 是任意正整数, $\varepsilon>0,f_j\in C_K(\mathscr{X})$ 和 $\nu\in\mathscr{M}(\mathscr{X})$. 又

因为带有淡拓扑的 $\mathscr{M}(\mathscr{X})$ 满足第二可数公理．故它的所有开集也属于 $\mathscr{L}_{\mathscr{B}(\mathscr{X})}$。所以 $\mathscr{B}(\mathscr{M})\subset\mathscr{L}_{\mathscr{B}(\mathscr{X})}$。

另一方面，由 $\mathscr{X}$ 可距离化知它是正则拓扑空间．设 $\mathscr{D}$ 是 $\mathscr{X}$ 的一个可数基．对任意开集 $G\subset\mathscr{X}$ 和G中每一点 x，恒存在 $U_x\in\mathscr{D}$ 和开集 V_x，使得 $x\in U_x, G'\subset V_x$ 和 $U_x\cap V_x=\phi$. 这时有 $G\supset V'_x$ 和 $V'_x\supset U_x$。显然 $G\subset\bigcup_{x\in G}U_x$，因为 $U_x\in\mathscr{D}$，故在并 $\bigcup_{x\in G}U_x$ 中最多有可数多个不同的 U_x。对出现在这并中的每一 U_x 选出一个 $V'_x\subset U_x$，并用V表示这样的闭集 V'_x（最多可数个)之并．易见有

$$V=\bigcup_{x\in G}V'_x\subset G\subset\bigcup_{x\in G}U_x\subset V.$$

这就证明了 $G=V$，故G是可数多个闭集之并．根据$\mathscr{X}$的σ紧性，可进一步断言存在一串递增的紧集 $K_n\uparrow G$，即可写

$$G=\bigcup_{n=1}^{\infty}K_n.$$

再由引理 11-3-1 知存在一串 $f_n\in C_K(\mathscr{X})$，使得 $K_n\prec f_n\prec G$, $f_n\uparrow I_G$ 和 $\mu f_n\uparrow\mu(G)$.因为把μ映为 $\mu f_n(f_n\in C_K(\mathscr{X}))$ 的函数 φ_{f_n} 是 $\mathscr{B}(\mathscr{M})$ 可测的，故把μ映为 $\mu(G)$ 的函数 φ_G 也是 $\mathscr{B}(\mathscr{M})$ 可测的，记作 $\varphi_G\in\overrightarrow{\mathscr{B}(\mathscr{M})}$。现设$K$是任意紧集，$\{K_n\}$是一串具有以下性质的紧集：$K_n\subset K^0_{n+1}, K_n\uparrow\mathscr{X}$．因此有

$$K\subset\bigcup_{n=1}^{\infty}K^0_n,$$

从而存在 n_0 使得 $K\subset K^0_{n_0}$。由前面已证G是 F_σ 集这一事实又可推出存在一递减的开集序列 $G_n\downarrow K$，或写作 $K=\bigcap_{n=1}^{\infty}G_n$. 因为 $K\subset K_{n_0}$，故可进一步假设 $G_n\subset K^0_{n_0}$。于是 $\mu(G_n)<\infty$ 对所有μ。所以对任意开集G有 $\mu(G\cap K)=\inf_n\mu(G\cap G_n)$. 由此易知当$A$是开集或一开集与一紧集之交时 $\varphi_A\in\overrightarrow{\mathscr{B}}(\mathscr{M})$，现记

$$D_n = \{A \in \mathscr{B}(\mathscr{X}) : \varphi_{A \cap K_n} \in \overrightarrow{\mathscr{B}}(\mathscr{M})\}.$$

不难验证 D_n 是一个 d-系，它包含开集组成的 π 系，故由引理 11-3-2 知 $D_n \supset \mathscr{B}(\mathscr{X})$，即对任意 $A \in \mathscr{B}(\mathscr{X})$ 有 $\varphi_{A \cap K_n} \in \overrightarrow{\mathscr{B}(\mathscr{M})}$，因而 $\varphi_A = \lim\limits_{n \to \infty} \varphi_{A \cap K_n}$ 也属于 $\overrightarrow{\mathscr{B}(\mathscr{M})}$，即 $\mathscr{L}_{\mathscr{B}(\mathscr{X})} \subset \mathscr{B}(\mathscr{M})$. ▨

定理 11-3-2 设 $\mathfrak{U} \subset \mathscr{B}(\mathscr{X})$ 是一包含拓扑基的集合族，则 $\mathscr{L}_{\mathfrak{U}} = \mathscr{B}(\mathscr{M})$.

证明 由定理 11-3-1 知 $\mathscr{B}(\mathscr{M}) \supset \mathscr{L}_{\mathfrak{U}}$，故只须证明相反的包含关系. 记 $\mathfrak{U}$ 包含的拓扑基为 $\{U_\alpha\}_{\alpha \in A}$. 我们首先证明它包含一可数子基. 设 $\{G_n, n = 1, 2, \cdots\}$ 是 $\mathscr{X}$ 的拓扑的某一可数基. 对于每一 G_n，存在一附标集 $A_n \subset A$，使得

$$G_n = \bigcup_{\alpha \in A_n} U_\alpha.$$

反之，每一 U_α 又能表为

$$U_\alpha = \bigcup_{j \in J_\alpha} G_j,$$

这里 J_α 是 Z_+ 的某一子集. 因此

$$G_n = \bigcup_{\alpha \in A_n} \bigcup_{j \in J_\alpha} G_j = \bigcup_{j \in B_n} G_j,$$

式中 $B_n = \bigcup\limits_{\alpha \in A_n} J_\alpha \subset Z_+$ 是可数的. 但是，对任意 $j \in B_n$，恒存在 $\alpha_j \in A_n$，使得 $G_j \subset U_{\alpha_j} \subset G_n$，于是有

$$G_n = \bigcup_{j \in B_n} U_{\alpha_j}.$$

这表明集合族 $\{U_{\alpha_j} : j \in B_n, n = 1, 2, \cdots\}$ 就是欲求的可数子基. 因此，对任意开集 G 有

$$\varphi_G = \sup_{A = \bigcup_j U_{\alpha_j} \subset G} \varphi_A \in \overrightarrow{\mathscr{L}}_{\mathfrak{U}}.$$

对于任意 $f \in C_K(\mathscr{X})$ 和任意实数 $a < b$，因为集合 $\{f < b\}$ 和

$\{f < a\}$ 是开集，故

$$\varphi_{\{a\leq f<b\}} = \varphi_{\{f<b\}} - \varphi_{\{f<a\}} \in \vec{\mathscr{L}}_{a}. \qquad (11\text{-}3\text{-}5)$$

现设φ是将μ映为 μf 的函数，f_n 是一串用通常的方法构造的单调上升于f的简单函数，φ_n 是将μ映为 μf_n 的函数。由(11-3-5)式易知 $\varphi_n \in \vec{\mathscr{L}}_{a}$，故$\varphi$作为 φ_n 的单调上升极限也属于$\vec{\mathscr{S}}_{a}$，即 $\mathscr{L}_{\mathfrak{A}} \supset \mathscr{B}(\mathscr{M})$. ■

为了推出随机测度的存在定理，我们需要具有较抽象形式的一般随机过程的柯尔莫果洛夫存在定理.

设T是一个任意的附标集. 对每一 $t \in T$，对应一可测空间$(Y_t, \mathscr{B}_t)$. 对于任意 $U \subset T$，以$\prod_{t\in U} Y_t$ 表示定义在 U 上 取 值 于 $Y_t(t \in U)$ 中的函数 y 的全体. 设V是U的任意子集，我们用 Π_V^U 表示投影映象

$$\prod_{t\in U} Y_t \to \prod_{t\in V} Y_t,$$

即 $\Pi_V^U y$ 是 y 在V上的限制.

当U是T的有限子集时(记作 $U \in \mathrm{fini}T$)，$\prod_{t\in U} \mathscr{B}_t$ 是容易定义的. 我们把 $\prod_{t\in T} \mathscr{B}_t$ 定义为使得所有投影映象 Π_U^T (任意$U \in \mathrm{fini}T$) 是可测的最小σ代数.

现设P是$\left(\prod_{t\in T} Y_t, \prod_{t\in T} \mathscr{B}_t\right)$上的一个概率测度，$P_U(U \in \mathrm{fini}T)$是由 $P_U = P(\Pi_U^T)^{-1}$ 给出的一个定义在$\left(\prod_{t\in U} Y_t, \prod_{t\in U} \mathscr{B}_t\right)$上的概率测度. 对任意 $V \subset U \in \mathrm{fini}T$ 有 $P_V = P_U(\Pi_V^U)^{-1}$. 反之，设对每一 $U \in \mathrm{fini}T$，给定 $\left(\prod_{t\in U} Y_t, \prod_{t\in U} \mathscr{B}_t\right)$ 上的一个概率测度 P_U，若这些概率测度满足

$$P_V = P_U(\Pi_V^U)^{-1}, \qquad V \subset U, \qquad (11\text{-}3\text{-}6)$$

则称 $\{P_U: U \in \mathrm{fini}\}$ 为一**投影系**(projective system). 柯尔莫果

洛夫存在定理给出一投影系唯一确定$\left(\prod_{t\in T} Y_t, \prod_{t\in T} \mathscr{B}_t\right)$上一个满足

$$P_U = P(\Pi_U^T)^{-1}, \text{ 任意 } U \in \text{fini}T \tag{11-3-7}$$

的概率测度 P 的条件，我们把 P 称做这个**投影系的极限**并记为

$$P = \lim_{\overleftarrow{U\in \text{fini}T}} P_U. \tag{11-3-8}$$

引理 11-3-3（一般随机过程的柯尔莫果洛夫存在定理） 设 T 是一附标集．对每一 $t\in T$，对应一可测空间 $(Y_t, \mathscr{B}_t)$．又设 $\{P_U: U\in \text{fini}T\}$ 是一投影系．如果 (i) 对每一 $t\in T$，存在 $\mathscr{B}_t$ 的一个“序列紧”的子族 $\mathfrak{A}_t$，即若 $\{A_n, n=1,2,\cdots\}$ 是 $\mathfrak{A}_t$ 中任意满足 $\bigcap_{n=1}^{\infty} A_n = \phi$ 的集合序列，则可找到正整数 m，使得

$$\bigcap_{n=1}^{m} A_n = \phi.$$

(ii) 投影系 $\{P_U: U\in \text{fini}T\}$ 是“密”的，即对每一 $t\in T$ 和任意 $B\in \mathscr{B}_t$ 有

$$P_{\{t\}}(B) = \sup_{\substack{A\in\mathfrak{A}_t \\ A\subset B}} P_{\{t\}}(A). \tag{11-3-9}$$

这时必存在唯一的投影极限(11-3-8)．

定理的证明，例如，可参看 Neveu(1969)．

因为 Polish 空间的概率测度是密的和规则的，故当上面的定理中 Y_t 是 Polish 空间且 $\mathscr{B}_t = \mathscr{B}(Y_t)$ 时定理的条件得到满足，故必存在唯一的投影极限．

设 $\mathscr{D}$ 是 $\mathscr{X}$ 的拓扑的一个可数基，我们可以把 $\mathscr{D}$ 选得对有限并和有限交是封闭的，而且还包含空集 ϕ 和整个空间$\mathscr{X}$．又以 $\mathfrak{A}$ 表示由 $\mathscr{D}$ 中集合的真差 (proper difference，即当 $A\supset B$ 时的差集 $A\backslash B$）的有限不相交并组成的集合类．不难证明 $\mathfrak{A}$ 就是由 $\mathscr{D}$ 产生的代数，而且 $\mathfrak{A}$ 仍然是可数的．

现在让我们在柯尔莫果洛夫定理中选取 $T=\mathfrak{A}$, $Y_t = \bar{\mathbb{R}}_+ = [0,\infty)\cup\{\infty\}$, $\mathscr{B}_t = \mathscr{B}(\bar{\mathbb{R}}_+)$ 对所有 $t\in T$． 假设给定了一个

投影系 $\{P_U:U\in \text{fini}\mathfrak{A}\}$，则投影极限

$$P=\varprojlim_{U\in \text{fini}\mathfrak{a}} P_U$$

是 $\bar{\mathbb{R}}_+^{\mathfrak{a}}$（即 $\mathfrak{A}$ 上的非负(集)函数的全体，带有投影 σ 代数）上唯一满足

$$P(\varphi\in\bar{\mathbb{R}}_+^{\mathfrak{a}}:(\varphi(A_1),\cdots,\varphi(A_n))\in E)$$
$$=P_{\{A_1,\cdots,A_n\}}(\varphi\in\bar{\mathbb{R}}_+^{\{A_1,\cdots,A_n\}}:(\varphi(A_1),\cdots,\varphi(A_n))\in E)\quad(11\text{-}3\text{-}10)$$

的概率测度，上面的等式对所有 $\{A_1,\cdots,A_n\}\in \text{fin}\mathfrak{A}\text{i}$ 和 $E\in\mathscr{B}(\bar{\mathbb{R}}_+^n)$ 都成立. 应当指出，空间 $\bar{\mathbb{R}}_+^{\{A_1,\cdots,A_n\}}$ 实际上就是 $\bar{\mathbb{R}}_+^n$，如果我们把前一个空间的元素关于附标 A_i 所取的值与后一空间的元素的第 i 个坐标看作是一样的话. 令 S 表示把 $\varphi\in\bar{\mathbb{R}}_+^{\{A_1,\cdots,A_n\}}$ 映为 $(\varphi(A_1),\cdots,\varphi(A_n))\in\bar{\mathbb{R}}_+^n$ 的映象和

$$P_{A_1,\cdots,A_n}(\cdot)=P_{\{A_1,\cdots,A_n\}}S^{-1}(\cdot).\quad(11\text{-}3\text{-}11)$$

为了使 P 的全部质量集中在 $\bar{\mathbb{R}}_+^{\mathfrak{a}}$ 的由在紧集上取有限值的 σ 可加集函数组成的子集上，显然必须满足下列三个条件：

(1) 若 $A,B\in\mathfrak{A}$ 且 $A\cap\mathscr{B}=\phi$，则

$$P_{A,B,A\cup B}((x,y,z)\in\bar{\mathbb{R}}_+^3:x+y=z)=1.\quad(11\text{-}3\text{-}12)$$

(2) 若 $\{A_n,n=1,2,\cdots\}$ 是 $\mathfrak{A}$ 中的集合序列，$A_n\downarrow\phi$，则对任意 $t>0$ 有

$$\lim_{n\to\infty}P_{A_n}((0,t])=0.\quad(11\text{-}3\text{-}13)$$

(3) 若 $A\in\mathfrak{A}$ 为有界，则

$$P_A(\mathbb{R}_+)=1.\quad(11\text{-}3\text{-}14)$$

由(1)可推出对不相交的集合 $A,B\in\mathfrak{A}$ 有

$$P(\varphi\in\bar{\mathbb{R}}_+^{\mathfrak{a}}:\varphi(A)+\varphi(B)=\varphi(A\cup B))=1.\quad(11\text{-}3\text{-}15)$$

因为 $\mathfrak{A}$ 中只有可数多个这样的集合对，故 P 给与 $\mathfrak{A}$ 上的有限可加集函数的集合以测度 1.

根据(2)有

$$P(\phi\bar{\mathbb{R}}R_+^{\mathfrak{a}}:\varphi(\phi)=0)=P_\phi(0)=1.\quad(11\text{-}3\text{-}16)$$

又由(3)知对于 $\mathfrak{A}$ 中任意有界集合 A 有

$$P\{\varphi\in\bar{\mathbb{R}}_+^{\mathfrak{a}}:\varphi(A)<\infty\}=1.\quad(11\text{-}3\text{-}17)$$

现在，我们就可以着手确立随机测度的存在定理. 先考虑$\mathscr{X}$是紧空间这种较简单的情形.

定理 11-3-3 〔随机测度的存在定理（一）〕 设 $\mathscr{X}$ 是紧空间，$\mathfrak{A}$, $\mathscr{D}$ 和 $\{P_U: U\in \text{fini}\mathfrak{A}\}$ 如前述，而且上面的条件(1), (2)和(3)成立. 则存在$(\mathscr{M}(\mathscr{X}),\mathscr{B}(\mathscr{M}))$上唯一的概率测度 P，使得

$$P\{\mu\in \mathscr{M}(\mathscr{X}):(\mu(A_1),\cdots,\mu(A_n))\in E\}$$
$$=P_{A_1,\cdots,A_n}(E)$$

对所有 $\{A_1,\cdots,A_n\}\in \text{fini}\mathfrak{A}$ 和 $E\in\mathscr{B}(\bar{\mathbb{R}}_+^n)$.

证明 对任意开集 $G\subset\mathscr{X}$，它的余集 G' 是闭的，因而是紧的. 故对每一 $x\in G$，有不相交的集合 $U_x, V_x\in\mathscr{D}$，使得 $x\in U_x$ 和 $G'\subset V_x$. 于是，$G\supset V'_x$ 和 $U_x\subset V'_x$，从而有

$$\bigcup_{x\in G} V'_x\subset G\subset \bigcup_{x\in G} U_x\subset \bigcup_{x\in G} V'_x,$$

即

$$G=\bigcup_{x\in G} V'_x.$$

因为每一 $V_x\in\mathscr{D}$，由$\mathscr{D}$的可数性知最多只能有可数多个不同的V'_x 出现在上面的求并运算中，故G是 F_σ 集，即可写

$$G=\bigcup_{n=1}^{\infty} G(n),$$

其中 $G(n)\in\mathfrak{A}$ 是闭集. 因为 $\mathfrak{A}$ 中任意可表为 $\mathscr{D}$ 中两集合G和 G_1 的真差的集合E能写为

$$E=G\backslash G_1=G\cap G'_1=\bigcup_{n=1}^{\infty}(G(n)\cap G'_1),$$

而 $\mathfrak{A}$ 中任一集合A都是这样的真差的有限并，故A也能表为

$$A=\bigcup_{n=1}^{\infty} A(n),$$

其中 $A(n)$ 是 $\mathfrak{A}$ 中的闭集. 因为 $\mathfrak{A}$ 是一个代数，故可以把$\{A(n)\}$ 选得是递增的.

在柯尔莫果洛夫存在定理中取 $Y_t=\bar{\mathbb{R}}_+$ 和 $\mathscr{B}(Y_t)=\mathscr{B}(\bar{\mathbb{R}}_+)$ 对所有 $t\in T=\mathfrak{A}$，这时定理条件显然得到满足，故存在唯一的投影极限 P. 我们用 Ω_0 表示定义在 $\mathfrak{A}$ 上的所有满足下列条件的有限可加集函数 φ:(i) $\varphi(\phi)=0$ 和 (ii) $\lim\limits_{n\to\infty}\varphi(A\backslash A(n))=0$ 对所有 $A\in\mathfrak{A}$. 由条件(2),(3)和 $\mathfrak{A}$ 的可数性知 $P(\Omega_0)=1$. 下面进一步证明 Ω_0 中的所有元素 φ 还具有 σ 可加性. 假若不然，则必存在某 $\varphi\in\Omega_0$ 和一串递降于空集 ϕ 的集合序列 $\{A_k\}\subset\mathfrak{A}$, 使得 $\varphi(A_k)\geqslant\delta$ 对某 $\delta>0$. 又由 (ii) 知对任意正整数 k,必存在一正整数 n_k，使得

$$\varphi(A_k\backslash A_k(n_k))<\delta 2^{-(k+1)}.$$

令

$$F_j=\bigcap_{k=1}^{j}A_k(n_k).$$

显然 F_j 是闭集且 $F_{j+1}\subset F_j\in\mathfrak{A}$.注意到 A_k 是递降的和 $A_k(n)\uparrow A_k$，不难验证 F_j 还可表为

$$F_j=A_j\backslash\bigcup_{k=1}^{j}(A_k\backslash A_k(n_k)),$$

于是有

$$\varphi(F_j)\geqslant\varphi(A_j)-\varphi\left(\bigcup_{k=1}^{j}(A_k\backslash A_k(n_k))\right)$$

$$\geqslant\varphi(A_j)-\sum_{k=1}^{j}\varphi(A_k\backslash A_k(n_k))\geqslant\alpha/2.$$

由 $\mathscr{K}$ 的紧性得

$$\bigcap_j A_j\supset\bigcap_j F_j\neq\phi,$$

这与 $A_j\downarrow\phi$ 的假设矛盾，故任意 $\varphi\in\Omega_0$ 都是 σ 可加的. 因为 $\sigma(\mathfrak{A})=\mathscr{B}(\mathscr{K})$，故每一 $\varphi\in\Omega_0$ 能一意地扩张为 $\mathscr{B}(\mathscr{K})$ 上的测度 μ. 由于 $\mathscr{K}$ 本身是紧的,因而是有界集,故由条件(3)知

$$P(\varphi:\varphi(\mathscr{X}) = \mu(\mathscr{X}) < \infty) = 1.$$

所以可认为 μ 是 Radon 测度. 又因为 $\mathscr{L}_a = \mathscr{L}_{\mathscr{B}(\mathscr{X})} = \mathscr{B}(\mathscr{M})$, 故概率测度 P 实际上是定义在 $(\mathscr{M}(\mathscr{X}), \mathscr{B}(\mathscr{M}))$上的. ■

基于定理 11-3-3, 我们能够证明如下的更一般的存在定理. 由于证明过程中要用到较深的拓扑学知识, 故在此只叙述定理而不加证明,有兴趣的读者可参看 Jagers(1974).

定理 11-3-4 [随机测度的存在定理(二)] 设 $\mathscr{X}$ 是 Polish 空间, $\{K_j, j = 1,2,\cdots\}$ 是 $\mathscr{X}$ 中的一串单调上升于 $\mathscr{X}$ 的紧集. 若 $\mathfrak{A}$ 是 $\mathscr{X}$ 上包含 $\{K_j, j = 1,2,\cdots\}$ 和 $\mathscr{X}$ 的一个可数基的最小代数, 而且投影系 $\{P_U: U \in \mathrm{fini}\mathfrak{A}\}$ 满足前面的条件(1)—(3),则存在 $(\mathscr{M}(\mathscr{X}), \mathscr{B}(\mathscr{M}))$ 上唯一的概率测度 P, 使得对任意正整数 n, 任意 $A_1,\cdots,A_n \in \mathfrak{A}$ 和 $E \in \mathscr{B}(\bar{\mathbb{R}}_+^n)$ 有

$$P(\mu \in \mathscr{M}(\mathscr{X}):(\mu(A_1),\cdots,\mu(A_n)) \in E) = P_{A_1,\cdots,A_n}(E).$$

§11-4 抽象空间上的随机点过程

令 $\mathscr{N}(\mathscr{X})$ 表示定义在$(\mathscr{X}, \mathscr{B}(\mathscr{X}))$上只取非负整数值(包括$\infty$值) 的 Radon 测度, 即计数测度的全体. 一个状态空间为 $\mathscr{X}$ 的随机点过程就是一个以概率 1 只在 $\mathscr{N}(\mathscr{X})$上取值的随机测度 P, 这也就是说满足条件 $P(\mathscr{N}(\mathscr{X})) = 1$.

定理 11-4-1 $\mathscr{N}(\mathscr{X})$ 是 $\mathscr{M}(\mathscr{X})$(带有淡拓扑)的一个闭子集,因此 $\mathscr{N}(\mathscr{X}) \in \mathscr{B}(\mathscr{M})$.

证明 首先证明对于任意 $\mu \in \mathscr{N}(\mathscr{X})$ 和$\mathscr{X}$的任意紧子集 K, 或者有 $\mu(K) = 0$, 或者存在正整数 k 使得

$$\mu(\cdot \cap K) = \sum_{j=1}^{k} n_j e_{x_j}(\cdot), \tag{11-4-1}$$

式中 n_j 是正整数, $x_j \in K$, $e_x(\cdot)$是狄拉克测度,它由 $e_x(A) = I_A(x)$ 定义. 因为若 $\mu(K) > 0$, 比如说 $\mu(K) = n > 0$, 由测度的规则性知对每一 $x \in K$, 有一开邻域 V_x, 使得 $\mu(x) =$

$\mu(V_x)$. 另一方面，集合 $E=\{x\in K:\mu(x)\geqslant 1\}$ 只有有限多个元素,设元素的数目是 $k(0\leqslant k\leqslant n)$.于是可以写 $E=\{x_1,\cdots,x_k\}$. 现设 $F\subset K$ 是一闭集,因为

$$F\subset\bigcup_{x\in F}V_x,$$

因此由紧性有

$$F\subset\Big(\bigcup_{x\in E\cap F}V_x\Big)\cup\Big(\bigcup_{x\in S}V_x\Big),$$

这里 $S\subset F$ 是某一有限集，$S\cap E=\phi$. 因为 $\mu(K\setminus E)=0$，故

$$\mu(F)\leqslant\sum_{i=1}^{k}\mu(x_i)e_{x_i}(F).$$

相反的不等式显然成立. 因此,μ 和 $\sum_{i=1}^{k}\mu(x_i)e_{x_i}$ 在 K 的闭子集上相等,因此在 $\mathscr{B}(K)$ 上也相等. 现设 $\{\mu_m,m=1,2,\cdots\}$ 是由 $\mathscr{N}(\mathscr{X})$ 的元素组成的一个序列. 对于任意紧集 $K\subset\mathscr{X}$,由上述知

$$\mu_m(\cdot\cap K)=\sum_{i=1}^{k_m}n_i^{(m)}e_{x_i^{(m)}}(\cdot),$$

设 $\mu_m\to\mu$ (当 $m\to\infty$)，由引理 11-3-1 知存在 $f\in C_K(\mathscr{X})$，使得 $K\prec f\prec\mathscr{X}$，于是有

$$\mu_m(K)\leqslant\mu_m f\to\mu f<\infty,$$

故整数序列 $\{k_m\}$ 应是有界的,从而 $\{k_m\}$ 有收敛子列 $\{k_{m_j}\}$,我们用 k 表示这子列的极限. 因为 k 是一整数，故由 $k_{m_j}\to k$ 知存在整数 J，使当 $j\geqslant J$ 时有 $k_{m_j}=k$. 类似地通过取子列可得到

$$n_i^{(m_j')}\to n_i\qquad 当\ j\to\infty$$

和

$$x_i^{(m_j'')}\to x_i\in K\ 当\ j\to\infty,$$

这里可以取 $\{m_j'\}$ 是 $\{m_j\}$ 的子列，而 $\{m_j''\}$ 则是 $\{m_j'\}$ 的子列. 若 $g\in C_K(\mathscr{X})$,而且 g 的支承含于 K 中,则当 $j\to\infty$ 时

$$\mu g \leftarrow \mu_{m_j''} g = \sum_{i=1}^{k_{m_j''}} n_{i(m_j')} g(x_{i(m_j'')}) \to \sum_{i=1}^{k} n_i g(x_i).$$

因此

$$\mu(\cdot \cap K) = \sum_{i=1}^{k} n_i e_{x_i}(\cdot),$$

从而

$$\mu(\cdot) = \sup_K \mu(\circ \cap K) \in \mathscr{N}(\mathscr{X}),$$

定理证完. ■

计数测度 $\mu \in \mathscr{N}(\mathscr{X})$ 称做**简单的**,如果对任意 $x \in \mathscr{X}$ 有 $\mu(x) \leqslant 1$. 我们用 $\mathscr{N}_0(\mathscr{X})$ 表示简单计数测度的全体.

点过程 P 称做**简单的**,如果 $P(\mathscr{N}_0(\mathscr{X})) = 1$.

定理 11-4-2 $\mathscr{N}_0(\mathscr{X}) \in \mathscr{B}(\mathscr{N}) = \mathscr{B}(\mathscr{M}) \cap \mathscr{N}(\mathscr{X})$

证明 因为 $\mathscr{X}$ 是 σ 紧的可距离化空间,故可设

$$\mathscr{X} = \bigcup_{n=1}^{\infty} K_n,$$

这里 K_n 是递增的紧集. 对任意固定的紧集 $K_n \subset \mathscr{X}$, 以 $\{B_{ki}^n\}_{i=1}^{J_{nk}}$ 表示 K_n 的一个满足条件 $\operatorname{diam}|B_{ki}^n| < 1/k$ 的划分(即 $\bigcup_{j=1}^{J_{nk}} B_{kj}^n = K_n$, $B_{ki}^n \cap B_{kj}^n = \phi$ 当 $i \neq j$, $B_{ki}^n \in \mathscr{B}(\mathscr{X})$, 而且求并运算是对有限 J_{nk} 个集合进行的). 记

$$A = \bigcup_{n=0}^{\infty} \bigcap_{k=1}^{\infty} \bigcup_{j=1}^{J_{nk}} \{\mu \in \mathscr{N}(\mathscr{X}): \mu(B_{kj}^n) \geqslant 2\}.$$

因为 $\mathscr{B}(\mathscr{N}) = \mathscr{B}(\mathscr{M}) \cap \mathscr{N}(\mathscr{X}) = \mathscr{L}_{\mathscr{B}(\mathscr{X})} \cap \mathscr{N}(\mathscr{X})$, 故 $A \in \mathscr{B}(\mathscr{N})$. 对任意 $\mu \in \mathscr{A}$, 存在某整数 n_0, 使对所有 k, 恒能找到整数 j_k, 使得 $\mu(B_{kj_k}^{n_0}) \geqslant 2$. 于是存在 $x \in K_{n_0}$, 使得 $\mu(x) \geqslant 2$(如果不是这样,因为 K_{n_0} 中只能有有限多个原子,故当 $1/k$ 小于这些原子相互距离的最小值时就不可能找到一个 j_k, 使

得 $\mu(B^{m}_{ki_k})\geqslant 2$)。所以 $\mu\in\mathscr{N}(\mathscr{X})\backslash\mathscr{N}_0(\mathscr{X})$。反之，若 $\mu\in\mathscr{N}(\mathscr{X})\backslash\mathscr{N}_0(\mathscr{X})$，则存在 $x\in\mathscr{X}$ 和 K_n，使得 $x\in K_n$ 和 $\mu(x)\geqslant 2$，于是对所有 k，存在 $B^n_{ki_k}\supset x$，使得

$$\mu(B^n_{ki_k})\geqslant\mu(x)\geqslant 2,$$

从而有 $\mu\in A$. 这样就证明了 $A=\mathscr{N}(\mathscr{X})\backslash\mathscr{N}_0(\mathscr{X})$。前面已证 $A\in\mathscr{B}(\mathscr{N})$，故 $\mathscr{N}_0(\mathscr{X})=\mathscr{N}(\mathscr{X})\backslash A\in\mathscr{B}(\mathscr{N})$. ▨

根据随机测度的存在定理（定理 11-3-4）和随机点过程的定义，我们容易推出如下的随机点过程存在定理.

定理 11-4-3（随机点过程的存在定理） 除定理 11-3-4 的假设外，再设对所有 $A\in\mathfrak{A}$ 有

$$P_{\{A\}}(\mathbb{Z}_+)=1, \qquad (11\text{-}4\text{-}2)$$

则（$\mathscr{M}(\mathscr{X})$，$\mathscr{B}(\mathscr{M})$）上由 $\{P_U:U\in\text{fini}\mathfrak{A}\}$确定的概率测度 P 还满足

$$P(\mathscr{N}(\mathscr{X}))=1,$$

即投影系唯一确定一随机点过程.

设 ξ 是一随机点过程，我们说 $x\in\mathscr{X}$ 是 ξ 的一个**固定原子**，(fixed atom)，如果

$$P(\xi(x)>0)>0, \qquad (11\text{-}4\text{-}3)$$

说 ξ **没有重点**，如果

$$P\{\text{存在 } x\in\mathscr{X} \text{ 使得 } \xi(x)\geqslant 2\}=0. \qquad (11\text{-}4\text{-}4)$$

易见一个简单点过程就是没有重点的点过程.

另一方面，对任意 $\mu\in\mathscr{N}(\mathscr{X})$，可以用

$$\hat{\mu}(x)=\min(\mu(x),1) \qquad (11\text{-}4\text{-}5)$$

定义一个新的计数测度 $\hat{\mu}\in\mathscr{N}_0(\mathscr{X})$. 易见 $\hat{\mu}(x)\neq 0$ 和$\mu(x)\neq 0$ 的点 x 是相同的，但 $\hat{\mu}$ 是简单计数测度. 可以证明，把 μ 映为 $\hat{\mu}$ 的映象 ψ 是可测的. 事实上，令 $\psi_A(\mu)=\min(\mu(A),1)$，$A\in\mathscr{B}(\mathscr{X})$. 这时 ψ_A 的可测性是显然的. 现设 d 是$\mathscr{X}$ 的某一距离，A 是有界波雷尔集，则 A 可表为满足以下条件的有限多个互不相交集合 $A_{n1},A_{n2},\cdots,A_{nr_n}$ 之并:

$$\operatorname{diam} A_{nj} < \frac{1}{n} \qquad 1 \leqslant j \leqslant n_r, \quad A_{nj} \in \mathscr{B}(\mathscr{X}).$$

随着 n 的增大，划分 $\{A_{n1}, \cdots, A_{nr_n}\}$ 愈来愈精细，这时由

$$\phi_n^A = \sum_{j=1}^{r_n} \phi_{A_{nj}}$$

定义的可测函数序列是单调下降的，而且

$$\lim_{n\to\infty} \phi_n^A(\mu) = \hat{\mu}(A) \text{ 对任意} A \in \mathscr{B}(\mathscr{X}).$$

因此，映象 ϕ 作为 ϕ_n^A 的极限是可测的。

令 $\hat{\xi} = \phi\xi$，则 $\hat{\xi}$ 是一简单点过程。易见 ξ 是一简单点过程当且仅当 $P(\xi = \hat{\xi}) = 1$。

定理 11-4-4 设 ξ 是一随机点过程 $\mathfrak{A} \subset \mathscr{B}(\mathscr{X})$ 是一个含 $\mathscr{X}$ 的某一拓扑基的代数，则过程 $\hat{\xi}$ 的分布由所有 $P(\xi(A) = 0)$（A是 $\mathfrak{A}$ 中的有界集）唯一地确定。

证明 由定理的假设知在本定理之前证明映象 $\phi: \mu \to \hat{\mu}$ 的可测性的推理中，集合 A 和 A_{nj} 可从 $\mathfrak{A}$ 中选取。因为每一 ϕ_A 只取值 0 或 1，故 ϕ 实际上是从可测空间 $(\mathscr{N}(\mathscr{X}), \sigma\{\{\mu \in \mathscr{N}(\mathscr{X}): \mu(A) = 0\}, A \in \mathfrak{A}\})$ 到可测空间 $(\mathscr{N}(\mathscr{X}), \mathscr{B}(\mathscr{N}))$ 上的可测映象。又因为集合类

$$\mathscr{L} = \{\{\mu: \mu(A) = 0\}, A \in \mathfrak{A}\}$$

构成一 π 系（事实上，若 $B_1, B_2 \in \mathscr{L}$，则存在 $A_1, A_2 \in \mathfrak{A}$，使得 $B_1 = \{\mu: \mu(A_1) = 0\}$ 和 $B_2 = \{\mu: \mu(A_2) = 0\}$。容易验证 $B_1 \cap B_2 = \{\mu: \mu(A_1 \cup A_2) = 0\} \in \mathscr{L}$）。余下只须利用引理 11-3-2 即可完成本定理的证明。 ■

由上述定理看出，一个简单点过程的分布可由那些没有这过程的点的集合的概率完全确定。

如何判断一个点过程是否简单的呢？下面将要给出一个有用的判别准则，为此要先引入一些定义。

我们称 $x \in \mathscr{X}$ 是测度 $\mu \in \mathscr{M}(\mathscr{X})$ 的原子，如果 $\mu(x) > 0$。测度 $\mu \in \mathscr{M}(\mathscr{X})$ 称做非原子的（或扩散的），如果它没有原

子，即 $\mu(x)=0$ 对所有 $x\in\mathscr{X}$.

定理 11-4-5 设 ξ 是一随机点过程. 若存在一非原子的 $\lambda\in\mathscr{M}(\mathscr{X})$, 使对 $A\in\mathfrak{A}$ 和当 $\lambda(A)\downarrow 0$ 时有

$$P(\xi(A)\geqslant 2)=o(\lambda(A)),\tag{11-4-6}$$

其中 $\mathfrak{A}$ 是包含某拓扑基的代数. 则 ξ 是简单的.

证明 由对 $\mathscr{X}$ 的假设知存在一串紧集 $\{K_n\}$, 使得

$$K_n\uparrow\mathscr{X}\ \text{和}\ K_n\subset K_{n+1}^0.$$

又由测度 λ 的规则性知对每一 K_n 和任意 $x\in K_n$, 恒存在开邻域 $V_x\in\mathfrak{A}$ 和 $V_x\subset K_{n+1}^0$, 使得

$$P(\xi(V_x)\geqslant 2)<\varepsilon\lambda(V_x).$$

由 K 的紧性知可选出有限多个 V_x 覆盖 K_n, 据此又可产生 $\mathfrak{A}$ 中有限多个互不相交的集合 $A_1,\cdots,A_n$, 使得

$$K_{n+1}^0\supset\bigcup_{j=1}^n A_j\supset K_n$$

和 $P(\xi(A_j)\geqslant 2)<\varepsilon\lambda(A_j),j=1,\cdots,n$. 于是有

$$\begin{aligned}&P(\text{存在}\ x\in K_n\ \text{使得}\ \xi(x)\geqslant 2)\\&\leqslant\sum_{j=1}^n P(\xi(A_j)\geqslant 2)\\&<\varepsilon\sum_{j=1}^n\lambda(A_j)\\&\leqslant\varepsilon\lambda(K_{n+1}).\end{aligned}$$

因为 $\lambda(K_{n+1})<\infty$, 故由 ε 的任意性知

$$P(\text{存在}\ x\in K_n\ \text{使得}\ \xi(x)\geqslant 2)=0,$$

即 ξ 以概率 1 在 K_n 中没有重点. 再由 $\mathscr{X}$ 的 σ 紧性即得定理的论断. ■

§11-5 随机测度的分解和表征

我们首先从两种不同的观点讨论随机测度的分解问题. 第一

种观点是按具有随机性与否把随机测度分解为纯随机部分和非随机部分．第二种观点则按是否含原子把随机测度分解为不含原子部分和纯原子部分．然后综合这两类分解就可以得到更精细的分解表示．

为了推出随机测度的第一类分解表示，我们需要引入某些定义和引理．设 $\mathscr{L}=\{\mu_t, t\in T\}$ 是一族定义在同一可测空间 $(\mathscr{X}, S)$ 上的测度，这里 T 是任意指标集．我们把由

$$\mu(B)=\sum_{k=1}^{\infty}\mu_{t_k}(B\cap A_k),\ \mu_{t_k}\in\mathscr{L},\ A_k, B\in S,$$

$$A_k\cap A_j=\phi \text{ 当 } k\neq j \tag{11-5-1}$$

定义的测度 μ 称做测度族 $\mathscr{L}$ 在不相交可测集上的局限；相应地，我们把

$$\mu(B)=\sum_{k=1}^{n}\mu_{t_k}(B\cap A_k) \tag{11-5-2}$$

定义的测度 μ 称做测度族 $\mathscr{L}$ 在有限不相交可测集上的局限，这里 n 是任意自然数．

如果测度族 $\mathscr{L}$ 包含所有形如(11-5-1)的测度，则称 $\mathscr{L}$ 对在不相交可测集的局限是封闭的；如果 $\mathscr{L}$ 包含所有形如(11-5-2)的测度，则称 $\mathscr{L}$ 对在有限不相交可测集的局限是封闭的．

引理 11-5-1 若 $\mathscr{L}$ 对在有限不相交可测集的局限是封闭的，而且它被某一有限测度 ζ 所控制，即对任意 $\mu_t\in\mathscr{L}$ 和 $B\in S$ 有

$$\mu_t(B)\leqslant\zeta(B). \tag{11-5-3}$$

则由

$$\nu(B)=\sup_{t\in T}\mu_t(B),\ B\in S \tag{11-5-4}$$

定义的集函数 ν 是 $(\mathscr{X}, S)$ 上的有限测度．

证明 由(11-5-4)式定义的集函数 ν 显然是非负的．下面证明它是有限可加的，为此只须证明对任意不相交的可测集 B_1 和 B_2 有

$$\nu(B_1+B_2)=\nu(B_1)+\nu(B_2). \tag{11-5-5}$$

由 ν 的定义(11-5-4)知对任意 $\varepsilon>0$,存在 $\mu_s\in\mathscr{L}$，使得

$$\begin{aligned}\nu(B_1\cup B_2)-\varepsilon&<\mu_s(B_1\cup B_2)\\&=\mu_s(B_1)+\mu_s(B)\\&\leqslant\nu(B_1)+\nu(B_2).\end{aligned}$$

由 ε 的任意性即得

$$\nu(B_1\cup B_2)\leqslant\nu(B_1)+\nu(B_2).\tag{11-5-6}$$

下面证明相反的不等式也成立. 由 $\nu(B_1)$ 和 $\nu(B_2)$ 的定义知对任意 $\varepsilon>0$，存在测度 $\mu_u,\mu_v\in\mathscr{L}$，使得

$$\nu(B_1)-\varepsilon<\mu_u(B_1)$$

和

$$\nu(B_2)-\varepsilon<\mu_v(B_1).$$

现定义测度 μ_w 如下：对任意 $C\in S$,

$$\mu_w(C)=\mu_u(C\cap B_1)+\mu_v(C\cap B_2).$$

由假设知 $\mu_w\in\mathscr{L}$,因而有

$$\begin{aligned}\nu(B_1\cup B_2)&\geqslant\mu_w(B_1\cup B_2)\\&=\mu_u(B_1)+\mu_v(B_2)\\&>\nu(B_1)+\nu(B_2)-2\varepsilon,\end{aligned}$$

由 ε 的任意性即得

$$\nu(B_1\cup B_2)\geqslant\nu(B_1)+\nu(B_2).\tag{11-5-7}$$

联合(11-5-6)和(11-5-7)式就推出 ν 的有限可加.

因为控制测度 ζ 是有限的,故 ν 亦为有限. 最后证明 ν 是 σ 可加的,为此只须证明它在空集上连续. 设 $B_k\downarrow\phi$ 和 $B_k\in S(k=1,2,\cdots)$，于是有

$$0\leqslant\nu(B_k)\leqslant\zeta(B_k)\downarrow 0\ \text{当}\ k\to\infty.$$

引理 11-5-2 若 $\mathscr{L}$ 对在不相交可测集的局限是封闭的,它被一 σ 有限测度 ζ 所控制，则由(11-5-4)式定义的集函数 ν 是一 σ 有限测度.

证明 由引理条件不失一般性可设

$$\mathscr{X}=\bigcup_{k=1}^{\infty}E_k, E_k\in S, E_k\cap E_j=\phi(k\neq j),$$

而且 $\zeta(E_k)<\infty$对每一 k. 易见对每一 $\mu_t\in\mathscr{L}$,由

$$\mu_t^{(k)}(B)=\mu_t(B\cap E_k), B\in S \qquad (11\text{-}5\text{-}8)$$

定义 $(\mathscr{X},S)$ 上的一个测度. 类似地,

$$\zeta^{(k)}(B)=\zeta(B\cap E_k),\ B\in S \qquad (11\text{-}5\text{-}9)$$

亦定义 $(\mathscr{X},S)$ 上的一个测度. 注意 $\mu_t^{(k)}$ 和 $\zeta^{(k)}$ 都是有限测度,它们把全部质量集在 E_k 上. 测度族 $\mathscr{L}_k=\{\mu_t^{(k)},t\in T\}$ 和测度 $\zeta^{(k)}$ 满足引理 11-5-1 的条件,故存在测度族 $\mathscr{L}_k$ 的上确界测度 ν_k, 它是有限的,而且把全部质量集中在 E_k 上. 显然, 由

$$\nu(B)=\sum_{k=1}^{\infty}\nu_k(B),\ B\in S \qquad (11\text{-}5\text{-}10)$$

定义的 ν 是一 σ 有限测度, 它就是我们所要求的测度——族$\mathscr{L}$的上确界测度. 事实上,对任意 $B\in S,\varepsilon>0$ 和自然数 k, 由 ν_k 的定义知存在 $\mu_{t_k}^{(k)}\in\mathscr{L}_k\subset\mathscr{L}$, 使得

$$\nu_k(B)-\frac{\varepsilon}{2^k}<\mu_{t_k}^{(k)}(B)\ (=\mu_{t_k}(B\cap E_k)).$$

令

$$\mu=\sum_{k=1}^{\infty}\mu_{t_k}^{(k)},$$

由 $\mathscr{L}$ 对在不相交可测集上的局限是封闭的假设知 $\mu\in\mathscr{L}$, 而且

$$\mu(B)=\sum_{k=1}^{\infty}\mu_{t_k}^{(k)}(B)>\sum_{k=1}^{\infty}\nu_k(B)-\varepsilon$$
$$=\nu(B)-\varepsilon.$$

另一方面,对任意 $\mu_t\in\mathscr{L}$ 有

$$\nu(B)=\sum_{k=1}^{\infty}\nu_k(B)\geqslant\sum_{k=1}^{\infty}\mu_t^{(k)}(B)=\mu_t(B).$$

故测度 ν 确是满足条件（11-5-4）的上确界测度. 类似于引理 11-5-1 和引理 11-5-2,还可以推出如下两个相应的论断.

引理 11-5-3 若 $\mathscr{L}$ 至少含一有限测度,而且 $\mathscr{L}$ 对在有限不相交可测集的局限是封闭的,则

$$\eta(B)=\inf_{t\in T}\mu_t(B),\ B\in S \tag{11-5-11}$$

定义一有限测度.

引理 11-5-4 若 $\mathscr{L}$ 至少含一 σ 有限测度,而且 $\mathscr{L}$ 对在不相交可测集的局限是封闭的,则(11-5-11)定义一 σ 有限测度.

我们知道,一个随机测度就是从 $(\Omega,\mathscr{F},P)$ 到 $(\mathscr{M}(\mathscr{X}),\mathscr{B}(\mathscr{M}))$的可测映象 ξ,它也可以看作是从 $\Omega\times\mathscr{B}(\mathscr{X})$到$[0,\infty]$ 的映象,即可写为 $\xi(\omega,A)$ 对 $\omega\in\Omega,A\in\mathscr{B}(\mathscr{X})$. 对于固定的 $\omega,\xi(\omega,\cdot)\in\mathscr{M}(\mathscr{X})$, 即是一 Radon 测度, 它是 σ 有限的.

定理 11-5-1 任一随机测度 ξ 恒可表为

$$\xi=\nu+\xi_r, \tag{11-5-12}$$

其中 ν 是一非随机(即不依赖于 ω) 的 Radon 测度, ξ_r 是纯随机测度,即若存在测度 η 使得 $\xi_r(\omega,B)\geqslant\eta(B)$ 对所有 $\omega\in\Omega$和所有 $B\in\mathscr{B}(\mathscr{X})$,则 η 只能是一零测度.

证明 以 $\mathscr{L}$ 表示对所有 $\omega\in\Omega$ 和所有 $B\in\mathscr{B}(\mathscr{X})$ 均满足

$$\xi(\omega,B)\geqslant\mu(B) \tag{11-5-13}$$

的测度 μ 的全体,我们验证 $\mathscr{L}$ 满足引理 11-5-2 的条件. 首先,$\mathscr{L}$ 对在不相交可测集的局限是封闭的. 事实上,对任意不相交可测集序列 $\{A_k\}$ 和 $\mathscr{L}$ 中任意测度序列 $\{\mu_k\}$, 由

$$\mu(B)=\sum_{k=1}^{\infty}\mu_k(B\cap A_k),B\in\mathscr{B}(\mathscr{X}) \tag{11-5-14}$$

定义的集函数是一测度,而且

$$\begin{aligned}\mu(B)&=\sum_{k=1}^{\infty}\mu_k(B\cap A_k)\\&\leqslant\sum_{k=1}^{\infty}\xi(\omega,B\cap A_k)\end{aligned}$$

$$\leqslant \xi(\omega, B), \qquad \text{任意 } \omega \in \Omega,$$

即 $\mu \in \mathscr{L}$. 其次，因为 ξ 是随机测度，任取一 $\omega_0 \in \Omega$，则 $\zeta = \xi(\omega_0, \cdot)$ 是一 Radon 测度，故是 σ 有限的，我们可取它作控制测度. 这样一来，由引理 11-5-2 知

$$\nu(B) = \sup_{\mu \in \mathscr{L}} \mu(B), \quad B \in \mathscr{B}(\mathscr{X})$$

定义一测度，它不依赖于 ω. 因为 $\nu \leqslant \xi(\omega_0, \cdot) \in \mathscr{M}(\mathscr{X})$，故 ν 也是一 Radon 测度. 最后，令

$$\xi_r = \xi - \nu,$$

由 ν 的定义易知 ξ_r 是一纯随机测度，这样我们就得到 ξ 的形如(11-5-12)式的分解表示. ∎

现在考虑随机测度的第二种类型的分解. 从是否含有固定原子的观点，随机测度有下述定理给出的分解表示.

定理 11-5-2 任一随机测度 ξ 恒可表为

$$\xi = \xi_c + \sum_{k=1}^{\infty} U_k \delta_{x_k}, \tag{11-5-15}$$

其中 ξ_c 是不含固定原子的随机测度，$x_k \in \mathscr{X}$ 是 ξ 的固定原子，U_k 是非负随机变量，δ_x 是集中单位质量于点 x 的测度.

证明 先证任意非随机测度 $\mu \in \mathscr{M}(\mathscr{X})$ 有分解表示

$$\mu = \mu_c + \sum_{k=1}^{\infty} b_k \delta_{x_k}, \tag{11-5-16}$$

其中 $\mu_c \in \mathscr{M}(\mathscr{X})$不含原子，$b_1, b_2, \cdots \in \overline{\mathbb{R}}_+$ 和 $x_1, x_2, \cdots \in \mathscr{X}$. 若规定 $x_1, x_2, \cdots$ 相异，则这种分解是唯一的. 而且 $\mu \in \mathscr{N}(\mathscr{X})$ 当且仅当 $\mu_c = 0$. 事实上，由 μ 的 σ 有限性知 μ 最多有可数多个原子，故可把这些原子写成 $b_1\delta_{x_1}, b_2\delta_{x_2}, \cdots$ (即有 $\mu_{(x_k)} = b_k, k = 1,2,\cdots$). 于是

$$\mu_c = \mu - \sum_{k=1}^{\infty} b_k \delta_{x_k}$$

是一不含原子的测度.

现在考虑随机测度 $\xi(\omega, A)$ 的情形. 因为对每一固定的

$\omega\in\Omega,\xi(\omega,\cdot)\in\mathscr{M}(\mathscr{X})$，故由上述知 $\xi(\omega,\cdot)$ 可分解为

$$\xi(\omega,\cdot)=\xi_c(\omega,\cdot)+\sum_{k=1}^{\infty}b_k(\omega)\delta_{x_k(\omega)}(\cdot). \quad (11\text{-}5\text{-}17)$$

对任意 $\omega\in\Omega,\xi_c(\omega,\cdot)$ 都不含原子,故随机测度 ξ_c 不含固定原子. 余下只须证明 $b_k(\omega)$ 和 $x_k(\omega)$ 的可测性. 这从直观上是可以推想的,但严格的证明并不容易,请参看 Kallenberg (1983), pp.20。 ■

联合定理 11-5-1 和定理 11-5-2 又可得

定理 11-5-3 任一随机测度 ξ 恒可表为

$$\xi=\nu_c+\xi_{rc}+\sum_{k=1}^{\infty}U_k\delta_{x_k}, \quad (11\text{-}5\text{-}18)$$

其中 ν_c 是不含原子的(非随机) Radon 测度，ξ_{rc} 是不含原子的纯随机测度，U_k 和 δ_{x_k} 的意义同前.

定理 11-5-4 任一随机测度 ξ 恒可表为

$$\xi=\nu+\xi_{rc}+\sum_{k=1}^{\infty}U'_k\delta_{x_k}, \quad (11\text{-}5\text{-}19)$$

其中 ν 是非随机的(可能含原子的) Radon 测度，U'_k 是非负(纯)随机变量，它与前面的 U_k 的差别在于它已把常数部分分离到 ν 中.

人们可以根据不同的需要选用上列诸定理给出的不同形式的分解.

§11-6 完全随机测度和泊松过程

随机测度 ξ 称做完全的 (complete),如果它在不相交集合上的取值是独立的. 确切地说,设 $B_1,\cdots,B_n\in\mathscr{B}(\mathscr{X})$ 是任意 n 个不相交的集合,则 $\xi(B_1),\cdots,\xi(B_n)$是相互独立的随机变量.容易看出,完全随机测度 ξ 的分解表示(11-5-8)(或(11-5-19))中随机变量 $U_1,U_2,\cdots$ (相应地，$U'_1,U'_2,\cdots$) 是相互独立的.

抽象空间 $\mathscr{X}$ 上的泊松过程是一类特殊的完全随机测度. 我

们将要在本章前面各节材料的基础上简要讨论这类过程. 读者在阅读这些内容时可与第二章相应的概念和论断相对照.

设 λ 是 $(\mathscr{X},\mathscr{B}(\mathscr{X}))$ 上的非原子 Radon 测度. 对任意 $A\in\mathscr{B}(\mathscr{X})$, 当 $\lambda(A)<\infty$ 时令

$$P_{\{A\}}(\{n\})=e^{-\lambda(A)}[\lambda(A)]^n/n!,n=0,1,\cdots, \tag{11-6-1}$$

当 $\lambda(A)=\infty$ 时则定义

$$P_{\{A\}}(\{\infty\})=1. \tag{11-6-2}$$

这样, 对每一 $A\in\mathscr{B}(\mathscr{X})$ 都给出 $\bar{Z}_+$ 上的一个概率测度. 对于互不相交的 $A_1,\cdots,A_n\in\mathscr{B}(\mathscr{X})$, 令

$$P_{\{A_1,\cdots,A_n\}}(\{r_1,\cdots,r_n\})=\prod_{k=1}^{n}P_{\{A_k\}}(\{r_k\}), \tag{11-6-3}$$

这里 $r_1,\cdots,r_n\in\bar{Z}_+$. 对于一般的集合 $A_1,\cdots,A_n\in\mathscr{B}(\mathscr{X})$, 则通过把这些集合分解为形如

$$A_{j_1}\cap\cdots\cap A_{j_k}\bigcap_{j\neq j_1,\cdots,j_k}A_j'$$

的互不相交集合 $C_1,\cdots,C_N$, 可以把每一 $A_j(j=1,\cdots,n)$ 表为

$$A_j=\bigcup_{k=1}^{n_j}C_{m_k},1\leqslant n_j\leqslant N,\quad 1\leqslant m_k\leqslant N,$$

而且

$$\bigcup_{j=1}^{n}A_j=\bigcup_{k=1}^{N}C_k,$$

于是定义

$$P_{\{A_1,\cdots,A_n\}}(\{r_1,\cdots,r_n\})=\sum P_{\{C_1,\cdots,C_N\}}(\{t_1,\cdots,t_N\}), \tag{11-6-4}$$

式中的求和是对所有满足 $\sum_{k=1}^{n_j}t_k=r_j$ 的 $t_1,\cdots,t_N(1\leqslant j\leqslant n)$ 进行. 可以验证, 这是一个投影系. 由随机点过程的存在定理知它唯一地确定 $(\mathscr{N}(\mathscr{X}),\mathscr{B}(\mathscr{N}))$ 上的一个概率测度 Π_λ. 我们

把具有分布 Π_λ 的点过程(或直接把 Π_λ) 称做**具有均值测度 λ 的泊松过程**.

定理 11-6-1 泊松过程没有固定原子,也没有重点.

证明 设 ξ 是具有均值测度 λ 的泊松过程. 因为 λ 是非原子的,故对任意 $x\in\mathscr{X}$ 有 $\lambda\{x\}=0$, 由此推得

$$P(\xi\{x\}=0)=e^{-\lambda(x)}=1.$$

另一方面,由(11-6-1)式知对 $A\in\mathscr{B}(\mathscr{X})$ 有

$$P(\xi(A)\geqslant 2)=\sum_{n=2}^{\infty}e^{-\lambda(A)}[\lambda(A)]^n/n!=o(\lambda(A)). \tag{11-6-5}$$

由定理 11-4-5 知 ξ 没有重点. ■

应当指出, 如果在泊松过程的定义中放弃对均值测度 λ 的非原子要求,即是说可能有某 $x\in\mathscr{X}$ 使得 $\lambda(x)>0$, 这时

$$P(\xi(x)=0)=e^{-\lambda(x)}<1$$

和

$$P(\xi(x)\leqslant 1)=e^{-\lambda(x)}(1+\lambda(x))<1,$$

即 x 是点过程 ξ 的一个固定原子, 而且 ξ 在 x 可能出现重点. 这样的点过程就是广义泊松过程.

定理 11-6-2 随机点过程 ξ 是泊松过程的充要条件是: 存在 $(\mathscr{X},\mathscr{B}(\mathscr{X}))$ 上的一个非原子的 Radon 测度 λ 和一个包含某拓扑基的代数 $\mathfrak{A}\subset\mathscr{B}(\mathscr{X})$, 使得对 $A\in\mathfrak{A}$ 有

$$P(\xi(A)=0)=e^{-\lambda(A)} \tag{11-6-6}$$

和

$$P(\xi(A)\geqslant 2)=o(\lambda(A)) \quad 当\ \lambda(A)\to 0. \tag{11-6-7}$$

证明 必要性由泊松过程定义中的(11-6-1)式和定理11-6-1给出. 下面证明充分性. 由定理 11-4-5 知 ξ 没有重点. 又由定理 11-4-4 知简单点过程 ξ 的分布由 $P(\xi(A)=0)=e^{-\lambda(A)}$ (所有 $A\in\mathfrak{A}$) 的值确定, 这就表明 ξ 是一个具有均值测度 λ 的泊松过程. ■

定理 11-6-3 若 $(\mathscr{X},\mathscr{B}(\mathscr{X}))$ 上的 Radon 测度 λ 是非

原子的，而且 $\lambda(\mathscr{X})<\infty$. 则对所有 $B\in\mathscr{B}(\mathscr{N})$ 有

$$\Pi_\lambda(B)=\sum_{n=0}^{\infty}e^{-\lambda(\mathscr{X})}\int_{\mathscr{X}^n}I_B\left(\sum_{j=1}^{n}\delta_{x_j}\right)\lambda(dx_1)\cdots\lambda(dx_n)/n!,$$

(11-6-8)

这里 $\Pi_\lambda(\cdot)$ 是以 λ 为均值测度的泊松过程分布，δ_x 是把单位质量集中在 x 的狄拉克测度，$\mathscr{X}^n$ 是 $\mathscr{X}$ 的 n 重乘积空间.

证明 对于 $B\in\mathscr{B}(\mathscr{N})$，令

$$Q(B)=\sum_{n=0}^{\infty}e^{-\lambda(\mathscr{X})}\int_{\mathscr{X}^n}I_B\left(\sum_{j=1}^{n}\delta_{x_j}\right)\lambda(dx_1)\cdots\lambda(dx_n)/n!.$$

容易验证这样定义的 $Q(\cdot)$ 是 $(\mathscr{N}(\mathscr{X}),\mathscr{B}(\mathscr{N}))$ 上的一个概率测度. 设点过程 ξ 有分布 Q，则对 $A\in\mathscr{B}(\mathscr{X})$ 有

$$\begin{aligned}P\{\xi(A)=0\}&=\sum_{n=0}^{\infty}e^{-\lambda(\mathscr{X})}\int_{\mathscr{X}^n}I_{\{\mu;\mu(A)=0\}}\\&\qquad\left(\sum_{j=1}^{n}\delta_{x_j}\right)\lambda(dx_1)\cdots\lambda(dx_n)/n!\\&=\sum_{n=0}^{\infty}e^{-\lambda(\mathscr{X})}\int_{(A')^n}\lambda(dx_1)\cdots\lambda(dx_n)/n!\\&=\sum_{n=0}^{\infty}e^{-\lambda(\mathscr{X})}[\lambda(A')]^n/n!\\&=e^{-\lambda(\mathscr{X})}e^{\lambda(A')}\\&=e^{-\lambda(A)}\end{aligned}$$

和

$$\begin{aligned}P(\xi(A)\geqslant 2)&=\sum_{n=2}^{\infty}P(\xi(A)\geqslant 2,\xi(\mathscr{X})=n)\\&=\sum_{n=2}^{\infty}e^{-\lambda(\mathscr{X})}C_n^2\int_{A^2\times\mathscr{X}^{n-2}}\lambda(dx_1)\cdots\lambda(dx_n)/n!\\&=\sum_{n=2}^{\infty}e^{-\lambda(\mathscr{X})}C_n^2[\lambda(A)]^2[\lambda(\mathscr{X})]^{n-2}/n!\end{aligned}$$

$$= o(\lambda(A)), \quad 当 \ \lambda(A) \to 0.$$

故由定理 11-6-2 知具有分布 Q 的点过程是均值强度为 λ 的泊松过程，即 $Q = \Pi_\lambda$. ■

定理 11-6-4 随机点过程 ξ 是泊松过程当且仅当它不含固定原子，没有重点和是完全随机的.

证明 按照泊松过程的定义和定理 11-6-1 知泊松过程具有所要求的性质. 下面证明充分性部分. 设 ξ 是完全随机的，而且没有固定原子和重点. 我们要证明存在一个满足定理 11-6-2 要求的 Radon 测度 λ. 记

$$\Pi_k A = P(\xi(A) = k), k = 0, 1, \cdots.$$

于是，当 $A_n \downarrow \phi$ 或 $A_n \downarrow \{x\}$ 时有 $\Pi_0 A_n \uparrow 1$. 我们断言对任意有界可测集 A 有 $\Pi_0 A \neq 0$. 因若不然，设 d 是 $\mathscr{X}$ 的一个距离并令

$$V_n(x) = \{y : d(x, y) < 1/2n\}.$$

因为 A 有界，不妨还设它是闭的(否则可考虑它的闭包 $\bar{A}$). 故从覆盖集族 $\{V_1(x) : x \in \bar{A}\}$ 中可选出有限多个集合 $V_{11}, \cdots, V_{1k}$ 覆盖 A. 令

$$B_1 = A \cap V_{11}$$

$$B_j = A \cap V_{1j} \backslash (B_1 \cup \cdots \cup B_{j-1}), j = 2, \cdots, k.$$

易见 $B_1, \cdots, B_k$ 互不相交，而且 $A = \bigcup_{j=1}^{k} B_j$，这样我们就得到 A 的一个划分. 由完全随机性有

$$0 = \Pi_0 A = \prod_{j=1}^{k} \Pi_0 B_j,$$

故最少有一个 B_j 满足 $\Pi_0 B_j = 0$. 我们把这样的一个集合记作 A_1. 对 A_1 利用覆盖集 $V_2(x)$ 重复上面的推理我们可得集合 A_2，它满足 $\Pi_0 A_2 = 0$ 和 $A_2 \subset A_1$. 依次重复上述步骤就得到一串递降的集合序列 $A_1, A_2, \cdots, A_n, \cdots$, 其中集合 A_n 的直径小于 $1/n$ 且有 $\Pi_0 A_n = 0$. 因为 $\bigcap_{n=1}^{\infty} A_n$ 不能含有多于一个点，于是有

$\Pi_0 A_n \uparrow 1$，这与 $\Pi_0 A_n = 0$ (对所有 n)矛盾. 这样,我们就证明了 $\Pi_0 A \neq 0$，故可定义

$$\lambda(A) = -\log(\Pi_0 A).$$

易见 λ 是定义在 $(\mathscr{X}, \mathscr{B}(\mathscr{X}))$ 上的一个非负有限可加集函数，它在有界集上是有限的. 若 $A_n \uparrow A$，则当 $n \to \infty$ 时

$$\lambda(A_n) = -\log P(\xi(A_n) = 0) \to -\log P(\xi(A) = 0) = \lambda(A),$$

即 λ 是一个 Radon 测度. 最后，由 $\lambda\{x\} = -\log(\Pi_0\{x\}) = -\log 1 = 0$ 知 λ 不含原子.

现设 $\{A_{n1}, \cdots, A_{nr_n}\}$ 是有界集 A 的一个划分,它满足

$$\Pi_1 A_{nj} < \lambda(A) 2^{-n}$$

和 $\operatorname{diam}(A_{nj}) < 1/n$ 对 $j = 1, \cdots, r_n$. 这时有

$$\begin{aligned}
\Pi_1 A &= P(\xi(A) = 1) \\
&= \sum_{j=1}^{r_n} P(\xi(A_{nj}) = 1) P(\xi(A \backslash A_{nj}) = 0) \\
&= \sum_{j=1}^{r_n} \Pi_1 A_{nj} e^{-\lambda(A \backslash A_{nj})} \\
&\geqslant e^{-\lambda(A)} \sum_{j=1}^{r_n} \Pi_1 A_{nj}.
\end{aligned} \tag{11-6-9}$$

利用这一事实和下面的不等式:

$|u + \log(1-u)| \leqslant cu^2$ 对 $0 \leqslant u \leqslant 1/2$，其中 c 是某一正常数,我们可推出

$$\begin{aligned}
&\left| \sum_{j=1}^{r_n} \Pi_1 A_{nj} + \log \prod_{j=1}^{r_n} (1 - \Pi_1 A_{nj}) \right| \\
&\qquad \leqslant \sum_{j=1}^{r_n} |\Pi_1 A_{nj} + \log(1 - \Pi_1 A_{nj})| \\
&\qquad \leqslant c \sum_{j=1}^{r_n} (\Pi_1 A_{nj})^2
\end{aligned}$$

$$\leqslant c2^{-n}\lambda(A)\sum_{j=1}^{r_n}\Pi_1 A_{nj}$$

$$\leqslant c2^{-n}\lambda(A)\Pi_1 A\cdot e^{\lambda(A)}$$

$$\to 0 \quad 当\ n\to\infty. \tag{11-6-10}$$

另一方面,因为 $P(\xi(A_{nj})\neq 1)\geqslant P(\xi(A_{nj})=0)$,故

$$\prod_{j=1}^{r_n}(1-\Pi_1 A_{nj})\geqslant\prod_{j=1}^{r_n}\Pi_0 A_{nj}=\Pi_0 A=e^{-\lambda(A)}. \tag{11-6-11}$$

因此,当 $n\to\infty$ 时

$$\prod_{j=1}^{r_n}(1-\Pi_1 A_{nj})-\Pi_0 A=\prod_{j=1}^{r_n}P(\xi(A_{nj})\neq 1)$$

$$-P(\xi(A)=0)$$

$$=P(\xi(A_{nj})\neq 1,j=1,\cdots,r_n)$$

$$-P(\xi(A_{nj})=0,j=1,\cdots,r_n)$$

$$=P(\xi(A_{nj})\geqslant 2,j=1,\cdots,r_n)\to 0 .$$

上式右端趋于零的原因是 ξ 没有重点. 这样,我们就证明了当 $n\to\infty$时

$$\prod_{j=1}^{r_n}(1-\Pi_1 A_{nj})\to\Pi_0 A=e^{-\lambda(A)}.$$

联合这结果和(11-6-10)式即得

$$\lim_{n\to\infty}\sum_{j=1}^{r_n}\Pi_1 A_{nj}=\lambda(A).$$

再根据(11-6-9)式可推出

$$\Pi_1 A\geqslant e^{-\lambda(A)}\lambda(A).$$

从而当 $\lambda(A)\to 0$ 时有

$$P(\xi(A)\geqslant 2)=1-\Pi_0 A-\Pi_1 A$$

$$\leqslant 1-e^{-\lambda(A)}-e^{-\lambda(A)}\lambda(A)=o(\lambda(A)).$$

■

§11-7 Palm 概率

在第四章我们已就状态空间是 $\mathbb{R}_+$ 的平稳点过程情形引入并

讨论了 Palm 概率(或者说 Palm 分布). 在这里我们把 Palm 概率的概念推广到抽象状态空间 $\mathscr{X}$ 和一般随机点过程的情形.

设 ξ 是 $\mathscr{X}$ 上的随机点过程. 假定已知 ξ 在 $x\in\mathscr{X}$ 有点发生,即 $\xi(x)>0$. 在这条件下,我们能对这过程的余下部分说些什么呢? 确切地说,我们想要知道条件概率 $P(\xi\in B|\xi(x)>0)$, $B\in\mathscr{B}(\mathscr{N})$.

如果 x 是过程 ξ 的一个固定原子,我们自然可以定义

$$P(\xi\in B|\xi(x)>0)=P(\xi\in B,\xi(x)>0)/P(\xi(x)>0). \tag{11-7-1}$$

但当 $P(\xi(x)>0)=0$ 时就不能如此简单地用(11-7-1)式定义条件概率 $P(\xi\in B|\xi(x)>0)$. 下面让我们来解决这一定义问题.

设 φ 是从 $\mathscr{X}\times\mathscr{N}(\mathscr{X})$ 到 R_+ 的函数, 它是关于乘积 σ 代数 $\mathscr{B}(\mathscr{X})\times\mathscr{B}(\mathscr{N})$ 可测的, 而且使得对有界集 $A\in\mathscr{B}(\mathscr{X})$,

$$\eta(A)=\int_A\varphi(x,\xi)\hat{\xi}(dx) \tag{11-7-2}$$

有有限数学期望,这里 $\hat{\xi}$ 是对应于 ξ 的简单点过程. 记 $\lambda(\cdot)=E\hat{\xi}(\cdot)$, 即 $\lambda(A)$ 是集合 A 中相异点的数目的期望值. 易见 λ 是 $\mathscr{B}(\mathscr{X})$ 上的测度,我们还假设它在有界集上是有限的, 即 λ 是一 Radon 测度. 如果 $\lambda(A)=0$, 则 $P(\hat{\xi}(A)=0)=1$, 因而 $P(\eta(A)=0)=1$, 这时又必有 $E\eta(A)=0$, 所以 $E\eta$ 是关于 λ 绝对连续的, 由 Radon-Nikodym 定理知存在一个 x 的函数 $E_x\varphi$, 使得对任意 $A\in\mathscr{B}(\mathscr{X})$ 有

$$E\eta(A)=\int_A E_x\varphi\lambda(dx), \tag{11-7-3}$$

我们也使用记号

$$E\eta(dx)=E_x\varphi\lambda(dx). \tag{11-7-4}$$

若 $\lambda(x)>0$, 则由(11-7-3)和(11-7-2)式得

$$\begin{aligned}E_x\varphi\lambda(x)&=E\eta(x)\\&=E[\varphi(x,\xi)\hat{\xi}(x)]\end{aligned}$$

$$= E[\varphi(x,\xi);\xi(x) > 0], \qquad (11\text{-}7\text{-}5)$$

这里我们用记号 $E[\varphi;B]$ 表示 φ 在集合 B 上的积分. 因为

$$\lambda(x) = E[\xi(x)] = P(\xi(x) > 0), \qquad (11\text{-}7\text{-}6)$$

故当 $\lambda(x) > 0$ 时

$$E_x\varphi = E[\varphi(x,\xi);\xi(x) > 0]/\lambda(x)$$

就是给定 $\xi(x) > 0$ 时 $\varphi(x,\xi)$ 的条件数学期望. 在一般情形(即不一定有 $\lambda(x) > 0$)中，我们仍把 $E_x\varphi$ 称做给定 $\xi(x) > 0$ 时 $\varphi(x,\xi)$ 的条件数学期望并记作

$$E_x\varphi = E[\varphi|\xi(x) > 0]. \qquad (11\text{-}7\text{-}7)$$

在 $\varphi(x,\xi) = I_B(\xi)(B \in \mathscr{B}(\mathscr{N}))$ 的特殊情形,(11-7-7)式变为

$$\begin{aligned} E_x\varphi &= E[I_B(\xi)|\xi(x) > 0] \\ &= P(\xi \in B|\xi(x) > 0), \end{aligned} \qquad (11\text{-}7\text{-}8)$$

这是给定 $\xi(x) > 0$ 时的条件概率. 由条件数学期望理论知这些条件概率可以选取为: 对于任意固定的 $x \in \mathscr{X}$，它是关于 B 的概率测度. 我们把这概率测度记为 P_x 并称之为 Palm 概率,同时用 ξ_x 表示具有分布 P_x 的点过程.

为了证明下面的定理 11-7-1, 我们需要一个有用的引理，它和引理 11-3-2 有密切关系.

引理 11-7-1 设 $\mathscr{L}$ 是一个 π-系, $\mathscr{H}$ 是一线性函数空间,它满足条件:

(a) $1 \in \mathscr{H}$ 和 $I_A \in \mathscr{H}$ 对所有 $A \in \mathscr{L}$.

(b) 若 $\{f_n\}$ 是 $\mathscr{H}$ 中的函数序列，而且 $f_n \uparrow f$ 为有限，则 $f \in \mathscr{H}$.

于是, $\mathscr{H}$ 包含所有 $\sigma(\mathscr{L})$- 可测函数,即 $\sigma(\overrightarrow{\mathscr{L}}) \subset \mathscr{H}$.

如果 (*b*) 仅当 f 为有界时成立，则 $\mathscr{H}$ 包含所有有界的 $\sigma(\mathscr{L})$-可测函数.

引理的证明可参看,例如, Bergstrom(1982).

定理 11-7-1 设 φ 是从$(\mathscr{X} \times \mathscr{N}(\mathscr{X}), \mathscr{B}(\mathscr{X}) \times \mathscr{B}(\mathscr{N}))$到$(\mathbf{R}_+, \mathscr{B}(\mathbf{R}_+))$ 的可测函数. 若 $E_x\varphi$ 存在,则

$$E_x\varphi=\int_{\mathscr{N}(\mathscr{X})}\varphi(x,\mu)P_x(d\mu)=E\varphi(x,\xi_x).$$

(11-7-9)

证明 易见当φ是形如 $I_{A\times B}(x,\xi)$ 的示性函数时定理成立，这里 $A\in\mathscr{B}(\mathscr{X})$，$B\in\mathscr{B}(\mathscr{N})$。其次，不难看出所有形如$A\times B$的集合族构成一 π-系．余下只须应用引理 11-7-1． ▩

定理 11-7-2 设ξ是具有 Palm 概率 P_x 的点过程，则ξ的分布由 $\{P_x:x\in\mathscr{X}\}$ 和 $\lambda=E\xi$ 唯一确定．

证明 设 $f(\mu)$ 是 $\mathscr{N}(\mathscr{X})$ 上的任意非负可测函数，它满足 $f(\mu_0)=0$ 和 $Ef(\mu)<\infty$，这里 μ_0 是零测度(即 $\mu_0(\mathscr{X})=0$)．又设 $\{A_n\}$ 是 $\mathscr{X}$ 的一个可数划分．定义

$$a(x,\mu)=\begin{cases}2^{-n}(\hat{\mu}(A_n))^{-1} & 若\ x\in A_n,\mu(A_n)>0,\\ 0 & 若\ x\in A_n,\mu(A_n)=0.\end{cases}$$

(11-7-10)

于是，当 $\mu(\mathscr{X})>0$ 时有

$$0<\int a(x,\mu)\hat{\mu}(dx)\leqslant 1,$$

而且函数

$$\psi(x,\mu)=\begin{cases}\dfrac{a(x,\mu)}{\int a(x,\mu)\hat{\mu}(dx)} & 若\ \mu\neq\mu_0,\\ 0 & 若\ \mu=\mu_0\end{cases}\qquad(11\text{-}7\text{-}11)$$

满足方程

$$\int\psi(x,\mu)\hat{\mu}(dx)=1\qquad 任意\ \mu\neq\mu_0.$$

因此，若令

$$\varphi(x,\mu)=f(\mu)\psi(x,\mu),\qquad(11\text{-}7\text{-}12)$$

则由 (11-7-2)、(11-7-3) 和 (11-7-9) 式得

$$E[f(\xi)]=E\left[\int f(\xi)\psi(x,\xi)\xi(dx)\right]$$

$$= E\left[\int \varphi \hat{\xi}(dx)\right]$$

$$= \int E_x \varphi \lambda(dx)$$

$$= \int E_x f(\xi) \phi(x,\xi) \lambda(dx)$$

$$= \iint f(\mu) \phi(x,\mu) P_x(d\mu) \lambda(dx), \quad (11\text{-}7\text{-}13)$$

即 $E[f(\xi)]$ 由 P_x 和 $\lambda = E\hat{\xi}$ 确定. 因为这里的 f 可以是 $\mathscr{N}(\mathscr{X})$ 上的任意非负可测函数，而任意可测函数又可表为两非负可测函数之差. 由此即得定理的结论. ■

如果过程 ξ 没有重点，则可以推出概率 $P(\xi(A)=k)$ 的一个通过过程 ξ_x 的相应概率给出的表示式.

定理 11-7-3 若 ξ 没有重点，则对任意正整数 k 和任意 $A \in \mathscr{B}(\mathscr{X})$ 有

$$P(\xi(A)=k) = \int_A \frac{P(\xi_x(A)=k)\lambda(dx)}{k}. \quad (11\text{-}7\text{-}14)$$

证明 定义

$$b(x,\mu) = \begin{cases} \mu(A)^{-1} & x \in A, \mu(A) > 0, \\ 0 & \text{其它情形.} \end{cases} \quad (11\text{-}7\text{-}15)$$

易见若 $\mu(A) = k > 0$，则

$$\int_A b(x,\mu)\mu(dx) = 1. \quad (11\text{-}7\text{-}16)$$

注意到 $\xi = \hat{\xi}$,(11-7-13) 和(11-7-16)式，我们有

$$P(\xi(A)=k) = E\left\{ I_{\{\nu:\nu(A)=k\}}(\xi) \int_A b(x,\xi)\hat{\xi}(dx) \right\}$$

$$= E\left\{ \int_A I_{\{\nu:\nu(A)=k\}}(\xi) b(x,\xi) \hat{\xi}(dx) \right\}$$

$$= \int_A E_x \varphi \lambda(dx), \quad (11\text{-}7\text{-}17)$$

其中 $\varphi(x,\mu) = I_{\{\nu:\nu(A)=k\}}(\mu) b(x,\mu)$. 又由(11-7-9)式和 $b(x,\mu)$ 的定义知

$$E_x \varphi = E\varphi(x,\xi_x)$$

$$= E\{I_{\{\nu:\nu(A)=k\}}(\xi_x)b(x,\xi_x)\}$$

$$= \frac{P(\xi_x(A)=k)}{k}, \quad x \in A. \qquad (11\text{-}7\text{-}18)$$

联合(11-7-17)和(11-7-18)式即得(11-7-14)式. ■

最后，我们通过给出一个泊松过程的 Palm 概率表示来结束这一节.

定理 11-7-4 设 λ 是$(\mathscr{X},\mathscr{B}(\mathscr{X}))$上的一个非原子Radon测度，$\xi$ 是一个没有重点的点过程，而且 $E\xi = E\hat{\xi} = \lambda$. 则 ξ 是一个具有均值测度 λ 的泊松过程的充分必要条件是对 λ-几乎所有 x，ξ_x 和 $\xi + \delta_x$ 有相同的分布，这里 δ_x 表示把单位质量全部集中于 x 的测度.

证明 先设 ξ 是一具有均值测度 λ 的泊松过程. 若 $A,B \in \mathscr{B}(\mathscr{X})$，则注意到 $\lambda = E\xi$ 我们有

$$\int_A P(\xi(B) + \delta_x(B) = k)\lambda(dx)$$

$$= \int_{A\setminus B} P(\xi(B) = k)\lambda(dx)$$

$$+ \int_{A\cap B} P(\xi(B) = k-1)\lambda(dx)$$

$$= P(\xi(B) = k)E\xi(A\setminus B) + P(\xi(B) = k-1)E\xi(A\cap B).$$

因为 ξ 是泊松过程，故 $\xi(A\setminus B)$ 与 $\xi(B)$ 相互独立. 于是上式右端第一项等于 $E[\xi(A\setminus B);\{\xi(B)=k\}]$. 记 $A\cap B = C$，我们有

$$E[\xi(C);\{\xi(B)=k\}]$$

$$= \sum_{j=1}^{k} j\frac{[\lambda(C)]^j}{j!}e^{-\lambda(C)}\frac{[\lambda(B\setminus C)]^{k-j}}{(k-j)!}e^{-\lambda(B\setminus C)}$$

$$= e^{-\lambda(B)}\frac{\lambda(C)}{(k-1)!}\sum_{j=1}^{k} C_{k-1}^{j-1}[\lambda(C)]^{j-1}[\lambda(B\setminus C)]^{k-1-(j-1)}$$

$$= e^{-\lambda(B)}\frac{\lambda(C)}{(k-1)!}[\lambda(C) + \lambda(B\setminus C)]^{k-1}$$

$$= e^{-\lambda(B)} \frac{[\lambda(B)]^{k-1}}{(k-1)!} \lambda(C)$$

$$= P(\xi(B) = k-1) E[\xi(A \cap B)].$$

因此

$$\int_A P(\xi(B) + \delta_x(B) = k) \lambda(dx)$$

$$= E[\xi(A \backslash B); \{\xi(B) = k\}]$$

$$+ E[\xi(A \cap B); \{\xi(B) = k\}]$$

$$= E[\xi(A); \{\xi(B) = k\}].$$

故由定理 11-3-1 推知对任意 $D \in \mathscr{B}(\mathscr{N})$ 有

$$\int_A P(\xi + \delta_x \in D) \lambda(dx) = E[\xi(A); D]$$

$$= \int_{\{\omega: \xi(\omega) \in D\}} \left[\int_A \xi(dx)\right] P(d\omega)$$

$$= E\left[\int_A I_D(\xi) \xi(dx)\right].$$

根据(11-7-2)、(11-7-3)和(11-7-9)式得

$$E\left[\int_A I_D(\xi) \xi(dx)\right] = \int_A E_x I_D(\xi) \lambda(dx)$$

$$= \int_A E I_D(\xi_x) \lambda(dx)$$

$$= \int_A P(\xi_x \in D) \lambda(dx).$$

于是有

$$\int_A P(\xi + \delta_x \in D) \lambda(dx) = \int_A P(\xi_x \in D) \lambda(dx)$$

对任意 $A \in \mathscr{B}(\mathscr{X})$. 因此有

$$P(\xi + \delta_x \in D) = P(\xi_x \in D) \qquad \lambda\text{-几乎处处}$$

现设对 λ-几乎所有 x, ξ_x 和 $\xi + \delta_x$ 有相同分布，而且 ξ 没有重点，于是由定理 11-7-4 知对任意有界集 $A \in \mathscr{B}(\mathscr{X})$ 和 $k \in \mathbf{Z}_+$ 有

$$P(\xi(A) = k) = \int \frac{P(\xi_x(A) = k)}{k} \lambda(dx)$$

$$= \frac{1}{k}\int_A P(\xi(A) + \delta_x(A) = k)\lambda(dx)$$

$$= \frac{1}{k}\int_A P(\xi(A) = k - 1)\lambda(dx)$$

$$= \frac{1}{k} P(\xi(A) = k - 1)\lambda(A)$$

$$= \cdots\cdots$$

$$= P(\xi(A) = 0)[\lambda(A)]^k/k!.$$

对 $k = 0,1,2,\cdots$求和并利用 $P(\xi(A) < \infty) = 1$ 即得

$$P(\xi(A) = 0) = e^{-\lambda(A)},$$

$$P(\xi(A) = 1) = e^{-\lambda(A)}\lambda(A).$$

从而当 $\lambda(A) \to 0$ 时有

$$P(\xi(A) \geqslant 2) = 1 - e^{-\lambda(A)}[1 + \lambda(A)] = o(\lambda(A)).$$

故由定理 11-6-2 知 ξ 是一泊松过程. ■

§11-8 拉普拉斯泛函和特征泛函

设 P 是 $(\mathscr{M}(\mathscr{X}),\mathscr{B}(\mathscr{M}))$ 上的一个概率测度,它的**特征泛函** χ_P 和**拉普拉斯泛函** L_P 分别是函数

$$f \longmapsto \int_{\mathscr{M}(\mathscr{X})} e^{i\mu f} P(d\mu), \qquad f \in C_K(\mathscr{X}) \qquad (11\text{-}8\text{-}1)$$

和

$$f \longmapsto \int_{\mathscr{M}(\mathscr{X})} e^{-\mu f} P(d\mu), \quad f \in C_K^+(\mathscr{X}), \qquad (11\text{-}8\text{-}2)$$

其中 $C_K^+(\mathscr{X})$ 表示 $\mathscr{X}$ 上有紧支承的非负连续函数的全体.一个随机测度 ξ 的特征泛函或拉普拉斯泛函是由它的分布 P_ξ 确定的相应泛函,我们把它们分别记作 $\chi_\xi = \chi_{P_\xi}$ 和 $L_\xi = L_{P_\xi}$.

定理 11-8-1 $(\mathscr{M}(\mathscr{X}),\mathscr{B}(\mathscr{M}))$ 上的概率测度由它的特征泛函或拉普拉斯泛函唯一地确定.

证明 设 P 和 Q 是 $\mathscr{M}(\mathscr{X})$ 上的概率测度.对任意自然数 n, 任意 $f_1,\cdots,f_n \in C_K(\mathscr{X})$ 和任意 $t_1,\cdots,t_n \in \mathbb{R}$ 有

$$\chi_P\left(\sum_{j=1}^n t_i f_i\right)=\int_{\mathscr{M}(\mathscr{X})}\exp\left(i\sum_{j=1}^n t_j\,\mu f_j\right)P(d\mu)$$

$$=\int_{\mathbb{R}^n}\exp\left(i\sum_{j=1}^n t_j u_j\right)p_{f_1\cdots f_n}(du_1,\cdots,du_n),$$

其中

$$p_{f_1\cdots f_n}(u_1,\cdots,u_n)=P\{\mu:\mu f_1\leqslant u_1,\cdots,\mu f_n\leqslant u_n\}。$$

类似地，χ_Q 又可表为

$$\chi_Q\left(\sum_{j=1}^n t_j f_i\right)=\int_{\mathbb{R}^n}\exp\left(i\sum_{j=1}^n t_j u_i\right)q_{f_1\cdots f_n}(du_1,\cdots,du_n),$$

其中

$$q_{f_1\cdots f_n}(u_1,\cdots,u_n)=Q\{\mu:\mu f_1\leqslant u_1,\cdots,\mu f_n\leqslant u_n\}.$$

若 $\chi_P=\chi_Q$，则有

$$\int_{\mathbb{R}^n}\exp\left(i\sum_{j=1}^n t_j u_j\right)p_{f_1\cdots f_n}(du_1,\cdots,du_n)$$

$$=\int_{\mathbb{R}^n}\exp\left(i\sum_{j=1}^n t_j u_j\right)q_{f_1\cdots f_n}(du_1,\cdots,du_n)$$

对任意 $n,f_1,\cdots,f_n\in C_K(\mathscr{X})$ 和 $t_1,\cdots,t_n\in\mathbb{R}$. 由此推知

$$p_{f_1\cdots f_n}=q_{f_1\cdots f_n},\ \text{对任意}\ n\ \text{和}\ f_1,\cdots f_n\in C_K(\mathscr{X}).$$

这表明 P 和 Q 在柱集

$$\{\mu:(\mu f_1,\cdots,\mu f_n)\in E\}\quad E\in\mathscr{B}(\mathscr{X})$$

上相等. 因为所有柱集构成一个 π 系，同时容易验证使得 $P(B)=Q(B)$ 成立的所有集合 B 又构成一 d-系，故由引理 11-3-1 知在 $\mathscr{L}_{\mathscr{B}(\mathscr{X})}=\mathscr{B}(\mathscr{M})$ 上有 $P=Q$.

对于拉普拉斯泛函的情形，因为 $C_K(\mathscr{X})$ 中任一函数 f 都可表为它的正部 f_+ 和负部 f_-之差，这时 $f_+,f_-\in C_K^+(\mathscr{X})$. 设 $u,v\in\mathbb{R}_+$，于是有

$$L_P(uf_++vf_-)=\int_0^\infty\int_0^\infty\exp\{-us-vt)p_{f_+,f_-}(ds,dt)。$$

另一方面，特征泛函又可写成

$$\chi_P(f)=\int_0^\infty\int_0^\infty \exp\{i(s-t)\}p_{f_+,f_-}(ds,dt).$$

余下只须利用关于特征泛函的论断. ∎

随机测度(或者随机过程)的特征泛函和拉普拉斯泛函分别是随机变量的特征函数和拉普拉斯变换的推广. 应当指出, 在它们的定义(11-8-1)和(11-8-2)式中要求 f 分别属于 $C_K(\mathscr{X})$ 和 $C_K^+(\mathscr{X})$. 在不同的著作中对这两类泛函的定义域的规定有些不同,例如,拉普拉斯泛函的定义域是有紧支承的非负可测函数, 非负有界可测函数类以至非负可测函数类. 但是, 就所讨论的空间 $\mathscr{X}$ 来说可以用测度论的常规方法证明它们实际上是等价的.

特征泛函, 特别是拉普拉斯泛函在点过程的研究中起着重要的作用,它们在点过程的矩测度、独立性和收敛问题的讨论中尤为常用. 在 § 2-9 和 § 5-3 我们已对 $\mathbb{R}_+$ 上的点过程的特征泛函数作过介绍,并给出 $\mathbb{R}_+$ 上的泊松过程、广义泊松过程和复合泊松过程的特征泛函的具体表达式. 下面将对点过程的拉普拉斯泛函作进一步讨论.

设 N 是点发生空间为 $\mathbb{R}_+$ 的点过程, 这时 N 的拉普拉斯泛函(11-8-2)可写成

$$\begin{aligned} L_N(f)=E[e^{-Nf}]&=E\left[\exp\left\{-\int_0^\infty f(t)\,dN_t(\omega)\right\}\right]\\ &=E\left[\exp\left\{-\sum_i f(S_i(\omega))\right\}\right]\\ &=\int_\Omega \exp\left\{-\sum_i f(S_i(\omega))\right\}P(d\omega), \quad (11\text{-}8\text{-}3)\end{aligned}$$

其中 $S_i(\omega)$ 是 $N_t(\omega)$ 的第 i 个点发生时间. $\mathbb{R}_+$ 上的带时倚强度 $\lambda(t)$ 的泊松过程、广义泊松过程和复合泊松过程的拉普拉斯泛函分别是

$$L_p(f)=\exp\left\{-\int_0^\infty (1-e^{-f(t)})\lambda(t)\,dt\right\}, \qquad (11\text{-}8\text{-}4)$$

$$L_g(f)=\exp\left\{-\int_0^\infty\left[1-\sum_{k=1}^\infty p_k e^{-kf(t)}\right]\lambda(t)\,dt\right\}, \quad (11\text{-}8\text{-}5)$$

和

$$L_c(f)=\exp\left\{-\int_0^{\infty}[1-\varphi_u(f(t))]\lambda(t)\,dt\right\},\quad (11\text{-}8\text{-}6)$$

其中 $\varphi_u(\cdot)$ 是标值变量 u 的拉普拉斯-斯蒂阶斯变换.

类似于随机变量的各阶矩可利用它的拉普拉斯（或 L-S）变换求出那样，随机点过程的各阶矩测度也可以利用它的拉普拉斯泛函求得. 下面就抽象空间 $\mathscr{X}$ 上的点过程简要介绍这种关系.

定义 11-8-1 点过程 N 的均值测度（或一阶矩测度）μ_N 是 $(\mathscr{X},\mathscr{B})$ 上由

$$\mu_N(A)=E[N(A)]\quad (11\text{-}8\text{-}7)$$

定义的测度. 更一般地，对每一正整数 k，设 N^k 是 k 维点过程 $N^k(dx_1,\cdots,dx_k)=N(dx_1)\cdots N(dx_k)$，则 N 的 k 阶矩测度是

$$\mu_N^k=E[N^k]\quad (11\text{-}8\text{-}8)$$

定义 11-8-2 点过程 N 的协方差测度是 $\mathscr{X}\times\mathscr{X}$ 上由下式定义的带号测度：对于 $A,B\in\mathscr{B}$，

$$\begin{aligned}\rho_N(A\times B)&=\mathrm{Cov}(N(A),N(B))\\&=\mu_N^2(A\times B)-\mu_N(A)\mu_N(B).\end{aligned}\quad (11\text{-}8\text{-}9)$$

定理 11-8-2

$$\mu_N(f)=-\frac{d}{d\alpha}L_N(\alpha f)|_{\alpha=0},\quad (11\text{-}8\text{-}10)$$

$$E[N(f)^2]=\frac{d^2}{dd^2}L_N(\alpha f)|_{\alpha=0}.\quad (11\text{-}8\text{-}11)$$

据此可计算

$$\begin{aligned}E[N(f)N(g)]=\frac{1}{2}\{&E[N(f+g)^2]\\&-E[N(f)^2]-E[N(g)^2]\}.\end{aligned}\quad (11\text{-}8\text{-}12)$$

基于上式又可计算协方差测度.

定理 11-8-3 对任意 $A\in\mathscr{B}$，空缺函数

$$P(N(A)=0)=\lim_{t\to\infty}L_N(t1_A).\quad (11\text{-}8\text{-}13)$$

证明 因为

$$L_N(t1_A) = E[e^{-tN(A)}]$$
$$= E[1_{(N(A)=0)} + e^{-tN(A)}1_{(N(A)>0)}],$$

令 $t\to\infty$ 即得

$$\lim_{t\to\infty} L_N(t1_A) = P(N(A)=0). \qquad ■$$

下面就N是重随机泊松过程的情形作进一步的考察．首先给出通过随机测度描述的(抽象空间上的）重随机泊松过程的定义，它和第九章中给出的定义(点发生空间是 $\mathbb{R}_+$) 本质上是一致的.

定义 11-8-3 设M是 $(\mathscr{X},\mathscr{B})$ 上的随机测度，N是同一空间上的点过程. 我们说N是由M支配 (directed by M) 的重随机泊松过程，如果在给定 M 的条件下，N是具有均值测度M的泊松过程，即

(1) 若以 $\mathscr{F}^M = \sigma\{M(B): B\in\mathscr{B}\}$ 表示由M 产生的 σ 代数，则对任意不相交的集合 $A_1,\cdots,A_k\in\mathscr{B}$，当给定 $\mathscr{F}^M$ 时 $N(A_1),\cdots,N(A_k)$ 是条件独立的.

(2) 对任意 $A\in\mathscr{B}$ 和任意整数 $n\geqslant 0$,

$$P(N(A)=k\,|\,\mathscr{F}^M) = \frac{e^{-M(A)}M(A)^n}{n!}. \qquad (11-8-14)$$

在上面的定义中，若 $M=Y\gamma$ 时[这里Y是非负随机变量，γ是一确定性的 Radon 测度]，我们就得到混合泊松过程；当 $M=\gamma$ 是一确定性的 Radon 测度时则得到广义泊松过程. 若进一步假设γ是非原子的，则N是一泊松过程.

定理 11-8-4 设N是具有均值测度μ的广义泊松过程，则

$$L_N(f) = \exp\left\{-\int_{\mathscr{X}}(1-e^{-f})d\mu\right\}, \qquad (11-8-15)$$

$$P(N(A)=0) = e^{-\mu(A)}, \qquad (11-8-16)$$

$$\mu_N(A) = \mu(A), \qquad (11-8-17)$$

$$\rho_N(A\times B) = \mu(A\cap B). \qquad (11-8-18)$$

证明 (11-8-16) 和 (11-8-17) 式在前面已看到过，它们和 (11-8-18) 式可由 (11-8-15) 式推出（当然也能直接计算). 下证 (11-8-15) 式. 先考虑 $f=I_A$ 的情形 $(A\in\mathscr{B}(\mathbb{R}_+))$，这时

$$
\begin{aligned}
L_N(f) &= E(e^{-N(A)}) \\
&= \sum_{k=0}^{\infty} P(N(A)=k) E(e^{-N(A)} | N(A)=k) \\
&= \sum_{k=0}^{\infty} \{[\mu(A)]^k e^{-\mu(A)}/k!\} \cdot e^{-k} \\
&= \exp\{-\mu(A)(1-e^{-1})\} \\
&= \exp\left\{-\int_{\mathscr{X}} (1-e^{-1_A}) d\mu\right\} \\
&= \exp\left\{-\int_{\mathscr{X}} (1-e^{-f}) d\mu\right\}.
\end{aligned}
$$

即(11-8-15)式成立. 其次,易见若 $f_n \uparrow f$ 且(11-8-15)式对 f_n 成立,则这等式对 f 亦成立. 余下只须应用引理 11-7-1. ■

定理 11-8-5 设N是由随机测度M支配的重随机泊松过程,则

$$L_N(f) = L_M(1-e^{-f}), \tag{11-8-19}$$

$$P(N(A)=0) = L_M(1_A), \tag{11-8-20}$$

$$\mu_N = \mu_M, \tag{11-8-21}$$

$$\rho_N(A \times B) = \rho_M(A \times B) - \mu_M(A \cap B). \tag{11-8-22}$$

由此看出N的分布律由M的分布律确定. 而且过程N是简单的当且仅当M不含固定原子.

证明 由重随机泊松过程的定义和(11-8-5)式得

$$
\begin{aligned}
L_N(f) &= E[E(e^{-N(f)} | M)] \\
&= E\left[\exp\left\{-\int_{\mathscr{X}} (1-e^{-f}) dM\right\}\right] \\
&= L_M(1-e^{-f})
\end{aligned}
$$

类似地可从 (11-8-16), (11-8-17) 和 (11-8-18) 式分别推出(11-8-20)、(11-8-21)和(11-8-22)式. ■

基于定理 11-8-1 可证明如下刻划两个点过程的独立性的定理.

定理 11-8-6 设 N_1 和 N_2 是定义在同一概率空间上的点过

程，则下列论断等价：

(1) N_1 和 N_2 相互独立；

(2) $E[\exp\{-N_1(f)-N_2(g)\}]=L_{N_1}(f)L_{N_2}(g)$ 对所有 f，g。

若 N_1 和 N_2 是简单点过程，则(1)，(2)又等价于

(3) $P(N_1(A)=0,N_2(B)=0)=P(N_1(A)=0)P(N_2(B)=0)$ 对所有 $A,B\in\mathscr{B}(\mathbb{R}_+)$。

最后，我们给出一个刻划点过程收敛性的定理。

定理 11-8-7 设 $N_n(n\geqslant 1)$ 和N是 $\mathscr{X}$ 上的点过程，则下列论断等价

(1) $N_n\xrightarrow{d}N$[1]；

(2) $(N_n(A_1),\cdots,N_n(A_k))\xrightarrow{d}(N(A_1),\cdots,N(A_k))$ 对任意正整数 k 和任意满足 $P(N(\partial A_i)=0)=1$ 的集合 $A_1,\cdots,A_k\in\mathscr{B}$，这里 ∂A_i 表示集合 A_i 的边界 $(i=1,\cdots,k)$；

(3) $N_n(f)\xrightarrow{d}N(f)$ 对任意 $f\in C_K(\mathscr{X})$；

(4) $L_{N_n}(f)\to L_N(f)$ 对任意非负的 $f\in C_K(\mathscr{X})$。 如果极限点过程N是简单的，而且点过程序列 $\{N_n\}$ 是密的[2]，则上列论断又等价于

(5) $P(N_n(A)=0)\to P(N(A)=0)$ 和 $P(N_n(A)\geqslant 2)\to P(N(A)\geqslant 2)$ 对任意有界集 $A\in\mathscr{B}$。

定理的证明及进一步的有关材料可参看 Jagers (1974) 和 Karr (1986)。

---

1) $N_n\xrightarrow{d}N$ 表示点过程序列 $\{N_n\}$ 依分布收敛于点过程 N，即它们对应的分布律作为 $(\mathscr{N},\mathscr{B}(\mathscr{N}))$ 上的概率测度有弱收敛关系：$P_{N_n}\xrightarrow{w}P_N$。

2) 点过程序列 $\{N_n\}$ 是密的，如果它们对应的分布律序列 $\{P_{N_n}\}$ 作为 $(\mathscr{N},\mathscr{B}(\mathscr{N}))$ 上的测度序列是密的(定义可参看 § 11-3)。

附录一 概率母函数与拉普拉斯变换

在点过程理论中,常常要涉及非负整数值随机变量. 概率母函数正是研究这样一类随机变量的有效工具. 一个非负整数值随机变量的概率母函数完全确定这变量的概率分布. 特别地, 利用概率母函数计算分布的矩往往是简单可行的.

设 X 是一非负整数值随机变量,它的概率分布是

$$P(X=k)=p_k,\ k=0,1,2,\cdots$$

则这变量 X (或者说,概率分布 $\{p_k\}$) 的**概率母函数**是

$$G(s)=\sum_{k=0}^{\infty}p_k s^k. \tag{A-1-1}$$

由数学期望的定义易知

$$G(s)=E(s^X). \tag{A-1-2}$$

有时人们也把概率母函数 (A-1-2) 或 (A-1-3) 称做 X 的 **s 变换**或**几何变换**. 易见每一概率分布 $\{p_k\}$ 对应唯一的概率母函数 $G(s)$. 反之,每一概率母函数确定唯一的概率分布 $\{p_k\}$, 即有

$$p_k=\frac{1}{k!}\left[\frac{d^kG(s)}{ds^k}\right]_{s=0},\quad k=0,1,2,\cdots. \tag{A-1-3}$$

我们还可以利用概率母函数直接计算各阶矩,特别地

$$EX=\sum_{k=1}^{\infty}kp_k=G'(1) \tag{A-1-4}$$

和

$$E[X(X-1)]=\sum_{k=2}^{\infty}k(k-1)p_k=G''(1), \tag{A-1-5}$$

从而有

$$EX^2=E[X(X-1)]+EX=G''(1)+G'(1) \tag{A-1-6}$$

和

$$\text{Var}X = EX^2 - (EX)^2 = G''(1) + G'(1) - [G'(1)]^2. \tag{A-1-7}$$

如果 $\sum kp_k$ 发散,则 $EX = G'(1) = \infty$. 类似地，若 $\sum k(k-1)p_k$ 发散,则 $E[X(X-1)] = G''(1) = \infty$. 一般地，$X$ 的 k 阶阶乘矩由下式给出

$$E[X(X-1)\cdots(X-k+1)] = \left[\frac{d^kG(s)}{ds^k}\right]_{s=1}. \tag{A-1-8}$$

下面给出概率母函数的一些重要性质:

设 $\{p_k\}$ 和 $\{q_k\}$ 是两个离散概率分布. 对于 $k = 0,1,2,\cdots$, 令

$$r_k = p_0q_k + p_1q_{k-1} + \cdots + p_kq_0, \tag{A-1-9}$$

则分布 $\{r_k\}$ 称做 $\{p_k\}$ 和 $\{q_k\}$ 的卷积,并记作

$$\{r_k\} = \{p_k\} * \{q_k\}. \tag{A-1-10}$$

命题 1 设 $X_1, X_2, \cdots, X_n$ 是任意 n 个相互独立的非负整数值随机变量,它们的概率母函数分别是 $G_1(s), G_2(s), \cdots, G_n(s)$, 则 $Z = X_1 + X_2 + \cdots + X_n$ 的概率母函数是

$$G_Z(s) = G_1(s)G_2(s)\cdots G_n(s). \tag{A-1-11}$$

特别地，若 $X_1, X_2, \cdots, X_n$ 有相同分布，其共同的概率母函数是 $G(s)$, 则(A-1-11)变为

$$G_Z(s) = [G(s)]^n. \tag{A-1-12}$$

命题 2 设 $\{X_i\}$ 是一串相互独立同分布的非负整数值随机变量,它们共同的概率母函数是 $G(s)$. 又设 N 是一个独立于 $\{X_i\}$ 的非负整数值随机变量.则随机变量 $Y_N = X_1 + X_2 + \cdots + X_N$ (当 $N=0$ 时令 $Y_0 = 0$) 的概率母函数是

$$G_Y(s) = G_N[G(s)], \tag{A-1-13}$$

这里 $G_N(\cdot)$ 是 N 的概率母函数.

命题 3 设 X 是非负整数值随机变量，它的概率母函数是 $P(s)$. 又设 m, n 是两个非负整数，$m \neq 0$, 则随机变量 $Y = mX + n$ 的概率母函数是

$$Q(s)=s^nP(s^m). \qquad (A-1-14)$$

对于一般的整数值随机变量 X，也可以用(A-1-3)式定义它的概率母函数，但 (A-1-2) 式则要改写为 $G(s)=\sum_{k=-\infty}^{\infty}p_ks^k$. 这时我们有

命题 4 设 X 和 Y 是两个相互独立的整数值随机变量，它们的概率母函数分别是 $P(s)$ 和 $Q(s)$，则随机变量 $Z=X-Y$ 的概率母函数是

$$R(s)=P(s)R(1/s). \qquad (A-1-15)$$

有时人们把概率母函数简称做母函数. 但应注意，不要把概率母函数和由

$$M(t)=E(e^{tX})$$

定义的 (X 的)矩母函数搞混. 概率母函数通常是对非负整数值随机变量定义的，易见对于 $|s|\leqslant 1$，由 $\sum_{k=0}^{\infty}p_k=1$ 易知

$$G(s)=\sum_{k=0}^{\infty}p_ks^k$$

必存在，而矩母函数则是对一般随机变量定义的，但即使是在非负整数值随机变量的情形，也不能保证由 (A-1-15) 式定义的 $M(t)$ 对 $|t|<t^*$(t^* 是某一正数)存在.

如果随机变量 X 的矩母函数存在，则利用 e^{tX} 的幂级数展式可把它写为

$$M(t)=E\left(\sum_{k=0}^{\infty}\frac{(tX)^k}{k!}\right)=\sum_{k=0}^{\infty}E(X^k)\frac{t^k}{k!}, \qquad (A-1-16)$$

即 $M(t)$ 的幂级数展式的系数给出 X 的各阶矩，这也是我们把 $M(t)$ 称做 X 的矩母函数的依据. 不难证明，矩母函数也有类似于上面的命题 1—命题 3 的性质.

对于不一定取非负整数值的一般随机变量来说，人们通常利用特征函数去描述和研究它们. 按照定义，随机变量 X (或者说，

它的分布 F）的特征函数

$$\phi(t)=E(e^{itX})=\int_{-\infty}^{\infty}e^{itx}dF(x)$$

是一种积分变换，更确切地说，是分布函数 F 的傅里叶变换. 由于普通的概率论教科书中都有讨论特征函数，在此不再介绍. 下面仅对另一种积分变换——拉普拉斯变换加以介绍，这种变换特别适宜于用来研究非负随机变量.

设 $f(t)$ 是任意定义在 $\mathbb{R}_+=[0,\infty)$ 上的函数. 我们把由

$$\tilde{f}(s)=\int_0^{\infty}e^{-st}f(t)dt \tag{A-1-17}$$

定义的函数 $\tilde{f}(s)$ 称做 $f(t)$ 的**拉普拉斯变换**(简称拉氏变换或 L 变换). $\tilde{f}(s)$ 有时亦记作 $\mathscr{L}\{f(t)\}$. 当我们使用前者时，往往强调它是参数 s 的函数，在使用后者时则强调它是 $f(t)$ 的拉氏变换. 诚然，我们只能对那些使得 (A-1-17) 式中的积分存在的 s 值讨论. 在拉氏变换的一般理论中，参数 s 是取值于复数域的. 但是，在我们的应用中通常只须用到非负实参数 s.

下面列出一些常见的简单函数的拉氏变换. 更详尽的拉氏变

表 A-1-1

$f(t)$	$\tilde{f}(s)$	$f(t)$	$\tilde{f}(s)$
1	$1/s,(s>0)$	$\cos\omega t$	$s/(s^2+\omega^2),(s>0)$
t	$1/s^2,(s>0)$	$\sin\omega t$	$\omega/(s^2+\omega^2),(s>0)$
$t^n(n>-1)$	$n!/s^{n+1},(s>0)$	$e^{at}\cos\omega t$	$(s-a)/[(s-a)^2+\omega^2],(s>a)$
$t^a(a>-1)$	$\Gamma(a+1)/s^{a+1},(s>0)$	$e^{at}\sin\omega t$	$\omega/[(s-a)^2+\omega^2],(s>a)$
e^{at}	$1/(s-a),(s>a)$	$\cosh at=\dfrac{e^{at}+e^{-at}}{2}$	$s/(s^2-a^2),(s>a)$
$e^{at}t^n(n>-1)$	$n!/(s-a)^{n+1},(s>a)$	$\sinh at=\dfrac{e^{at}-e^{-at}}{2}$	$a/(s^2-a^2),(s>a)$
$\sqrt{t}$	$\sqrt{\pi}/2\sqrt{s^3},(s>0)$	$e^{at}-e^{bt}(a>b)$	$\dfrac{(a-b)}{(s-a)(s-b)},(s>a)$
$1/\sqrt{t}$	$\sqrt{\pi/s},(s>0)$	$t^ng(t)$	$(-1)^n\dfrac{d}{ds^n}[\tilde{g}(s)]$

换表,例如,可参看 Oberhettinger and Badii (1973).

下面给出拉氏变换的一些重要性质，它们的证明可在任何一本有关拉氏变换的专著,例如，Widder (1941) 中找到.

1. 线性性质

$$\mathscr{L}\left\{\sum_{i=1}^{n} C_i f_i(t)\right\} = \sum_{i=1}^{n} C_i \tilde{f}_i(s), \tag{A-1-18}$$

这里 n 是任意正整数，C_i 是任意常数和 $\tilde{f}_i(s) = \mathscr{L}\{f_i(t)\}, i = 1, 2, \cdots, n$.

2. 平移性质 I

$$\mathscr{L}\{(e^{-at})f(t)\} = \tilde{f}(s + a), \tag{A-1-19}$$

这里 a 是使得上式两端有意义的任意常数.

3. 平移性质 II

若

$$g(t) = \begin{cases} f(t-a) & t > a, \\ 0 & t \leqslant a. \end{cases}$$

则

$$\mathscr{L}\{g(t)\} = e^{-at}\tilde{f}(s). \tag{A-1-20}$$

4. 尺度性质

$$\mathscr{L}\{f(at)\} = (1/a)\tilde{f}(s/a). \tag{A-1-21}$$

5. 导数的拉氏变换

$$\mathscr{L}\{f'(t)\} = s\tilde{f}(s) - f(0). \tag{A-1-22}$$

6. 积分的拉氏变换

$$\mathscr{L}\left\{\int_0^t f(x)\,dx\right\} = \tilde{f}(s)/s. \tag{A-1-23}$$

7. 极限性质

$$\lim_{t\to\infty} f(t) = \lim_{s\to 0} s\tilde{f}(s), \tag{A-1-24}$$

$$\lim_{t\to 0} f(t) = \lim_{s\to\infty} s\tilde{f}(s), \tag{A-1-25}$$

假若上面的极限存在.

现设 X 是一非负随机变量，它的分布函数是 $F(x)$. 如果 X 是连续型的,即 $F(x)$ 有密度函数 $f(x)$，则可以考虑它的拉氏变

换

$$\mathscr{L}\{f(x)\}=\int_0^\infty e^{-sx}f(x)dx. \tag{A-1-26}$$

这时，我们能够借助密度函数的拉氏变换研究随机变量的概率分布律. 但是,若分布函数 $F(x)$ 不存在密度，则无法使用拉氏变换. 为了弥补这一缺憾，我们可以直接对分布函数定义类似的变换

$$\mathscr{L}\text{-}\mathscr{S}\{F(x)\}=E(e^{-sX})=\int_0^\infty e^{-sx}dF(x). \tag{A-1-27}$$

上式中的积分是斯蒂阶斯积分，当 $s\geqslant 0$ 时这积分一定存在. 我们把由 (A-1-27) 式定义的变换称做分布函数 $F(x)$[1] (或者说随机变量 X) 的 L-S 变换. 当需要强调 L-S 变换是参数 s 的函数时,我们也把 $F(x)$ 的 L-S 变换记作 $F^*(s)$.

当 $F(x)$ 有密度 $f(x)$ 时,由 (A-1-26) 和 (A-1-27) 式马上看出 $F(x)$ 的 L-S 变换就是 $f(x)$ 的 L 变换. 此外，根据 (A-1-23) 式还可推出

$$\begin{aligned}\mathscr{L}\{F(x)\}&=\int_0^\infty e^{-sx}F(x)dx\\&=\int_0^\infty e^{-sx}\left[\int_0^x f(t)dt\right]dx\\&=\mathscr{L}\left\{\int_0^x f(t)dt\right\}\\&=\tilde{f}(s)/s\\&=F^*(s)/s.\end{aligned} \tag{A-1-28}$$

上式也可写成

$$\begin{aligned}\mathscr{L}\{1-F(x)\}&=\int_0^\infty e^{-sx}[1-F(x)]dx\\&=[1-F^*(s)]/s.\end{aligned} \tag{A-1-29}$$

若 X 是非负整数值随机变量,它的概率母函数是

---

1) 事实上,有关分布函数的 L-S 变换的定义和结论原则上都能推广到 $F(x)$ 是不减右连续函数(这时不一定有 $F(\infty)=1$) 的情形. 参看 Feller (1966) 第十三章.

$$G(s)=\sum_{k=0}^{\infty}p_k s^k,$$

则X的 L-S 变换可写成

$$\varphi(s)=E(e^{sX})=\sum_{k=0}^{\infty}p_k e^{sk}=G(e^s), \qquad \text{(A-1-30)}$$

即在概率母函数 $G(s)$ 中用 e^s 代替 s 就得到 L-S 变换 $\varphi(s)$.

类似于概率母函数和特征函数，L-S 变换和对应的分布函数(或者说随机变量)是相互唯一确定的. 因此，我们能够利用这种变换来识别和研究分布函数.

L-S 变换具有连续性，确切地说，设 F_n 是以 F_n^* 为 L-S 变换的分布函数，$n=1,2,\cdots$. 若 F_n 依分布收敛于分布函数 F (即 $\lim\limits_{n\to\infty}F_n(x)=F(x)$ 对函数F的所有连续点x)，则对于 $s>0$ 有 $\lim\limits_{n\to\infty}F_n^*(s)=F^*(s)$，这里 F^* 是F的 L-S 变换. 反之，若对每一 $s>0$，$F_n^*(s)$ 收敛于某一极限 $\varphi(s)$，则φ是某一(可能是非真正的)分布函数F的 L-S 变换，而且 F_n 依分布收敛于F. 如果$\lim\limits_{s\to 0}\varphi(s)=1$，则可进一步断言 F 必是真正的分布函数(事实上，$\lim\limits_{s\to 0}\varphi(s)=1$ 是F为真正的分布函数的充分必要条件).

任意分布函数F的 L-S 变换 $F^*(s)$ 在 $s>0$ 的各阶导数必存在，而且有

$$(-1)^n F^{*(n)}(s)=\int_0^{\infty}e^{-sx}x^n dF(x), \qquad \text{(A-1-31)}$$

这里 $F^{*(n)}$ 是F的n阶导数. 由此易知，$\lim\limits_{s\to 0}F^{*(n)}(s)=F^{*(n)}(0)$ 存在且有限是分布函数有有限n阶矩的充分必要条件. 这时有

$$EX^n=(-1)^n F^{*(n)}(0), \qquad \text{(A-1-32)}$$

式中X是有分布函数F的随机变量. 特别地，

$$EX=-F^{*(1)}(0), \qquad \text{(A-1-33)}$$

$$EX^2=F^{*(2)}(0), \qquad \text{(A-1-34)}$$

$$\mathrm{Var}X=F^{*(2)}(0)-[F^{*(1)}(0)]^2. \qquad \text{(A-1-35)}$$

L-S 变换的卷积性质． 上面已经讨论过两个离散分布 $\{p_k\}$ 和 $\{q_k\}$ 的卷积．现设 $F(x)$ 和 $G(x)$ 是两个一般的分布函数，定义它们的卷积为

$$F*G(z)=\int_{-\infty}^{\infty}G(z-x)dF(x). \tag{A-1-36}$$

若 F 和 G 均集中于 $\mathbb{R}_+$，则上式可写成

$$\begin{aligned}F*G(z)&=\int_{0}^{\infty}G(z-x)dF(x)\\&=\int_{0}^{z}G(z-x)dF(x).\end{aligned} \tag{A-1-37}$$

如果 F 和 G 分别有密度 f 和 g,则分布函数 $H(z)=F*G(z)$ 有密度函数

$$h(z)=\int_{-\infty}^{\infty}g(z-x)f(x)dx. \tag{A-1-38}$$

事实上,利用积分变量代换 $y=t-x$ 有

$$\begin{aligned}H(z)&=\int_{-\infty}^{\infty}\left[\int_{-\infty}^{z-x}g(y)dy\right]f(x)dx\\&=\int_{-\infty}^{\infty}\left[\int_{-\infty}^{z}g(t-x)dt\right]f(x)dx\\&=\int_{-\infty}^{z}\left[\int_{-\infty}^{\infty}g(t-x)f(x)dx\right]dt.\end{aligned}$$

上式对变元 z 求导即得（A-1-38）式．

当 F 和 G 均集中于 $\mathbb{R}_+$ 时,（A-1-38）式可写成

$$\begin{aligned}h(z)&=\int_{0}^{\infty}g(z-x)f(x)dx\\&=\int_{0}^{z}g(z-x)f(x)dx.\end{aligned} \tag{A-1-39}$$

我们也把由（A-1-38）或（A-1-39）式确定的密度函数 h 称做密度函数 f 和 g 的卷积并记作 $f*g$．

设 X 和 Y 是两个相互独立的随机变量，它们的分布函数分别是 F 和 G，则 $Z=X+Y$ 的分布函数是

$$H(z)=P(Z\leqslant z)=\iint_{x+y\leqslant z}dF(x)dG(y)$$

$$
\begin{aligned}
&= \int_{-\infty}^{\infty}\left[\int_{-\infty}^{z-x} dG(y)\right] dF(x) \\
&= \int_{-\infty}^{\infty} G(z-x) dF(x) \\
&= F * G(z).
\end{aligned}
$$

这就是说，两个相互独立随机变量之和的分布函数等于它们的分布函数的卷积．由F和G的位置的对称性马上得知卷积运算满足交换律．如果F和G分别有密度f和g，则$H=F*G=G*F$有密度$h=f*g=g*f$.

若进一步设X和Y都是非负的，则$Z=X+Y$也是非负的，它的 L-S 变换是

$$
\begin{aligned}
\mathscr{L}\text{-}\mathscr{S}\{H(x)\} &= E(e^{-s(X+Y)}) \\
&= E(e^{-sX})E(e^{-sY}) \\
&= \mathscr{L}\text{-}\mathscr{S}\{F(x)\}\cdot\mathscr{L}\text{-}\mathscr{S}\{G(x)\}.
\end{aligned}
$$

如果F和G分别有密度f和g，则$H=F*G$有密度$h=f*g$.因为密度函数的拉氏变换等于对应的分布函数的 L-S 变换，故上式可写为

$$\mathscr{L}\{h(x)\}=\mathscr{L}\{f(x)\}\cdot\mathscr{L}\{g(x)\}.$$

上面的结果容易推广到n个独立随机变量之和的情形，即有

命题 5 n个相互独立的非负随机变量$X_1,X_2,\cdots,X_n$之和$Z=X_1+X_2+\cdots+X_n$的 L-S 变换$\varphi_Z(s)$等于这n个变量的 L-S 变换$\varphi_1(s),\varphi_2(s),\cdots,\varphi_n(s)$的乘积，即

$$\varphi_Z(s)=\varphi_1(s)\varphi_2(s)\cdots\varphi_n(s). \tag{A-1-40}$$

特别地，若$X_1,X_2,\cdots,X_n$有相同分布，其 L-S 变换是$\varphi(s)$，则$(A\text{-}1\text{-}40)$式简化为

$$\varphi_Z(s)=[\varphi(s)]^n. \tag{A-1-41}$$

命题 6 设$X_1,X_2,\cdots$是一串相互独立同分布的非负随机变量，它们共同的 L-S 变换是$\varphi(s)$．又设N是一独立于$\{X_i\}$的非负整数值随机变量，它的概率母函数是$G(s)$，则随机变量

$$Z=\sum_{i=1}^{N}X_i$$

的 L-S 变换是

$$\varphi_Z(s)=E\{[\varphi(s)]^N\}=G[\varphi(s)]. \tag{A-1-42}$$

证明 先计算条件期望 $E[e^{-sZ}|N=n]$，相继利用N和$\{X_i\}$的独立性及 X_i 之间的独立性推得

$$\begin{aligned}E[e^{-sZ}|N=n]&=E\left[\exp\left\{-s\sum_{i=1}^{n}X_i\right\}\middle|N=n\right]\\&=E\left[\exp\left\{-s\sum_{i=1}^{n}X_i\right\}\right]\\&=\prod_{i=1}^{n}E[e^{-sX_i}]\\&=[\varphi(s)]^n.\end{aligned}$$

于是有 $E[e^{-sZ}|N]=[\varphi(s)]^N$. 从而得

$$\begin{aligned}\varphi_Z(s)&=E(E[e^{-sZ}|N])\\&=E\{[\varphi(s)]^N\}\\&=G[\varphi(s)].\end{aligned}$$

■

附录二　几何分布和负二项分布，几何分布的无记忆性

设在一系列独立的、只有成功和失败两种可能结果的试验中，我们关心的事件是在哪一次试验首次出现成功的结果，这就引导到几何分布．若每次试验成功的概率是 p，失败的概率就是 $q=1-p$．在第 $k+1$ 次试验首次出现成功意味着前 k 次试验的结果都是失败．故若以 X 表示首次出现成功前失败的试验次数，则由试验的独立性易知

$$p_k \equiv P(X=k)=pq^k, k=0,1,2,\cdots. \tag{A-2-1}$$

我们把由上式给定的离散概率分布称做**几何分布**并记作 $\mathscr{G}_1(p)$，其中常数 p 是分布的参数．这分布的得名是由于 pq^k 是首项为 p、公比为 q 的几何级数的通项表示式．这分布的概率母函数、矩母函数和 L-S 变换依次是

$$G(s)=\sum_{k=0}^{\infty}pq^ks^k=p/(1-qs), \tag{A-2-2}$$

$$M(t)=E(e^{tX})=p/(1-qe^t), \tag{A-2-3}$$

$$\varphi(s)=E(e^{-sX})=p/(1-qe^{-s}). \tag{A-2-4}$$

数学期望和方差则分别是

$$EX=G'(1)=q/p, \tag{A-2-5}$$

$$\mathrm{Var}X=G''(1)+G'(1)-[G'(1)]^2=q/p^2. \tag{A-2-6}$$

几何分布的一个重要特征是它的“无记忆性”（或者说“与年龄无关性”）．直观上，我们说一个非负随机变量 X 或它的分布是“无记忆的”，如果设想 X 表示某种物品的（随机）使用寿命，若已知该物品已经使用了 k 个单位时间（这意味着它的使用寿命至少是 k），则在这条件下它恰能再使用 m 个单位时间（于是，使用寿命等于 $k+m$）的条件概率等于一件新的同类物品恰能使用 m 个单位时

间的(无条件)概率. 换句话说，使用寿命的无记忆性表示从使用耐久性来看物品的新旧无关紧要，因为它们的使用寿命与年龄无关. 这种性质用公式表示就是

$$P(X = k + m | X \geqslant k) = P(X = m), \qquad \text{(A-2-7)}$$

式中 k, m 可以是任意非负整数. 若在上式中令 $m = n + l$ (n, l 也是非负整数), 然后固定 n 并令 l 取遍所有正整数求和 (最后将字母 n 改写回 m) 就得到

$$P(X > k + m | X \geqslant k) = P(X > m). \qquad \text{(A-2-8)}$$

按照条件概率的定义,上式又可改写为

$$P(X > k + m) = P(X > m)F(X \geqslant k). \qquad \text{(A-2-9)}$$

用 $P(X > m)$ 除上式两端得

$$P(X > k + m | X > m) = P(X \geqslant k). \qquad \text{(A-2-10)}$$

不难看出, (A-2-7)—(A-2-10) 式是无记忆性的几种等价表示.

不难证明几何分布 $\mathscr{G}_1(p)$ 具有无记忆性. 事实上,对任意非负整数 n,

$$\begin{aligned} P(X > n) &= \sum_{j=n+1}^{\infty} P(X = j) \\ &= \sum_{j=n+1}^{\infty} pq^j \\ &= pq^{n+1} \sum_{i=0}^{\infty} q^i \\ &= q^{n+1}. \end{aligned} \qquad \text{(A-2-11)}$$

利用这结果并注意到 $P(X \geqslant k) = P(X > k - 1)$ 马上就推得 (A-2-9)式成立.

下面的命题表明,几何分布 $\mathscr{G}_1(p)$ 是满足(A-2-9)式的唯一非负整数值离散分布.

命题 1 设非负整数值随机变量 X 对任意非负整数 k 和 m 满足(A-2-9)式, 则 X 必有由 (A-2-1) 式给定的几何分布 $\mathscr{G}_1(p)$.

证明 记 $P(X = j) = p_j, j = 0, 1, 2, \cdots$, 再令

$$q_m = P(X > m) = \sum_{j=m+1}^{\infty} p_j.$$

如果约定 $q_{-1} = 1$，则(A-2-9)式可写成

$$q_{m+k} = q_m q_{k-1}, m, \ k = 0,1,2,\cdots. \quad \text{(A-2-12)}$$

特别地，当 $k = 1$ 时有

$$q_{m+1} = q_m q_0, \quad \text{(A-2-13)}$$

这里 $q_0 = P(X > 0) = 1 - p_0$. 在上式依次令 $m = 0,1,\cdots$即得 $q_1 = (1-p_0)^2, q_2 = (1-p_0)^3, \cdots$,一般地对任意非负整数 k 有 $q_k = (1-p_0)^{k+1}$,从而得

$$\begin{aligned} p_k &= P(X > k-1) - P(X > k) \\ &= q_{k-1} - q_k = p_0(1-p_0)^k. \end{aligned}$$

这就是当 $p = p_0$ 的(A-2-1)式,证完. ■

现设 $X_1, X_2, \cdots, X_r$ 是相互独立并有共同几何分布 $\mathscr{G}_1(p)$ 的随机变量，则 $Z = X_1 + X_2 + \cdots + X_r$ 表示出现第 r 次成功前的试验失败次数，而 $Z + r$ 则是恰好出现 r 次成功所需的试验次数. 因为每一 $X_i (i = 1, \cdots, r)$ 有几何分布 $\mathscr{G}_1(p)$，其概率母函数是 $p/(1-qs)$，故由(A-1-12)式知 Z 的概率母函数

$$G_Z(s) = [p/(1-qs)]^r. \quad \text{(A-2-14)}$$

将上式展为幂级数可求得

$$P(Z = k) = C_{r+k-1}{}^k P^r q^k, \ k = 0,1,2,\cdots. \quad \text{(A-2-15)}$$

因为 $C_{r+k-1}^k = (-1)^r C_{-r}^k$ [1]，故上式又可写成

$$P(Z = k) = C_{-r}^k p^r (-q)^k, \quad k = 0,1,2,\cdots. \quad \text{(A-2-16)}$$

于是，由

$$\sum_{k=0}^{\infty} C_{-r}^k (-q)^k = (1-q)^{-r} = p^{-r} \text{ [2]}.$$

---

1) 对任意实数 α 和任意非负整数 k,我们定义

$$C_\alpha^k = \alpha(\alpha-1)\cdots(\alpha-k+1)/k!$$

2) 由微积分学知对任意实数 α 和满足 $|x|<1$ 的实数 x,二项式$(1+x)^\alpha$ 有马克劳林级数展式

$$(1+x)^\alpha = \sum_{k=0}^{\infty} C_\alpha^k x^k.$$

推知$\sum_{k=0}^{\infty} P(Z=k)=1$，即（A-2-15）式确是给定一概率分布．因为 Pascal 首先研究过这种分布，故人们把由（A-2-15）式给定的分布称做 Pascal 分布．易见当 r 是任意正实数时，由（A-2-15）式确定的数（对任意 $k=0,1,2,\cdots$）非负，且其和仍是 1，即这时（A-2-15）式仍然给定一概率分布．因为（A-2-15）式[确切地说，它的等价形式（A-2-16）] 是负(幂)二项式 $(1-q)^{-r}$ 的展开式的通项和常数因子 p^r 的乘积，故人们把当 r 是任意正实数时由（A-2-15）式给定的分布称做负二项分布并记作 $\mathscr{B}_1^-(r,p)$．显然，Pascal 分布是负二项分布的一种特殊情形．

负二项分布 $\mathscr{B}_1^-(r,p)$ 的矩母函数和 L-S 变换分别是

$$M_Z(t)=\left(\frac{p}{1-qe^t}\right)^r, \tag{A-2-17}$$

$$\varphi_Z(s)=\left(\frac{p}{1-qe^{-s}}\right)^r. \tag{A-2-18}$$

数学期望和方差分别是

$$EZ=rq/p, \tag{A-2-19}$$

$$\mathrm{Var}Z=rq/p^2. \tag{A-2-20}$$

易证若 Z_1 和 Z_2 分别有参数为 r_1，p 和 r_2，p 的负二项分布(Pascal 分布)的相互独立随机变量，则 $Z=Z_1+Z_2$ 有参数为 $(r_1+r_2)p$ 的负二项分布（Pascal 分布），即加法定理成立．

最后要指出，某些著作定义几何分布时是把随机变量 X 理解为取得首次成功所需要的试验次数，于是代替(A-2-1)式应为

$$p_k\equiv P(X=k)=pq^{k-1}, k\geqslant 1. \tag{A-2-21}$$

这时，概率母函数、矩母函数和 L-S 变换分别是

$$G(s)=ps/(1-qs), \tag{A-2-22}$$

$$M(t)=pe^t/(1-qe^t), \tag{A-2-23}$$

$$\varphi(s)=pe^{-s}/(1-qe^{-s}). \tag{A-2-24}$$

数学期望和方差则分别是

$$EX=1/p, \tag{A-2-25}$$

$$\mathrm{Var}X = q/p^2. \tag{A-2-26}$$

为了区别于由（A-2-1）式给定的几何分布 $\mathscr{G}_1(p)$，我们把 $\mathscr{G}_1(p)$ 称做非负值几何分布，而把由（A-2-21）给定的分布称做正值几何分布并记作 $\mathscr{G}_2(p)$.

注意分布 $\mathscr{G}_2(p)$ 不满足（A-2-9）式或其等价形式. 但是，可证它满足

$$P(X > k + m) = P(X > k)P(X > m), \tag{A-2-27}$$

式中 k, m 是任意非负整数. 相应于命题 1，我们也可证明分布 $\mathscr{G}_2(p)$ 是满足（A-2-27）式的唯一正整数值离散分布.

如果在从几何分布出发推出负二项分布的过程中假定

$$X_i(i = 1, \cdots, r)$$

有由(A-2-21)式给定的分布 $\mathscr{G}_2(p)$，则独立和 $Z = X_1 + \cdots + X_r$ 应理解为取得 k 次成功所需的试验次数. 这时代替(A-2-15)有

$$p_k \equiv P(Z = k) = C_{k-1}^{r-1} p^r q^{k-r}, k = r, r + 1, \cdots \tag{A-2-28}$$

同样为了区别于由（A-2-15）式给定的分布 $\mathscr{B}_1^-(r, p)$，我们把由(A-2-28) 式给定的分布记为 $\mathscr{B}_2^-(r, p)$，并把它们分别称做非负值负二项分布和正值负二项分布. 易知分布 $\mathscr{B}_2^-(r, p)$ 仍满足加法定理，它的矩母函数和 L-S 变换分别是

$$M_Z(t) = \left(\frac{pe^t}{1 - qe^t}\right)^r, \tag{A-2-29}$$

$$\varphi_Z(s) = \left(\frac{pe^{-s}}{1 - qe^{-s}}\right)^r. \tag{A-2-30}$$

数学期望和方差则分别是

$$EZ = r/p, \tag{A-2-31}$$

$$\mathrm{Var}Z = rq/p^2. \tag{A-2-32}$$

附录三　指数分布和伽玛分布，指数分布的无记忆性

设非负随机变量X的分布函数是 $F(x)$，它有密度函数 $f(x)$，则X(或对应的分布函数 F)的故障率(又称故障强度、失效率或临危函数)定义为

$$\lambda(x)=\frac{f(x)}{1-F(x)}=\frac{f(x)}{\bar{F}(x)},\quad F(x)<1,\qquad \text{(A-3-1)}$$

其中 $\bar{F}(x)=1-F(x)$ 称做**存活函数**．若 $F(0)=0$，由

$$\bar{F}(x)=1-\int_0^x f(t)dt \quad 和 \quad \bar{F}'(x)=-f(x)$$

易得

$$\lambda(x)dx=-\frac{d\bar{F}(x)}{\bar{F}(x)}.\qquad \text{(A-3-2)}$$

由此通过积分并利用 $F(0)=0$ 可推出

$$F(x)=1-\exp\left\{-\int_0^x\lambda(t)dt\right\},\quad x\geqslant 0$$

对上式求导就得到

$$f(x)=\begin{cases}0 & x<0,\\ \lambda(x)\exp\left\{-\int_0^x\lambda(t)dt\right\}, & x\geqslant 0.\end{cases}$$

因此，任一概率分布和它的故障率是相互唯一确定的．

故障率 $\lambda(x)$ 有如下直观解释：设X表示被研究个体的寿命，则 $\lambda(x)dx$ 给出一个年龄为 x 的个体将在时间区间 $(x,x+dx)$ 内发生故障(或死亡)的概率．事实上，

$$P(X\in(x,x+dx)\mid X>x)=\frac{P(X\in(x,x+dx))}{P(X>x)}$$

$$=\frac{f(x)dx}{\bar{F}(x)}=\lambda(x)dx.$$

因此，$\lambda(x)$ 反映一个年龄为 x 的个体随即要发生故障(或死亡)的可能性的大小，这正是我们把它称做故障率或临危函数的原因.

一般说来,故障率 $\lambda(x)$ 是年龄 x 的函数. 若它不依赖于年龄而恒等于某一常数 λ, 这时由（A-3-2）式立得

$$f(x)=\begin{cases}0 & x<0,\\ \lambda e^{-\lambda x} & x\geqslant 0.\end{cases} \tag{A-3-3}$$

人们把具有如上密度函数的概率分布称做**指数分布**（或**负指数分布**）. 由（A-3-3）式容易算出指数分布的分布函数和存活函数分别是

$$F(x)=1-e^{-\lambda x},\qquad x\geqslant 0, \tag{A-3-4}$$

$$\bar{F}(x)=e^{-\lambda x},\qquad x\geqslant 0. \tag{A-3-5}$$

指数分布的 L-S 变换是

$$\varphi(s)=\int_0^\infty e^{-sx}\lambda e^{-\lambda x}dx=-\frac{\lambda}{\lambda+s}\int_0^\infty e^{-t}dt=\frac{\lambda}{\lambda+s}. \tag{A-3-6}$$

它的 n 阶导数是

$$\varphi^{(n)}(s)=(-1)^n n!\lambda/(\lambda+s)^{n+1}. \tag{A-3-7}$$

由此得指数分布的 n 阶矩表示式

$$EX^n=(-1)^n\varphi^{(n)}(o)=n!/\lambda^n, \tag{A-3-8}$$

特别地,数学期望和方差分别是

$$EX=1/\lambda, \tag{A-3-9}$$

$$\mathrm{Var}X=1/\lambda^2. \tag{A-3-10}$$

类似于几何分布，无记忆性同样是刻划指数分布的一个最重要的特性. 这句话有两方面含义，一是说指数分布具有无记忆的性质,即若 X 有指数分布,则对任意 $s,t\geqslant 0$ 有

$$P(X>s+t|X\geqslant t)=P(X>s). \tag{A-3-11}$$

二是说如果一个非负连续随机变量 X 的概率分布 F 具有无记忆性(A-3-11), 那么,它一定是指数分布. 在证明这一论断之前,我们先要指出,因为连续随机变量 X 取任一固定值 x 的概率 $P(X=$

x）都等于零，所以（A-3-11）式等价于

$$P(X > s + t | X > t) = P(X > s). \qquad \text{(A-3-12)}$$

注意（A-3-11）和（A-3-12)式分别对应于离散情形的(A-2-8)和（A-2-27）式，但在那里两式是不等价的。

因为（A-3-12）式可写成 $\bar{F}(s+t) = \bar{F}(s)\bar{F}(t)$，而对于指数分布（A-3-3）有 $\bar{F}(t) = e^{-\lambda t}$，它显然满足这一等式，故指数分布具有无记忆性。下面证明论断的另一部分，为此先证一有用的引理。

引理1 设实值函数 $f(t)$（$t \geqslant 0$）满足函数方程

$$f(t_1 + t_2) = f(t_1)f(t_2), \qquad t_1, t_2 \geqslant 0, \qquad \text{(A-3-13)}$$

而且它还满足下列条件中的任一个:

（1）$f(t)$ 是左或右连续函数.

（2）$f(t)$ 是单调函数.

（3）$f(t)$ 在任意有限区间是有界的.

则或者 f 恒等于零，或者存在一常数 λ，使得

$$f(t) = e^{-\lambda t}. \qquad \text{(A-3-14)}$$

证明 （1）我们就 $f(t)$ 是右连续的情形给出证明. 左连续情形的证明是完全类似的. 由（A-3-13）式易知，对任意正整数 n 和 m 有 $f(1) = [f(1/n)]^n$ 和

$$f(m/n) = [f(1/n)]^m = [f(1)]^{m/n},$$

即对任意有理数 $t > 0$ 有

$$f(t) = [f(1)]^t. \qquad \text{(A-3-15)}$$

若 $t \geqslant 0$ 是任意实数，令 $\{t_n\}$ 是一串单调下降于 t 的有理数，则由 $f(t)$ 的右连续性有 $f(t) = \lim\limits_{t_n \downarrow t} f(t_n) = \lim\limits_{t_n \downarrow t} [f(1)]^{t_n} = [f(1)]^t$，即（A-3-15）式对任意实数 $t \geqslant 0$ 也成立. 因为

$$f(1) = [f(1/2)]^2 \geqslant 0,$$

故若 $f(t)$ 不恒等于 0，则必有 $f(1) > 0$. 令 $\lambda = -\log f(1)$，我们就得到（A-3-14）式.

（2）只考虑 $f(t)$ 是单调不增的情形. 不减的情形可类似地证明，现在的情形和(1)的差别仅在于不能再用右连续性证（A-3-

15）式对任意实数 $t \geqslant 0$ 都成立.然而,我们可改为选两串有理数 $\{t'_n\}$ 和 $\{t''_n\}$，使得 $t'_n \uparrow t$ 和 $t''_n \downarrow t$. 由单调性知对每一 n 有 $f(t'_n) \geqslant f(t) \geqslant f(t''_n)$，于是得

$[f(1)]^{t'_n} = f(t'_n) \geqslant f(t) \geqslant f(t''_n) = [f(1)]^{t''_n}$，对所有 n. 当 $n \to \infty$时上式两端均趋于 $[f(1)]^t$，故（A-3-15）式仍成立.

(3) 若 $f(t)$ 不恒等于 0,则存在 $t_0 > 0$，使得 $f(t_0) > 0$. 令 $g(t) = [f(t_0)]^{-t} f(t_0 t)$. 于是,要证（A-3-14）式只须证明

$$g(t) = 1, \qquad 对所有\ t > 0. \tag{A-3-16}$$

事实上,由上式可推出 $f(t_0 t) = [f(t_0)]^t$ 对所有 $t > 0$ 成立. 令 $u = t_0 t$ 和 $\lambda = -\log f(t_0)/t_0$ 就得到

$$f(u) = \{[f(t_0)]^{1/t_0}\}^u = e^{-\lambda u}, 所有\ u > 0.$$

下面证（A-3-16）式成立. 显然有 $g(1) = 1$，而且容易验证函数 $g(t)$ 满足函数方程（A-3-13）. 因此对任意正整数m和n有 $g(m/n) = 1$. 对于任意实数 $t > 0$，令 $t' = t - r$，这里 r 是一个使得 $0 < t' \leqslant 1$ 的有理数,于是有 $g(t) = g(t')g(r) = g(t')$，即 $g(t)$ 在 $\mathbb{R}_+$ 的任一点的值等于它在区间$(0, 1]$上某一点的值. 由 $g(t)$ 的定义及 $f(t)$ 的有界性假设推知 $g(t)$ 在$(0,1]$上有界，从而在整个 $\mathbb{R}_+$ 上也有界. 假若对某 $s \in (0, 1]$ 有 $g(s) = c \neq 1$，则因 $g(1) = g(s)g(1-s)$，故不妨设 $c > 1$. 于是 $g(Ns) = [g(s)]^N = c^N \to \infty$ 当 $N \to \infty$，这与 $g(t)$ 的有界性矛盾，故（A-3-16）式必成立.

最后要指出,一般说来 λ 可能是正的也可能是负的.但易见若 $f(t)$ 单调不减则 $\lambda \leqslant 0$；若 $f(t)$ 单调不增则 $\lambda \geqslant 0$；而 $\lambda = 0$ 则对应于 $f(t) \equiv 1$ 的情形. ■

利用引理 1 马上推知满足等式 $\bar{F}(s+t) = \bar{F}(s)\bar{F}(t)$ 的集中于 $\mathbb{R}_+$ 上的分布函数一定是指数分布，因为存活函数是单调不增（右连续）函数，故引理 1 的条件满足（$\lambda = 0$ 对应于 $\bar{F}(x) \equiv 1$ 的平凡情形）.

顺便指出,由引理 1 可直接推出

引理 2 设 $g(t)$ 是 $\mathbb{R}_+$ 上满足

$$g(t_1+t_2)=g(t_1)+g(t_2),\quad t_1,t_2\geqslant 0 \tag{A-3-17}$$

的实值函数,若它还满足下列条件中的任一个:

（1） $g(t)$ 右或左连续.

（2） $g(t)$ 是非负函数.

（3） $g(t)$ 在任意有限区间有界.

则函数 $g(t)$ 是一线性函数,即存在某常数 c 使

$$g(t)=ct,\quad t\geqslant 0. \tag{A-3-18}$$

事实上,令 $f(t)=e^{g(t)}$ 即化为引理 1 的情形.

伽玛分布 我们把有密度函数

$$f_{\lambda,k}(x)=\begin{cases}\lambda^k x^{k-1}e^{-\lambda x}/\Gamma(k) & x\geqslant 0,\\ 0 & x<0\end{cases} \tag{A-3-19}$$

的概率分布称做具有参数 λ 和 k 的伽玛分布并记作 $\Gamma(\lambda,k)$. 这里 λ 和 k 是任意固定的正数，它们分别称做分布的尺度参数和形状参数，$\Gamma(\cdot)$ 是由下式定义的伽玛函数

$$\Gamma(x)=\int_0^\infty e^{-t}t^{x-1}dt. \tag{A-3-20}$$

当 $x=k$ 是正整数时 $\Gamma(k)=(k-1)!$. 也有人把伽玛分布称做皮尔逊 III 型分布. 这分布的 L-S 变换是(注意利用 (A-3-20) 式)

$$\begin{aligned}\varphi(s)&=(\lambda^k/\Gamma(k))\int_0^\infty e^{-(s+\lambda)x}x^{k-1}dx\\&=(\lambda^k/\Gamma(k))\int_0^\infty[e^{-t}t^{k-1}/(s+\lambda)^k]dt=\left(1+\frac{s}{\lambda}\right)^{-k}.\end{aligned} \tag{A-3-21}$$

借此可算出数学期望和方差分别是

$$EX=-\varphi'(o)=k/\lambda, \tag{A-3-22}$$

$$\begin{aligned}\mathrm{Var}X&=\varphi''(o)-(\varphi'(o))^2\\&=k(k+1)/\lambda^2-(k/\lambda)^2=k/\lambda^2.\end{aligned} \tag{A-3-23}$$

当 $k=1$ 时,(A-3-21) 式变成 $\varphi(s)=\left(1+\frac{s}{\lambda}\right)^{-1}$, 这是参数为 λ 的指数分布的 L-S 变换,因此,指数分布是伽玛分布的一

种特殊情形．当 $k=2$ 时 $\varphi(s)=\left(1+\frac{s}{\lambda}\right)^{-2}$，这是两个相互独立的参数为 λ 的指数分布之和的 L-S 变换．由此看出，对于指数分布加法定理不成立．但是，设 $X_i(i=1,2)$ 有参数为 λ 和 k_i 的伽玛分布，若 X_1 和 X_2 相互独立，则它们之和 $Z=X_1+X_2$ 的 L-S 变换是 $\left(1+\frac{s}{\lambda}\right)^{-(k_1+k_2)}$，这对应参数为 λ 和 k_1+k_2 的伽玛分布．故较广的一类分布——伽玛分布满足加法定理．

在伽玛分布的密度函数（A-3-19）中用 λk 代换 λ 就得到

$$f_{\lambda k,k}(x)=\begin{cases}(\lambda k)^k x^{k-1}e^{-\lambda kx}/\Gamma(k) & x\geqslant 0,\\ 0 & x<0.\end{cases}\qquad\text{(A-3-24)}$$

我们把具有如上密度函数（λ 是任意正数，k 是任意正整数）的概率分布称做 Erlang（埃尔兰）或 Erlang-k（埃尔兰-k）分布并用 $E_k(\lambda)$ 表示．易见具有正整数值 k 的伽玛分布 $\Gamma(\lambda,k)$ 的密度函数（A-3-19）必可写成（A-3-24）的形式，亦即是 Erlang-k 分布． 容易验证分布 $E_k(\lambda)$ 的数学期望和方差分别是 $1/\lambda$ 和 $1/k\lambda^2$．

伽玛分布的另一种常用的特殊形式是参数 $\lambda=1/2$ 和 $k=n/2$（n 是任意正整数）的情形．这时，密度函数（A-3-19）变成

$$f_n(x)=\begin{cases}x^{(n/2)-1}e^{-x/2}/2^{n/2}\Gamma(n/2) & x\geqslant 0,\\ 0 & x<0.\end{cases}\qquad\text{(A-3-25)}$$

我们把具有如上密度函数的概率分布称做自由度为 n 的 χ^2 分布．容易验证这分布的 L-S 变换、数学期望和方差分别是 $(1+2s)^{-n/2}$，n 和 $2n$．

χ^2 分布有如下重要性质：

(1) 若 $X_i(i=1,\ 2)$ 服从自由度为 n_i 的 χ^2 分布，X_1 和 X_2 相互独立，则 $Z_1=X_1+X_2$ 有自由度为 n_1+n_2 的 χ^2 分布．

(2) 若 $X_i(i=1,2,\cdots,n)$ 是相互独立的标准正态随机变量，则它们的平方和 $\sum_{i=1}^{n}X_i^2$ 有自由度为 n 的 χ^2 分布．事实上，许

多概率统计教程是用这种方式引入 χ^2 分布的.

(3) 设随机变量 T 有伽玛分布 $\Gamma(\lambda,k)$,则变量 $Z=2\lambda T$ 有自由度为 $2k$ 的 χ^2 分布. 这一事实易用密度变换公式直接验证.

附录四　泊松分布和指数分布的参数估计，混合和截尾

泊松分布是由

$$p_k = P(X = k) = e^{-\lambda}\lambda^k/k!,\ k = 0,1,2,\cdots \tag{A-4-1}$$

给定的离散概率分布并记作 $\mathscr{P}(\lambda)$，这里常数 $\lambda > 0$ 是分布的参数．由（A-4-1）式易得 $p_{k+1}/p_k = \lambda/(k+1)$，故当 $\lambda > k+1$ 时 $p_{k+1} > p_k$，当 $\lambda < k+1$ 时 $p_{k+1} < p_k$．这表明开始时 p_k 随 k 增大而下降，当 $k = [\lambda]$ 时达到极大（$[\lambda]$ 表示 λ 的整数部分，当 $\lambda = [\lambda]$，即 λ 是整数时有两个相等的极大值 $p_{\lambda-1}$ 和 p_λ)，然后又随 k 增大而下降．

泊松分布的概率母函数和 L-S 变换分别是

$$G(s) = \sum_{k=0}^{\infty}(e^{-\lambda}\lambda^k/k!)s^k = e^{\lambda(s-1)}, \tag{A-4-2}$$

$$\varphi(s) = \sum_{k=0}^{\infty}(e^{-\lambda}\lambda^k/k!)e^{-sk} = e^{\lambda(e^{-s}-1)}, \tag{A-4-3}$$

即有 $\varphi(s) = G(e^{-s})$．数学期望和方差则由

$$EX = \mathrm{Var}X = \lambda \tag{A-4-4}$$

给出．于是有

$$EX/\mathrm{Var}X = 1. \tag{A-4-5}$$

人们常常利用泊松分布这一特点作为检验某一分布（或观测数据）是否泊松分布的第一步．

泊松分布的阶乘矩有如下简单表示式：

$$E[X(X-1)\cdots(X-k+1)] = \lambda^k. \tag{A-4-6}$$

利用概率母函数表示式（A-4-2）容易验证泊松分布满足加法定理，即若 X 和 Y 是分别有参数 λ 和 μ 的独立泊松分布随机变量，则

它们之和 $Z=X+Y$ 有参数 $\lambda+\mu$ 的泊松分布．又设 $X_1, X_2, \cdots$ 是一串相互独立同分布的随机变量，它们的共同概率母函数是 $G(s)$．又设 N 是一个独立于 $\{X_n\}$ 的泊松分布随机变量，其参数是 λ．于是由（A-1-13）式立得 $Z=X_1+\cdots+X_N$ 的概率母函数

$$G_Z(s)=G_N[G(s)]=e^{\lambda[G(s)-1]}.$$

泊松分布的参数估计　设已知随机变量 X 服从泊松分布，但参数 λ 未知．我们希望通过对 X 所作的 n 次独立观测 $X_1, \cdots, X_n$ 对 λ 作点估计．可以证明，λ 的最大似然估计是

$$\hat{\lambda}=\sum_{k=1}^{n} X_k/n, \tag{A-4-7}$$

同时它也是 λ 的最小方差无偏估计．

有时人们希望直接估计 $e^{-\lambda}$（这恰好是 p_0）．自然可用 $e^{-\hat{\lambda}}$ 作为它的一个估计，但这估计不是无偏的．$e^{-\lambda}$ 的最小方差无偏估计是

$$T=\left(1-\frac{\hat{\lambda}}{n}\right)^{n-1}. \tag{A-4-8}$$

而 $p_k=e^{\lambda}\lambda^k/k!\,(k\geqslant 1)$ 的最小方差无偏估计则是

$$C_{n\hat{\lambda}}^{k}(1-n^{-1})^{n\hat{\lambda}}(n-1)^{-k}. \tag{A-4-9}$$

复合泊松分布　泊松分布常用来描述稀有事件发生的概率分布．但是，有些工厂的事故分布用泊松分布拟合得并不好．经过仔细的分析，人们发现尽管每一个工人造成事故的数目有泊松分布，但是对不同的工人来说分布参数 λ 是不一样的．我们可以把参数 λ 本身看作是一个随机变量，这种泊松分布的随机混合就称做**复合泊松分布**．

设 X 有参数为 Λ 的泊松分布，这里 Λ 是一个有分布函数 $F(\lambda)$ 的随机变量．当给定 $\Lambda=\lambda$ 时，X 的条件分布是参数为 λ 的泊松分布．于是有

$$P(X=k)=\int_0^{\infty}(e^{-\lambda}\lambda^k/k!)dF(\lambda),\ k\geqslant 0. \tag{A-4-10}$$

由此易得X的概率母函数是

$$G_X(s)=\sum_{k=0}^{\infty}s^k\int_0^{\infty}(e^{-\lambda}\lambda^k/k!)dF(\lambda)$$

$$=\int_0^{\infty}e^{-\lambda}\left[\sum_{k=0}^{\infty}(s\lambda)^k/k!\right]dF(\lambda)$$

$$=\int_0^{\infty}e^{\lambda(s-1)}dF(\lambda)$$

$$=\varphi_\Lambda(1-s),\tag{A-4-11}$$

这里 $\varphi_\Lambda(\cdot)$ 是Λ的 L-S 变换. 又由（A-4-3）式可推出X的 L-S 变换是

$$\varphi_X(s)=E[E[e^{-sx}|\Lambda]]$$

$$=\int_0^{\infty}e^{-\lambda(1-e^{-s})}dF(\lambda)$$

$$=\varphi_\Lambda(1-e^{-s}).\tag{A-4-12}$$

复合泊松分布也可以定义为具有形如（A-4-11）式的概率母函数或形如（A-4-12）式的 L-S 变换的概率分布. 一种重要的特殊情形是Λ有参数为λ和k的伽玛分布,即有 L-S 变换

$$\varphi_\Lambda(s)=[\lambda/(s+\lambda)]^r,$$

于是由（A-4-12）式知X的 L-S 变换是

$$\varphi_X(s)=\left(\frac{\lambda}{1-e^{-s}+\lambda}\right)^k=\left(\frac{p}{1-qe^{-s}}\right)^k,\tag{A-4-13}$$

其中 $p=\lambda/(1+\lambda)$, $q=1-p=1/(1+\lambda)$. 这正是非负值负二项分布 $\mathscr{B}_1^-(k,p)$, 它的数学期望 $EX=kq/p=k/\lambda$, 方差 $\mathrm{Var}X=kq/p^2=k(1+\lambda)/\lambda^2$.

截尾泊松分布 由于种种原因，经常会出现观测资料不完全的情形.因此有必要根据具体情况考虑选用各种不同的截尾分布.在这里简单介绍几种常见的截尾形式.

有些观测仪器要在至少有一事件发生的条件下才工作，所以我们应该考虑的最简单的一种截尾泊松分布是除去取零值的可能性。对于参数为λ的泊松分布有

$$\sum_{k=1}^{\infty} p_k = 1 - e^{-\lambda},$$

故对应的截尾分布——正值泊松分布由下式给出:

$$P(X=k) = (e^{\lambda}\lambda^k/k!)(1-e^{-\lambda})^{-1}$$
$$= (e^{\lambda}-1)^{-1}\lambda^k/k!, \qquad k \geqslant 1, \qquad (A-4-14)$$

它的数学期望、方差和概率母函数依次是

$$EX = (1-e^{-\lambda})^{-1}\lambda, \qquad (A-4-15)$$

$$\mathrm{Var}X = (1-e^{-\lambda})^{-1}[1-\lambda e^{-\lambda}(1-e^{-\lambda})^{-1}], \qquad (A-4-16)$$

$$G(s) = \frac{e^{\lambda s}-1}{e^{\lambda}-1}. \qquad (A-4-17)$$

左截尾泊松分布是由将泊松分布的前 r_1 个可能值，即 $0,1,\cdots,(r_1-1)$ 删除去而得,它由

$$P(X=k) = (e^{\lambda}\lambda^k/k!)\left(1-e^{-\lambda}\sum_{j=0}^{r_1-1}\lambda^j/j!\right)^{-1},$$
$$k \geqslant r_1 \qquad (A-4-18)$$

给出. 当计数装置不能记录很大的数,即大于某一固定数 r_2 的值要被删除时,就引导到右截尾泊松分布,它由

$$P(X=k) = (\lambda^k/k!)\left(\sum_{j=0}^{r_2}\lambda^j/j!\right)^{-1}, \quad k=0,1,\cdots,r_2$$
$$(A-4-19)$$

给出. 最后,由

$$P(X=k) = (\lambda^k/k!)\left(\sum_{j=r_1}^{r_2}\lambda^j/j!\right)^{-1},$$
$$k = r_1, r_1+1, \cdots, r_2 \qquad (A-4-20)$$

给出的分布称做双截尾泊松分布,这样的分布只取 r_1 和 r_2 之间的值.

指数分布的参数估计 设对参数为 λ 的指数分布随机变量 X 作了 n 次独立的观测 $X_1, X_2, \cdots, X_n$，我们希望据此对未知参数 λ 进行估计。记 $\mu = 1/\lambda$，则 μ 是 X 的数学期望，它的最大似然

估计是

$$\hat{\mu}=\sum_{i=1}^{n}X_i/n \tag{A-4-21}$$

据此即可得 λ 的估计 $\hat{\lambda}$。

在实际应用中，常常要对分布的存活函数 $\bar{F}(x)=P(X>x)$ 作出估计．对于指数分布有 $\bar{F}(x)=e^{-\lambda x}$，现考虑 $e^{-\lambda x}$ 的估计．把由（A-4-21）式算出的 $\hat{\mu}$ 代入 $e^{-\lambda x}$ 中就得到 $e^{-\lambda x}$ 的一个估计：

$$\exp\left\{-x_0 n\Big/\sum_{i=1}^{n}X_i\right\}. \tag{A-4-22}$$

可以证明这是 $e^{-\lambda x}$ 的最大似然估计，但它不是无偏的。 $e^{-\lambda x}$ 的一个最小方差无偏估计是

$$\begin{cases}\left[1-\left(x\Big/\sum_{i=1}^{n}X_i\right)\right]^{n-1}, & 若\ x<\sum_{i=1}^{n}X_i,\\ 0 & 若\ x\geqslant\sum_{i=1}^{n}X_i.\end{cases} \tag{A-4-23}$$

指数分布的混合　类似于讨论复合泊松分布时由分布参数随机化而导出的分布混合，指数分布也有这种混合． 设 X 有参数为 Λ 的指数分布，这里 Λ 是一个随机变量，它的分布函数是 $F(\lambda)$。当给定 $\Lambda=\lambda$ 时 X 的条件分布是参数为 λ 的指数分布．即有条件密度函数 $f_X(x|\Lambda=\lambda)=\lambda e^{-\lambda x}$ $(x\geqslant 0)$，其条件期望、条件方差和条件 L-S 泛函分别是 $E(X|\Lambda=\lambda)=1/\lambda$、$\mathrm{Var}(X|\Lambda=\lambda)=1/\lambda^2$ 和 $E(e^{-sX}|\Lambda=\lambda)=\lambda/(\lambda+s)$．于是由条件期望的性质和（A-5-5）式易得

$$EX=E[E(X|\Lambda)]=E[1/\Lambda]=\int_0^\infty(1/\lambda)dF(\lambda), \tag{A-4-24}$$

$$\begin{aligned}\mathrm{Var}X&=\mathrm{Var}[E(X|\Lambda)]+E[\mathrm{Var}(X|\Lambda)]\\&=\mathrm{Var}[1/\Lambda]+E[1/\Lambda^2]\end{aligned}$$

$$= 2E[1/\Lambda^2] - \{E[1/\Lambda]\}^2, \tag{A-4-25}$$

$$\varphi_X(s) = E[E(e^{-sX}|\Lambda)] = E[\Lambda/(\Lambda+s)]. \tag{A-4-26}$$

下面对几种特殊形式的 $F(\lambda)$ 给出X的无条件分布 $F_X(x)$.

(i) $F(\lambda)$ 是两点分布,即 $P(\Lambda=\lambda_1)=p$ 和 $P(\Lambda=\lambda_2)=q=1-p$ 时

$$\begin{aligned} F_X(x) &= (1-e^{-\lambda_1 x})p + (1-e^{-\lambda_2 x})q \\ &= 1 - pe^{-\lambda_1 x} - qe^{-\lambda_2 x}. \end{aligned} \tag{A-4-27}$$

(ii) $F(\lambda)$ 是 $[a,b]$ 上的均匀分布时

$$F_X(x) = \frac{1}{b-a}\int_a^b (1-e^{-\lambda x})d\lambda = 1 - \frac{e^{-ax}-e^{-bx}}{(b-a)x}. \tag{A-4-28}$$

(iii) $F(\lambda)$ 是有参数μ和α的伽玛分布,即

$$f(\lambda) = \mu^\alpha \lambda^{\alpha-1} e^{-\mu\lambda}/\Gamma(\alpha) \quad (\lambda \geqslant 0)$$

时

$$F_X(x) = \int_0^\infty (1-e^{-\lambda x})f(\lambda)d\lambda = 1 - \left(\frac{x}{\mu}+1\right)^{-\alpha}, \tag{A-4-29}$$

若令 $Y = \frac{X}{\mu}+1$, 则有

$$F_Y(y) = 1 - (1/y)^\alpha. \tag{A-4-30}$$

这是 Pareto 分布[1]. 不难算出X的故障率是

$$\lambda(x) = \frac{F'(x)}{1-F(x)} = \alpha/(x+\mu), \quad x \geqslant 0 \tag{A-4-31}$$

易见 $\lambda(x)$ 是 x 的递减函数,即X有递减故障率.

截尾指数分布 因为指数分布是无记忆的. 因此, 对任意固定正数 x_0, 给定 $X > x_0$ 时的条件分布和X的无条件分布是相同的. 故由删除去 $X \leqslant x_0$ 的可能性而得到的左*截尾指数分布*仍然是指数分布,而且有相同的参数.

除去超过某一 $x_0 > 0$ 的值的右*截尾指数分布*的密度函数是

---

1) 一般的 Pareto 分布有两个参数α和 β, 其分布函数 $F_Y(y)=1-(\beta/y)^\alpha$, $\alpha>0, \beta>0, y \geqslant \beta$.

$$f(x)=\lambda(1-e^{-\lambda x_0})^{-1}e^{-\lambda x}, \qquad 0<x\leqslant x_0. \qquad \text{(A-4-32)}$$

这分布的数学期望是

$$EX=[1-\lambda x_0(e^{\lambda x_0}-1)^{-1}]/\lambda. \qquad \text{(A-4-33)}$$

最后,给出一个联系指数分布和泊松分布的论断.设$T_1, T_2, \cdots$是一串相互独立且具有同一参数 λ 的指数分布随机变量, t 是任意正数,则由下式

$$T_1+T_2+\cdots+T_{N_t}\leqslant t<T_1+T_2+\cdots+T_{N_t+1} \qquad \text{(A-4-34)}$$

给定的随机变量 N_t 有参数为 λt 的泊松分布. 事实上,因为 k 个独立的参数为 λ 的指数分布之和是参数为 λ 和 k 的伽玛分布, 故对任意非负整数 k 有

$$\begin{aligned} P(N_t=k) &= P(T_1+\cdots+T_k\leqslant t) \\ &\quad -P(T_1+\cdots+T_{k+1}\leqslant t) \\ &= \int_0^t [e^{-\lambda x}(\lambda x)^{k-1}\lambda/(k-1)!]dx \\ &\quad -\int_0^t [e^{-\lambda x}(\lambda x)^k\lambda/k!]dx \\ &= \int_0^{\lambda t}[e^{-y}y^{k-1}/(k-1)!]dy \\ &\quad -\int_0^{\lambda t}[e^{-y}y^k/k!]dy. \end{aligned}$$

对上式右端第一项利用分部积分得

$$\int_0^{\lambda t}[e^{-y}y^{k-1}/(k-1)!]dy=[e^{-y}y^k/k!]_0^{\lambda t}+\int_0^{\lambda t}[e^{-y}y^k/k!]dy$$

由此即推出 $P(N_t=k)=e^{-\lambda t}(\lambda t)^k/k!$.

附录五　杂　　题

1. 数学期望计算公式

若 X 是非负整数值随机变量,则

$$EX = \sum_{k=1}^{\infty} kP(X=k)$$

$$\begin{aligned}
&= P(X=1) \\
&\quad + P(X=2) + P(X=2) \\
&\quad + \cdots\cdots \\
&\quad + P(X=k) + \underbrace{P(X=k) + \cdots + P(X=k)}_{\text{共 } k \text{ 项}} \\
&\quad + \cdots\cdots \\
&= P(X \geqslant 1) + P(X \geqslant 2) + \cdots \\
&\quad + P(X \geqslant k) + \cdots \\
&= \sum_{k=1}^{\infty} P(X \geqslant k).
\end{aligned} \tag{A-5-1}$$

若 X 是一般的非负随机变量,则有

$$EX = \int_0^{\infty} (1 - F(x))dx, \tag{A-5-2}$$

其中 F 是 X 的分布函数. 事实上,

$$\int_0^{\infty} (1 - F(x))dx = \lim_{x \to \infty} x(1 - F(x)) + \int_0^{\infty} xdF(x).$$

注意上式右端第二项等于 EX. 先设 $EX < \infty$,这时只须证明右端第一项等于零. 由 $EX < \infty$ 有

$$0 \leqslant \lim_{x \to \infty} x(1 - F(x)) = \lim_{x \to \infty} x\int_x^{\infty} dF(y)$$

$$\leqslant \lim_{x\to\infty}\int_x^\infty y dF(y)=0.$$

如果 $EX=\infty$，则因 $\lim\limits_{x\to\infty} x(1-F(x))\geqslant 0$，故 (A-5-2) 式两端都等于∞.

如果 X 是一般随机变量，则可用类似的方法证明若 EX 存在，则有

$$EX=\int_0^\infty (1-F(x))dx-\int_{-\infty}^0 F(x)dx. \qquad \text{(A-5-3)}$$

更一般地，对于任意正整数 k，我们有

$$E|X|^k=\int_0^\infty P(|X|^k>x)dx=n\int_0^\infty x^{k-1}P(|X|>x)dx. \qquad \text{(A-5-4)}$$

2. 条件方差

设 X 和 Y 是两个随机变量，类似于条件数学期望 $E(Y|X)$，可以定义条件方差

$$\begin{aligned}\mathrm{Var}(Y|X)&=E[[Y-E(Y|X)]^2|X]\\&=E(Y^2|X)-E^2(Y|X).\end{aligned}$$

利用条件期望的基本性质可证若 $EY^2<\infty$，则

$$\mathrm{Var}Y=\mathrm{Var}[E(Y|X)]+E[\mathrm{Var}(Y|X)]. \qquad \text{(A-5-5)}$$

事实上，按定义上式右端等于

$$\begin{aligned}&E[E^2(Y|X)]-[E(E(Y|X))]^2\\&\qquad+E[E(Y^2|X)-E^2(Y|X)]\\&=E[E^2(Y|X)]-(EY)^2\\&\quad+EY^2-E[E^2(Y|X)]=\mathrm{Var}Y.\end{aligned}$$

由 (A-5-5) 式直接推得

$$\mathrm{Var}Y\geqslant \mathrm{Var}[E(Y|X)], \qquad \text{(A-5-6)}$$

等式成立当且仅当 $Y=E(Y|X)$，即 Y 是 X 的函数.

3. Wald 公 式

设 $X_i(i=1,2,\cdots)$ 是相互独立有相同数学期望 EX 的随机变量，N是一个独立于所有 X_i 的非负整数值随机变量，则

$$E\left(\sum_{i=1}^{n}X_i\right)=E\left[E\left(\sum_{i=1}^{N}X_i|N\right)\right]=E[N\cdot EX]=EN\cdot EX \tag{A-5-7}$$

若 X_i 还有相同的方差，则

$$\begin{aligned}\mathrm{Var}\left(\sum_{i=1}^{N}X_i\right)&=E\left[\left(\sum_{i=1}^{N}X_i\right)^2\right]-\left[E\left(\sum_{i=1}^{N}X_i\right)\right]^2\\&=E\left[E\left(\left(\sum_{i=1}^{N}x_i\right)^2|N\right)\right]-(EN\cdot EX)^2\\&=E[N\mathrm{Var}X+N^2(EX)^2]-(EN\cdot EX)^2\\&=EN\mathrm{Var}X+EN^2(EX)^2-(EN\cdot EX)^2\\&=EN\mathrm{Var}X+(EX)^2\mathrm{Var}N\end{aligned} \tag{A-5-8}$$

4. 随机变量密度函数的变换公式

设 n 维随机向量 $X=(X_1,\cdots,X_n)$ 有密度函数 $f_X(x_1,\cdots,x_n)$. 又设 n 元函数 $y_i=u_i(x_1,\cdots,x_n)$, $i=1,\cdots,n$, 满足下列条件:

(1) 存在唯一的反函数 $x_i=v_i(y_1,\cdots,y_n)$, $i=1,\cdots,n$。

(2) $u_i(x_1,\cdots,x_n)$ 和 $v_i(y_1,\cdots,y_n)$ 均连续且有连续的一阶偏导数. 若以 J 表示变换 $y_i=u_i(x_1,\cdots,x_n)$ 的雅各比行列式，即

$$J=\begin{vmatrix}\frac{\partial x_1}{\partial y_1},\cdots,\frac{\partial x_1}{\partial y_n}\\ \cdots\cdots\\ \frac{\partial x_n}{\partial y_1},\cdots,\frac{\partial x_n}{\partial y_n}\end{vmatrix}.$$

则分量由

$$Y_i=u_i(X_1,\cdots,X_n),\ i=1,\cdots,n,$$

给定的 n 维随机向量 $Y=(Y_1,\cdots,Y_n)$ 有密度函数

$$f_Y(y_1,\cdots,y_n)=|J|\cdot f_X(x_1(y_1,\cdots,y_n),\cdots,x_n(y_1,\cdots,y_n)). \tag{A-5-9}$$

考察下面几种特款:

1°线性变换 $Y=aX+b(a\neq 0)$. 这时 $J=\dfrac{dx}{dy}=1/a$,故

$$f_Y(y)=\frac{1}{|a|}f_X\left(\frac{y-b}{a}\right) \tag{A-5-10}$$

2°和 $Z=X_1+X_2$. 令 $Y_1=X_1$, $Y_2=X_1+X_2$. 则

$J=\left|\dfrac{\partial x_i}{\partial y_j}\right|_{i,j=1,2}=1$, 故 $f_Y(y_1,\ y_2)=f_X(y_1,\ y_2-y_1)$, 从而

$$f_Z(z)=\int_{-\infty}^{\infty}f_X(y,z-y)dy. \tag{A-5-11}$$

3°积 $Z=X_1X_2$. 令 $Y_1=X_1$, $Y_2=X_1X_2$, 则

$$J=\left|\frac{\partial x_i}{\partial y_j}\right|_{i,j=1,2}=1/y_1,$$

故 $f_Y(y_1,y_2)=f_X(y_1,y_2/y_1)/|y_1|$, 从而

$$f_Z(z)=\int_{-\infty}^{\infty}[f_X(y,z/y)/|y|]dy. \tag{A-5-12}$$

4°商 $Z=X_1/X_2(X_2\neq 0)$. 令 $Y_1=X_1/X_2$, $Y_2=X_2$. 则

$$J=\left|\frac{\partial x_i}{\partial y_j}\right|_{i,j=1,2}=y_2,$$

故 $f_Y(y_1,y_2)=f_X(y_1y_2,y_2)|y_2|$,从而

$$f_Z(z) = \int_{-\infty}^{\infty} f_X(zy, y)|y|dy. \tag{A-5-13}$$

5° 倒数 $Y = 1/X (X \neq 0)$，这时 $J = \dfrac{dx}{dy} = -1/y^2$，故

$$f_Y(y) = f_X(1/y)/y^2, \qquad y \neq 0. \tag{A-5-14}$$

5. 有关均匀分布的两个有用论断

设 X 是一个具有连续分布函数 F 的随机变量，则

(i) 随机变量 $F(X)$ 有在 $[0,1]$ 上的均匀分布.

(ii) 若 U 是在 $[0,1]$ 上均匀分布的随机变量，则变量 $F^{-1}(U)$ 有分布函数 F，这里 F^{-1} 是 F 的反函数.

证明 (i) 由假设知反函数 F^{-1} 必有定义，而且它和 F 一样是不减的. 由分布函数性质知 $0 \leqslant F(X) \leqslant 1$，而且对任意使得 $0 \leqslant c < d \leqslant 1$ 的 c 和 d，

$$\begin{aligned} P(F(X) \in [c,d]) &= P(X \in F^{-1}([c,d])) \\ &= P(X \in [F^{-1}(c), F^{-1}(d)]). \end{aligned}$$

根据分布函数定义并利用连续性假设知上式右端等于

$$F[F^{-1}(d)] - F[F^{-1}(c)] = d - c.$$

(ii) 对任意实数 x，$P(F^{-1}(U) \leqslant x) = P(U \leqslant F(x))$. 因为 U 有在 $[0,1]$ 上的均匀分布，故 $P(U \leqslant F(x)) = F(x)$，即 $F^{-1}(U)$ 有分布函数 F.

特别地，当 F 是具有单位参数的指数分布，即 $F(x) = 1 - e^{-x}$ 时，由于若 U 有 $[0,1]$ 上的均匀分布，则 $1-U$ 亦然，而且

$$F^{-1}(1 - U) = -\log U.$$

故由论断 (ii) 指知 $-\log U$ 有单位参数的指数分布.

6. 次序统计量

设 $X_1, X_2, \cdots, X_n$ 是 n 个相互独立同分布的随机变量，其共同分布函数是 F，密度函数是 f. 我们说 $X_{(1)}, X_{(2)}, \cdots, X_{(n)}$ 是

$X_1, X_2, \cdots, X_n$ 的次序统计量，如果前 n 个变量是由把后 n 个变量按从小到大的次序重排而得，即 $X_{(1)}$ 是 $X_1, X_2, \cdots, X_n$ 中的最小者，$X_{(2)}$ 是次小者，$\cdots, X_{(n)}$ 是最大者.

令 E 表示如下事件：$X_{(k)}$ 落在无穷小区间 $[x, x+\Delta x)$，这意味着 $X_{(1)}, \cdots, X_{(k-1)}$ 等 $k-1$ 个变量位于 x 之前，另外 $n-k$ 个变量 $X_{(k+1)}, \cdots, X_{(n)}$ 则在 $x+\Delta x$ 之后. 于是由组合理论易知

$$
\begin{aligned}
P(E) &= P(x \leqslant X_{(k)} < x + \Delta x) \\
&= \frac{n!}{(k-1)!(n-k)!}[F(x)]^{k-1} f(x) \Delta x \\
&\quad \times [1 - F(x + \Delta x)]^{n-k} + o(\Delta x)
\end{aligned}
$$

用 Δx 除上式两端并令 $\Delta x \to 0$ 得

$$
f_{X_{(k)}}(x) = k C_n^k [F(x)]^{k-1} [1 - F(x)]^{n-k} f(x). \quad \text{(A-5-15)}
$$

特别地，当 $k=1$ 和 n 时，上式分别给出最小值 $X_{(1)}$ 和最大值 $X_{(n)}$ 的密度函数

$$
f_{X_{(1)}}(x) = n[1 - F(x)]^{n-1} f(x), \quad \text{(A-5-16)}
$$

$$
f_{X_{(n)}}(x) = n[F(x)]^{n-1} f(x). \quad \text{(A-5-17)}
$$

$X_{(1)}$ 和 $X_{(n)}$ 的分布函数则分别是

$$
\begin{aligned}
F_{X_{(1)}}(x) &= 1 - P(X_{(1)} > x) = 1 - \prod_{i=1}^{n} P(X_i > x) \\
&= 1 - [1 - F(x)]^n, \quad \text{(A-5-18)}
\end{aligned}
$$

$$
\begin{aligned}
F_{X_{(n)}}(x) &= P(X_{(n)} \leqslant x) = \prod_{i=1}^{n} P(X_i \leqslant x) \\
&= [F(x)]^n. \quad \text{(A-5-19)}
\end{aligned}
$$

利用类似的推理可得前 r 个次序统计量的联合分布密度

$$
f_{X_{(1)}, \cdots, X_{(r)}}(x_1, \cdots, x_r)
$$

$$
= \frac{n!}{(n-r)!}[1 - F(x_r)]^{n-r} \prod_{i=1}^{r} f(x_i). \quad \text{(A-5-20)}
$$

特别地，当 $r = n$ 时有

$$f_{X_{(1)},\cdots,X_{(n)}}(x_1,\cdots,x_n)=n!\prod_{i=1}^{n}f(x_i). \qquad \text{(A-5-21)}$$

在 $X_1,\cdots,X_n$ 相互独立且均有 $[0,T]$ 上的均匀分布的情形，(A-5-21) 式可进一步写成

$$f_{X_{(1)},\cdots,X_{(n)}}(x_1,\cdots,x_n)=n!/T^n. \qquad \text{(A-5-22)}$$

参考文献

Aalen, O. O. (1975), Statistical inference for a family of counting processes, Ph. D. dissertation, Univ. of Calif., Berkeley.

Aalen, O. O. (1977), Weak convergence of stochastic integrals related to counting processes, Z. Wahrschein., 38, 261—277.

Aalen, O. O. (1978), Nonparametric inference for a family of counting processes, Ann. Statist, 6, 701—726.

Aalen, O. O. (1980), A model for nonparametric regression analysis of counting processes, Lect. Notes Statist., 2, 1—25.

Aalen, O. O. and Hoem, J. M. (1978), Random time changes for multivariate counting processes, Skand. Akt., 1978, 81—101.

Ambartzumian, R. V. (1972), Palm distributions and superpositions of independent processes in R^n, In *Stochastic Point Processes*, Lewis ed., Wiley, New York.

Ammamm, L. P. and Thall, P. F. (1979), Count distributions orderliness and invariance of Poisson cluster processes, J. Appl. Prob., 16, 261—273.

Andersen, P. K. and Borgan, O. (1985), Counting process models for life history data: a review, Scand. J. Statist., 12, 97—158.

Andersen, P. K., Borgan, O., Gill, R. D. and Keiding, N. (1982), Linear nonparametric tests for comparison of counting processes: with application to censored survival data, Internat. Statist. Rev., 50, 219—244.

Athreya, K. B., Tweedie, R. L. and Vere-Jones, D. (1980), Asymptotic behaviour of point processes with Markov dependent intervals, Math. Nachr., 99, 301—313.

Baddeley, A. (1980), A limit theorem for statistics of spatial data., Adv. Appl. Prob., 12, 447—461.

Banys, R. (1975), The convergence of sums of dependent point processes to Poisson processes, Litovsk. Mat. Sb., 15, 11—23.

Banys, R. (1979a), The convergence of superpositions of integer-valued random measures, Lithuanian Math. J., 19, 1—15.

Banys, R. (1979b), Limit theorems for superpositions of multidimensional integer-valued random processes, Lithuanian Math. J., 19, 15—24.

Banys, R. (1980), On superposition of random measures and point processes Lect. Notes Statist., 2, 26—37.

Banys, R. (1982), On the convergence of superpositions of point processes in the space $D[0, 1]^2$, Litovsk. Mat. Sb., 22, 3—7.

Barlow, R. E. and Proschan, F. (1975), *Statistical Theory of Reliability and life Testing: Probability Models*, Silver Spring, Md..

Barndorff-Nielson, O. and Yeo, G. F. (1969), Negative binomial processes, J. Appl. Prob., 6, 633—647.

Bártfai, P. and Tomko, J. (1981), *Point Processes and Queueing Problems*, North-

Holland, Amsterdam.

Bartlett, M. S. (1946), On the theoretical specification and sampling properties of autocorrelated time series, J. Roy. Statist. Soc. (suppl.), 8, 27—41.

Bartlett, M. S. (1948), Smoothing periodogram from time series with continuous spectra, Nature, 161, 686—687.

Bartlett, M. S. (1950), Periodogram analysis and continuous spectra, Biomitrika, 37, 1—16.

Bartlett, M. S. (1954), Processus stochastiques ponctuels, Ann. Inst. H. Poincaré, 14, 35—60.

Bartlett, M. S. (1955), *An Introduction to Stochastic Processes*, Cambridge University Press.

Bartlett, M. S. (1963a), The spectral analysis of point processes, J. Roy. Statist. Soc. B, 25, 264—296.

Bartlett, M. S. (1963b), Statistical estimation of density functions, Sankhya A, 25, 245—254.

Bartlett, M. S (1964), The spectral analysis of two-dimensional point processes, Biometrika, 51, 299—311.

Bartlett, M. S. (1972), Some applications of multivariate point processes, In *Stochastic Point Processes*, Lewis ed., Wiley, New York.

Bartlett, M. S. (1974), The statistical analysis of spatial pattern, Adv. Appl. Prob., 6, 336—358.

Bartlett, M. S. (1975), *The Statistical Analysis of Spatial Pattern*, Chapman & Hall, London.

Bartlett M. S. and Kendall D. G. (1951), On the use of the characteristic functional in the analysis of some stochastic processes in physics and biology, Proc. Camb. Phil. Soc., 47, 65—76.

Basawa, I. V. and Prakasa Rao, B. L. S. (1980), *Statistical Inference for Stochastic Proesses*, Academic Press, New York.

Belyaev, Yu, K. (1969), Elements of the general theory of random streams, Appendix 2 to Russian ed. (MIR, Moscow) of Cramer & Leadbetter (1967). (Translation: Dept. of Statistics, Univ. North Carolina, Chapel Hill, Mimeo Ser. No. 703).

Bergstrom, H. (1982), *Weak Convergence of Measures*, Academic Press, New York.

Berman, M. (1977), Some multivariate generalizations of results in univariate stationary point processes, J. Appl. Prob., 14, 748—757.

Berman, M. (1978), Regenerative multivariate point processes, Adv. Appl. Prob., 10, 411—430.

Berman, M. (1981), Inhomogeneous and modulated gamma processes, Biometrika, 68, 143—152.

Bessler, S. and Veinott, R. (1966), Optimal policy for a dynamic multiechelor inventory model, Naval Res. Log. Quart., 13, 355—389.

Beutler, F. J. and Leneman, O. A. Z. (1966a), The theory of stationary point processes, Acta Math., 116, 159—197.

Beutler, F. J. and Leneman, O. A. Z. (1968), The spectral analysis of impulse processes, Information. and Control, 12, 236—258.

Bickel, P. J. and Yahav, J. A. (1965), Renewal theory in the plane, Ann. Math. Statist, 36, 946—955.

Billingsley, P. (1961), *Statistical Inference for Markov Processes,* University of Chicago Press, Chicago.

Billingsley, P. (1968), *Convergence of Probability Measures,* Wiley, New York.

Blackwell, D. (1948), A renewal theorem, Duke Math. J., 15, 145—150.

Blackwell, D. (1953), Extension of a renewal theorem, Pacific J. Math., 3, 315—320.

Blumenthal, S., Greenwood, J. A. and Herbach, L. (1971), Superimposed nonstationary renewal processes, J. Appl. Prob., 8, 184—192.

Borgan, O. (1984), Maximum likelihood estimation in a parametric counting process model, with applications to censored failure time data and multiplicative models, Scand. J. Statist, 11, 1—16.

Borovkov, A. A. (1976), Random Processes in Queueing Theory, Springer-Verlag, Berlin, Heidelberg, New York.

Breiman, L. (1968), *Probability,* Reading, Mass., Addison-Wesley.

Brémaud, P. (1972), A Martingale Approach To Point Processes., Ph. D. dissertation, The University of California, Berkeley.

Brémaud, P. (1974), The martingale theory of point processes over the real half line, Lect. Notes in Ecnomics and Mathematical Systems, 107, 519—542.

Brémaud, P. (1975c), On the information carried by a stochastic point process, Cahiers du CETHEDEC, 45, 43—70.

Brémaud, P. (1979), Optimal thinning of a point processes, SIAM J. Control and Optimization, 17, 222—230.

Brémaud, P. (1981), *Point Processes and Queues: Martingale Dynamics,* Springer-Verlag, Berlin.

Brill, P. H. (1979), An embedded level crossing technique for dams and queues, J. Appl. Prob., 16, 174—186.

Brill, P. H. and Posner, M. J. M. (1977), Level crossings in point processes applied to queues: single-server case, Operations Res., 25, 662—674.

Brillinger, D. R. (1972), The spectral analysis of stationary interval functions, Proc. Sixth Berkeley Symp. Math. Statist. Prob., I, 483—513.

Brillinger, D. R (1975a), Identification of point process systems, Ann. Probability, 3, 909—929.

Brillinger, D. R. (1975b), Statistical inference for stationry point processes, In *Stochastic processes and related topics,* Puri ed. Academic *Press,* New York.

Brillinger, D. R. (1978), Comparative aspects of ordinary time series and point processes, In *Developments in Statistics,* Krishnaiah, ed. Academic Press, New York.

Brillinger, D. R. (1979), Analyzing point processes subjected to random deletions, Canad. J. Statist., 7, 21—27.

Brown, M. (1969), An invariance property of Poisson processes, J. Appl. Prob., 6, 453—458.

Brown, M. (1970), A property of Poisson processes and its application to equilibrium of particle systems, Ann. Math. Statist., 41, 1935—1941.

Brown, M. (1971), Discrimination of Poisson processees, Ann. Math. Statist., 42, 773—776.

Brown, M. (1972), Statistical analysis of nonhomogeneous Poisson processes, In *Stochastic Point Processes,* Lewis ed. Wiley, New York.

Brown, M. (1980), Bounds, inequalities and monotonicity properties for some specialized renewal processes, Ann. Probability, 8, 227—240.

Brown, T. C. (1979), Position dependent and stochastic thinnings of point processes, Stochastic Process. Appl., 9, 189—193.

Brown, T. C. and Kupka, J. (1983), Ramsey's theorem and Poisson random measures, Ann. Probability, 11, 904—908.

Brown, T. C. and Nair, G. (1988), Poisson approximations for time-changed point processes, Stochastic Process. Appl., 29, 247—256.

Brown, T. C., Silverman, B. W. and Milne, R. K. (1981), A class of 2-type point processes, Z. Wahrschein., 58, 299—308.

Cane, V. R. (1977), A class of nonidentifiable stochastic models, J. Appl. Prob. 14, 475—482.

Carter, D. S. and Prenter, P. M. (1972), Exponential spaces and counting processes, Z. Wahrschein., 21, 1—19.

Chandramohan, J., Foley, R. D. and Disney, R. L. (1985), Thinning of point processes-covariance analysis, Adv. Appl. Prob., 17, 127—146.

Chong, F. S. (1981), A point process with second order Markov dependent intervals, Math., Nachr., 103, 155—163.

Chow, Y. S. and Robbins, H. (1963), A renewal theorem for random variables which are dependent or non-indentically distributed, Ann. Math. Statist., 34, 390—395.

Chow, Y. S. and Teicher, H. (1978), *Probability Theory,* Springer-Verlag, New York.

Chung, K. L. (1972), The Poisson process as renewal process, Period. Math. Hungar., 2, 41—48.

Chung, K. L. and Doob, J. L. (1965), Fields, optionality and measurability, Amer. J. Math., 87, 397—424.

Çinlar, E. (1968), On the superposition of m-dimensional point processes, J. Appl. Prob., 5, 169—176.

Çinlar, E. (1969), Markov renewal theory, Adv. Appl. Prob., 1, 123—187.

Çhinlar, E. (1972). Superposition of point processes. In *Stochastic Point Process.* Lewis ed., Wiley, New York.

Çinlar, E. (1975a), *Introduction to Stochastic Processes,* Prentice-Hall, Englewood Cliffs, N. J..

Çinlar, E. (1975b), Markov renewal theory: a survey, Management Sci., 21, 727—752.

Çinlar, E. and Agnew, R. A. (1968), On the superposition of point processes, J. Roy. Statist. Soc. B, 30, 576—581.

Çinlar, E. and Jagers, P. (1973), Two mean values which characterize the Poisson process, J. Appl. Prob., 10, 678—681.

Clarkson, M. L. and Wolfson, D. B. (1983), An application of a displaced Poisson process, Statist. Neerl, 37, 21—28.

Cohen, J. W. (1976), On regenerative processes in queueing theory, Lect. Notes Econ. Math. Syst., 121.

Cox, D. R. (1955), Some statistical models connected with series of events, J. Roy. Statist. Soc. B, 17, 129—164.

Cox, D. R. (1958), Discussion of paper by W. L. Smith., J. Roy. Statist. Soc. B, 20, 286—287.

Cox, D. R. (1962), *Renewal Theory,* Methuen, London.

Cox, D. R. (1963), Some models for series of events, Bull. I. S. I., 40, 737—746.

Cox, D. R. (1965), On the estimation of the intensity function of a stationary point process, J. Roy. Statist. Soc. B, 27, 332—337.

Cox, D. R. (1972a), The statistical analysis of dependencies in point processes., In *Stochastic Point Processes,* Lewis ed., Wiley, New York.

Cox, D. R. and Isham, V. (1977), A bivariate point process connected with electronic counters, Proc. Roy. Soc. A, 356, 149—160.

Cox, D. R. and Isham, V. (1980), *Point Processes,* Chapman & Hall, London.

Cox, D. R. and Lewis, P. A. W. (1966), *The Statistical Analysis of Series of Events,* Chapman & Hall, London.

Cox, D. R. and Lewis, P. A. W. (1972), Multivariate point processes, Proc. Sixth Berkeley Symp. Math. Statist. Prob., 3, 401—448.

Cox, D. R. and Smith, W. L. (1953), The superposition of several strictly periodic sequences of events, Biometrika, 40, 1—11.

Cox, D. R. and Smith, W. L. (1954), On the superposition of renewal processes, Biometrika, 41, 91—99.

Cramér, H. and Leadbetter, M. R. (1967), *Stationary and Related Stochastic Processes,* Wiley, New York.

Crump, K. S. (1975), On point processes having a order statistic structure, Sankhya A 37, 396—404.

Daley, D. J. (1971), Weakly stationary point processes and random measure, J. Roy. Statist. Soc. B, 33, 406—428.

Daley, D. J. (1972), Asymptotic properties of stationary point processes with generalized clusters, Z. Wahrschein., 21, 65—76.

Daley, D. J. (1973), Poisson and alternating renewal processes with superposition a renewal process, Math. Nachr., 57, 359—369.

Daley, D. J. (1974), Various concepts of orderliness for point processes, In *Stochastic Geometry,* Harding and Kendall eds., Wiley, New York.

Daley, D. J. (1982a), Stationary point processes with Markov-dependent intervals and infinite intensity, J. Appl. Prob., 19A, 313—320.

Daley, D. J. (1982b), Infinite intensity mixtures of point processes, Math. Proc. Cambridge Philos. Soc., 92, 109—114.

Daley, D. J. and Milne, R. K. (1973), Theory of point processes: a bibliography, Internat. Statist. Rev., 41, 183—201.

Daley, D. J. and Milne, R. K. (1975), Orderliness, intensities and Palm-Khinchin equations for multivariate point processes, J. Appl. Prob., 12, 383—389.

Daley, D. J. and Oakes, D. (1974), Random walk point processes, Z. Wahrschein., 30, 1—16.

Daley, D. J. and Vere-Jones D. (1972), A summary of the theory of point processes, In *Stochastic Point Processes,* Lewis ed., Wiley, New York.

Daley, D. J. and Vere-Jones D. (1988), *An Introduction to the Theory of Point Processes,* Springer-Verlag, Berlin, New York.

Daniels, H. E. (1963), The Poisson process with a curved absorbing boundary, Bull. I. S. I., 40, 994—1008.

Davies, R. B. (1977), Testing the hypothesis that a point process is Poisson, Adv. Appl. Prob., 9, 724—746.

Davis, M. H. A. (1976b), Martingales of Wiener and Poisson processes, J. London Math. Soc. (2), 13, 336—338.

Davis, M. H. A. and Wan, C. (1977), The general point process disorder problem, IEEE Trans., IT-23, 538—540.

Deffner, A. and Haeusler, E. (1985), A characterization of order statistic point processes that are mixed Poisson processes and mixed sample processes simultaneously, J. Appl. Prob., 22, 314—323.

Deheuvels, P. (1983), Point processes and multivatiate extreme values, J. Multivariate Anal. 13, 257—272.

Deng, Y, L. (1985a), Comparison of inhomogeneous Poisson processes, Chinese Ann. Math., 6B, 83—96.

Deng, Y, L. (1985b), On the comparison of point processes, J. Appl. Prob., 22, 300—313.

Deng, Y, L. (1987), Comparing self-exciting point processes, In *Reliability Theory and Applications,* Osaki and Cao eds., World Scientific, Singapore.

Deng, Y. L. and Xu Z. X. (1990), Stochastic point process model for flood risk analysis, 12th Triennial Conference on Operations Research June 1990, Athens., 25—29.

Diggle, P. J. (1983), *Statistical Analysis of Spatial Point Patterns,* Academic Press, New York.

Doob, J. L. (1953), *Stochastic Processes,* Wiley, New York.

Doob, J. L. (1984), *Classical Potential Theory and Its Probabilistic Counterpart,* Springer-Verlag, New York.

Downton, F. (1971), Stochastic models for successive failures, Proceedings of the 38th Session of the I.S.I., 44(1), 677—694.

Driscoll, M. F. and Weiss, N. A. (1974), Random translations of stationary point processes, J. Math. Anal. Appl., 48, 423—433.

Dudley, R. M. (1968), Distances of probability measures and random bariables, Ann. Math. Statist., 39, 1563—1572.

Ekholm, A. (1972), A generalization of the two-state two-interval semi-Markov model, In *Stochastic Point Processes,* Lewis ed., Wiley, New York.

Elliott, J. M. (1977), *Some Methods for the Statistical Analysis of Benthic Invetrtebrates,* Freshwater Biological Association, Ambleside, Cumbria.

Elliott, R. J. (1976), stochastic integrals for martingales of a jump process with partially accessible jump times, Z. Wahrschein., 36, 213—226.

Erickson, K. B. and Guess, H. (1973), A characteriaztion of the exponential law, Ann. Prob., 1, 183—185.

Erickson, K. B. (1978), An approximation of the variance of counts for a stationary point process, Scand. J. Statist., 5, 111—115.

Erlang, A. K. (1917), Solution of some problems in the theory of probabilities of significance in automatic telephone exchanges, Post Office Electrical Enginer's Journal, 10, 189—197.

Fabens, A. J. (1961), Thesolution of queueing and inventory models by semi-Markov processes, J. Roy. Statist. Soc. B, 23, 113—127.

Feigin, P. D. (1979), On the characterization of point processes with the order statistic property, J. Appl. Prob., 16, 297—304.

Feigin, S. (1974), Stochastic models for single neuron firing trains: a survey, Biometrics, 30, 399—427.

Feller, W. (1941), On the integral equation of renewal theory, Ann. math. Statist., 12, 243—267.

Feller, W. (1948), On probability problems in the theory of counters, Courant Anniversary Volume, Interscience Publishers, New York, 105—115.

Feller, W. (1949), Fluctuation theory of recurrent event, Trans. Amer. Math. Soc., 67, 98—119.

Feller, W. (1957), *An Introduction to Probability Theory and its Applications*, Vol. 1, 2nd ed., Wiley, New York. 中译本，上册(胡迪鹤，林向清译，(1964)，下册(刘文译，1975))，科学出版社.

Feller, W. (1966), *An Introduction to Probability Theory and its Applications*, Vol. 2, Wiley, New York.

Fisher, L. (1972), A survey of the mathematical theory of multidimensional point processes, In *Stochastic Point Processes*, Lewis ed., Wiley, New York.

Fishman, P. H. and Snyder, D. L. (1976), The statistical analysis of space-time point processes, IEEE Trans. Inform. Theory, IT-22, 257—274.

Fisz, M. (1957), *Probability Theory and Mathematical Statistics.*, Wiley, New York. [中译本(王福保译)，上海科技出版社，1962.]

Fleischmann, K. (1981), Ergodicty properties of infinitely divisible stochastic point processes, Math. Nachr., 102, 127—135.

Frnaken, P. (1963), A refinement of the limit theorem for the superposition of independent renewal processes, Teor. Veroyatnost i Primen., 8, 320—328.

Franken, P. (1976), On the investigation of queueing and reliability models with the help of point processes, Preprint 7/76, Sektion Mathematik, Humboldt-Universitat Berlin.

Franken, P. and Streller, A. (1980), Reliability analysis of complex repairable systems by means of marked point processes, J. Appl. Prob., 17, 154—167.

Franken, P., König, D., Arndt, U. and Schmidt, V. (1981), *Queue and Point Processes*, Akademie-Verlag, Berlin.

Freedman, D. S. and shepp, L. A. (1982), A Poisson process whose rate is a hidden Markov process, Adv. Appl. Prob., 14, 21—36.

Freedman, D. (1962), Poisson processes with a random arrival rate, Ann. Math. Statist., 33, 924—929.

Fritz, J. (1969), Entropy of point processes, Studia Sci. Math. Hungar., 4, 389—400.

Furry, W. H. (1937), On fluctuation phenomena in the passage of high energy eletrons through lead, Phys. Rev., 52, 569—581.

Gaenssler, P. (1984), *Empirical Processes: On Some Basic Results from the Probabilistic Point of View,* IMS Lect. Notes-Monograph Series, 3, pp. 1—179.

Gaver, D. P. (1963), Random hazard in reliability problems, Technometrics, 5, 211—226.

Gaver, D. P. and Lewis, P. A. W. (1980), First order autoregressive gamma sequences and point processes, Adv. Appl. Prob., 12, 727—745.

Geman, D. and Horowitz, J. (1973), Remarks on Palm measures, Ann. Inst. H. Poincaré, 9, 215—232.

Gihman I. I. and Skorohod A. V. (1975), *The Theory of Stochastic Processes: I, II,* Springer-Verlag, Berlin Heidelberg, New York. [中译本,第一卷(邓永录,邓集贤,石北源译),第二卷(周概容,刘嘉琨译),科学出版社,1986.]

Goldman, J. R. (1967a), Infinitely divisible point processes in R^n, J. Math. Anal. Appl., 17, 133—146.

Goldman, J. R. (1967b), Stochastic point processes: limit theorems, Ann. Math. Statist., 38, 771—779.

Grandell, J. (1971a), On stochastic processes generated by a stochastic intensity function, Skand. Aktuar. Tidskrift, 54, 204—240.

Grandell, J. (1972a), On the estimation of intensities in a stochastic process generated by a stochastic intensity sequence, J. Appl. Prob., 9, 542—556.

Grandell. J. (1972b), Statistical inference for doubly stochastic Poisson processes, In *Stochastic Point Processes,* Lewis ed., Wiley, New York.

Grandell, J. (1976), Doubly stochastic Poisson processes, Lect. Notes Math., 529.

Grandell, J. (1977), Point processes and random measures, Adv. Appl. Prob., 9, 502—526.

Greenwood, M. and Yule, G. U. (1920), An inquiry into the nature of frequency distributions representative of multiple happenings with particular reference to the occurrence of multiple attacks of disease or of repeated accidents, J. Roy. Statist. Soc., 83, 255—279.

Grigelionis, B. (1963), On the convergence of random step processes to a Poisson proccess, Theor. Prob. appl., 8, 177—182.

Grigelionis, B. (1975), Random point processes and martingales, Litovsk. Math. Sb., 15, 104—114.

Grigelionis, B. (1980), A martingale approach to the statistical problems of point processes, Scand. J. Statist., 7, 190—196.

Gyorfi, L. (1972), Poisson processes defined on an abstract space, studia Sci. Math. Hungar., 7, 243—248.

Haight, F. (1965), Counting distributions for renewal processes, Biometrika, 52, 395—403.

Hamilton, J. F., Lawton, W. H. and Trabka, E. A. (1972), Some spatial and temporal point processes in photographic science. In *stochastic Point Processes,* Lewis ed., Wiley, New York.

Hannan E. J. (1960), *Time Series Analysis,* Mehtuen, London.

Harris, T. E. (1963), *The Theory of branching Processes,* Springer-Verlag, Berlin.

Harris, T. E. (1968), Counting measures, monotone random set functions, Z. Wahrscheir., 10, 102—119.

Harris, T. E. (1971), Random measures and motions of point processes, Z. Wahrschein., 18, 85—115.

Hawkes, A. G. (1972), Spectra of some mutually exciting point processes with associated variables, In *Stochastic Point Processes,* Lewis ed., Wiley, New York.

Hawkes, A. G. and Oakes, D. (1974), A cluster process representation of a self-exciting point process, J. Appl. Prob., 11, 493—503.

Holgate, P. (1972), The use of distance methods for the analysis of spatial distribution of points, In *Stochastic Point Processes,* Lewis ed., Wiley, New York.

Horvath, L. (1984), Strong approximation of renewal processes, Stochastic Process. Appl. 18, 127—138.

Hsing, T. (1987), On the characterization on certain point processes, Stochastic Process. Appl., 26, 297—316.

Huber, P. (1981), *Robust Statistics*, Wiley, New York.

Hunter, J. J. (1974a), Renewal theory in two dimension: basic results, Adv. Appl. Prob., 6, 376—391.

Hunter, J. J. (1974b), Renewal theory in two dimensions: asymptotic results, Adv. Appl. Prob., 6, 546—562.

Isham, V. (1977), A Markov construction for a multidimensional point process, J. Appl. Prob., 14, 507—515.

Isham, V. (1980), Dependent thinning of point processes, J. Appl. Prob., 17, 987—995.

Isham, V., Shanbhag, D. N. and Westcott, M. (1975), A characterization of the Poisson process using forward recurrence times, Math. Proc. Cambridge Philos. Soc., 78, 513—516.

Isham, V. and Westcott, M. (1979), A self-correccting point process, Stochastic Process. Appl., 8, 335—347.

Ito, K. (1972), Poisson point processes attached to Markov processes, Proc. Sixth Berkeley Symp. Math. Statist. Prob., 3, 225—239.

Ito, Y. (1977), Superposition of distinguishable point proccesses, J. Appl. Prob., 14, 200—204.

Ito, Y. (1978), Superposition and decomposition of stationary point processes, J. Appl. Prob., 15, 481—493.

Ito, Y. (1980), On renewal processes decomposable into IID components, Adv. Appl. Prob., 12, 672—688.

Ivanoff, G. (1982), Central limit theorems for point processes, Stochastic Process. Appl., 12, 171—186.

Jacobsen, M. (1982), *Statistical Analysis of Counting Processes,* Lect. Notes Statist., 12.

Jacod, J. (1975a), Two dependent Poisson processes whose sum is still a Poisson process, J. Appl. Prob., 12, 170—172.

Jacod, J. (1975b), Multivariate point processes: predictable projection Radon-Nikodym derivatives, representation of martingales, Z. Wahrschein., 31, 235—253.

Jagers, P. (1972), On the weak convergence of superpositions of point processes, Z. Wahrschein., 22, 1—7.

Jagers, P. (1973), On Palm probabilities, Z. Wahrschein., 26, 17—32.

Jagers, P. (1974). Aspects of random measures and point processes, In Advances in Probability and Related Topics, Vol. 3, Ney ed., Marcel Dekker, New York, pp. 179—239.

Jagers, P. and Lindvall, T. (1973), Three theorems on the thinning of point processes, Adv. Appl. Prob., 5, 14—15.

Jagers, P. and Lindvall, T. (1974), Thinning and rare events in point processes, Z. Wahrschein., 28, 89—98.

Janardan, K. G., Srivastava, R. C. and Taneja, V. S. (1981), A stochastic model for oviposition tactics in the bean weevil, Biometrical J., 23, 199—202.

Janossy, L. (1950) On the absorption of a nucleon cascade, Proc. Roy. Irish Acad. Sci. A, 53, 181—188.

Jewell, W. S. (1960), Properties of recurrent events processes, Oper. Res., 8, 446—472.

Johnson, N. L. and Kotz, S. (1969—1972), *Distributions in Statistics,* (in 4 volumes), Wiley, New York.

Jowett, J. H. and Vere-Jones, D. (1972), The prediction of stationary point processes, In *Stochastic Point Processes,* Lewis, ed. Wiley, New York.

Kabanov, Yu, M., Liptser, R. S. and Shiryayev, A. N. (1980a), Some limit theorems for simple point processes (martingale approach), Stochastic, 3, 203—216.

Kabanov, Yu, M., Liptser, R. S. and Shiryayev, A. N. (1983), Weak and strong convergence of the distributions of counting processes, Theor. Prob. Appl., 28, 306—336.

Kailath, T. and Segall, A. (1975), Radon-Nikodym derivatives with respect to measures induced by discontinuous independent increment processes, Ann. Probability, 3, 449—464.

Kalbfleisch, J. D. and Prentice, R. L. (1980), *The Statistical Analysis of Failure Time Data,* Wiley, New York.

Kallenberg, O. (1973), Characterization and convergence of random measures and point processes, Z. Wahrschein, 27, 9—21.

Kallenberg, O. (1975), Limits of compound and thinned point processes, J. Appl. Prob., 12, 269—278.

Kallenberg, O. (1980), On conditional intensities of point processes, Z. Wahrschein., 41, 205—220.

Kallenberg, O. (1983), *Random Measures,* 3rd ed., Akademie-verlag, Berlin/Academic Press, New York.

Kallenberg, O. (1984), An informal guide to the theory of conditioning in point process, Internat. Statist. Rev., 52, 151—164.

Kao, E. P. C. (1974), Modelling the movement of coronary patients within a hospital by semi-Markov processes, Oper. Res., 22, 683—699.

Karlin, S. and Taylor, H. M. (1975), *A First Course in Stochastic Processes*, 2nd ed., Academic Press, New York.

Karlin, S. and Taylor, H. M. (1981), *A Second Course in Stochastic Processes*, Academic Press, New York.

Karp, S. and Clark, J. R. (1970), Photon counting: a problem in classical noise theory, IEEE Trans. Inform. Theory, IT-16, 672—680.

Karr, A. F. (1976), Two extreme value processes arising in hydrology, J. Appl. Prob., 13, 190—194.

Karr, A. F. (1978), Derived random measures, Stochastic Process. Appl., 8, 159—169.

Karr, A. F. (1982), A partially observed Poisson process, Stochastic Process. Appl., 12, 249—269.

Karr, A. F. (1983), State estimation for Cox processes on general spaces, Stochastic Process. Appl., 14, 209—232.

Karr, A. F. (1985a), State estimation for Cox processes with unknown probability law, Stochastic Process. Appl., 20, 115—131.

Karr, A. F. (1985b), Inference for thinned point processes, with application to Cox processes, J. Multivariate Annal., 16, 368—392.

Karr, A F. (1986), *Point Processes and Their Statistical Inference*, Marcel Dekker, New York.

Kavvas, M. L. and Delleur, J. (1981), A stochastic cluster model of daily rainfall occurrences, Water Resources Res., 17, 1151—1160.

Kendall, D. G. (1949), Stochastic processes and population growth, J. Roy. Statist. Soc. B. 11 230—264.

Kendall, D. G. (1951), Some problems in the theory of queue, J. Roy. Statist. Soc. B, 13, 151—185.

Kendall, M. G. and Stuart, A. (1961), *The Advanced Theory of Statistics*, Vol., 2 2nd ed., Griffin, London.

Khinchin, A. Ya. (1955), *Mathematical Methods in the Theory of Queueing*, [English translation (1960)], Griffin, London. [中译本(张里千,殷涌泉译),科学出版社,1958.]

Khinchin, A. Ya. (1956a), Streams of events without aftereffects, Theor. Prob. Appl., 1, 1—15.

Khinchin, A. Ya. (1956b), On Poisson streams of events, Theor. Prob. Appl., 1, 248—255.

Kiefer, J. and Wolfowitz, J. (1957), Sequential tests of hypotheses about the mean occurrence time of a continuous parameter Poisson process, Naval Res. Logist. Quart., 3, 205—219.

Kingman, J. F. C. (1963), Poisson counts for random sequences, Ann. Math. Statist., 34, 1217—1232.

Kingman, J. F. C. (1964a), On doubly stochastic Poisson processes, Proc. Cambridge Phios. Soc., 60, 923—930.

Kingman, J. F. C. (1964b), The stochastic theory of regenerative events, Z. Wahrschein., 2, 180—224.

Kingman, J. F. C. (1967), Completely random measures, Pacific J. Math., 21, 59—78.

König, D. (1976), Stochastic processes with basic stationary marked point processes. Lect. on the Buffon Bicentenary Symp. on Stoch. Geometry and Directional Statist., Erevan. (Summary in Adv. Appl. Prob. 9(1977), 440—442).

König, D., Rolski, T., Schmidt, V. and Stoyan, D. (1978), Stochastic processes with imbedded marked point processes (PMP) and their application in queueing, Math. Operationsforsch. u. Statist. Ser. Optimization, 9, 125—141.

König, D. and Schmidt, V. (1977), Marked point processes with random behavion between points, Proc. 2nd Vilnius Conf. Prob. Theory Math. Statist. Vol., 3, 109—112.

König, D. and Schmidt, V. (1978), Relationships between time- and customer-stationary characteristics of service systems, In Proc. Conf. on Point Processes and Queueing Theory, Keszthely, North-Holland Publ. Comp., Amsterdam, 1980, pp. 181—225.

Krickeberg, K. (1972), The Cox process, Symp. Math., 9, 151—167.

Krickeberg, K. (1974), Moments of point processess, In *Stochastic Geometry*, Harding and Kendall eds. Wiley, New York.

Krickeberg, K. (1980), Statistical problems on point processes, Banach Center Publ, 6, 197—223.

Krickeberg, K. (1981), Moment analysis of stationary point processes in R^d, In *Point Processes and Queueing Problems*, Bartfal and Tomki eds. North-Holland, Amsterdam.

Kurtz, T. G. (1974), Point processes and completely monotone set functions, Z. Wahrschein, 31, 57—67.

Kutoyants, Yu. A. (1979), Intensity parameter estimation of an inhomogeneous Poisson process, Prob. Control Inform. Theory, 8, 137—149.

Kutoyants, Yu, A. (1980), *Estimation of Parameters of Random Processes*, (in Russian), Akad. Nauk, Armyan. SSR, Erevan.

Kutoyants, Yu. A. (1982), Multidimensional parameter estimation of the intensity function of inhomogenecus Poisson processes, Prob. Control Inform. Theory, 11, 325—334.

Lai, C. D. (1978), An example of Wold's point processes with Markov-dependent intervals, J. Appl. Prob., 15, 748—758.

Lampard, D. G. (1968), A stochastic process whose successive intervals between events form a first order Markov chain: I, J. Appl. Prob., 5, 648—668.

Lawrance, A. J. (1972), Some models for stationary series of univariate events, In *Stochastic Point Processes*, Lewis. ed. Wiley, New York.

Lawrance, A. J. (1973), Dependency of intervals between events in superposition processes, J. Roy. Statist. Soc. B, 35, 306—315.

Leadbetter, M. R. (1966), On streams of events and mixtures of streams, J. Roy. Statist. Soc. B, 28, 218—227.

Leadbetter, M. R. (1968), On three basic results in the theory of stationary point processes, Proc. Amer. Math. Soc., 19, 115—117.

Leadbetter, M. R. (1969a), On certain results for stationary point processes and their application, Bull. Internat. Statist. Inst..

Leadbetter, M. R. (1969b), On the distributions of the times between events in a stationary stream of events, J. Roy. Statist. Soc. B, 31, 295—302.

Leadbetter, M. R. (1972a), On basic results of point process theory, Proc. Sixth Berkeley Sym. Math. Statist. Prob., 3, 449—462.

Leadbetter, M. R. (1972b), Point processes generated by level crossings, In *Stochastic Point Processes*, Lewis ed., Wiley, New York.

Lee, P. M. (1967), Infinitely divisible stochastic processes, Z. Wahrschein., 7, 147—160.

Lee, P. M. (1968), Some examples of infintely divisible point processes, Studia Sci. Math. Hungar, 3, 219—224.

Lehmann, E. (1955), Ordered families of distributions, Ann. Math. Statist., 26, 399—419.

Lehmann, E. (1959), *Testing Statistical Hypotheses*, Wiley, New York.

Lehmann, E. (1983), *Theory of Point Estimation*, Wiley, New York.

Lévy, P. (1954), Processus semi-Markoviens, Proc. Internat. Cong. Math. (Amsterdam), 3, 416—426.

Lewis, P. A. W. (1964a), A branching Poisson process model for the analysis of computer failure patterns, J. Roy. Statist. Soc. B, 26, 398—456.

Lewis, P. A. W. (1964b), The implications of a failure model for the use and maintenance of computers, J. Appl. Prob., 1, 347—368.

Lewis, P. A. W. (1965), Some results on tests for Poisson processes, Biometrika, 52, 67—78.

Lewis, P. A. W. (1967), Non-homogeneous branching Poisson Processes, J. Roy. Statist. Soc. B, 29, 343—354.

Lewis, P. A. W. (1969), Asymptotic properties and equilibrium conditions for branching Poisson processes, J. Appl. Prob., 6, 355—371.

Levis, P. A. W. (1970), Remarks on the theory, compution and application of the spectral analysis of series of events, J. Sound Virbrat., 12, 353—375.

Lewis, P. A. W. (1972), Recent results in the statistical analysis of univariate point processes, In *Stochastic Point Processes*, Lewis ed. Wiley, New York.

Lewis, P. A. W. and Shedler, G. S. (1977), Analysis and modelling of point processes in computer systems, Bull. Internal. Statist. Inst., 47(2), 193—210.

Lewis, T. and Govier, L. J. (1964), Some properties of counts for certain types of point processes, J. Roy. Statist. Soc. B, 26, 325—337.

Liberman, U. (1985), An order statistic characterization of the Poisson renewal process, J. Appl. Prob., 22, 717—722.

Lindvall, T. (1981), On coupling of discrete renewal processes, Z. Wahrschein., 48, 57—70.

Lindvall, T. (1982), On coupling of continuous time renewal processes, J. Appl. Prob., 19, 82—89.

Liptser, R. S. and Shiryayer, A. N. (1978), *Statistics of Random Processes*, Vol. I and II, Springer-Verlag, Berlin.

Loève, M. (1977), *Probability Theory*, Vol. I and II, Springer-Verlag, New York.
in time series, Ann. Math. Statist., 28, 140—158.

Lomnicki, Z. A. and Zaremba, S. K. (957), On the estimation of autocorrelation

Macchi, O. (1971), Stochastic point processes and multicoincidences, IEEE Trans. Inform. Theory, IT-17, 1—7.

Macchi, O. (1975), The coincidence approach to point processes, Adv. Appl. Prob., 7, 83—122.

Macchi, O. (1977), Stochastic point prrocesses in pure and applied physics, Bull. Internat. Inst., 47(2), 211—241.

Mann, N. R., Schafer, R. E. and Singpurwalla, N. D. (1974), *Methods for Statistical Analysis of Reliability and Life Data*, Wiley, New York.

Matérn, B. (1986), *Spatial Variation*, 2nd ed., Springer-Verlag, New York.

Matthes, K. (1972), Infinitely divisible point processes, In *Stochastic Point Processes*, Lewis ed. Wiley, New York.

Matthes, K., Kerstan, J. and Mecke, J. (1978), *Infinitely Divisible Point Processes*, Wiley, New York.

Mazziotto, G. and Merzbach, E. (1988), Point processes indexed by directed sets, Stochastic Process. Appl., 30, 105—119.

McFadden, J. A. (1962), On the lengths of intervals in a stationary point process, J. Roy. Statist. Soc. B, 24, 364—382.

McFadden, J. A. (1965), The entropy of a point process, SIAM J. Appl. Math., 13, 988—994.

McFadden, J. A. and Weissblum, W. (1963), Heigher order properties of a stationary point process, J. Roy. Statist. Soc. B, 25, 413—431.

Mecke, J. (1976), A characterization of the mixed Poisson processes, Rev. Roumaine Math. Pures Appl., 21, 1355—1360.

Miles, R. E. (1970), On the homogeneous planar Poisson process, Math. Biosci., 6, 85—127.

Miller, D. R. (1979), Almost sure comparisons of renewal processes and Poisson processes with applications to reliability theory, Math. Oper. Res., 4, 406—413.

Milne, C. (1982), Transient behaviour of the interrupted Posson ptocess, J. Roy. Statist. Soc. B, 44, 398—405.

Milne, R. K. (1971), Simple proofs of some theorems on point processes, Ann. Math. Statist., 42, 368—372.

Milne, R. K. and Westcott, M. (1972b), Gauss-Poisson processes, In *Stochastic Point processes*, Lewis ed., Wiley, New York.

Mirasol, N. M. (1963), The ourput of an $M/G/\infty$ queueing system is Poisson, Oper. Res, 11, 282—284.

Mode, C. J. (1971), *Multitype Branching Processes: Theory and Applications*, Elsever, New York.

Mogyorodi, J. (1971), Some remarks on the rarefaction of the renewal proesses, Lit. Mat. Sb., 11, 303—315.

Moore, E. and Pyke, R. (1968), Estimation of transition distributions of a Markov renewal process, Ann. Inst. Statist. Math., 20, 411—424.

Moran, P. A. P. (1967), A non-Markovian quasi-Poisson process, Studia Sci. Math. Hungar., 2, 425—429.

Mori, T. (1971), On random translations of point processes, Yokoham Math. J. 19, 119—139.

Nawrotzki, K. (1962), Ein Grenzwertsatz fur homogene zufällige punktfolgen, Math. J., 23, 31—54.

Mori, T. (1980), A generalization of Poisson point processes with application to a classical limit theorem, Z. Wahrschein., **54**, 331—340.

Moyal, J. E. (1962), The general theory of stochastic population processes, Acta. Math., 108, 1—31.

Murthy, V. K. (1974), *The General Point Process*, Addison-Wesley, Reading, Massachusetts.

Nawortzki, K. (1962), Eim Grenzwertsatz für howogene zufällige punktfolgeh, math. Nachr. 24, 201—217.

Neveu, J. (1965), *Mathematical Foundation of the Calculus of Probability,* Holden-Day, San Francisco.

Neveu, J. (1977), Processus ponctuels, Lect. Notes Math., 598, 249—447.

Newman, D. S. (1970), A. new family of point processes which are characterized by their second moment properties, J. Appl. Prob., 7, 338—358.

Neyman, J. (1963), On finiteness of the process of clustering, Sankhya A, 25, 69—74.

Neyman, J. and Scott, E. L. (1958), A statistical approach to problems of cosmology, J. Roy, Statist. Soc. B, 20, 1—43.

Neyman, J. and Scott, E. L. (1972), Processes of clustering and applications, In *Stochastic Point Processes,* Lewis ed., Wiley, New York.

Neyman, J., Scott, E. L. and Shane, C. D. (1956), Statistics of images of galaxies with particular reference to clustering, Proc. Third Berkeley Symp. Math. Statist. Prob., 3, 75—111.

Oakes, D. (1975). The Markovian self-exciting process, J. Appl. Prob., 12, 69—77.

Oberhettinger, F. and Badii, L. (1973), *Tables of Laplace Transforms,* Springer-Verlag, Berlin Heidelberg, New York.

Ogata, Y. (1978), Asymptotic behavior of maximum likelihood estimators for stationary point processes, Ann. Inst. Statist. Math., 30, 243—251.

Ogata, Y. and Akaike, H. (1982), On linear intensity models for mixed doubly stochastic Poisson and self-exciting point processes, J. Roy. Statist. Soc. B, 44, 102—107.

Ogata, Y. and Vere-Jones, D. (1984), Inference for earthquake models: a self-correcting model., Stochastic Process. Appl., 17, 337—347.

Ososkov, G. A. (1956), A limit theorem for flows of similar events, Theor. Prob. Appl., 1, 248—255.

Palm, C. (1943), Intensitätschwankungen in Fernsprechverkehr, Ericsson Technics. 44, 1—189.

Papangelou, F. (1974a), On the Palm probalities of processes of points and processes of lines, In *Stochastic Geometry*, Harding and Kendall eds., Wiley, New York.

Papangelou, F. (1974b), The conditional intensity of general point processes and an application to line processes, Z. Wahrschein., 28, 207—226.

Papangelou, F. (1976), Point processes on space of flats and other homogeneous spaces, Proc. Cambridge Philos. Soc., 80, 297—314.

Parzen, E. (1962), *Stochastic Processes*, Holden-Day, San Francisco.[中译本(邓永录杨振明译),高等教育出版社,1987.]

Pham, T. D. (1981), Estimation of the spectral parameters of a stationary point process, Ann. Statist., 9, 615—627.

Pledger, G. and Proschan, F. (1973), Stochastic comparisons of ramndom processes, with application in reliability, J. Appl. Prob., 10, 572—585.

Polka, M. and Szynd, D. (1977), An approximation for Poisson processes defined on an abstract space, Bull. Acad. Polon. Sci. 25, 1037—1043.

Pollard, D. and Strobel, J. (1979), On the construction of random measures, Bull. Soc. Math. Grèce., 20, 67—80.

Prabhu, N. U. (1965), *Queues and Inventories*, Wiley, New York.

Prékopa, A. (1956a), On stochastic set function, I., Acta Math. Hungar., 8, 215—256.

Prékopa, A. (1956b), On stochastic set function, II and III., Acta Math. Hungar., 8, 337—400.

Prékopa, A. (1957), On Poisson and composed Poisson stochastic set functions, Studia Math., 16, 142—155.

Prohorov, Yu. V. (1961), The method of characteristic functionals, Proc. Fourth Berkeley Symp. Math. Statist. Prob., 2, 403—419.

Proschan, F. and Pyke, R. (1967), Tests for monotone failure rate, Proc. Fifth Berkeley Symp. Math. Statist. Prob., 3, 293—312.

Puri, P. S. (1982), On the characterization of point processes the with order statisic structure without the moment condition, J. Appl. Prob., 19, 39—51.

Pyke, R. (1959), The supremum and infimum of the Poisson process, Ann. Math. Statist., 30, 568—576.

Pyke, R. (1961a), Markov renewal processes: definition and preliminary properties, Ann. Math. Statist., 32, 1231—1242.

Pyke, R. (1961b), Markov renewal process with finitely many states, Ann. Math. Statist., 32, 1243—1259.

Pyke, R. (1965), Spacings, J. Roy. Statist. Soc. B, 27, 395—449.

Pyke, R. (1968), The weak convergence of the empirical process with random sample size, Proc. Cambridge Philos Soc., 64, 155—160.

Pyke, R. and Schaufele, R. (1964), Limit theorems for Markov renewal processes, Ann. Math. Statist., 35, 1746—1764.

Pyke, R. and Schaufele, R. (1966), The existence and uniquess of stationary measures for Markov renewal process, Ann. Math. Statist., 37, 1439—1462.

Quenouille, M. H. (1949), Problems in plane sampling, Ann. Math. Statist., 20, 355—375.

Räde, L. (1972a), *Thinning of Renewal Processes: A Flow Graph Study,* Göteborg, Sweden.

Räde, L. (1972b), Limit theorems for thinning of renewal processes, J. Appl. Prob., 9, 847—851.

Ramakrishnan, A. (1950), Stochastic processes relating to particles distributed in a continuous infinity of states, Proc. Cambridge Philos. Soc., 46, 595—602.

Rao, M. and wedel, R. (1968), Poisson processes as renewal processes invariant under translations, Ark. Mat., 8, 539—541.

Rényi, A. (1956), A characterization of Poisson processes, Magyar Tud. Akad. Mat. Kutato Int. Közl., 1, 519—527. (Translated in Selected Papers of Alfréd Rényi, Vol. 1, Pál Turán ed. 622—628. Akadémiai Kiadó, Budapest, 1976)

Rényi, A. (1964), On an extremal property of the Poisson process, Ann. Inst. Stat. Math., 16, 129—133.

Rényi, A. (1967), Remarks on the Poisson process, Studia Sci. Math. Hungar., 2, 119—123.

Rényi, A. (1970), *Foundations of Probability,* Holden-Day, San Francisco.

Rice, S. O. (1944), Mathematical Analysis of Random Noise: I and II, Bell Sys. Tech. J., 23.

Rice, S. O. (1945), Mathematical Analysis of Random Noise: III and IV, Bell Sys. Tech. J., 25.

Ripley, B. D. (1976a), Locally finite random sets: foundations for point process theory, Ann. Probability, 4, 983—994.

Ripley, B. D. (1976b), The foundations of stochastic geometry, Ann. Probability, 4, 995—998.

Ripley, B. D. (1976c), On stationarity and superposition of point processes, Ann. Probaility, 4, 999—1005.

Ripley, B. D. (1976d), The second-order analysis of stationary point processes, J. Appl. Prob., 13, 255—266.

Ripley, B. D. (1977), Modelling spatial patterns, J. Roy. Statist. Soc. B, 39, 172—212.

Ripley, B. D. (1981), *Spatial Statistics,* Wiley, New York.

Ripley, B. D. and Kelly, F. P. (1977), Markov point processes, J. London Math. Soc. (2), 15, 188—192.

Rolski, T. (1981), *Stationary Random Processes Associated with Point Processes,* Lect. Notes Statist., 5.

Ross, S. M. (1982), *Stochastic Processes,* Wiley, New York.

Rubin, I. (1972), Regular point processes and their detection, IEEE Trans. Inform. Theory, IT-20, 547—557.

Rudemo, M. (1973a), Point processes generated by transitions of Markov chains, Adv. Appl. Prob., 5, 262—286.

Rudemo, M. (1973b), On a transformation of a point process to a Poisson process, In *Mathematics and Statistics,* Chalmers Tekniska Högskola, Göteborg, Sweden.

Ryll-Nardzewski, C. (1961), Remarks on processes of calls, Proc. Fourth Berkeley Symp. Math. Statist. Prob., 2, 455—465.

Sampath, G. and Srinivasan, S. K. (1977), *Stochastic Models for Spike Trains of Single Neurons*, Lect. Notes Biomathematics, 16.

Samuals, S. M. (1974), A characterization of the Poisson process, J. Appl. Prob., 11, 72—85.

Sankaranarayanan, G. and Swayambulingam, C. (1969), Some renewal theorems containing a sequence of correlated random variables, Pacific J. Math., 30, 785—803.

Saw, J. G. (1975), Tests on the intensity of a Poisson process, Comm. in Statist., 4, 777—782.

Schmidt, V. (1976), On the non-equivalence of two criteria of comparability of stationary point processes, Zast. Mat., 15, 33—37.

Schulte-Geers, E. and Stadje, W. (1988), Some results on the joint distribution of the renewal epochs prior to a given time instant., Stochastic Process. Appl., 30, 85—104.

Serfozo, R. (1971), Functions of semi-Markov processes, SIAM J. Appl. Math., 20, 530—535.

Serfozo, R. F. (1972a), Conditional Poisson processes, J. Appl. Prob., 9, 288—302.

Serfozo, R. F. (1972b), Processes with conditional stationary independent increments, J. Appl. Prob., 9, 303—315.

Serfozo, R. F. (1977), Compositions, inverses and thinnings of random measures, Z. Wahrschein., 37, 253—265.

Serfozo, R. F. (1984), Rarefactions of compound point processes, J. Appl. Prob., 21, 710—719.

Serfozo, R. F. (1985), Partitions of point processes: Multivariate Poisson approximations, Stochastic Process. Appl., 20, 281—294.

Shaked, M. and Shanthikumar, J. G. (1987), Multivariate hazard rates and stochastic ordering, Adv. Appl. Prob., 19, 123—137.

Shanbhag, D. N. and Westcott, M. (1977), A note on infinitely divisible point processes, J. Roy. Statist. Soc. B, 39, 331—332.

Shepp, L. (1967), Appendix to J. R. Goldman, Stochastic point processes: limit theorems, Ann. Math. Statist., 38, 771—779.

Shorrock, R. W. (1975), Extremal processes and random measures, J. Appl. Prob., 12, 316—323.

Simon, B. and Disney, R. L. (1984), Markov renewal processes and renewal processes: Some conditions for equivalence, New Zealand Oper. Res., 12, 19—29.

Slivnjak, I. M. (1962), Some properties of stationary Flow of homogeneous random events, Theor. Prob. Appl., 7, 347—352.

Smith, J. A. (1981), Point Process Models of Rainfall, Ph. D. dissertation, The Johns Hopkins University.

Smith, J. A. and Karr, A. F. (1983), A point model of summer season rainfall occurrences, Water Resources Res, 19, 95—103.

Smith, J. A. and Karr, A. F. (1985), Statistical inference for point process models of rainfall, Water Resources Res, 21, 73—79.

Smith, W. L. (1954), Asymptotic renewal theorems, Proc. Roy. Soc. Edin. A, 64,

9—48.

Smith, W. L. (1955), Regenerative stochastic processes, Proc. Roy. Soc. A, 232, 6—31.

Smith, W. L. (1957), On renewal theory, counter problems and quasi-Poisson processes, Proc. Camb. Phil. Soc., 53, 175—193.

Smith, W. L. (1958), Renewal theory and its ramifications, J. Roy. Statist. Soc., B, 20, 243—302.

Smith, W. L. (1960), On some general renewal theorems for non-identically distributed variabls, Proc. Fourth Berkeley Symp. Math. Statist. Probability, 2, 467—514.

Snyder, D. L. (1972a), Filtering and detection for doubly stochastic Poisson processes, IEEE Trans. Inform. Theory IT-18, 91—102.

Snyder, D. L. (1972b), Smoothing for doubly stochastic processes IEEE Trans. Inform. Theory IT-18, 558—562.

Snyder, D. L. (1973), Information processing for observed jump process, Inform. Control., 22, 69—78.

Snyder, D. L. (1975), *Random Point Processes*, Wiley, New York. [中译本(梁之舜,邓永录译),人民教育出版社,1982.]

Srinivasan, S. K. (1961), Multiple stochastic point processes, Zast. Mat., 6, 210—219.

Srinivasan, S. K. (1966), A novel approach to the kinetic theory and hydrodynamic turbulence, Z. Physik, 193, 394—399.

Srinivasan, S. K. (1969), *Stochastic Theory and Cascade Processes*, American Elsevier Publishing Co., New York.

Srinivasan, S. K. (1971), Stochastic point processes and Statistical physics, J. Math. Phys. Sci., 5, 291—316.

Srinivasan, S. K. (1974), *Stochastic Point Processes and their Applications*, Griffin, London.

Srinivasan, S. K. (1986a), Analysis of characteristics of light generated by a space charge limited electron stream, Optica Acta, 33, 207—211.

Srinivasan, S. K. (1986b), Generation of antibunched light by an inhibited Poisson stream, Optica Acta, 33, 835—842.

Srinivasan, S. K. (1988), *Point Process Models of Cavity Radiation and Detection*, Charles Griffin & Co. Ltd., London.

Srinivasan, S. K. and Iyer, K. S. S. (1966), Random processes associated with random points on a line, Zast. Mat., 7, 221—230.

Srinivasan, S. K. and Mehata, K. M. (1976), *Stochastic Processes*, Tata, McGraw-Hill Publishing Company Limited, New York.

Srinivasan, S. K. and Rajamannar, G. (1970a), Renewal point processes and neuronal spike trains, Math. Biosci., 6, 331—335.

Srinivasan, S. K. and Rajamannar, G. (1970b), Counter models and dependent renewal point processes related to neuronal firing, Math. Biosci., 7, 27—39.

Srinivasan, S. K. and Rajamannar, G. (1970c), Selective interaction between two independent stationary recurrent point processes, J. Appl. Prob., 7, 476—482.

Srinivasan, S. K. and Ramani, S. (1971), A continuous storage model with alternating random input and output, J. Hyrology, 13, 343—348.

Srinivasan, S. K. and Rangan, A. (1970), Stochastic models for phage reproduction, Math. Biosci., 8, 295—305.

Srinivasan, S. K. and Subramanian, R. (1980), *Probabilistic Analysis of Redundant Systems,* Lect. Notes Economics and Math. Systems, 175.

Stone, C. J. (1968), On a theorem of Dobrushin, Ann. Math. Statist., 39, 1391—1401.

Stoyan, D. (1983), *Comparison Methods for Queues and Other Stochastic Models,* (English edition edited by Daley D. J.), Wiley-Interscience, New York.

Strassen, V. (1965), The existence of probability measures with given marginals, Ann. Math. Statist., 36, 423—439.

Strauss, D. J. (1972), A model for clustering, Biometrika, 62, 457—475.

Sundt, B. (1982), On the problem of resting whether a mixed Poisson process is homogeneous, Insurance Math. Econ., 1, 253—254.

Szász, D. O. H. (1970), Once more on the Poisson process, Studia Sci. Math. Hung., 5, 441—444.

Takács, L. (1956a), On a probability problem arising in the theory of counters, Proc. Camb. Philos. Soc., 52, 488—498.

Takács, L. (1956b), On the sequence of events selected by a counter from a recurrent process of events, Theor. Prob. Appl., 1, 81—91.

Takács, L. (1957), On some probability prolems concerning the theory of counters, Acta Math. Hungar., 8, 127—138.

Takács, L. (1958), On a probability problem in the theory of counters, Ann. Math. Statist., 29, 1257—1263.

Takács, L. (1962), *Introduction to the Theory of Queues,* Oxford Univ. Press, New York.

Ten Hoopen, M. and Reuver, R. H. A. (1968), Recurrent point processes with dependent interference with reference to neuronal spike trains, Math. Biosci., 2, 1—10.

Thédeen, T. (1964), A note on the Poisson tendency in traffic distribution, Ann. Math. Statist., 35, 1823—1824.

Thédeen, T. (1967a), Convergence and invariance questions for point systems in R^1 under random motion, Ark. Math., 7, 211—239.

Thédeen, T. (1967b), On stochastic stationarity of renewal processes, Ark. Math., 7, 249—263.

Thédeen, T. (1986), The inverses of thinned point processes, Dept. of Statist., Univ. of Stockholm, Research Report 1986: 1.

Thompson, H. R. (1955), Spatial point processes, with application to ecology, Biometrika, 42, 102—115.

Thrisson, A. (1987), A complete coupling proof of Blackwell's renewal theorem, Stochastic Process. Appl., 26, 87—98.

Valkeila, E. (1982), A general Poisson approximation theorem, Stochastics, 7, 159—171.

Van Der Hoeven, P. C. T. (1983), *On Point Processes,* Math. Centre Tracts, 165,

Mathematich Centrum, **Amsterdam.**

Van Doorn, E. (1981), *Stochastic monotonicity and queueing Applications of Birth-Death Processes,* Lect. Notes in Statist., 4.

Vardi, Y. (1982), Nonparametric estimation in renewal processes, Ann. statist., 10. 616—620.

Vere-Jones, D. (1968), Some applications of probability generating functionals to the study of input-output systems, J. Roy. Statist. Soc. B, 30, 321—333.

Vere-Jones, D. (1970), Stochastic models for earthquake occurrence, J. Roy. Statist. Soc. B, 32, 1—62.

Vere-Jones, D. (1974), An elementary approach to the spectral theory of stationary random measures, In *Stochastic Geometry,* Harding and Kendall ed. Wiley, New York.

Vere-Jones, D. (1975a), A renewal equation for point processes with Markov-dependentintervals, Math. Nachr., 68, 133—139.

Vere-Jones, D. (1975b), On updating algorithms for inference for stochastic processes, In *Perspectives in probability and Statisttics,* Gani ed. Academic Press, New York.

Vere-Jones, D. (1982), On the estimation of frequency in point process data, J. Appl. Prob., 19, 383—394.

Vere-Jones, D. and Deng, Y. L. (1989), A point process analysis of historical earthquakes from north China, Earthquake Research in China, 2, 165—181.

Vere-Jones, D. and Ogata, Y. (1984), On the moments of a self-correcting process, J. Appl. Prob., 21, 335—342.

Vere Jones, D. and Ozaki, T. (1982), Some examples of statistical estimation applied to earthquake data, Ann. Inst. Statist. Math., 34, 189—207.

Watson, H. W. and Galton, F. (1874), On the probability of extinction of families, J. Anthropol. Inst. Great Britain and Ireland, 4, 138—144.

Waymire, E. and Gupta, V. K. (1981), The mathematical structure of rainfall representations, 2: A review of the theory of point processes, Water Resources Res., 17, 1273—1286.

Weiss, G. (1973), Filtered Poisson processes. as modls for daily streamflow data. Ph. D. thesis, Univ. of London.

Weiss, P. (1979), On the singularity of Poisson processes, Math. Nachr., 92, 111—115.

Westcott, M. (1971), On existence and mixing results for cluster point processes, J. Roy. Statist. Soc. B, 33, 290—300.

Westcott, M. (1972), The probability generating functional, J. Autral. Math. Soc., 14, 448—466.

Westcott, M. (1973), Some remarks on a property of the Poisson process, Sankhya, 35 A, 29—34.

Westcott, M. (1976), Simple proof of a result on thinned point processes, Ann. Probability, 4, 89—90.

Westcott, M. (1977), The random record model, Proc. Roy. Soc. A, 356, 529—547.

Whitt, W. (1972), Limit for the superposition of m-dimensional point processes, J.

Appl. Prob., 9, 462—465.
Whitt, W. (1973), On the quality of Poisson approximations, Z. Wahrschein., 28, 23—36.
Whitt, W. (1981), Comparing counting processes and queues, Adv. Appl. Prob., 13, 207—220.
Whitt, W. (1982), Approximating a point process by a renewal process. I. two basic methods, Oper. Res., 30, 125—147.
Widder, D. V. (1941), *The Laplace Transform*, Princeton University Press.
Wisniewski, T. K. M. (1972), Bivariate stationary point processes: fundamental relations and first recurrence times, Adv. Appl. Prob., 4, 296—317.
Wold, H. (1948a), Sur les processus stationnaires ponctuels, Colloques Internationaux du C. N. R. S., 13, 75—86.
Wold, H. (1948b), On stationary point processes and Markov chains, Skand. Aktuar., 31, 229—240.
Wold, H. (1954), *A Study in the Analysis of Stationary Time Series*, 2nd ed. Uppsala, Sweden.
Yannaros, N. (1985), On the thinning of renewal point processes, Dept. of Statist. Univ. of Stockholm, Research Report 1985: 6.
Yannaros, N. (1987a), On Thinned point processes, Ph. D. dissertation, Univ. of Stockholm.
Yannaros, N. (1987b), A characterization of Cox and renewal processes, Dept. of Statist., Univ. of Stockholm, Research Report 1987: 4.
Yannaros, N. (1988a), On Cox processes and gamma renewal processes, J. Appl. Prob., 25, 423—427.
Yannaros, N. (1988b), The inverses of thinned renewal processes, J. Appl. Prob., 25, 822—828.
Yashin, A. and Arjas, E. (1988), A note on random intensities and conditional survival functions, J. Appl. Prob., 25, 630—635.
Yule, G. V. (1942), A mathematical theory of evolution based on the conclusions of Dr, J. C. Willis, F. R. S., Phil Trans. Rov. Soc. B, 213, 213—87.
Yvon, J. (1935), *La Theories Statistique des Fluids et l'Equation d'Etat*, Herman, Paris.
Zaat, J. C. A. (1964), Interrupted Poisson processes, a model for the mechanical thinning of beet plants, Stat. Neerl., 18, 31i—324.
Zitek, F. (1957), On a theorem of Korolyuk, Czech. Math. J., 7, 318—319.
邓永录(1984a),关于随机测度分解的注记,中山大学学报(自然科学)论丛(3),72—76.
邓永录(1984b),随机模型的比较方法及其应用,应用数学与计算数学,1984,No. 1, 34—53.
邓永录,徐宗学(1989),洪水风险率分析的更新过程模型及其应用,水电能源科学, 7, 224—232.
李景玉,徐宗学(1988),洪水风险率 Poisson 模型应用分析,数理统计与应用概率,3, 392—402.
徐宗学,邓永录(1989),洪水风险率 HSPPB 模型及其应用,水力发电学报,24,46-55.
梁之舜,(1984), Delphic 半群与随机点过程,数学年刊,5A,127—132.
梁之舜, 邓永录(1979), 随机点过程的物理背景及数学模型, 中山大学学报 (自然科学),1979,No. 4,74—89.
梁之舜,邓永录(1980),随机点过程的重要分支及其发展概况,应用数学与计算数学,1980,No. 3,48—65.
戴永隆(1984),随机点过程,中山大学出版社.
Vere-Jones, 邓永录(1988),中国北部地震历史资料的点过程分析,中国地震, 4, 8—19.